UTB **649**

Eine Arbeitsgemeinschaft der Verlage

Beltz Verlag Weinheim und Basel
Böhlau Verlag Köln · Weimar · Wien
Wilhelm Fink Verlag München
A. Francke Verlag Tübingen und Basel
Paul Haupt Verlag Bern · Stuttgart · Wien
Verlag Leske + Budrich Opladen
Lucius & Lucius Verlagsgesellschaft Stuttgart
Mohr Siebeck Tübingen
C. F. Müller Heidelberg
Quelle & Meyer Verlag Wiebelsheim
Ernst Reinhardt Verlag München und Basel
Ferdinand Schöningh Verlag Paderborn · München · Wien · Zürich
Eugen Ulmer Verlag Stuttgart
Vandenhoeck & Ruprecht Göttingen und Zürich
WUV Wien

Joachim Hentze
Andreas Kammel

Personalwirtschaftslehre 1

Grundlagen, Personalbedarfsermittlung,
-beschaffung, -entwicklung und -einsatz

7., überarbeitete Auflage

Verlag Paul Haupt
Bern · Stuttgart · Wien

Hentze, Joachim, Professor Dr. Dr. h.c. Seit 1974 Professor an der Technischen Universität Braunschweig für das Fachgebiet Betriebswirtschaftslehre. Leiter der Abteilung Unternehmensführung am Institut für Wirtschaftswissenschaften. Arbeitsschwerpunkte: Unternehmensführung, Personalmanagement und Innovationsmanagement.

Kammel, Andreas, Dipl.-Ök., Dr. rer. pol., Privatdozent. Oberassistent an der Abteilung Unternehmensführung des Instituts für Wirtschaftswissenschaften der Technischen Universität Braunschweig. Arbeitsschwerpunkte: Management Development, Personalwirtschaft und strategisches Management.

Die Deutsche Bibliothek – CIP-Einheitsaufnahme

Hentze, Joachim:
Personalwirtschaftslehre /
Joachim Hentze ; Andreas Kammel. –
Bern ; Stuttgart ; Wien : Haupt
1. Grundlagen, Personalbedarfsermittlung, -beschaffung, -entwicklung und -einsatz. –
7., überarb. Aufl. – 2001
(UTB für Wissenschaft : Uni-Taschenbücher ; 649 : Mittlere Reihe)
ISBN 3-8252-0649-1 (UTB)
ISBN 3-258-06296-X (Haupt)

ISBN 3-8252-0649-1 (UTB-Bestellnummer)

www.haupt.ch

Vorwort zur 7. Auflage

Die 7. Auflage verzeichnet eine Reihe grundlegender Ergänzungen und Überarbeitungen.

Neu aufgenommen wurden vielfältige ökonomische und verhaltenswissenschaftliche Betrachtungsweisen und Erklärungsgrundlagen des Personalbereichs bzw. der Personalpolitik in Organisationen. Das bislang behandelte Spektrum personalwirtschaftlicher "Ansätze" wird dadurch erheblich erweitert. Besonders intensiv neu bearbeitet wurden die Abschnitte "Organisation der Personalwirtschaft", "Personalbeschaffung" und "Personalentwicklung". Damit wird den Veränderungen in der Unternehmenspraxis einerseits und den zahlreichen neuen wissenschaftlichen Erkenntnissen andererseits Rechnung getragen.

Dem "Human Resource Management" stellt sich heute mehr denn je die Aufgabe, der Verbesserung der betriebswirtschaftlichen Wertschöpfung und strategisch dem Aufbau dauerhafter Wettbewerbsvorteile zu dienen. Ökonomische wie verhaltenswissenschaftliche Grundlagen des Faktors Arbeit sind bei der aktiven Gestaltung der Personalfunktion gleichermaßen zu berücksichtigen.

Konzeptionell und inhaltlich in engagierter Weise mitgearbeitet an der Neuauflage haben Frau Dr. Andrea Graf (Personalbeschaffung, Personalentwicklung), Herr Privatdozent Dr. Klaus Lindert, Herr Dipl.-Wirtsch.-Inform. Oliver Keiser und Herr Dipl.-Wirtsch.-Inform. Klaus Koch. Die mühevollen redaktionellen Arbeiten oblagen einmal mehr Frau Ingrid Birker. Sie wurde hierbei durch unseren studentischen Mitarbeiter Jan Henning Lüers in vielfältiger Art und Weise unterstützt. Allen Mitarbeitern sei herzlich gedankt. Unser Dank gilt nicht zuletzt Herrn Men Haupt und seinen Mitarbeitern. Mit dem Verlag Paul Haupt sind wir seit Jahrzehnten durch zahlreiche gemeinsame Buchprojekte eng verbunden und haben die stets reibungslose verlegerische Arbeit sehr schätzen gelernt.

Braunschweig im April 2001

Joachim Hentze
Andreas Kammel

Inhaltsverzeichnis

II. Teil
Personalbedarfsermittlung

III. Teil
Personalbeschaffung

IV. Teil
Personalentwicklung

V. Teil
Personaleinsatz

Abkürzungsverzeichnis

A.	Auflage
a.a.O.	am angegebenen Ort
AFG	Arbeitsförderungsgesetz
AG	Aktiengesellschaft
AktG	Aktiengesetz
AMJ	Academy of Management Journal
AMR	Academy of Management Review
ANBA	Amtliche Nachrichten der Bundesanstalt für Arbeit
AO	Abgabenordnung
ArbPlSchuG	Arbeitsplatzschutzgesetz
ArbSichG	Arbeitssicherheitsgesetz
ArbStättV	Arbeitsstättenverordnung
Art.	Artikel
AÜG	Arbeitnehmerüberlassungsgesetz
AuL	Arbeit und Leistung
AZO	Arbeitszeitordnung
BABl.	Bundesarbeitsblatt
BAG	Bundesarbeitsgericht
BB	Der Betriebsberater
BBiG	Berufsbildungsgesetz
Bd, Bde	Band, Bände
BDA	Bundesvereinigung der Deutschen Arbeitgeberverbände
BDI	Bundesverband der Deutschen Industrie
BetrAVG	Gesetz zur Verbesserung der betrieblichen Altersversorgung
BetrVG	Betriebsverfassungsgesetz
BfA	Bundesanstalt für Arbeit
BFG	Beschäftigungsförderungsgesetz
BFuP	Betriebswirtschaftliche Forschung und Praxis
BGB	Bürgerliches Gesetzbuch
BGBl.	Bundesgesetzblatt

BPersVG	Bundes-Personalvertretungsgesetz
BUrlG	Bundesurlaubsgesetz
BW	Der Betriebswirt
CMR	California Management Review
DAG	Deutsche Angestellten-Gewerkschaft
DB	Der Betrieb
DBW	Die Betriebswirtschaft
DDR	Deutsche Demokratische Republik
DGB	Deutscher Gewerkschaftsbund
DIHT	Deutscher Industrie- und Handelstag
Diss.	Dissertation
DU	Die Unternehmung
EDV	Elektronische Datenverarbeitung
FB	Fortschrittliche Betriebsführung und Industrial Engineering
GmbH	Gesellschaft mit beschränkter Haftung
HBR	Harvard Business Review
HdW	Handbuch der Wirtschaftswissenschaften
HGB	Handelsgesetzbuch
HRM	Human Resource Management
Hrsg.	Herausgeber
HWB	Handwörterbuch der Betriebswirtschaft
HWFü	Handwörterbuch der Führung
HWO	Handwörterbuch der Organisation
HWW	Handwörterbuch der Wirtschaftswissenschaften
IO	Industrielle Organisation
JAP	Journal of Applied Psychology
MittAB	Mitteilungen aus der Arbeitsmarkt- und Berufsforschung
MuA	Mensch und Arbeit
MuSchG	Mutterschutzgesetz

NB	Neue Betriebswirtschaft
NJW	Neue Juristische Wochenschrift
OHG	Offene Handelsgesellschaft
o.J.	ohne Angabe des Erscheinungsjahres
o.O.	ohne Angabe des Erscheinungsortes
REFA	Verband für Arbeitsstudien – REFA – e.V.
RKW	Rationalisierungskuratorium der Deutschen Wirtschaft
RVO	Reichsversicherungsordnung
TVG	Tarifvertragsgesetz
VBG	Vermögensbildungsgesetz
WF	Work Factor
WiSt	Wirtschaftswissenschaftliches Studium
WSI	Wirtschafts- und Sozialwissenschaftliches Institut
WISU	Das Wirtschafsstudium
ZArbWiss	Zeitschrift für Arbeitswissenschaft
ZfB	Zeitschrift für Betriebswirtschaft
ZfbF	Zeitschrift für betriebswirtschaftliche Forschung
ZfhF	Zeitschrift für handelswissenschaftliche Forschung
ZfO	Zeitschrift für Organisation
ZfP	Zeitschrift für Personalforschung

I. Teil

Grundlagen der Personalwirtschaft

1 ZUM BEGRIFF UND ZUR BEDEUTUNG DER PERSONAL-WIRTSCHAFT SOWIE ZUR KONZEPTION DES BUCHES

Über den Begriff „Personalwirtschaft" wie auch über andere personalwirt-schaftliche Grundbegriffe gibt es in der deutschsprachigen Literatur und in der Praxis keine einheitliche Auffassung. Anstelle von "Personalwirtschaft" werden häufig auch die Begriffe "Personalwesen" oder in Anlehnung an den angel-sächsischen Sprachgebrauch "Personalmanagement" zur Kennzeichnung des gesamten Aufgabenbereichs verwandt, der sich mit personellen Fragen im Be-trieb befasst. Mit der Verwendung des Begriffs "Personalwirtschaft" wird der ökonomische Charakter der Personalarbeit in Praxis und Wissenschaft akzen-tuiert und die Nähe zur Betriebswirtschaft(-slehre) dokumentiert. Die Mit-arbeiter und somit auch der Personalbereich sind wie die sachlichen und finan-ziellen Ressourcen und wie jede andere betriebswirtschaftliche Funktion dem wirtschaftlichen Kalkül unterzogen. Investitionen in Humankapital und in Maßnahmen des Personalmanagements müssen sich wirtschaftlich "auszahlen" und der Personaleinsatz muss sich in starkem Maße an Effizienzkriterien orien-tieren. Mit dem Begriff "Personalwesen" werden traditionell vorwiegend verwaltungsmäßige Aufgaben verbunden.

Berthel betont dagegen aus der Sicht der Leitung die **Führung**, welche die **Ge-staltung** von Systemen und die **Steuerung** von Prozessen umfasst. Das **Perso-nal-Management** gliedert sich in die Systemgestaltung und die Verhaltens-steuerung (Berthel 1992, S. 7). Eine isolierte Betrachtung des Personals als Verwaltungsgröße und Kostenfaktor in der Personalwirtschaft ist deshalb abwegig, weil eine aktive Gestaltung und Steuerung der Personalfunktion in Organisationen ihren ökonomischen Nutzen um so mehr nachweisen kann, als sie sich verstärkt verhaltenswissenschaftlicher Konzepte und Interventionen be-dient (vgl. Wächter 1992, S. 333). Mitarbeiter werden als "Pool" einer Vielzahl von nutzenstiftenden potentiellen Fähigkeiten und leistungserbringenden Ver-haltensweisen gesehen. Die Personalwirtschaft hat die Aufgabe, Leistungs-fähigkeit und -bereitschaft herzustellen sowie kontinuierlich zu fördern und weiterzuentwickeln.

Der Terminus **Wirtschaft** impliziert nicht nur eine allgemeine formale Handlungsanweisung (wirtschaftliches Prinzip), sondern bezieht sich vor allem auf die dienende Aufgabe jeglichen Wirtschaftens im Rahmen sozialer Gebilde. **Personal** ist ein "Summenbegriff": Personalwirtschaft als betriebliche Institution oder als wissenschaftliches Fachgebiet hat sich "[...] nicht um *einzelne* Menschen zu kümmern" (Neuberger 1994, S. 9). Wenn hier der Ausdruck **betriebliche Personalwirtschaft** verwendet wird, dann geschieht das unter dem Gesichtspunkt, dass wirtschaftliche Organisationen grundsätzlich das breiteste Spektrum personalwirtschaftlicher Aufgabenstellungen und Instrumente aufweisen. Damit soll nicht die Gültigkeit der Aussagen für andere Organisationstypen ausgeschlossen werden.

Vielmehr sind auch dort die meisten Personalaufgaben ähnlich wie in Wirtschaftsorganisationen gelagert, so dass die hierfür gewonnenen Erkenntnisse in der Regel - wenn auch zum Teil modifiziert - übertragen werden können.

Unter dem Gesichtspunkt der Aufgabenteilung kann von einer **dualen Trägerschaft** personalwirtschaftlicher Aktivitäten gesprochen werden (vgl. Darstellung I-1).

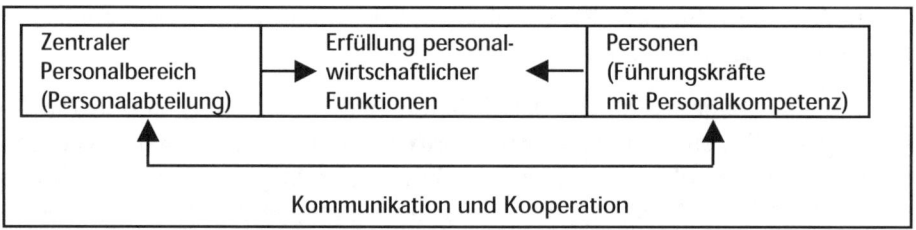

Darstellung I-1   Duale Trägerschaft der Erfüllung personalwirtschaftlicher Funktionen

Die Zuständigkeit für die Erfüllung einer bestimmten Aufgabe kann in Betrieben unterschiedlich geregelt werden. Dies hängt von der organisatorischen Aufgabenverteilung ab. Betrachten wir beispielsweise die Einstellung neuer Mitarbeiter. Bei der Auswahl ungelernter Mitarbeiter handelt die Personalabteilung selbstständig, ohne Beteiligung der Meister, bei der Einstellung von Führungskräftenachwuchs entscheidet der Abteilungsleiter mit, bei der Rekrutierung einer leitenden Führungskraft trifft die Geschäftsleitung die Auswahl.

Bei dem breiten Spektrum personalwirtschaftlicher Aufgaben sind die Führungskräfte in hohem Maße an ihrer Erfüllung beteiligt.

In der Praxis hat die betriebliche Personalwirtschaft durch eine Verlagerung der Schwerpunkte von den Verwaltungs- hin zur Gestaltungsaufgaben an Bedeutung gewonnen.

Determinanten für die Entwicklung sind:

- das gewandelte Bewusstein, dass Erfolg und Wachstum einer Unternehmung zunehmend von der Qualität ihrer Mitarbeiter abhängen,
- die technologisch-organisatorischen Neuerungen, die andersartige Anforderungen an die Qualifikation und das physisch-psychische Leistungsvermögen der Mitarbeiter stellen,
- die gesellschaftlichen Veränderungen, die u.a. in der Forderung nach Humanisierung der Arbeitsbedingungen und der Persönlichkeitsentfaltung zum Ausdruck kommen (Wandlung des Menschenbildes),
- der Anstieg der Personalkosten, der einen rationellen Personaleinsatz erfordert,
- die Gesetzgebung (z.B. Betriebsverfassungsgesetz 1972, Mitbestimmungsgesetz 1976, sonstige Arbeitsgesetzgebung),
- die gesellschaftsbezogene Verantwortung für die Schaffung neuer Arbeits- und Ausbildungsplätze.

Zunehmend werden Humanressourcen als eine zentrale Quelle von Wettbewerbsvorteilen betrachtet. Eine "*humanpotentialorientierte Unternehmensführung*" (Staffelbach 1993) hat absatzmarktorientierte Führungskonzeptionen von Unternehmen zu ergänzen. In Konzepten des "**Human Resource Management**" (vgl. beispielsweise Staehle 1988; Hendry/Pettigrew 1990; Wächter 1992; Wright/McMahan 1992; Schuler/Jackson 1997; Garnjost/Wächter 1996) avanciert die Personalfunktion zu einer unternehmerischen Aufgabe und wird Teil der strategischen Unternehmensführung mit dem Ziel, Kernkompetenzen und humanressourcenbezogene Wettbewerbsvorteile zu generieren, die die Auswahl und den Erfolg künftiger Produkt-/Marktstrategien nachhaltig bestimmen.

Das Human-Ressourcen-Management

- vereint ökonomische und verhaltenswissenschaftliche Wurzeln und Perspektiven (vgl. Staehle 1988, S. 580),
- es betrachtet die Aktionsfelder und Aufgaben in einem integrativen Zusammenhang des Managements von Kompetenzen und der Verhaltenssteuerung (vgl. Wright/Snell 1991),
- es bindet den Personalbereich eng in Strategie- und Strukturentscheidungen mit ein (vgl. Tichy/Fombrun/Devanna 1982) und
- löst damit das traditionelle Personalmanagement aus seiner "Funktionsbereichsperspektive" (Staehle 1988, S. 580) heraus.

Aus dem Blickwinkel des "**General Management**" trägt es zur humanpotentialbezogenen Verbesserung der strategischen Ausgangslage bei, unterstützt die Implementierung anspruchsvoller Unternehmensstrategien und übt auf die strategische Stoßrichtung des Unternehmens einen nicht unerheblichen Einfluss aus. Das Top-Management wird in diese proaktive Gestaltung und Steuerung des Humanpotentials aktiv eingebunden. Ein so verstandenes Human-Ressourcen-Management besitzt Leit- und Lenkungsfunktion gegenüber der betrieblichen Personalwirtschaft, die instrumentell Aufgaben beispielsweise der Personalbeschaffung, -entwicklung oder des Personaleinsatzes zu erfüllen hat.

Zur Darstellung personalwirtschaftlicher Aufgabenstellungen und Gestaltungsinstrumente, die sich den Entscheidungsträgern anbieten, wird folgende **funktionale Gliederung der Personalwirtschaftslehre** zugrunde gelegt (vgl. Darstellung I-2):

- Personalbedarfsermittlung
- Personalbeschaffung
- Personalentwicklung
- Personaleinsatz
- Personalerhaltung und Leistungsstimulation
- Personalfreistellung.

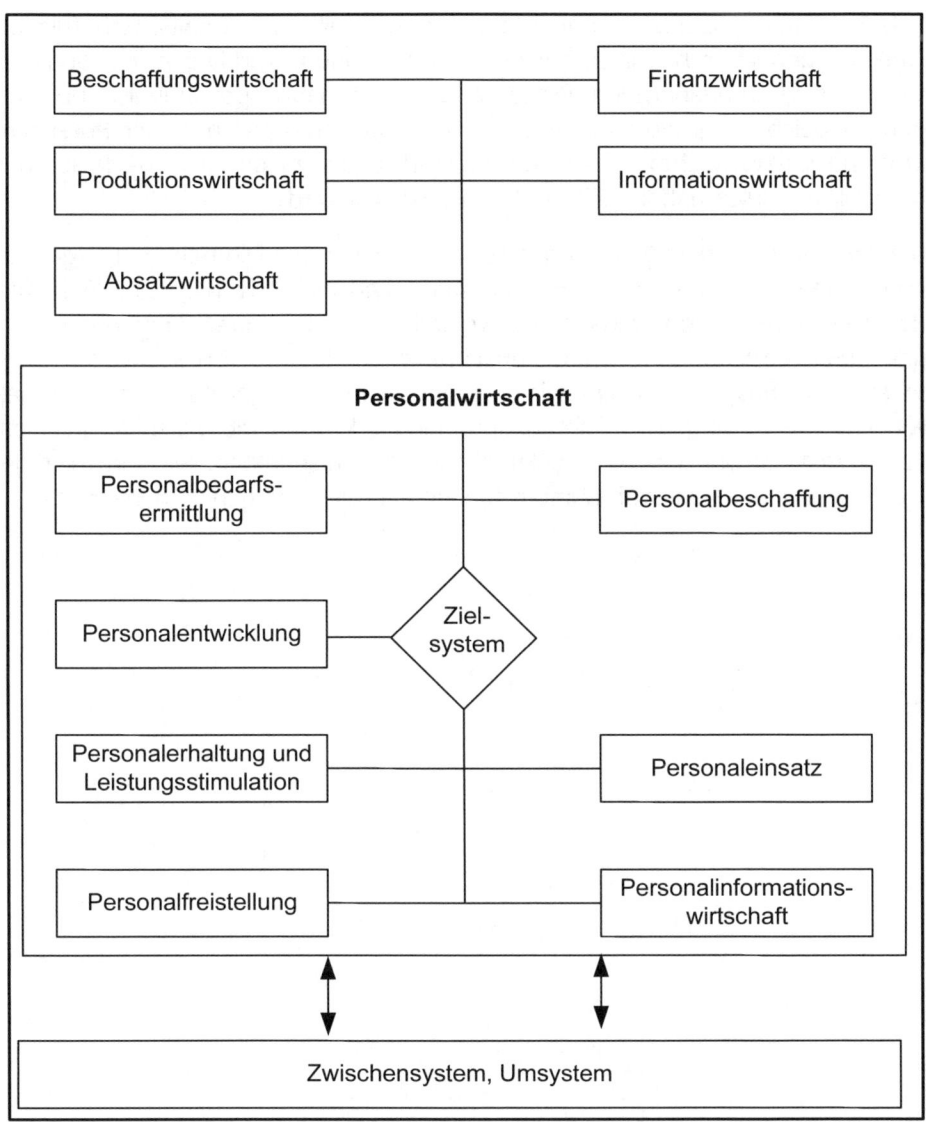

Darstellung I-2   Funktionale Gliederung der Personalwirtschaft

Entscheidungen über Ziele und Maßnahmen in allen personalwirtschaftlichen Funktionsbereichen bedürfen geeigneter Informationsgrundlagen. Die den Personalbereich überlagernden Prozesse der Informationsgewinnung, -übertragung, -speicherung, -verarbeitung und -auswertung werden in der **Personalinformationswirtschaft** gesondert behandelt, die zu diesem Zweck aus der betrieblichen Informationswirtschaft herausgelöst wird.

Die Personalwirtschaft umfasst alle Funktionen, die den Menschen in Organisationen betreffen. Die einzelnen Funktionen sind nicht als losgelöste Elemente des Subsystems Personalwirtschaft zu verstehen, sondern sie sind interdependent und durch Beziehungen zu anderen Funktionen des Systems sowie zum Zwischen- und Umsystem gekennzeichnet, die ebenfalls Gegenstand der Personalwirtschaftslehre sind. Die Abgrenzung der Funktionen der Personalwirtschaft richtet sich vor allem nach Zweckmäßigkeitsgesichtspunkten. Sie wird hier gewählt, weil in der Praxis vornehmlich funktionale Gliederungen vorherrschen.

2 THEORETISCHE ANSÄTZE DER ANALYSE VON PERSONAL UND ARBEIT

2.1 Überblick

Die Personalwirtschaftslehre hat sich im Rahmen der Betriebswirtschaftslehre in den 1970er Jahren etabliert. Ansätze, die sich mit der Stellung des Menschen im Betrieb oder mit personalwirtschaftlichen Einzelproblemen befassen, sind aber in der Betriebswirtschaftslehre schon vorher zu finden (vgl. Krell 1998, S. 224 ff.). Die traditionellen Orientierungen spiegeln das Faktorsystem von Gutenberg wider. Neuere personalökonomische Ansätze sehen das Personal als Humankapital, nicht lediglich als Kostenfaktor. Die verhaltenswissenschaftliche Öffnung des Fachgebiets bedeutet, dass ökonomische **und** soziale Ziele verfolgt werden, wobei letztere aber nicht selten Mittelcharakter aufweisen, insofern als durch die Befriedigung individueller Bedürfnisse und Erwartungen die Unterstützung unternehmerischer Aktivitäten gewährleistet werden soll und auf diese Weise der Gesamterfolg gefördert wird.

Das Scientific Management, die Human-Relations-Bewegung und verhaltenswissenschaftliche Ansätze werden hier aufgeführt, weil diese Ansätze für den Aufbau einer Personalwirtschaftslehre als Teildisziplin der Betriebswirtschaftslehre von großer Bedeutung sind.

Bei den hier ausgewählten betriebswirtschaftlichen Ansätzen handelt es sich im Einzelnen um den Produktionsfaktor-Ansatz (Gutenberg 1951), den entscheidungsorientierten Ansatz (Heinen 1969, 1971), den System-Ansatz (Ulrich 1970) sowie den Kontingenzansatz.

Ferner werden (organisations-)ökonomische Perspektiven (Humankapitaltheorie, Transaktionskostenansatz, "Agency Theory", ressourcenorientierter Ansatz) und sozialwissenschaftliche Basisansätze (Institutionalismus, "Resource Dependence"-Ansatz und Mikropolitik) erörtert. Damit wird dem Umstand Rechnung getragen, dass Organisationen interessenpluralistische Gebilde, politische Arenen und soziokulturelle Lebenswelten sind, die nicht allein unter rational-analytischen Annahmen betrachtet werden dürfen.

2.2 Historisch bedeutsame Ansätze

2.2.1 Scientific Management

Das **Scientific Management (wissenschaftliche Betriebsführung)** wurde von dem amerikanischen Ingenieur Frederick W. Taylor um 1900 entwickelt. Er hat in starkem Maße die Betriebswirtschaftslehre und die betriebliche Praxis mit seinem Gedankengut beeinflusst.

Taylor stellte sich die Aufgabe, die Leistungen der menschlichen Arbeitskräfte zu steigern. Entsprechend der Bedeutung der physiologischen Bedürfnisse ging er von der Annahme aus, dass von den monetären Anreizen die stärkste Wirkung zu erwarten sei.

Ziel des Scientific Management war in erster Linie eine Steigerung der Produktivität. Um dieses Ziel zu erreichen, formulierte Taylor (1913) eine Reihe von sozio-mechanistischen Annahmen, deren wichtigste Grundsätze sich folgendermaßen zusammenfassen lassen:

(1) Auswahl besonders geeigneter Arbeiter.

(2) Durch Arbeits- und Zeitstudien muss der jeweils optimale Arbeitsablauf gefunden werden.

(3) Durch Unterweisung der Arbeitskräfte sollen optimale Verrichtungsabläufe erreicht werden.

(4) Schaffung eines materiellen Anreizsystems, um eine hohe Leistungsbereitschaft zu erhalten. Dem Arbeiter wird ein bestimmtes Arbeitspensum vorgegeben, für das ein überdurchschnittlicher Lohn gezahlt wird. Das Stücklohnsystem erwies sich hierfür als ungeeignet, daher wurde der Zeitakkord eingeführt.

(5) Die Spezialisierung wurde auch auf die Meister übertragen. Es wurde das "Funktionsmeistersystem" (Mehrliniensystem) geschaffen.

(6) Umgebungseinflüsse, wie Lichtstärke, Raumklimatisierung, Farbgebung und Anordnung der Maschinen, sollten möglichst leistungsfördernd sein.

(7) Ausdauer und Ermüdung wurden untersucht, wobei ein Zusammenhang zwischen Arbeitszeit und notwendiger Erholungszeit festzustellen war.

(8) Die starke Arbeitsteilung hatte u.a. das Ziel, die Anforderungen so niedrig zu halten, dass der Arbeiter nur eine kurze Anlernung brauchte.

Die wissenschaftliche Betriebsführung löste eine weltweite Produktivitätssteigerung aus. Positiv sind weiterhin die Verkürzung der Arbeitszeit und die Lohnerhöhungen zu werten.

Trotz der unbestreitbaren Fortschritte dürfen schwerwiegende Nachteile des Taylorismus nicht übersehen werden. Die Kritik setzte vor allem von Seiten der Sozialwissenschaften und aus gewerkschaftlichen Kreisen ein.

Die wichtigsten Argumente lassen sich folgendermaßen zusammenfassen (Hill/Fehlbaum/Ulrich 1992, S. 412 f.):

(1) Das instrumentale, mechanistische Menschenbild entwürdigt den Menschen und macht ihn zu einer geistlosen Hochleistungsmaschine.

(2) Arbeitsanalyse als Untersuchungsmethode wird mit Arbeitszerlegung als Gestaltungsform gleichgesetzt. Die spezifisch menschliche Leistungsfähigkeit kommt jedoch nicht zur Entfaltung, solange das Individuum als "Spezialmaschine" eingesetzt wird. Selbst im operativen Bereich kann deshalb keine optimale Produktivität erwartet werden.

(3) Wo die Prinzipien des Scientific Management vom operativen Bereich auf die Leitungsorganisation übertragen werden, stoßen sie erst recht schnell an ihre Grenzen.

(4) Die Produktivität zweiter Ordnung (d.h. bei wechselnden Bedingungen) wird vernachlässigt. Mag dies auch zur Zeit Taylors nebensächlich gewesen sein, so fällt dieser Mangel heute immer mehr ins Gewicht.

(5) Die sozio-emotionale Rationalität der Organisation wird vernachlässigt.

2.2.2 Human-Relations-Bewegung

Der einseitigen technischen Betrachtungsweise folgte bald eine Gegenbewegung, die als Human-Relations-Bewegung bekannt wurde.

Von 1927 bis 1932 wurde in den Hawthorne-Werken der Western Electric Gesellschaft in Chicago unter der Leitung der Harvard-Professoren Mayo (1933) und Roethlisberger (Roethlisberger/Dickson 1939) eine Serie von Untersuchungen durchgeführt, die zu überraschenden Ergebnissen führten. Die Forscher fanden bei ihrem Versuch, die Wirkung einer verbesserten Beleuchtung auf die

Produktionsmenge festzustellen (nach der Theorie der wissenschaftlichen Betriebsführung müsste sich durch eine bessere Beleuchtung eine höhere Produktivität ergeben), heraus, dass keine signifikante Beziehung zwischen diesen Variablen besteht. Die Versuchsanordnung sah eine **Test-** und eine **Kontrollgruppe** vor. Bei beiden Gruppen stieg die Leistung etwa in gleichem Maße, unabhängig von der unterschiedlichen Beleuchtungsstärke.

Diese Ergebnisse waren der Startschuss für weitere Untersuchungen, die die Behauptungen der wissenschaftlichen Betriebsführung überprüfen sollten. Kernfrage war, ob es direkte Beziehungen zwischen den physischen Arbeitsbedingungen und der Produktivität gäbe.

Nach der Beleuchtungsuntersuchung wurde in einem Testraum der Einfluss von Pausen auf die Produktion von fünf Arbeitern untersucht. Obwohl die Leistung während des Experiments langsam und gleichmäßig stieg, konnte sie nicht mit der Zunahme der Pausen in Beziehung gebracht werden.

Die Schlussfolgerung daraus war:

Es gibt keinen Beweis für die Stützung der Hypothese, dass eine erhöhte Arbeitsmenge nur eine Folge der Erholung ist. Die Wissenschaftler sahen eine Erklärung für die steigende Produktivität in einer veränderten sozialen Situation der Arbeiter, in einer neuen Form der sozialen Zusammenarbeit, die durch die Beachtung und Aufmerksamkeit hervorgerufen wurde, die sie von Seiten der Forscher erfuhren. Die Entdeckung der Bedeutsamkeit **sozialer Faktoren** war das wichtigste Ergebnis der Hawthorne-Studien.

Weitere Erkenntnisse brachte das sogenannte **Bank Wiring Room Experiment**, bei dem eine Arbeitsgruppe von 14 Personen in einem separaten Raum Telefonschalttafeln (genannt "banks") zu verdrahten hatte. Den Arbeitern wurden auf der Grundlage ihrer jeweiligen Durchschnittsleistungen individuelle Stundenlöhne gezahlt und zusätzlich ein Bonus, der auf der Grundlage der durchschnittlichen Gruppenleistung berechnet wurde. In Übereinstimmung mit Taylors "Anreiz-Theorie" nahm die Geschäftsleitung an, die Arbeiter würden so hart wie möglich arbeiten, um einen hohen Stundenlohn zu erreichen. Tatsächlich produzierten die Arbeiter weit weniger als das, wozu sie physisch in der Lage gewesen wären. Sie folgten vielmehr einer **sozialen Norm**, die die zu erbringende Produktionsmenge gruppenintern festlegte. Arbeiter, die mehr produzierten, wurden als "Akkordbrecher", diejenigen, die weniger produzierten, als "Nassauer" abgestempelt. Es wurde auf alle ein starker Druck ausgeübt, damit der Vorarbeiter nicht erfuhr, dass die Arbeiter viel mehr hätten leisten können. Zusammenfassend können folgende Entdeckungen und Schlußfolgerungen als Hauptergebnis der Hawthorne-Experimente bezeichnet werden (Etzioni 1978, S. 59 ff.):

(1) Das Produktionsergebnis wird durch **soziale Normen** bestimmt und nicht durch physiologische Leistungsgrenzen.

(2) **Nicht-finanzielle Anreize** und **Sanktionen** beeinflussen das Verhalten der Arbeiter bedeutend und begrenzen zum großen Teil die Wirkung finanzieller Anreize.

Arbeiter, die bedeutend mehr (oder weniger) leisteten als die gesetzte informelle Norm, verloren die Zuneigung ihrer Kollegen.

(3) Häufig handeln oder reagieren Arbeiter nicht als Individuen, sondern als **Mitglieder einer Gruppe**.

(4) Die Bedeutung von **Führung** in Bezug auf Festsetzung und Erzwingung von Gruppennormen und der Unterschied zwischen informeller und formeller Führung wurden erkannt.

(5) Die Bedeutung der **Kommunikation** zwischen den verschiedenen Rangstufen bei der Aufklärung der Mitarbeiter über die Notwendigkeit bestimmter Arbeitsabläufe wurde erkannt.

Die wissenschaftliche Betriebsführung ist von einem Menschenbild ausgegangen, in dem der Mensch nur Existenz- und Sicherheitsbedürfnisse hat. Zur Zeit der Human-Relations-Bewegung gewannen die sozialen Bedürfnisse an Bedeutung. Diese Gewichtsverlagerungen erforderten eine Revision des Menschenbildes. Der **Mensch als motiviertes Gruppenwesen** wurde entdeckt. Die Veränderung der Arbeitsleistung war weniger auf die objektiven Arbeitsbedingungen als auf individuelle psychische und soziale Gegebenheiten ("das Betriebsklima") zurückzuführen.

Aus diesen Ergebnissen entstand die wiederum einseitige Annahme, dass die **Arbeitszufriedenheit** die wichtigste Voraussetzung für hohe Produktivität sei.

13

Nur wenige sozialwissenschaftliche Richtungen haben eine so große Beachtung gefunden wie die Human-Relations-Bewegung mit den Schlußfolgerungen, die man aus den Hawthorne-Studien zog. Unzählige amerikanische Führungskräfte sind in Schulungskursen mit diesen Erkenntnissen und dem Ziel vertraut gemacht worden, daraus Anregungen für die Führungsarbeit zu beziehen.

In Europa hat die Human-Relations-Bewegung nicht diese Resonanz gefunden, was u.a. sicherlich auf die damalige politische Situation zurückzuführen ist. Zweifelsohne haben aber auch die Erkenntnisse der Human-Relations-Bewegung neue Akzente in der Betriebswirtschaftslehre gesetzt.

Aber auch sie blieb nicht ohne Kritik. Folgende Punkte seien hier genannt:

(1) Ihre Vertreter gingen davon aus, dass zufriedene Arbeiter automatisch mehr leisten müssten. Dieser Zusammenhang hat sich keineswegs immer bewahrheitet. So kann z.B. die Zufriedenheit eines Arbeiters daher stammen, dass dieser ein ausgeprägtes Bedürfnis nach **sozialem Kontakt** im Betrieb befriedigt; deshalb braucht er jedoch noch lange nicht besonders eifrig bei der Erfüllung seiner Aufgaben zu sein. Es wird derjenige die Forderung nach einer möglichst hohen Leistung am ehesten freiwillig erbringen, der mit dieser Leistung seinen persönlichen Zielen näherkommt.

(2) Die **sozialen Bedürfnisse** der Mitarbeiter wurden überbetont, die **strukturellen und technischen Faktoren** wurden vernachlässigt.

(3) Die Human-Relations-Bewegung zeichnete ein unrealistisches "glückliches Bild" des Arbeitslebens, wobei sie die unvermeidliche **Spannung zwischen betrieblichen und persönlichen Zielen und Bedürfnissen**, die vermindert aber nicht ausgeschaltet werden kann, ignoriert. Diese "Schein-Harmonie" wurde vor allem von der Konfliktforschung stark angegriffen.

(4) Die Arbeitszufriedenheit wurde als Instrument zur Erhöhung der Produktivität angesehen. Damit verfolgt die Human-Relations-Bewegung die gleiche Zielsetzung wie Taylor, was ihr den Vorwurf der Einseitigkeit in der Verfolgung von Unternehmerinteressen einbrachte.

(5) Die neue Führungskraft ist gruppenorientiert. Sie hat gelernt, dass ein guter Kontakt und ein **konfliktarmes "Betriebsklima"** Voraussetzung für die Leistungen sind. Dieser Führungstyp läuft Gefahr, dass der Leistungsgrad äußerst gering ist.

(6)   Durch die Einrichtung von Gruppen kann der Arbeitstag des Arbeiters erfreulicher gestaltet werden; an der Monotonie immer wiederkehrender Handgriffe hat sich dadurch nichts geändert.

2.3   Betriebswirtschaftliche Ansätze

2.3.1   Der Produktionsfaktor-Ansatz

Bei Gutenberg werden Betriebe ganz allgemein als Gebilde aufgefasst, die Sachgüter produzieren bzw. Dienstleistungen bereitstellen. Für die Leistungserstellung werden **Produktionsfaktoren** miteinander kombiniert.

Die produktiven Faktoren, deren Einsatz Kosten verursacht, sind menschliche **Arbeitsleistungen,** Arbeits- und **Betriebsmittel** und **Werkstoffe.** Der Faktor menschliche Arbeitsleistung spaltet sich in die objektbezogenen und **dispositiven Arbeitsleistungen** auf.

"Unter objektbezogenen Arbeitsleistungen werden alle diejenigen Tätigkeiten verstanden, die unmittelbar mit der Leistungserstellung, der Leistungsverwertung und mit finanziellen Aufgaben im Zusammenhang stehen, ohne dispositiv-anordnender Natur zu sein. [...] Dispositive Arbeitsleistungen liegen dann vor, wenn es sich um Arbeiten handelt, die mit der Leitung und Lenkung der betrieblichen Vorgänge im Zusammenhang stehen" (Gutenberg 1983, S. 3). Die Person oder Personengruppe, der die Kombination der Elementarfaktoren obliegt, stellt den vierten Faktor, die **Geschäfts- und Betriebsleitung,** dar. Aus dem dispositiven Faktor spaltet Gutenberg die beiden derivativen Faktoren **Planung** und **Betriebsorganisation** ab.

Der dispositive Faktor wurzelt in drei verschiedenen Schichten. Gutenberg schreibt dazu: "Stellt man auf das personale Element in ihm ab, also auf die Stärke der Antriebe und auf die Kraft der Ursprünglichkeit der betriebspolitischen Konzeption, dann zeigt sich die irrationale Schicht, in der er wurzelt. Wird der dispositive Faktor vornehmlich unter dem Gesichtspunkt der Planung gesehen, dann bewegt man sich in jenem Bereiche rationaler Schemata, die planendes und vorausberechnendes Denken kennzeichnet. Sieht man aber in der Geschäfts- und Betriebsleitung die organisierende Instanz, dann zeigt sich der vierte Faktor als vornehmlich **gestaltend-vollziehende Kraft**. So wurzelt also der dispositive Faktor in den drei Schichten des Irrationalen, des Rationalen und des Gestaltend-Vollziehenden" (Gutenberg 1983, S. 8).

In Gutenbergs System der produktiven Faktoren tritt also der Mensch zum einen als Entscheidungsträger (dispositiver Faktor) und zum anderen als ausführendes manipulierbares Objekt auf, das mit den Elementarfaktoren Arbeits- und Betriebsmittel und Werkstoffen auf die gleiche Ebene gestellt wird.

Ziel des Kombinationsprozesses ist das optimale Verhältnis von Faktoreinsatz und Faktorertrag, die **Produktivität**. Soziale Ziele bzw. Bedürfnisse oder Erwartungen der Arbeitnehmer haben in Gutenbergs Theoriesystem einen untergeordneten Platz.

Der Hintergrund für das starke Produktivitätsdenken im faktoriellen Ansatz ist die wissenschaftliche Betriebsführung von Taylor. Bei diesem Denkansatz liegen Elemente eines **mechanistischen Menschenbildes** zugrunde. Rühli wertet ihn allerdings nicht als rein mechanistisch, da die Arbeitsleistung des objektbezogenen Faktors bei Gutenberg nicht nur auf mechanistischen Grundvorstellungen beruht (Rühli 1978, S. 267). Dazu führt er u.a. folgendes Zitat an:

"Die Leistungen, die ein Arbeitender zu vollbringen imstande ist, sind von einer Vielzahl von Faktoren abhängig,

a) von Umständen, die in der Person des Arbeitenden liegen,

b) von dem Verhältnis zwischen dem Arbeitenden als Arbeitssubjekt zu dem Objekt seiner Arbeit,

c) von dem Leistungsbewusstsein, das die Arbeit in dem Arbeitenden selbst erzeugt,

d) von dem Verhältnis des Arbeitenden zu seinen Arbeitsgenossen und

e) von außerbetrieblichen, in den privaten Bereich des Arbeitenden fallenden Umständen" (Gutenberg 1983, S. 14).

Staehle wertet den Produktionsfaktor-Ansatz als Zwei-Klassen-Modell des Menschen, in dem die objektbezogene Arbeit von dem dispositiven Faktor als "manipulierbares Objekt" angesehen wird (Staehle 1975). Diesem Urteil schließt sich Rühli nicht an, indem er von verschiedenen Typen von Arbeitsleistungen spricht (Rühli 1978, S. 268). Gutenberg geht auch davon aus, dass in mitbestimmten Wirtschaftsbetrieben die Belegschaft am Willensbildungsprozess teilnimmt (Gutenberg 1983, S. 503), so dass die Aussage von Staehle modifiziert werden muss.

2.3.2 Der entscheidungsorientierte Ansatz

Vom entscheidungsorientierten Ansatz existieren zwei Varianten: eine mathematische und eine verhaltenswissenschaftliche (Hill/Fehlbaum/Ulrich 1992, S. 428 ff.). Die mathematische Richtung hat für die Entwicklung einer Personalwirtschaftslehre keine neuen Impulse gegeben. Diese geht von der verhaltenswissenschaftlichen Variante aus.

Heinen stellt die **menschlichen Entscheidungen** auf allen Ebenen der betrieblichen Hierarchie und in allen Teilbereichen in den Mittelpunkt wissenschaftlichen Bemühens. Gegenstand des Entscheidungsprozesses ist der Kombinationsprozess der elementaren produktiven Faktoren Arbeit, Betriebsmittel und Werkstoffe (Heinen 1969, S. 208). Gegenüber dem Ansatz Gutenbergs hat sich zunächst nicht viel geändert.

Im Mittelpunkt des **entscheidungsorientierten Wissenschaftsprogramms** steht der wirtschaftende Mensch als Entscheidungssubjekt - also nach Gutenberg der dispositive Faktor.

"Aus dem Spektrum möglicher Erkenntnisobjekte hebt der entscheidungsorientierte Ansatz die vielfältigen Entscheidungsprozesse in einer Betriebswirtschaft hervor. (...) Bedingt durch die Arbeitsteilung bestehen sowohl innerhalb der Betriebswirtschaft selbst als auch zwischen ihr und der Umwelt zahlreiche und vielfältige Teilaufgaben und Beziehungen, die von diversen sachlichen Hilfsmitteln (Produktions-, Transport-, Informations- und Kommunikationstechnik) unterstützt werden. Dieses erfordert ein begriffliches Instrumentarium, das auf Erkenntnisse aus anderen wissenschaftlichen Disziplinen, wie z.B. der Mathematik, Volkswirtschaftslehre, Ingenieurwissenschaft, Informatik, Rechtswissenschaft, Soziologie oder Psychologie, zurückgreifen muss" (Heinen 1991, S. 12).

Ein besonderer Schwerpunkt der entscheidungsorientierten Betriebswirtschaftslehre ist der Zielbildungsprozess der Unternehmung. Als wesentliche Träger dieses Zielbildungsprozesses werden die Kerngruppe und Bezugsgruppen der Unternehmung angesehen; zur letzteren gehören z.B. Aufsichtsrat, Betriebsrat, interne Abteilungen, so dass auch Arbeitnehmervertreter am Zielbildungsprozess beteiligt werden.

In der "Industriebetriebslehre" fügt Heinen zu den klassischen betriebswirtschaftlichen Funktionen die "Personalwirtschaft" hinzu (Kupsch/Marr 1991, S. 729 ff.). Die Autoren dieses Kapitels gehen von einem umfassenden sozialwissenschaftlichen Grundmodell aus, in dem die Verhaltensweisen des Menschen "aus den sozialen Beziehungen der Organisation und aus seinen subjektiven Bedürfnissen und Wertvorstellungen" erklärt werden (Kupsch/Marr 1991, S. 734).

Es enthält individualpsychologische, sozialpsychologische, soziologische und politologische Ansätze. In diesem Sinne stellt das Verhalten des arbeitenden Menschen das "Ergebnis von Verhandlungs-, Anpassungs-, Beeinflussungs-, Motivierungs- und Problemlösungsprozessen" dar (Kupsch/Marr 1991, S. 734).

Neben der Erklärung realer wirtschaftlicher Zusammenhänge (Erklärungsaufgabe) sieht Heinen die Formulierung von Aussage-Systemen (Entscheidungsmodellen) zur Gestaltung der betrieblichen Wirklichkeit (Gestaltungsaufgaben) als Zielsetzung der Betriebswirtschaftslehre an (Heinen 1985, S. 28). Die personalwirtschaftlichen Instrumente (Entlohnungsmethoden, Führungsstil usw.) werden dabei als Gestaltungsvariablen verstanden.

Besondere Aufmerksamkeit wird der **Anreiz-Beitrags-Theorie** als personalwirtschaftlichem Bezugsrahmen geschenkt. Diese besagt, dass das Individuum die von der Organisation erhaltenen Anreize seinen Beiträgen gegenüberstellt und auf Grund des Nutzenvergleichs seine Verhaltensweisen festlegt. Vom Ergebnis der Bewertung hängt es also ab, welches Leistungsverhalten der Einzelne an die Organisation emittiert und ob das Organisationsmitglied das Arbeitsverhältnis überhaupt aufrechterhält (Kupsch/Marr 1991, S. 745).

In vielen Entscheidungsprozessen sind vom Entscheidungsträger "Wünsche und Ansprüche von Organisationsmitgliedern und/oder von Personen der Organisationsumwelt zu berücksichtigen (Heinen 1978, S. 34).

Das Ausmaß der Realisierung derartiger Forderungen hängt in erster Linie von den bestehenden Machtverhältnissen ab.

Die Durchsetzung der ausgehandelten Organisationsziele findet im Führungsprozess statt. Führung wird als gezielter Beeinflussungsvorgang verstanden.

Soziale Ziele, Bedürfnisse und Erwartungen der ausführenden Beschäftigten werden also im entscheidungsorientierten Ansatz aufgenommen. Dies geschieht aber primär unter dem Aspekt der Verbesserung der unternehmerischen Zielerreichung. Ebenfalls wird die Führung vorwiegend aus der Sicht der Führungskräfte gesehen. Dem Menschen, dem ausführende Tätigkeiten übertragen werden, gilt nicht das besondere Interesse des entscheidungsorientierten Ansatzes, der darauf gerichtet ist, Entscheidungen des dispositiven Faktors zu verbessern. Die Entscheidungen stehen im Vordergrund, weil sie für die ausführenden Arbeiten letztlich bestimmend sind.

Eine Aufgabe der Betriebswirtschaftslehre sieht Heinen in der **Beratungsfunktion** sowohl für die Entscheidungsträger in der Unternehmung als auch für den Gesetzgeber. Für die Betriebsangehörigen, die nicht an Ziel- und Mittelentscheidungen teilnehmen, trägt die Betriebswirtschaftslehre kaum zur Bewältigung von Arbeits- und Lebenssituationen bei.

2.3.3 Der systemorientierte Ansatz

Im systemorientierten Ansatz wird die **Unternehmung als offenes soziales, zielorientiertes und strukturiertes System** verstanden. Das Unternehmensgeschehen wird als Transformationsprozess aufgefasst, durch den "Input" in "Output" umgewandelt wird. Als Inputgüter gelten für die "Betriebsmittel" (nicht zu verwechseln mit Gutenbergs Produktionsfaktor Betriebsmittel) (Ulrich 1970, S. 47, 157):

- Menschen ⎫
- Anlagen ⎬ produktive Elemente
- Materialien
- Energie
- Informationen
- Zahlungsmittel.

Die beschafften Betriebsmittel müssen "erhalten" und "gepflegt" werden, damit sie einsatzbereit sind bzw. ihre Einsatzbereitschaft erhalten bleibt (Ulrich 1970, S. 46). Die Zielsetzung des Beschaffungsbereichs besteht in der Minimierung der Beschaffungspreise und -kosten (Ulrich 1970, S. 312).

Das produktive Element "Mensch" wird hier wie bei Gutenberg nur von der Kostenseite her gesehen. Die Ertragsseite wird nicht berücksichtigt.

Das Unternehmensgeschehen vollzieht sich in Funktionsbereichen, die in drei Gruppen gegliedert sind (Ulrich 1970, S. 49):

1. **Marktleistungsbezogene Funktionsbereiche:**
   Produktentwicklung
   Produktion
   Absatz
2. **Betriebsmittelbezogene Funktionsbereiche:**
   Personalwesen
   Anlagenwirtschaft
   Materialwirtschaft
   Informationswesen
   Finanzwesen
3. **Unternehmensbezogener Funktionsbereich:**
   Gesamtführung der Unternehmung.

Im Gegensatz zu Gutenberg wird hier ein gesonderter Funktionsbereich **Personalwesen** ausgewiesen. Der unternehmensbezogene Funktionsbereich, dessen Trägern die Gestaltung und Steuerung der Unternehmung obliegt, lässt eine Verbindung zu Gutenbergs dispositivem Faktor vermuten (Staehle 1975, S. 720).

Ulrich fasst die Betriebswirtschaftslehre als **Gestaltungslehre** für Handlungsmaximen bei Entscheidungen der Führungskräfte im sozialen System auf. Der Kreis der Führungskräfte wird bei ihm allerdings sehr weit gefasst. Darunter fallen alle Personen, die mitgestaltend auf die Unternehmung und mitbestimmend auf die Unternehmungsaktivitäten einwirken (Ulrich 1971, S. 44). Betriebswirtschaftslehre dient also im System-Ansatz "als problemorientierte Betriebswirtschaftslehre" nur den Führungskräften bei der Ausübung von Führungstätigkeiten.

Tatsächlich müssen auch die Mitarbeiter, die nichtgestaltend tätig sind, Probleme lösen. Zur Aufgabe der Betriebswirtschaftslehre gehört daher ebenfalls die Hilfestellung bei der Lösung von Problemen der "Nicht-Führungskräfte".

Die mehr oder weniger mechanistische Behandlung des Menschen als Betriebsmittel und seine Stellung in den Funktionsbereichen wird durch die mehrdimensionale Analyse des Unternehmensgeschehens relativiert. Neben der materiellen, der kommunikativen und wertmäßigen Dimension wird die **soziale Dimension** (Ulrich 1970, S. 246 ff.) besonders betont.

Der Unterschied zwischen dem Menschen und den sachlich-maschinellen Betriebsmitteln wird deutlich herausgestellt.

"Der Mensch trägt als Lebewesen einen Sinn in sich selbst und ist nicht nur Mittel zum Zweck; er weist einen **Selbstwert** auf und stellt selbst Anforderungen an seine Umwelt. Vom menschlichen Standpunkt aus kehrt sich die Mittel-Zweck-Beziehung geradezu um: Nicht der Mensch ist ein Mittel zur Erreichung unternehmerischer Ziele, sondern die Unternehmung ist ein Mittel zur Erfüllung menschlicher Zwecke" (Ulrich 1970, S. 246).

Als weitere Unterscheidungsmerkmale werden genannt:

- Der Mensch ist nur teilweise in die Unternehmung einbezogen und abwechselnd im Rahmen anderer sozialer Systeme tätig.
- Der Mensch ist selbstständig und mit Denkvermögen, Initiative und Willen ausgestattet.
- Der Mensch ist vielseitig einsetzbar.
- Die Leistungsabgabe des Menschen kann von der Umgebung, den seelischen Beeinflussungen und vom Willen abhängen, aber auch durch Anreize der Umwelt beeinflusst werden.
- Der Mensch kann ohne seine Zustimmung weder "beschafft" noch "verwaltet" werden.
- Menschen bilden Gruppen und diese beeinflussen ihr Verhalten (Ulrich 1970, S. 246).

Durch den Menschen erhält die Unternehmung eine zusätzliche Dimension, die sie zum **sozialen System** werden lässt. Der soziale Charakter der Unternehmung kommt einerseits als Bestandteil der menschlichen Gesellschaft zum Ausdruck, und andererseits stellen die Unternehmungen selbst "Gesellschaften" dar (Ulrich 1970, S. 162).

Das Unternehmungsgeschehen wird durch das Verhalten der Menschen bestimmt, das ebenfalls von der Betriebswirtschaftslehre erfasst werden muss. Die Betriebswirtschaftslehre muss daher **psychologische und soziologische Erkenntnisse** berücksichtigen, damit nicht ein einseitiges Menschenbild Gegenstand der Betrachtung wird.

Aus der Feststellung, dass der Mensch einen Selbstwert aufweist, ergibt sich die Frage, "ob unter Umständen menschliche, soziale Werte wirtschaftlichen Zielvorstellungen überzuordnen sind, womit die Frage nach dem obersten 'Wertsystem' einer Unternehmung aufgeworfen wird" (Ulrich 1970, S. 247).

Zusammenfassend kann gesagt werden, dass im systemtheoretischen Ansatz von Ulrich durch die Aufnahme der sozialen Dimension der Mensch angemessen berücksichtigt wird (Staehle 1975, S. 721). Neben den wirtschaftlichen Zielsetzungen werden auch die Bedürfnisse, Interessen und Erwartungen der Individuen in das Theoriesystem aufgenommen.

2.3.4 Der Kontingenzansatz

Der **Kontingenzansatz**, auch **situativer Ansatz** genannt, ist in den späten sechziger und siebziger Jahren in den USA entwickelt worden und hat die Unternehmungsführung und damit auch die Personalwirtschaftslehre stark beeinflusst. Die Intention besteht darin, die bestehenden Ansätze und die Interdisziplinarität der Managementproblematik in einem Konstrukt zu integrieren, um die Komplexität multivariater Zusammenhänge in verschiedenen Situationen erklären zu können und darauf aufbauend Gestaltungshilfen zu geben.

In den siebziger Jahren wenden sich in den USA fast alle Management-Lehrbuchautoren dem Kontingenzansatz zu, wobei Luthans deutlich zwischen Contingency Management und Situational Management unterscheidet (Luthans 1976). In anderen Veröffentlichungen werden diese Begriffe wiederum synonym verwendet (vgl. z.B. Carlisle 1976; Hellriegel/Slocum 1989; Koontz/Weihrich 1988).

Mit Hilfe des Kontingenzansatzes werden verschiedene "if-then"-Beziehungen aufgezeigt, so dass deutlich wird, dass die Erfüllung personalwirtschaftlicher Aufgaben von der entsprechenden Situation abhängt. Er besagt, dass es nicht einen besten Weg der Gestaltung für alle Situationen gibt.

Dabei wird unter Situation "die Gesamtheit der objektiv herrschenden und der von den handelnden Individuen wahrgenommenen und erlebten Handlungsbedingungen" verstanden (Staehle 1991, S. 178).

Der Kontingenzansatz basiert auf einem offenen System, das durch vielfältige **Beziehungen zur Umwelt** und eine große **Dynamik der Veränderung** gekennzeichnet ist. So gesehen erfordert das Konzept von den Entscheidungsträgern einen hohen Grad an Flexibilität.

Um die komplexen kontingenten Beziehungen der Pesonalwirtschaft aufzeigen zu können, werden hier folgende vier Systemebenen unterschieden: Mikrosystem, Insystem, Zwischensystem und Umsystem (Makrosystem) (vgl. Darstellung I-3) (vgl. u.a. Hodge/Anthony 1984).

Das **Mikrosystem Personalwirtschaft** ist durch das personelle **Potential mit seinen Verhaltensweisen, Einstellungen und Erwartungen** sowie durch **formale und informale Beziehungen und starke Interdependenzen** zu den übrigen Funktionsbereichen des Insystems gekennzeichnet.

Das **Insystem**, die **Organisation** (Betrieb) selbst, die durch die Beziehungen zum Mikro- und Umsystem ergänzt wird, ist durch das **Zielsystem**, die **Struktur** und die **Technologie** ausgewiesen (vgl. Carlisle 1976, S. 58 ff.; Wheelen/Hunger 1983, S. 7 ff.; Hodge/Anthony 1984, S. 62 ff.). Das Zielsystem ist durch die Formal- und Sachziele charakterisiert.

Die Entscheidung über das Zielsystem wird außer von den Interessen und Zielen der externen Kräfte insbesondere auch durch die Bedürfnisse und Interessen einzelner Organisationsmitglieder sowie -gruppen bestimmt, die wiederum ihrerseits von Kontextfaktoren beeinflusst werden. Die **Struktur** ist durch die Aufbau- und Ablauforganisation, die Kommunikation und die Machtverhältnisse charakterisiert.

Die **Technologie** umfasst den Wissensfundus, dessen materielle Nutzbarmachung sowohl in Produkten und Dienstleistungen als auch in Verfahren (Produktionstechniken) ihren Niederschlag findet.

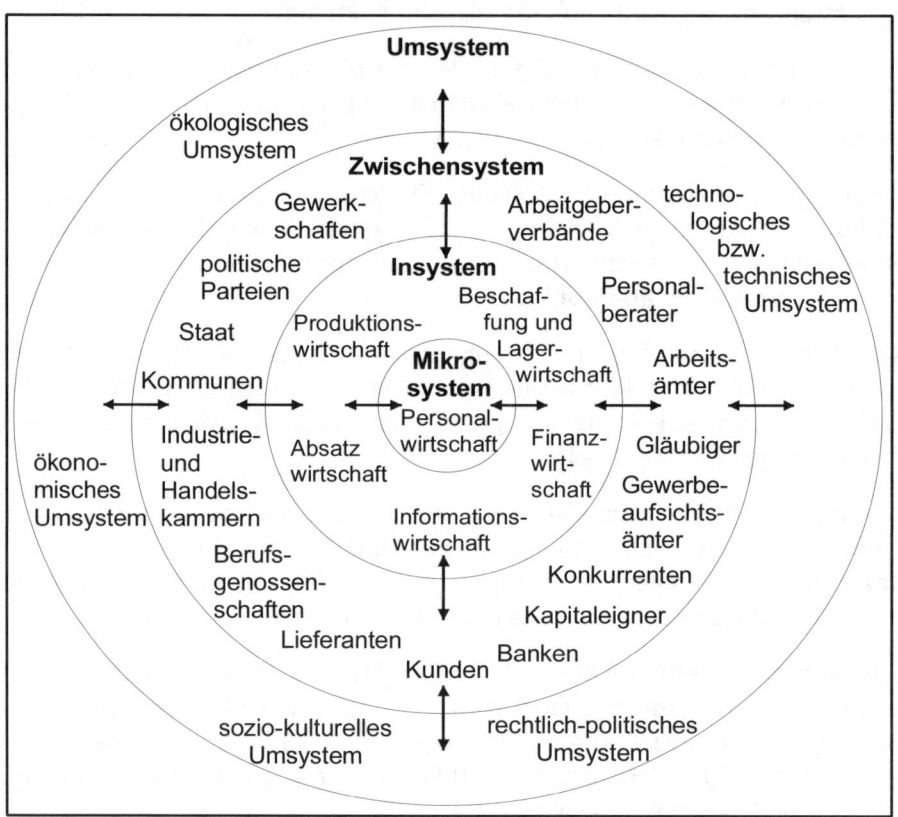

Darstellung I-3   Personalwirtschaft und ihre Systembeziehungen

Das **Zwischensystem** ist durch vielfältige Beziehungen zum In- und Umsystem gekennzeichnet. Träger dieser Beziehungen sind insbesondere: Arbeitsämter, Personalberater, Gewerkschaften, Arbeitgeberverbände, Kapitaleigner, Lieferanten, Kunden, Konkurrenten, Gläubiger, Banken, der Staat, Kommunen, Industrie- und Handelskammern, Öffentlichkeit sowie politische Parteien.

Bei den **Umsystemen**, deren Träger bzw. Merkmale auf personalwirtschaftliche Entscheidungen Einfluss ausüben können, lassen sich

- ökonomische,
- sozio-kulturelle,
- technologische (bzw. technische)
- rechtlich-politische und
- ökologische

Segmente unterscheiden.

Das **ökonomische Umsystem** wird durch die Faktoren des wirtschaftlichen Rahmens, in dem die Organisation agiert, bestimmt. Diese Faktoren sind insbesondere das Wirtschaftssystem, die allgemeine Wirtschaftssituation (Konjunktur), die zunehmende Internationalisierung, die weitere Arbeitszeitverkürzung sowie die demographischen Veränderungen und die Arbeitsmarktsituation. Durch ihre Beziehungen zum Absatz- und Beschaffungsmarkt - insbesondere zum Arbeitsbeschaffungsmarkt - bestimmt die Organisation dieses Umsystem mit.

Dem **sozio-kulturellen Umsystem** sind die gesellschaftlichen Faktoren zuzuordnen, die die individuellen Einstellungen, Verhaltensweisen und Werte beeinflussen. Sie wirken z.B. auf die individuelle und soziale Leistungsbereitschaft, die Einstellung zur Autorität und zum Status, die Mobilität der Einzelnen im Gesellschaftsgefüge und die Fähigkeit zur Aufnahme und Verarbeitung des wissenschaftlichen und technischen Fortschritts (Bleicher 1979, S. 15).

Für das Subsystem Personalwirtschaft sind weiterhin u.a. das Interesse der Unternehmungsmitglieder an zunehmender Freizeit sowie bei wirtschaftlichem Wachstum die Forderung der Arbeitnehmer nach mehr Partizipation an der **Wertschöpfung** bedeutsam. Aus dem Letzteren ergibt sich - induziert durch das Umsystem und die betriebliche Entwicklung - der Zielkonflikt, der aus der grundlegenden Forderung der Arbeitnehmer nach höherem Einkommen und dem Gewinnstreben der Unternehmer resultiert.

Das **technologische Umsystem** wird insbesondere durch die beiden Teilkomplexe Produktions- und Informationstechnologie bestimmt. Als Produktionstechnologie wird der gesamte verfahrenstechnische Wissensvorrat und die vorhandenen technischen Strukturen an Sachmitteln verstanden, die im Produktionsprozess der Unternehmung eingesetzt werden können. Die Informationstechnologie umfasst den Wissensvorrat und die Sachmittel, die für die Informationsverarbeitung von Bedeutung sind (Grochla 1972, S. 150 f.).

Der **technische Fortschritt** und insbesondere die Automatisierung bedeuten für die gesamte Wirtschaft tiefgreifende Wandlungen. Diese Entwicklung ist für die Personalwirtschaft im Hinblick auf die Ziel- und Maßnahmenentscheidungen unter verschiedenen Aspekten von besonderer Bedeutung.

Der Einsatz maschineller Einrichtungen erleichtert vielfach die menschliche Arbeit, indem die **physische Belastung** sinkt. Die Verwendung von Maschinen führt zu einer **Substitution der menschlichen durch technische Arbeit**. Auf Grund dieses Vorgangs kommt es in Organisationen zu Personalfreistellungen. Die Substitution wird durch die konfliktären Ziele **Wirtschaftlichkeit** und **Sicherung der Arbeitsplätze** bestimmt. In den Jahren des wirtschaftlichen Booms kam dieser Konflikt nur selten zum Ausbruch, da in der wachsenden Wirtschaft dem freigestellten Personal - häufig sogar im selben Betrieb - sofort wieder neue Arbeitsplätze angeboten werden konnten.

Die Substitution der menschlichen Arbeit durch technische Arbeit beschränkt sich nicht nur auf den Produktionsbereich. Auch der **Bürobereich** ist durch die Einführung von Computern, Informations- und Kommunikationstechniken und die Entwicklung neuer Arbeitsmittel davon betroffen.

Mit der Abnahme der physischen Belastung wächst häufig aber auch gleichzeitig die **psychische Belastung**. Insbesondere nimmt die **Monotonie** durch die **hochgradige Arbeitszerlegung** zu.

Der technische Fortschritt bewirkt ferner eine Veränderung der **Anforderungsstruktur** der Arbeitsplätze.

Um die Anpassung der Anforderungen an die Entwicklung vollziehen zu können, müssen die betrieblichen Bildungsaktivitäten wesentlich intensiviert werden. Sie sind notwendig, damit zum einen die wirtschaftlichen Ziele erreicht werden und zum anderen den Interessen der Mitarbeiter nach mehr Flexibilität und Mobilität entsprochen werden kann. Für die Mitarbeiter ergibt sich aus dem Erfordernis, während der Zeit ihrer Erwerbstätigkeit dauernd einen Arbeitsplatz zu sichern, der Zwang, sich den sich ändernden Anforderungen anzupassen, eventuell mit der Folge, ein- oder mehrmals den Beruf zu wechseln.

Das **rechtlich-politische Umsystem** wird durch die gesamten, für eine Organisation bedeutenden rechtlichen Regelungen sowie durch ihre Anwendung durch Organe der Exekutive und der Jurisdiktion bestimmt.

Zu der für die Personalwirtschaft relevanten rechtlich-politischen Umwelt gehört z.B. die geltende Gesellschaftsordnung, insbesondere die Sozial- und Rechtsordnung, die von gesellschaftlich bedeutenden Bezugsgruppen, wie Regierung, Parteien und Parlament, die ihre Politiken formulieren und umsetzen (z.b. Wirtschafts- und Sozialpolitik, Tarifpolitik, staatliche Bildungspolitik), gestaltet wird.

Die Kompetenzen für den betrieblichen Zielbildungsprozess befinden sich in der Umverteilung. Die Gesellschaft setzt insbesondere durch ihre **Führungsorganisation** (den Staat), durch ihre **Rechts- und Wirtschaftsordnung** und durch die **öffentliche Meinung** einen Kranz von Daten, an den sich die Organisationen mehr oder weniger anzupassen haben.

Der Staat engt den Selbstbestimmungsspielraum für den Unternehmer immer mehr ein, indem er durch gesetzliche Regelungen eine Verlagerung der Zielbildungsaktivitäten sanktioniert (z.B. Mitbestimmungsgesetzgebung). Die Gruppeninteressen werden infolgedessen beim Zielbildungsprozess direkt im Unternehmen geltend gemacht.

Die Unternehmung gliedert sich in ein größeres politisches und soziales System ein. Die Wertvorstellungen der Umwelt sind heute bereits vielfach Ziele der Unternehmung. Auch wird die Unternehmung im inneren Beziehungsgefüge immer mehr Spiegelbild der gesellschaftlichen Gruppierungen der Demokratie.

Die gesellschaftliche Entwicklung hat nicht nur Einfluss auf den Zielbildungsprozess, sondern bestimmt auch die zur Zielerreichung erforderlichen Maßnahmen. Das Verlangen der Arbeitnehmer nach mehr **Emanzipation**, **Mündigkeit** und **Autonomie** ist betrieblicherseits nur durch einen **kooperativen Führungsstil** und eine **humanere Arbeitsorganisation** zu erfüllen.

Im Rahmen des rechtlich-politischen Umsystems sind die **Arbeitgeber-Arbeit-nehmer-Beziehungen** von besonderer Bedeutung. Daher wird dieser Komplex später gesondert behandelt.

Das **ökologische Umsystem** umfasst die physischen Bedingungen der Umwelt, die das Handeln der Unternehmungsmitglieder beeinflussen, wie z.B. Infrastruktur, geographische und klimatische Bedingungen.

Der Arbeitnehmer hat z.B. einerseits ein gesteigertes Interesse an einer unbelasteten Umwelt, die ihm ein hohes Maß an Lebensqualität gewährt. Andererseits erhebt er die Forderung nach Schaffung und Sicherung von Arbeitsplätzen, die abhängig von der Art des Betriebes die Umwelt beeinträchtigen können. Diese Interessenpluralität kann insbesondere auch innerhalb der Arbeitnehmerschaft konfliktfördernd wirken.

Eine ökologieorientierte Personalwirtschaft wird zunehmend an Bedeutung gewinnen. Voraussetzungen dafür sind die Verfolgung ökologischer Ziele, die Implementierung der entsprechenden Instrumente zur Zielerreichung, die Sensibilisierung, die Motivation und Qualifikation der Unternehmungsmitglieder für diese Aufgabe.

Diese für die Organisation bedeutenden Umsysteme sind nicht voneinander unabhängig, sondern weisen wechselseitige Beziehungen auf, die in der Regel äußerst komplex, dynamisch und ungewiss sind.

Die **Komplexität** betrifft die Heterogenität und die Anzahl der Umsystemfaktoren (Kontextfaktoren), die für die personalwirtschaftlichen Entscheidungen relevant sind.

Dynamische Umsysteme bedeuten oft unerwartete und überraschende Einflüsse auf betriebliche Handlungsweisen. Dieser Wandel des Umsystems und die Umweltkomplexität führen zu einer **Ungewissheit**, die graduell von dem Ausmaß des Wandels und der Komplexität bestimmt wird. Eine hohe Dynamik und große Komplexität führen tendenziell zu einer höheren Ungewissheit, was für den Entscheidungsträger im Extrem bedeutet, dass er nicht über Informationen der Umsystemfaktoren verfügen kann, so dass das Risiko für Fehlentscheidungen steigt.

Generell kann davon ausgegangen werden, dass jedes menschliche Verhalten, also auch Ziel- und Mittelentscheidungen, von der **Person und ihrer Umwelt** abhängen. Nach Lewin ist das Verhalten (V) eine Funktion (F) der Person (P) und ihrer Umwelt (U) (Lewin 1963, S. 271 f.):

$$V = F (P, U).$$

Die Umwelt wird dem Individuum durch **Wahrnehmungs-, Lern- und Denkprozesse** vermittelt, die **Motive** und **Einstellungen** beeinflussen. Dieser Prozess vollzieht sich aber auch in umgekehrter Richtung.

Die Personalwirtschaft als **Insystem** gestaltet zum großen Teil **bewusst** die unmittelbare Umwelt des Mitarbeiters, zum Teil nimmt sie **unbewusst** auf den Mitarbeiter Einfluss. Als bewusste Maßnahmen sind z.B. **die Gestaltung der Arbeitsbedingungen, die betriebliche Bildung, die Gruppenzugehörigkeit, der Führungsstil und die Kommunikation** zu nennen.

Durch die Interaktion mit anderen Betriebsangehörigen werden im Rahmen des betrieblichen **Sozialisierungsprozesses** Werte internalisiert, die den Mitarbeiter auch für seine Freizeit prägen und die z.B. das politische Bewusstsein, das Konsum- und Freizeitverhalten verändern können. Personalwirtschaftliche Maßnahmen können also in hohem Maße gesellschaftliches Handeln beeinflussen.

Auch in anderen Bereichen haben personalwirtschaftliche Maßnahmen auf die Gesellschaft eine weite Ausstrahlung. Betriebe haben häufig auf Grund vielfältiger Ziele Aufgaben übernommen, die vornehmlich in die Kompetenz öffentlicher Institutionen fallen. Der Betrieb nimmt auch eine gesellschaftliche **Subsidiaritätsfunktion** wahr. Ein Beispiel hierfür ist, dass Betriebe Kindergärten unterhalten, um junge Mütter als Mitarbeiterinnen zu gewinnen. Auch Maßnahmen der betrieblichen Bildung haben in diesem Zusammenhang große Bedeutung. Durch derartige Aktivitäten kompensieren die Betriebe häufig Versäumnisse der öffentlichen Hand und kommen damit den Interessen der Arbeitnehmer entgegen.

Da die Personalwirtschaft alle Ziele und Maßnahmen umfasst, die auf den Menschen in Organisationen ausgerichtet sind, gehört es auch zu ihren Aufgaben, den gesellschaftlichen Wandel zu erkennen und in die Ziel- und Mittelentscheidungen mit einzubeziehen. Für die Personalwirtschaft ist es wichtig, die gesellschaftlichen Änderungen rechtzeitig bei den Ziel- und Mittelentscheidungen zu berücksichtigen, um den Bedürfnissen und Erwartungen der Mitarbeiter entgegenzukommen.

Ein wesentlicher Kritikpunkt bezieht sich darauf, dass der Kontingenzansatz nicht in der Lage ist, Handlungsempfehlungen aufzuzeigen.

2.4 Ökonomische Betrachtungsweisen

2.4.1 Humankapitaltheorie

In der wirtschaftswissenschaftlichen Literatur versteht man unter Humankapital die produktiven Fähigkeiten der Mitarbeiter in Organisationen (Becker 1964). Wissen, Erfahrungen und Fertigkeiten besitzen ökonomischen Nutzen für Organisationen, weil diese durch Humankapital produktiv und weiterentwicklungsfähig sind. Anders als andere Ressourcen der Organisation können Humanressourcen ihr Potential allerdings nur dann voll entfalten, wenn die Mitarbeiter im Interesse der Organisationsziele kooperieren. **Investitionen in Humankapital** sind Ausgaben zwecks Steuerung produktiver Verhaltensweisen der Mitarbeiter einschließlich solcher der Leistungserhaltung, der Stimulation und der Überwachung sowie der Erwartung eines zukünftigen "Return on Investment". Entsprechend der "Grundgleichung" der Humankapitaltheorie kann die Finanzierung der Maßnahmen aus Sicht der Organisation nur so lange als rational angesehen werden, wie die kapitalisierten Auszahlungen für die Maßnahmen geringer als der Barwert aus den Einzahlungen der Produktivitätssteigerung sind. In der Humankapitaltheorie spielen **Kontingenzfaktoren** wie beispielsweise Marktbedingungen, Gewerkschaftsverhalten, Geschäftsstrategien und Technologie eine wichtige Rolle, weil diese die Kosten, die mit alternativen Ansätzen des Personalmanagements verbunden sind, tangieren.

Becker (1964, S. 8 ff.) schlussfolgert aus den idealtypischen, modellartigen Betrachtungen des Arbeitsmarktes, dass Organisationen grundsätzlich nur den Aufbau organisationsspezifischer Kompetenzen finanzieren sollten, da nur diese in Wettbewerbsmärkten zu einem "Return on Investment" führen. Durch ein "General Training" werden Qualifikationen vermittelt, die nicht nur in der

Bildungsmaßnahmen gewährenden Organisation, sondern in jeder anderen Institution Verwertung finden können. Im Modell wird also die Fluktuationswahrscheinlichkeit der qualifizierten Mitarbeiter in Abhängigkeit von der Marktgängigkeit der vermittelten Qualifikationen betrachtet. Wechselt ein "allgemein qualifiziertes" Belegschaftsmitglied nach der Qualifizierungsteilnahme den Arbeitgeber, so wird es - vollkommene Konkurrenz am Arbeitsmarkt vorausgesetzt - nach dem Arbeitsplatzwechsel einen Lohn entsprechend seinem ursprünglichen Grenzprodukt plus den Zusatzertrag auf Grund höherer Qualifikation realisieren. Daraus resultiert, dass auf kompetitiven Arbeitsmärkten der während der Nutzungsdauer der Investition zu zahlende Lohnsatz, der eine Fluktuation vermeiden hilft, in gleichem Ausmaß wie das Grenzprodukt seiner Arbeitsproduktivität steigen muss. In dem Maße, in dem die vermittelten Qualifikationen marktgängig sind, werden die aus der qualifikationsbedingten Produktivitätssteigerung sich ergebenden Einzahlungen über den gleichfalls angewachsenen Lohnsatz an den Mitarbeiter vollständig weitergegeben werden müssen. Im Gegensatz zu marktgängigen Qualifikationen steigern die durch ein "specific Training" induzierten organisationsspezifischen Kompetenzen den Grenzertrag der Arbeitsproduktivität ausschließlich in der qualifizierenden Organisation. Da für andere Organisationen als Nachfrager am Arbeitsmarkt diese Art von Qualifikation nicht nutzbringend ist, muss der marktorientierte Lohnsatz für organisationsspezifisch qualifizierte Mitarbeiter nicht entsprechend dem Grenzprodukt ihrer Arbeitsproduktivität steigen. Die Fluktuationsneigung des Belegschaftsmitglieds wird dadurch begrenzt, dass die zusätzliche Qualifikation durch einen Arbeitsplatzwechsel nicht zu einem Einkommenszuwachs führt. In der modelltheoretischen Betrachtung versucht diese qualifizierende Organisation das Risiko eines Investitionsverlustes dadurch zu reduzieren, dass diese ihrem Mitarbeiter einen Lohnsatz zubilligt, der (geringfügig) über dem ohne Training erzielbaren Lohnsatz liegt.

Die praktische Relevanz dieser modelltheoretischen Betrachtung ist allerdings stark eingeschränkt, weil die Fluktuationswahrscheinlichkeit des "Homo Oeconomicus" wenig realitätsnah allein durch den Lohnsatz determiniert wird.

2.4.2 Transaktionskostenansatz

Im Transaktionskostenansatz (Williamson 1975, 1981) wird die Organisation als ein "Bündel" von Transaktionskosten interpretiert und ökonomische Aktivität als eine Entscheidung zwischen Markt und Hierarchie. Basisannahme ist, dass Organisationen entstehen, um Probleme der Marktsteuerung mit transaktions- spezifischen Investments unter Bedingungen der Unsicherheit zu lösen. Es sind Lenkungsmechanismen ("Governance Structures") zu gestalten, die Vorteile be- grenzter Rationalität in Anspruch nehmen und gleichzeitig vor opportunisti- schem Verhalten schützen. Grundprinzip des Transaktionskostenansatzes ist die Formulierung ökonomischer Fragestellungen als Vertragsprobleme.

Transaktionskosten sind gemäß einer Definition von Picot (1995, Sp. 2108) die "Kosten der Information und Kommunikation, die für die Vereinbarung und Kontrolle eines als gerecht empfundenen Leistungsaustausches zwischen Auf- gabenträgern entstehen". Zu den **Transaktionskosten** zählen (1) Anbah- nungskosten (Informationskosten der Suche nach Tauschpartnern), (2) Verein- barungs-/Verhandlungskosten (Formulierung und Absicherung von Verträgen), (3) Abwicklungskosten der Transaktion, (4) Kontrollkosten (Überwachung der Vereinbarungen) und (5) Anpassungs- und Konfliktlösungskosten. Transaktions- kosten beeinflussen die Organisation in vielfältiger Weise und können sogar deren Existenz erklären helfen. Je unsicherer und komplexer sich die Umwelt zeigt, desto unerschwinglicher werden Transaktionen. Die Zahl notwendiger Verträge wird so hoch, dass sie sich nicht mehr handhaben lassen. Transakti- onen müssen also kostenbedingt und unsicherheitsreduzierend institutionali- siert werden.

Eine zentrale Hypothese des Transaktionskostenansatzes lautet, dass stets die Vereinbarungsform bzw. Institution gewählt wird, die ceteris paribus die ge- ringsten Transaktionskosten aufweist (Picot 1995, Sp. 2110). Transaktionen werden durch den Grad der **Unsicherheit bezüglich zukünftiger Ereignisse**, das **Ausmaß der Spezifität** und die **Häufigkeit** bestimmt. Unspezifische Leis- tungen sind auf Grund der alternativen Verwendungsmöglichkeiten leicht be- wertbar und über den Markt zu beziehen. Der Bezug spezifischer Leistungen ist mit Unsicherheiten behaftet und erfordert einen erheblichen Bewertungs- aufwand sowie eine intensive Absicherung. Je spezifischer die Transaktionen werden, desto stärker sind die Akteure an Kontinuität interessiert. Ökonomische Steuerung bedeutet in der Terminologie des Transaktionskostenansatzes eine **Verringerung der Transaktionskosten** durch (1) die aufgabenabhängige Veränderung des Vereinbarungs- und Vertragsrahmens, (2) die Institutionalisierung genereller Werte und Regeln (z.B. Führungsgrundsätze; Personalpolitik) und (3) den Aufbau von Vertrauens- und Kooperationsbeziehungen.

Der Transaktionskostenansatz trägt zum Verständnis bei, warum und wie Maßnahmen der Personalwirtschaft genutzt werden, um Steuerungsmechanismen zum Management der vielfältigen expliziten und impliziten Verträge zwischen Arbeitgeber und Arbeitnehmer zu unterstützen (vgl. Wright/McMahan 1992, S. 308 ff.). Es ergeben sich Konsequenzen für die Ausgestaltung praxisnaher Konzepte. Aus transaktionsökonomischen Überlegungen ergibt sich beispielsweise die zentrale Annahme, dass Mitarbeiter sich stark an eigenen Interessen orientieren, ihre Leistung ohne entsprechende Anreize nur eingeschränkt zur Verfügung stellen und sich auf Anstrengungen anderer in einer Gruppe verlassen ("Freerider"-Problematik). Deshalb müssen Arbeitsstrukturen es dem Einzelnen ermöglichen, seine spezifischen Leistungsbeiträge zu demonstrieren und gleichzeitig hiervon zu profitieren. Aufgabe der Personalwirtschaft ist es, mit entsprechenden Messinstrumenten diese spezifischen Leistungsbeiträge transparent zu machen und wirksame Anreiz- und Belohnungskonzepte zu entwickeln.

Ein wichtiges Axiom des Transaktionskostenansatzes ist die **"Asset"-Spezifität**. Diese betrifft die für eine bestimmte Transaktion getätigte Investition, die "außerhalb" des jeweiligen Anwendungsfeldes der Transaktion mit Wertverlust einhergeht. So sind Organisationen, die organisationsspezifische Kompetenzen benötigen, gezwungen, interne Arbeitsmärkte aufzubauen und spezielle Ausbildung und Erfahrungslernen zu fördern. Ausmaß und Art der Implementierung personalwirtschaftlicher Strategien und Maßnahmen sind u.a. davon abhängig, (1) inwieweit die benötigten Fähigkeiten und Fertigkeiten am externen Arbeitsmarkt grundlegend schon vorhanden sind, (2) wie hoch die (Transaktions-) Kosten der Personalbeschaffung ausfallen und (3) welche Möglichkeiten und Kompetenzen in der jeweiligen der Organisation zur gezielten Personalentwicklung vorhanden sind.

Kritisch ist anzumerken, dass Annahmen des Transaktionskostenansatzes keine dezidierten normativen Aussagen erlauben, weil opportunistisches Verhalten und Marktanpassung überbetont werden, eine statische Betrachtungsweise vorherrscht und Organisationen lediglich als Substitute für die Strukturierung effizienter Transaktionen für den Fall angesehen werden, dass Märkte versagen. Dagegen werden Komponenten eines "Organizational Advantage", der sich in verhaltensbezogenen Kategorien wie der Qualität menschlicher Beziehungen, in Kooperation und gemeinsamen Absichten sowie in Innovationsfähigkeit äußert, weitgehend vernachlässigt (zur Kritik im Einzelnen vgl. Ghoshal/Moran 1996). Der Transaktionskostenansatz bietet also lediglich vereinzelte Hinweise für eine kosten- und ertragsvorteilhafte Gestaltung von Organisationsformen und den Einsatz bestehender personalwirtschaftlicher Instrumente.

2.4.3 "Agency Theory"

Der "**Principal-Agent**"-Ansatz (bzw. die "**Agency Theory**"; vgl. Jensen/Meckling 1976; Arrow 1985) behandelt pareto-optimale Vertragsgestaltungen: Eigentümer ("**Principals**") der Unternehmung trachten auf der einen Seite danach, ihren Return on Investment zu maximieren durch effiziente Nutzung der Organisation einschließlich ihrer Mitglieder ("**Agents**"). Auf der anderen Seite versuchen letztere, ihre Anstrengungen ohne ohne Einkommenseinbußen zu minimieren. Um ihre Interessen sicherzustellen, ziehen die Prinzipale unterschiedliche Formen von kostenminimalen Verträgen und auch Organisationsstukturen heran, die die Aufgabenerfüllung der "Agenten" in ihrem Sinne garantieren sollen. Basisannahmen sind auf der Verhaltensebene außer der Interessendualität begrenzte Rationalität, Opportunismus-Neigung ("Self-interest"), Risikoaversion und Informationsasymmetrie zugunsten der stets besser informierten "Agents". Dem Prinzipal sind oft wichtige Eigenschaften des Agenten ("**hidden Characteristics**") unbekannt, die Handlungen ("**hidden Action**") lassen sich nicht "kostenlos" beobachten, und die Absichten ("**hidden Intention**") können aus den Handlungen nicht erschlossen werden (Arrow 1985). Diese drei Fälle führen zu spezifischen Risiken (Picot 1995). Die unbekannten Eigenschaften (z.B. Qualifikationen) können zur Auswahl unerwünschter Vertragspartner führen. Über verborgene Handlungen wird der Verhaltensspielraum opportunistisch ausgenutzt (z.B. geringeres Leistungsverhalten). Jede mögliche Gelegenheit wird im Sinne der Absichten opportunistisch ausgenutzt, ohne dass der Prinzipal eingreifen kann (z.B. Verlassen der Organisation). Um Dysfunktionalitäten und vermeidbare Risiken auszuschließen,

werden Anreizsysteme und Kontrollmechanismen installiert, die Informations-
asymmetrien abbauen helfen und Interessenangleichungen induzieren.

Bei der Frage der **personalwirtschaftlichen Implikationen der "Agency
Theory"** ist es zweckmäßig, zwischen den beiden unterschiedlichen theoretischen Strömungen zu differenzieren (vgl. Jensen 1983, S. 334 ff.; Eisenhardt
1989, S. 59 ff.): Die sogenannte **positive, deskriptive und empiriebasierte
"Agency"-Literatur** richtet ihr Interesse auf die Beschreibung und Erklärung
der institutionalen Gestaltung von Vertragsbeziehungen und beinhaltet vorwiegend Fragen bezogen auf die Trennung von Eigentümerschaft und Unter-
nehmenssteuerung sowie die Rolle des (US-amerikanischen) "Board of Direc-
tors" (Jensen/Murphy 1990).

Die **normative "Principal-Agent"-Literatur** betont die Ausgestaltung von
Kompensationsverträgen mit optimalen Eigenschaften hinsichtlich der Risiko-
verteilung (Levinthal 1988). Als kostenminimierende und ertragssteigernde
Kontrollmechanismen im Sinne einer Determinierung des Handlungsspielraums
von Managern kommen nach Picot/Michaelis (1984, S. 258 ff.) in Frage:

(1) Managerentlohnung im Eigentümerinteresse (Gewinnbeteiligung, Eigen-
    tumsbeteiligung),

(2) Managerkonkurrenz um Führungspositionen (Bevorzugung von Mana-
    gern, die im Eigentümerinteresse handeln),

(3) Marktbewertung der Kapitalanteile (die Abwanderung von Anteilseignern
    z.B. führt zu sinkenden Anteilskursen),

(4) Konkurrenz auf dem Gütermarkt (weil starker Wettbewerbsdruck Preiser-
    höhungen verhindert und zu Kostenreduktionen zwingt, was im Eigen-
    tümerinteresse ist).

Bei der Gestaltung von Anreiz- und Kontrollsystemen entstehen "**Agency
Costs**", die als Effizienzmaßstab fungieren und im Rahmen der optimalen Gestaltung vertraglicher Beziehungen zu minimieren sind. Nach Jensen/Meckling
(1976) setzen sich die "**Agency Costs**" aus folgenden Komponenten zusammen: Überwachungs- und Kontrollkosten des Prinzipals bezüglich der spezifischen Principal-Agent-Beziehung ("**Monitoring Expenditures**"), Vertragskosten,
die dem Agenten entstehen ("**Bonding Expenditures**") und dem Residual-
verlust ("**Residual Loss**" = Opportunitätskosten).

Die Annahmen des "Principal-Agent-"Ansatzes konfigurieren mit Grundannahmen der Motivationsforschung, weil singulär auf finanzielle Anreize abgestellt wird. Dennoch ergeben sich aus ökonomischen Analysen (Transaktionskosten-/Agency-Ansatz) wertvolle Hinweise für die Beurteilung alternativer Maßnahmen in Bezug auf eine stärkere ökonomische und strategische Steuerung humaner Ressourcen in Unternehmen (vgl. Wright/McMahan 1992, S. 308 ff.), auch wenn es an Präzision der Ausgestaltung personalwirtschaftlicher Instrumente auf der Basis ökonomischer Modelle noch mangelt. Vorrangiges personalwirtschaftliches Anwendungsgebiet ist zweifelsohne die Führungskräfteentlohnung.

2.4.4 Ressourcenorientierter Ansatz

In der **Erfolgsfaktorenforschung** kristallisiert sich das Ergebnis heraus, dass die Qualität der Humanressourcen einen wichtigen Schlüsselfaktor des Unternehmenserfolges verkörpert (vgl. Fritz 1990). Gerade die "intangiblen" Humanressourcen sind in besonderer Weise erfolgsdeterminierend, weil sie Eigenschaften besitzen, die dauerhafte Wettbewerbserfolge erzielen helfen. Vertreter des "*Resource-based View of the Firm*" (Wernerfeldt 1984; Dierickx/Cool 1989; Barney 1991) interpretieren Organisationen als unikale Bündel tangibler wie intangibler Ressourcen. Ressourcen sind dauerhaft verfügbare unternehmensspezifische Faktoren. Unterschieden werden:

(1) physische Ressourcen (Technologie, Anlagen, Ausrüstung, geographische Lage),

(2) Humanressourcen (Leistungsfähigkeit und -bereitschaft der Belegschaft),

(3) organisationale Ressourcen (Organisationsstruktur, Managementsysteme, soziale Beziehungsnetzwerke).

Zwei Basisannahmen kennzeichnen den ressourcenorientierten Ansatz (vgl. Barney 1991, S. 101):

(1) Unterschiedliche Organisationen besitzen unterschiedliche Ressourcen und Fähigkeiten.

(2) Diese Differenzen erweisen sich vielfach als stabil über längere Zeiträume.

Ressourcen und Fähigkeiten reflektieren die unikale Historie, die lokale Spezifität, die speziellen personalen Netzwerke, die einzigartigen Werte, Normen sowie Traditionen usw. einer betrachteten Organisation. Sie sind insoweit strategisch relevant, als sie es einer Organisation ermöglichen, auf externe Gefahren und Chancen angemessen zu reagieren. Sie verkörpern **Quellen dauerhafter Wettbewerbsvorteile**, vor allem dann, wenn sie

(1) nur über längere Zeit im Unternehmen aufgebaut und entwickelt werden können - auf Faktormärkten also nicht unmittelbar zu beziehen sind,

(2) als selbstverständlich betrachtet werden, primär implizites Wissen ("tacit knowledge") repräsentieren und in ihren Zusammenhängen kausal nicht erklärbar sind sowie

(3) als sozial komplexe Konstrukte relativ immun gegenüber Interventionsversuchen sind.

Um einen **nachhaltigen Wettbewerbsvorteil** zu erlangen, hat eine Ressource im Einzelnen folgenden Kriterien zu genügen. Sie muss (Barney 1991, S. 105 ff.)

(1) dem Unternehmen einen bewertbaren Nutzen bringen,

(2) relativ zu den aktuellen bzw. möglichen Konkurrenten einzigartig sein,

(3) schwierig imitierbar sein und darf

(4) nicht durch eine andere Ressource substituierbar sein.

Diese Bedingungen treffen für Humanressourcen in vielen Teilen zu (vgl. Barney/Wright 1998). Unternehmen ohne herausragendes wettbewerbsrelevantes Humankapital sind nur unter ökonomisch nicht vertretbarem Aufwand in der Lage, diese wettbewerbsvorteilhafte Position zeitadäquat zu imitieren.

Die Bedingung der Seltenheit außergewöhnlicher Managementfähigkeiten ist über die Annahme der heterogenen Verteilung von wettbewerbsentscheidenden Fähigkeiten dadurch sichergestellt, dass **"Asset" Specifity** (Transaktionsspezifität) und stark **restriktive Mobilität** insbesondere der Fach- und Führungskräfte gegeben sind. Im Gegensatz zu allgemeinen Qualifikationen ("generic skills", z.B. konzeptionelles und instrumentelles "Lehrbuchwissen"), die der uneingeschränkten Transferierbarkeit zwischen den Einsatzorten unterliegen, erzeugen nur branchenbezogene und unternehmensspezifische Management-Qualifikationen Wettbewerbsvorteile, vorausgesetzt sie sind knapp und schwierig im Detail zu duplizieren. Im Falle branchenbezogener und unternehmensspezifischer Qualifikationen verliert der intern sozialisierte Mitarbeiter beim Verlassen von Arbeitsplatz und Branche **kapitalisierbare Kompetenzvorteile**, wodurch ein Bleibeanreiz entsteht und das Unternehmen weiterhin über die Arbeitskraft und die maßgeschneiderten Fähigkeiten der Arbeitskraft verfügen kann. Je mehr unternehmensspezifisches Wissen einzelner Fach- und Führungskräfte erst eingebunden in den Kontext eines Teams produktive Wirkungen entfaltet, desto weniger wirksam ist dieses Wissen außerhalb, in unternehmensfremder Umgebung.

Nicht-Imitierbarkeit und Dauerhaftigkeit ergeben sich aus der Tatsache, dass sich Beziehungsnetzwerke und soziale Strukturen als Bestandteil **kollektiver Fähigkeiten** der Humanressourcen nur langsam entwickeln. Es besteht Einzigartigkeit auf Grund der unternehmensspezifischen Sozialisation und der Investition in Führungskräfte-Humankapital. Jeder Einzelne besitzt **unikales Wissen und Erfahrungen** durch die Mitgliedschaft in einer Organisation und hat im Laufe der Zeit den situativen "Best-Way" der **Rollen- und Aufgabenerfüllung** gelernt. Entscheidend ist aber, dass die Fähigkeit erworben wird, mit anderen zielwirksam zu interagieren und die Verhaltensweisen der anderen Organisationsmitglieder zur Verfolgung einer bestimmten Strategie richtig zu interpretieren. Die **Kompetenzen** sind bei alternativer Verwendung weit weniger nutzenstiftend, weil sie Unternehmens- und Strategiespezifika vereinen. Darüber hinaus müssten potentielle Imitatoren einen vergleichbaren Prozess der Investition in "Humankapital" durchführen, um das erforderliche "tacit knowledge" (vgl. Sternberg 1999) zu erzielen, das erfolgreichen Entscheidungsroutinen zugrunde liegt und letztlich zur Nicht-Imitierbarkeit führt. Schrittweises **Erfahrungslernen** mit dem Ergebnis eines reichhaltigen, nicht verbalisierbaren ("versteckten") Erfahrungsschatzes und intuitiven Situationsverständnisses der Belegschaft muss als nicht duplizierbar und substituierbar gelten. In Bereichen, in denen eher repetitive Arbeiten verrichtet werden, vermag oft Technologie (Automatisierung) menschliche Arbeit zu ersetzen.

Der "Resource-based View" kann auf ökonomisch-theoretisch fundierte Weise Erklärungsbeiträge für die zentrale Bedeutung von Humanressourcen insbesondere für die **strategische Unternehmensführung** liefern, obgleich empirische Studien zur Überprüfung der Erwartungen des Ansatzes fehlen. Die Theorie-Praxis-Verknüpfung ist relativ vage und beschränkt sich u.a. darauf,

(1) die Institutionalisierung eines kohärenten Human-Resource-Systems (nicht isolierte Einzelmaßnahmen),

(2) die Investition in unternehmensspezifisch wertvolle Fähigkeiten (Erfahrungslernen),

(3) Teamentwicklung und Freiräume für Akteure

zu fordern (vgl. Barney/Wright 1998).

Hinzu kommt die Problematik einer Fokussierung auf gegenwärtige Kompetenzen bei der Analyse, so dass auf Grund von "Kompetenzfallen" die Forderung nach einer dynamischen Perspektive von (Lern-)Fähigkeiten erhoben wird (bei Lei/Hitt/Bettis 1996; Teece/Pisano/Shuen 1997).

Im ressourcenorientierten Ansatz erfolgt eine eindeutige **Unterscheidung von Fähigkeiten** ("Capabilities") auf der einen und **Aktivitäten, Systemen, Prozessen und Praktiken**, die zu Kompetenz und Verhaltensänderungen führen, auf der anderen Seite.

Wright/McMahan/McWilliams (1994, S. 317) verdeutlichen, dass die Quelle dauerhafter **Wettbewerbsvorteile in den Humanressourcen** selbst liegt, nicht aber in den Interventionen, mit denen das Humankapital mobilisiert, "genutzt" und erhalten wird. Instrumente, Methoden, Verfahren, Konzepte oder Systeme können aber einen mittelbaren Beitrag zu dauerhaften Wettbewerbsvorteilen leisten, indem sie die Entwicklung von Kompetenzen unterstützen, die spezifischen Nutzen für das betreffende Unternehmen stiften, soziale Netzwerke entstehen lassen, die eingebettet sind in Historie und Organisationskultur und spezifisches, wettbewerbsförderndes "tacit knowledge" generieren helfen (vgl. Lado/Wilson 1994, S. 699). Organisationen wenden idealtypische konzeptionelle Vorschläge ("Lehrbuchwissen") oder identifizierbare Praktiken von Referenzunternehmen nicht analog an, sondern lassen sich hiervon allenfalls bei der Implementierung anregen.

2.5 Sozialwissenschaftliche Perspektiven

2.5.1 Verhaltenswissenschaftliche Ansätze

Der Beginn der verhaltenswissenschaftlichen Ansätze (Behavioral Science) ist in den fünfziger Jahren anzusetzen. Sie umfassen primär die Forschungsergebnisse der Psychologie, Soziologie, Ethnologie und Anthropologie.

In der **Psychologie** wird das menschliche Verhalten untersucht. Insbesondere in der Sozialpsychologie sind viele Ansätze und Theorien menschlichen Verhaltens entwickelt worden. Es geht darum, wie Gruppen und Individuen das Verhalten anderer beeinflussen. Die Organisationspsychologie befasst sich mit dem Verhalten und den Einstellungen von Organisationsmitgliedern im organisationalen Umfeld und den Wechselwirkungen von Individuum und Organisation. Es ist leicht zu sehen, dass diese Wissenschaftsbereiche einen großen Einfluss auf die Personalwirtschaftslehre, insbesondere auf die Personalführung haben.

In der **Soziologie** ist das menschliche Verhalten in Gruppen Gegenstand der wissenschaftlichen Betrachtung, und es wird versucht, Gesetzmäßigkeiten über soziale Interaktion, Organisationskultur und das soziale Gebilde Organisation aufzuzeigen. Vor allem die Forschungsergebnisse über Kleingruppen, Verteilung von Macht und Autorität, die strukturellen Beziehungen und die Rollentheorie sind von der Personalwirtschaftslehre aufgenommen worden.

In der **Anthropologie** werden Verhaltensweisen untersucht, die im Rahmen der kulturellen Bedingungen erlernt werden (z.B. soziales und familiäres Verhalten). Diese Thematik ist das Hauptanliegen der Kulturanthropologie, die sich mit Fragen des menschlichen Verhaltens, den Prioritäten der Bedürfnisse in Abhängigkeit von der Kultur beschäftigt. Ihr Anteil an der Entwicklung der Personalwirtschaftslehre ist geringer als der der Psychologie und der Soziologie. Vor allem für die internationale Unternehmungsführung und den Auslandseinsatz von Personal ist sie von Bedeutung.

Wichtige Vertreter der Psychologie sind Maslow (1954), der eine Fünf-Stufen-Motivationstheorie entwickelte, Katz (1955), der sich auf das Problem Motivation und Führungsstil konzentrierte, McGregor (1960) mit der X-Y-Theorie und Vroom (1964), der sich mit Problemen der Motivation befasste.

Seitens der Soziologie ist es vor allem Homans (1960), der mit den Erkenntnissen über die soziale Gruppe zu nennen ist.

Als Vertreter der Kulturanthropologie sind Kluckhohn/Strodtbeck (1961) zu nennen.

Die verhaltenswissenschaftlichen Ansätze stellen gegenüber der Human-Relations-Bewegung einen großen Fortschritt dar, indem das vereinfachte Menschenbild (der Mensch als soziales Gruppenwesen) durch den "**motivierten Menschen**" ersetzt wird. Sie weisen jedoch auch Schwächen auf, die insbesondere in einer Vereinfachung des komplexen Problems zu sehen sind, wobei ihre Rolle im kognitiven Prozess noch wenig geklärt ist.

Im strategischen Humanressourcen-Management spielt die Kategorie "Verhalten" eine wichtige Rolle, da sie als "Bindeglied" zwischen Strategie und Unternehmenserfolg betrachtet wird (vgl. Schuler/Jackson 1987). Aus diesem Grund ist es erforderlich, die Verhaltensdeterminanten "Können" und "Wollen" durch Konzepte des Kompetenz- und Verhaltensmanagements im Sinne der Unternehmensziele zu beeinflussen (vgl. Wright/Snell 1991). Aber auch auf der Ebene der Gruppe und der Organisation sind Handlungsspielräume so auszugestalten, dass sie gewünschte Verhaltensweisen ermöglichen.

2.5.2 Die "Resource Dependence"-Perspektive

Die Hauptvertreter (Pfeffer/Salancik 1978) des "**Resource Dependence**"-Ansatzes argumentieren, das Handeln in Organisationen sei im Wesentlichen determiniert durch "**Ressourcen-Austausch-Beziehungen**" zu externen "Konstituenten". Kerngruppen in Organisationen sowie externe Bezugsgruppen kontrollieren den Zufluss kritischer Ressourcen, von denen die Organisation abhängig ist. Der Ansatz korrespondiert mit dem **Systemansatz** insofern, als Organisationen (als "**offene Systeme**") Inputs (sachliche, finanzielle, personelle Ressourcen) zur Transformation in Güter- und Dienstleistungen aufnehmen müssen. Diese Prozesse gilt es besser als die Wettbewerber zu steuern. Weil die Umwelt die benötigten Ressourcen gewährt, üben die betreffenden Organisationen keine uneingeschränkte Kontrolle über den strategischen Wandel aus. Die Manager müssen sich fortlaufend um die **Sicherstellung des Zu-**

gangs zu den Ressourcen kümmern und sind dabei mit Unsicherheit und Abhängigkeiten konfrontiert. Die Schwierigkeit liegt darin, einerseits **Unsicherheit** durch Schaffung von Beziehungen mit anderen Organisationen soweit wie möglich zu absorbieren, andererseits aber ein hohes Maß an **Selbstbestimmung** zu bewahren. Die Handlungsspielräume werden zudem durch die **interne Machtverteilung** im Unternehmen determiniert. Macht definiert sich dabei über die Möglichkeit bzw. Fähigkeit, den Zugang zu kritischen Ressourcen zu kontrollieren.

Die personalwirtschaftlichen Aktivitäten reflektieren aus dieser Sichtweise heraus die Machtverteilung in einem System. In dem Maße, in dem eine Entität Kontrolle über kritische Ressourcen ausübt, ist diese in der Lage, Einfluss auf das Verhalten von und in Organisationen bzw. einzelnen organisatorischen Einheiten auszuüben. Die Bedingungen sind u.a. davon abhängig, wie knapp und wie wichtig z.B. bestimmte personale Ressourcen sind. Organisationen und einzelne Organisationseinheiten sind eingebunden in fortlaufende dynamische Sequenzen von Aktion und Reaktion, die zu Variationen hinsichtlich Fremdkontrolle und selbstbestimmter Handlungsspielräume im Zeitablauf führen. Beispielsweise gewinnt die Personalabteilung Macht über andere Abteilungen im Unternehmen in dem Ausmaß, in dem es ihr gelingt, andere abhängig zu machen durch die maßgebliche Beeinflussung der Allokation von Humanressourcen im Unternehmen und die Akquirierung von Personal auf dem externen Arbeitsmarkt. Machtkonstellationen in Organisationen sind der Ausgangspunkt für politisches Handeln in Organisationen ("Mikropolitik").

2.5.3   Mikropolitische Perspektive

Mikropolitik wird häufig definiert als Anwendung von Macht, um bewusst Entscheidungen in Organisationen nach bestimmten Vorstellungen zu beeinflussen. Sandner (1992) versteht Politik im Unternehmen als "[...] interessengeleitetes Handeln, das sich auf Herstellung, Bewahrung oder Veränderung von sozialen Ordnungsvorstellungen des Unternehmens bezieht" (S. 72). Organisationen sind zusammengesetzt aus Personen mit konfligierenden Interessen und Präferenzen. Strategische Entscheidungen sind politischer Art, weil die mächtigen Personen ihre Interessen durchzusetzen vermögen. Organisationsmitglieder übernehmen nicht nur erwartete Rollen in der Organisation, sondern gestalten selbst ihre Arbeitsrollen, um **persönliche Ziele** zu erreichen. Ausgehend von mehrpersonalen Entscheidungsprozessen, Heterogenität der Interessen und Einschätzungen, limitierter Informationsbasis, begrenzter Rationalität charakterisieren Cyert/March (1995, S. 29 ff.) Entscheidungsfindung als Verhandlungsprozess, in dessen Verlauf sich temporär dominante Koalitionen herausbilden, die die Macht besitzen, ihre Präferenzen und Prioritäten durchzusetzen.

In mikropolitischer Betrachtungsweise wird davon ausgegangen, dass mangelndes Einverständnis und Konflikte die Regel sind in pluralistischen Organisationen mit unterschiedlichen Interessengruppen, Zielen und Werten. Information gilt als unsicher, unvollkommen, und sie wird "gefiltert". Entscheide - so auch im Hinblick auf Personal - sind das Ergebnis von Verhandlung und Interessenausgleich, nicht vornehmlich das Resultat von Analytik und Logik. Die mikropolitische Perspektive in Organisationen ist gekennzeichnet durch den Aufbau und Ausbau von **Machtbasen**, z.B. Schaffung von Abhängigkeiten, Kontrolle über kritische Ressourcen, Verfügung über Sanktionsmöglichkeiten, Expertenmacht und Informationsvorteile, Wirksamwerdenlassen von Identifikationsmechanismen, Legitimation und Nicht-Substituierbarkeit von Personen/ Organisationseinheiten (vgl. Burns 1962; Pfeffer 1981; Krüger 1976), wobei strukturelle und individuell-verhaltensbezogene Komponenten eine Rolle spielen (vgl. Brass/Burkhardt 1993). Ferner spielen politische Einflussnahmen (Macht- und Einflusstaktiken) eine Rolle, z.B. Koalitionsbildung, Gewinnung von Unterstützung der **"Key Player"**, Auswertung von Netzwerken, Informationsfilterung, Kooptation, symbolisches Handeln, "Impression Management" (vgl. Pfeffer 1981). Konfligierende individuelle und kollektive Interessen der Beteiligten und mikropolitisches Verhalten tauchen aber auch jenseits formaler Aufgabenzuweisungen, hierarchischer Autoritätsgefüge und horizontaler Konfigurationen auf, so dass vertikale, laterale und diagonale Einflusstaktiken beobachtet werden können (vgl. Yukl/Falbe 1990).

Mikropolitik im negativen Sinne repräsentiert die nicht-rationale, ineffektive und damit zu vermeidende Seite von ("überpolitisierten") Organisationen (vgl. Mintzberg 1983, S. 172), die es insoweit zu "entschärfen" gilt, als zielgerichtetes, systematisches Handeln verhindert wird. Anstelle von Rationalität und Planung, von Innovation und Kreativität werden im "schlechtesten" Falle Organisationen von Manipulation, "Vetternwirtschaft", "faulen" Kompromissen und Karriereinteressen beherrscht. Oder Organisationen werden durch politisches Handeln dazu veranlasst, gewohntes Verhalten mit dysfunktionalen Vorgehensweisen im Hinblick auf Innovationserfordernisse beizubehalten. In der Unternehmenspraxis werden schwer beobachtbare und kaum messbare Macht- und Mikropolitikphänomene von Führungskräften oft sehr negativ als ineffizient, zeitverschwendend und unnötig eingeschätzt.

Eine andere Sichtweise wird von Autoren eingenommen, die die **Anwendung von Macht** als unvermeidlich und "normal" ansehen und Mikropolitik dementsprechend als Mechanismus verstehen, um Einverständnis und Kompromisse zu erzielen (vgl. z.B. Quinn 1988, S. 2). Zwar lassen sich dysfunktionale Intragruppenkonflikte weder negieren noch vermeiden; doch liegen positive Effekte u.a. darin (vgl. Coser 1956, S. 154; Miles 1980, S. 12), dass

(1) soziale Spannungen abgebaut und Beziehungen stabilisiert,

(2) Innovationen und Wandel durch konstruktive Rivalität stimuliert und motiviert sowie

(3) Ressourcenpools durch Wettbewerb besser genutzt

werden.

Konflikte erlauben ferner "Feedbacks" über Abhängigkeiten, Machtverteilungen und Schwachstellen in der Organisation. Außerdem helfen Intragruppenrivalitäten und die durch sie bewirkten Konflikte bei der Entwicklung von Gruppenidentität und -kohäsion ("Wir-Gefühl"). Ob und inwieweit Konflikte und Mikropolitik negative oder positive Auswirkungen haben, hängt von ihrer Handhabung bzw. Lösung ab. Für das Management des strategischen Wandels bedeutet dies Anerkennung und Offenlegung von Machtzentren, Interessenkonflikten und Einflusstechniken statt Nicht-Zurkenntnisnahme, Vermeidung oder Unterdrückung mikropolitischer Prozesse. "Richtig gemanagt" lassen sich etwa durch Kommunikation und Diskussion Vereinbarungen und Entscheide erreichen, die ohne politische Prozesse nicht möglich wären. Diese Sichtweise spiegelt sich auch bei Steinmann (1985) wider. Politik im Unternehmen gestaltet sich im positiven Sinne als Diskurs. Prozesse der argumentativen Verständigung zielen auf Konsens und rationale Vereinbarung.

Die mikropolitische Perspektive stellt die Rationalität betriebswirtschaftlich-orientierter Peronsallehren in ein neues Licht und zeigt Möglichkeiten, Notwendigkeiten sowie Grenzen der Steuerbarkeit auf. Ein Ignorieren herrschaftssichernder Interventionen und eine "Entpolitisierung" des Organisationsgeschehens unterstützt implizit den Status quo und verschleiert Prozesse, durch die Organisationseliten ihre Dominanz sicherstellen (vgl. Hardy/Clegg 1996, S. 639). Beispielsweise können personalwirtschaftliche Maßnahmen der Qualifizierung und Beförderung für eine machtabsichernde "Festigung" von Koalitionen und sozialen Netzwerken benutzt werden, indem "eigene Leute" in prominente Positionen gebracht werden, was mit der Behauptung "hervorragender" Ausbildung begründet wird. Des Weiteren ist es möglich, dass Maßnahmen der Arbeitsstrukturierung, der Partizipation (**Empowerment**) und der vermehrten Übernahme von Verantwortung (**Job Enrichment**) unter Umständen reine "Fassade" sein können und die wirkliche Machtverteilung sehr verzerrt darstellen, weil Untergebenen "offiziell" Teilhabe zugesprochen wird, während auf verstecktem Wege die Unternehmensleitung "hinter den Kulissen" ihre Macht ausbaut, indem "moderne" Managementkonzepte als Legitimationsbasis herhalten müssen und vor allem symbolischen Charakter aufweisen.

2.5.4 Institutionalistische Perspektive

Institutionalistische Ansätze (Meyer/Rowan 1977; Zucker 1987; Scott 1987; DiMaggio/Powell 1991) betrachten Organisationen als soziale Entitäten und Organisationsstrukturen, organisationales Verhalten und Wandel als Resultat der Werte, Normen und Konventionen des sozial konstruierten Kontextes, in den Organisation, Führung und Managementsysteme eingebunden sind und dem sie sich nicht entziehen können. Organisationshandeln ist die direkte Antwort auf externe Regeln und sozialen Druck von außen (öffentliche Meinung, Interessengruppen, staatliche Institutionen).

Das zugrunde liegende **Verhaltensmodell** ist dadurch gekennzeichnet, dass "[...] actors associate certain actions with certain situations by rules of appropriateness" (March/Olsen 1984, S. 74). Die Personalwirtschaft in der Organisation wird dementsprechend nicht systematisch auf der Basis von sorgfältigen Analysen und auf Grund der Annahmen ausgestaltet, sondern sie unterstützt die zugrunde liegenden Ziele, weil dies als angemessene Vorgehensweise der Unternehmensführung längst Anerkennung gefunden hat, andere Organisationen dies "auch so machen" und der Legitimationsdruck, der von den Bezugsgruppen der Organisation ausgeht, diesen "Standard" fordert. Organisationen versuchen deshalb, ihre Legitimation zu erhöhen, indem sie u.a. auch in der Personalwirtschaft "modische" Konzeptionsbausteine übernehmen, die in der Branche, in Wirtschaft und Gesellschaft institutionalisiert und akzeptiert sind. Organisationsintern entfaltet sich institutioneller "Druck" durch formale Strukturen und Prozesse im Rahmen der Organisationsgestaltung ebenso wie durch Werte, Normen, Prozesse und Routinen informeller Gruppen und Netzwerke.

Aus institutionalistischer Perspektive heraus ergeben sich **zwei wesentliche Implikationen:**

(1) Institutionalisierte Aktivitäten sind kaum oder gar nicht gegen Einflüsse aus dem Umfeld zu verändern (strukturelle Stabilität) und

(2) Organisationen und ihre Gestaltungsparameter werden auf Grund externer Pressionen immer ähnlicher bzw. Unternehmen z.B. einer Branche unterscheiden sich nicht grundlegend (Isomorphie-Neigung; vgl. Meyer/ Rowan 1977; DiMaggio/Powell 1983).

Institutionalisierungen und externer Determinismus sind vorherrschende Erklärungen für sowohl Wandel als auch Widerstand gegenüber einer Implementierung bestimmter personalwirtschaftlicher Instrumente. Die personalwirtschaftliche Praxis in einer Organisation besitzt oft tiefe historische Wurzeln, deren "Ist-Zustand" nicht umfassend nachvollziehbar ist, ohne die Vergangenheit zu analysieren. "Strukturbrüche" lassen sich nur schwer entgegen "liebgewonnenen" Routinen durchsetzen. Wenn eine Veränderung in der Personalarbeit stattfindet, dann hauptsächlich ganz einfach deshalb, weil das Umfeld mehr oder minder Druck ausübt. DiMaggio/Powell (1991) differenzieren drei Mechanismen, die Isomorphie bewirken können:

(1) Zwang ("**Coercive Isomorphism**"): Einerseits bestehen "objektive" Zwänge des organisationalen Wandels (z.B. staatlich verordnete Umweltauflagen in der Chemischen Industrie). Großen Einfluss übt aber auch "informeller" Druck anderer Organisationen aus, von denen die betrachtete Organisation abhängig ist. Gewissermaßen erzwungen werden kann initiativer Wandel auch durch Erwartungen des sozialen Umfeldes. Opportunistische

Führungskräfte suchen nach Legitimation und wollen nicht durch einflussreiche Bezugsgruppen dafür kritisiert werden, dass sie sich zu stark unterscheiden von anderen.

(2) Nachahmung ("**Mimitic Isomorphism**"): Sie wird induziert durch die Konfrontation der Manager mit Unsicherheit der Umweltentwicklungen; auf diese Weise macht es für Führungskräfte "Sinn", einfach die Praktiken vermeintlich erfolgreicher Unternehmen zu kopieren.

(3) Normierung ("**Normative Isomorphism**"): Maßgeblich für "richtiges" Verhalten können Werte und Normen der Professionalität sein. Ausbildungs- und Fortbildungsinstitutionen, Organisationsberater und interorganisationale Netzwerke können Einfluss ausüben auf die Gestaltungsbemühungen der Entscheidungsträger in Organisationen. "Moden und Mythen des Organisierens" (Kieser 1996) finden auf diese Weise auch in der Personalarbeit schnell Verbreitung.

2.5.5 Human Resource Management (HRM)

Konzepte des HRM sollen die Integration von Unternehmensstrategie und Personalpolitik leisten. Gleichzeitig wird eine bessere Ausschöpfung des menschlichen Potentials in der Produktion angestrebt (vgl. Garnjost/Wächter 1996, S. 792). In der Literatur zeichnet sich indes ein uneinheitliches Bild der Konzepte mit einem breiten Spektrum von Problemstellungen, Aktionsfeldern und theoretischen Anknüpfungspunkten ab. Humanressourcen werden in der Regel als tatsächlich verfügbarer "Pool" an Humankapital (Wissen, Erfahrungen, Fähigkeiten, Arbeitsmotivation) aufgefasst. Abgestellt wird primär auf die Interessen des Managements, strategische Leitfunktionen dominieren in den Konzepten klar vor operativen Details. HRM umfasst sämtliche Managemententscheidungen und -handlungen, die die Beziehungen zwischen der Organisation und ihrer Belegschaft - ihren Humanressourcen - betreffen. Diese integrative **"General Management"-Perspektive** ist deshalb wichtig, weil die Unternehmensstrategie stets Einfluss auf den Personalbereich hat und umgekehrt Unternehmenspolitik und -strategie stark von den Fähigkeiten und der Arbeitsmotivation der Mitarbeiter abhängen. Konzepte des HRM besitzen eine enge Theorie-Praxis-Verknüpfung. Forschungsergebnisse der Verhaltenswissenschaften und der

Ökonomie werden in den formalen Ordnungsrahmen von Managementkonzepten integriert und formale Modelle dabei als "Möglichkeitenrepertoire" und Gestaltungsanregung für General Manager wie Führungskräfte aus dem Personalbereich interpretiert (vgl. Staehle 1988).

Zwei zentrale Konzepte werden hier kurz referiert: der **Harvard-Ansatz** und der **Michigan-Ansatz** - beide Ansätze haben ihren Namen auf Grund der universitären Verortung ihrer Protagonisten erhalten (Harvard Business School und University of Michigan). Das Harvard-Konzept (Beer et al. 1985) basiert auf dem Systemansatz und dem Konzept der "Strategic Choice" (d.h., es gibt strategische Handlungsspielräume von Unternehmen, die von ihren Akteuren auch rational und aktiv genutzt werden).

Zentrale Politikfelder sind:
- "Employee-Influence" (Partizipation),
- "Human Resource Flow" (insbesondere Personalbeschaffung/-einsatz),
- "Work Systems" (Arbeitsorganisation).

Die Politikfelder werden durch die Interessen der Organisationsteilnehmer (Kerngruppen des Unternehmens: Manager, Mitarbeiter, Anteilseigner) und der Bezugsgruppen (Gewerkschaften, staatliche Einrichtungen, Lieferanten) beeinflusst sowie durch "situative Faktoren" wie beispielsweise Beschäftigungsgrad, Technologie oder Managementphilosophie "moderiert". Im Ergebnis führen Entscheidungen des HRM zu Kompetenzerhöhung, zu vermehrtem "Commitment" bzw. Engagement für die Organisation, zu mehr Wirtschaftlichkeit bei der Leistungserstellung und zu verstärkter Kooperation der Mitarbeiter. Eine zentrale Aufgabe des HRM besteht in der integrativen Abstimmung der vier Politikfelder untereinander und mit der Gesamtstrategie der betreffenden Organisation. Die Rückkopplungsschleifen in Darstellung I-4 besagen, dass externe wie interne Einflüsse laufend Anpassungen des Konzeptes erforderlich machen, je nachdem wie stark die entsprechenden Variablen Einfluss auf die Entscheidungsfindung in den einzelnen Politikfeldern nehmen.

Der **Harvard-Ansatz** zeichnet sich dadurch aus, dass er die große Bandbreite von "**Stakeholder**"-Interessen berücksichtigt und die Konfliktlagen, die sich durch gegensätzliche Positionen zwischen Eigentümern des Unternehmens

("**Shareholder**"), Mitarbeitern und Bezugsgruppen der Organisation ergeben. Er weist auf eine Fülle von Kontextfaktoren hin, die die Handlungsspielräume im HRM determinieren. Dabei wird die konzeptionelle Basis durch Einbeziehung von Mitarbeitereinfluss auf Entscheidungen, Arbeitsorganisation unter Einbeziehung von Fragen des Führungsstils entscheidend erweitert gegenüber traditionellen Konzeptionen im Personalmanagement (vgl. hierzu auch Boxall 1991).

Im **Michigan-Ansatz** (Tichy et al. 1982) wird eine integrative Verknüpfung von Unternehmensstrategie, Organisationsstruktur und HRM vorgenommen, wobei allerdings der Strategie zeitliche und inhaltliche Priorität eingeräumt wird: Struktur und Ausgestaltung personalwirtschaftlicher Aufgabenbereiche folgen der Unternehmensstrategie und werden aus Gründen der "Passung" ("best fit") aus dieser abgeleitet. Das HRM ist aus dieser Warte heraus in erster Linie als flankierende Maßnahme der Strategieimplementierung aufzufassen.

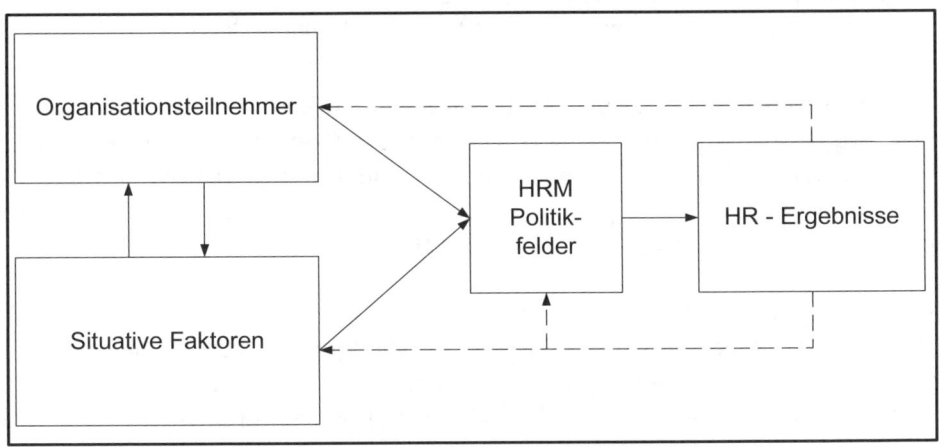

Darstellung I-4   HRM-Konzeption im Harvard-Ansatz
(Beer et al. 1985, S. 17; Staehle 1999, S. 790)

Der Michigan-Ansatz umfasst vier miteinander verbundene Teilfunktionen: Personalauswahl, Leistungsbeurteilung, Belohnung/Anreize und Personalentwicklung ("Human-Resource-Cycle"; vgl. Darstellung I-5).

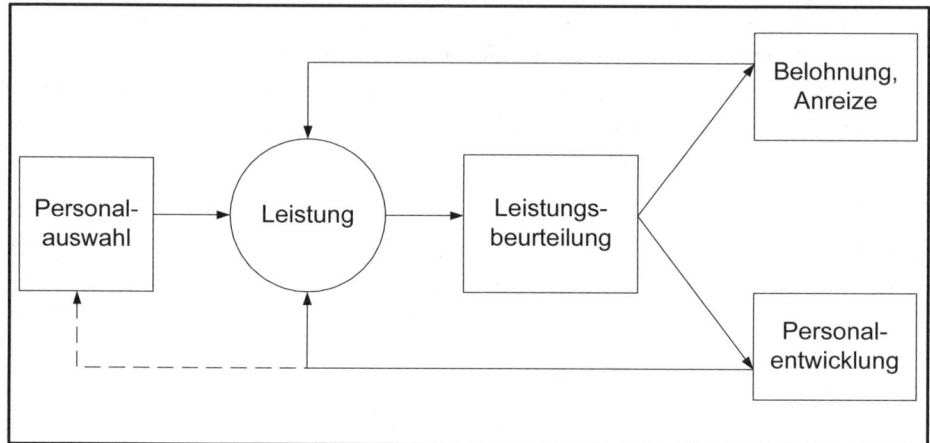

Darstellung I-5   Der Human Resource Cycle
(Tichy et al. 1982, S. 50; Staehle 1999, S. 789)

Die abhängige Variable ist die Leistung im "Human Resource Cycle"; d.h.: "[...] selecting people who are best able to perform the jobs defined by the structure; motivating employees by rewarding them judiciously; training and developing employees for future performance; and appraising employees in order to justify the rewards" (Tichy et al. 1982, S. 52).

(1) Strategische Personalauswahl
Dieser Prozess beinhaltet alle möglichen Handlungen, die zur Planung des Personalbedarfs und Steuerung der Personalbewegung innerhalb der Unternehmung notwendig sind. Tichy et al. (1982, S. 51) nennen drei Aspekte, die eine strategische Personalauswahl unterstützen:

- Entwicklung eines organisationsweiten Auswahl- und Beförderungssystems, das die Unternehmensstrategie unterstützt,
- die Ermöglichung eines "internal flow" (Personalbewegung innerhalb der Organisation) mit dem Ziel der Strategieunterstützung und
- die Anpassung der Top-Führungskräfte an die Geschäftsstrategien.

Dies bedeutet, falls ein Unternehmen eine andere Strategie als bisher verfolgen will, müssen andere Personen mit anderen Eigenschaften und Qualifikationen in das Unternehmen integriert werden - insbesondere in Schlüsselpositionen.

(2) Strategische Anreize

Anreize beeinflussen das Leistungsverhalten der Mitarbeiter. Die Möglichkeiten zur Förderung der Leistungsbereitschaft sind vielfältig. Zwei der wichtigsten sind **Motivation** und **Arbeitsentgelt**. Unter letzterem werden hier alle materiellen, speziell monetären Anreize oder Belohnungen verstanden. Gute Bezahlung allein ist noch nicht ausreichend, um einen Mitarbeiter langfristig an das Unternehmen mit dem Ziel zu binden, sein vollständiges Potential für die Realisierung der Unternehmensziele zu nutzen. Er muss darüber hinaus motiviert werden, beispielsweise durch anspruchsvolle Arbeitsinhalte, durch Verantwortung und Anerkennung. Das Belohnungssystem soll im Kern einen Ausgleich zwischen (kurzfristigen) operativen und (langfristigen) strategischen Zielen schaffen.

(3) Strategische Personalentwicklung

Die strategische Personalentwicklung beinhaltet Aufgabenbereiche zukunftsweisender Aus- und Weiterbildungsprogramme und strategiegerechter Karriereplanung für alle Hierarchiestufen des Unternehmens. Die Hauptaktivitäten der Personalentwicklungsabteilungen sollen nach Tichy et al. die Weiterentwicklung in speziellen Fertigkeiten und Fähigkeiten in teils neuen, in teils bestehenden, für das Unternehmen wichtigen Bereichen sein (beispielsweise das Erlernen einer Programmiersprache für die neueingesetzten Softwaresysteme im Unternehmen). Im Rahmen der Karriereplanung soll die Abteilung spezielle langzeitorientierte Programme erarbeiten, die zum einen den individuellen Ansprüchen der Mitarbeiter genügen, aber auch die organisatorischen Möglichkeiten der Unternehmung im Auge behalten. Der dritte Aufgabenbereich beinhaltet die Sicherstellung des zukünftigen Personalbedarfs, z.B. durch den Einsatz von Praktikanten und Berufsausbildung im Betrieb. Die strategische Personalentwicklung ist eng mit der strategischen Personalplanung verbunden.

(4) Strategische Leistungsbeurteilung

Als zentraler Bestandteil des "Human Resource Cycle" ist die strategische Leistungsbeurteilung die Grundlage des strategischen Anreizsystems, d.h., Prämien und Belohnungen werden mit Hilfe der Leistungsbeurteilung jedes einzelnen Mitarbeiters bestimmt. Des Weiteren gibt sie Aufschluss darüber, ob gezielte Personalentwicklungsmaßnahmen zum Erfolg geführt haben. Und schließlich lässt sich im Hinblick auf künftige Personalplanungen auf die Daten der Fähigkeiten einzelner Mitarbeiter zurückgreifen; die Erstellung realistischer Prognosen wird möglich.

Der Michigan-Ansatz zeigt wie der Harvard-Ansatz die Bedeutung konzeptioneller Verknüpfungen zwischen General Management und Personalmanagement auf: Die isolierte Personalfunktionsbereichsperspektive ist eindeutig für ein erfolgreiches HRM zu eng. Es werden konzeptionelle Schwerpunkte für die strategische Ausgestaltung des Personalmanagements gelegt und differenziert - auf der Basis der Personalforschung - diskutiert. Die dem HRM zugewiesene derivative Funktion ist indes ein Hauptkritikpunkt gegenüber dem Michigan-Ansatz. Er bleibt dem "klassischen Implementations- und Anpassungsdenken des Personalmanagements verhaftet und unterschätzt bzw. übersieht den Einfluss (vergangener) personalpolitischer Maßnahmen auf die (zukünftige) Strategieformulierung" (Staehle 1999, S. 747). Kritisch gegen das HRM insgesamt ist einzuwenden, dass die Protagonisten zentrale Zusammenhänge simplifizieren, indem sie formale Beziehungen zwischen Strategien, strukturellen Organisationsparametern und einem explizierten rationalistischen HRM postulieren und normative Appelle der Bearbeitung theoretischer Grundlagen vorziehen. Zu wenig wird berücksichtigt, dass Organisationen politische Arenen und kulturelle Lebenswelten sind, Strategien oftmals gar nicht expliziert werden oder die intendierten Strategien nicht realisiert werden und die Praxis des Humanressourcen-Managements ein Ergebnis historischer Kompromisse sowie organisationaler Routinen ist. Die Frage, was eine Führungskraft animieren sollte, sich im von kurzfristigen Gewinninteressen und Sachzwängen dominierten Alltag von Unternehmen mit der Konzeptualisierung und Implementierung strategisch-langfristiger Maßnahmen ernsthaft zu beschäftigen, ist bislang nicht hinreichend beantwortet worden.

3 DAS ZIELSYSTEM DER PERSONALWIRTSCHAFT

3.1 Grundbegriffe zum Zielsystem

Zur Konkretisierung komplexer personalwirtschaftlicher Aufgabenbereiche, Maßnahmen (Instrumente), Methoden und organisatorischer Gestaltungsmöglichkeiten ist eine Festlegung des **Zielsystems** der betrieblichen Personalwirtschaft erforderlich. Mit dem Zielsystem sollen die Leistungen bestimmt werden, die die Personalwirtschaft für die Erreichung der Organisationsziele erbringen soll. Zugleich werden Beurteilungskriterien bei alternativen Lösungsmöglichkeiten personalwirtschaftlicher Probleme und Kriterien zur Koordinierung und Kontrolle der durchgeführten Maßnahmen festgelegt. Personalwirtschaftliche Ziele dienen somit der Steuerung und Regelung des Personalbereichs.

Unter **Ziel** soll ein zukünftiger Sachverhalt eines Zustands oder einer Situation verstanden werden. Träger von Zielen im Betrieb sind Personen oder Personenmehrheiten. Ein Ziel wird vollständig festgelegt durch seinen **Inhalt**, d.h. die sachliche Feststellung dessen, was angestrebt wird, durch sein **angestrebtes Ausmaß** in quantitativer und qualitativer Hinsicht sowie durch seinen **zeitlichen Bezug**.

Zielbestimmungen sind Gegenstand von **Wahlhandlungen** oder **Entscheidungen (Ziel- oder Zielsetzungsentscheidungen)** ebenso wie die Wahl der Mittel (Maßnahmen), die zur Erreichung dieser Ziele eingesetzt werden sollen **(Zielerreichungs- oder Mittelentscheidungen)** (Heinen 1976, S. 18). Ziele sind Voraussetzung und wichtige Bestimmungsgrößen für das Verhalten, das auf die Erreichung dieser Ziele ausgerichtet ist **(zielgerichtetes Verhalten)**. Ein solches Verhalten hat hinsichtlich der Ziele Mittelcharakter und kann als Ergebnis von Mittelentscheidungen angesehen werden.

Personalwirtschaftliche Entscheidungsprozesse sind - wie andere betriebliche Entscheidungsprozesse auch - durch eine Vielzahl von Zielen determiniert, die nicht nebeneinander stehen, sondern durch ein Netz verschiedener Beziehungen miteinander verbunden sind. Ein derartig geordnetes Zielbündel wird **Zielsystem** genannt. Eine der Beziehungen ist die bereits genannte **Mittel-Ziel-Beziehung**.

Das Zielsystem einer Organisation weist einen **hierarchischen Aufbau** auf. Man kann daher zwischen Zielen **verschiedener Zielebenen** nach **Ober-** und **Unterzielen** unterscheiden. Zielen unterer Zielebenen kommt gegenüber höheren Zielen Mittelcharakter zu. Die Unterscheidung von Ober- und Unterzielen bzw. von Ziel- und Mittelentscheidungen hat dabei je nach Betrachtungsweise relativen Charakter.

3.2 Prozesse der Zielbildung in der Unternehmung

In der Betriebswirtschaftslehre wird die Zielbildung nicht als unipersonale Willensbildung betrachtet, sondern als **vielschichtiger multipersoneller Prozess**, auf den zahlreiche Entscheidungsträger einwirken. Die Zielbildung wird infolgedessen als **interpersoneller Entscheidungsprozess** verstanden, dem die Betriebswirtschaftslehre zentrale Bedeutung zumisst.

Im personalwirtschaftlichen Bereich haben individuelle Ziele ein großes Gewicht. Da die **Machtpositionen** im Betrieb asymmetrisch verteilt sind, die Ziele der Belegschaft aber von großer gesellschaftlicher Bedeutung sind, wurde z.B. in der Bundesrepublik Deutschland auch in der Personalwirtschaft eine erhebliche Mitbestimmung durch die Gesetzgebung geschaffen.

Ein vielbeachteter Ansatz der Willensbildung, der Unternehmungen als **Koalitionen** interpretiert, stammt von Cyert und March (Cyert/March 1963). Alle Unternehmungsmitglieder zusammen bilden eine Koalition, wobei sich Individuen wieder zu Unterkoalitionen zusammenschließen können. Neben den Arbeitnehmern und der Leitung als die internen Unternehmungsmitglieder sind auch externe Unternehmungsteilnehmer wie Banken, Lieferanten, Aktionäre, staatliche Stellen usw. Koalitionsmitglieder, die alle ebenfalls Individual- bzw. Gruppenziele verfolgen. Der Zielbildungsprozess kann als Verhandlungsprozess aufgefasst werden, in dem die Konflikte zum Ausgleich gebracht werden. Die Konflikte zwischen den Individual- bzw. Gruppenzielen werden im Verhandlungsprozess über "**Ausgleichszahlungen**" (**Anreize**) geregelt, die den zu erbringenden "**Beiträgen**" gegenüberstehen. Solange die Forderungen der Koalitionsteilnehmer erfüllt werden, ist die Koalition im Gleichgewicht. Wird das Verhältnis zwischen angebotenen Ausgleichszahlungen und den auferlegten

Koalitionsbedingungen für die Koalitionsteilnehmer ungünstiger, so werden diese versuchen, mehr Einfluss auf den Zielbildungsprozess zu nehmen bzw. gegebenenfalls die Unternehmung verlassen. Neue Vorstellungen gehen dann in den Verhandlungsprozess ein, der auf Grund von Änderungen des Anspruchsniveaus der Koalitionsmitglieder, von Unverträglichkeiten, von Änderungen von Umweltfaktoren usw. zu einem kontinuierlichen Verhandlungsprozess wird. Die Ziele der Unternehmungen werden für alle Koalitionsangehörigen verbindlich verabschiedet. Das Zielsystem der Unternehmung ist somit das Ergebnis eines Kompromisses. Die Ziele können von Unternehmung zu Unternehmung unterschiedlich sein und sich auch innerhalb einer Organisation im Zeitablauf ändern.

Nicht alle Individuen werden an den fortlaufenden Verhandlungsprozessen direkt teilnehmen, sondern nur legitimierte Personen oder Gruppen.

Die für Ziel- und bedeutende Maßnahmenentscheidungen autorisierten Gruppen des Insystems werden als **Kerngruppen** bezeichnet. Es handelt sich im Einzelnen meist um die Leitungsorgane, die die Eigentümer und die Arbeitnehmervertreter (z.B. Betriebsrat) repräsentieren. Die Gruppen des Zwischen- und Umsystems, die nicht autorisiert sind, betriebliche Entscheidungen zu treffen, dennoch aber Einfluss auf die Zielbildung nehmen, werden als **Bezugsgruppen (Satellitengruppen)** bezeichnet, die sich aus Gläubigern, Konkurrenten, Kunden usw. zusammensetzen (vgl. Darstellung I-6).

Von besonderer Bedeutung für die Zielbildung sind neben den Mitgliedern der obersten Leitungsebene alle Belegschaftsangehörigen mit Expertenfunktion in den Stäben, die durch selektierende und beratende Tätigkeit die autorisierten Entscheidungsträger wesentlich beeinflussen können.

Kern- und Bezugsgruppen versuchen, in der Unternehmung und durch die Unternehmung ihre eigenen Interessen zu befriedigen und streben an, ihre Individual- oder Gruppenziele zu Zielen der Unternehmung zu machen. Beispiele für mögliche Ziele (Ansprüche) von Kern- und Satellitengruppen (Bezugsgruppen) zeigt Darstellung I-8.

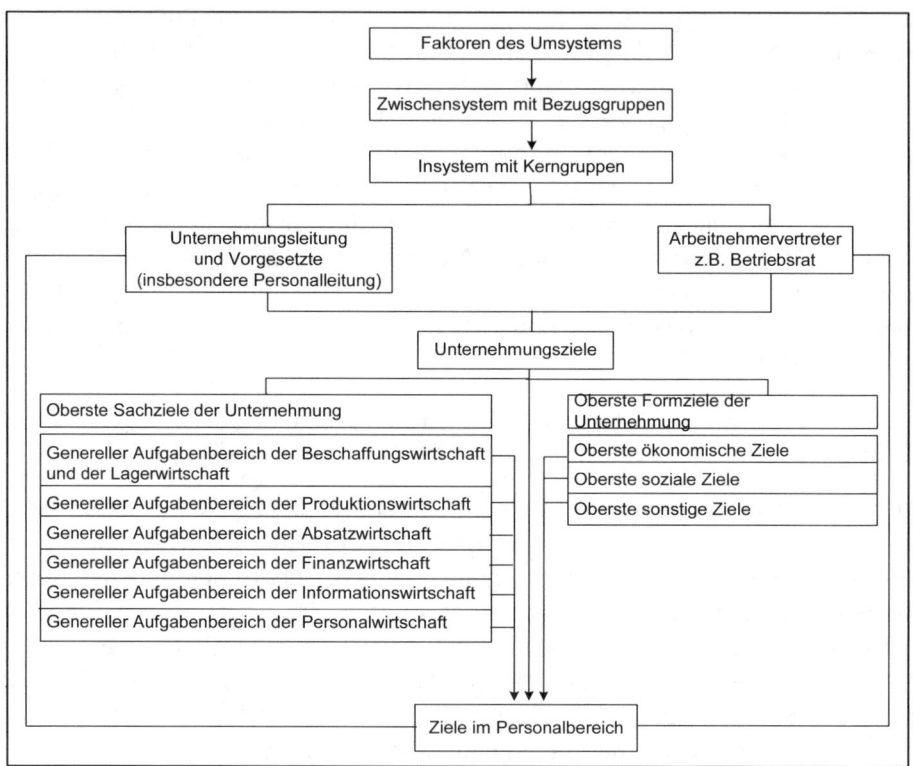

Darstellung I-6   Einflüsse und Abhängigkeiten bei der Zielbildung im Personalbereich

Die Machtverteilung zwischen den Gruppen entscheidet wesentlich darüber, inwieweit diese ihre Ziele über Verhandlungs- und Beeinflussungprozesse zu Zielen der Unternehmung machen können. Dabei sind die faktischen Machtstellungen von Individuen und Interessengruppen (Unterkoalitionen) ausschlaggebend, aber auch die Rahmenbedingungen des Umsystems, die diese Machtstruktur zum größeren Teil vorstrukturieren und die das Entscheidungsfeld begrenzen.

Die Machtverteilung kann sich im Zeitablauf durch Variation interner und externer Einflussgrößen und Bedingungen ändern. So können z.B. besondere

Mitarbeiterinteressen durch einen überbetrieblichen Arbeitskampf möglicherweise in einem größeren Umfang durchgesetzt werden, als dies auf Grund der Machtverteilung in der Unternehmung bei der Handhabung eines innerbetrieblichen Konflikts möglich gewesen wäre.

Dieser **pluralistische Ansatz** der Zielbildung weist Möglichkeiten auf, um die in der Realität sehr differenziert ablaufenden Zielbildungsprozesse in der Unternehmung erfassen zu können.

3.3 Personalwirtschaftliche Ziele und Aufgabenkomplexe

Sachziel der Personalwirtschaft	
Bereitstellung der erforderlichen personellen Kapazität zur Erreichung der Organisationsziele (a) in quantitativer Hinsicht (b) in qualitativer Hinsicht (nach Leistungsfähigkeit und Leistungsbereitschaft) (c) zur "richtigen" Zeit am (d) "richtigen" Ort	
Berücksichtigung von Wirtschaftlichkeit und Rentabilität als Beurteilungskriterien für die Effizienz personalwirtschaftlicher Maßnahmen	Berücksichtigung der individuellen Ziele und Erwartungen (wie Sicherheit, Zufriedenheit usw.) als Voraussetzung für den sozialen Bestand der Organisation
ökonomisch	*sozial*
Formalziele der Personalwirtschaft	

Darstellung I-7   Zielkategorien der Personalwirtschaft

In der Personalwirtschaftslehre lassen sich **wirtschaftliche** und **soziale** Ziele (duale Zielsetzung der Personalwirtschaft) einerseits sowie **Sach-** und **Formalziele** andererseits unterscheiden (vgl. Darstellung I-7). Während wirtschaftliche

Ziele die erbrachte Arbeitsleistung mit den Zielkriterien Arbeitsproduktivität bzw. Leistungs-Kosten-Relation der menschlichen Arbeit in den Mittelpunkt der Betrachtung stellen, geht es bei sozialen Zielen um die Erwartungen, Bedürfnisse und Interessen der Mitarbeiter (Individualziele; vgl. Eckardstein/Schnellinger 1978, S. 12 ff.). In Anlehnung an Kosiol (1961, S. 130 ff.) kann in der Personalwirtschaft weiterhin zwischen Sach- und Formalzielen differenziert werden. Während im Rahmen der Festlegung der Sachziele der Personalwirtschaft determiniert wird, **was** erreicht werden soll (angestrebter materieller Zustand), geht es bei der Formulierung von personalwirtschaftlichen Formalzielen um das "**Wie**" der Zielerreichung, d.h. um die Auswahl von sachzieldienlichen Handlungsalternativen (vgl. Kosiol 1972, S. 223 f.). Formalziele sind mit anderen Worten "geeignete Maßstäbe zur Beurteilung betriebswirtschaftlicher Entscheidungen und deren Realisierung" (Heinen 1983, S. 26). Die konkrete Zielsetzung im Einzelnen ist stark von situativen Gegebenheiten abhängig.

Ökonomische Ziele der Betriebswirtschaft dienen in marktwirtschaftlichen Wirtschaftsordnungen den Einkommensinteressen der Eigentümer der Betriebswirtschaft oder auch den davon kaum abweichenden individuellen Zielen der von den Eigentümern mit der Unternehmensleitung "Beauftragten" (Manager).

Unter **sozialen Zielen** (sozialer Effizienz; Marr/Stitzel 1979, S. 57) sollen hier jedoch aus einzelwirtschaftlicher Sicht die Erwartungen, Bedürfnisse, Interessen und Forderungen der Organisationsmitglieder, d.h. die **individuellen Ziele**, verstanden werden, die die Mitarbeiter an die Betriebswirtschaft richten, oder von denen ihre Interessenvertreter und andere Gruppen annehmen bzw. vorgeben, dass die Mitarbeiter sie erfüllt sehen wollen (Eckardstein/Schnellinger 1978, S. 17). Die Befriedigung sozialer Ziele drückt sich individuell in der **Arbeitszufriedenheit** aus, die durch die generelle Verbesserung der materiellen und immateriellen Bedingungen menschlicher Arbeit in Betriebswirtschaften determiniert wird. Unter diesen Voraussetzungen werden Arbeitsmotivation, Fluktuation, Absentismus, Produktivität usw. günstig beeinflusst.

Der Personalwirtschaft fällt die Aufgabe zu, aus den betrieblichen Oberzielen operationale Unterziele abzuleiten, die **Handlungsziele** für den Personalbereich darstellen. Es sind also von den Oberzielen zu den Unterzielen möglichst durchgängige Beziehungen in der Zielhierarchie zu erreichen. Dabei ist zu bedenken, dass die Ziel- und Maßnahmenentscheidungen im Personalbereich zwar grundsätzlich durch die zu erreichenden Oberziele der Organisation bestimmt sind, dass aber Interessenkonflikte sich gerade im Personalbereich, am einzelnen Arbeitsplatz und für einzelne Mitarbeiter und Mitarbeitergruppen auswirken und begründet sind. Auf diese Weise werden die Prozesse der Zielbildung in Abhängigkeit von den sich wandelnden situativen Gegebenheiten immer wieder neu initiiert. Das gilt aber nicht nur für diesen Konfliktbereich, sondern grundsätzlich sind Entscheidungs- und Ausführungsprozesse in Organisationen als Rückkoppelungsprozesse zwischen Basis und Leitung zu begreifen, die entscheidungsbildende und -beeinflussende Wirkung zeigen. Personalwirtschaftliche Entscheidungen kommen durch Interaktionsprozesse und Einflussnahmen vieler interner Einzelpersonen und Gruppen unterschiedlicher hierarchischer Ebenen zustande, an denen auch Externe beeinflussend und begrenzend mitwirken können.

Kerngruppen und autorisierte Träger personalwirtschaftlicher Entscheidungen im Betrieb sind wiederum die Leitungsorgane der Betriebswirtschaft, insbesondere der Personalleiter oder Arbeitsdirektor und auch die Stellen innerhalb der Personalabteilung, die entscheidungsvorbereitende Funktionen haben.

Bei der Durchsetzung personalwirtschaftlicher Entscheidungen der Kerngruppen kommt den mit Vorgesetztenfunktionen betrauten Personen eine wesentliche Bedeutung zu, da ihnen stets ein Entscheidungsspielraum verbleibt (Eckardstein/Schnellinger 1978, S. 8).

Die autorisierte Kerngruppe wird nicht immer den gesamten Komplex individueller Ansprüche beachten. Nur die Ziele, die mit der Erfüllung einer bestimmten Rolle in der Unternehmung verbunden sind, werden Eingang in den Zielbildungsprozess finden. Die Aufgabe der Kerngruppen besteht darin, die konfliktären Forderungen der unterschiedlichen Gruppen in die Ziel- und Mittelentscheidungen umzuwandeln, die von möglichst vielen Seiten Unterstützung finden.

Die Forderungen kommen nicht nur aus dem Bereich der Kerngruppen, auch die Angehörigen der Bezugsgruppen werden je nach ihrer Machtposition versuchen, Einfluss auf den Zielbildungsprozess zu gewinnen (vgl. Darstellung I-8).

Als besonders bedeutsame externe Bezugsgruppen für den Personalbereich sind **staatliche Organisationen** sowie **Arbeitgeberverbände** und **Gewerkschaften** zu nennen, die mit ihren Entscheidungen (z.B. Arbeitsgesetze, Tarifpolitik) den Rahmen für betriebliche personalwirtschaftliche Entscheidungen setzen. Die Gewerkschaften sind zudem unmittelbar durch ihre **Vertrauens-leute** in den Betrieben vertreten.

	Ansprüche
I Interne Interessengruppen (Insystem)	
Mitarbeiter	Arbeitszufriedenheit: durch hohes Einkommen, soziale Sicherheit, Selbstentfaltung und Selbstverwirklichung am Arbeitsplatz, gute Arbeitsbedingungen, Bildungs- und Aufstiegsmöglichkeiten, soziale Kontakte, kooperativen Führungsstil
Leiter (Manager)	Arbeitszufriedenheit: durch hohes Einkommen, Selbstentfaltung und Selbstverwirklichung, Sozialprestige, Machtposition, Bildungs- und Aufstiegsmöglichkeiten
Belegschaftsgruppen (z.B. Abteilungen, Arbeitsgruppen)	Durchsetzung von Gruppenzielen
II Externe Interessengruppen (Zwischensystem)	
Eigenkapitalgeber (sofern auch Leiter, dann wie unter I)	hohe Rentabilität des Eigenkapitals, Sicherung des Vermögens und Vermögenszuwachs, Einfluss auf die Unternehmungsleitung
Fremdkapitalgeber	hoher Zins, Sicherung des Kapitals
Kunden	gute Qualität zu günstigen Preisen, gesicherte Warenversorgung, Nebenleistungen (Service, Beratung, Kundenkredite usw.)
Lieferanten	Zahlungsfähigkeit, anhaltende Liefermöglichkeit, günstige Lieferkonditionen
Konkurrenten	Zusammenarbeit, faires Verhalten
Kommunen	Abgaben, Steuern, Bereitstellung von Arbeitsplätzen, geringe Umweltbelastung
Staat	Abgaben, Steuern, Einhaltung gesetzlicher Vorschriften, Unterstützung der Wirtschaftspolitik
Industrie- und Handelskammer	Beiträge, qualifizierte Berufsausbildung
Gewerkschaften	Durchsetzung der gewerkschaftlichen Forderungen
Arbeitgeberverbände, politische Parteien, Kartellpartner	Berücksichtigung der Interessen dieser Gruppen, finanzielle Beiträge

Darstellung I-8   Ansprüche der internen und externen Interessengruppen an die Unternehmung

Durch gesetzliche Regelungen ist der Spielraum für Interaktionen der Bezugsgruppen und der Kerngruppen abgesteckt. Inwiefern Individuen oder Gruppen innerhalb des rechtlichen Bezugsrahmens Einfluss nehmen können, hängt stark von ihren Machtpositionen ab, die diese innerhalb oder gegenüber den Kerngruppen besitzen. Das Ausmaß der Einflussnahme auf die Zielbildung wird außerdem durch das Verhandlungsgeschick wesentlich mitbestimmt.

Um den **Aufgabenkomplex der betrieblichen Personalwirtschaft** global abzugrenzen, muss vom obersten Sachziel eines Betriebs ausgegangen werden. Das oberste Sachziel wird durch die nachgelagerten Subsysteme erfüllt. Die funktionalen Subsysteme lassen sich z.B. einteilen in: Beschaffung, Leistungserstellung (Produktion), Leistungsverwertung (Absatz), Finanzwirtschaft, Personalwirtschaft und Informationswirtschaft. Personalwirtschaft, aber auch Finanzwirtschaft und Informationswirtschaft haben einen auf die anderen funktionalen Subsysteme übergreifenden Charakter. Welche Aufgabenkomplexe in einem Betrieb konkret zusammengefasst und wie sie durchgeführt werden, hängt vom speziellen Zielsystem des Betriebs (Sachziele und Formalziele) und den begrenzenden internen und externen Gegebenheiten ab.

Es stellt sich die Frage, wie die Formalziele der Organisation für den Personalbereich operationalisiert werden können. Wirtschaftliche Ziele im Personalbereich haben den Einsatz menschlicher Arbeit und deren Kombination mit anderen betrieblichen Produktionsfaktoren nach wirtschaftlichen Prinzipien zum Inhalt. Dabei dienen generell ökonomische Kenngrößen, wie Wirtschaftlichkeit und Rentabilität, als Kriterien zur Beurteilung personalbezogener Maßnahmen. Das angestrebte **Zielausmaß** hängt von der Berücksichtigung weiterer ökonomischer (z.B. langfristige Sicherung des Unternehmenspotentials/Flexibilität) und sozialer Ziele (z.B. gute Arbeitsplatzbedingungen) sowie von internen und externen Gegebenheiten ab, die einschränkend wirken (z.B. maschinelle Ausrüstung, Arbeitsschutzgesetze).

Eine möglichst große wirtschaftliche Nutzung der Human-Ressourcen kann auf dreierlei Weise erreicht werden (vgl. Eckardstein/Schnellinger 1978, S. 16 f.):

1. Senkung der Personalkosten pro Ausbringungseinheit im Wert- und/oder Mengengerüst
   a) Senkung im Wertgerüst durch
      - Senkung des Lohnsatzes (DM/Std.),
      - Senkung der Gemeinkosten,
      - Senkung der Personalzusatzkosten,
      - Senkung der indirekten Personalkosten (z.B. arbeitswissenschaftliche Kosten),
   b) Senkung im Mengengerüst durch
      - Erhöhung der Arbeitsproduktivität durch Steigerung der menschlichen Arbeitsleistung und/oder durch eine Verbesserung der Arbeitsorganisation,
      - Anpassung der Beschäftigung,
      - gegebenenfalls Substitution von Arbeit durch Kapital (Rationalisierung),
2. Senkung aller Kosten, die durch Personal beeinflusst werden können (z.B. Ausschuss, Maschinenverschleiß) und
3. Nutzung des bei den Mitarbeitern vorhandenen Leistungs- und Verbesserungspotentials sowie der Flexibilität (z.B. Einrichtung eines betrieblichen Vorschlagswesens).

Eine **kostenorientierte Operationalisierung** personalwirtschaftlicher Ziele scheint gegenüber einer **ergebnisorientierten** eher zugänglich zu sein, wenn man einmal von den aufgezählten Möglichkeiten ausgeht. In der Praxis ist als ergebnisorientiertes Ziel die Steigerung der Arbeitsproduktivität weit verbreitet, bei der die Ausbringung auf die Arbeitseinheit bezogen wird (z.B. St./Std.). Zwar bewirkt eine Erhöhung der Arbeitsproduktivität in der Regel auch eine Senkung der Personalkosten; es ist aber auch denkbar, dass die Kostenersparnis zum Teil oder auch in vollem Umfang als Entlohnung den Mitarbeitern zugute kommt.

Ergebnisorientierte Zielvorgaben werden auch für einzelne Positionen, beispielsweise als Leistungsstandards, vorgegeben. Auch werden ergebnisorientierte Feinziele als Führungsinstrument beim **Management by Objectives** verwendet.

In der Praxis werden zur Vorgabe operationaler wirtschaftlicher Ziele und zur Zielkontrolle häufig **Kennziffernsysteme** angewandt. Die Schwierigkeit bei der Wirtschaftlichkeitskontrolle liegt aber weniger in der Erfassung der Personalkosten, als vielmehr darin, dass in zahlreichen betrieblichen Aufgabenbereichen eine Ergebnisbewertung des Personaleinsatzes kaum möglich erscheint (z.B. bei vorwiegend dispositiven Tätigkeiten).

Wirtschaftliche Ziele als Kriterien personalbezogener Maßnahmen können in allen abgegrenzten personalwirtschaftlichen Aufgabenbereichen mit den Erwartungen und Forderungen der (abhängig beschäftigten) Mitarbeiter der Betriebswirtschaft in Konflikt treten. Dabei ist das Konfliktpotential beim ökonomischen Ziel, Senkung der Personalkosten besonders groß.

4 DER PERSONALWIRTSCHAFTLICHE ENTSCHEIDUNGSPROZESS

4.1 Die Phasen des Entscheidungsprozesses

Entscheidungssituationen sind dadurch bestimmt, dass ausgehend von einer Ausgangsbedingung B ein Zielzustand Z erreicht werden soll, indem eine Auswahl aus einer Menge von vorgegebenen oder zu suchenden Handlungsalternativen A zu treffen ist (vgl. Putz-Osterloh 1992, Sp. 585). Der Wahlakt einer zu realisierenden Handlung setzt einen **Entscheidungsprozess** voraus. Das Ergebnis der Handlung wird einer Bewertung und Prüfung zugeführt. Besteht für die Erreichung einer bestimmten Zielgröße nur eine eindeutige Handlungsalternative, dann liegt keine echte Entscheidungssituation vor.

Entscheidungen im Pesonalbereich sind zunehmend durch kollektive Entscheidungstatbestände gekennzeichnet (Schauenberg 1992, Sp. 566). Der geistige Arbeitsablauf vollzieht sich arbeitsteilig. Die Komplexität der Entscheidungen (vgl. Bronner 1993, S. 13) und die auf Rechtsnormen basierende Mitbestimmung im Rahmen der Unternehmensverfassung können bestimmende Ursachen sein. Diese vielschichtigen, differenzierten sozialen Interaktionsprozesse sind mit einer systematischen Gewinnung, Übertragung, Speicherung, Verarbeitung und Auswertung von Informationen verbunden. Die Entscheidung vollzieht sich in einem **vielphasigen Prozess**.

Die Abbildung des zeitlichen Ablaufs des Entscheidungsprozesses orientiert sich meistens an der präskriptiven Entscheidungstheorie, wobei ein strikt linearer Ablauf von Entscheidungsphasen (Phasentheorem) angenommen wird (Witte 1992, Sp. 553).

Zweckmäßig ist eine Gliederung nach den im Entscheidungsprozess grundsätzlich durchzuführenden Verrichtungen (Funktionen, Aufgaben). Wie weit sich der Entscheidungsprozess in einzelne Teilaufgaben aufspaltet, hängt vom speziellen Wahlproblem sowie von der Wiederholbarkeit und einer möglichen organisatorischen Verselbstständigung der Teilaufgaben (Rationalisierung) ab.

Die Entscheidung vollzieht sich im Spektrum wohlstrukturierter (Lösungsprogramme vorhanden) und schlechtstrukturierter (keine Anwendung von Lösungsalgorithmen) Prozesse. Die Entscheidungssituation (Problemstruktur) ist wiederum z.B. durch die Klarheit der Zielfunktion, die Anfangs- und Randparameter und Erwartungswerte bestimmt.

Sowohl **Ziel-** als auch **Mittelentscheidungen** durchlaufen die verschiedenen Phasen.

Die Darstellung I-9 zeigt eine Möglichkeit der Gliederung der Phasen des Entscheidungsprozesses.

Die Zielvorgabe ist Bestandteil der Personalpolitik, deren Formulierung selbst wieder einen Entscheidungsprozess darstellt.

Speziell der willensbildende Prozess der Anregungs-, Such- und Entscheidungsphase hat unternehmensexterne und -interne Entscheidungsparameter zu berücksichtigen.

Entscheidungsrelevante unternehmensexterne Einflussgrößen können die demographische Entwicklung, die Arbeitsmarktentwicklung, der Wertewandel, der technologische Wandel, gesetzliche Entwicklungen und die Internationalisierung der Unternehmenstätigkeit sein (Macharzina 1992, Sp. 1785 f.; Dülfer 1991; Gaugler 1988; Wunderer/Kuhn 1992).

Zur organisationalen Zielerreichung hat die Personalarbeit der Interessenabstimmung der Organisationsmitglieder besondere Aufmerksamkeit zu widmen. Relevante Entscheidungsobjekte sind Arbeitsinhalte, Arbeitsplätze, Leistungsintensität, Einkommen, Belastung durch Arbeitsumgebung, Arbeitszeiten, persönliche Entwicklungen, Arbeitsbedingungen u.a. (vgl. Eckardstein 1992, Sp. 1068). Unterschiedliche Interessen auf der staatlichen (Arbeitsrecht, Arbeitsschutz, Arbeitsmarktpolitik) und tariflichen Ebene (Arbeitgeber, Gewerkschaften) sowie der Unternehmens- und Betriebsebene (Betriebsverfassungsgesetz) sind abzustimmen.

Im Rahmen der **betrieblichen Mitbestimmung** werden Mitarbeiter zu mitdenkenden und mitgestaltenden Partnern im betrieblichen Geschehen und beim Vollzug der arbeitstechnischen Zwecke des Betriebs. Die treuhänderische Vertretung der Arbeitnehmerinteressen durch den Betriebsrat erfolgt im Rahmen der rechtsverbindlichen Konstitution (Betriebsverfassung).

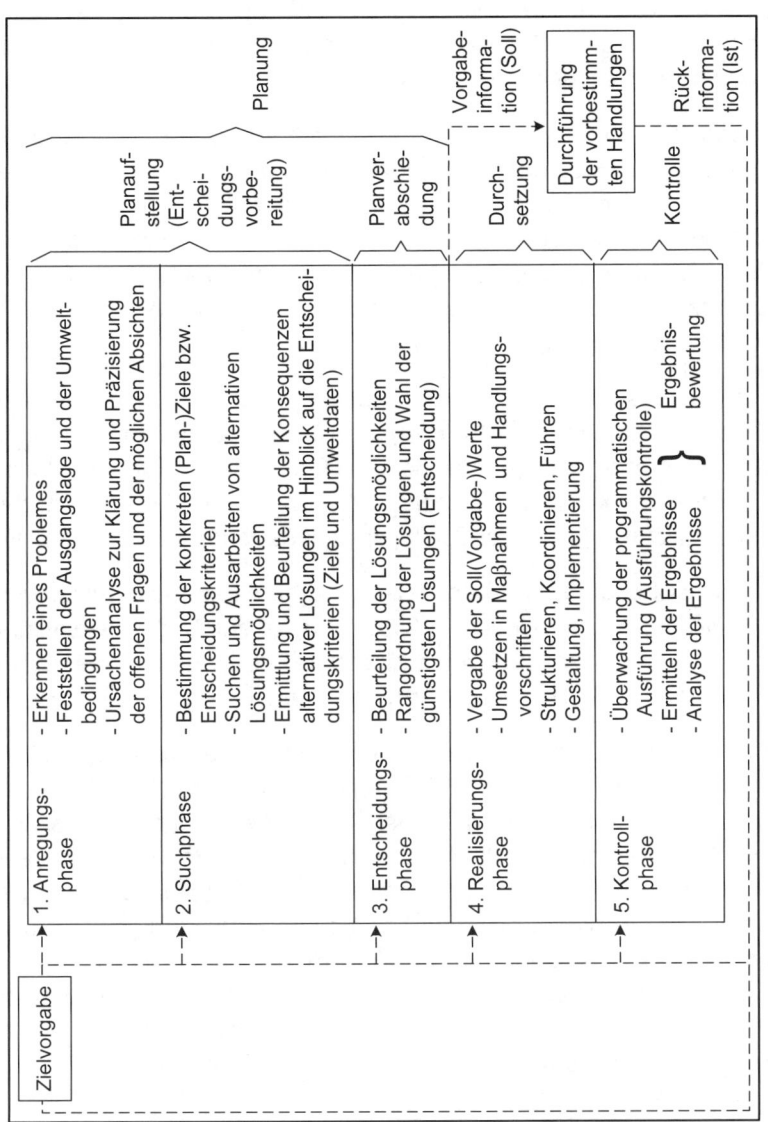

Darstellung I-9 Phasen des Entscheidungs- bzw. Problemlösungsprozesses
(vgl. Ulrich 1970, S. 204; Hahn 1971, S. 163)

Im Rahmen der **unternehmensbezogenen Mitbestimmung** ist das präzisierte und konkretisierte Unternehmensinteresse (Wohl des Unternehmens) nicht mit den Interessen der Anteilseigner gleichzusetzen.

In die Entscheidungen über das Unternehmensinteresse sind bereits die kollektiven Arbeitnehmerinteressen eingeflossen. Die konkreten Interessen des einzelnen Mitarbeiters können im Interessenkonflikt mit dem bereits mitbestimmungsrechtlich neutralisierten Unternehmensinteresse stehen. In diesem Interessenkonflikt ist im konkreten Einzelfall über den personalwirtschaftlichen Entscheidungsprozess ein humanitärer, betriebs- und unternehmensbezogener Ausgleich herzustellen (Heinze 1992, S. 98 f.).

Der Bereich der personalpolitischen Entscheidungen ist zweckmäßigerweise von den personalwirtschaftlichen Entscheidungen abzugrenzen. Die personalpolitischen Entscheidungsergebnisse, z.B. personalpolitische Grundsätze, Ziele, Strategien und Budgets, bilden die Grundlage der operativen Personalentscheidungen im Hinblick auf den Erfolg der Personalpolitik (Macharzina 1992, Sp. 1783).

Die **Anregungsphase** im personalwirtschaftlichen Entscheidungsprozess basiert auf Zielvorgaben, die Oberziele sind, und ist durch die Feststellung des Wahlproblems gekennzeichnet. Der auslösende Impuls ist z.B. die Kündigung des Arbeitsverhältnisses durch einen Arbeitnehmer.

In der **Suchphase** sind sämtliche der Beschlussfassung vorangehenden Maßnahmen zu treffen. Vom Stadium der "Unorientiertheit" wird durch Gewinnung und Verarbeitung weiterer Informationen zum eigentlichen Prozess der "Willensbildung" übergeleitet. Nachdem die zugrunde liegenden problemadäquaten Zielsetzungen konkretisiert und die begrenzenden Informationen gewonnen worden sind, werden die alternativen Lösungsmöglichkeiten gesucht und ausgearbeitet sowie die Konsequenzen im Hinblick auf die Entscheidungskriterien ermittelt und beurteilt. Die alternativen Lösungsmöglichkeiten könnten für unser Beispiel sein: neues Angebot an den kündigenden Arbeitnehmer, externe oder interne Ersatzbeschaffung, Überlegungen zur Einsparung des frei werdenden Arbeitsplatzes.

In der **Entscheidungsphase** (Auswahl-, Optimierungsphase) werden die zulässigen Handlungsalternativen im Hinblick auf die erwartete Zielerfüllung in eine

Rangordnung gebracht. Möglicherweise erfolgt diese Rangordnung unter Heranziehung bisher nicht beachteter Entscheidungskriterien, z.B. auf Grund eines Einwands des Betriebsrats. Die Wahl der günstigsten Alternative, der **Entschluss**, findet Eingang in den zu realisierenden Plan.

Für unser Beispiel ergibt sich folgende Rangordnung:

(1) neues Angebot,

(2) interne Beschaffung,

(3) externe Beschaffung,

(4) Einsparung des frei werdenden Arbeitsplatzes.

Mit der Anregungs-, Such- und Entscheidungsphase ist der Prozess der **Willensbildung** beendet. Versteht man unter Planung die gedankliche Vorwegnahme zukünftigen Handelns, so beinhalten die ersten drei Phasen des Entscheidungsprozesses den Planungsprozess.

Es folgt der Prozess der **Willensdurchsetzung**, die **Realisation**. Für unser Beispiel: Unterbreitung eines neuen Angebots.

In der Realisationsphase vollzieht sich die **Gestaltung** als Überführung des geplanten (Soll-)Systems in die Struktur der Personalwirtschaft. Dabei stehen das bewusste Gestalten der Maßnahmen und die Entwicklung der Struktur und des Ablaufs der Pesonalwirtschaft im Vordergrund. Personalwirtschaftliche Gestaltung bedient sich dabei vor allem folgender grundlegender Instrumentalvariablen:

(1) Differenzierung der Personalwirtschaft nach verschiedenen Kriterien (z.B. Funktionen, Zielgruppen und -personen, Unternehmungsbereiche, Standorte),

(2) Integration und Koordination der einzelnen Systemteile zu einer zielgerichteten Personalwirtschaft.

Die Differenzierung, Integration und Koordination ist die Folge der Arbeitsteilung. Um die Durchführung des erarbeiteten Plans zu ermöglichen, ist das Verhalten der Organisationsmitglieder so zu strukturieren und zu koordinieren, dass die in der Personalplanung operationalisierten Ziele und Maßnahmen realisiert werden können. Dies geschieht insbesondere mit Hilfe der Organisation und der Personalführung. Die Führung vollzieht sich dabei im Rahmen verfestigter Regeln, die Gegenstand der Organisation sind.

Der Begriff der Organisation wird hier im **instrumentalen** Sinne im Gegensatz zu dem bislang verwendeten **institutionalen** Organisationsbegriff verstanden. Er umfasst den **Aufbau des Personalbereichs** und den **Ablauf personalwirtschaftlicher** Prozesse im Hinblick auf die Erreichung der Ziele der Organisation und der Organisationsmitglieder mit Hilfe formaler Regeln.

Führung wird hier als ein Prozess zielgerichteter Verhaltensbeeinflussung eines Gruppenmitglieds durch ein anderes (oder andere) verstanden. Sie geschieht immer in Form von Interaktion zwischen Führer und Geführten. Führung entsteht durch die personale Trennung von Entscheidung und Ausführung und umfasst den Vorgang der Willensdurchsetzung (Kupsch/Marr 1991, S. 848).

Zielsetzung, Personalplanung, Personalorganisation, Personalführung und Personalkontrolle werden dann als **Personal-Managementfunktionen** bzw. **Personalleitungsfunktionen (Führungsfunktionen)** bezeichnet.

Die Realisierungsphase ist weiterhin durch einen (Teil-)Prozess bzw. Aktivitäten gekennzeichnet, die der Anpassung von Elementen der Gestaltungsmaßnahmen an diejenigen Subsysteme dienen, in denen sie angewendet werden sollen. Diesen Vorgang bezeichnet man als **Implementierung**, die mit der Spezialisierung und dem Maßanfertigen der Elemente an das vorhandene Subsystem gleichbedeutend ist. Erst durch die zur Implementierung gehörenden Anpassungsaktivitäten erreichen die neuen Systemkomponenten ihre volle Wirkung. Die Implementierungstätigkeiten sind nicht auf die Realisierungsphase begrenzt. Das Spezifikum der Implementierung ist das Einbetten von etwas neu Geschaffenem in das bereits bestehende System der Personalwirtschaft. Diese Integration ist so zu gestalten, dass der neue Zustand der Gestaltungsziele, d.h. eine Verbesserung der Effizienz der wirtschaftlichen und individuellen Ziele, erreicht wird. Dazu ist es erforderlich, den Veränderungsprozess unter den Aspekten der Anforderungen der Personalwirtschaft sowie unter den Erwartungen und Interessen des Personals zu sehen. Sind bei den Trägern der Personalwirtschaft die Fähigkeiten vorhanden, die Anforderungen des Systems und die Erwartungen und Interessen der betroffenen Organisationsmitglieder in ein Gleichgewicht zu bringen, werden gleichzeitig Voraussetzungen geschaffen, Konflikte zu vermeiden. Auch ein partizipativ entwickeltes personalwirtschaftliches (Sub-)System kann bei der Durchführung immer noch auf Probleme stoßen, wenn die Einführung und Praktizierung einer akzeptablen Implementierungsstrategie nicht den Wertvorstellungen der Betroffenen entspricht.

Im Laufe des Realisierungsprozesses kann sich zeigen, dass die Sollwerte nicht erreicht werden, was möglicherweise auf falsche Instruktionen oder mangelhafte Ausführung zurückzuführen ist.

Die **Kontrolle** ist häufig erst nach dem Ablauf des Prozesses möglich. Für die Gewinnung von Kontrollinformationen bedürfen alle Vorgänge im Rahmen des Entscheidungsprozesses einer laufenden Überwachung, um gegebenenfalls durch neue, zusätzliche Entscheidungen eine Anpassung an die veränderte Situation zu erreichen. Die Kontrollphase überlagert den gesamten Prozess der Willensbildung und -durchsetzung.

Verdeutlichen wir die Kontrollphase an unserem Beispiel: Haben wir mit dem neuen Angebot Erfolg, findet keine Rückkoppelung zu anderen Phasen statt. Kommt das neue Angebot nicht zum Tragen, wiederholt sich der Prozess mit dem Beginn der Realisierungsphase mit der zweiten Alternative.

Hat der gesamte Plan mit den vier Alternativen keinen Erfolg, folgt nach der Kontrollphase wieder die Anregungsphase.

Die Entscheidung im weiteren Sinne umfasst alle fünf Phasen und kann auch als **Problemlösung** bezeichnet werden.

Nicht alle personalwirtschaftlichen Probleme durchlaufen bis zu ihrer Lösung generell alle Phasen, sondern tendenziell nur "echte" (komplexe, neuartige) personalwirtschaftliche Entscheidungen. Bei sogenannten **Routineentscheidungen** schrumpft der Planungsprozess zusammen, wobei jedoch beim ersten Mal durchaus ein echtes Entscheidungsproblem vorliegen kann.

Bei differenzierter Betrachtung lösen sich die Phasen des Entscheidungsprozesses in zahllose Einzelprozesse "en miniature" auf, in denen wieder Probleme erkannt, Alternativen gesucht, Entscheidungen gefällt, realisiert und kontrolliert werden.

Die Identifizierung des Problems, die Sammlung der Daten, die Gewinnung und Bewertung der Alternativen, die Durchsetzung und die Kontrolle sind im Wesentlichen mit Informations- und Kommunikationsprozessen verbunden. Die **Informationsressource** gewinnt daher eine zentrale Bedeutung im Entscheidungsprozess.

Die Entscheidungsprozesse laufen bei komplexeren Entscheidungsproblemen in mehreren Ebenen ab und sind voneinander abhängig. Unter Beachtung der Mehrschichtigkeit der ablaufenden Entscheidungsprozesse und ihrer Interdependenzen gibt ein solches allgemeines Phasenschema ein durchaus brauchbares heuristisches Element ab, um gewisse Aktivitätsschwerpunkte zu erkennen und zu systematisieren.

Die Entscheidungstatbestände und die Entscheidungsträger der Personalbedarfsermittlung, Personalbeschaffung, Personalentwicklung, des Personaleinsatzes, der Personalerhaltung und Leistungsstimulation, Personalfreistellung sowie die Personalinformationswirtschaft bilden zusammen mit den Faktoren des Zwischen- und Umsystems sowie mit allen Faktoren des vorgelagerten übrigen Insystems (z.B. Produktions-, Absatz-, Finanz-, Beschaffungs- und Lagerwirtschaft) das **personalwirtschaftliche Entscheidungsfeld**.

Für den Entscheidungsträger ist im Entscheidungsfeld die Frage von Bedeutung, welche Größen beeinflussbar (**Entscheidungsparameter**) und welche Faktoren unbeeinflussbar sind. Für die realen Entscheidungsprozesse ergibt sich die Unterscheidung nach ihrer Art und ihrem Ablauf. Infolgedessen können quantitative, qualitative, zeitliche und räumliche Aspekte des personalwirtschaftlichen Entscheidungsfeldes betrachtet werden.

Damit ist der Sachverhalt gemeint, dass die einzelnen Entscheidungsprozesse der Personalbedarfs-, Personalbeschaffungs-, Personalentwicklungs-, Personaleinsatz-, Personalfreistellungsplanung sowie der Planung der Personalerhaltung und Leistungsstimulation und der Personalinformationswirtschaft quantitativ, zeitlich und räumlich aufeinander abgestimmt sein müssen und dass die einzelnen Teilprobleme je nach Umfang und Bedeutung von verschiedenen Entscheidungsträgern entschieden werden.

Zur Erfüllung der personalwirtschaftlichen Funktionen bietet sich der Einsatz einer Fülle **personalwirtschaftlicher Instrumente** an, z.B. Methoden, Systeme, organisatorische Regelungen, die in diesem Lehrbuch bei der Darstellung der personalwirtschaftlichen Funktionen behandelt werden.

4.2 Die Personalpolitik

4.2.1 Grundlegung

Die Formulierung der Personalpolitik kann als Entscheidungsprozess verstanden werden. Sie erfasst alle Interaktionen bzw. Verhaltensweisen von Mitgliedern des personalpolitischen Systems, die zu verbindlichen **Entscheidungen über Werte** bzw. **Ziele** und **Grundsätze** bei personellen Fragestellungen führen. Das Treffen dieser personalpolitischen Entscheidungen vollzieht sich dabei in einem politischen Prozess. Träger dieser Prozesse sind die Kerngruppen, die zu verbindlichen personalpolitischen Entscheidungen autorisiert sind, und auf die die jeweiligen Bezugsgruppen mit ihren individuellen und kollektiven Zielvorstellungen und Forderungen Einfluss zu nehmen versuchen.

Neben der Begriffsbestimmung, in der unter Personalpolitik das Treffen von **Grundsatzentscheidungen** im Personalbereich verstanden wird (engerer Begriff – vgl. Ulrich/Staerkle 1965, S. 10), sind in der Literatur auch andere Definitionen anzutreffen. Nach von Eckardstein und Schnellinger besteht die Personalpolitik nicht nur aus Grundsatzentscheidungen oder personalpolitischen Leitlinien, sondern auch aus einer **Reihe von Einzelentscheidungen**, die von den Vorgesetzten getroffen werden. Die Grundsatz- und Einzelentscheidungen umfassen sowohl die Ziel- als auch die Mittelentscheidungen, die auf die wechselseitigen Beziehungen zwischen Menschen untereinander und ihrer Arbeit gerichtet sind (Eckardstein/Schnellinger 1978, S. 2).

Dieser weiter gefasste Begriff ist durch politische Prozesse gekennzeichnet, die die gesamte Personalwirtschaft umfassen. Immer aber ist der politische Prozess eine Auseinandersetzung mit zum Teil konkurrierenden individuellen und kollektiven Zielvorstellungen und Forderungen, die zu verbindlichen personalwirtschaftlichen Entscheidungen transformiert werden müssen. Somit ist er ein Prozess der Konflikthandhabung, der häufig einen Kompromiss als Ergebnis haben wird. Dabei bestimmt die Machtverteilung zwischen den Teilnehmern des personalpolitischen Prozesses wesentlich, wer sich in welchem Umfange mit seinen Forderungen durchzusetzen vermag.

Personalpolitik wird allgemein für die Personalwirtschaft bzw. die gesamte Unternehmung formuliert, d.h., sie hat einen geringen Konkretisierungsgrad. Daraus folgt, dass sie nicht unmittelbar in zu realisierende Handlungen umsetzbar ist. Für bestimmte Aktionen und Problemsituationen ist sie zumindest zu präzisieren. Dies geschieht einerseits durch die Formulierung und Implementierung von **Teilpolitiken für die personalwirtschaftlichen Funktionen** (z.B. Personalentwicklungspolitik, Entgeltpolitik) und andererseits in der Konkretisierung durch planerische Entscheidungen.

Die Personalpolitik ist sowohl durch innerbetriebliche Beziehungen als auch durch vielfältige Verknüpfungen zum Um- und Zwischensystem gekennzeichnet.

Um- und Zwischensystem bilden einerseits den Bezugsrahmen für personalwirtschaftliche Entscheidungen; andererseits kann die Personalpolitik auch Einflüsse auf einzelne Faktoren und Träger des Umsystems und insbesondere des Zwischensystems ausüben (vgl. Darstellung I-10).

Personalpolitische Entscheidungen werden aber auch unter den Rahmenbedingungen und Aufgabenstellungen des Insystems getroffen.

Wichtige Determinanten bzw. Kontextfaktoren sind die **Unternehmungskultur,** die **Unternehmungsidentität** (Corporate Identity) und die **Unternehmungsverfassung.** Die Ergebnisse der Personalpolitik leiten sich außerdem aus der (allgemeineren) **Unternehmungspolitik** und der ihr vorgelagerten **Unternehmungsphilosophie** ab.

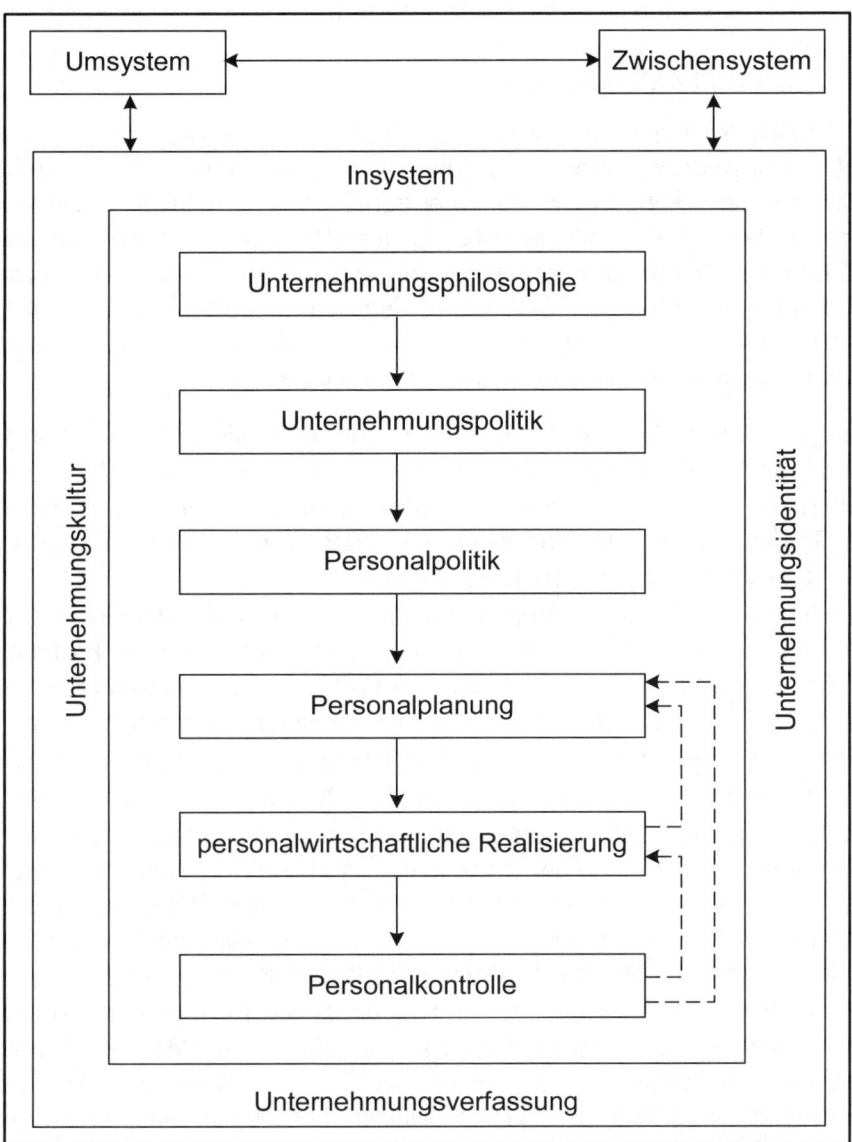

Darstellung I-10 Kontext der Persaonalpolitik (vgl. Oechsler 1992, S. 26)

4.2.2 Kontextfaktoren der Personalpolitik

4.2.2.1 Unternehmungskultur

Unter Unternehmungskultur (Organisationskultur) werden die von den Unternehmungsmitgliedern internalisierten und vertretenen Werte und Normen verstanden, die gleichzeitig das Verhalten entscheidend determinieren. **Werte** liefern den Individuen Beurteilungsmaßstäbe für Elemente, Zustände, Vorgänge und Zusammenhänge der materiellen und immateriellen Unternehmungsrealität. **Normen** sind hingegen Gebräuche, Regeln und Vorschriften, die in bestimmten Situationen zu standardisierten Verhaltensweisen führen und deren Nichtbefolgen negative Sanktionen nach sich ziehen kann.

Zur näheren Beschreibung des Begriffs **Unternehmungskultur** lassen sich folgende Aspekte anführen (vgl. Schein 1985):

- Unternehmungskultur umfasst die gemeinsamen Werte der Unternehmung als Gesamtheit bzw. einzelner Gruppen in der Unternehmung, die sich vielfältigen externen Herausforderungen gegenübersieht.

- Das Phänomen Unternehmungskultur lässt sich nicht exakt messen, wohl aber lassen sich ihre Ausdrucksformen beobachten, hieraus bestimmte Schlüsse hinsichtlich charakteristischer Merkmale ziehen und Deutungen aus vielfältigen unterschiedlichen Merkmalsausprägungen vornehmen.

- Unternehmungskultur wird von charismatischen Führungspersönlichkeiten geprägt und unternehmungsintern (meist auch unbewusst) "weitervererbt".

- Im Falle "starker" Unternehmungskulturen werden Gruppenängste abgebaut, das "Wir-Gefühl" in der Unternehmung als Ausdruck einer ausgeprägten Corporate Identity gestärkt, Koordinations-, Integrations- und Motivationseffekte freigesetzt, wodurch der Unternehmungserfolg erheblich positiv beeinflusst werden kann (vgl. Scholz/Hofbauer 1987, S. 461 ff.).

- Unternehmungskultur lässt sich nur evolutionär durch eine behutsame Weiterentwicklung der zumeist tief verwurzelten bisherigen Werte und Normen gestalten und verändern. Eine "kurskorrigierende" Kulturpolitik (vgl. Steinmann/Schreyögg 1991, S. 551) ist deshalb vorzuziehen, weil ein abruptes "Cultural Engineering", beispielsweise durch Kopie von Erfolgsmodellen, am Widerstand der Unternehmungsmitglieder scheitert (vgl. Laurent 1989).

Die Unternehmungskultur ist als **Kontextfaktor** zu sehen, der die Personalpolitik entscheidend beeinflusst. Die **Werthaltungen** und **Normen** insbesondere der Führungskräfte prägen in starkem Maße die persönlichen und generalisierten Einstellungen gegenüber den Unternehmungsmitgliedern, so dass bestimmte Menschenbilder zugrunde liegen. Auch im Führungsverhalten spiegeln sich die Werthaltungen wider.

Die Unternehmungskultur zeigt sich wesentlich in den Zielen und Grundsätzen der Personalpolitik. Dies drückt sich in den Interaktionsmustern aus. Der Personalleitung und den Führungskräften fällt die Aufgabe zu, das komplexe Werte- und Normensystem den Unternehmungsmitgliedern bewusst zu machen und zu vermitteln. Ihnen fällt im Rahmen einer **aktiven Kulturpolitik** die Aufgabe zu, den angestrebten erfolgsorientierten Wandel der Werte, Normen und Verhaltensweisen zu steuern.

Eine Änderung der Personalpolitik wird indes kaum erfolgreich sein, wenn sie im Gegensatz zur herrschenden und akzeptierten Unternehmungskultur steht.

4.2.2.2 Unternehmungsidentität

Unter Unternehmungsidentität sind grundlegende Maßnahmen zu verstehen, mit denen sich die Unternehmung in einem geschlossenen Konzept dem In-, Zwischen- und Umsystem darstellt.

Elemente des Identitätskonzepts sind (Birkigt/Stadler 1988):

- **Corporate Communications**
  (der systematische Einsatz aller Kommunikationsinstrumente wie Absatzwerbung oder Personalwerbung)
- **Corporate Design**
  (Identitätsvermittlung durch Einsatz aller visuellen Elemente der Unternehmungserscheinung wie Firmenzeichen, Farben)
- **Corporate Behavior**
  (einheitliche Ausrichtung der Verhaltensweisen der Unternehmungsmitglieder nach innen und außen).

Durch ein Mix dieser drei Elemente soll ein Corporate Image aufgebaut werden, das **Identifikations-** und **Unterstützungspotentiale** schafft und grundsätzlich die Basis für Glaubwürdigkeit, Vertrauen, Akzeptanz und "Zuneigung" bildet und intern ein ausgeprägtes "Wir-Gefühl" schafft.

Die in der Unternehmungspolitik und in der Personalpolitik als Teilbereich der erstgenannten festgelegten Grundsätze und getroffenen Entscheidungen stellen einerseits einen Rahmen für die gestalterische Beeinflussung der gewollten Unternehmungsidentität dar. Andererseits kommt der Unternehmungsidentität eine wichtige Rolle bei der Steuerung sämtlicher Prozesse der Willensbildung und Willensdurchsetzung im Unternehmen zu, wenn die Konsensbildung durch eine starke Corporate Identity gefördert und das zielkonforme Verhalten der Mitarbeiter - beispielsweise im Hinblick auf die Implementierung personalpolitischer Entscheidungen - gewährleistet wird.

Eine starke Unternehmungsidentität stützt die Personalpolitik in vielfältiger Weise. Auf Grund eines nachhaltigen Personalimages kann beispielsweise Personalbeschaffung vom externen Arbeitsmarkt erleichtert werden. Intern ist den mit der Unternehmungsidentität verbundenen Motivations- und Arbeitszufriedenheitseffekten ein hoher Stellenwert zuzuordnen.

4.2.2.3 Unternehmungsverfassung

Allgemein lässt sich die **Unternehmungsverfassung** als Grundsatzentscheidung über die gestaltete Ordnung der Unternehmung verstehen. Diese quasi als **"Grundgesetz" der Unternehmung** fungierende Summe von Rechtsnormen definiert mit ihren konstitutiven Rahmenregelungen Gestaltungsräume und -grenzen. Damit wird ein generell zu respektierender Verhaltensrahmen unternehmensintern wie -extern festgelegt (vgl. Bleicher 1991). Regelungsbereiche betreffen insbesondere die Gründung und die Beendigung einer Unternehmung, ihr Außenverhältnis, die Verteilung ihres ökonomischen Erfolgs (Gewinn, Wertschöpfung), die Grundrechte der Unternehmungsmitglieder allgemein sowie speziell ihrer Organe, insbesondere deren Bezeichnung, Zustandekommen, Zusammensetzung, Zusammenwirken und Kompetenzverteilung. Die Unternehmungsverfassung ist grundsätzlich langfristiger Natur. Sie enthält zum Beispiel Angaben darüber, welche Organisationsmitglieder verbindliche Entscheidungen treffen können, sie ordnet die Machtverteilung und regelt langfristig die Machtbeziehungen in der Unternehmung.

Die Unternehmungsverfassung ist nur zum Teil **gesetzlich** geregelt. Zusätzlich liegen **vertragliche Vereinbarungen** zugrunde: überbetrieblich zum Beispiel durch Tarifverträge auf Branchenebene und auf einzelbetrieblicher Ebene zum Beispiel in Form von Betriebsvereinbarungen, Unternehmungstarif- oder Gesellschaftsvertrag. Schließlich bestehen **faktische Regelungen** beispielsweise durch Trennung von Eigentum und Leitung sowie durch den Führungs- bzw. Herrschaftsstil der Manager.

Die Unternehmungsverfassung regelt ganz zentral die **Macht- und Kompetenzverteilung** der Unternehmung. Unter Machtregelung ist einerseits die Zuordnung von Macht auf Mitgliedergruppen, Gremien und/oder Einzelpersonen und andererseits die Machtkontrolle zu verstehen (Chmielewicz 1992, Sp. 2232).

Unternehmungsverfassungen besitzen sowohl einen institutionellen als auch einen personellen Aspekt:

- **Institutionell** bezieht sich die Verfassung einer Unternehmung auf die Normierung der Unternehmungsführung unter organisatorischen Gesichtspunkten. Hierbei geht es um die Konstituierung derjenigen Führungsorgane, die tragende bzw. leitende Funktionen für die Unternehmung besitzen.
- **Personell** umfasst die Unternehmungsverfassung ein System normativer Regelungen über die Rechte und Pflichten der Mitglieder einer Unternehmung, insbesondere der Führungsorganisation. Hierbei handelt es sich um rechtswirksame Vereinbarungen über das Zusammenwirken der Organisationsteilnehmer, gesetzlich wie vertraglich.

Gesamtgesellschaftlich wird in der Diskussion um Unternehmungsverfassungen die Forderung nach einem verstärkten Interessenpluralismus im Unternehmen, Interessenausgleich und einer stärkeren Partizipation der Belegschaft deutlich.

Der interessendualistische gesetzliche Ansatz der Unternehmungsverfassung ist in der Bundesrepublik Deutschland im Betriebsverfassungsgesetz, im Montan-Mitbestimmungsgesetz und im Mitbestimmungsgesetz kodifiziert. Diese Gesetze greifen in das Selbstbestimmungsrecht der Unternehmung deutlich ein, indem das Aufsichtsorgan auch mit Arbeitnehmervertretern besetzt sein muss und im Geltungsbereich des Montan-Mitbestimmungsgesetzes und des Mitbestimmungsgesetzes in der Unternehmungsleitung ein Arbeitsdirektor verankert ist. Der interessendualistisch kodifizierte Ansatz der Betriebsverfassung wird insbesondere durch das Betriebsverfassungsgesetz 1972 und die Arbeitsgesetze und -verordnungen repräsentiert.

Die für die Bundesrepublik Deutschland geltenden Gesetze zur Mitbestimmung sind zweifellos als eine fundierte Basis für die Unternehmungsverfassung anzusehen.

Sie bilden insofern auch eine Vorstufe für eine **interessenpluralistische Verfassung**, als sie das Kontrollorgan (den Aufsichtsrat) auch mit Vertretern der Arbeitnehmerschaft besetzungspflichtig erklären, der Unternehmungsleitung (dem Vorstand) den Arbeitsdirektor unmittelbar zuordnen und dem Aufsichtsrat die Kontrollfunktion über den Vorstand auferlegen. Andererseits lassen sich der deutschen Mitbestimmung noch deutliche Mängel im Hinblick auf "echten" Pluralismus nachweisen:

(1) die Beschränkung auf die Interessenvertretung von Kapitaleignern und Arbeitnehmerschaft (bzw. Gewerkschaft),

(2) die Ausschließlichkeit des Aufsichtsrats als paritätisch mitbestimmtes Unternehmungsorgan,

(3) die Gestaltungsbeschränkung der Mitbestimmungsgesetze auf Unternehmungen mit bestimmten Rechtsformen, bestimmter Beschäftigtenzahl und/oder Branchenzugehörigkeit.

Im Hinblick auf eine konkrete Ausgestaltung ist in der Literatur eine Reihe von Vorschlägen für eine **pluralistische Unternehmungsverfassung** erarbeitet worden, wobei besonders folgende Aspekte erwähnenswert erscheinen (vgl. Hentze/ Brose 1985, S. 222 f.):

(1) Übereinstimmend wird eine pluralistische Unternehmungsverfassung grundsätzlich nur für Großunternehmungen gefordert, wobei neben der Beschäftigtenzahl der Umsatz und/oder die Bilanzsumme als Geltungskriterium heranzuziehen sind.

(2) Für Klein- und Mittelbetriebe werden die bestehenden Regelungen des Betriebsverfassungsgesetzes als ausreichend angesehen.

(3) Die Besetzung der (mitbestimmten) Unternehmungsorgane sollte durch die Einbeziehung von Öffentlichkeitsvertretern erweitert werden, wobei allerdings die Schwierigkeit der Berücksichtigung sämtlicher Interessengruppen in einer Unternehmung evident ist.

(4) Das Problem der Besetzung und Ausgestaltung von Unternehmungsorganen wird alternativ angegangen: Einerseits wird dem anglo-amerikanischen Ansatz gefolgt und generell die Bildung eines Verwaltungsrates vorgeschlagen, andererseits wird an der deutschen Mitbestimmungspraxis angesetzt und der Aufsichtsrat und/oder die Hauptversammlung als mitbestimmtes Organ der Unternehmung vorgesehen.

(5) Über die Anzahl und die Zusammensetzung von Aufsichts- und Verwaltungsrat und über die Wahlmodalitäten der Öffentlichkeitsvertretungen gehen die Meinungen dagegen stark auseinander.

Grundsätze der nicht weiter reduzierbaren **Mindestanforderungen** einer Unternehmungsverfassung sind:

- die Differenzierung der Aufgaben und ihre Zuweisung an verschiedene Organe und Machtträger zur Vermeidung von Konzentration bei einzelnen,
- planvolle Mechanismen für das Zusammenwirken der Machtträger, um Hemmnisse, Widerstände bzw. Gegengewichte abzubauen,
- Anpassungsmöglichkeiten der Grundordnung an die sich wandelnden soziopolitischen und ökonomischen Gegebenheiten (Flexibilitätserfordernis),
- ausdrückliche Anerkennung individueller Freiräume und deren Schutz vor Beeinträchtigungen.

Wie auch immer die Unternehmungsverfassung im konkreten Einzelfall ausgestaltet sein mag, sie determiniert die Gestaltungsfreiräume der Personalpolitik und erhält bei Grundsatzentscheidungen personalpolitischer Art Gewicht, da sie Mitbestimmungsnormen enthält, nach denen die Belegschaft an den Entscheidungsprozessen auf Unternehmungsebene beteiligt werden soll. Der Einfluss der Unternehmungsverfassung schlägt sich in der Personalpolitik zum Beispiel in Grundregeln von Entscheidungsspielräumen der Arbeitnehmer, in der Zusammenarbeit der personalpolitischen Entscheidungsträger und Prinzipien der Zusammenarbeit im Unternehmen nieder. Personalpolitische Grundsätze spiegeln in der Regel den Interessenpluralismus und -zusammenhang von

Unternehmen einerseits und Personal andererseits wider und konkretisieren diesen inhaltlich. In personalpolitischen Grundsätzen, die häufig vager Natur sind, kommt der Versuch eines Wertekonsenses der beteiligten Interessengruppen zum Ausdruck.

4.2.2.4 Unternehmungspolitik

Die **Unternehmungspolitik** gilt als die Grundkonzeption der Unternehmung und konkretisiert die Vorstellungen dessen, was die Unternehmung "sein" soll. Sie beschreibt hingegen nicht die praktische Politik bzw. die politischen Prozesse ("Mikropolitik") im Unternehmen (vgl. Scholl 1992).

Folgende **Merkmale** charakterisieren die Unternehmungspolitik (vgl. Ulrich 1990, S. 18 ff.):

- Die Unternehmungspolitik umfasst die originären Entscheidungen in der Unternehmung, die auf der obersten Führungsebene getroffen werden.
- Die Unternehmungspolitik bezieht sich auf die Unternehmung als Ganzes und ist allgemein abgefasst.
- Die Unternehmungspolitik ist langfristig ausgerichtet und muss deshalb Flexibilität aufweisen, um die notwendigen Anpassungen im Zeitablauf auf Grund von Änderungen der Kontextfaktoren des Umsystems vornehmen zu können.
- Die Unternehmungspolitik beinhaltet auch die Kontrolle der Einhaltung von Zielen, Verhaltensnormen und Richtlinien.

Da die Unternehmungspolitik einen hohen Abstraktionsgrad aufweist, muss sie im Rahmen von derivativen Teilpolitiken (Personalpolitik, Marketingpolitik, Finanzierungspolitik usw.) inhaltlich konkretisiert werden.

Die **Unternehmungspolitik** und somit auch die daraus abgeleitete **Personalpolitik** werden durch die Grundsatzaussagen und Grundsatzentscheidungen der Unternehmungsleitung geprägt. Die Personalpolitik wird wie die Politiken der anderen betrieblichen Funktionen auf der obersten Leitungsebene verabschiedet, wobei personalwirtschaftliche Entscheidungen aus der übergeordneten **Unternehmungspolitik** abgeleitet werden und somit derivativen Charakter aufweisen.

4.2.2.5 Unternehmungsphilosophie

Die **Unternehmungsphilosophie** umfasst die allgemeinen Zielvorstellungen, "die einerseits auf Wertvorstellungen und Motivationen der zu den Willensbildungszentren gehörenden Personen beruhen, andererseits auf deren Einschätzung mit Gegebenheiten und Entwicklungstendenzen der Unternehmung und ihrer Umwelt. Dazu gehören auch Wertvorstellungen ethischer und moralischer Art, die im Rahmen der konkretisierten Unternehmungspolitik nicht als Zielsetzungen, sondern als Bedingungen oder Verhaltensnormen erscheinen" (Ulrich 1970, S. 327). In ihr manifestiert sich zum einen die unternehmerische **Vision**, die impulsgebende Kraft besitzt, indem sie vor allem Chancen (z.B. attraktive Märkte, innovative Lösungen) aufzeigt. Die Vision weist eine ordnende Funktion auf, da sie grundlegende Klarstellungen, Prioritäten, Zusammenhänge aufzeigt und integrative konfliktlösende Wirkungen entfaltet. Die Vision als Richtschnur des Handelns soll den Unternehmungserfolg langfristig sichern und fördern helfen (vgl. Rühli 1990, S. 115 f.).

In den letzten Jahren hat zum anderen ganz zentral die Diskussion um das Spannungsfeld **Wirtschaft und Ethik** stetig an Intensität zugenommen (vgl. u.a. Kreikebaum 1996). Im Mittelpunkt stehen hierbei Themen des verantwortungsvollen Umgangs mit und der Schonung von natürlichen Ressourcen, ferner des ethisch vertretbaren Verhaltens am Markt, der Ethik von Produkten und des Verhaltens in der Unternehmung. Gleichwohl besteht keine Einigkeit darüber, was genau Ethik inhaltlich beschreibt (vgl. hierzu Rendtorff 1992).

Die ethische Neuorientierung der Unternehmungen findet ihren Ausdruck in Fragen nach dem Sinn ihres Handelns, das bisher vorwiegend ökonomisch ausgerichtet ist, und des Eingebundenseins in die Gesellschaft. Einen umfassenden Definitionsversuch des Begriffs **Unternehmungsethik** aus wissenschaftlichem Blickwinkel unternimmt Löhr (1991, S. 251), der hierunter diejenigen idealen normativen Orientierungen verstanden wissen will, "die in der Marktwirtschaft zu einem friedensstiftenden Gebrauch der unternehmerischen Handlungsfreiheit anleiten sollen; in diesem Sinne soll Unternehmensethik genauerhin als prozessuale Orientierungshilfe dazu auffordern, dass in jedem Einzelfall, wo die Steuerung der konkreten Unternehmensaktivitäten nach den Regeln des Gewinnprinzips und des geltenden Rechts zu konfliktträchtigen Auswirkungen führt oder führen könnte, in dialogischer Verständigung zwischen den unternehmensintern und -extern Betroffenen begründete bzw. begründbare materiale und prozessuale Normen festgelegt werden, die das Unternehmen im Sinne einer Selbstverpflichtung für sich in Geltung setzt."

Unternehmungsethische Fragestellungen werden in **unternehmungspolitischen Grundsätzen** fixiert und formuliert. Verantwortungsvolles, ethisch vertretbares Handeln in Bezug auf den Faktor Arbeit kann im Rahmen der Personalpolitik von dem Bemühen geleitet sein, dem Menschen zu dienen, wobei dieses Ziel auf Grund von Restriktionen, Umständen und Widrigkeiten nur eingeschränkt zu verwirklichen ist. Diese Spannung zwischen dem gewünschten Idealzustand und den relativen Möglichkeiten zeigt sich in der Personalpolitik besonders unter zwei Aspekten (vgl. Raisig 1987, S. 764 ff.):

- Dem Menschen zu dienen bedeutet, das Menschengerechte in der Personalpolitik auf der Grundlage anthropologischer Erkenntnisse und einer dem Menschen gegenüber angewandten sensiblen Einstellung einzubringen. Das Menschengerechte zeigt sich darin, wie man dem Menschen nützt, ihn fördert und zur Entfaltung bringt, ihm Freude und Erfüllung ermöglicht.

- Der Realisierung dieser Ziele stehen oft ökonomische Zwänge, vorgegebene Ordnungen, Strukturen und Einrichtungen entgegen.

Personalwirtschaftlich verantwortungsolles Handeln äußert sich beispielsweise in Maßnahmen der Personalentwicklung, in verstärkter Entscheidungspartizipation, in Maßnahmen der Humanisierung der Arbeit oder umfassenden Sozialleistungsangeboten. Bei all dem besteht aber die Gefahr, dass eine "**ethische Personalpolitik**" lediglich eine Feigenblattfunktion übernimmt und ausschließlich aus imagefördernden Lippenbekenntnissen besteht. Eine nähere Analyse der Personalpraxis einer Unternehmung kann schnell zutage fördern, dass eindeutig wirtschaftliche Interessen, nicht aber vorrangig ethische Intentionen, die Entwicklung und Implementation personalpolitischer Programme bestimmen. Auch wenn sich Ethik und Ökonomie als konfliktäre Ziele in der Unternehmung gegenüberstehen, so schließen sich beide nicht a priori gegenseitig völlig aus. Ein einzig am ökonomischen Kriterium der Effizienz orientiertes unternehmerisches Verhalten "ohne Rücksicht auf Verluste" nützt der Unternehmung nicht, da Konflikte vorprogrammiert sind, die so weitreichend sein können, dass sie dem gewünschten Unternehmungserfolg klar zuwiderlaufen, weil die Mitarbeiter ihren Leistungsbeitrag verweigern.

4.2.3 Internationalisierung der Personalpolitik

Der EU-Binnenmarkt und die zunehmende Globalisierung der Märkte bedeuten eine Herausforderung für die Personalpolitik insofern, als ein verstärktes Ausmaß an externen Einflüssen durch eine Erweiterung des Umsystems und eine größere Anzahl von Funktionen und Aktivitäten im **multinational ausgerichteten Unternehmen** einzukalkulieren sind. Personalpolitische Grundsatzentscheidungen im multinationalen Unternehmen können grundsätzlich auf vier verschiedenen Basis-Vorgehensweisen beruhen.

Beim **ethnozentrischen Ansatz** ist Einheitlichkeit, ausgehend vom Stammhaus, oberstes Gebot. Es wird davon ausgegangen, dass sich die Führungsgrundsätze, Managementtechniken, Produktionsverfahren, Marketingstrategien usw. des Ursprungslandes auch in den Zielländern als erfolgreich erweisen. Die Besetzung der Schlüsselpositionen erfolgt einzig mit Führungskräften des Stammhauses. Auch ein Mangel an qualifiziertem Personal auf dem Arbeitsmarkt des Gastlandes kann eine ethnozentrisch ausgerichtete Personalpolitik begründen, die einen hohen Bestand an entsendungsbereiten Fach- und Führungskräften voraussetzt. Es wird nur eine sehr begrenzte Zielgruppe im Unternehmen angesprochen und der Ansatz ist nur dann zweckmäßig, wenn die Unternehmung primär in Ländern mit ähnlichen Grundwerten und -kulturen tätig ist (vgl. Wunderer 1992, S. 168).

Der **polyzentrische Ansatz** gründet sich auf den Willen, die Eigenständigkeit der Auslandsniederlassungen und Tochtergesellschaften gegenüber dem Stammhaus in der Personalpolitik zu bewahren. Die Umsetzung dieses Ansatzes fußt auf einem starken Bewusstsein für die kulturellen Eigenheiten der Gastländer. Polyzentrismus berücksichtigt die unterschiedlichen Mentalitäten der Mitarbeiter aus verschiedenen Ländern. Es wird davon ausgegangen, dass einheimischen Führungskräften Verhandlungen mit lokalen Kunden, Lieferanten, Behörden, Gewerkschaftsvertretern und anderen lokalen Führungskräften leichter fallen als Vertretern aus dem Stammhaus und sie die Mitarbeiter vor Ort angemessener führen können. Der Polyzentrismus hat aber den Nachteil, dass ein hoher Abstimmungsbedarf mit der Zentrale erforderlich ist, der auf nicht immer einfachen, häufig mit Sprachbarrieren behafteten, interkulturellen Kommunikationsbeziehungen aufbauen muss.

Die **geozentrische Personalpolitik** setzt auf ein weltweit einheitliches Konzept im Rahmen einer globalen Unternehmenspolitik. Sie bedingt eine intensive Zusammenarbeit zwischen Stammhaus und Auslandsniederlassungen bzw. Tochtergesellschaften. Es finden Steuerungsinstrumente Anwendung, die sowohl universelle Gültigkeit als auch lokale Bezüge aufweisen. Entscheidend für die Rekrutierung von Führungskräften ist lediglich die Qualifikation; die Auswahl vollzieht sich unabhängig vom Herkunftsland. Dieser Ansatz findet sich meist nur in großen multinationalen Unternehmen und besitzt den Charakter einer Zukunftsvision (vgl. Roessel 1988, S. 97), solange fundamentale Defizite in der Beherrschung der wichtigsten personalen Voraussetzungen wie Mehrsprachigkeit, langjährige Auslandserfahrung, Kultursensibilität und ausgeprägte Kommunikationsfähigkeiten bestehen.

Die **regiozentrische Orientierung** differenziert die Personalpolitik nach regionalen Besonderheiten, die sich in Kultur, Rechtsverfassung, Wirtschaftsgegebenheiten, Politik, Arbeitgeber-Arbeitnehmer-Beziehungen usw. einzelner Länder und Wirtschaftsregionen niederschlagen. Je nach aktueller Situation wird ein Mix aus den drei vorgenannten Ansätzen verfolgt, und zwar in Abhängigkeit von dem jeweiligen Geschäftsfeld und der intendierten Produktstrategie (vgl. Schulte 1988, S. 187). Sind zum Beispiel Landeskenntnisse von hoher Bedeutung, werden überwiegend lokale Mitarbeiter rekrutiert, wenn spezifisches Produkt-Know-how erforderlich ist, eher Stammhaus-Mitarbeiter.

Alles in allem weist die internationale Ausrichtung der Personalpolitik im multinationalen Unternehmen enge Bezüge zu Internationalisierungs- und Produkt-/ Marktstrategien auf. Sie betrifft vornehmlich die Gruppe der Fach- und Führungskräfte im Unternehmen, deren Beschaffung, Entsendung und Personalentwicklung. Im Vergleich zur rein national orientierten Personalpolitik kommt dem sozio-kulturellen Kontext eine stärkere Bedeutung zu, da außer Sprachschwierigkeiten interkulturelle Kommunikationsprobleme zu lösen sind.

Die außerordentliche Komplexität des Gegenstandsbereichs internationale Personalpolitik und der abgeleiteten Maßnahmen in der multinationalen Unternehmung hat dazu geführt, dass eigene Konzeptionen für ein spezifisch internationales Personalmanagement entwickelt wurden (vgl. u.a. Scherm 1995; Weber/Festing/Dowling/Schuler 1998).

4.3   Die Personalplanung

4.3.1   Begriff und Ziele

Die Personalplanung umfasst alle Maßnahmen der Anregungs-, Such- und Entscheidungsphase des personalwirtschaftlichen Entscheidungsprozesses. Infolgedessen beinhaltet Personalplanung das Fällen von Entscheidungen auf der Basis systematischer Entscheidungsvorbereitungen, um das zukünftige Geschehen im Personalbereich zu bestimmen. Dabei werden künftige Aktionen in der Personalwirtschaft gedanklich vorbereitet, indem mögliche Handlungsalternativen sowie die sie begrenzenden Daten untersucht werden und von den zulässigen Möglichkeiten diejenige(n) als zur Verwirklichung ausgewählt wird (werden), von der (denen) erwartet wird, dass mit dieser (diesen) die betrieblichen (Plan-)Ziele bestmöglich erreicht werden.

Der **Begriff der Personalplanung** wird in der Literatur und in der Praxis unterschiedlich weit gefasst.

Röthig (1986, S. 204 ff.) unterscheidet drei verschiedene Ansätze:

(1) Personalplanung als derivative Bedarfsplanung
Hierbei wird die Personalplanung als reine Folgeplanung angesehen. Personalplanung entspricht der personalwirtschaftlichen Funktion Personalbedarfsermittlung. Die Unternehmungsplanung und ihre Teilplanungen (Absatz-, Investitions-, Produktionsplanung usw.) bestimmen diese restriktive Form der Personalplanung, die als reine Vorausrechnung einzig den zukünftigen Bedarf an Arbeitskräften zu ermitteln hat. Ziele und Maßnahmen sind nicht Planungsgegenstand.

(2) Personalplanung als derivative Bedarfsdeckungsplanung
Die hier subsumierten Ansätze stellen eine Erweiterung der reinen Vorausrechnung dar. Differenzierte Maßnahmenpläne werden in den Planungsgegenstand involviert. Somit wird der Planungsgegenstand respektive der Gestaltungsbereich entscheidend erweitert, der derivative Charakter durch externe Vorgaben (Personalbedarfsplanung) bleibt aber weiterhin erhalten, denn die Personalplanung determiniert und setzt sich die Ziele nicht selber (vgl. Mag 1986, S. 13).

(3) Personalplanung als originäre Ziel- und Maßnahmenplanung

Die bisher vernachlässigte eigenständige Zieldimension der Personalplanung wird zum Planungsgegenstand, was eine erhebliche Aufwertung der Personalfunktion der Unternehmung mit sich bringt.

Auf Grund der vielfältigen Herausforderungen an die Personalwirtschaft steht immer mehr die "explizite Gestaltungsfunktion" (Scholz 1990, S. 37) einer systematischen Personalplanung einschließlich einer originären Ziel- und Maßnahmenplanung im Vordergrund, während die derivative und administrative Funktion an Bedeutung verliert.

In der Literatur und der Praxis werden die Begriffe Personalplanung und Personalpolitik häufig nicht eindeutig gegeneinander abgegrenzt. **Personalpolitik** als das Treffen von personalwirtschaftlichen Grundsatzentscheidungen wird zur Zielplanung, wenn diese Entscheidungen im Zuge systematischer und abstimmbarer Planung gefällt werden. In diesem Sinne wird Personalpolitik bzw. Zielplanung im Personalbereich häufig auch mit einer langfristig angelegten strategischen Personalplanung gleichgesetzt. Somit wird deutlich, dass personalpolitische Entscheidungen von grundsätzlicher und weitreichender Bedeutung wie auch andere politische Entscheidungen in der Organisation stets auf der Basis einer langfristigen Planung erfolgen sollten. Die Personalplanung setzt also nicht erst nach Verabschiedung der Personalpolitik ein, sondern geht in diese über.

Da es sich bei der Personalwirtschaft um ein sehr komplexes Aufgabenfeld handelt, werden die **Planungsvorgänge in Teilprobleme** zerlegt. Die Personalplanung vollzieht sich dann in den personalwirtschaftlichen Funktionen als Personalbedarfs-, Personalbeschaffungs-, Personaleinsatz-, Personalentwicklungs- und Personalfreistellungsplanung sowie in der Planung der Personalerhaltung und Leistungsstimulation und der Planung der personalwirtschaftlichen Informationswirtschaft.

Die Einrichtung einer systematischen und möglichst alle Personalfunktionen umfassenden Personalplanung ist für Arbeitgeber und Arbeitnehmer, aber auch für staatliche Organisationen und Gebietskörperschaften (z.B. Arbeitsamt, Gemeinde) und für potentielle Arbeitnehmer eines Betriebs von großer Bedeutung. Grundsätzlich sollen mit systematischen Planungen zukünftige Fehlentscheidungen reduziert werden, indem durch eine hohe Planungsintensität die

Entscheidungsgüte gegenüber Entscheidungen verbessert wird, die unvorbereitet aus einer aktuellen Situation heraus getroffen werden müssen und weitgehend auf Improvisation beruhen. Dabei sind im Personalbereich Fehlentscheidungen leicht möglich und in ihren Auswirkungen auf ökonomische sowie soziale Ziele schwerwiegend. So gesehen ist der Personalplanung die grundsätzliche Aufgabe zugewiesen, die **Voraussetzungen für die Verwirklichung der Ziele von Arbeitgeber und Belegschaft** zu schaffen.

Das Betriebsverfassungsgesetz von 1972 verwendet im § 92 den Begriff Personalplanung, ohne jedoch eine vollständige Erklärung des Begriffsinhalts zu geben. In welchem Umfang der Arbeitgeber den Betriebsrat im Rahmen der Personalplanung zu unterrichten hat, wird nur exemplarisch erwähnt, nämlich über den gegenwärtigen und zukünftigen Personalbedarf sowie über die Planung der sich daraus ergebenden Berufsbildung.

Personalplanung besitzt mehrere Dimensionen. Außer der zeitlichen Einteilung in langfristige, mittelfristige und kurzfristige Planung - die hier nicht weiter verfolgt wird - ist die Gliederung in **strategische, taktische** und **operative Personalplanung** von Bedeutung. Weitere Kriteriengruppen der Dimensionierung sind die **Planungsinhalte, Ziele, Maßnahmen** und **Potentiale** sowie die **personalwirtschaftlichen Funktionen**. Diese unterschiedlichen Dimensionen bilden eine hierarchische, mehrdimensionale Struktur der Personalplanung, die in der Darstellung I-11 als dreidimensionale Abbildung ohne Anspruch auf Vollständigkeit gezeigt wird.

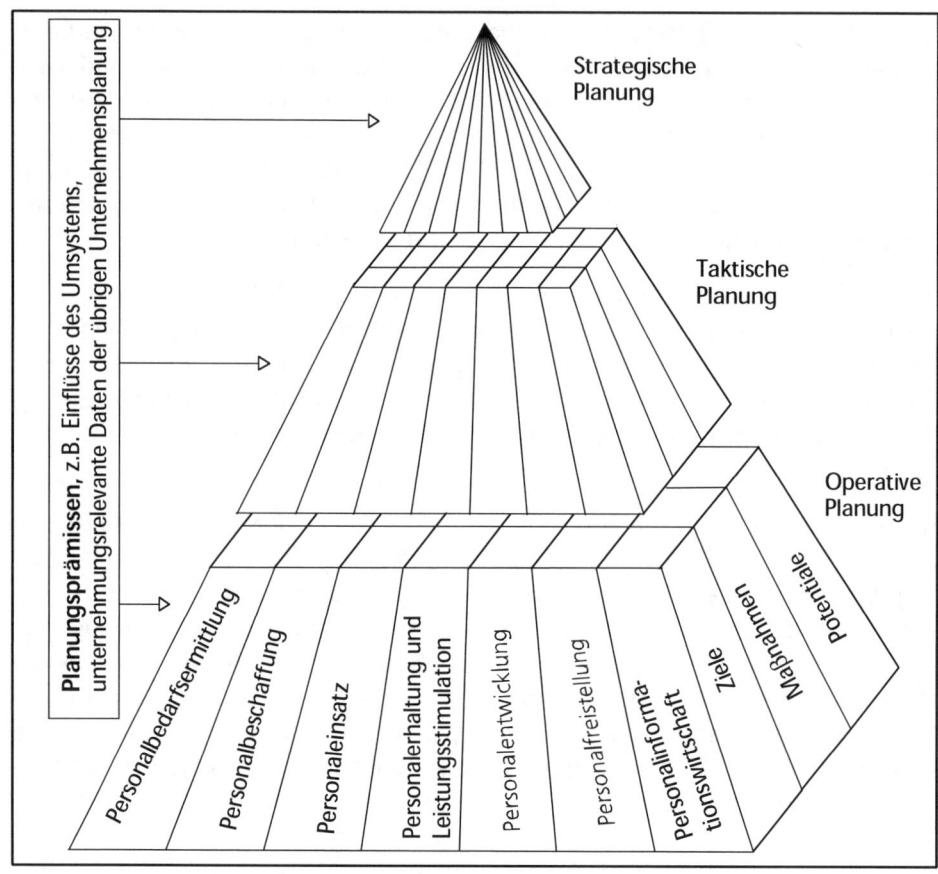

Darstellung I-11 Personalplanungssystem

4.3.2 Planungsinhalte

1. Zielplanung

Ziele müssen systematisch geplant werden. Hierzu gehören die Formal- und Sachziele sowie die sozialen Ziele (Individualziele). Bei der Zielplanung müssen die grundlegenden Rahmenbedingungen, z.B. rechtliche Normen sowie die Vorgaben der Unternehmenspolitik, beachtet werden. Zielbildungsprozesse im

Personalbereich sind als permanente und umfassende Verhandlungsprozesse zu verstehen, an denen zahlreiche Interessengruppen mit unterschiedlichen Machtpotentialen beteiligt sind. Planvoll wird ein Zielbildungsprozess erst, wenn er als systematische Abfolge betrieben wird. Als Prozessstufen eines Zielplanungsprozesses werden z.B. genannt: Zielsuche, Operationalisierung der Ziele, Zielanalyse und -ordnung, Prüfung der Realisierbarkeit, Zielentscheidung, Durchsetzung der Ziele, Zielüberprüfung und -revision (Weber 1975, S. 47).

Auf der Stufe der strategischen Planung handelt es sich meistens nur um "generelle Imperative", die in der taktischen und operativen Planung konkretisiert werden.

2. Maßnahmenplanung
Die Maßnahmenplanung umfasst die Instrumente und Programme, die zur Erfüllung der personalwirtschaftlichen Funktion neu eingesetzt werden sollen.

Instrumente und Programme stehen dem Entscheidungsträger zur Erfüllung der personalwirtschaftlichen Zielsetzungen und Funktionen zur Verfügung. Zur Gestaltung komplexerer personalwirtschaftlicher Funktionsbereiche mit Hilfe von Instrumenten ist eine vorherige Analyse des Zielsystems der betrieblichen Personalwirtschaft erforderlich. In der Literatur gibt es verschiedene Ansätze, die personalwirtschaftlichen Instrumente zu systematisieren. Die Schwierigkeiten einer präzisen Systematisierung liegen zum einen in der Fülle personalwirtschaftlicher Instrumente und zum anderen in der Entscheidung der Zuordnung der Instrumente zu den verschiedenen Sachzielen, da viele Maßnahmen verschiedenen Zwecken dienen können.

3. Potentialplanung
Eine Potentialplanung bedeutet die Ausrichtung der Personalplanung auf die Erfolgspotentiale der Personalwirtschaft zur Erzielung von Wettbewerbsvorteilen gegenüber der Konkurrenz. Für die Bestimmung der Potentiale ist eine Analyse erforderlich, die die Grundlage für die in der Zukunft verwertbaren Personalpotentiale darstellt. Die Potentialplanung befasst sich dann mit der Erhaltung und Entwicklung von (insbesondere strategischen) Potentialen. Welchen Erfolgspotentialen in der Personalwirtschaft in Zukunft eine entscheidende Rolle zukommt, wird von Wissenschaftlern und Praktikern unterschiedlich

eingeschätzt. Oft genannt werden strategische Personalentwicklung und Anreizsysteme, verstärkte Mitarbeiterbeteiligung, Arbeitsstrukturierung mit dem
Ziel einer motivationsfördernden Erhöhung der Team- und Eigenverantwortung
und gezielte Personalauswahl als konzeptionelle Grundpfeiler zum Aufbau der
zur Bestandssicherung der Unternehmung hinreichenden Personalpotentiale.
Deutlich wird, dass der qualitative Aspekt der Personalplanung, der Kenntnisse,
Fähigkeiten und Verhaltensweisen umfasst, die zur Erfüllung künftiger Anforderungen erforderlich sind, an Bedeutung zunimmt (vgl. Drumm 1987).

4.3.3 Planungsebenen

1. Strategische Personalplanung
Es handelt sich bei der strategischen Personalplanung um eine problemorientierte, langfristige Planung.

Problemorientiert bedeutet, dass die Planungsaufgabe analysiert wird, bei der
es sich um Strukturprobleme handelt.

Der Begriff "langfristig" ist nicht genau fixierbar. Er wird branchenspezifisch und
betriebsindividuell unterschiedlich verwendet. In der Industrie werden häufig
Planungszeiträume bis zu einem Jahr als kurzfristig, von 1 bis 3 Jahren als mittelfristig und von 3 bis 10 Jahren als langfristig bezeichnet. Auch längere Pla-
nungsperioden können in bestimmten Fällen wünschenswert sein.

Die strategische Planung ist primär problemorientiert, so dass im Wesentlichen
die Analyse der Planungsaufgabe im Vordergrund steht und infolgedessen die
genau terminierte Fristigkeit eine untergeordnete Rolle spielt.

Sie ist in besonderem Maße von exogenen Faktoren abhängig (z.B. gesamtwirtschaftliche, technologische, gesellschaftliche Entwicklung). Das rechtzeitige
Erkennen von Trends und die Quantifizierung und Bewertung sind wesentliche
Aufgaben der strategischen Planung. Aber auch unternehmensbezogene Informationen, z.B. über die Unternehmenspolitik und das langfristige Produktions-
programm, sind mit in die strategische Planung einzubeziehen.

Die strategische Personalplanung ist Bestandteil der strategischen Unternehmensplanung, wobei sie kaum detaillierter sein kann als die übrigen Unternehmensteilpläne, die die Personalplanung beeinflussen. Strategische Planungsentscheidungen sind in der Regel grundlegender (konstitutiver) Art und infolgedessen echte Führungsentscheidungen, die der betrieblichen Kerngruppe und damit den Trägern des politischen Systems der Organisation vorbehalten sind (Kirsch 1977, III, S. 121). Die strategische Planung ist eine Rahmenplanung für die **taktische Planung**.

Ein Instrument zur Unterstützung der strategischen Personalplanung ist das **Personal-Portfolio**, das der Personalleitung die Beurteilung des zukünftigen Potentials der Unternehmungsmitglieder ermöglicht. Dieses bedeutet eine Abkehr von kurzfristigen Leistungszielen und eine Hinwendung zum strategischen Erfolgsfaktor Personal.

Ein Personal-Portfolio ist eine optische Darstellung des derzeitigen (Ist-Portfolio) und des geplanten Mitarbeiterpotentials (Soll-Portfolio) (vgl. Thiess/Jacobs 1987).

In einer zweidimensionalen Matrix werden die Dimensionen **Personalqualität** und **strategische Bedeutung der Planungsbereiche** gegenübergestellt (vgl. Darstellung I-12).

In der Matrix werden die Planungsbereiche (z.B. Geschäftsbereiche) in Form von Kreisen positioniert, wobei die Kreisgröße die Bedeutung des jeweiligen Bereichs (z.B. Anzahl der Mitarbeiter) ausdrückt. Im Ist-Portfolio werden die Gegenwartswerte festgelegt. Hier werden für jede der beiden Dimensionen mehrere Bewertungskriterien zusammengezogen. Bei der strategischen Bedeutung der Planungsbereiche kann z.B. die Verfolgung einer Wachstumsstrategie wesentliches Kriterium sein. Bei der Personalqualität spielen z.B. Motivation, Qualifikation, Kreativität, Flexibilität als Kriterien eine bedeutende Rolle. Das Soll-Portfolio stellt die angestrebte Zielvorstellung des Mitarbeiterpotentials dar, so dass aus dem Vergleich von Ist- und Soll-Portfolio gegebenenfalls eine Maßnahmenplanung folgt.

Das Personal-Portfolio dient somit der Stärken-Schwächen-Analyse der Personalstruktur und gibt Hinweise für eine strategische Entwicklung der Mitarbeiter in den einzelnen Planungsbereichen.

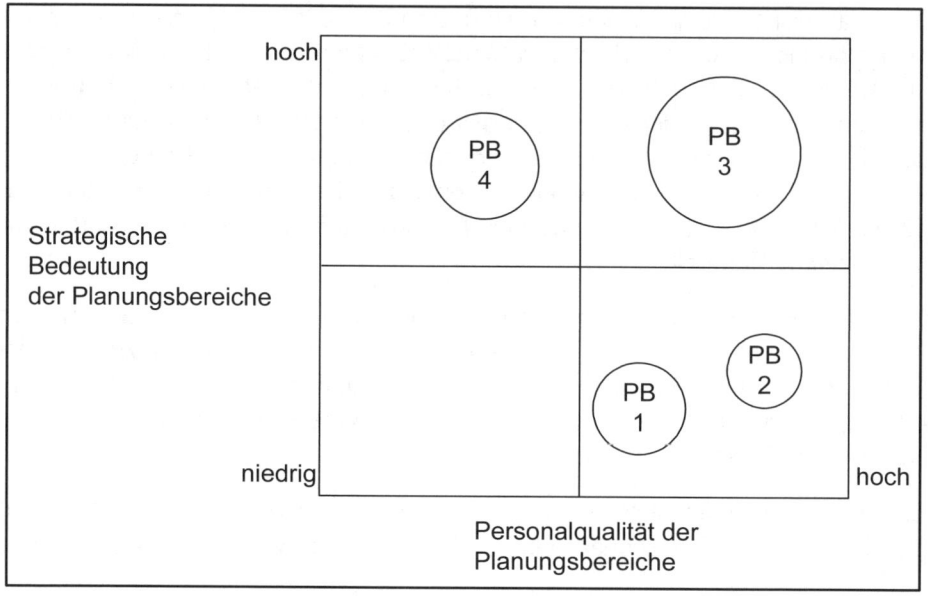

Darstellung I-12 Personal-Portfolio

2. Taktische Personalplanung

Die taktische Personalplanung kann als mittelfristig orientierte Umsetzung von Personalstrategien auf konkrete Problem- und Handlungskomplexe (personalwirtschaftliche Programme) verstanden werden. Sie hat sich eng an den Zielvorgaben der strategischen Personalplanung auszurichten. Personalwirtschaftliche Programme werden häufig von Führungskräften der mittleren Leitungsebene im Unternehmen, z.B. Personalleiter, entwickelt und in Abstimmung mit der Unternehmenspolitik implementiert. Im taktischen Plan sind Einzelheiten personalwirtschaftlicher Maßnahmen im Vergleich zur strategischen Personalplanung schon wesentlich detaillierter und differenzierter festgehalten. Die taktische Personalplanung kann quasi als Brücke der globalen, langfristigen, strategischen Personalplanung zur operativen Planung gesehen werden.

3. Operative Personalplanung

Die operative Personalplanung kann als kurzfristige ablauforientierte Planung charakterisiert werden, die handlungsbezogen auf Einzelziele ausgerichtet ist. Der operative Plan enthält operationale Feinziele für bestimmte Perioden und die konkreten Maßnahmen, die zur Zielerreichung eingesetzt werden sowie die sachlichen Hilfsmittel nach Art, Menge, Raum und Zeit auf der Basis der vorhandenen Potentiale. Infolgedessen wird sie in einem standardisierten Prozess durchgeführt.

Operative Pläne sind gekennzeichnet durch eine starke Differenzierung mit einer konkreten Behandlung von detaillierten Einzelheiten in vielen Teilplänen, die sich auf Grund ihrer Operationalität als kontrollfähiger erweisen als globale strategische Pläne. Ihre Erstellung ist nur möglich auf der Basis präziser Informationen mit zumeist geringem Aggregationsgrad. Im Gegensatz zur stark zukunftsbezogenen und deshalb auch um- und zwischensystemorientierten strategischen Personalplanung werden hier vor allem personalwirtschaftlich relevante Informationen des Insystems der jeweiligen Unternehmung benötigt.

4.3.4 Anforderungen an die Personalplanung

Die problemorientiert angelegten strategischen Grundplanungen müssen in kurzfristig wirkende operative Feinplanungen umgesetzt werden, wobei die Richtwerte für die kurz-, mittel- und langfristigen Teilpläne den sich jeweils präzisierenden neuen Zukunftsinformationen angepasst werden müssen. Diese Anpassungsfähigkeit an alternative Situationen wird als **Flexibilität** oder **Elastizität der Planung** bezeichnet. Sie ist ein wichtiges Gütekriterium der Planung. Häufig empfiehlt es sich, von vornherein mit Alternativplänen zu arbeiten.

Um dem Erfordernis der Flexibilität der Planung gerecht zu werden, wird oft die sogenannte **rollierende (rollende, revolvierende) Planung** angewendet. Die Periodenpläne werden jährlich überarbeitet, wobei jedesmal ein zusätzliches Jahr in die Planung einbezogen wird (vgl. Darstellung I-13). Die konkreten Planungsentscheidungen erfolgen erst unmittelbar vor dem Beginn der Planperiode; gleichwohl ist dabei die längerfristige Rahmenplanung zu berücksichtigen. Periodische Anpassungen und Konkretisierungen bewirken eine sukzessive Reduktion von Planungsunsicherheiten und ermöglichen Lernprozesse.

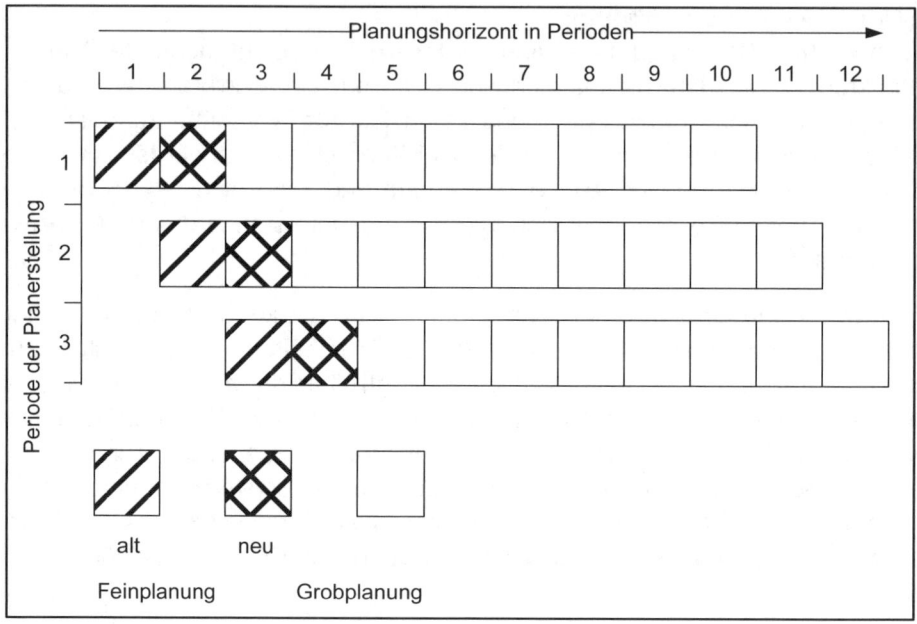

Darstellung I-13 Rollierende Planung

Ein erstes generelles Problem jeglichen Planens, insbesondere des langfristigen Planens, ist das Vorhandensein unvollkommener Informationen und einer unsicheren Ausgangssituation. Mit der Planung ist die **Prognose** verbunden, die mehr oder weniger sicher voraussagt, dass bestimmte Ereignisse in der Zukunft unter bestimmten Bedingungen eintreten werden, während die Planung festlegt, wie (aktiv) gehandelt werden muss, damit in der Zukunft die gewünschten Wirkungen erzielt werden. Bei der Prognose handelt es sich um eine unabdingbare methodische Grundlage jeglichen Planens, um zukünftige Strukturen und Entwicklungen abschätzen zu können. Prognosen sind häufig Anlass zu Planungen.

Pesonalplanung findet vor dem Hintergrund einer Vielzahl **kontextualer Variablen** und verschiedener **Handlungsvariablen** statt, sodass Verknüpfungen zwischen diesen herzustellen sind (vgl. Darstellung I-14). Aus mangelnder Kenntnis über Kausalitätsbeziehungen resultieren Risiken, weil möglicherweise nicht sämtliche relevanten internen und externen Rahmenbedingungen berücksichtigt werden, nicht die wechselseitigen Abhängigkeiten dieser Planungsentscheidungen von anderen betrieblichen Teilplanungsentscheidungen (**Interdependenz der Teilpläne**) erkannt werden, und der Planer nicht weiß, ob die geplanten Maßnahmen so wirken werden, wie angenommen.

Im **Insystem** sind bei der Personalplanung die wechselseitigen Abhängigkeiten innerhalb des Subsystems Personalwirtschaft sowie zur Beschaffungs-, Produktions-, Absatz-, Finanz- und Informationswirtschaft zu berücksichtigen. Eine besondere Schwierigkeit ergibt sich bei der Personalplanung daraus, dass manche Planungsgrößen nur schwer oder eventuell überhaupt nicht quantifiziert werden können und darum die Auswirkungen bei einer Veränderung dieser Faktoren auf die Teilpläne nicht exakt erfasst werden können.

Die Stärken und Schwächen des Insystems, die Werte, Ansprüche, Fähigkeiten und Einstellungen der Unternehmungsmitglieder sowie die wirtschaftlichen und sozialen Ziele beeinflussen die Personalplanung.

Aus dem **Zwischensystem** wirken die Ziele, Interessen und Bedrohungen der Teilnehmer auf die Personalplanung (z.B. Gewerkschaften, Arbeitgeberverbände).

Das **Umsystem** beeinflusst mit Entwicklungen, Bedrohungen, Überraschungen und Restriktionen die Personalplanung. Dabei handelt es sich um wirtschaftliche, sozio-kulturelle, technologische, ökologische und rechtlich-politische Faktoren.

Eng verbunden mit dem Problem der Komplexität vieler Planungen ist als drittes Problem die **Koordination** der Teilpläne. Selbst wenn alle relevanten Einflussgrößen berücksichtigt würden und über ihr künftiges Eintreten Gewissheit bestünde, könnten - wegen der wechselseitigen Abhängigkeit der betrieblichen Teilpläne voneinander - die betrieblichen Ziele idealtypisch optimal nur in einer vollständig aufeinander abgestimmten Gesamtplanung erreicht werden, die alle wichtigen Planungsgrößen "gleichzeitig" (simultan) festlegt. Eine **Simultanplanung** ist nur in einer Grobplanung praktikabel, die alle Teilaspekte des Planungszusammenhangs in den Grundzügen umfasst (Weber 1975, S. 23 ff.). Detaillierte umfassende Simultanplanungen sind jedoch utopisch. Es existieren hierzu auch keine praktikablen Verfahrensansätze.

Der personalwirtschaftliche Entscheidungsprozess

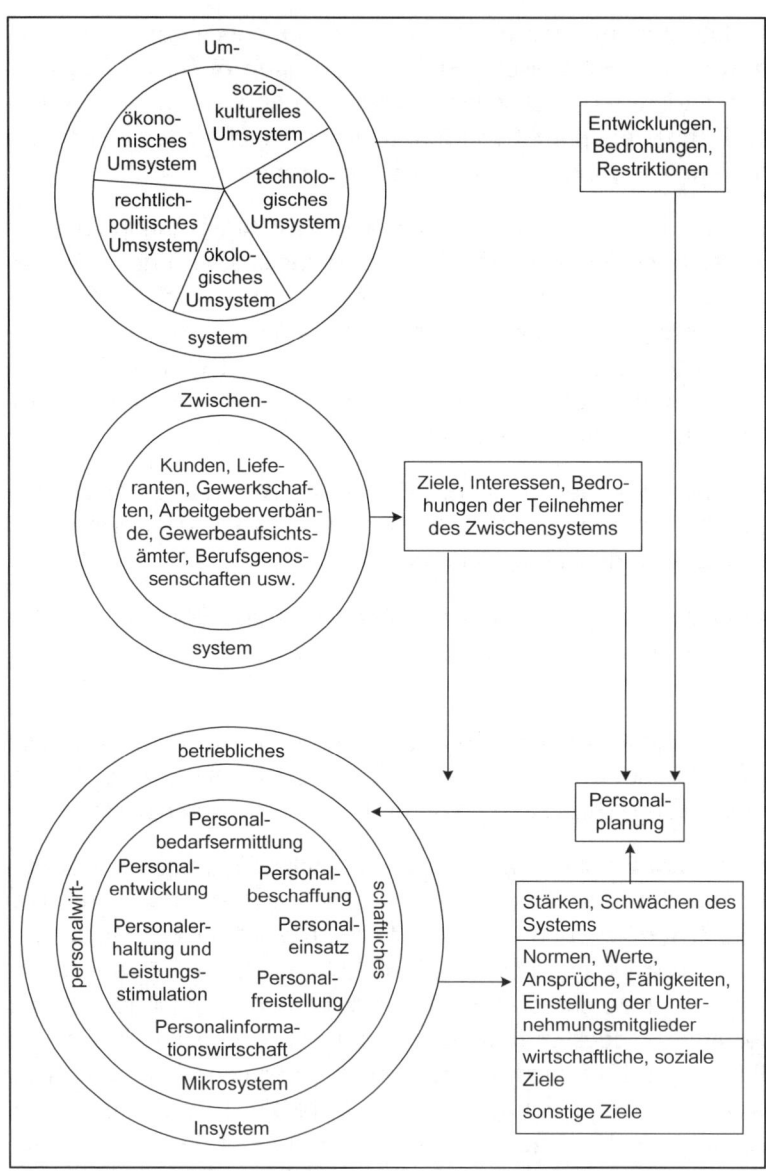

Darstellung I-14 Interdependenzen der Personalplanung

In der Praxis wird die Abstimmung der Teilpläne im Rahmen einer betrieblichen Gesamtplanung üblicherweise **sukzessiv** vollzogen, wobei das Vorgehen häufig durch das sogenannte "**Ausgleichsgesetz der Planung**" bestimmt wird, das besagt, dass kurzfristig alle Teilpläne auf den **Engpassbereich** abgestimmt werden (Dominanz des Minimumsektors), von dem ausgehend ein Planungsbereich nach dem anderen abgestimmt wird. Langfristig besteht dann das Bestreben, diesen Engpass zu beseitigen (Gutenberg 1983, S. 164 f.). Bei dem Abgleich der betrieblichen Teilplanungen ist eine totale Integration der Planungsbereiche in der Praxis kaum anzutreffen. Es überwiegt vielmehr eine **Teilintegration**, bei der beispielsweise die Personalplanung mit der Produktions- und Absatzplanung abgestimmt wird. Selbst die Personalplanung wird in der Praxis in der hier dargestellten Form oft nicht als integrierte Planung betrieben. Vielmehr wird nicht in allen, sondern nur in einzelnen personalwirtschaftlichen Funktionen geplant.

Es ist eine Aufgabe der Arbeitnehmervertreter, im Rahmen ihrer gesetzlichen Möglichkeiten darauf zu achten, dass bei der betrieblichen Gesamtplanung die Dualität von ökonomischen und sozialen Zielen beachtet und die Personalplanung nicht als reine Anpassungsplanung angewendet wird. Zwar gibt das Betriebsverfassungsgesetz im § 92 (Personalplanung) dem Betriebsrat nur Mitwirkungsrechte in Form von Unterrichtungs-, Beratungs- und Vorschlagsrechten; zur Beurteilung der gesamten rechtlich abgesicherten Einflussnahme des Betriebsrats bei der Personalplanung ist jedoch die sachliche Einbettung des § 92 in das BetrVG zu berücksichtigen, die dem Betriebsrat eine über die Rechte des § 92 BetrVG hinausgehende Einflussnahme im Rahmen betrieblicher Planung zusichert (vgl. Industriegewerkschaft Metall [Hrsg.] 1976).

In vielen Betrieben sind **Personalplanungsausschüsse** eingerichtet worden, die die Vorbereitung und Überwachung der Personalplanung, insbesondere der Personalbedarfsplanung, wahrnehmen (vgl. Darstellung I-15). Diese Institution soll insbesondere auf zukünftige Einstellungen, Entlassungen, Versetzungen und Umschulungen Einfluss nehmen. Die einzelnen Planungsaufgaben können entweder durch eine zentrale oder dezentrale Planungsorganisation erfüllt werden. Eine dezentrale Aufgabenverteilung erfordert eine Koordination. Die simultane Planung erfolgt in der Regel zentral, während die sukzessive im Allgemeinen dezentral durchgeführt wird.

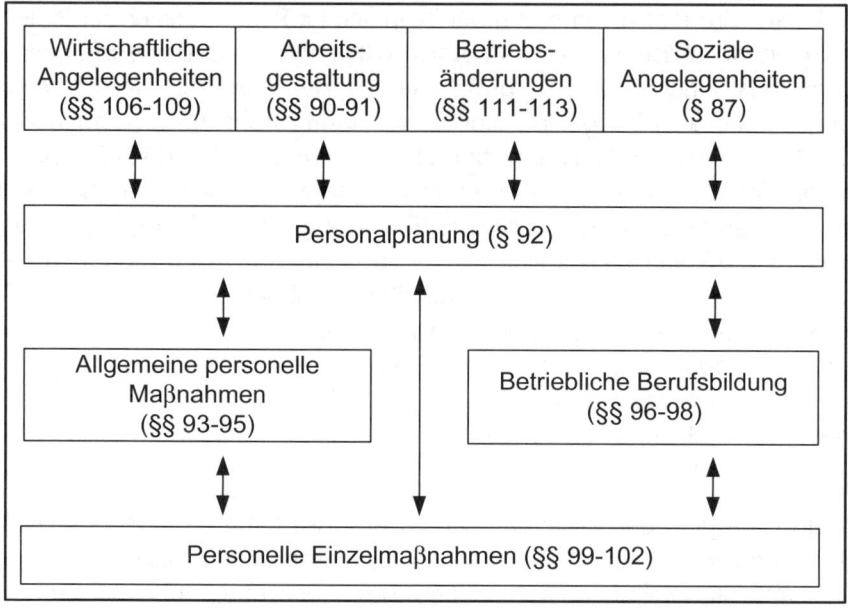

Darstellung I-15 Beteiligungsrechte des Betriebsrats bei der Personalplanung nach dem BetrVG (Industriegewerkschaft Metall 1976, S. 86)

Bei der Durchführung der Personalplanung ist eine Fülle von Daten zu gewinnen, zu übertragen, zu speichern, zu verarbeiten und auszuwerten. Diese Aufgabe ist häufig nur mit Hilfe eines **Personal-Informations-Systems** zu bewältigen. Die Verwendung personalbezogener Daten wirft die Frage nach **Datenschutz** und **Datensicherung** auf.

Dabei handelt es sich um den Schutz vor missbräuchlicher Benutzung von Personaldaten. Mit dem Begriff Datenschutz ist das "Was" angesprochen, d.h., welche Personaldaten und vor wem sind diese zu schützen. Die Datensicherung behandelt die Frage des "Wie", d.h., wie sind die Daten zu schützen.

Die Personalplanung stützt sich nicht nur auf **interne Arbeitsplatz- und Personaldaten**, sondern ist in gleichem Maße auf **gesamtwirtschaftliche Informationen** angewiesen.

4.4 Organisation der Personalwirtschaft

4.4.1 Begriff und Wesen

Unter Organisation der Personalwirtschaft werden alle Tätigkeiten und Ergebnisse verstanden, die Strukturierungen im Personalbereich betreffen, mit denen angestrebt wird, eine zielorientierte Ordnung zu gestalten oder zu erhalten. Die Strukturierung umfasst allgemein die horizontale sowie vertikale Differenzierung und Verknüpfung von Tätigkeitsbereichen, Aufgaben und Aufgabenträgern. Die Verteilung bzw. Zuordnung von Personalaufgaben mit Hilfe von Gestaltungsprinzipien steht hierbei im Vordergrund. Durch die Integration unterschiedlicher Relationen zur betrieblichen Organisation entsteht ein strukturiertes Teilsystem Personalwirtschaft als Teil des Unternehmensgebildes, das heißt die **Organisationsstruktur der Personalwirtschaft**.

Die Verteilung personalwirtschaftlicher Aufgaben kann grundlegend nach den Prinzipien der Zentralisation und Dezentralisation vorgenommen werden. **Zentralisation** meint die Zusammenfassung gleichgearteter Aufgabenelemente oder Teilaufgaben im Hinblick auf bestimmte Ordnungskriterien zu einer Organisationseinheit (z.B. Abteilung, Unterabteilung oder Gruppe). Tendenziell sind Aufgaben von hoher Strukturiertheit und geringer Variabilität in besonderem Masse zentralisierungsfähig, besonders wenn diese eine umfangreiche Anzahl von Mitarbeitern betreffen, wie z.B. die Lohn- und Gehaltsabrechnung (Kossbiel/Spengler 1992, Sp. 1959). Die Übertragung gleichgearteter Aufgaben an verschiedene Organisationseinheiten kennzeichnet die **Dezentralisierung**. Eine Dezentralisation von Aufgaben im Personalbereich ermöglicht die Berücksichtigung spezifischer Anforderungen einzelner Organisationseinheiten. Gering strukturierte, hoch variable Aufgaben sind allgemein Gegenstände der Dezentralisierung, da für die Erfüllung der mit ihnen verbundenen vielfältigen Informationsbeschaffungs- und -verarbeitungsaktivitäten stark spezialisierte Aufgabenträger herangezogen werden müssen (Kossbiel/Spengler 1992, Sp. 1959).

Für die Organisation der Personalwirtschaft bieten sich verschiedene Lösungsmöglichkeiten an, welche in Modelle der **Primärorganisation** mit einer dauerhaften Grundstruktur und Modelle der **Sekundärorganisation** für temporäre komplexe Sonderaufgaben differenziert werden. Zur Durchführung einzelner Projekte in der Personalwirtschaft lassen sich als Ergänzung zur Primärorganisation vorübergehende **Projektorganisationsformen** installieren. Für die Dauer eines in der Regel umfangreichen Vorhabens (z.B. Einführung eines Personal-informationssystems) werden Mitarbeiter aus der Personalabteilung und gege-benenfalls aus weiteren Fachabteilungen rekrutiert, die in einem Team an einer maßgeschneiderten Lösung arbeiten. Ausgestaltungen möglicher Modelle der Primärorganisation werden nachstehend orientiert an folgenden Aspekten vor-gestellt (Domsch/Gerpott 1992, Sp. 1934; Metz 1995, S. 41):

- Zuordnung von Personalaufgaben zu einzelnen Aufgabenträgern und multi-personalen spezialisierten Funktionseinheiten (Personalbereich und -abteilun-gen),
- Differenzierung von exklusiv Personalaufgaben wahrnehmenden Funktions-einheiten in untergeordnete Teileinheiten,
- Integration dieser Funktionseinheiten in die Gesamtorganisation des Unter-nehmens und
- raum-zeitliche Strukturierung der zur Erfüllung personalwirtschaftlicher Auf-gaben erforderlichen Arbeitsvorgänge (Ablauforganisation).

Es handelt sich hierbei um die in der Praxis etablierten Konfigurationen einer verrichtungsorientierten funktionalen Personalabteilung und einer objektorien-tierten divisionalen Personalabteilung am Beispiel des Referentensystems. Um der aktuellen Neuorientierung der Personalorganisation, d.h., das Personalres-sort wächst zunehmend in eine Beratungs- und Dienstleistungsfunktion hinein, Rechnung zu tragen, finden ebenso das Profit-Center-Konzept, das Modell eines Wertschöpfungs-Centers und die gegenwärtig eher als visionär zu betrach-tende virtuelle Personalabteilung Beachtung.

4.4.2 Die funktionale Organisation der Personalabteilung

Eine klassische und bis heute in der Praxis dominierende Konfiguration der Per-sonalwirtschaft ist die auf dem Prinzip der **Verrichtungsorientierung** beru-hende funktionale Organisation der Personalabteilung. Ausgangspunkt ist hier eine Gliederung der personalwirtschaftlichen Aufgaben in Teilaufgaben, welche unter der Führung der Personalleitung von jeweils darauf spezialisierten Mit-arbeitern für die Unternehmung ganzheitlich wahrgenommen werden (Metz 1995, S. 131).

Die Personalarbeit erfolgt hierbei in der **zentralen Personalabteilung**. Entsprechend der funktionalen Gliederung der personalwirtschaftlichen Gesamtaufgabe werden in der Personalabteilung Organisationseinheiten (z.B. Unterabteilungen und Stellen) für die Erfüllung personalwirtschaftlicher (Teil-)Funktionen gebildet. Deren Aufgabenträger können sich auf die Bewältigung der jeweiligen Aufgabenbereiche konzentrieren bzw. spezialisieren. Eine solche Beschränkung auf eine personalwirtschaftliche Teilfunktion erlaubt jedem Personalsachbearbeiter die Beherrschung des zugeordneten Aufgabengebietes als Experte (Lattmann 1995, S. 267). Infolgedessen steht den Mitarbeitern und Linienvorgesetzten für jede Personalfunktion ein anderer Ansprechpartner gegenüber, so dass personalwirtschaftliche Aufgabenstellungen genau vorformuliert werden müssen, um diese dem richtigen Ansprechpartner zuordnen zu können (Bühner 1991, S. 100). Darstellung I-16 zeigt ein mögliches Organigramm einer funktionalen Personalorganisation.

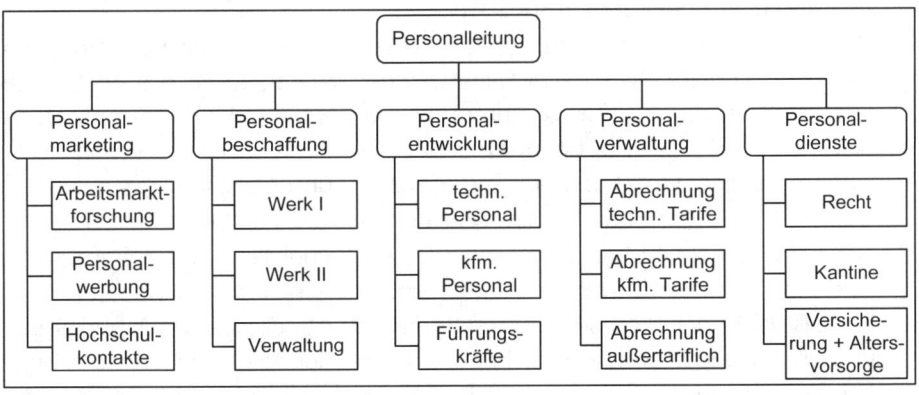

Darstellung I-16 Funktionale Personalorganisation (nach Bühner 1997, S. 403)

Die Personalleitung trägt die Gesamtverantwortung für die Erfüllung der personalwirtschaftlichen Funktionen, koordiniert die verschiedenen Funktionen im Hinblick auf eine integrierte Personalpolitik und gewährleistet die einheitliche Handhabung aller personalpolitischen Instrumente. Die Personalführungsfunktion im engeren Sinne verbleibt bei den Linienvorgesetzten, welche die Personalabteilung unterstützen, indem sie Informationen beschaffen und zentral erarbeitete Konzepte umsetzen (Scherm 1995, S. 644; Nienhüser 1999, S. 161).

Bezüglich einer Einbindung der Personalabteilung in die Unternehmungsorganisation können vier **Eingliederungstypen** mit graduell abnehmendem hierarchischem Rang bzw. abnehmendem Stellenwert der Personalarbeit differenziert werden (Domsch/Gerpott 1992, Sp. 1938 f.; Lattmann 1995, S. 262 ff.; Becker/Fallgatter 1999, S. 223):

(1) Der Personalbereich wird als eigenständiges und gleichberechtigtes Vorstands-/Geschäftsleitungsressort verankert, dessen hauptamtlicher Leiter Mitglied des Vorstands/der Geschäftsleitung ist. Bei dieser Alternative gilt die Personalabteilung als ein vollwertiger Hauptbereich der Organisation. Die Personalleitung erhält unmittelbaren Einblick in die Problemstellungen der Unternehmung, zu deren Lösung sie beizutragen hat und kann zugleich für die Gestaltung des Humanpotentials erhebliche Gesichtspunkte in die Planungs- und Entscheidungsprozesse des führenden Organs der Unternehmung einbringen und die vielfach noch fehlende strategische Ausrichtung der Personalarbeit fördern.

(2) Der Personalbereich berichtet an ein Vorstands-/Geschäftsleitungsmitglied, das u.a. auch für Personalwirtschaftsfragen zuständig ist. Die ausschließlich die Leitung des Personalbereichs wahrnehmende Führungskraft ist nicht Mitglied der Unternehmensleitung. Die Personalleitung erhält derart sowohl einen unmittelbaren Zugang zur Führungsspitze als auch die Option einer organisationsweiten Ausrichtung der Personalarbeit.

(3) Der Personalbereich berichtet an die Unternehmensleitung als Ganzes. Die ausschließlich die Leitung des Personalbereichs wahrnehmende Führungskraft ist nicht Mitglied der Unternehmensleitung. Die Personalabteilung ist in einen Organisationsbereich integriert, welcher alle Dienstleistungsbereiche (z.B. Planung, Organisation, Recht und EDV) in einem der Organisationsleitung unmittelbar unterstellten Hauptbereich zusammenfasst und z.B. als "Stabsdienste" oder "Zentrale Dienste" bezeichnet werden kann.

(4) Der Personalbereich berichtet an eine Instanz unterhalb der Unternehmensleitung. Die Personalabteilung ist in einen Linienbereich, z.B. Finanzabteilung, eingegliedert. Die Tätigkeit der Personalabteilung ist bei einer solchen Lösung nicht auf die gesamte Organisation ausgerichtet, sondern zwangsläufig durch den Bereich bestimmt, dem sie angehört.

4.4.3 Das Personalreferentensystem

Die fehlende Mitarbeiter- bzw. Kundenorientierung, die zunehmende Bedeutung der Vorgesetzten-Mitarbeiter-Beziehung und der damit verbundene enge Zusammenhang zwischen den einzelnen Personalfunktionen führen dazu, dass die funktional-zentrale Organisationsstruktur der Personalwirtschaft durch ein Referentensystem ergänzt bzw. überlagert wird (Paschen 1988, S. 239). Das Referentensystem beschreibt eine **divisionale Organisationsform**, bei der die Aufgabenverteilung nach dem **Objektprinzip** erfolgt. Als Objekte fungieren vorrangig bestimmte Arbeitnehmergruppen (z.B. Angestellte, Arbeiter und Führungskräfte) oder einzelne organisatorisch abgegrenzte Einheiten (z.B. Werke und Geschäftsbereiche). Auf besondere Betreuungserfordernisse dieser Objekte und auf anfallende personalwirtschaftliche Aufgaben sind **Personalreferenten** funktionsübergreifend spezialisiert. Darstellung I-17 zeigt eine mögliche divisionale Gliederung der Personalabteilung, bei welcher die einzelnen Personalreferenten jeweils für einen bestimmten Geschäftsbereich zuständig sind.

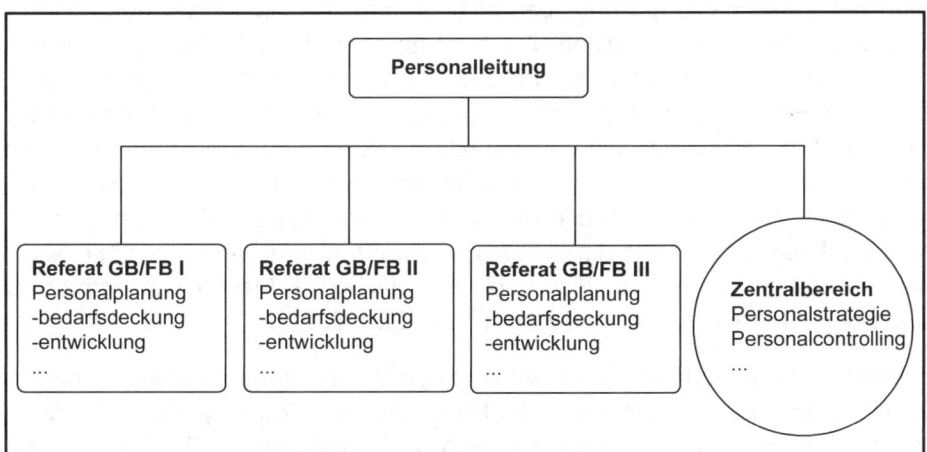

Darstellung I-17 Organisation eines Referentensystems
(nach Becker/Fallgatter 1999, S. 220)

Zumindest fachlich und in der Regel auch disziplinarisch sind die Referenten der **zentralen Personalabteilung** (Zentralbereich) unterstellt, die einerseits bereichsübergreifende Aufgaben übernimmt und andererseits die Personalreferenten unterstützt. Die **Personalleitung** ist verantwortlich für sämtliche bereichsbezogenen Entscheidungen insbesondere in Bezug auf die Referentenmodelle, die Infrastrukturleistungen sowie andere Rahmenbedingungen. Ferner übernimmt sie Personalaufgaben auf Unternehmensebene, wie z.B. die Mitentscheidung bei der Besetzung von Schlüsselpositionen oder die Entwicklung und Weitergabe von strategischen Leitlinien. Sie ist aber, ebenso wie der Zentralbereich, auf das bereichsspezifische Wissen der Personalreferenten bei der Entscheidungsfindung angewiesen (Becker/Fallgatter 1999, S. 220). Im Folgenden soll auf die Verteilung der personalwirtschaftlichen Aufgaben zwischen Personalreferenten, Zentralbereich und Bereichsleitung näher eingegangen werden, um die aufbau- und ablauforganisatorischen Regelungen des Referentensystems zu verdeutlichen.

Die Aufgabe des Personalreferenten besteht erstens in der **Beratung** der Bereichsleitung in Bezug auf alle im Fachbereich zu erfüllenden operativen personalwirtschaftlichen Aufgaben (bereichsinternes Personalmarketing, Durchführung der Personalbeschaffung, bedarfsorientierte Personalentwicklung, Unterstützung in Fragen des Personaleinsatzes) (Bühner 1997, S. 409 f.). "Er nimmt seine Beraterrolle wahr, wenn es um die 'Stimmung' in der Belegschaft geht, um Fluktuation, Absentismus, frühe Signale schwindender Motivation und natürlich die Möglichkeiten, diese klimatischen Faktoren zu optimieren. Er ist der professionelle Gesprächspartner, wenn es um die Humanressourcen seines Bereichs geht. Das reicht von der Mitarbeiterbeurteilung und Einschätzung des Nachwuchspersonals über die Personalentwicklung und Führungskultur bis zu der Integrationsaufgabe in Richtung der 'weichen' Faktoren der Verhaltenssteuerung: Normen, Werte und Sinn" (Daul 1990, S. 92).

Zusätzlich unterstützt der Personalreferent als Berater den Bereichsleiter bei der Erfüllung seiner Personalführungsfunktion, die auf Grund größerer Leitungsspannen sowie stärker spezialisierter und hochqualifizierter Mitarbeiter immer anspruchsvoller, intensiver und individualistischer wird (Paschen 1988, S. 239).

Zweitens agiert der Personalreferent neben der reinen Beratertätigkeit auch als **Mitentscheider** bei individuellen Entgeltfestsetzungen, wenn bereichsübergreifend die Gleichbehandlung sichergestellt werden muss oder wenn Entgelt- oder Arbeitszeitsysteme geändert bzw. neu eingerichtet werden. Das Gleiche gilt bei Einstellungen, Versetzungen und Entlassungen, sobald diese bereichs-übergreifend relevant werden oder es sich um Führungsstellen handelt (Daul 1990, S. 92).

Ein drittes Aufgabenfeld des Personalreferenten liegt in der **Ausführung**. Hierzu gehört vorrangig die Pflege der Beziehungen zum Betriebsrat und die Koordination der Pesonalvertretung und der Unternehmensleitung sowie die Einbeziehung der Arbeitnehmervertreter in die mitbestimmungs- und mitwirkungsrelevanten Personalmaßnahmen, wie Personalabbau, Personalbeschaffung, Einführung eines neuen Entgelt- oder Zeiterfassungssystems oder die Durchführung von Qualifizierungsprogrammen.

Letztendlich übernimmt der Personalreferent eine **Dienstleistungsfunktion** für seinen Bereich, die u.a. folgende Aufgaben beinhaltet (Metz 1995, S. 137 f.; Bühner 1997, S. 409 f.):

- Infrastrukturleistungen, wie z.B. Lohn- und Gehaltsabrechnungen, soweit diese nicht zentral wahrgenommen werden,
- Lösen personalwirtschaftlicher Einzelprobleme im Fachbereich, wie z.B. Führen von Mitarbeitergesprächen, Durchführung von Versetzungen, Freisetzungen oder Umgruppierungen, Konfliktlösungen, Zusammensetzung von Projektgruppen,
- funktionsbezogenes, prozessorientiertes Personalcontrolling auf Fachbereichsebene.

Da Personalreferenten mehrere Personalfunktionen wahrnehmen, kann es schnell zu einer Überforderung dieser Generalisten kommen. Aus diesem Grund und um einen gewissen Spezialisierungsvorteil zu erhalten, nimmt die **zentrale Personalabteilung** folgende bereichs- bzw. referatsübergreifenden Aufgaben sowie Dienstleistungsaufgaben für die Personalreferenten wahr (Metz 1995, S. 137 f.; Bühner 1997, S. 408 f.):

Bereichsübergreifende Aufgaben
- Formulierung einer Personalstrategie in Abstimmung mit der Unternehmungsstrategie,
- fachbereichsübergreifende personalwirtschaftliche Funktionen, wie z.B. die Führungskräfteentwicklung,

- ergebnisorientiertes funktionsübergreifendes Personalcontrolling,
- Förderung und Moderation des Informationsaustausches zwischen den Personalreferenten.

Dienstleistungsaufgaben

- Unterstützung der Personalreferenten in Problemfällen durch das Bereitstellen zusätzlicher Informationen und Know-how,
- fachbereichsübergreifende Infrastrukturleistungen, wie z.B. die Optimierung von Methoden der Personalplanung, externe Arbeitsmarktforschung, Arbeits- und Sozialrecht oder die Verwaltung der betrieblichen Altersversorgung,
- operative Serviceleistungen, wie z.B. die Lohn- und Gehaltsabrechnung oder die Pflege von Personaldaten, deren zentrale im Vergleich zur dezentralen Erfüllung auf Grund von Größendegressionseffekten kostengünstiger ist.

Die **Bereichsleitung** ist hingegen verantwortlich für sämtliche bereichsbezogenen personalwirtschaftlichen Entscheidungen. Die Ausübung der Entscheidungsverantwortung resultiert aus der Übertragung der Personalführungsfunktion, die sich direkt aus der Zusammenarbeit der Vorgesetzten und Mitarbeiter sowie der gemeinsamen Zielverfolgung ergibt. Die Bereichsleitung wird dabei vom mit spezifischen personalwirtschaftlichen Know-how ausgestatteten Personalreferenten bei der Planung und Umsetzung der Maßnahmen unterstützt. Die Übertragung der Personalverantwortung auf die Linie hat den Sinn, dass die Linie einerseits für die personalspezifischen Aspekte ihrer Entscheidungen sensibilisiert wird und andererseits sich bei ihren personalwirtschaftlichen Entscheidungen von ökonomischen Kriterien leiten lässt (Bühner 1997, S. 410).

Das Referentensystem ist im Gegensatz zur funktional-zentralen Personalabteilung dezentralisiert. Gleichartige Personalfunktionen werden objektorientiert auf verschiedene Instanzen und Stellen verteilt, während die zentrale Personalabteilung mit bereichsübergreifender Zuständigkeit diejenigen Funktionen wahrnimmt, die die Tätigkeiten der einzelnen dezentralen Referate koordinieren und die eine einheitliche Personalpolitik sicherstellen (Bisani 1983, S. 39). Hierfür ist es im Kontext der **Einbindung in die gesamtbetriebliche Organisation** unerlässlich, dass die Personalreferenten fachlich der zentralen Personalabteilung unterstellt sind, die in oder direkt unterhalb der Unternehmensleitung verankert ist. Disziplinarisch können, wie in Darstellung I-18 abgebildet, die Personalreferenten der Bereichsleitung unterstellt bzw. Mitglied eines Geschäftsbereichs sein, so dass eine **dezentrale Eingliederung** des Personalbereichs in die Unternehmensorganisation vorliegt (Becker/Fallgatter 1999, S. 223).

Fachlich muss jedoch eine enge Abstimmung mit der zentralen Personalabteilung erfolgen, die durch Richtlinien und durch regelmäßige Besprechungen abgesichert werden kann (Wagner 1989, S. 225).

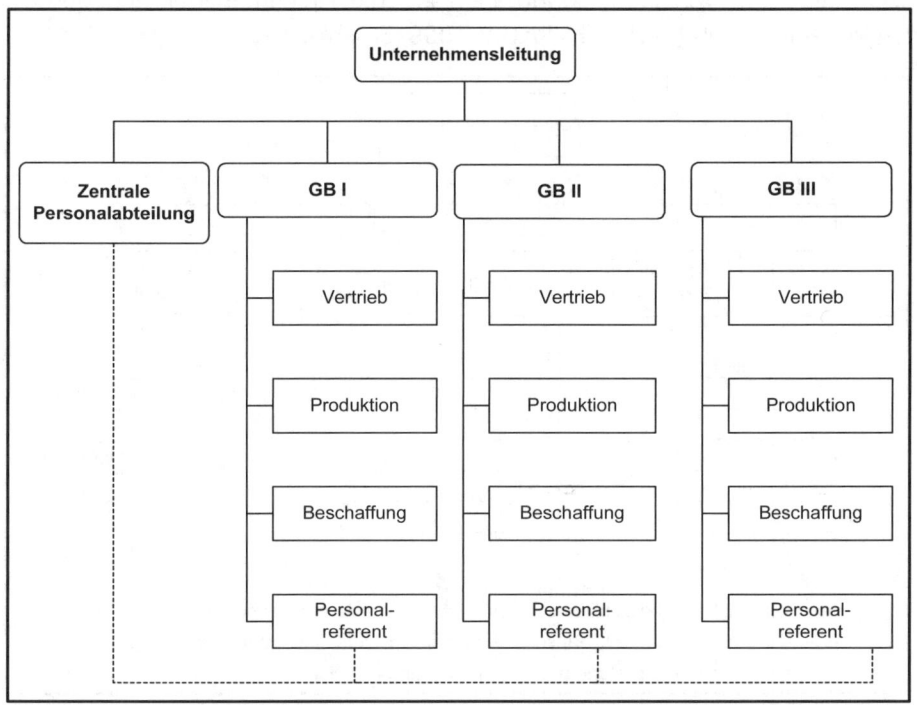

Darstellung I-18 Dezentrale Eingliederung des Referentensystems in die Unternehmensorganisation

Nach Bühner (1997, S. 410) können die Personalreferenten fachlich und disziplinarisch der zentralen Personalabteilung unterstellt sein und gegenüber den Bereichsleitern eine Beratungs- und Unterstützungsfunktion erfüllen (vgl. Darstellung I-19). Bei dieser Konfiguration betreuen die Personalreferenten als

Mitglieder der zentralen Personalabteilung bestimmte Bereiche von "außen". In diesem Zusammenhang kann von einer zentralen Eingliederung des Personalbereichs in die Unternehmensorganisation gesprochen werden, bei welcher der Personalbereich unabhängig von den Geschäfts- bzw. Fachbereichen ist.

Die Auswahl einer Konfiguration hängt letztendlich von unternehmungsspezifischen Kriterien, wie z.B. zu erfüllende Aufgaben, gesamte Mitarbeiterzahl, Dezentralisierung von Personalaufgaben auf die Linienmanager und gesetzlichen Regelungen ab (Becker/Fallgatter 1999, S. 224).

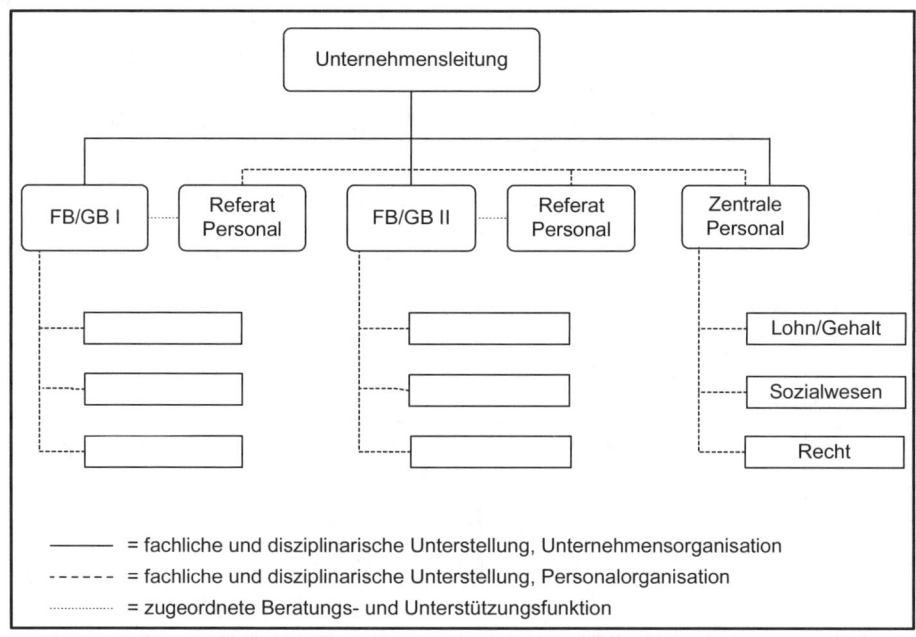

Darstellung I-19 Zentrale Eingliederung des Referentensystems in die Unternehmensorganisation (nach Bühner 1997, S. 410)

4.4.4 Die Personalabteilung als Profit-Center

Unter Profit-Center werden voneinander weitgehend unabhängige, funktional oder divisional organisierte Teilbereiche einer Unternehmung verstanden, auf deren Leitung die Unternehmensführung die Verantwortung für einen zu erzielenden Gewinn delegiert. Voraussetzung dafür ist, dass diese Teilbereiche unmittelbar Einfluss auf Kosten und Erlöse haben und über entsprechende Entscheidungsbefugnisse verfügen (Ackermann 1992, S. 251).

Die Übertragung dieses Gedankens auf die Personalabteilung bedeutet, dass die Leitung der Personalabteilung die unternehmerische Verantwortung ihrer Arbeit und damit **Ergebnisverantwortung** trägt. Mit der Ergebnisverantwortung ist die Autonomie der Personalabteilung verbunden, die letztendlich zu einer rechtlichen Verselbstständigung und Ausgliederung aus dem Unternehmen führen kann. Folglich kann das Profit-Center "Personal" als eine Unternehmung in der Unternehmung angesehen werden. Hierbei erreicht der Personalleiter mit den an ihn gestellten Anforderungen Unternehmerniveau (Schweitzer 1992, S. 2083). Mit dem Profit-Center-Konzept wird versucht, marktwirtschaftlichen Konkurrenzdruck innerhalb der Unternehmung auszuüben. Die Personalabteilung wird nicht länger alimentiert, sondern muss sich selbst finanzieren und hat deshalb ein Interesse daran, möglichst schlank und kostengünstig zu arbeiten (Neuberger 1997, S. 169). Die Personalabteilung muss ihre Leistungen an interne und auch externe Kunden gegen Zahlungen zu kosten- und marktorientierten Verrechnungspreisen anbieten bzw. verkaufen. Dabei orientieren sich die Produkte der Personalabteilung eng an Kundenanforderungen. Da ihre Leistungsfähigkeit durch einen Vergleich mit externen Anbietern beurteilt werden kann, ist die Personalabteilung gezwungen, ihre Leistungen zu bewerten, für sie zu werben und den eigenen Beitrag am Unternehmenserfolg offensiv und nachprüfbar herauszustellen. Umgekehrt verfügen die internen Kunden, wie z.B. die Fachbereiche, im Sinne der Marktfreiheit über das Recht, von anderen Anbietern (z.B. Personalberatern und Bildungseinrichtungen) personalwirtschaftliche Dienstleistungen extern zu beschaffen, wenn diese hinsichtlich Preis und/oder Qualität günstiger anbieten können. Letzten Endes sollen die Dienstleistungen der Personalabteilung und der externen Anbieter nur dann in Anspruch genommen werden, wenn der nachfragende Fachbereich sich dadurch eine Verbesserung der für ihn geltenden Erfolgskriterien verspricht.

Eine Empfehlung für die eindeutige Abgrenzung der **organisatorischen Gestaltung** eines Profit-Centers "Personal" ist nicht möglich. Einer der Gründe liegt darin, dass sich einige Personalfunktionen nicht für die organisatorische

Zuordnung zu einem Profit-Center eignen. So sind beispielsweise Integrationsleistungen, wie die inkrementale Veränderung der Unternehmenskultur nur höchst eingeschränkt ausgliederbar. Es handelt sich hierbei zumeist um langfristig ausgerichtete Personalleistungen, die unter Umständen bei einer kurzfristigen Gewinnorientierung der Organisationseinheiten eingespart werden. Weiterhin ist die einer Integration zugrunde liegende Einheitlichkeit personalwirtschaftlicher Instrumente und Maßnahmen nicht mehr gewährleistet, wenn die Organisationseinheiten autonom über die Inanspruchnahme von (gleichen) Leistungsangeboten entscheiden können, die womöglich zudem noch unterschiedlich ausgestaltet sind (z.B. Leistungsbeurteilungssysteme von unterschiedlichen Anbietern). Ferner stellen andere Aufgaben der Personalabteilung, die der Steuerung und Führung des Gesamtunternehmens dienen, oft keine marktfähigen Produkte für externe Kunden dar, da es sich bei diesen Produkten entweder um unternehmensspezifische Angebote und Strategien handelt oder diese monetär nicht quantifizierbar sind. Zu diesen nicht "Profit-Center-tauglichen" Aufgaben gehören insbesondere die Bereiche der Personalplanung, der Personalinformationssysteme, des Personalcontrolling sowie die Entwicklung von Personalstrategien und von Personalführungssystemen (Bertram 1966, S. 176). Nach Bühner (1997, S. 420) kommen beispielsweise nur Personalfunktionen wie die Personalwerbung und -auswahl, Personalweiterbildung und -abrechnung auf Grund ihres Marktbezuges für das Profit-Center-Konzept in Frage. Die meisten Ansätze in der Unternehmenspraxis beschränken jedoch die Anwendung des Profit-Center-Konzeptes bislang nur auf den Aus- und Weiterbildungsbereich im Rahmen des Personalwesens (Ackermann 1992, S. 252).

Auf Grund dieser Problematik erscheint die Anwendung unterschiedlicher Center-Konzepte (Cost-, Revenue- und Profit-Center) auf einzelne personalwirtschaftliche Funktionen als sinnvoll (Bertram 1996, S. 181).

Damit im Rahmen des Profit-Center-Konzeptes die Personalfunktionen auf dem internen und externen Markt angeboten werden können, sind zunächst geeignete organisatorische und rechtliche Rahmenbedingungen erforderlich. Eine funktionale, verrichtungsorientierte Organisationsstruktur beinhaltet grundsätzlich das Problem, dass eine Zuordnung der personalwirtschaftlichen Leistungen auf Produkte und Märkte nur indirekt möglich ist und dabei noch durch mehr oder weniger willkürlich gebildete Verrechnungssätze die erforderliche

Transparenz eher behindert als unterstützt wird. Demgegenüber begünstigt eine divisionale bzw. Geschäftsbereichsorganisation die Bildung eines Profit-Centers "Personal" sowohl innerhalb als auch außerhalb der jeweiligen Sparte oder Werke (Wagner 1999, S. 63). Diese beide Möglichkeiten sollen nun betrachtet werden.

Wenn die einzelnen verselbstständigten Sparten und Werke neben der üblichen Kostenverantwortung zusätzlich noch Ertragsverantwortung übernehmen, dann ist der Schritt zum Profit-Center-Konzept vollzogen. Die Geschäftsbereiche stehen als Profit-Center gleichberechtigt in der Unternehmenshierarchie nebeneinander und sind zumeist in der ersten Leitungsebene direkt unter der Unternehmungsleitung eingeordnet (Schweitzer 1992, S. 2079). Sie regeln ihre Beziehungen wie selbstständige Gesellschaften durch Verhandlungen und Verträge (Stockfisch/Ulber 1982, S. 301). Das Profit-Center "Personal" ist außerhalb und gleichberechtigt zu den anderen Profit-Centern in die Unternehmensorganisation eingegliedert (vgl. Darstellung I-20).

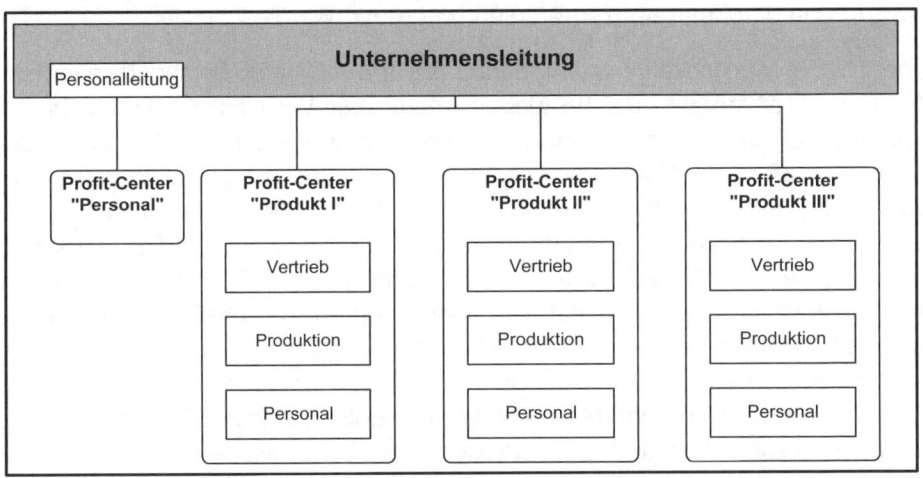

Darstellung I-20 Eingliederung des Profit-Centers "Personal" in eine Geschäftsbereichsorganisation

Innerhalb der Geschäftsbereiche übernehmen die Personalreferenten oder Linienvorgesetzten die Verantwortung für die Personalbedarfsplanung, -ein-

113

stellung und -entwicklung, das Training am Arbeitsplatz, Versetzungen und die Gehaltsentwicklung. Die Personalreferenten oder Linienvorgesetzten entscheiden zudem darüber, ob personalwirtschaftliche Leistungen wie z.B. die Personaldatenverwaltung, Lohn- und Gehaltsabrechnung, Einstellungstests und fachübergreifende Trainings von dem Profit-Center "Personal" oder von einem externen Anbieter bezogen werden sollen. Innerhalb des Profit-Centers können die Teilaufgabenbereiche entweder funktional oder divisional (z.B. nach Arbeitnehmergruppen) weiter untergliedert werden. Es ist aber nicht erforderlich, alle anzubietenden Teilaufgaben in einem Profit-Center "Personal" zusammenzufassen. Es kann ebenso für jede personalwirtschaftliche Teilaufgabe ein einzelnes Profit-Center eingerichtet werden (z.B. Profit-Center "Aus- und Weiterbildung"). Um zu gewährleisten, dass die Personalstrategie im Einklang mit der Unternehmensstrategie formuliert und umgesetzt wird, kann es sinnvoll sein, dass der Leiter des Profit-Centers "Personal" bzw. der Personalchef ein Mitglied der Unternehmensleitung ist. Der Personalleiter hat weitergehend dafür Sorge zu tragen, dass die Personalstrategie durch die Personalreferenten oder Linienvorgesetzten in den Sparten bzw. Werken umgesetzt wird.

Eine zweite Möglichkeit besteht darin, das Profit-Center "Personal" innerhalb des Geschäftsbereichs oder bei dessen rechtlicher Verselbstständigung in die Tochtergesellschaft einer Holding einzugliedern, so dass letztendlich jede Tochtergesellschaft in der Holding ein eigenes Profit-Center "Personal" vorweist (vgl. Darstellung I-21). Die Profit-Center bieten ihre bereichsspezifischen und generellen Personalleistungen zu marktgerechten Preisen sowohl den Fachbereichen in der eigenen Tochtergesellschaft als auch in den anderen Tochtergesellschaften an. Die Personalabteilungen der einzelnen Tochtergesellschaften konkurrieren demnach miteinander. In der Obergesellschaft der Holding existiert ein Personalressort mit den Aufgaben "fachliche Koordination und Richtlinienkompetenz", das die Grundzüge der strategischen Personalpolitik festlegt. Die Implementierung der Personalstrategie liegt wiederum in der Verantwortung der Personalleiter in den Profit-Centern.

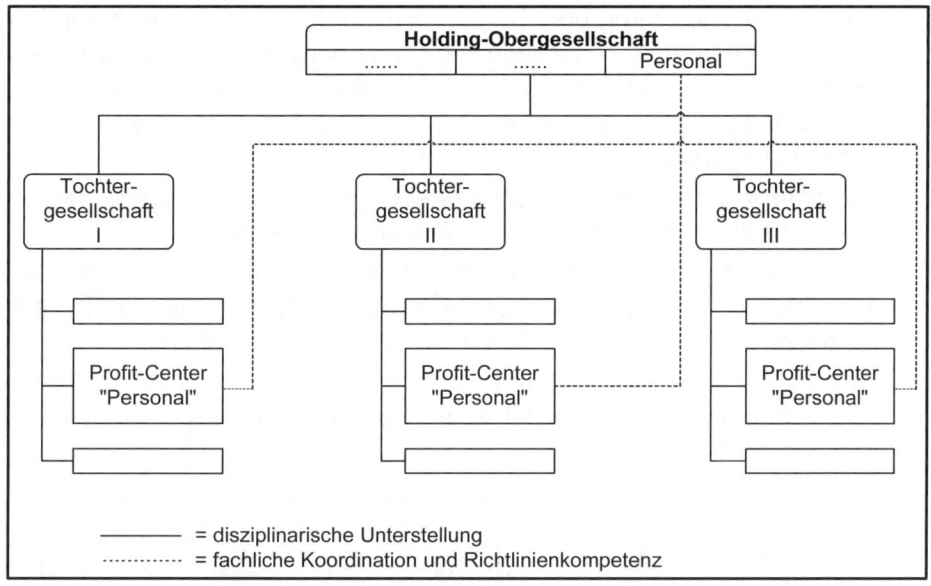

Darstellung I-21 Eingliederung des Profit-Centers "Personal" in eine Holding (nach Bühner 1997, S. 413)

4.4.5 Die Personalabteilung als Wertschöpfungs-Center

Die betriebliche Wertschöpfung wird verstanden als die Differenz zwischen den vom betrachteten Betrieb abgegebenen Leistungen (geschaffene Güter und Dienstleistungen) und den vom betrachteten Bereich übernommenen Leistungen (Vor- bzw. Fremdleistungen) oder positiv als die Eigenleistung des Betriebes (Wunderer 1992, S. 149). In diesem Sinne kann die Personalabteilung, ausgestaltet in Form einer Erweiterung des beschriebenen Profit-Center-Konzeptes, als ein **Wertschöpfungs-Center** verstanden werden, wenn es ihr gelingt, den Wert ihrer personalwirtschaftlichen Leistungen zu steigern und damit einen Beitrag zum Unternehmenserfolg zu leisten. In diesem Kontext existieren folgende vier Ansätze, die bei Schaffung eines Wertschöpfungs-Centers konsequent in die Realität umgesetzt werden müssen (Wunderer/v. Arx 1999, S. 90):

115

(1) **Senkung des Wertverzehrs** bei den direkt anfallenden Kosten für Inserate, Assessment-Center oder Seminare bzw. Vermeidung von Verschwendung durch eine ineffiziente Leistungserstellung. Eine Kostenoptimierung und damit Einsparungspotential kann z.B. durch Fremdbezug von Leistungen realisiert werden.

(2) **Optimierung bereichsinterner Erstellungs- und Beratungsprozesse**, um finanzielle, zeitliche und personelle Ressourcen zu schonen.

(3) **Verbesserung der Effektivität** der erbrachten Leistungen, indem diese den Anforderungen der Nachfrager gerecht werden und mit den langfristigen strategischen Zielen des Unternehmens übereinstimmen.

(4) **Innerbetriebliche Verrechnung von Leistungen**, die einen Deckungsbeitrag bzw. durch den Verkauf einen direkt monetär quantifizierbaren Ertrag erwirtschaften.

Wertschöpfungs-Center	
Management- und Servicedimension	**Business-Dimension**
nicht-monetäre Nutzenbeurteilung	monetäre Nutzenbeurteilung
Management- und Servicebereitschaft	Cost-Center Kosten(vergleichs-)größen als Steuerungsinstrument
Management- und Serviceumfang	Revenue-Center Leistungs(vergleichs-)größen als Steuerungsinstrument
Management- und Servicequalität	Profit-Center Erfolgs(vergleichs-)größen als Steuerungsinstrument

Darstellung I-22 Duale Struktur eines Wertschöpfungs-Centers (nach v. Arx 1995, S. 426)

Der Wertschöpfungsbeitrag der Personalabteilung ist nicht nur auf eine ökonomische Dimension (Business-Dimension) beschränkt. Im Hinblick auf eine hohe Integration der Personalarbeit im Rahmen von Strategie, Struktur und Kultur ist auch die nichtmonetäre Nutzenstiftung bei den internen Kunden sowie für das Gesamtunternehmen zu berücksichtigen. Es empfiehlt sich daher, ein Wertschöpfungs-Center durch eine duale Struktur mit einer Management-/ Service- und einer Business-Dimension abzubilden (vgl. Darstellung I-22).

Zumal zum einen der Wert als eine qualitative und subjektive Messgröße verstanden wird, ist in der **Management- und Servicedimension** die Wertschöpfung ein Ausdruck für den nichtmonetären Nutzen, den die Personalarbeit für ihre internen und externen Bezugsgruppen (Mitarbeiter, Geschäftsleitung, Linienvorgesetzte, Tochtergesellschaften usw.) leisten kann. Die Management- und Servicedimension konzentriert sich demnach auf die Leistungsphilosophie und -kultur der Personalarbeit (Wunderer 1992, S. 150). Während in der Managementdimension die Strategie- und Effektivitätsorientierung im Vordergrund steht, bildet die Qualitäts- und Dienstleistungsorientierung die Grundlage für die Servicedimension (Wunderer/v. Arx 1999, S. 90 f.). Die Strategie- und Effektivitätsorientierung der Personalabteilung beinhaltet z.B. die Analyse der internen Marktsituation, die Planung des Programm- und Dienstleistungsangebots sowie die Formulierung und Umsetzung geeigneter Personal- und Führungskonzepte, die mit der übergeordneten Unternehmensstrategie konform gehen. Die Managementqualitäten der Personalabteilung können durch Indikatoren wie Innovationsfähigkeit, Konflikthandhabung, Planung, Implementation, Koordination, Repräsentation usw. bewertet werden. Die Qualitäts- und Dienstleistungsorientierung erfordert von den Mitarbeitern der Personalabteilung eine marketing- und kundenorientierte Denkhaltung sowie ein verändertes Selbstverständnis als spezialisierter interner Anbieter von Serviceleistungen. Der Nutzenbeitrag als interne "Serviceabteilung" liegt dabei in der Effizienzsteigerung, der Optimierung der Servicequalität sowie in der bedarfsgerechten, innovativen, problemlösungs-orientierten Unterstützung der Bezugsgruppen. Als Erfolgsfaktoren der Servicedimension sind zu nennen (Wunderer/v. Arx 1999, S. 92):

- Ausrichtung der Denkweise und Handlungsorientierung auf den Markt- und Kundennutzen,
- Angebot an nützlichen, qualitativ hochwertigen Dienstleistungen, welche die Ergebnisse der Kunden verbessern,

- das frühzeitige Erkennen von Entwicklungstendenzen und den damit verbundenen Kundenbedürfnissen,
- aktiver Beitrag zur Komplexitätsreduktion und Prozessoptimierung.

Die Qualität der Dienstleistungen innerhalb der Servicedimension wird mittels Umfragen bei den internen und unter Umständen externen Bezugsgruppen evaluiert. Erhobene Daten wie Kundenzufriedenheit, Ansprechbarkeit und Kooperationsfähigkeit der Personalabteilung, Beratungsqualität sowie Service-schnelligkeit geben Auskunft über die subjektive, nichtmonetäre Nutzenbewertung durch die Kunden, ihre Erwartungshaltungen und ermöglichen somit eine spätere Veränderungs- und Fortschrittskontrolle.

Eine vollständige und erfolgreiche Implementierung der Management- und Servicedimension hinsichtlich Bereitschaft, Umfang und Qualität ist Grundlage für die Entwicklung in Richtung Wertschöpfungs-Center und den internen Verkauf von Dienstleistungen. Wenn eine Personalarbeit mit hohem Qualitäts- und Servicestandard angeboten wird, für welche die Kunden einen vereinbarten oder marktgerechten Preis zu zahlen bereit sind, dann besteht die Möglichkeit, dass die Personalabteilung mit ihren Dienstleistungen einen Ertrag erwirtschaftet und mit externen Anbietern konkurrieren kann.

Diese nächsthöhere Entwicklungsstufe stellt die **Business-Dimension** im Wertschöpfungs-Center-Konzept dar (v. Arx 1995, S. 429). Im Bereich der monetären Leistungsmessung und -verrechnung ist die Business-Dimension angesprochen, welche sich an den traditionellen Größen des Rechnungswesens wie Kosten, Aufwand, Ertrag, Deckungsbeitrag, Wirtschaftlichkeit und Rentabilität orientiert. Der Sinn und Zweck der Business-Dimension liegt darin, eine kostenoptimale Steuerung der internen Leistungsprozesse zu erzielen, Kostensenkungspotentiale auszuschöpfen und ein verursachungsgerechteres und verbessertes Kostenrechnungssystem zu schaffen (v. Arx 1995, S. 429; Wunderer/ v. Arx 1999, S. 92). Je nach Möglichkeit und bewusster Entscheidung kann mit der Business-Dimension der Weg vom "Cost"- zum "Revenue"- bis zum klassischen "Profit-Center" verfolgt werden (Wunderer 1992, S. 150).

Unternehmensbereiche, in denen sich Bezugsgrößen nur schwer ermitteln lassen bzw. überwiegend Fix- bzw. Gemeinkosten anfallen, sollten als **Cost-Center** mit Verrechnung über Umlage auf alle internen Bezugsgruppen geführt werden. Dies sind Dienstleistungsstellen, die weder Verkaufsfunktion noch -kompetenz haben, jedoch verantwortlich für die Effizienz der Leistungserstellung sind. Cost-Center haben somit keinen direkten Kontakt zum Absatzmarkt und erbringen vorwiegend interne und nichtmarktfähige Leistungen wie z.B. Controlling- und Planungsleistungen. In der Personalabteilung kommen zahlreiche Aufgaben für den externen Verkauf nicht in Frage, da es sich dabei um die Erfüllung unternehmensspezifischer und strategischer Leistungen handelt, die der Steuerung und Führung der Gesamtunternehmung dienen. Zu diesen, dem Cost-Center-Konzept zuzuordnenden Aufgaben gehören insbesondere die Personalplanung und Personalinformationssysteme, Personalcontrolling, Personalpolitik sowie die Führungssystem-Entwicklung (v. Arx 1995, S. 431 ff.; Wunderer/v. Arx 1999, S. 95 f.).

Revenue-Center bzw. Service Center erstellen dagegen prinzipiell marktfähige Leistungen und individuelle, für interne Bezugsgruppen erarbeitete Lösungen. Diese werden ausschließlich auf dem internen Markt, jedoch zu Marktpreisen oder zu kostendeckenden Verrechnungspreisen abgesetzt. Die internen Kunden werden direkt und verursachergerecht mit den auftragsvariablen Kosten der Leistungserstellung belastet. Das Revenue-Center eignet sich für intern beauftragte Personalcontrolling- oder Marketingleistungen (v. Arx 1995, S. 431 ff.; Wunderer/v. Arx 1999, S. 95 f.).

Verfügt der Personalbereich über Know-how, das auch auf dem externen Markt von Interesse ist, so kann die Ausgestaltung als ertragsorientiertes **Profit-Center** in Betracht gezogen werden. Dies hat, wie zuvor beschrieben, unter anderem den Vorzug, einerseits die schlagkräftige Form "kleiner selbstständiger Unternehmen im Unternehmen" zu nutzen und andererseits die Stellenleitung durch ein hohes Maß an Eigenverantwortung und Entscheidungsbefugnis zu hohen Leistungen und ökonomischem Umgang mit knappen Ressourcen zu motivieren. Auf Grund dieser und weiterer Vorzüge des Profit-Center-Konzepts wird letztendlich angestrebt, die Business-Dimension von einem Cost- oder Revenue-Center zu einem ertragsorientierten Verantwortungsbereich weiterzuentwickeln, der sich durch die zusätzliche Berücksichtigung des qualitativen, nichtmonetären Nutzens für die Bezugsgruppen zu einem Wertschöpfungs-Center erweitert.

Das Wertschöpfungs-Center "Personal" kann als ein eigenständiger Unternehmensbereich im Gesamtunternehmen gesehen werden, der eine Organisationsstruktur mit folgenden Bereichen aufweist (v. Arx 1995, S. 426):

- Personalforschung und Personalentwicklung (z.B. Potentialanalysen, Aus- und Weiterbildung, Meinungsbefragungen),
- Personalmarketing (Personalgewinnung und Arbeitsgestaltung),
- Personalerhaltung und Personaleinsatz (z.B. Förderung von Leistungswerten und Arbeitsfreude, optimale Gestaltung der Arbeitssituation),
- Personalwirtschaft und Managementsysteme (z.B. Planung, Organisation, Controlling, Informationssysteme).

Der **Leiter** des Wertschöpfungs-Centers "Personal" ist verantwortlich für die Erarbeitung, Formulierung und Verabschiedung der gesamten Personalpolitik und -strategie. Dadurch, dass der Personalchef zudem Mitglied der Geschäftsleitung bzw. der obersten Führungsebene ist, ist eine Abstimmung des strategischen Personalmanagements auf die Gesamtunternehmensstrategie gewährleistet. Während die primär strategische Personalarbeit zentral in dem Wertschöpfungs-Center erfüllt wird, liegt die Umsetzung bzw. die operative Personalarbeit in dem Verantwortungsbereich der **Linienvorgesetzten** (Wunderer 1992, S. 149). Die Bildung einer zentralen Personalabteilung nach dem Wertschöpfungs-Center-Konzept wird durch eine divisionale bzw. Geschäftsbereichsorganisation begünstigt, wobei sich die rechtliche Auslagerung im Rahmen einer Holding-Organisation anbietet (Wagner 1999, S. 63).

Da sich jedoch kaum Personalfunktionen für das Profit-Center-Konzept eignen, sondern sich eher im budgetorientierten Cost-Center oder im kostenorientierten Revenue-Center verwirklichen lassen, ist das Wertschöpfungs-Center "Personal" durch die Koexistenz mehrerer Center-Konzepte gekennzeichnet (v. Arx 1995, S. 430). Die Hauptfunktionen der Personalabteilung werden demnach auf die drei Verantwortungsbereiche bzw. "responsibility-units" der Business-Dimension verteilt (vgl. auch Darstellung I-23):

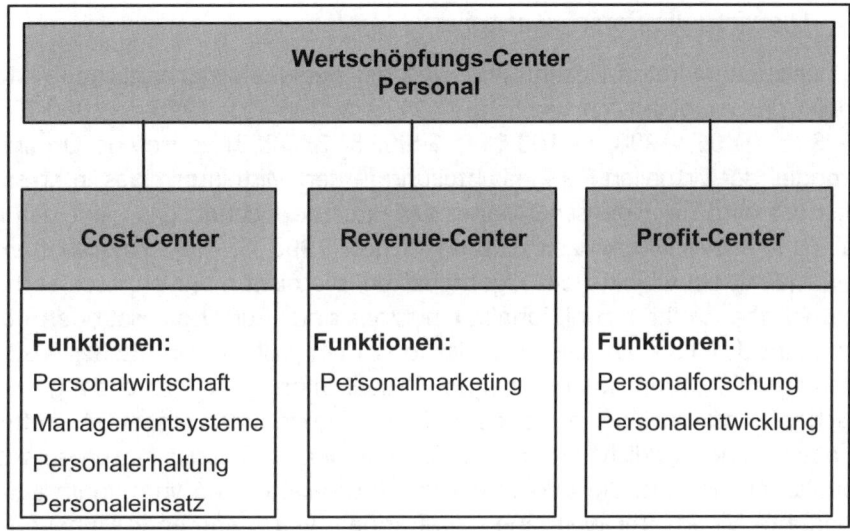

Darstellung I-23 Verantwortungsbereiche des Wertschöpfungs-Centers "Personal" (nach v. Arx 1995, S. 438)

- Die Funktionsbereiche Personalerhaltung und Personaleinsatz sowie Personalwirtschaft und Managementsysteme sind als Cost-Center ausgestaltet, da es sich vorwiegend um unternehmensspezifische und nichtmarktfähige Leistungen handelt, die der Steuerung und Führung der Gesamtunternehmung dienen.
- Das Personalmarketing, welches u.a. die Rekrutierung von Mitarbeitern beinhaltet, kann als Revenue-Center gestaltet werden, da es sich um bereichsspezifische Leistungen handelt, die den internen Kunden zu kostendeckenden Verrechnungspreisen angeboten werden können.
- Demgegenüber können nur die Funktionen Personalforschung und Personalentwicklung auf dem externen Markt bezogen oder angeboten werden, so dass diese für das Profit-Center-Konzept geeignet sind.

4.4.6 Die virtuelle Personalabteilung

Mit einer zunehmenden Dezentralisierung der personalwirtschaftlichen Aufgaben rückt das hauptsächlich von Scholz (1995, S. 398-403; 1996, S. 1080-1086; 1997, S. 320-405; 1998, S. 103-111; 1999, S. 233-253) vertretene Organisationsmodell der virtuellen Personalabteilung in den Mittelpunkt des Interesses. Als **virtuell** wird die Eigenschaft eines Objektes bezeichnet, das nicht real ist, allerdings in seiner Möglichkeit existiert (Scholz 1995, S. 400). Folglich spezifiziert Virtualität ein Objekt über Eigenschaften, die nicht mehr physisch vorhanden, wohl aber in ihrer Funktionalität nutzbar sind. Auf Organisationen übertragen heißt das: Eine virtuelle Organisation ist ein problemspezifischer flexibler Zusammenschluss von unabhängigen Organisationseinheiten entlang einer Wertschöpfungskette, der zwar dem Kunden gegenüber einheitlich auftritt, aber eben nicht "wirklich" vorhanden ist. Für den Virtualisierungsprozess der Personalabteilung wird die herkömmliche Personalabteilung vollständig aufgelöst und ihre Mitarbeiter weitgehend auf andere wertschöpfende Einheiten im Unternehmen verteilt, wo sie neben der eigentlichen Personalmanagementaufgabe auch "reguläre" Aktivitäten langfristig wahrnehmen. Das traditionelle Mitarbeiter-Vorgesetzten-Verhältnis in der Personalabteilung wird aufgelöst zugunsten von **Netzverbindungen** zwischen neben- und hauptamtlichen Personalexperten. Die räumliche Verbundenheit der Einheit Personalabteilung wird aufgegeben. Statt dessen sind die Mitarbeiter losgelöst von ihrer physikalischen oder logischen Einordnung in das Unternehmen. Dies führt letztlich zu einer größeren Nähe der Personalfunktionen zu den wertschöpfenden Aktivitäten im Unternehmen und gleichzeitig zu einer größeren Durchdringung des Unternehmens mit Personalmanagementaktivitäten. Dies kommt u.a. der Forderung entgegen, jede Führungskraft unabhängig von ihrer organisatorischen Zuordnung zu einem Personalmanager zu entwickeln. Die Personalabteilung existiert demnach in räumlicher Hinsicht nicht mehr, jedoch ihre Funktionen bleiben erhalten. Im negativen Extremfall kann es dadurch zu einer zergliederten und fraktionierten Personalarbeit kommen. Um diesen Sachverhalt zu vermeiden, ist die Erfüllung einiger Zusatzanforderungen erforderlich (Scholz 1998, S. 106 f.):

(1) Es ist eine **integrative Klammer** zu schaffen, welche die Einheitlichkeit des Auftretens der virtuellen Personalabteilung sicherstellt. Diese Einheitlichkeit wird aus der Sicht des Kunden auch dann gewährleistet, wenn die sie bildenden Personen aus unterschiedlichsten Bereichen des Unterneh-

mens und von außen kommen. In diesem Zusammenhang wird die Forderung nach einer hochentwickelten, multimedialen Informationstechnologie
gestellt, die eine effiziente Zusammenarbeit der Mitarbeiter der virtuellen
Personalabteilung auch bei räumlicher Trennung ermöglicht. Die Virtualisierung erfolgt durch Netzwerke, die auch aus sozialen Strukturen bestehen und über ein Informationssystem in Papierform umgesetzt werden
könnte. Der Einsatz moderner, multimedialer Informations- und Kommuni-
kationstechnologien ermöglicht aber einen schnelleren interaktiven Austausch zwischen den erforderlichen Partnern.

(2) Ein **Leitungsnetz** aus internen (und externen) Kernkompetenzträgern
muss installiert werden, die jeweils für bestimmte personalwirtschaftliche
Fachgebiete, wie z.B. Assessment-Center, Experten sind. Das heißt, dass
jeweils für bestimmte Aktivitäten bestimmte Personen klar definierte Kernkompetenzträger sind, die dann auch um diesen Status des Kernkompe-
tenzträgers "kämpfen" müssen. Kernkompetenzträger zu sein, bedeutet
nicht unbedingt Ausschließlichkeit. So können Mitglieder der virtuellen Personalabteilung einerseits Personal-Kernkompetenzträger sein und andererseits in einer der Abteilungen des Unternehmens eine völlig andere, nicht-
personalwirtschaftliche Aufgabe übernehmen. Dafür müssen sie zusätzlich
in zumindest einer betriebswirtschaftlichen Funktion ausgewiesen sein.

(3) Die virtuelle Personalabteilung basiert auf einem hohen Maß an gegensei-
tigem Vertrauen bzw. erfordert eine breit angelegte **Vertrauenskultur** im
Unternehmen, die sich nicht nur auf die Personalabteilung bezieht, sondern sich über die Schnittstellen zu anderen Organisationseinheiten auf
das gesamte Unternehmen überträgt.

(4) Als letzte Forderung ist der **charismatische Personalchef** zu nennen, der
durch seine Vision ("Kundenorientierung und Professionalisierung durch
Virtualisierung") und sein Strategieverständnis das Unternehmen im Hinblick auf die Personalfunktion optimal auf den Markt ausrichtet.

Als Ergebnis sollte letztendlich die virtuelle Personalabteilung, durch Informa-
tions- und Kommunikationstechnologie koordiniert, als "One face to the custo-
mer" auftreten.

Die Virtualisierung der Personalabteilung kann als ein **Entscheidungsprozess**
verstanden werden, bei dem vorrangig die Frage zu beantworten ist, welche

personalwirtschaftlichen Aktivitäten jeweils in welchem organisatorischen Rahmen wahrgenommen werden. Dazu steht eine Reihe von Möglichkeiten zur Verfügung, die in einem Entscheidungsbaum (vgl. Darstellung I-24) sukzessiv abgearbeitet werden können.

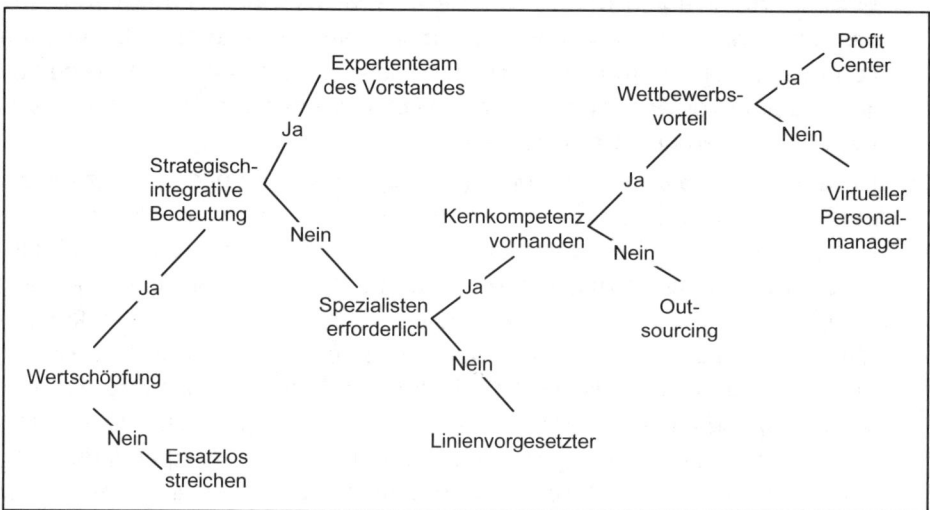

Darstellung I-24 Entscheidungsbaum zur Virtualisierung der Personalabteilung (nach Scholz 1999, S. 244)

Zuerst ist die Frage der Wertschöpfung einzelner Personalaufgaben zu beantworten. Personalaufgaben, die keinen Wertschöpfungsbeitrag für das Unternehmen erbringen, sind zu eliminieren. Danach sind die verbliebenen wertschöpfungsorientierten Personalaufgaben hinsichtlich ihrer strategisch-integrativen Bedeutung zu beurteilen. Sind diese gegeben, so sollte sich der Leiter der virtuellen Personalabteilung damit beschäftigen. Liegt bei den Pesonalaufgaben jedoch keine strategisch-integrative Bedeutung vor, so ist die Frage zu stellen, ob zur Aufgabenerledigung Spezialisten erforderlich sind. Ist dies nicht der Fall, so kann diese Aufgabe direkt und zusätzlich vom Linienvorgesetzten erfüllt werden. Sind Spezialisten zur Aufgabenerfüllung erforderlich, so ist zu fragen, ob die Kernkompetenzen, die benötigt werden, im Unternehmen vorhanden sind. Sind im Unternehmen keine Kernkompetenzträger zu finden, ist die Auslagerung der Aufgabe, also eine Outsourcing-Lösung, in Betracht zu ziehen. Abschließend ist bei vorhandenen Kernkompetenzträgern nach der Relevanz der zu erfüllenden Personalaufgabe für die Wettbewerbsstellung des Unternehmens auf dem Markt zu fragen. Kann die Wettbewerbsposition des Unternehmens durch die Personalaufgabe verbessert oder verteidigt werden, so ist als Lösung ein kosten- und ergebnisverantwortliches Profit-Center empfehlenswert. Hat die Aufgabe dagegen keinen relevanten Einfluss auf die Wettbewerbsposition des Unternehmens, kann die Entscheidung für virtuelle Personalmanager gefällt werden, die die Aufgabe so lange bearbeiten, bis sie gelöst ist.

Dadurch, dass die Stellenbesetzungen in der virtuellen Personalabteilung eine langfristige Konstanz aufweisen und somit dauerhaft in die Unternehmensorganisation integriert sind, kann hier von einer Primär- und nicht von einer Sekundärorganisation gesprochen werden (Scholz 1995, S. 402). Die virtuelle Personalabteilung ist ein Netzwerk von hauptsächlich nebenamtlich agierenden Personalexperten, das sich über das gesamte Unternehmen und unter Umständen darüber hinaus ausbreitet (vgl. Darstellung I-25). Dieses Netzwerk ergibt sich aus dem Virtualisierungsprozess, bei dem die früheren Mitarbeiter der Personalabteilung in anderen Fachbereichen eingegliedert und mit zusätzlichen Fachaufgaben ausgestattet werden. Gleichzeitig werden einige Mitarbeiter, die vorher ohne Personalaufgaben waren, bei entsprechender Eignung und Interesse neue Mitglieder der virtuellen Personalabteilung. Dadurch sind die Mitarbeiter der virtuellen Personalabteilung letztendlich in allen Funktionsbereichen und Ebenen der Unternehmensorganisation zu finden. In allen Funktionsbereichen können sich die Kernkompetenzträger befinden, die je nach Bedarf bei der Erfüllung von Personalaufgaben mitwirken. Ferner fallen im Virtualisierungsprozess Personalaufgaben aus den oben genannten und unternehmensspezifischen Gründen weg oder werden ausgelagert. Das entstehende Netzwerk bzw. die resultierende Aufgabengliederung und -zuordnung in der virtuellen Personalabteilung ist daher von Unternehmen zu Unternehmen unterschiedlich.

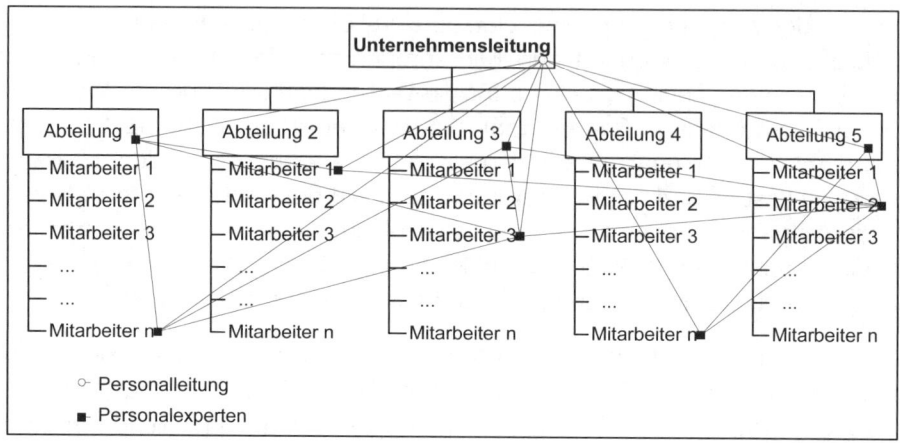

Darstellung I-25 Die virtuelle Personalabteilung (nach Thom/Zaugg 1999, S. 30)

Im Netzwerk entfällt die unmittelbare, exklusive Zuordnung der Mitarbeiter zu einem einzigen Vorgesetzten, da sie gleichzeitig ihrem "realen" Abteilungsleiter und dem Leiter der virtuellen Personalabteilung zugeordnet sind. Dadurch ist der Personalleiter in der virtuellen Personalabteilung primär Moderator, der informiert, Aktivitäten koordiniert und für optimale Arbeitsbedingungen sorgt. Er schafft eine Strategie und eine gemeinsame Vision, um das Team zusammenzuhalten. Dafür hat er einen zeitanteilsmäßigen Zugriff auf seine Mitarbeiter, die ihm in durch Obergrenzen definierten Zeitkontingenten zur Verfügung stehen. Damit die Personalstrategie im Einklang mit der Unternehmensstrategie umgesetzt werden kann, ist es sinnvoll, den strategisch koordinierenden Personalleiter als Mitglied der Unternehmensleitung bzw. in die oberste Führungsebene der Unternehmensorganisation einzugliedern.

4.5 Von der personalwirtschaftlichen Erfolgskontrolle zum Personalcontrolling

Ohne Kontrolle kann eine Personalplanung nicht effizient sein. Die Planung, die Festlegung von Zielen und Maßnahmen, ist der erste Schritt für eine systematische Erfolgskontrolle, die die Planung und die Realisation verbindet. Dabei ist die Kontrolle in der Personalwirtschaft nicht zu verwechseln mit (missbräuchlicher und als bedrohlich empfundener) Überwachung von Menschen im Betrieb. Auch sollte sie nicht als Ausdruck von Misstrauen gegenüber den Mitarbeitern verstanden und eingesetzt werden. Kontrolle als Führungsfunktion ist stets aufgabenbezogen und ist Bestandteil des zielorientierten personalwirtschaftlichen Entscheidungsprozesses.

Zunächst ist es die Aufgabe der Erfolgskontrolle, die Ergebnisse des personalwirtschaftlichen Prozesses festzustellen. Auf den Soll-Ist-Vergleich folgt die Analyse der Abweichungen und Erarbeitung von Korrekturmaßnahmen.

Nach dieser Interpretation ist die Personalkontrolle regelmäßig die letzte Phase im personalwirtschaftlichen Entscheidungsprozess und folglich konsekutiv zu Planung und Realisierung.

Neben der Aufgabe der Informationshilfe für die Personalplanung soll die Personalkontrolle im Rahmen der allgemeinen Unternehmenskontrolle einen Beitrag zur Optimierung des Faktors Arbeit im Betrieb leisten (vgl. Gaugler 1983, Sp. 1041). Ferner liefert sie Informationen für die interne und externe Berichterstattung und ermöglicht den Nachweis über die Einhaltung arbeits- und sozialrechtlicher Normen.

Zu differenzieren sind unterschiedliche Dimensionen der Kontrolle in der Personalwirtschaft. Kontrolle kann sich zum einen auf die Funktionsfähigkeit personalwirtschaftlicher Prozesse beziehen, zum anderen auf deren Ergebnisse. Hierbei ist nicht nur global der gesamte funktionsübergreifende personalwirtschaftliche Entscheidungsprozess in Betracht zu ziehen, sondern auch die Entscheidungsprozesse innerhalb der einzelnen personalwirtschaftlichen Funktionen sowie deren Ergebnisse.

In erster Linie werden interne Kontrollinformationen aus dem Personalbereich gewonnen, aufbereitet und verwertet, die sich auf die Prozesse und deren Endergebnisse sowie auf die Mitarbeiter beziehen. Die benötigten Informationen werden zum Teil in der personalwirtschaftlichen Informationswirtschaft verarbeitet. Sofern diese dort nicht erfasst werden, sind sie zusätzlich für den entsprechenden Zweck zu gewinnen. Besonders wichtige Kontrollinformationen stammen aus dem Rechnungswesen.

Eine Erweiterung der traditionellen personalwirtschaftlichen Kontrolle mit konsekutivem Charakter stellen **Personalcontrolling-Konzepte** dar (vgl. Hentze/ Kammel 1993; Wunderer/Jaritz 1999; Gerpott 2001). Sie lassen sich als umfassende, die Komplexität personalwirtschaftlichen Handelns und seine Konkurrenzbeziehungen berücksichtigende, spezielle Variante des unternehmungsführungsbezogenen **Controlling** kennzeichnen (vgl. Horváth 1992).

Die Controlling-Funktion besteht im Wesentlichen in der Koordination von Zielbildung, Planung, Kontrolle und Information. Die Koordinationsaufgabe wird immer bedeutender, da die Personalwirtschaft mit ihren Funktionen ständig komplexer wird und die vielfältigen Interdependenzen von Zielen und Mitteln eine zielbezogene Abstimmung erfordern.

Da Art und Umfang der Controlling-Funktion im Unternehmen (insbesondere auch in Abgrenzung zur Planung und dem Informationsmanagement) in der Literatur und in der Praxis im Einzelfall sehr uneinheitlich sind (vgl. Bucher 1981; Harbert 1982; Richter 1987), werden auch im Zusammenhang mit dem Begriff des **Personalcontrolling** verschiedenartige theoretische und praxeologische Konzeptionen mit unterschiedlichen Schwerpunkten angeboten (vgl. Potthoff/Trescher 1986; Wunderer/Sailer 1987). Personalcontrolling vermeidet den konsekutiven Charakter traditioneller Kontrolle und wirkt aktiv an der Personalplanung mit.

Als zentraler Bestandteil einer **Grundidee** des Personalcontrolling kann die zweckmäßige Zusammenfassung **(Konzeptionalisierung)** von personal- und betriebswirtschaftlichen Aufgaben und Instrumenten angesehen werden, die bisher isoliert voneinander zur Verbesserung der Zielrealisierung in der Personalwirtschaft beitragen. Die Personalcontrollingfunktion besteht nicht aus grundsätzlich neuartigen Aufgabenkomplexen. Die Betriebswirtschaftslehre und auch die Personalwirtschaftslehre behandeln schon lange Planungs-, Kontroll- und Informationsphänomene, doch die mit der Zusammenfassung verbundenen Wirkungen können als Mittelpunkt eines eigenständigen Beitrags des Personalcontrolling gewertet werden. Ein zweiter Bestandteil einer Grundidee ist das **Prinzip der Vorwärtskopplung**, das im Gegensatz zur Rückkopplung inputorientiert ist. Seine Wirkungsweise beruht darauf, dass aus der Beobachtung von Inputveränderungen Störungsprognosen erstellt werden, aus denen abgeleitet werden kann, welche Störungsabwehrmaßnahmen zu ergreifen sind. Auf diese Weise ist es möglich, Störungen abzuwehren, noch bevor sie sich im Realisationsprozess auswirken. Steuerndes Eingreifen in diesem Sinne setzt voraus, dass die Störungseinflüsse, die im Einzelfall auftreten können, erfassbar und kompensierbar sind, und dass sich die Wirkungen der Abwehrmaßnahmen abschätzen lassen. Diese Voraussetzungen sind allerdings in der Praxis äußerst selten gegeben. Dennoch sollte versucht werden, das Prinzip der Steuerung anzuwenden, um gegebenenfalls frühzeitig wirkungsgerechte Maßnahmen einleiten zu können. Um Frühzeitigkeit gewährleisten zu können, sind regelmäßig die Prämissen, unter denen die Personalplanung stattfindet, auf ihre Richtigkeit zu überprüfen und gegebenenfalls die Pläne zu korrigieren.

Als spezifische eigenständige **Ziele** des Pesonalcontrolling können genannt werden:

- die Unterstützung der Personalplanung,
- die Sicherstellung und Verbesserung der Informationsversorgung des Personalmanagements,
- die Sicherung der Koordination innerhalb der Personalfunktion und zu anderen betrieblichen Funktionsbereichen (z.B. Fertigung, Marketing),
- die Erhöhung der Flexibilität im Personalmanagement durch frühzeitiges Erkennen von Chancen und Risiken für den Personalbereich,
- die Steuerung zieladäquaten Verhaltens (insbesondere durch Vorgabe operationaler, handlungsleitender Zielgrößen und Einhaltungsbestrebungen hinsichtlich personaler Steuerungsgrößen).

Zu den **Aufgaben** des Personalcontrolling zählen insbesondere die **Entwicklung von Personalinformationssystemen** sowie die **Selektion** und **Analyse** vorhandener Informationen im Hinblick auf ihre personalbezogene Relevanz.

Andere Aufgaben des Personalcontrolling variieren mit dem jeweiligen vom Träger präferierten Begriffs- und Konzeptionsverständnis (vgl. Scherm 1992b). Schwerpunktaufgaben können beispielsweise in der Prüfung der Wirtschaftlichkeit einzelner personalwirtschaftlicher Funktionen und dabei insbesondere der Kontrolle und Analyse der Personalkosten liegen sowie zusätzlich in der Messung quantifizierbarer Bestimmungsfaktoren der menschlichen Arbeitsleistung. Die ökonomische Evaluierungsfunktion kommt zum Ausdruck, wenn Steuerungsaufgaben und informatorische Unterstützungsleistungen im Rahmen eines integrierten Kosten-, Wirtschaftlichkeits- und Erfolgscontrolling postuliert werden (vgl. Wunderer/Sailer 1987). Außerdem wird oftmals dem Personalcontrolling eine Koordinationsfunktion zugeordnet, und zwar sowohl in Bezug auf die personalwirtschaftlichen Maßnahmen untereinander als auch bezüglich der Abstimmung der Personalwirtschaft mit anderen Unternehmensbereichen (vgl. Küpper 1990). In der Praxis dienen detaillierte Aufgabenkataloge dazu, die jeweilige Personalcontrollingkonzeption zu verdeutlichen. Ein Beispiel zeigt Darstellung I-26.

Besondere Bedeutung erlangen Konzepte des Personalcontrolling bei der Unterstützung der immer wichtiger werdenden **strategischen Personalplanung**. Ein zukunftsbezogenes Personalcontrolling erzielt Präventivwirkungen durch laufende rechtzeitige Informationsversorgung der personalwirtschaftlichen Entscheidungsträger und hilft folglich, eventuelle Planabweichungen frühzeitig zu antizipieren. Dazu ist eine sehr extensive, alle mit der Personalplanung interdependenten Komponenten berücksichtigende Informationsbasis erforderlich.

In der Praxis sind zur Unterstützung der Personalfunktion und ihrer Einzelaufgaben den Anforderungen entsprechende kontextbezogene Personalcontrolling-Systeme in Abstimmung mit dem übergreifenden Unternehmenscontrolling zu installieren. Je nach dem zugrunde liegenden Konzept ergeben sich Ausgestaltungsanforderungen für die einzelnen Elemente eines solchen Controlling-Systems (Aufgaben, Organisation, Information, Instrumente).

Probleme für die Wirtschaftlichkeitsanalyse in der Personalwirtschaft und somit Grenzen ihrer Anwendbarkeit ergeben sich in erster Linie aus der häufig schwierigen Quantifizierbarkeit von Zielen und Ergebnissen. Das gilt insbesondere für die Funktion Personalentwicklung sowie Personalerhaltung und -leistungsstimulation. Außerdem sind unmittelbare Kausalzusammenhänge zwischen Resultaten und implementierten personalwirtschaftlichen Maßnahmen im Bereich der Verhaltenssteuerung selten eindeutig nachweisbar.

- Gestaltung von Personalplanungs- und -kontrollsystemen
  - Methoden und Verfahren
  - Bestimmung von Planungsabläufen
  - Vorschläge zum Einsatz problemadäquater Planungsgremien
  - Entwurf von Richtlinien zur Planerstellung und Plankontrolle
  - Gestaltung von Planungsformularen
  - Bestimmung von internen und externen Planprämissen
- Gestaltung eines Personalinformationssystems
  - Funktionale Informationsbedarfsermittlung
  - Mitwirkung bei der Gestaltung eines EDV-gestützten Arbeitsplatzinformationssystems
  - Mitwirkung bei der Gestaltung eines EDV-gestützten Personalbeurteilungssystems
  - Gestaltung eines Informationssystems zur Erfassung planungsrelevanter interner und externer Entwicklungen
- Systembildende Koordination durch Personalberichterstattung
  - Institutionale (hierarchische) Informationsbedarfsanalyse
  - Bestimmung von Informationsempfängern und Informationsrhythmen
  - Einsatz technischer Hilfsmittel
  - Inhaltliche Gestaltung des Personalberichtswesens
- Initiierung und Koordination von Personalplanungen
  - Vorbereitung von Planungsrunden
  - Führen von Planungsgesprächen mit den Kostenstellen- und Abteilungsleitern (Annahme einer dezentralen Personalplanung)
  - Überprüfen, ob durch die Personalplanungen festgelegte Unternehmens- und
- Bereichsziele eingehalten werden
  - Zusammenfassen von Einzelplänen zu Bereichs- und Gesamtplänen
  - Abstimmen der Personalplanungen mit anderen Unternehmensteilplänen
  - Durchführung von Plankontrollen
  - Vorschlagen von Maßnahmen zur Beseitigung von Planabweichungen
- Durchführung von Wirtschaftlichkeitsuntersuchungen
- Wahrnehmung der "Personal-Audit-Funktion" mit den Teilaufgaben
  - Überprüfung der im Personalwesen verwandten Methoden, Modelle und Prozesse auf ökonomische und soziale Effizienz
  - Überprüfen, ob die verantwortlichen Mitarbeiter in der Lage sind, das Instrumentarium des Personalmanagements sachgerecht einzusetzen
  - Durchführen von internen und externen Effizienzvergleichen zur betrieblichen Personalarbeit
- Führung des Personalinformationssystems
- Erstellung von Personalberichten

Darstellung I-26 Beispiel eines Aufgabenkatalogs für Personalcontrolling (vgl. Hoss 1988)

In der anglo-amerikanischen Literatur hat als ein erweitertes Konzept einer Erfolgskontrolle in der Personalwirtschaft das **Personal-Audit** verstärkte Beachtung gefunden. Das Personal-Audit ist ein Beurteilungsverfahren, das eine eingehende Analyse aller Aspekte der Personalwirtschaft umfasst (vgl. Hercus/ Oades 1982, S. 43 ff.; Holley/Jennings 1983, S. 629; Sherman/Bohlander/ Chruden 1991). Hierbei gilt es, Fehlentwicklungen im personalwirtschaftlichen Handeln im Unternehmen aufzudecken und Korrekturvorschläge für künftige Personalplanungen und -strategien zu erarbeiten. Eine Analyse der Personalwirtschaft kann z.B. Fehlentscheidungen in Form von Koordinationsmängeln im Zielsystem und Handlungsprogramm der Personalwirtschaft eines Unternehmens, obsolet gewordene Strategien oder unrealistische Ziele identifizieren und frühzeitig auf notwendige Änderungen aufmerksam machen. Hier ist also die Personalarbeit selbst Gegenstand einer kritischen Analyse.

4.6 Das Wissenschaftsprogramm der Personalwirtschaftslehre

Die generelle Aufgabe der Pesonalwirtschaftslehre besteht darin, die Probleme der menschlichen Arbeit und der arbeitenden Menschen in Organisationen im Spannungsfeld unterschiedlicher Ziele und Zwecke sichtbar zu machen, zu erklären und im Hinblick auf angestrebte Ziele und Zwecke Gestaltungshilfen unter der Bedingtheit der Situation zu geben.

Eine so verstandene Personalwirtschaftslehre ist eine **angewandte Wissenschaft**, die für die Praxis "**Problemlösungshilfen**" anbietet. Sie ist als Gegenposition zur "**reinen**" **Wissenschaft** zu sehen, die ihren Zweck in der Erlangung von Wissen, unabhängig von praktischen Anwendungsbezügen, sieht. Zur Gewinnung wissenschaftlicher Ergebnisse scheint dabei der **Entscheidungsansatz**, zumal wenn er sich des **Systemansatzes** als "technologisches Instrument" bedient, besonders ergiebig (Raffée 1974, S. 94 ff.).

Der Entscheidungsansatz ist durch folgende Merkmale charakterisiert:

*   Das reale **Entscheidungssubjekt** mit all seinen **relevanten psychischen** und **sozialen Problemfeldern** steht im Zentrum der Personalwirtschaftslehre.

- Das **Informationsproblem** als Prozess der Informationsgewinnung, -übertragung, -speicherung, -verarbeitung und -auswertung ist von zentraler Bedeutung.
- Der **Prozesscharakter von Entscheidungen** findet im Entscheidungsansatz besondere Beachtung. Entscheidungsprozesse in Organisationen werden sowohl hinsichtlich der sachlich zu verrichtenden Aufgaben, der ablaufenden Informationsprozesse sowie bei Mehrpersonenentscheidungen (kollektive Entscheidungsprozesse) im Hinblick auf Abstimmungsprozesse bezüglich unterschiedlicher Ziel- und Mittelentscheidungen bei einer bestimmten Problemlösung untersucht.

  Dabei ist das Entscheidungsfeld immer im Kontext seines Umsystems und seines Zwischensystems zu sehen, deren determinierende Faktoren und Beschränkungen bei Entscheidungen zu berücksichtigen sind.

Das bedeutet, dass die Personalwirtschaft ein vielschichtiges, komplexes Phänomen ist, das aus unterschiedlichen Perspektiven betrachtet werden muss und die integrierte Steuerung des vielschichtigen Entscheidungsprozesses umfasst.

Personalwirtschaftliche Konzepte sind insofern integrierte, ganzheitliche Ansätze.

Es schließt sich die Frage nach dem **institutionalen Objektbereich** der Personalwirtschaftslehre an. Eine Abgrenzung des Objektbereichs erscheint schwierig, aber auch nicht erforderlich zu sein. Die Problematik derartiger Abgrenzungen liegt darin, wie weit der Objektbereich gefasst wird. Wird er zu weit gespannt, sind Gestaltungshilfen und Aussagen häufig Leerformeln, wird er zu eng angelegt, werden wichtige Probleme bisweilen nicht berücksichtigt. Zweckmäßig erscheint es, typische soziale Systeme zu betrachten, in denen Entscheidungen und Handlungen zu Arbeitsbeziehungen anzutreffen sind. Als mögliche Objektbereiche sind dann zu nennen: **Produktionswirtschaften** (häufig als "Betriebe" im engsten Sinne bezeichnet), jede Art von Dienstleistungsbetrieben, Industriebetrieben und Betrieben der handwerklichen Fertigung, **öffentliche Verwaltungen** (sofern sie nicht unter Produktionswirtschaften fallen), alle **Arten von Vereinen, Verbänden** (z.B. Arbeitgeberverbände, Gewerkschaften), aber auch **private Haushalte sowie personelle Subsysteme von Organisationen** (z.B. Arbeitsgruppen) und **nichtorganisationsgebundene Gruppen**.

Die Personalwirtschaftslehre hat die **reale Komplexität** personenbezogener Aufgabenstellungen zum Gegenstand. Sie ist damit **erfahrungsobjekt-orientiert** und ist nicht auf ein isoliertes **Erkenntnisobjekt** festgelegt, das aus dem Erfahrungsobjekt durch Abstraktion abgeleitet wird und in der Betriebswirtschaftslehre z.B. das Streben nach Wirtschaftlichkeit (Gewinn usw.) zum Inhalt hat. Dieser **eindimensionale Ansatz**, der in der Betriebswirtschaftslehre auch heute noch weit verbreitet ist, ist in der Personalwirtschaftslehre nicht brauchbar. In der Wirklichkeit sind die Probleme **mehrdimensional**. Für die Personalwirtschaftslehre wird in zahllosen Situationen eine Lehre von der Wirtschaftlichkeit keine brauchbaren Handlungskriterien liefern (Ulrich 1970, S. 34).

Um dem Anspruch der Lösung mehrdimensionaler Probleme gerecht zu werden, muss sich die Personalwirtschaftslehre zu den **Nachbardisziplinen** öffnen. Insbesondere gilt es, die Erkenntnisse der **Wirtschaftswissenschaften, der Arbeitswissenschaft, der Psychologie, der Soziologie, der Wissenschaft von der Politik, der Rechtswissenschaft, der Arbeitsphysiologie und der Pädagogik** zu integrieren. Zur Erklärung und Gestaltung ist daher ein "interdisziplinärer Ansatz" erforderlich. Dabei werden Auswahl und Bearbeitungsweise personalwirtschaftlicher Problemstellungen vom Wertesystem, von der Ausbildung und von den Kenntnissen der Wissenschaftler sowie von speziell zu untersuchenden Objektbereichen abhängen.

Personalwirtschaftliche Probleme sind in der Vergangenheit insbesondere im Rahmen der Betriebswirtschaftslehre untersucht worden, und die Personalwirtschaftslehre ist als Teillehre der Betriebswirtschaftslehre verstanden worden. Für den Bereich wirtschaftlicher Organisationen ist die Personalwirtschaftslehre durchaus als ein Teilgebiet einer notwendigerweise **verhaltenswissenschaftlich orientierten offenen Betriebswirtschaftslehre** anzusehen. Der institutionale Objektbereich der Personalwirtschaftslehre ist aber, wie bereits gesagt, grundsätzlich weiter zu sehen, wobei unter anderem die Ökonomisierung und Informationsorientierung von besonderer Bedeutung sind.

Die **betriebliche** Personalwirtschaft ist der eigentliche Schwerpunkt dieses Lehrbuchs. Bei der Darstellung personalwirtschaftlicher Probleme und Funktionsbereiche wird insbesondere von **industriebetrieblichen Fragestellungen** ausgegangen, da diese in diesem Unternehmenstyp komplex auftreten. Zahlreiche Problemstellungen sind aber ohne weiteres auf andere soziale Systeme übertragbar.

Wie bereits angedeutet, ist die Personalwirtschaftslehre sowohl in der Problemstellung als auch in den Aussagen offen. Sie darf nicht nur als Führungslehre für "**mächtige Organisationsmitglieder**" (z.B. **Unternehmensleitung**) verstanden werden, sondern sie muss grundsätzlich die **Interessen aller Beteiligten** offenlegen, Konfliktfelder deutlich machen und Zielerreichungsvorschläge anbieten können. Die gegenwärtigen Machtverhältnisse und die Durchsetzungsmöglichkeiten stellen dabei keine prinzipielle Begrenzung dar.

Die Begrenzung auf empirisch feststellbare personalwirtschaftliche Ziele in Organisationen, die im Rahmen der Betriebswirtschaftslehre für die sogenannte **praktisch-normative Richtung** kennzeichnend sind, bedeutet für die Personalwirtschaftslehre eine Verkürzung ihrer wissenschaftlichen Problembereiche.

Sie geht von den empirisch feststellbaren Zielen der Betriebswirtschaften aus und gibt lediglich Empfehlungen hinsichtlich des Mitteleinsatzes, der zur optimalen Realisation der Ziele führen soll. Wissenschaftler dürfen durchaus **Wertungen** in ihren wissenschaftlichen Aussagen abgeben, sofern sie im Sinne wohlbegründeter, offener Empfehlungen auf der Basis einer umfassenden Wirkungsanalyse unter Berücksichtigung aller Betroffenen abgegeben werden (Raffée 1974, S. 63).

Die Darstellung I-27 zeigt die wesentlichen internen Dimensionen, die das personalwirtschaftliche Entscheidungsfeld beeinflussen. Besonderes deutlich wird hier, dass individuelle Aspekte in verschiedenen Ausprägungen und Formen sich im personalwirtschaftlichen Entscheidungsfeld niederschlagen.

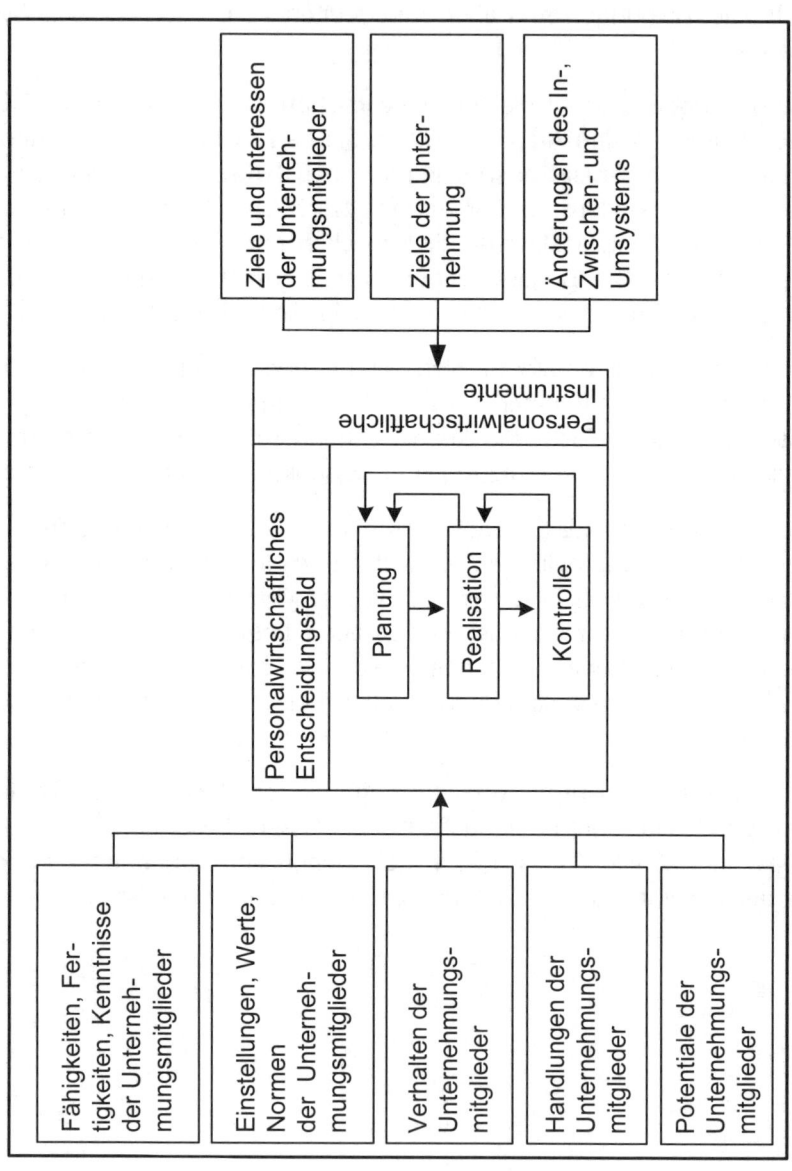

Darstellung I-27 Modell der Personalwirtschaft (ohne Außenbeziehungen)

5 ARBEITGEBER-ARBEITNEHMER-BEZIEHUNGEN

5.1 Begriff und rechtlicher Rahmen

In der Bundesrepublik Deutschland hat die Diskussion um die **Mitbestimmung** durch das Mitbestimmungsgesetz 1976 einen vorläufigen Abschluss gefunden. Die Mitbestimmung kann als wesentliches Element der Beziehungen zwischen Arbeitgeber und Arbeitnehmer angesehen werden.

Die Idee der Mitbestimmung oder Mitbeteiligung der Arbeitnehmer an den Entscheidungen im Unternehmen ist nicht erst im unmittelbaren zeitlichen Vorfeld dieses Gesetzes entstanden, sondern hat sich aus der Entwicklung der Arbeitgeber-Arbeitnehmer-Beziehungen seit Beginn der Industrialisierung ergeben.

Die Abgrenzung des **Begriffs der Arbeitgeber-Arbeitnehmer-Beziehungen** erweist sich als schwierig, da dieser und seine Bedeutung weder terminologisch noch theoretisch allgemeingültig geklärt sind. Besonders im anglo-amerikanischen Sprachbereich werden hierfür sehr unterschiedliche Bezeichnungen verwendet, z.B. labor management relations, labor relations, human relations in industry, collective bargaining, joint consultation, industrial conciliation.

Wenn im Rahmen der Unternehmungsverfassung von Arbeitgeber-Arbeitnehmer-Beziehungen gesprochen wird, dann können sich verschiedene Partner gegenüberstehen, die einerseits den Faktor Arbeit und andererseits den Faktor Kapital vertreten. Auf der einen Seite können es der einzelne Arbeitnehmer, die betriebliche Arbeitnehmervertretung (z.B. der Betriebsrat) und die Gewerkschaften sein, während auf der anderen Seite Arbeitgeber und ihre kollektiven Vertretungsorgane (Arbeitgeberverbände) handeln.

Den rechtlichen Rahmen, d.h. die Spielregeln, für die Ausgestaltung der Beziehungen zwischen den Parteien legt der Gesetzgeber fest. Gewerkschaften und Arbeitgeberverbände versuchen, auf den Gesetzgebungsprozess Einfluss zu nehmen. Nicht nur der Gesetzgeber schafft durch rechtliche Normen den Rahmen für die Arbeitgeber-Arbeitnehmer-Beziehungen, sondern auch die Partner tragen durch Tarifverträge und Betriebsvereinbarungen dazu bei. Deren einzelfallspezifische Regelungen erfahren ihre Festlegung in der Unternehmensverfassung.

Die Unternehmungsverfassung wird auf die **Individualebene** z.B. im Arbeitsvertrag, im **Insystem** auf einzelbetrieblicher Ebene z.B. im Firmentarifvertrag, Gesellschaftsvertrag und Betriebsvereinbarungen sowie im **Zwischensystem** z.B. im Grundgesetz, in Arbeitsgesetzen, Rechtsverordnungen und Richterrecht geregelt.

Die Darstellung I-28 stellt die aufgezeigten Zusammenhänge schematisch dar.

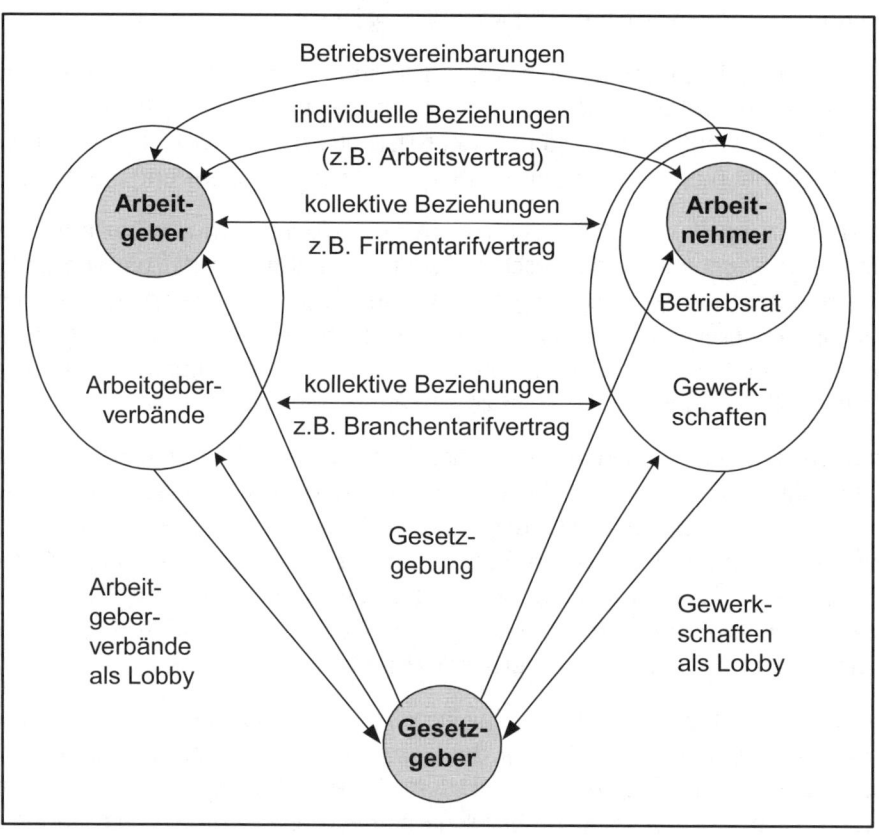

Darstellung I-28 Arbeitgeber-Arbeitnehmer-Beziehungen

5.2 Entwicklung und Aufbau der Gewerkschaften in der Bundesrepublik Deutschland

Schon in den ersten Jahren nach Beendigung des Zweiten Weltkriegs wurden in Deutschland wieder Gewerkschaften gegründet. Die westlichen Besatzungsmächte stimmen zunächst nur der Bildung von Ortsgruppen zu. Doch schon bald darauf bildeten sich auf Landesebene zentrale Gewerkschaftsorganisationen. Bei diesen handelte es sich im Wesentlichen um **Einheitsgewerkschaften** ohne parteipolitische, weltanschauliche oder religiöse Bindung. Es galt der Grundsatz "ein Betrieb - eine Gewerkschaft". Hierdurch wurde sichergestellt, dass alle Arbeitnehmer eines Wirtschaftszweiges, gleich in welcher beruflichen Zugehörigkeit und Stellung sie sich im Einzelfall befanden, in einer Gewerkschaft organisiert waren. Auf diese Weise ergab sich eine Gliederung der Gewerkschaften nach Branchen.

Von der Einheitsgewerkschaft zu unterscheiden sind im Weiteren die sog. **Richtungsgewerkschaften**, die bestimmten Parteien nahestehen (christliche, kommunistische, sozialistische oder sozialdemokratische Gewerkschaften).

Im Oktober 1949 schlossen sich 16 Einzelgewerkschaften zum Deutschen Gewerkschaftsbund (DGB) zusammen. Daneben bestehen in einigen Bereichen Sondergewerkschaften wie der Deutsche Beamtenbund (DBB), die Deutsche Angestellten Gewerkschaft (DAG) und der Christliche Gewerkschaftsbund Deutschland (CGB). 1999 gab es auf Grund eines in den neunziger Jahren begonnenen Konzentrationsprozesses nur noch 12 Einzelgewerkschaften. Geplant ist für das Jahr 2001 ein Zusammenschluss der Gewerkschaft Öffentliche Dienste Transport und Verkehr (ÖTV), der Deutschen Angestellten-Gewerkschaft (DAG), der Gewerkschaft Handel, Banken und Versicherungen (HBV), der IG Medien und der Deutschen Postgewerkschaft zu "ver.di" (Vereinigte Dienstleistungsgewerkschaft).

Die Finanzierung der Gewerkschaften erfolgt durch Mitgliederbeiträge, die monatlich - abhängig von Lohn bzw. Gehalt - von den Mitgliedern zu entrichten sind. Ihre Hauptaktivität richten die Gewerkschaften auf die Verbesserung der materiellen und gesellschaftlichen Bedingungen der Arbeitnehmer.

5.3   Arbeitnehmerkammern

In der Bundesrepublik Deutschland existieren Arbeitnehmerkammern nur in Bremen (Gesetz vom 3. Juli 1956) und im Saarland (Gesetz vom 5. Juli 1967). Im europäischen Ausland bestehen sie in Österreich und Luxemburg. Sie sind Körperschaften des öffentlichen Rechts und durch die **Pflichtmitgliedschaft** gekennzeichnet. In Bremen bestehen eine Arbeiter- und eine Angestellten-kammer, im Saarland vertritt eine Arbeitskammer alle Lohn- und Gehaltsemp-fänger, die in diesem Bundesland arbeiten, einschließlich der Grenzgänger aus Frankreich. Als Oberbegriff hat sich für diese Organisationen der Ausdruck Arbeitnehmerkammern durchgesetzt.

Sie arbeiten auf der Grundlage der Selbstverwaltung. In Bremen bestehen als Organe die Vollversammlung, der Vorstand, der Präsident und die Ausschüsse. Im Saarland ist das Vorhandensein einer Vertreterversammlung und eines Prä-sidiums gesetzlich vorgeschrieben. Zur Finanzierung der Arbeitnehmerkammern werden bei den wahlberechtigten Arbeitnehmern Beiträge erhoben.

Die Aufgaben der Kammern sind beratender und vertretender Art. Sie haben die wirtschaftlichen, sozialen und kulturellen Interessen der Mitglieder unter Beachtung des Gemeinwohls wahrzunehmen und zu fördern. Diese zentrale Aufgabe soll mit der Erstellung von Gutachten für Gerichte und Behörden, die diese anfordern, sowie durch Beratung in Form von Vorschlägen und Berichten an die jeweilige Landesregierung umgesetzt werden. Darüber hinaus sollen den Mitgliedern Fortbildungsprogramme und eine breite Beratung in wirtschaftli-chen, sozialen und kulturellen Fragen angeboten werden.

Eine Abgrenzung gegenüber den Gewerkschaften kann sowohl rechtlich als auch inhaltlich erfolgen. Gewerkschaften sind nämlich privatrechtliche Organisa-tionen, die auf dem Prinzip der freiwilligen Mitgliedschaft beruhen. Sie vertreten die Interessen der Arbeitnehmer insbesondere gegenüber den Arbeitgebern.

Der Deutsche Gewerkschaftsbund und die Deutsche Angestellten Gewerk-schaft stehen der Errichtung weiterer Arbeitnehmerkammern skeptisch gegen-über, da diese nicht den Vorstellungen der Gewerkschaften von einer gesamt-wirtschaftlichen Mitbestimmung entsprechen und in den Kammern zudem eher eine Konkurrenz gesehen wird.

5.4 Entwicklung und Aufbau der Arbeitgeberorganisationen in der Bundesrepublik Deutschland

Während die Bildung von Gewerkschaften schon 1946 von den Zonenbefehlshabern zugelassen worden war, sind die Anfänge der ersten Arbeitgeberorganisationen erst 1948 zu verzeichnen. In jenem Jahr wurde in Wiesbaden für die amerikanische und britische Besatzungszone ein "Zentralsekretariat der Arbeitgeber des Vereinigten Wirtschaftsgebietes" gegründet. Hieraus ging 1949 die "Vereinigung der Arbeitgeberverbände" hervor. Bedenken der Besatzungsmächte gegen eine Neugründung von Arbeitgeberorganisationen konnten in Verhandlungen ausgeräumt werden.

1950 schlossen sich die Arbeitgeberverbände der französischen Zone dem Spitzenverband an, und die Organisation erhielt ihren heutigen Namen "**Bundesvereinigung der Deutschen Arbeitgeberverbände**" (**BDA**). Die BDA ist die Nachfolgeorganisation der "Vereinigung der Deutschen Arbeitgeberverbände" aus der Weimarer Republik. Der Bundesvereinigung der Deutschen Arbeitgeberverbände gehören 46 Fachverbände als Mitglieder an, die jeweils nach Branchen zusammengeschlossen sind (z.B. Wirtschaftsvereinigung Bergbau e.V., Arbeitsring der Arbeitgeberverbände der Deutschen Chemischen Industrie e.V., Arbeitgeberverband des privaten Bankgewerbes e.V.).

Weitere Spitzenorganisationen der Arbeitgeber entstanden in der Nachkriegszeit. So wurde 1949 als Nachfolgeorganisation des aufgelösten "Reichsverbandes der Deutschen Industrie" der "**Bundesverband der Deutschen Industrie**" (**BDI**) gegründet. Die 35 Mitgliedsverbände des Bundesverbandes der Deutschen Industrie sind ebenfalls nach Branchen gegliedert. Außer dem jeweiligen Verband existieren für eine Branche vielfach noch Landesverbände bzw. -gruppen. Dem BDI sind darüber hinaus noch verschiedene Fachverbände bzw. -gemeinschaften angeschlossen.

Als dritte Spitzenorganisation bildete sich der "**Deutsche Industrie- und Handelstag**" (**DIHT**) als Vereinigung der deutschen Industrie- und Handelskammern. Ihm gehören zur Zeit 83 Kammern an.

Während der BDI im Wesentlichen die wirtschaftspolitischen Interessen der Arbeitgeber vertritt, setzt sich die BDA primär für deren Sozial- und Lohninteressen ein. Die Industrie- und Handelskammern beschäftigen sich vorwiegend mit regionalen Fragen.

Den stärksten Einfluss auf die Arbeitgeber-Arbeitnehmer-Beziehungen hat die BDA, obwohl sie selbst nicht tariffähig ist, d.h. selbst keine Tarifverträge abschließen kann.

Die Aufgabe der BDA besteht darin, als Programm- und Koordinierungszentrale der Fachverbände zu wirken. Zu diesem Zweck arbeitet sie vor allem Empfehlungen und Grundsätze aus, die z.B. Grundsätze für eine einheitliche Lohn- und Gehaltspolitik, Empfehlungen zur unternehmerischen Solidarität bei Arbeitskämpfen, Vorschläge über die soziale Betriebsgestaltung, Empfehlungen zur Förderung der Eigentumsbildung oder Vorschläge zur Mitbestimmung betreffen bzw. auch gesellschaftspolitische Grundsätze berühren.

5.5 Das Arbeitsrecht als Rahmen für die Arbeitgeber-Arbeitnehmer-Beziehungen

5.5.1 Überblick

Die Träger der Personalwirtschaft sind durch vielfältige Beziehungen untereinander und mit der Umwelt verbunden. Der Rahmen für diese Beziehungen wird durch den Gesetzgeber vor allem im **Arbeitsrecht** vorgegeben. Es regelt den Schutz der menschlichen Arbeitskraft und die Rechtspositionen des einzelnen Arbeitnehmers im Arbeitsvertrag. Diese beiden Bereiche berühren das **Individualarbeitsrecht** im Gegensatz zum **kollektiven Arbeitsrecht**, das sich mit den Arbeitnehmern als Gruppe befasst, wobei allen rechtlichen Regelungen der Grundgedanke des **Schutzes des wirtschaftlich Schwächeren** zugrunde liegt.

Bei jeder Gliederung des Arbeitsrechts können folgende Schwerpunkte gebildet werden:

- das allgemeine Arbeitsschutzrecht,
- das Recht der betrieblichen Partner,
- das Recht der überbetrieblichen Koalitionen,
- der Komplex der Mitbestimmung.

Letzterer kann wiederum aufgegliedert werden in die **Mitbestimmung auf Betriebsebene** und die **Mitbestimmung auf Unternehmensebene.**

Zum allgemeinen **Arbeitsschutzrecht** zählen der Gefahrenschutz, der in der Gewerbeordnung geregelt ist, der Unfallschutz, in dessen Bereich Fragen wie Unfallverhütung, Sicherheitsbeauftragte, aber auch das Gesetz über Betriebsärzte, Sicherheitsingenieure und andere Fachkräfte für den Arbeitsschutz gehören, und die Arbeitszeitbegrenzung, die im Wesentlichen im Arbeitszeitgesetz geregelt ist.

Das allgemeine Arbeitsvertragsrecht als **Recht der betrieblichen Partner** beinhaltet die Bestimmungen des Bürgerlichen Gesetzbuches, insbesondere die Vertragsfreiheit nach dem Grundgesetz, u.a. mit dem Recht der Koalitionsfreiheit (Art. 9 Abs. 3 GG) und das Tarifvertragsgesetz.

Das Bundesurlaubsgesetz umfasst das Urlaubsrecht und regelt insbesondere den Mindesturlaub.

Für besonders geschützte Arbeitnehmergruppen existiert darüber hinaus eine Reihe von Gesetzen, wie das Schwerbehindertengesetz, das Wehrpflichtgesetz, das Arbeitsplatzschutzgesetz. Ein besonders schwieriger Bereich in der Personalwirtschaft ist überdies die Kündigung bzw. der Kündigungsschutz (Kündigungsschutzgesetz).

Als weitere Schwerpunkte sind die Arbeits- und Ausbildungsförderung sowie die Berufsbildung zu nennen. Hier sind insbesondere das Arbeitsförderungsgesetz und das Berufsbildungsgesetz erwähnenswert.

Das Sozialrecht wirkt nicht unmittelbar gestalterisch auf die Arbeitgeber-Arbeitnehmer-Beziehungen, so dass hierauf nicht näher eingegangen wird. Das **Recht der überbetrieblichen Koalition** bezieht sich vor allem auf das (kollektive) Tarif- und Schlichtungsrecht. Der Schwerpunkt der Ausführungen wird im Folgenden auf den vierten Komplex, d.h. auf die rechtliche Ausgestaltung von **Betriebsverfassung und Unternehmensmitbestimmung** gelegt.

5.5.2 Das individuelle Arbeitsrecht

Die rechtliche Grundlage einer individuellen Arbeitgeber-Arbeitnehmer-Beziehung ist der **Arbeitsvertrag**, durch den ein Arbeitsverhältnis begründet wird, indem sich der Arbeitnehmer zu einer Arbeitsleistung verpflichtet und dafür das Recht auf ein Arbeitsentgelt erwirbt. Die gesetzliche Grundlage des Arbeitsvertrags findet sich im **Dienstvertragsrecht** des Bürgerlichen Gesetzbuches (§§ 611-630 BGB). Diese Bestimmungen werden im Regelfall zudem in zahlreichen Spezialgesetzen zugunsten der Arbeitnehmer ergänzt (z.b. Gewerbeordnung).

Da Arbeitsverträge im Allgemeinen unbefristet abgeschlossen werden, ergibt sich unter Umständen die Notwendigkeit einer **Kündigung**. Diese an sich privatrechtlich-einseitige Willenserklärung wird vielfach durch gesetzliche Vorschriften zugunsten der Arbeitnehmer ergänzt. So ist in Betrieben, in denen ein Betriebsrat besteht, dieser vor jeder Kündigung zu hören (§ 102 BetrVG). Der Betriebsrat kann unter gewissen Umständen einer ordentlichen Kündigung widersprechen, d.h. sie aufschieben, aber nicht dauerhaft verhindern. Weiterhin hat der Gesetzgeber für den Fall der ordentlichen Kündigung gesetzliche Mindestfristen vorgesehen (§ 622 BGB). Darüber hinaus schützt das Kündigungsschutzgesetz den Arbeitnehmer in diesem Sinne u.a. vor einer sozialwidrigen Kündigung. Einen besonderen Kündigungsschutz genießen u.a. Schwerbehinderte (Schwerbehindertengesetz), Schwangere (Mutterschutzgesetz) und Wehrpflichtige (§ 2 Arbeitsplatzschutzgesetz). Massenentlassungen sind vom Arbeitgeber dem Arbeitsamt anzuzeigen. Sie bedürfen der Genehmigung des Landesarbeitsamtes. Betriebsratsmitglieder sind nicht ordentlich kündbar (§§ 5 (2) KSchG).

5.5.3 Das Arbeitsschutzrecht

Die Arbeitsschutzgesetze haben die Aufgabe, den Arbeitnehmer vor allem vor Gefahren an Leben und Gesundheit zu schützen, und sie stellen Verbote und Gebote auf, die vom Arbeitgeber eingehalten werden müssen. Das Arbeitsschutzrecht hat auf die innerbetrieblichen Beziehungen zwischen Arbeitgeber und Arbeitnehmer dementsprechend eine starke Wirkung, da der Arbeitnehmer in seiner Stellung gegenüber solchen Arbeitgebern gestärkt wird, die eine übermäßige Ausnutzung seiner Arbeitskraft anstreben.

Die Vorschriften des allgemeinen Gefahrenschutzes verpflichten den Arbeitgeber, Arbeitsräume, Betriebseinrichtungen, Maschinen und Gerätschaften so einzurichten und zu erhalten, dass die Arbeitnehmer gegen Gefahr an Leben und Gesundheit so weit geschützt sind, wie es die Natur des Betriebes zulässt.

Eine sehr umfassende Regelung zum Schutz des Arbeitnehmers in seiner wirtschaftlich schwächeren Stellung enthält das **Arbeitszeitgesetz** (ArbZG) von 1994. Der Arbeitsschutz des Arbeitszeitgesetzes gilt im Grundsatz für alle Arbeitnehmer über 18 Jahre, die auf Grund eines Arbeitsvertrags beschäftigt sind. Die Tarifverträge enthalten Regelungen, die oft für den Arbeitnehmer günstiger ausfallen. Die wichtigsten Regelungen des Arbeitszeitgesetzes sind:

- Die regelmäßige werktägliche Arbeitszeit darf die Dauer von acht Stunden nicht überschreiten ("Achtstundentag").
- Die tägliche Arbeitszeit kann in besonderen Fällen bis auf zehn Stunden nur verlängert werden, wenn innerhalb von sechs Kalendermonaten oder innerhalb von 24 Wochen im Durchschnitt acht Stunden werktäglich nicht überschritten werden.
- Nach Beendigung der täglichen Arbeitszeit hat der Arbeitnehmer Anrecht auf eine ununterbrochene Ruhezeit von mindestens elf Stunden. Bei einer Arbeitszeit von mehr als sechs Stunden sind den Arbeitnehmern mindestens eine halbstündige Unterbrechung oder zwei viertelstündige Ruhepausen zu gewähren.
- Die Arbeitszeit der Nacht- und Schichtarbeitnehmer ist nach den gesicherten arbeitswissenschaftlichen Erkenntnissen über die menschengerechte Gestaltung der Arbeitszeit festzulegen.

Es kann jedoch nicht übersehen werden, dass es in der betrieblichen Praxis immer wieder - meist stillschweigend geduldete - Verstöße gegen diese Bedingungen gibt. Wachsender Wettbewerbs- und Konkurrenzdruck sowie ein zunehmendes Überangebot an Arbeitskräften erschweren naturgemäß die Einhaltung bzw. die Durchsetzung der entsprechenden Arbeitszeitbestimmungen. Es scheint hier der Grundsatz zu gelten: Wo kein Kläger ist, ist somit auch kein

Richter. Eine staatlich intensivierte Kontrolle der geltenden Bestimmungen wäre in dieser Hinsicht also wünschenswert.

Das **Jugendarbeitsschutzgesetz** (JArbSchG) von 1976 (in der Fassung vom 24. April 1986) befasst sich mit der Beschäftigung von Personen, die noch nicht 18 Jahre alt sind, wobei für Kinder (unter 14 Jahren) ein grundsätzliches Beschäftigungsverbot gilt.

Das **Mutterschutzgesetz** von 1968 regelt u.a. Beschäftigungsverbote und Kündigungsverbote für eine weitere besonders schutzbedürftige Gruppe.

Beide Schutzgesetze werden in der betrieblichen Praxis nahezu vollständig eingehalten.

5.5.4 Das Tarif- und Schlichtungsrecht

Gegenstände des Tarifrechts sind die zwischen den tariffähigen Parteien, der Arbeitgeber einerseits und der Arbeitnehmer andererseits, zu schließenden Tarifverträge. Als tariffähige Parteien treten Gewerkschaften, Arbeitgeberverbände oder auch einzelne Arbeitgeber auf.

In Deutschland ist das Tarifvertragssystem im **Tarifvertragsgesetz (TVG)** von 1949 (in der derzeit gültigen Fassung von 1969) geregelt. Wichtige Regelungen des Tarifvertragsgesetzes sind:

- Es garantiert den Gewerkschaften und Arbeitgeberverbänden volle **Tarifautonomie** und eine unabhängige Arbeitsgerichtsbarkeit.
- Der Tarifvertrag gilt grundsätzlich nur für die **beiderseits tarifgebundenen Arbeitsverhältnisse**, d.h. nur dann, wenn einerseits der Arbeitnehmer Mitglied der tarifschließenden Gewerkschaft ist und andererseits der Arbeitgeber entweder selbst den Tarifvertrag abgeschlossen hat oder Mitglied des tarifschließenden Arbeitgeberverbandes ist (§ 3 Abs. 1 TVG).
- Unter gewissen Voraussetzungen kann der Tarifvertrag durch **Allgemeinverbindlichkeitserklärung** auf die nichttarifgebundenen Arbeitnehmer und Arbeitgeber ausgedehnt werden. Tarifnormen über betriebliche und betriebsverfassungsrechtliche Fragen gelten dagegen auch ohne Allgemeinverbindlichkeitserklärung für alle Arbeitnehmer und Arbeitgeber eines Betriebes.

- Die Tarifvertragsnormen sind nur Mindestbedingungen, d.h., den Parteien steht es frei, darüber hinaus bessere Arbeitsbedingungen zu vereinbaren. Sie wirken jedoch unmittelbar und zwingend (§ 4 Abs. 1 TVG).
- Der Arbeitnehmer kann auf entstandene tarifliche Rechte nicht wirksam verzichten.
- Während der Laufzeit darf keine der Tarifvertragsparteien gegen die andere Kampfmaßnahmen ergreifen, um eine Änderung der im Tarifvertrag festgelegten Arbeitsbedingungen zu erreichen (Friedenspflicht).

Tarifverträge werden auf Grund ihres wegweisenden Inhalts und ihres weiten Geltungsbereichs oft zu einem Schrittmacher für die Gesetzgebung, denn die in Tarifverträgen ausgehandelten Normen gehen nicht selten in die Arbeits- und Sozialgesetze ein.

Eine wichtige Hilfe beim Abschluss von Tarifverträgen stellt die **Schlichtung** dar, bei der eine neutrale Schlichtungsstelle versucht, die Differenzen der Tarifvertragsparteien auszugleichen.

In der Bundesrepublik gibt es ein freiwilliges Schlichtungsverfahren auf der Basis von Musterschlichtungsvereinbarungen zwischen den Arbeitgeber- und Arbeitnehmerorganisationen, wie zwischen der BDA und dem DGB. Der Staat kann im gegenseitigen Einvernehmen als Schlichtungsinstanz eingeschaltet werden.

5.6 Die Betriebs- und Unternehmensmitbestimmung

5.6.1 Begriff und System der deutschen Mitbestimmung

Letztlich ist es das Ziel der Mitbestimmung, die Selbstentfaltung und Interessenverwirklichung des einzelnen Arbeitnehmers zu fördern. Dies kann sowohl in direkter Form als auch indirekt, d.h. über institutionalisierte Interessenvertreter geschehen. Im weiteren Sinne ist Mitbestimmung jede Art von Beteiligung von Organisationsmitgliedern an Entscheidungen in Organisationen.

Während das Gesellschaftsrecht die Frage, wer Entscheidungsträger in (wirtschaftlichen) Organisationen sein soll, zugunsten der Kapitaleigner bzw. deren Beauftragten regelt, zielt die institutionalisierte Mitbestimmung auf eine Revision dieser rechtlich verfassten Machtverteilung durch gesetzlich abgesicherte Teilnahme der Arbeitnehmer oder ihrer Vertreter an der Gestaltung und inhaltlichen Festlegung der Entscheidungsprozesse.

Dabei ist die Mitbestimmung insbesondere bei solchen Entscheidungen bedeutend, die die Ziele der Organisation festlegen (Zielsetzungsentscheidungen, Führungsentscheidungen). Aber auch durch die Art und Weise, wie die Ziele erreicht werden sollen (Maßnahmenentscheidungen), werden in der Regel bestimmte Individual- und Gruppeninteressen durchgesetzt. Die gesetzliche Mitbestimmung umfasst allerdings nicht die Berücksichtigung der Interessen aller an der Organisation beteiligten Gruppen, sondern beschäftigt sich primär mit dem Konfliktfeld von Unternehmer-/Arbeitgeber- und Arbeitnehmerinteressen.

Die gesetzliche Mitbestimmung, die hier betrachtet werden soll, ist zu den Formen der **Partizipation am Entscheidungsprozess** abzugrenzen, die nicht rechtlich abgesichert sind. Sie ist ein Element kooperativer Führungssysteme. Durch Partizipation werden dem Mitarbeiter direkte Mitbestimmungsrechte gewährt, die jedoch von diesem rechtlich nicht einklagbar sind. Plakativ könnte man insofern von einem gewollten Nebeneinander von freiwilliger Entscheidungsbeteiligung (Partnerschaft) und gesetzlich verordneter Entscheidungsteilhabe der Arbeitnehmer (Mitbestimmung) sprechen (Schanz 1992, S. 73 f.).

Das deutsche Mitbestimmungsrecht enthält kaum Regelungen, die dem einzelnen Arbeitnehmer erlauben, an Entscheidungen, die seinen eigenen Arbeitsplatz oder seine Arbeit betreffen, teilzunehmen. Die bislang vernachlässigte sog. **Mitbestimmung am Arbeitsplatz** (Basispartizipation) resultiert ebenfalls aus der Forderung nach Demokratisierung der Betriebe.

Diese erweiterte Mitbestimmung, die den Arbeitnehmern das Recht einräumt, eigene Entscheidungen über ihren Arbeitsplatz und ihre allgemeinen Arbeitsbedingungen zu treffen, ist ein wesentliches Element der **Wirtschaftsdemokratie** bzw. der **industriellen Demokratie** (Vilmar 1973, S. 159 ff.).

Auf **Unternehmensebene** ist die Mitbestimmung in der Bundesrepublik Deutschland in folgenden Gesetzen geregelt:

- **Gesetz über die Mitbestimmung der Arbeitnehmer in den Aufsichtsräten und Vorständen der Unternehmen des Bergbaus und der Eisen und Stahl erzeugenden Industrie - Montan-Mitbestimmungsgesetz (MontanMitbestG)** vom 21. Mai 1951 (zuletzt geändert am 9. Juni 1998),
- **Betriebsverfassungsgesetz (BetrVG)** vom 15. Januar 1972 in der Neufassung vom 23. Dezember 1988,
- **Gesetz über die Mitbestimmung der Arbeitnehmer - Mitbestimmungsgesetz (MitbestG)** vom 4. Mai 1976 (zuletzt geändert am 28. Oktober 1994).

Diese drei Mitbestimmungsgesetze befassen sich mit der Beteiligung der Arbeitnehmer im Aufsichtsrat und in der Geschäftsführung von Kapitalgesellschaften und werden daher in Abgrenzung zur Mitbestimmung der Arbeitnehmer auf Betriebsebene (Betriebsratsmitbestimmung) auch als Aufsichtsratsmitbestimmung bezeichnet.

Demgegenüber ist die **betriebliche Mitbestimmung** vor allem im

- **Betriebsverfassungsgesetz (BetrVG)** vom 15. Januar 1972 in der Neufassung vom 23. Dezember 1988.

Die betriebsbezogene Mitbestimmung gilt für die in der Privatwirtschaft tätigen Arbeitnehmer, wobei die Rechtsform, in der das Unternehmen betrieben wird, keine Rolle spielt. Sie befasst sich mit dem Verhältnis von Betriebsrat und Arbeitgeber und den Aufgaben des Betriebsrats. Die Grundtendenz des Gesetzes zielt nicht auf die Betonung der an sich gegebenen und natürlichen Interessengegensätze zwischen Arbeitgeber und Arbeitnehmer hin, sondern setzt vor allem auf die Zusammenarbeit der kollektiven Arbeitnehmervertreter mit dem arbeitgebenden Unternehmen. Ausdruck dieser Grundhaltung ist § 2 Abs. 1 des BetrVG von 1972. Er besagt unmissverständlich: "Arbeitgeber und Betriebsrat arbeiten unter Beachtung der geltenden Tarifverträge vertrauensvoll und im Zusammenwirken mit den im Betrieb geltenden Gewerkschaften und Arbeitgebervereinigungen zusammen." Darüber hinaus haben nach § 74 Abs. 2 BetrVG Arbeitgeber und Betriebsrat jegliche Betätigung zu unterlassen, durch die gegebenenfalls der Betriebsfrieden gestört bzw. dauerhaft beeinträchtigt werden könnte.

Für den öffentlichen Dienst ist die Mitbestimmung nicht im Betriebsverfassungsgesetz 1972 geregelt (§ 130 BetrVG 1972), sondern es gilt das

- **Bundespersonalvertretungsgesetz (BPersVG)** vom 15. März 1974 für die Dienststellen des Bundes (zuletzt geändert am 16. Dezember 1997).

Für die Länder bestehen entsprechende **Landespersonalvertretungsgesetze**.

Eine der Unternehmensmitbestimmung entsprechende Regelung gibt es für die Beamten und die Arbeitnehmer im öffentlichen Dienst nicht. Sie ist mit dem Demokratieprinzip nicht vereinbar, da die weittragenden politischen Entscheidungen durch die vom Volk gewählten Vertreter getroffen werden. Infolgedessen kann es kein zweites Entscheidungsgremium im öffentlichen Unternehmen geben.

1989 wurde durch den Gesetzgeber das Sprecherausschussgesetz (SprAuG) verabschiedet. Dieses enthält Vertretungsregelungen und Mitwirkungsrechte, die sich insbesondere auf die Stellung der leitenden Angestellten im Betrieb beziehen.

5.6.2 Die Betriebsverfassung

5.6.2.1 Die Zusammenarbeit von Arbeitgeber und Betriebsrat sowie die Beteiligungsrechte des Betriebsrats

Die Formulierung des § 2 Abs. 1 BetrVG macht deutlich, dass der Gesetzgeber im Betriebsverfassungsgesetz von 1972 anstrebt, die "Betriebspartner" zur Kooperation zusammenzuführen. Die Pflicht zur vertrauensvollen Zusammenarbeit wird im § 74 Abs. 1 BetrVG institutionalisiert, in dem das Gesetz vorsieht, dass Arbeitgeber und Betriebsrat mindestens einmal im Monat zu einer Besprechung zusammentreten, in der über Probleme mit dem ernsten Willen zur Einigung verhandelt wird.

Das Betriebsverfassungsgesetz rüstet den Betriebsrat mit zahlreichen Beteiligungsrechten in den Bereichen: "**soziale Angelegenheiten**", "**personelle Angelegenheit**" und "**wirtschaftliche Angelegenheiten**" aus, wobei im letztgenannten Fall die Beteiligungsrechte des Betriebsrats am schwächsten sind, womit der Gesetzgeber deutlich macht, dass auf betrieblicher Ebene wirtschaftliche Entscheidungen der Unternehmensleitung einer Mitbestimmung entzogen sein sollen.

Die weitgehenden Beteiligungsrechte des Betriebsrats im Rahmen sozialer und personeller Angelegenheiten lassen die Ansicht des Gesetzgebers vermuten, dass eine Verpflichtung zur Kooperation von Betriebsrat und Arbeitgeber nur von Nutzen sein kann, wenn die Macht zwischen den Partnern nicht völlig asymmetrisch verteilt ist, sondern wenn der Betriebsrat seine Position als Vertretung der Arbeitnehmerinteressen behaupten kann, was naturgemäß nur bei einer entsprechenden "Macht-Ausstattung" des Betriebsrats möglich ist.

Im Betriebsverfassungsgesetz werden außer den Beteiligungsrechten des Betriebsrats auch Beteiligungsrechte der einzelnen Arbeitnehmer festgelegt, die in den §§ 81-86 BetrVG aufgeführt sind. Sie spielen gegenüber den vielfältigen Mitbestimmungsbefugnissen, die der Betriebsrat als gewählte Vertretung der Arbeitnehmer hat, nur eine untergeordnete Rolle.

Die Beteiligungsrechte des Betriebsrats sind unterschiedlich weitgehend. Von einer **Mitbestimmung** wird definitionsgemäß erst gesprochen, wenn eine Stellungnahme des Betriebsrats auf die Wirksamkeit der Maßnahme des Arbeitgebers Einfluss hat oder wenn die Arbeitnehmervertretung auch gegen den Willen des Arbeitgebers eine Maßnahme durchsetzen kann. Das Gesetz verwendet den Begriff Mitbestimmung, wenn bei Meinungsverschiedenheiten zwischen Arbeitgebern und Betriebsrat eine dritte Stelle verbindlich entscheidet. Dies ist bei den sozialen Angelegenheiten die **Einigungsstelle** bzw. die **tarifliche Schlichtungsstelle** und bei den personellen Angelegenheiten teils die **Einigungsstelle** und teils das **Arbeitsgericht**. Alle übrigen Beteiligungsrechte der Arbeitnehmer bzw. des Betriebsrats sind **Mitwirkungsrechte**.

a) Mitwirkungsrechte:

- Recht auf Information: Es besteht grundsätzlich in nahezu allen betrieblichen Angelegenheiten, die für den Betriebsrat von Interesse sein können (z.B. §§ 90, 92, 99 Abs. 1 BetrVG).
- Recht auf Einsicht in Unterlagen (z.B. § 92 Abs. 1 BetrVG).
- Recht auf Anhörung: Dabei ist dem Betriebsrat eine Überlegungsfrist einzuräumen und Gelegenheit zu geben, Stellung zu nehmen (z.B. § 102 Abs. 1 BetrVG).
- Recht auf Beratung und Verhandlung (z.B. §§ 90, 92 Abs. 1 BetrVG).
- Recht des Betriebsrats, Vorschläge zu unterbreiten (z.B. § 92 Abs. 2 BetrVG).

b) Mitbestimmungsrechte:

- Widerspruchsrechte: Sie bestehen in bestimmten im Gesetz aufgeführten Fällen (z.B. §§ 99 Abs. 2, 102 Abs. 3 BetrVG).
- Vetorechte: In diesem Fall hat der Arbeitgeber die Initiative. Angelegenheiten, die er durchführen will, bedürfen aber der Zustimmung des Betriebsrats (z.B. § 94 BetrVG).
- Initiativrechte: Der Betriebsrat kann hier bei Angelegenheiten, die der Mitbestimmung unterliegen, selbst Maßnahmen fordern. Mitbestimmung ist in diesem Fall als Mitgestaltung auf Grund eigener Initiative zu verstehen (z.B. § 87 BetrVG).

Einen Überblick über die Mitwirkung und Mitbestimmung des Betriebsrats gibt die Darstellung I-29.

5.6.2.2 Der Begriff des leitenden Angestellten und das Sprecherausschussgesetz

Das Betriebsverfassungsgesetz findet für den sog. **leitende Angestellte** grundsätzlich keine Anwendung. Er unterscheidet sich dadurch von der Masse der übrigen Arbeitnehmer, dass er unter eigener Verantwortung typische Unternehmerfunktionen wahrnimmt.

In Betrieben mit mindestens zehn leitenden Angestellten können ab Frühjahr 1990 **Sprecherausschüsse** gewählt werden, wenn sich die Mehrheit der leitenden Angestellten dafür ausspricht. Die Mitwirkung des Sprecherausschusses erfolgt durch Unterrichtung und Beratung über soziale, personelle und wirtschaftliche Angelegenheiten.

Seine Mitglieder werden zeitgleich mit dem Betriebsrat für vier Jahre gewählt. Der Sprecherausschuss selbst besteht je nach Zahl der beschäftigten leitenden Angestellten aus 1 bis 7 Personen (§ 4 SprAuG).

Eine eindeutige Abgrenzung dieser Gruppe von der übrigen Belegschaft war nach der ursprünglichen Fassung des § 5 Abs. 3 BetrVG 1972 zweifelsfrei nicht vorzunehmen. Ab 1. Januar 1989 gilt nach der Neufassung des BetrVG eine Legaldefinition der leitenden Angestellten, die die bisherigen Unklarheiten, die durch die Rechtsprechung des Bundesarbeitsgerichts entstanden sind, beseitigen und für Rechtsfrieden in den Unternehmen sorgen soll, in denen bisher der Status der Leitenden oft zwischen den Führungskräften, dem Betriebsrat und dem Arbeitgeber umstritten war. Ab 1. Januar 1989 gilt also die geänderte Fassung des § 5 Abs. 3 BetrVG.

"Leitender Angestellter ist, wer nach Arbeitsvertrag und Stellung im Unternehmen oder im Betrieb
1.) zur selbständigen Einstellung und Entlassung von im Betrieb oder in der Betriebsabteilung beschäftigten Arbeitnehmern berechtigt ist oder
2.) Generalvollmacht oder Prokura hat und die Prokura auch im Verhältnis zum Arbeitgeber nicht unbedeutend ist oder
3.) regelmäßig sonstige Aufgaben wahrnimmt, die für den Bestand und die Entwicklung des Unternehmens oder eines Betriebs von Bedeutung sind und deren Erfüllung besondere Erfahrungen und Kenntnisse voraussetzt, wenn er dabei entweder die Entscheidungen im wesentlichen frei von Weisungen trifft oder sie maßgeblich beeinflusst; dies kann auch bei Vorgaben insbesondere auf Grund von Rechtsvorschriften, Plänen oder Richtlinien sowie bei Zusammenarbeit mit anderen leitenden Angestellten gegeben sein."
4.) Leitender Angestellter nach Abs. 3 Nr. 3 ist im Zweifel, wer
1. aus Anlass der letzten Wahl des Betriebsrats, des Sprecherausschusses oder von Aufsichtsratsmitgliedern der Arbeitnehmer oder durch rechtskräftige gerichtliche Entscheidung den leitenden Angestellten zugeordnet worden ist oder

2. einer Leitungsebene angehört, auf der in dem Unternehmen überwiegend leitende Angestellte vertreten sind, oder

3. ein regelmäßiges Jahresarbeitsentgelt erhält, das für leitende Angestellte in dem Unternehmen üblich ist, oder, falls auch bei der Anwendung der Nummer 3 noch Zweifel bleiben, ein regelmäßiges Jahresarbeitsentgelt erhält, das das Dreifache der Bezugsgröße nach § 18 des Vierten Buches des Sozialgesetzbuches überschreitet."

Die Formulierung "im Zweifel, wer" in dem angefügten Absatz 4 gibt Anlass zu Missverständnissen. Zusammenfassend ist festzustellen, dass die neue Fassung des § 5 Abs. 3 und 4 BetrVG noch einige Auslegungsrisiken enthält.

Wichtig ist, dass der gewählte Sprecherausschuss im Gegensatz zum Betriebsrat kein generelles Mitbestimmungsrecht, sondern lediglich einzelne Informations-, Anhörungs- und Beratungsrechte besitzt (§§ 30-32 SprAuG). Darüber hinaus ist vom Gesetzgeber darauf geachtet worden, dass die Sprecherausschüsse die Arbeit der Betriebsräte nicht blockieren können.

5.6.2.3 Institutionen der Betriebsverfassung

Die wichtigste Institution der Betriebsverfassung ist der **Betriebsrat**. Die weiteren Einrichtungen, wie **Wirtschaftsausschuss**, **Betriebsausschuss**, **Einigungsstelle** und **Betriebsversammlung**, haben demgegenüber nur eine untergeordnete Bedeutung.

Die Zahl der Betriebsratsmitglieder richtet sich nach der Betriebsgröße (§ 9 BetrVG). Für die Zusammensetzung sind die Gruppenstärken der Angestellten und Arbeiter entscheidend, wobei eine Vertretung der Minderheitsgruppe gewährleistet ist (§ 10 BetrVG). Die Betriebsratswahlen finden einheitlich alle vier Jahre in der Zeit vom 1. März bis 31. Mai statt (§ 13 BetrVG). Der Betriebsrat wählt aus seiner Mitte den Vorsitzenden und dessen Stellvertreter. Sind Arbeiter und Angestellte im Betriebsrat vertreten, so sollen der Vorsitzende und sein Stellvertreter nicht derselben Gruppe angehören (§ 26 Abs. 1 BetrVG).

Damit der Betriebsrat seine Aufgaben erfüllen kann, ist eine bestimmte Zahl seiner Mitglieder unter Fortzahlung ihrer jeweiligen Arbeitsentgelte von der Arbeit zu befreien. Für die Freistellungen gibt § 38 Abs. 1 BetrVG eine Mindeststaffel.

Danach sind vom Betrieb von ihrer beruflichen Tätigkeit mindestens freizustellen: ein Betriebsratsmitglied bei 300-600 Arbeitnehmern, zwei Betriebsratsmitglieder bei 600-1'000 Arbeitnehmern und drei Betriebsratsmitglieder bei bis zu 2'000 Arbeitnehmern.

In Betrieben mit 9'001-10'000 Arbeitnehmern sind demnach insgesamt elf Betriebsratsmitglieder freizustellen, wobei in Betrieben mit über 10'000 Arbeitnehmern für je angefangene weitere 2'000 Arbeitnehmer ein weiteres Betriebsratsmitglied freizustellen ist.

In einer Betriebsvereinbarung oder im Tarifvertrag können diese gesetzlichen (Mindest-)Regelungen jedoch in beiderseitigem Einvernehmen modifiziert werden.

Hat ein Betriebsrat neun oder mehr Mitglieder, was nur bei mehr als 300 Arbeitnehmern der Fall ist, so bildet er einen **Betriebsausschuss**, der die laufenden Geschäfte des Betriebsrats führt (§ 27 BetrVG). Wenn ein Betriebsausschuss besteht, kann der Betriebsrat weitere Ausschüsse bilden und ihnen bestimmte Aufgaben übertragen (§ 28 Abs. 1 BetrVG). Gemeinsame Ausschüsse von Arbeitgeber und Betriebsrat können, sofern ein Betriebsausschuss besteht, nach § 28 Abs. 3 BetrVG gebildet werden.

Der Betriebsrat ist, wenn er nicht nur aus dem **Betriebsobmann** besteht, ein Kollegialorgan, in dem der Willensbildungsprozess stattfindet (§§ 29, 30 BetrVG).

Existieren in einem Unternehmen mehrere Betriebsräte, so ist ein **Gesamtbetriebsrat** zu errichten (§ 47 Abs. 1 BetrVG), der von den einzelnen Betriebsräten und nicht von den Arbeitnehmern gewählt wird. Er ist zuständig für die Behandlung von Angelegenheiten, die das Gesamtunternehmen oder mehrere Betriebe betreffen und nicht durch die einzelnen Betriebsräte innerhalb ihrer Betriebe geregelt werden können (§ 50 Abs. 1 BetrVG).

Für einen Konzern kann ein **Konzernbetriebsrat** geschaffen werden (§ 54 Abs. 1 BetrVG). Während der Gesamtbetriebsrat eine Zwangseinrichtung ist, handelt es sich beim Konzernbetriebsrat um eine fakultative Institution. Seine Zuständigkeit ist in § 58 BetrVG geregelt.

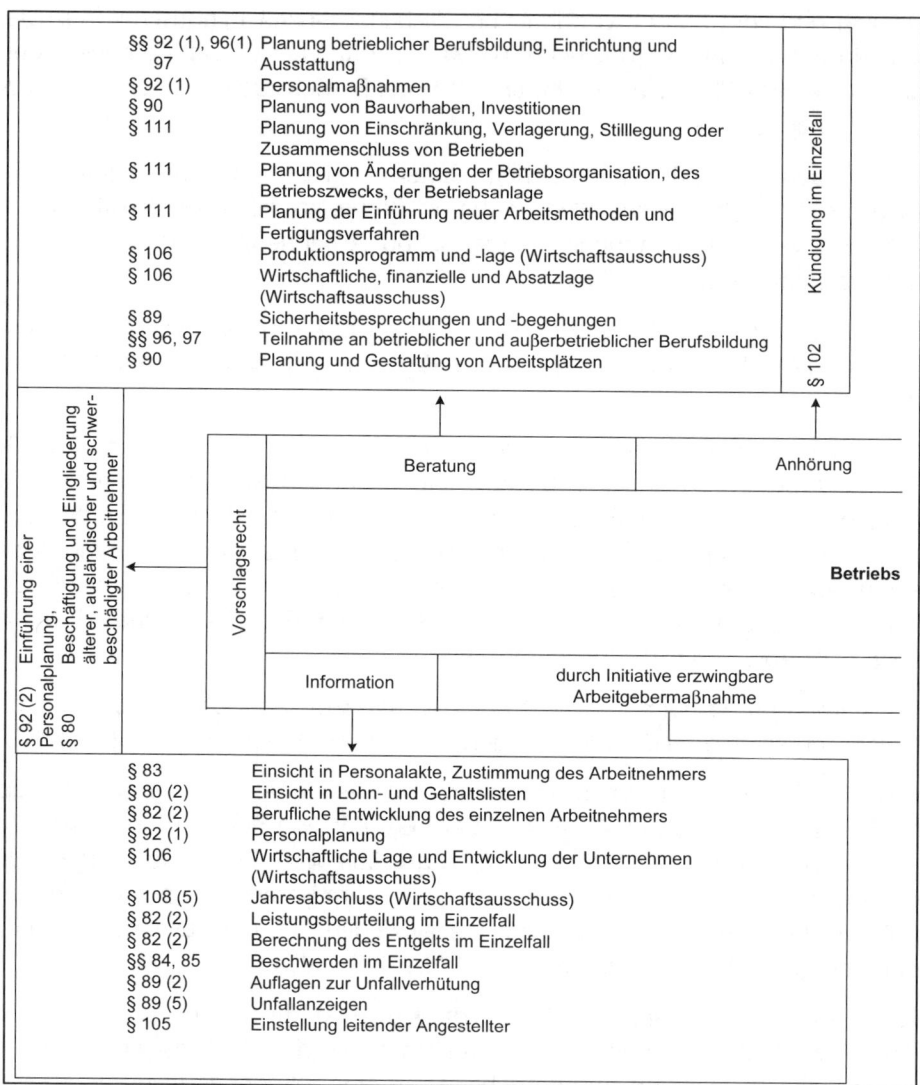

Darstellung I-29 Mitwirkungs- und Mitbestimmungsrechte des Betriebsrats (Niedenhoff 1992)

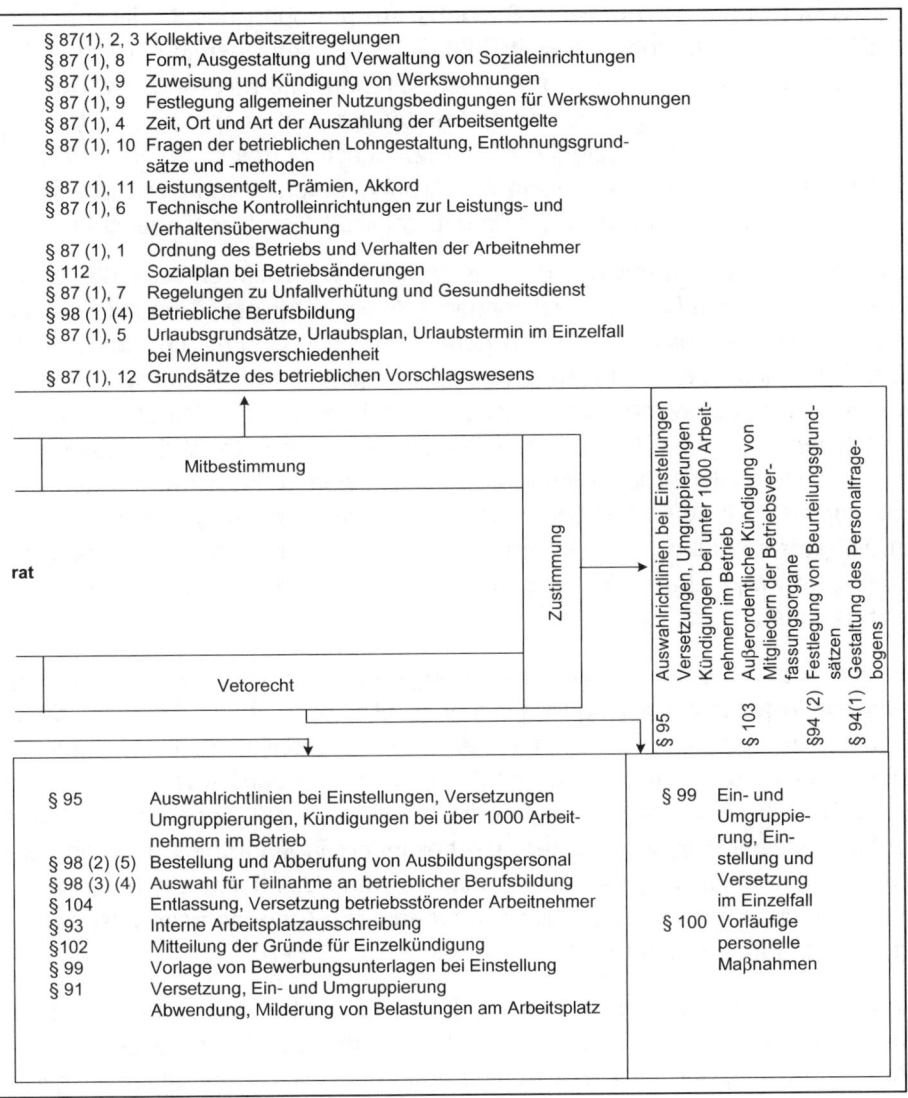

§ 87(1), 2, 3 Kollektive Arbeitszeitregelungen
§ 87 (1), 8 Form, Ausgestaltung und Verwaltung von Sozialeinrichtungen
§ 87 (1), 9 Zuweisung und Kündigung von Werkswohnungen
§ 87 (1), 9 Festlegung allgemeiner Nutzungsbedingungen für Werkswohnungen
§ 87 (1), 4 Zeit, Ort und Art der Auszahlung der Arbeitsentgelte
§ 87 (1), 10 Fragen der betrieblichen Lohngestaltung, Entlohnungsgrundsätze und -methoden
§ 87 (1), 11 Leistungsentgelt, Prämien, Akkord
§ 87 (1), 6 Technische Kontrolleinrichtungen zur Leistungs- und
Verhaltensüberwachung
§ 87 (1), 1 Ordnung des Betriebs und Verhalten der Arbeitnehmer
§ 112 Sozialplan bei Betriebsänderungen
§ 87 (1), 7 Regelungen zu Unfallverhütung und Gesundheitsdienst
§ 98 (1) (4) Betriebliche Berufsbildung
§ 87 (1), 5 Urlaubsgrundsätze, Urlaubsplan, Urlaubstermin im Einzelfall
bei Meinungsverschiedenheit
§ 87 (1), 12 Grundsätze des betrieblichen Vorschlagswesens

Mitbestimmung

rat

Zustimmung

Vetorecht

§ 95 Auswahlrichtlinien bei Einstellungen, Versetzungen, Umgruppierungen Kündigungen bei unter 1000 Arbeitnehmern im Betrieb
§ 103 Außerordentliche Kündigung von Mitgliedern der Betriebsverfassungsorgane
§94 (2) Festlegung von Beurteilungsgrundsätzen
§ 94(1) Gestaltung des Personalfragebogens

§ 95 Auswahlrichtlinien bei Einstellungen, Versetzungen
Umgruppierungen, Kündigungen bei über 1000 Arbeitnehmern im Betrieb
§ 98 (2) (5) Bestellung und Abberufung von Ausbildungspersonal
§ 98 (3) (4) Auswahl für Teilnahme an betrieblicher Berufsbildung
§ 104 Entlassung, Versetzung betriebsstörender Arbeitnehmer
§ 93 Interne Arbeitsplatzausschreibung
§102 Mitteilung der Gründe für Einzelkündigung
§ 99 Vorlage von Bewerbungsunterlagen bei Einstellung
§ 91 Versetzung, Ein- und Umgruppierung
Abwendung, Milderung von Belastungen am Arbeitsplatz

§ 99 Ein- und Umgruppie-rung, Ein-stellung und Versetzung im Einzelfall
§ 100 Vorläufige personelle Maßnahmen

Das **Gesetz über Europäische Betriebsräte** (Europäisches Betriebsrätegesetz [EBRG]) vom 28. Oktober 1996 (BGBl I, S. 1548) dient gemäß § 1 Abs. 1 EBRG der Stärkung des Rechts auf grenzübergreifende Unterrichtung und Anhörung der Arbeitnehmer in gemeinschaftsweit tätigen Unternehmen und Unternehmensgruppen durch Vereinbarung Europäischer Betriebsräte oder Verfahren zur Unterrichtung und Anhörung der Arbeitnehmer. Kommt es nicht zur Vereinbarung, wird ein Europäischer Betriebsrat kraft Gesetzes eingerichtet.

Die **Betriebsversammlung**, die aus sämtlichen Arbeitnehmern des Betriebs besteht, wird vom Betriebsvorsitzenden geleitet (§ 42 Abs. 1 BetrVG). Sie kann dem Betriebsrat keine Weisungen geben, d.h., sie ist ihm nicht übergeordnet. Der Betriebsrat hat einmal im Kalendervierteljahr in der Betriebsversammlung, die in der Regel während der normalen Arbeitszeit stattfindet, einen Tätigkeitsbericht zu geben (§ 43 Abs. 1 BetrVG). Falls die betriebliche Eigenart eine Versammlung aller Arbeitnehmer nicht zulässt, sind **Teilversammlungen** durchzuführen (§ 42 Abs. 1 BetrVG). Die Betriebsversammlung hat wie auch die Arbeitsversammlung, die für organisatorisch oder räumlich abgegrenzte Betriebsteile abgehalten wird, gegenüber dem Arbeitgeber jedoch keine Beteiligungsrechte.

In den Betrieben, die mindestens fünf jugendliche Arbeitnehmer beschäftigen, werden **Jugendvertretungen** gebildet (§ 60 Abs. 1 BetrVG), sofern dort ein Betriebsrat besteht. Sie haben keine eigenen Beteiligungsrechte gegenüber dem Arbeitgeber, auf den sie somit nur über den Betriebsrat einwirken können. Die Jugendvertretung kann zu allen Betriebsratssitzungen einen Vertreter entsenden. Bei Angelegenheiten, die besonders jugendliche Arbeitnehmer betreffen, hat sogar die gesamte Jugendvertretung das Recht zur Teilnahme. Bei Beschlüssen, von denen überwiegend jugendliche Arbeitnehmer betroffen sind, haben die Jugendvertreter volles Stimmrecht (§ 67 BetrVG).

In allen Unternehmen mit in der Regel mehr als einhundert ständig beschäftigten Arbeitnehmern ist überdies ein **Wirtschaftsausschuss** zu bilden (§ 106 Abs. 1 BetrVG), der aus mindestens drei und höchstens aus sieben Mitgliedern besteht (§ 107 Abs. 1 BetrVG). Seine Mitglieder, die dem Unternehmen angehören müssen, werden vom Betriebsrat (Gesamtbetriebsrat) bestimmt.

Der Wirtschaftsausschuss hat keine Beteiligungsrechte. Er hat die Aufgabe, wirtschaftliche Angelegenheiten mit dem Unternehmer zu beraten und den Betriebsrat zu unterrichten (§ 106 Abs. 1 BetrVG).

Zur Beilegung von Meinungsverschiedenheiten zwischen Arbeitgeber einerseits und Betriebsrat, Gesamtbetriebsrat oder Konzernbetriebsrat andererseits sieht das Betriebsverfassungsgesetz die Bildung einer **Einigungsstelle** vor, die aus einer gleichen Anzahl von vom Arbeitgeber und vom Betriebsrat bestellten Beisitzern besteht. Auf die Person des unparteiischen Vorsitzenden müssen sich beide Seiten einigen. Kommt keine Einigung zustande, so bestellt ihn das Arbeitsgericht (§ 76 BetrVG).

Die Einigungsstelle entscheidet in einer Anzahl der im Gesetz genannten Fälle verbindlich, wenn zwischen Arbeitgeber und Arbeitnehmer keine Einigung zustande kommt. Dazu gehören insbesondere die **sozialen Angelegenheiten**.

5.6.2.4 Die Beteiligung des Betriebsrats bei sozialen Angelegenheiten

Ein umfassendes Beteiligungsrecht hat der Betriebsrat bei den sozialen Angelegenheiten. Dieses erstreckt sich allerdings nicht auf alle sozialen Angelegenheiten, sondern nur auf die sog. **betrieblichen Angelegenheiten**, die weder im Tarifvertrag wegen ihrer betriebsspezifischen Eigenarten noch im Einzelarbeitsvertrag geregelt sind, da sie für alle Arbeitnehmer einheitlich gelten.

Im § 87 Abs. 1 BetrVG werden folgende mitbestimmungspflichtigen Angelegenheiten benannt:

1. Fragen der Ordnung des Betriebs und des Verhaltens der Arbeitnehmer im Betrieb.
   Hierzu gehören alle Maßnahmen, die sich auf das Verhalten der Arbeitnehmer beziehen, soweit es sich um die Aufrechterhaltung und die Gestaltung der Ordnung im Betrieb handelt. Darunter fallen Rauchverbote, Kleidungsvorschriften, Abstellen von Kraftfahrzeugen, Torkontrollen usw. Auch die Verhängung einer Betriebsbuße ist mitbestimmungspflichtig.

2. Beginn und Ende der täglichen Arbeitszeit einschließlich der Pausen sowie Verteilung der Arbeitszeit auf die einzelnen Wochentage.
   Die Dauer der Arbeitszeit unterliegt nicht der Mitbestimmung, sehr wohl aber ihre Lage. Insbesondere ist die Einführung der gleitenden Arbeitszeit und der Schichtarbeit mitbestimmungspflichtig.

3. Vorübergehende Verkürzung oder Verlängerung der betrieblichen Arbeitszeit.
   Das Betriebsverfassungsgesetz bezieht sowohl die Einführung als auch den Umfang von Kurzarbeit und Überstunden ein.

4. Zeit, Ort und Art der Auszahlung der Arbeitsentgelte.
   Hierunter fällt insbesondere der Übergang von der Barauszahlung der Entlohnung zur bargeldlosen Zahlung. Auch die Frage der Einführung des Monatslohns ist hiernach mitbestimmungspflichtig.

5. Aufstellung allgemeiner Urlaubsgrundsätze und des Urlaubsplans sowie die Festsetzung der zeitlichen Lage des Urlaubs für einzelne Arbeitnehmer, wenn zwischen dem Arbeitgeber und den beteiligten Arbeitnehmern kein Einverständnis erzielt wird.
   Der Aufstellung des Urlaubsplans geht die Festlegung allgemeiner Richtlinien voraus, z.B. die Einführung von Betriebsferien, Verteilung des Urlaubs innerhalb des Kalenderjahres. Im Urlaubsplan sind die Wünsche der Arbeitnehmer zu respektieren.

6. Einführung und Anwendung von technischen Einrichtungen, die dazu bestimmt sind, das Verhalten oder die Leistung der Arbeitnehmer zu überwachen.
   Diese Vorschrift betrifft insbesondere die Aufstellung eines sog. Produktographen, mit dem der Lauf und die Ausnutzung einer Maschine kontrolliert werden.

7. Regelungen über die Verhütung von Arbeitsunfällen und Berufskrankheiten sowie über den Gesundheitsschutz im Rahmen der gesetzlichen Vorschriften oder der betrieblichen Unfallverhütungsvorschriften.

8. Form, Ausgestaltung und Verwaltung von Sozialeinrichtungen, deren Wirkungsbereich auf den Betrieb, das Unternehmen oder den Konzern beschränkt ist.
   Als Sozialeinrichtungen gelten z.B. Werkskantinen, Erholungsheime, betriebliche Unterstützungs- und Pensionskassen. Das Mitbestimmungsrecht er-

streckt sich nicht auf die Errichtung und Schließung einer Sozialeinrichtung, sondern nur auf Form, Ausgestaltung und Verwaltung.

Der Betriebsrat wirkt bei jeder Verwaltungsmaßnahme gleichberechtigt mit. Die Organisation der Verwaltung der Sozialeinrichtungen kann in einer Betriebsvereinbarung festgelegt werden. Die Bildung einer gemeinsamen, paritätisch zusammengesetzten Kommission von Arbeitgeber und Arbeitnehmern ist in diesem Falle empfehlenswert. Andernfalls betreibt der Arbeitgeber die Sozialeinrichtung und holt zu jeder Verwaltungsmaßnahme die Zustimmung des Betriebsrats ein. Der Betriebsrat kann aber auch selbst die Verwaltung der betrieblichen Sozialeinrichtungen vornehmen.

9. Zuweisung und Kündigung von Wohnräumen, die den Arbeitnehmern mit Rücksicht auf das Bestehen eines Arbeitsverhältnisses vermietet werden, sowie die allgemeine Festlegung der Nutzungsbedingungen.

   Hierbei handelt es sich um sog. Werksmietwohnungen, die an einen Arbeitnehmer vermietet werden. Dem Mitbestimmungsrecht unterliegen hier die Zuweisungen, die Kündigungen und die allgemeine Festlegung der Nutzungsbedingungen und die allgemeine Festlegung der Grundsätze für die Mietpreisbildung im Rahmen der zur Verfügung gestellten Mittel.

10. Fragen der betrieblichen Lohngestaltung, insbesondere die Aufstellung von Entlohnungsgrundsätzen und die Einführung und Anwendung von neuen Entlohnungsmethoden sowie deren Änderung.

   Fragen der betrieblichen Lohngestaltung beziehen sich auf die Lohn- und Gehaltsbemessung, also das Arbeitsentgelt. Nicht unter das Mitbestimmungsrecht fällt die Entscheidung über die Lohn- und Gehaltshöhe. Entlohnungsgrundsätze sind die allgemeinen Prinzipien, nach denen das Arbeitsentgelt bemessen wird, z.B. Zeitlohn, Akkordlohn, Prämienlohn und Leistungszulagen. Die Entlohnungsmethode umfasst die Art und Weise, wie der Entlohnungsgrundsatz durchgeführt wird, z.B. Arbeitsbewertungsmethode.

   Gegenstand des Mitbestimmungstatbestandes sind auch die vermögenswerten Arbeitgeberleistungen, z.B. Leistungen einer betrieblichen Altersversorgung.

11. Festsetzung der Akkord- und Prämiensätze und vergleichbarer leistungsbezogener Entgelte, einschließlich der Geldfaktoren.
Leistungsbezogene Entgelte sind Akkorde, Prämien und Leistungszulagen zum Zeitlohn. Der Betriebsrat hat ein Mitbestimmungsrecht bei der Festlegung aller Bezugsgrößen für den Leistungslohn. Beim Akkordlohn fällt hierunter nicht nur die Festlegung des Geldfaktors, sondern auch die Bemessung des Zeitfaktors.

12. Grundsätze über das betriebliche Vorschlagswesen.
Die Mitbestimmung bezieht sich nur auf die Grundsätze, so dass die Anerkennung und Bewertung des Verbesserungsvorschlags im Einzelfall mitbestimmungsfrei sind.

5.6.2.5 Die Beteiligung des Betriebsrats bei der Gestaltung des Arbeitsplatzes, Arbeitsablaufs und der Arbeitsumgebung

Dem Ideal der unmittelbaren, basispartizipativen Mitwirkung des einzelnen Arbeitnehmers kommen diejenigen Beteiligungsrechte des Betriebsrats am nächsten, die sich auf die Gestaltung der einzelnen Arbeitsplätze beziehen.

Nach § 90 BetrVG hat der Arbeitgeber den Betriebsrat über die Planung

(1) von Neu-, Um- und Erweiterungsbauten von Fabrikations-, Verwaltungs- und sonstigen betrieblichen Räumen,

(2) von technischen Anlagen,

(3) von Arbeitsverfahren und Arbeitsabläufen oder

(4) der Arbeitsplätze

zu unterrichten.

Dabei sollen Arbeitgeber und Betriebsrat die **gesicherten arbeitswissenschaftlichen Erkenntnisse über die menschengerechte Gestaltung der Arbeit** berücksichtigen.

Bedeutend ist in diesem Zusammenhang das korrigierende Mitbestimmungsrecht in § 91 BetrVG. Wird bei Änderungen der Arbeitsplätze, des Arbeitsablaufs oder der Arbeitsumgebung den gesicherten arbeitswissenschaftlichen Erkenntnissen über die menschengerechte Gestaltung der Arbeit offensichtlich widersprochen, so kann der Betriebsrat verlangen, dass angemessene Maßnahmen zur Abwendung, Milderung oder zum Ausgleich der Belastung getroffen werden.

5.6.2.6 Die Beteiligung des Betriebsrats bei personellen Angelegenheiten

Der Gesetzgeber gliedert die "personellen Angelegenheiten" in die drei Teile **"Allgemeine personelle Angelegenheiten"** (§§ 92-95 BetrVG), **"Berufsbildung"** (§§ 96-98 BetrVG) und **"Personelle Einzelmaßnahmen"** (§§ 99-104 BetrVG).

Der § 92 BetrVG besagt: "Der Arbeitgeber hat den Betriebsrat über die Personalplanung, insbesondere über den gegenwärtigen und künftigen Personalbedarf, sowie über die sich daraus ergebenden personellen Maßnahmen ... zu unterrichten." Damit ist jedoch nicht gemeint, dass der Arbeitgeber eine **Personalplanung** betreiben muss. Falls eine solche jedoch durchgeführt wird, ist der Betriebsrat zwingend zu beteiligen. Bei der Personalplanung sollen nicht nur die wirtschaftlichen, sondern auch die sozialen Ziele der Mitarbeiter berücksichtigt werden. Nach § 92 Abs. 2 BetrVG kann der Betriebsrat auch Vorschläge für die Einführung und die Durchführung der betrieblichen Personalplanung machen.

Der Betriebsrat kann verlangen, dass **offene Stellen innerbetrieblich ausgeschrieben** werden (§ 93 BetrVG). Er erhält damit ein Initiativrecht. Durch diese Maßnahme wird der innerbetriebliche Arbeitsbeschaffungsmarkt erschlossen. Hierdurch wird die innerbetriebliche Chancengleichheit bei Stellenbesetzungen gewährleistet.

Ein echtes Mitbestimmungsrecht hat der Betriebsrat bei der inhaltlichen Gestaltung des **Personalfragebogens** (§ 94 Abs. 1 BetrVG) und der **Aufstellung allgemeiner Beurteilungsgrundsätze** (§ 94 Abs. 2 BetrVG) sowie bei den **Richtlinien über die personelle Auswahl bei Einstellungen, Versetzungen, Umgruppierungen und Kündigungen** (§ 95 BetrVG).

Arbeitgeber und Betriebsrat haben im Rahmen der betrieblichen Personalplanung und in Zusammenarbeit mit den für die Berufsbildung und den für die

Förderung der Berufsbildung zuständigen Stellen die Berufsbildung der Arbeitnehmer zu fördern. Der Arbeitgeber muss Fragen der Berufsbildung mit dem Betriebsrat auf dessen Verlangen beraten (§ 96 BetrVG).

Der Betriebsrat hat daher ein Beratungsrecht über die Errichtung und Ausstattung betrieblicher Einrichtungen zur Berufsbildung, die Einführung betrieblicher Berufsbildungsmaßnahmen und die Teilnahme an außerbetrieblichen Berufsbildungsmaßnahmen (§ 97 BetrVG). Ein durchsetzbares Mitbestimmungsrecht mit verbindlicher Entscheidung der Einigungsstelle steht dem Betriebsrat bei der Durchführung von Maßnahmen der **betrieblichen Berufsbildung** und bei der Auswahl der Teilnehmer für betriebliche Berufsbildung (§ 98 Abs. 1 und 3 BetrVG) zu. Mitzubestimmen hat der Betriebsrat auch über die **Bestellung** oder **Abberufung** einer mit der betrieblichen Berufsausbildung beauftragten Person, wenn diese die persönliche oder fachliche Eignung nicht besitzt oder ihre Aufgaben vernachlässigt (§ 98 Abs. 2 BetrVG). Im Streitfall entscheidet hier das Arbeitsgericht (§ 98 Abs. 5 BetrVG).

Die Mitbestimmung des Betriebsrats bei personellen Einzelmaßnahmen bezieht sich auf Einstellungen, Eingruppierungen, Umgruppierungen und Versetzungen. Dieses Mitbestimmungsrecht besteht nur in Betrieben mit in der Regel mehr als zwanzig wahlberechtigten Arbeitnehmern (§ 99 BetrVG).

Durch die **Einstellung** wird ein Arbeitsverhältnis begründet, d.h., ein Arbeitsvertrag wird abgeschlossen. Die **Eingruppierung**, die regelmäßig mit der Einstellung verbunden ist, ist die Einstufung in die tarifliche oder betriebsübliche Lohn- und Gehaltsgruppe. **Umgruppierung** ist Höher- oder Rückgruppierung in eine andere Tarifgruppe auf Grund der Zuweisung einer höher oder niedriger bewerteten Tätigkeit. **Versetzung** ist gemäß § 95 Abs. 3 BetrVG die Zuweisung eines anderen Arbeitsbereichs, die voraussichtlich die Dauer von einem Monat überschreitet oder die mit einer erheblichen Änderung der Umstände verbunden ist, unter denen die Arbeit zu leisten ist. Nicht als Versetzung gilt, wenn Arbeitnehmer auf Grund ihrer Aufgabe an wechselnde Arbeitsplätze entsendet werden (z.B. Monteure). Bei allen diesen Maßnahmen ist der Betriebsrat rechtzeitig zu unterrichten. Der Arbeitgeber hat zur geplanten Maßnahme die Zustimmung des Betriebsrats einzuholen und über denkbare Auswirkungen der geplanten Maßnahme Auskunft zu geben. Bei Einstellungen und Versetzungen hat der Arbeitgeber insbesondere den in Aussicht genommenen

Arbeitsplatz und die vorgesehene Eingruppierung mitzuteilen. Der Betriebsrat kann gemäß 99 Abs. 2 BetrVG die Zustimmung verweigern, wenn

(1) die personelle Maßnahme gegen ein Gesetz, eine Verordnung, eine Unfallverhütungsvorschrift oder gegen eine Bestimmung in einem Tarifvertrag oder in einer Betriebsvereinbarung oder gegen eine gerichtliche Entscheidung oder eine behördliche Anordnung verstoßen würde,

(2) die personelle Maßnahme gegen § 95 verstoßen würde,

(3) die durch Tatsachen begründete Besorgnis besteht, dass infolge der personellen Maßnahme im Betrieb beschäftigte Arbeitnehmer gekündigt werden oder sonstige Nachteile erleiden, ohne dass dies aus betrieblichen oder persönlichen Gründen gerechtfertigt ist,

(4) der betroffene Arbeitnehmer durch die personelle Maßnahme benachteiligt wird, ohne dass dies aus betrieblichen oder in der Person des Arbeitnehmers liegenden Gründen gerechtfertigt ist,

(5) eine nach § 93 erforderliche Ausschreibung im Betrieb unterblieben ist oder

(6) die durch Tatsachen begründete Besorgnis besteht, dass der für die personelle Maßnahme in Aussicht genommene Bewerber oder Arbeitnehmer den Betriebsfrieden durch gesetzwidriges Verhalten oder durch grobe Verletzung der in § 75 Abs. 1 enthaltenen Grundsätze stören würde.

Eine Zustimmungsverweigerung ist innerhalb einer Woche nach Unterrichtung dem Arbeitgeber schriftlich mitzuteilen. Andernfalls gilt die Zustimmung als erteilt (§ 99 Abs. 3 BetrVG). Verweigert der Betriebsrat seine Zustimmung, so kann der Arbeitgeber beim Arbeitsgericht beantragen, die Zustimmung zu ersetzen (§ 99 Abs. 4 BetrVG).

Der Arbeitgeber kann, wenn dies aus sachlichen Gründen erforderlich ist, die personelle Maßnahme nur vorläufig durchführen (§ 100 BetrVG). Auch in diesem Fall ist der Betriebsrat unverzüglich von der vorläufigen Durchführung der personellen Maßnahme zu unterrichten.

Eine besondere Bedeutung kommt dem Mitwirkungsrecht des Betriebsrats bei beabsichtigten Kündigungen im Betrieb zu.

Der Betriebsrat ist vor jeder **ordentlichen** und **außerordentlichen Kündigung** eines Arbeitnehmers durch den Arbeitgeber zu hören (§ 102 Abs. 1 BetrVG). Der Arbeitgeber hat ihm die Gründe für die Kündigung mitzuteilen. Er muss sich mit der Stellungnahme des Betriebsrats befassen. An die Meinung des Betriebsrats ist er jedoch nicht gebunden; er entscheidet frei über den Ausspruch der Kündigung.

Gegen eine ordentliche Kündigung hat der Betriebsrat unter Angabe der Gründe dem Arbeitgeber spätestens innerhalb einer Woche seine Bedenken schriftlich mitzuteilen. Hat der Betriebsrat gegen eine außerordentliche Kündigung Bedenken, so hat er diese unter Angabe der Gründe dem Arbeitgeber unverzüglich, spätestens jedoch innerhalb von drei Tagen schriftlich mitzuteilen (§ 102 Abs. 2 BetrVG).

Der Betriebsrat kann nach § 102 Abs. 3 BetrVG innerhalb der Wochenfrist einer ordentlichen Kündigung **widersprechen**, wenn

(1) der Arbeitgeber bei der Auswahl des zu kündigenden Arbeitnehmers soziale Gesichtspunkte nicht oder nicht ausreichend berücksichtigt hat,

(2) die Kündigung gegen eine Richtlinie nach § 95 BetrVG verstößt,

(3) der zu kündigende Arbeitnehmer an einem anderen Arbeitsplatz im selben Betrieb oder in einem anderen Betrieb des Unternehmens weiterbeschäftigt werden kann,

(4) die Weiterbeschäftigung des Arbeitnehmers nach zumutbaren Umschulungs- oder Fortbildungsmaßnahmen möglich ist oder

(5) eine Weiterbeschäftigung des Arbeitnehmers unter geänderten Vertragsbedingungen möglich ist und der Arbeitnehmer sein Einverständnis hiermit erklärt hat.

Der Widerspruch des Betriebsrats muss den Arbeitgeber nicht daran hindern, die Kündigung auszusprechen. Die Entscheidung, ob einer der in § 102 Abs. 3 BetrVG genannten Gründe vorhanden ist, trifft weder die Einigungsstelle noch das Arbeitsgericht im Beschlussverfahren, sondern fällt in einem Kündigungsschutzprozess, sofern der Arbeitnehmer auf diesem Wege gegen die Kündigung vorgeht.

Gemäß § 102 Abs. 6 BetrVG können Arbeitgeber und Betriebsrat vereinbaren, dass Kündigungen der Zustimmung des Betriebsrats bedürfen und im Falle der Nichteinigung die Einigungsstelle verbindlich entscheidet. Damit wird das Anhörungsrecht bei Kündigungen zum echten Mitbestimmungsrecht des Betriebsrats.

Das Gesetz enthält darüber hinaus weitere Mitwirkungsrechte in personellen Angelegenheiten. So sind z.b. beabsichtigte Einstellungen oder personelle Veränderungen leitender Angestellter gemäß § 105 BetrVG vom Arbeitgeber dem Betriebsrat anzuzeigen.

5.6.2.7 Die Beteiligung der kollektiven Arbeitnehmervertreter des Betriebsrats bei wirtschaftlichen Angelegenheiten

Die Beteiligung der kollektiven Arbeitnehmervertreter in wirtschaftlichen Angelegenheiten wird im Betriebsverfassungsgesetz in den §§ 106-113 behandelt. In den §§ 106-110 BetrVG wird zunächst die Einrichtung des **Wirtschaftsausschusses** geregelt, dessen Hauptaufgabe in der Beratung der wirtschaftlichen Angelegenheiten mit dem Unternehmer und in der Unterrichtung des Betriebsrats besteht (§ 106 Abs. 1 Satz 2 BetrVG).

Zu den wirtschaftlichen Angelegenheiten im Sinne des Gesetzes gehören gemäß § 106 Abs. 3 BetrVG insbesondere

(1) die wirtschaftliche und finanzielle Lage des Unternehmens;

(2) die Produktions- und Absatzlage;

(3) das Produktions- und Investitionsprogramm;

(4) Rationalisierungsvorhaben;

(5) Fabrikations- und Arbeitsmethoden, insbesondere die Einführung neuer Arbeitsmethoden;

(6) die Einschränkung oder Stilllegung von Betrieben oder von Betriebsteilen;

(7) die Verlegung von Betrieben oder Betriebsteilen;

(8) der Zusammenschluss von Betrieben;

(9) die Änderung der Betriebsorganisation oder des Betriebszwecks sowie

(10) sonstige Vorgänge und Vorhaben, welche die Interessen der Arbeitnehmer des Unternehmens wesentlich berühren können.

Der Jahresabschluss ist dem Wirtschaftsausschuss unter Beteiligung des Betriebsrats zu erläutern (§ 108 Abs. 5 BetrVG). In Unternehmen, die in der Regel mehr als zwanzig wahlberechtigte ständige Arbeitnehmer beschäftigen, hat der Unternehmer die Arbeitnehmer mindestens einmal in jedem Kalendervierteljahr über die wirtschaftliche Lage und Entwicklung des Unternehmens zu unterrichten; in Unternehmen mit mehr als 1'000 ständig beschäftigten Arbeitnehmern hat dies schriftlich zu erfolgen.

Der Wirtschaftsausschuss selbst ist in allen Unternehmen mit in der Regel mehr als einhundert ständig beschäftigten Arbeitnehmern zu bilden (§ 106 Abs. 1 Satz 1 BetrVG).

Den Kern der Mitwirkung und Mitbestimmung in wirtschaftlichen Angelegenheiten bildet die Beteiligung des Betriebsrats bei **geplanten Betriebsänderungen** in Betrieben mit in der Regel mehr als zwanzig wahlberechtigten Arbeitnehmern (§ 111 BetrVG). Der Zweck dieser Regelung ist, die Arbeitsplätze und die soziale Stellung der Arbeitnehmer nach Möglichkeit zu sichern. Voraussetzung ist, dass die geplante Betriebsänderung wesentliche Nachteile für die Belegschaft oder erhebliche Teile der Belegschaft zur Folge haben kann. Als **Betriebsänderungen** in diesem Sinne gelten nach § 111 Satz 2 BetrVG:

(1) Einschränkung und Stilllegung des ganzen Betriebs oder von wesentlichen Betriebsteilen,

(2) Verlegung des ganzen Betriebs oder von wesentlichen Betriebsteilen,

(3) Zusammenschluss mit anderen Betrieben,

(4) grundlegende Änderungen der Betriebsorganisation, des Betriebszwecks oder der Betriebsanlagen,

(5) Einführung grundlegend neuer Arbeitsmethoden und Fertigungsverfahren.

Bei dem Beteiligungsverfahren, das nach § 112 BetrVG einzuschlagen ist, sind zwei verschiedene Komplexe zu unterscheiden. Einmal handelt es sich um den **Interessenausgleich**, der die unternehmerisch-wirtschaftliche Entscheidung der Durchführung der Betriebsänderung betrifft, und zum anderen um den **Sozialplan**, der die Wirkung einer Betriebsvereinbarung hat und den Ausgleich oder die Milderung der wirtschaftlichen Nachteile regelt, die sich für den Arbeitnehmer infolge der Betriebsänderung ergeben.

Hierbei ist der Unternehmer zunächst verpflichtet, einen Interessenausgleich zu versuchen. Hier besteht im Unterschied zum Sozialplan, bei dem der Betriebsrat ein Mitbestimmungsrecht hat, nur ein Mitwirkungsrecht. Kommt ein Interessenausgleich zustande, so ist dieser schriftlich niederzulegen und vom Unternehmer und Betriebsrat zu unterschreiben.

Kommt zwischen Unternehmer und Betriebsrat keine Einigung zustande, so kann der Präsident des Landesarbeitsamts um Vermittlung ersucht werden. Bleibt der Vermittlungsversuch erfolglos oder unterbleibt er, so kann jede der beiden Seiten die Einigungsstelle anrufen, die allerdings keinen verbindlichen Spruch über den Interessenausgleich fällen kann. Der Unternehmer kann nunmehr die Maßnahme durchführen. Das Beteiligungsverfahren ist allerdings noch nicht abgeschlossen, sofern der Betriebsrat die Aufstellung eines Sozialplans verlangt. Für die Aufstellung eines Sozialplans hat die Einigungsstelle nach § 112 Abs. 4 BetrVG jedoch eine verbindliche Kompetenz.

Weicht der Unternehmer von einem Interessenausgleich über die geplante Betriebsänderung ohne zwingenden Grund ab, so haben die Arbeitnehmer, die infolge dieser Abweichung entlassen werden oder andere wirtschaftliche Nachteile erleiden, einen Anspruch auf Abfindung bzw. Nachteilsausgleich (§ 113 Abs. 1 und 2 BetrVG).

5.6.2.8 Die Betriebsvereinbarung als Instrument zur Gestaltung der Arbeitgeber-Arbeitnehmer-Beziehungen

Die Betriebsvereinbarung ist das Instrument, mit dem der Betriebsrat gleichberechtigt an der betrieblichen Gestaltungsaufgabe beteiligt wird.

Betriebsvereinbarungen kommen als Verträge zwischen Arbeitgeber und Betriebsrat zustande. Sie bedürfen der Schriftform (§ 77 Abs. 2 BetrVG). Inhalt von Betriebsvereinbarungen können alle Angelegenheiten sein, die nach dem BetrVG in die Zuständigkeit des Betriebsrats fallen.

Durch Betriebsvereinbarungen können gemäß § 88 BetrVG insbesondere geregelt werden:

(1) zusätzliche Maßnahmen zur Verhütung von Arbeitsunfällen und Gesundheitsschädigungen;

(2) die Errichtung von Sozialeinrichtungen, deren Wirkungsbereich auf den Betrieb, das Unternehmen oder den Konzern beschränkt ist;

(3) Maßnahmen zur Förderung der Vermögensbildung.

Die Wirkung einer Betriebsvereinbarung bezieht sich nur auf die vom Betriebsrat repräsentierten Arbeitnehmer, also nicht auf die leitenden Angestellten. Bei einem Widerstreit gebührt dem Tarifvertrag gegenüber der Betriebsvereinbarung grundsätzlich der Vorrang.

5.6.3 Das Personalvertretungsrecht

Im öffentlichen Dienst wird die Betriebsverfassung durch das Personalvertretungsrecht gestaltet. Für die Dienststellen des Bundes und die bundesunmittelbaren Körperschaften gilt das Bundespersonalvertretungsgesetz vom 15. März 1974 (zuletzt geändert am 16. Dezember 1997). Die Länder haben für die Dienststellen und Betriebe der Länder, Gemeinden und sonstigen juristischen Personen des öffentlichen Rechts Personalvertretungsgesetze erlassen, die im Aufbau und materiellen Gehalt weitgehend dem Bundesrecht entsprechen.

Dem Betrieb entspricht im Personalvertretungsgesetz die **Dienststelle** (§ 6 BPersVG). Statt vom "Arbeitgeber" im BetrVG wird im BPersVG vom **Leiter der Dienststelle** gesprochen. Maßgebend für die Ausgestaltung ist, dass im öffentlichen Dienst nicht nur Arbeitnehmer, sondern auch Beamte zum Personal gehören. Beide Gruppen werden unter dem Oberbegriff des Beschäftigten zusammengefasst (§ 4 Abs. 1 BPersVG). In allen Dienststellen, die in der Regel mindestens fünf Wahlberechtigte beschäftigen, von denen drei wählbar sind, werden Personalräte gebildet (§ 12 Abs. 1 BPersVG), die je nach Größe der Dienststelle aus einer Person bestehen oder bis zu 31 Mitglieder umfassen können (§ 16 BPersVG).

Werden Nebenstellen und Teile einer Dienststelle personalvertretungsrechtlich verselbstständigt, so wird nach dem BPersVG neben den Personalräten für die Hauptdienststelle auch ein **Gesamtpersonalrat** gebildet (§ 55 BPersVG). Dieser entspricht dann dem Gesamtbetriebsrat im BetrVG.

Das BPersVG folgt bei der Bildung der Personalräte dem hierarchischen Aufbau der Verwaltungen. Für den Geschäftsbereich mehrstufiger Verwaltungen werden sog. **Stufenvertretungen** bei den übergeordneten Stellen gebildet, und zwar bei den Behörden der Mittelstufe **Bezirskpersonalräte**, bei der obersten Dienstbehörde **Hauptpersonalräte** (§ 53 BPersVG). Wie im BetrVG ist auch im BPersVG eine **Jugendvertretung** für die Jugendlichen unter 18 Jahren vorgesehen (§ 57 BPersVG).

Der Betriebsversammlung entspricht im öffentlichen Dienst die **Personalversammlung**. Demgemäß gibt es auch eine **Jugendversammlung**.

Der Personalrat hat einmal in jedem Kalenderhalbjahr in einer Personalversammlung einen Tätigkeitsbericht zu erstatten (§ 49 Abs. 1 BPersVG).

Die allgemeinen Regeln der Zusammenarbeit zwischen Dienststelle und Personalvertretung sind fast unverändert aus dem BetrVG übernommen worden (§ 1 Abs. 1 BetrVG). Auch die allgemeinen Aufgaben der Personalvertretung (§ 68 BPersVG) sind ähnlich wie im BetrVG beschrieben.

Im Personalvertretungsrecht wird wie im Betriebsverfassungsrecht zwischen Mitbestimmungs- und Mitwirkungsrechten unterschieden. Soweit eine Maßnahme der Mitbestimmung des Personalrats unterliegt, kann sie also nur mit seiner Zustimmung getroffen werden (§ 69 Abs. 1 BPersVG).

Der Leiter der Dienststelle muss daher den Personalrat von der beabsichtigten Maßnahme unterrichten und seine Zustimmung beantragen (§ 69 Abs. 2 Satz 1 BPersVG). Wird die Zustimmung nicht innerhalb einer Frist von sieben Arbeitstagen, die in dringenden Fällen auf drei Arbeitstage verkürzt werden kann, erteilt, so gilt die Maßnahme als gebilligt (§ 69 Abs. 2 Satz 2-4 BPersVG). Kommt keine Einigung zustande, so muss die übergeordnete Dienststelle angerufen werden, bei der eine Stufenvertretung besteht (§ 69 Abs. 3 BPersVG). Das BPersVG kennt wie das BetrVG auch eine Einigungsstelle (§ 71 BPersVG), die aber erst entscheidet, wenn eine Einigung zwischen der obersten Dienstbehörde und der Stufenvertretung nicht zustande kommt (§ 69 Abs. 4 BPersVG).

Soweit der Personalrat an Entscheidungen mitwirkt, ist die beabsichtigte Maßnahme des Dienststellenleiters vor der Durchführung mit dem Ziel einer Verständigung rechtzeitig und eingehend mit ihm zu erörtern (§ 72 Abs. 1

BPersVG). Innerhalb von sieben Arbeitstagen kann der Personalrat Einwendungen erheben (§ 72 Abs. 2 BPersVG). Wird zwischen Dienststelle und Personalrat keine Einigung erzielt, so wird die Angelegenheit der jeweils nächsthöheren Dienststelle vorgelegt, bei der eine Stufenvertretung besteht. Die angerufene Dienststelle entscheidet nach Verhandlung mit der bei ihr gebildeten Stufenvertretung. Die letzte Entscheidung liegt endgültig bei der obersten Dienststelle.

Die Mitwirkungs- und Mitbestimmungsrechte des Personalrats finden auch bei sozialen und personellen Angelegenheiten Anwendung. Die einzelnen **sozialen Angelegenheiten** werden im § 75 Abs. 2 und 3 Nr. 1-6 und Nr. 11-17 BPersVG aufgeführt. Sie decken sich weitgehend mit denen des § 87 BetrVG. Hierzu zählen z.B.:

- Beginn und Ende der täglichen Arbeitszeit und der Pausen sowie die Verteilung der Arbeitszeit auf einzelne Wochentage,
- Modalitäten der Auszahlung der Dienstbezüge und Arbeitsentgelte, Aufstellung des Urlaubsplans,
- Fragen der Lohngestaltung innerhalb der Dienststelle,
- Errichtung, Verwaltung und Auflösung von Sozialeinrichtungen.

Die Mitbestimmung und Mitwirkung in **personellen Angelegenheiten** wird für Arbeitnehmer und Beamte unterschiedlich gestaltet (für Angestellte und Arbeiter § 75 Abs. 1, für Beamte § 76 Abs. 1 BPersVG). In Personalangelegenheiten von Angestellten und Arbeitern hat der Personalrat mitzubestimmen bei:

- Einstellung,
- Übertragung einer höher oder niedriger zu bewertenden Tätigkeit, Höher- oder Rückgruppierung, Eingruppierung,
- Versetzung zu einer anderen Dienststelle,
- Abordnung für eine Dauer von mehr als drei Monaten,
- Weiterbeschäftigung über die Altersgrenze hinaus,
- Anordnungen, welche die Freiheit in der Wahl der Wohnung beschränken,
- Versagung oder Widerruf der Genehmigung einer Nebentätigkeit.

Der Personalrat kann in diesen Fällen seine Zustimmung nur verweigern, wenn die Maßnahme gegen geltendes Recht verstößt oder die begründete Besorgnis besteht, dass durch die Maßnahme der betroffene Beschäftigte oder andere

Beschäftigte benachteiligt werden oder der Betreffende den Frieden in der Dienststelle stören würde.

Der Personalrat wirkt bei der ordentlichen Kündigung durch den Arbeitgeber mit (§ 79 Abs. 1 BPersVG). Vor außerordentlichen Kündigungen ist er anzuhören (§ 79 Abs. 3 BPersVG).

Die Beteiligung an Betriebsänderungen, die im BetrVG unter die wirtschaftliche Mitbestimmung fällt, tritt im Personalvertretungsgesetz als Mitwirkungsrecht bei der Auflösung, Verlegung oder Zusammenlegung von Dienststellen oder wesentlichen Teilen von ihnen auf (§ 78 Abs. 1 BPersVG).

5.6.4 Die unternehmensbezogene Mitbestimmung

5.6.4.1 Das Montan-Mitbestimmungsgesetz

Das "Gesetz über die Mitbestimmung der Arbeitnehmer in den Aufsichtsräten und Vorständen der Unternehmen des Bergbaus und der Eisen und Stahl erzeugenden Industrie" vom 21. Mai 1951 wird unter der amtlichen Kurzbezeichnung "Montan-Mitbestimmungsgesetz" geführt. Es gilt für Kapitalgesellschaften der genannten Wirtschaftszweige, in denen in der Regel mehr als tausend Arbeitnehmer beschäftigt werden oder die sog. "Einheitsgesellschaften" sind (§ 1 Montan-MitbestG).

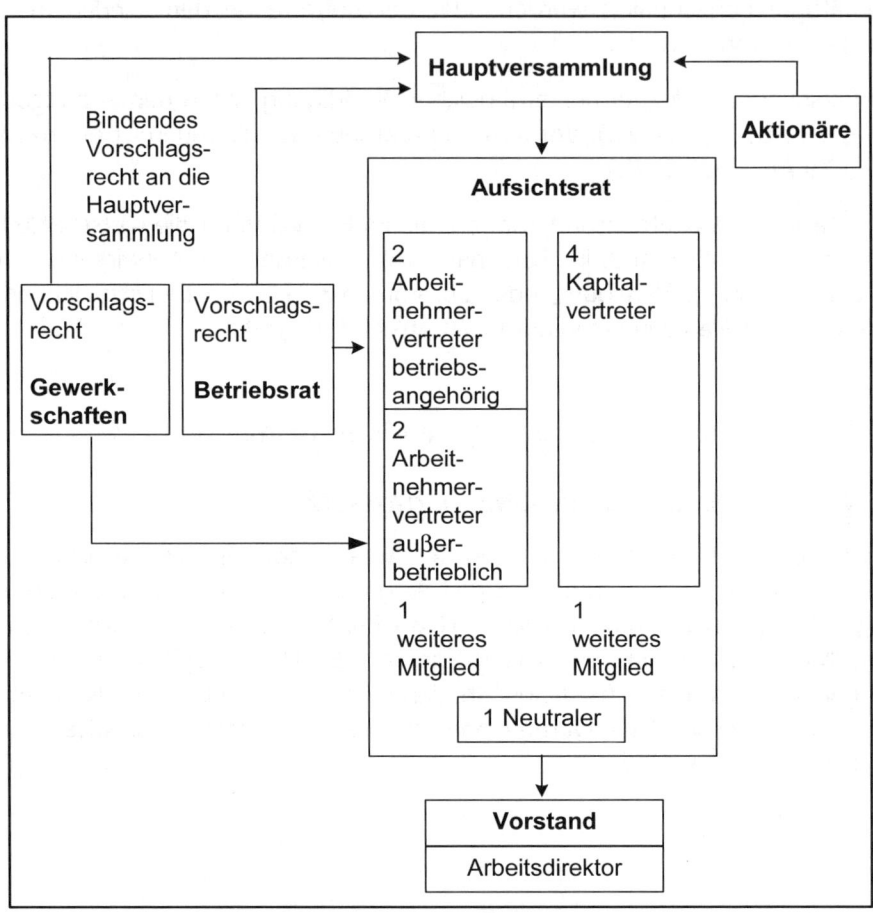

Darstellung I-30 Aufsichtsrat in der Montan-Mitbestimmung (Modell)

Der **Aufsichtsrat** besteht grundsätzlich aus einer ungeraden Zahl von Mitgliedern. Die genaue Zahl der Aufsichtsratsmitglieder hängt dabei – wie auch bei den anderen Mitbestimmungsgesetzen auf Unternehmensebene - von der Beschäftigtenzahl des mitbestimmten Unternehmens ab. Er setzt sich aus vier Vertretern der Anteilseigner und einem weiteren Mitglied, das von der Anteilseignerseite zu benennen ist, vier Vertretern der Arbeitnehmer und einem weiteren Mitglied, das von der Arbeitnehmerseite zu benennen ist, sowie einem 11. Mitglied zusammen. Die weiteren Mitglieder müssen persönliche Voraussetzungen erfüllen, die ihre Neutralität gewährleisten (§ 4 Montan-MitbestG). Das neutrale 11. Mitglied soll Pattsituationen verhindern. Es soll im **paritätisch besetzten Aufsichtsrat** sicherstellen, dass mehrheitliche Entscheidungen zustande kommen. Die Darstellung I-30 zeigt die Bildung und Zusammensetzung des Aufsichtsrats nach dem Montan-Mitbestimmungsgesetz.

Das Montan-Mitbestimmungsgesetz hat den **Arbeitsdirektor** als gleichberechtigtes Vorstandsmitglied eingeführt (§ 13 Montan-MitbestG). Der Arbeitsdirektor wird häufig als Arbeitnehmervertreter im Unternehmungsvorstand interpretiert und kann nicht gegen die Stimmen der Mehrheit der Arbeitnehmervertreter im Aufsichtsrat bestellt werden. Zum Ressort des Arbeitsdirektors gehören vor allem die personellen und sozialen Angelegenheiten der Arbeiter und Angestellten im Unternehmen.

5.6.4.2 Das Betriebsverfassungsgesetz 1952

Die im Montan-Mitbestimmungsgesetz zugestandene paritätische Mitbestimmung ist im BetrVG 1952 nicht auf alle Wirtschaftsbereiche ausgedehnt worden. Die Teile, die die Beteiligung der Arbeitnehmer im Aufsichtsrat betreffen, sind weder durch das Betriebsverfassungsgesetz 1972 noch durch das Mitbestimmungsgesetz 1976 aufgehoben worden. Das BetrVG 1952 sieht nur eine Beteiligung der Arbeitnehmer im Aufsichtsrat vor und kennt keinen Arbeitsdirektor.

Es gilt für alle Unternehmen mit mehr als 500 und weniger als 2'000 Beschäftigten, die in der Rechtsform einer AG, einer KG auf Aktien, einer GmbH, eines Versicherungsvereins auf Gegenseitigkeit oder einer Genossenschaft geführt werden (§ 76 Abs. 1 und § 77 BetrVG).

Die Beteiligung der Arbeitnehmer im Aufsichtsrat ist wie folgt geregelt:

Der Aufsichtsrat des mitbestimmten Unternehmens muss dabei nach § 76 Abs. 1 BetrVG zu einem Drittel aus Vertretern der Arbeitnehmer bestehen (sog. **"Drittel-Parität"**).

Die Vertreter der Arbeitnehmer werden dabei in allgemeiner, geheimer und unmittelbarer Wahl von den wahlberechtigten Arbeitnehmern der Betriebe des Unternehmens gewählt. Bei der Wahl nur eines Arbeitnehmervertreters muss dieser im Unternehmen beschäftigt sein. Sind zwei Vertreter zu wählen, so muss es sich um einen Arbeiter und einen Angestellten handeln, die beide dem Unternehmen angehören müssen. Bei der Wahl von mehr als zwei Vertretern müssen sich unter diesen mindestens zwei Arbeitnehmer aus den Betrieben des Unternehmens, darunter ein Arbeiter und ein Angestellter, befinden (§ 76 Abs. 2 BetrVG 1952).

Die Darstellung I-31 zeigt die Beteiligung nach dem Betriebsverfassungsgesetz 1952.

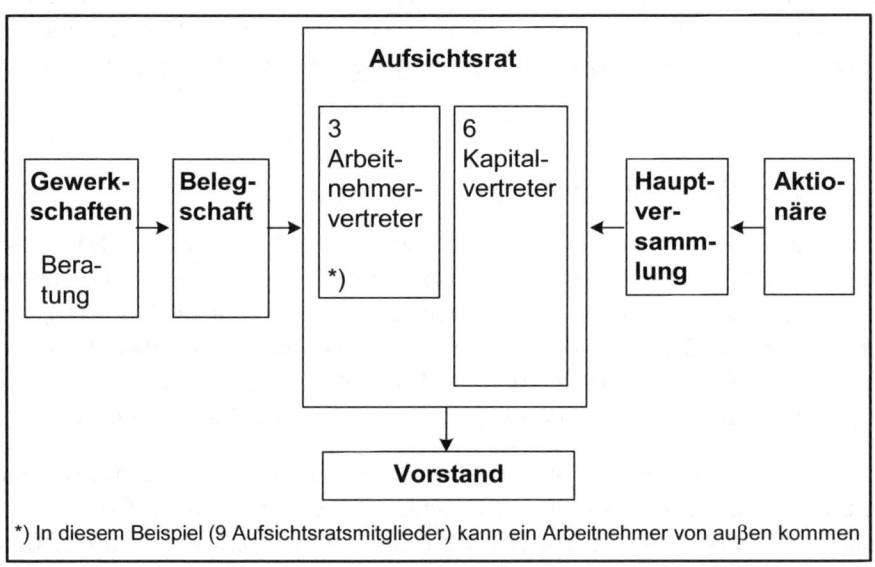

Darstellung I-31 Beteiligung der Arbeitnehmervertreter im Aufsichtsrat nach dem Betriebsverfassungsgesetz 1952 (Modell)

5.6.4.3 Das Mitbestimmungsgesetz 1976

Die Unternehmen, die unter das Mitbestimmungsgesetz 1976 fallen, werden durch die Rechtsform und die Zahl der Arbeitnehmer festgelegt. Erfasst werden insofern die Aktiengesellschaft, die Kommanditgesellschaft auf Aktien, die Gesellschaft mit beschränkter Haftung und die Erwerbs- und Wirtschaftsgenossenschaft (§ 1 Abs. 1 MitbestG). Voraussetzung ist ferner, dass das Unternehmen mehr als 2'000 Arbeitnehmer beschäftigt.

Die Größe des Aufsichtsrats hängt auch hier wieder von der Arbeitnehmerzahl des mitbestimmten Unternehmens ab. In Unternehmen mit in der Regel nicht mehr als 10'000 Arbeitnehmern setzt er sich aus je sechs Aufsichtsratsmitgliedern der Anteilseigner und der Arbeitnehmer zusammen. Bei einer Unternehmensgröße zwischen 10'000 und 20'000 Arbeitnehmern besteht der Aufsichtsrat aus je acht Aufsichtsratsmitgliedern der Anteilseigner und der Arbeitnehmer. Bei Unternehmen mit mehr als 20'000 Arbeitnehmern setzt sich der Aufsichtsrat aus je zehn Aufsichtsratsmitgliedern der Anteilseigner und der Arbeitnehmer zusammen (§ 7 Abs. 1 MitbestG) (vgl. Darstellung I-32).

Bei der Zusammensetzung des Aufsichtsrats ist auf der Arbeitnehmerseite zu berücksichtigen, dass ein Teil der Aufsichtsratssitze für die im Unternehmen (Konzern) vertretenen Gewerkschaften reserviert ist, und zwar

- 2 Sitze in Unternehmen mit einem 12- oder 16-köpfigen Aufsichtsrat,
- 3 Sitze in Unternehmen mit einem 20-köpfigen Aufsichtsrat (§ 7 Abs. 2 MitbestG).

Die Aufsichtsratssitze der unternehmensangehörigen Arbeitnehmervertreter verteilen sich auf Arbeiter, Angestellte und leitende Angestellte nach dem zahlenmäßigen Verhältnis am Unternehmen. Dem Aufsichtsrat müssen mindestens ein Arbeiter, ein Angestellter und ein leitender Angestellter angehören (§ 15 Abs. 2 MitbestG).

Der leitende Angestellte wird dem Arbeitnehmer- und nicht dem Kapitalvertreterkontingent zugerechnet, obwohl er de facto wohl eher unternehmerische Funktionen wahrnimmt. Er darf allerdings nicht Vorstandsmitglied sein, da der Aufsichtsrat den Vorstand kontrollieren soll. Diese Unvereinbarkeit der Zugehörigkeit zum Aufsichtsrat kann sich auch auf andere leitende Angestellte erstrecken (vgl. § 6 Abs. 2 Satz 1 MitbestG).

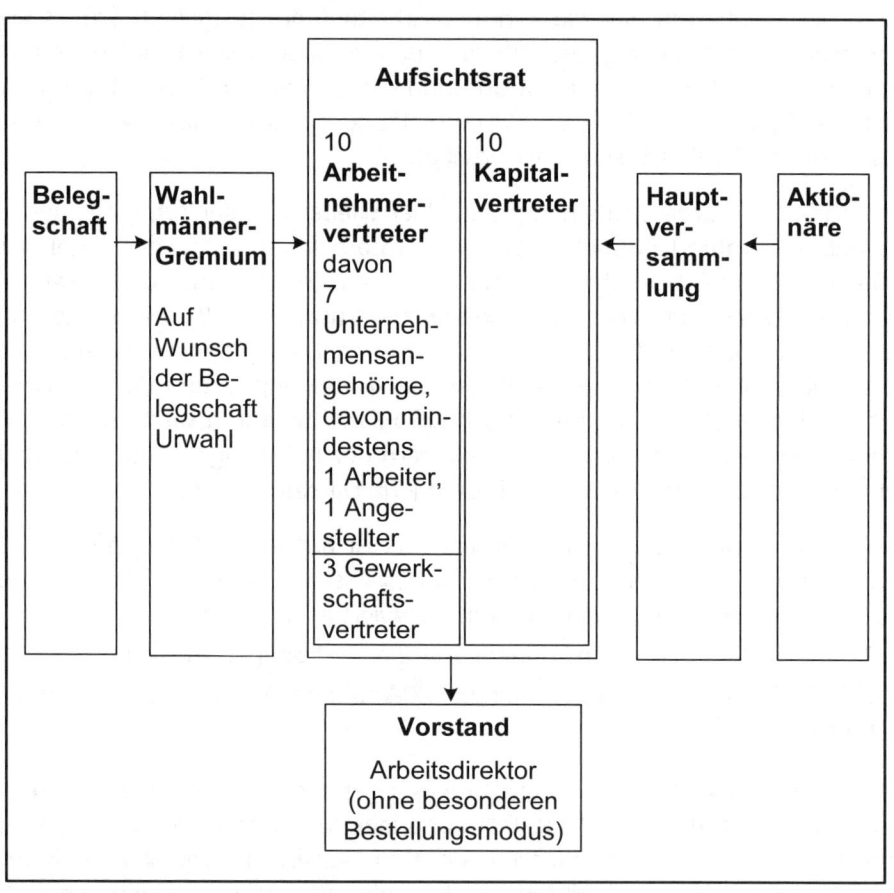

Darstellung I -32 Zusammensetzung des Aufsichtsrats nach dem Mitbestimmungsgesetz (Unternehmen mit mehr als 20'000 Arbeitnehmern)

Der Aufsichtsrat wählt mit einer Mehrheit von zwei Dritteln der Mitglieder, aus denen er insgesamt zu bestehen hat, aus seiner Mitte einen Aufsichtsratsvorsitzenden und einen Stellvertreter (§ 27 Abs. 1 MitbestG). Wird die Mehrheit nicht erreicht, so wählen in einem zweiten Wahlgang die Aufsichtsratsmitglieder der Anteilseigner den Aufsichtsratsvorsitzenden und die Aufsichtsratsmitglieder der Arbeitnehmer den Stellvertreter jeweils mit der Mehrheit der abgegebenen Stimmen (§ 27 Abs. 2 MitbestG).

Dem Vorsitzenden im Aufsichtsrat kommt insofern eine besondere Bedeutung zu, als bei zweimaliger Stimmengleichheit das Gesetz ihm ein Doppelstimmrecht einräumt, damit in Pattsituationen die Funktionsfähigkeit des Aufsichtsrats erhalten bleibt.

Da der Aufsichtsratsvorsitzende jedoch stets der Arbeitgeberseite angehört, wird die Beteiligungsform des Mitbestimmungsgesetzes von 1976 vielfach als **unechte Parität** bezeichnet und somit gegenüber der echten Parität der Arbeitnehmervertreter im Montan-Mitbestimmungsgesetz abgegrenzt.

Die Aufsichtsratsmitglieder der Arbeitnehmer werden entweder durch **Urwahl** oder durch **Wahlmänner** gewählt. In Unternehmen mit in der Regel nicht mehr als 8'000 Arbeitnehmern wird im Allgemeinen die Urwahl praktiziert. Die Arbeitnehmer können mit Mehrheit die Wahl durch Wahlmänner beschließen. In Unternehmen mit in der Regel mehr als 8'000 Arbeitnehmern ist die Wahl durch Wahlmänner üblich. Die Arbeitnehmer können hiervon abweichend die Urwahl beschließen (§ 9 MitbestG).

Als gleichberechtigtes Mitglied des Vorstands wird ein **Arbeitsdirektor** bestellt (§ 33 Abs. 1 MitbestG). Er soll für die personellen und sozialen Angelegenheiten zuständig sein und muss, damit er seine Aufgaben erfüllen kann, in besonderem Maße das Vertrauen der Arbeitnehmerseite genießen. Darstellung I-33 soll noch einmal die vorgenannten Gesetzesbestimmungen im Überblick zusammenfassen.

Deutlich wird insgesamt, dass die Arbeitnehmer - bzw. deren kollektive Vertreter - im Montan-Mitbestimmungsgesetz den größten, im "alten" BetrVG von 1952 dagegen den geringsten Einfluss im vor allem als Kontrollorgan fungierenden Aufsichtsrat des mitbestimmten Unternehmens besitzen.

	Montan-Mitbestimmungsgesetz 1951	Mitbestimmungs-Ergänzungsgesetz 1956	Mitbestimmungsgesetz 1976
Geltungsbereich	Unternehmen bestimmter Rechtsform mit über 1000 Arbeitnehmern im Bereich Bergbau sowie eisen- und stahlerzeugende Industrie	Konzernobergesellschaften montanmitbestimmter Unternehmen, wenn Unternehmenszweck durch diese gekennzeichnet ist	Unternehmen mit über 2000 Arbeitnehmern und bestimmter Rechtsform (AG, GmbH u.ä.) mit Ausnahme der montanmitbestimmten Unternehmen
Aufsichtsrat (AR)	11 Mitglieder	15 Mitglieder	12 Mitglieder
Zusammensetzung	5 : 5 : 1 5 Anteilseignervertreter 5 Arbeitnehmervertreter (davon 2 Unternehmensangehörige) 1 weiteres "neutrales" Mitglied	7 : 7 : 1 7 Anteilseignervertreter 7 Arbeitnehmervertreter (davon 4 Unternehmensangehörige) 1 weiteres "neutrales" Mitglied	6 : 6 6 Anteilseignervertreter 6 Arbeitnehmervertreter (davon 4 Unternehmensangehörige – einschließlich 1 leitender Angestellter und 2 Gewerkschaftsvertreter

Wahl bzw. Entsendung von Arbeitnehmer- und Gewerkschaftsvertretern	**Wahl**
	durch Hauptversammlung
	Aber: Bindendes
	    Vorschlagsrecht
	- der Gewerkschaften für
	  3 AR-Mitglieder
	  - nach Beratung mit Betriebsrat
	  - kein Vetorecht des Betriebsrats
	- des Betriebsrats für 2 AR-Mitglieder (Unternehmensangehörige)
	  - nach Beratung mit Gewerkschaften
	  - Vetorecht der Gewerkschaften
		Entsendungsrecht
		der Gewerkschaften
		(3 AR-Mitglieder nach Beratung mit Betriebsräten)
		Wahlrecht
		der Wahlmänner
		(4 AR-Mitglieder – Unternehmensangehörige)
			Urwahl und/oder Wahlmännerwahl
			Regelwahlarten
			- bis 8000 Beschäftige: Urwahl
			- über 8000 Beschäftigte: Wahlmännerwahl
			Außerdem: Wahlrecht der Beschäftigten zwischen den Regelwahlarten
			Wahl in 4 Wahlgängen für Arbeiter, Angestellte, leitende Angestellte, Gewerkschaftsvertreter

	Montan-Mitbestim-mungsgesetz 1951	Mitbestimmungs-Er-gänzungsgesetz 1956	Mitbestimmungs-gesetz 1976
Wahl des Aufsichts-ratsvorsit-zenden	einfaches Wahlverfahren	einfaches Wahlverfah-ren	besonderes Wahlverfah-ren: 1. Wahlgang: Zweidrittel-mehrheit aller AR-Mitglie-der, evtl. 2. Wahlgang: Anteilseig-nervertreter wählen Vor-sitzenden
Wahl des Arbeits-direktors in den Vorstand	durch Aufsichtsrat – wie alle Vorstandsmitglieder aber: besonderes Be-stellungsverfahren, d.h. nicht gegen Mehrheit der Arbeitnehmerbank zu berufen oder abzuberufen also mindestens 3 der 5 Arbeitnehmervertreter müssen zustimmen	durch Aufsichtsrat – wie alle Vorstandsmit-glieder - kein besonderes Bestellungsverfahren - nicht durch besondere Mehrheit qualifiziert	durch Aufsichtsrat – wie alle Vorstandsmitglieder - kein besonderes Bestellungsverfahren - erforderlich: Zwei-drittelmehrheit aller AR-Mitglieder - evtl. 2 Wahlgang: einfa-che Stimmenmehrheit - evtl. 3. Wahlgang: Doppelstimmrecht des Aufsichtsratsvorsit-zenden

Darstellung I-33 Überblick über die deutschen Mitbestimmungsgesetze auf Unternehmensebene

6 LITERATURHINWEISE ZU TEIL I

a) Lehrbücher und Grundlagenliteratur der Personalwirtschaft

Ackermann, K.-F. (Hrsg.): Reorganisation der Personalabteilung, Stuttgart 1994

Berthel, J.: Personalmanagement, 6. Aufl., Stuttgart 2000

Drumm, H.J.: Personalwirtschaftslehre, 4. Aufl, Berlin u.a. 2000

Ferris, G.R./Rogen, S.D./Barnum, D.T. (Hrsg.): Handbook of Human Resource Management, Cambridge/Oxford 1995

Fombrun, C./Tichy, N.M./Devanna, M.A. (Hrsg.): Strategic Human Resource Management, New York 1984

Gaugler, E./Weber, W. (Hrsg.): Handwörterbuch des Personalwesens (HWP), 2. Aufl., Stuttgart 1992

Klimecki, R.G./Gmür, M.: Personalmanagement, Stuttgart 1998

Krell, G.: Geschichte der Personallehren, in: WiSt, 27. Jg. (1998), S. 222-227

Mag, W.: Einführung in die betriebliche Personalplanung, 2. Aufl., München 1998

Marr, R./Stitzel, M.: Personalwirtschaft. Ein konfliktorientierter Ansatz, München 1979

Neuberger, O.: Personalwesen 1, Stuttgart 1997

Oechsler, W.A.: Personal und Arbeit. Einführung in die Personalwirtschaft, 7. Aufl., München/Wien 2000

Ridder, H.-G.: Personalwirtschaftslehre, Stuttgart u.a. 1999

Schanz, G.: Personalwirtschaftslehre, 2. Aufl., München 1993

Scholz, Ch.: Personalmanagement, 5. Aufl., München 2000

Schuler, R.S.: Managing Human Resources, 6. Aufl., Cincinnati, OH 1998

Staehle, W.H.: Human Resources Management - Eine neue Managementrichtung in den USA?, in: ZfB, 58. Jg. (1988), S. 576-587

Weber, W. et al.: Internationales Personalmanagement, Wiesbaden 1998

Wimmer, P./Neuberger, O.: Personalwesen 2, Stuttgart 1998

b) Die Stellung des Menschen im Betrieb/programmatische Orientierung

Barney, J.B.: Firm Resources and Sustained Competitive Advantage, in: Journal of Management, 17. Jg. (1991), S. 99-120

Becker, G.S.: Human Capital. A Theoretical and Empirical Analysis with special Reference to Education, New York/London 1964

Eisenhardt, K.M.: Agency Theory: An Assessment and Review, in: Academy of Management Review, 14. Jg. (1989), S. 57-74

Ferris, G.R./King, T.R.: Politics in Human Resources Decisions: A Walk on the Dark Side, in: Organizational Dynamics, 20. Jg. (1991), No. 2, S. 59-71

Gutenberg, E.: Grundlagen der Betriebswirtschaftslehre, Bd. 1, Die Produktion, 24. Aufl., Berlin/Heidelberg/New York 1983

Heinen, E.: Zum Wissenschaftsprogramm der entscheidungsorientierten Betriebswirtschaftslehre, in: ZfB, 39. Jg. (1969), S. 207-220

Pfeffer, J./Salancik, G.R.: The External Control of Organizations, A Resource Dependence Perspective, New York 1978

Powell, W.W./DiMaggio, P.J. (Hrsg.): The New Institutionalism in Organizational Analysis, Chicago 1991

Taylor, F.W.: Die Grundsätze wissenschaftlicher Betriebsführung (The Principles of Scientific Management), deutsche Ausgabe von R. Roesler, München/Berlin 1919

Ulrich, H.: Die Unternehmung als produktives soziales System, 2. Aufl., Bern/Stuttgart 1970

Williamson, O.E.: The Economics of Organisation: The Transaction Cost Approach, in: American Journal of Sociology, 87. Jg. (1979), S. 548-577

Wright, P.M./McMahan, G.C.: Theoretical Perspectives for Strategic Human Resource Management, in: Journal of Management, 18. Jg. (1992), S. 295-320

c) Arbeitgeber-Arbeitnehmer-Beziehungen

Baehrle, R.J.: Arbeitsrecht, Stuttgart 1997

Dütz, W.: Arbeitsrecht, 5. Aufl., München 2000

Elšik, W./Mayerhofer, W. (Hrsg.): Strategische Pesonalpolitik, München/Mering 1999

Endruweit, G./Gaugler, E./Staehle W.H./Wilpert, B. (Hrsg.): Handbuch der Arbeitsbeziehungen, Berlin/New York 1985

Hanau, P./Adomeit, K.: Arbeitsrecht, 11. Aufl., Frankfurt am Main 1994

Hentze, J./Brose, P.: Unternehmungsführung und Mitbestimmung, Würzburg/Wien 1985

Höland, A.: Mitbestimmung in Europa: rechtliche und politische Regelungen, Frankfurt am Main u.a. 2000

Hromadka, W./Maschmann, F.: Arbeitsrecht, Berlin u.a. 1998

Meisel, P.G.: Die Mitwirkung und Mitbestimmung des Betriebsrates bei personellen Angelegenheiten, 5. Aufl., Heidelberg 1984

Niedenhoff, H.-K.: Mitbestimmung in der Bundesrepublik Deutschland, 11. Aufl., Köln 1997

Ricardi, R.: Mitbestimmungsgesetz, in: Gaugler, E./Weber, W. (Hrsg.): Handwörterbuch des Personalwesens (HWP), 2. Aufl., Stuttgart 1992

Schanz, G.: Personalplanung unter Mitbestimmungseinfluss, in: Zeitschrift für Planung, 4. Jg. (1992), Heft 1, S. 73-81

Schuler, R.S./Jackson, S.: Human Resource Management: Positioning for the 21st Century, 6. Aufl., Minneapolis/St. Paul 1997

Wächter, H.: Mitbestimmung als Rahmenbedingung personalpolitischer Maßnahmen, in: Elšik, W. u.a. (Hrsg.): Strategische Personalpolitik, München/Mering 1999, S. 87-101

II. Teil

Personalbedarfsermittlung

1 BEGRIFF UND WESEN

Das Sachziel der Personalbedarfsermittlung besteht in der Bestimmung der personellen Kapazitäten, die zur Sicherstellung der Erfüllung der betrieblichen Funktionen erforderlich sind. Es hat demnach Mittelcharakter zur Erfüllung ökonomischer Ziele. Ist allerdings das Sachziel der Funktion Personalbedarfsermittlung einseitig auf wirtschaftliche Ziele des Arbeitgebers ausgerichtet, so bedarf es einer Revision und Ergänzung im Hinblick auf die sozialen Ziele der Arbeitnehmer, die im Rahmen der Personalbedarfsermittlung in erster Linie Interesse an einer Beschäftigungssicherung haben. Dieser Anspruch ist erfüllt, wenn zu jedem zukünftigen Zeitpunkt für die Unternehmungsmitglieder eignungsadäquate Arbeitsplätze vorhanden sind. Die Beschäftigten können sich aber erst sicher fühlen, wenn die Existenz der Organisation langfristig erhalten bleibt. Insofern können die Ziele der Mitarbeiter mit denen des Arbeitgebers in diesem Bereich teilweise komplementär sein, sofern mindestens an den vorhandenen personellen Kapazitäten zur Erreichung der wirtschaftlichen Ziele auch zukünftig ein Bedarf besteht.

Im Rahmen der Pesonalbedarfsermittlung werden Entscheidungen über den Personalbedarf nach **Anzahl (quantitativ)**, **Art (qualitativ)**, **Zeitpunkt** und **Dauer (zeitlich)** sowie **Einsatzort (örtlich)** getroffen.

Der **quantitative Personalbedarf** weist die Zahl der Personen nach Alter und Geschlecht aus, die für die Erfüllung der erforderlichen Aufgaben benötigt werden. Werden die Qualifikationen der Personen mit erfasst, spricht man von **qualitativer Personalbedarfsermittlung**. Ihre Aufgabe besteht in der Bestimmung der Anforderungen der Arbeitsplätze, um das Leistungsangebot der vorhandenen und zu beschaffenden Mitarbeiter mit den Anforderungen abstimmen zu können mit dem Ziel, diese deckungsgleich zu gestalten. Quantitative und qualitative Personalbedarfsermittlung sind in der Praxis nicht zu trennen und sind daher simultan durchzuführen. Hier wird aus didaktischen Überlegungen eine gedankliche Zweiteilung vorgenommen.

Personalbedarfsangaben sind wertlos, wenn sie nicht auch Angaben zu **Zeitpunkt** und **Dauer** des Bedarfs enthalten. Der zeitliche Aspekt ist also ein weiteres Kriterium, um die erforderliche personelle Kapazität angeben zu können. Auch im Hinblick auf eine eventuell erforderliche Beschaffungs- oder Personalentwicklungsmaßnahme ist eine zeitliche Angabe bei der Ermittlung erforderlich. Der Personalbedarf wird für einen Zeitraum oder zu einem bestimmten Zeitpunkt ermittelt. Es handelt sich also zugleich um eine **Terminplanung**.

Der Planungszeitraum richtet sich vor allem nach der **Arbeitsmarktlage** und nach der **Qualifikation der Mitarbeitergruppe**, deren Bedarf geplant werden soll. Es ist wenigstens der Zeitraum zu planen, der für die Personalbeschaffung, -entwicklung und die Einarbeitung bis zur vollwertigen Einsatzfähigkeit der Mitarbeiter notwendig ist.

Der Übergang von der kurz- zur mittelfristigen Personalbedarfsplanung ist fließend. Für die Planungsbereiche wird kein detaillierter Stellenplan angefertigt werden - er wird für die nächste Planungsperiode erstellt -, sondern ein **Personalbudget** (**Leistungsbudget**), das die Veränderung der Abteilungen für den Gesamtbetrieb aufweist (vgl. Darstellung II-1).

Personalbudget						
				Vorausplanung für		
Tarifgruppe bzw. außertarifliche Einstufung	Tätigkeitsbezeichnung	Jetziger Personalbestand	Sollstellen zum Planungszeitpunkt	1 Jahr	2 Jahre	weitere 5 Jahre

Darstellung II-1 Aufbau eines Personalbudgets

Das Personalbudget enthält Angaben über die Tarifgruppen bzw. die außertariflichen Einstufungen, die Tätigkeitsbezeichnungen, den Ist-Bestand und den Soll-Bestand zum Planungszeitpunkt und die Soll-Stellen für die Planungszeiträume.

Mit der mittel- und langfristigen Personalbedarfsermittlung stellt sich das Problem der **Plankorrektur**. Das Personalbudget ist kein starrer Plan. Es ist von Zeit zu Zeit - in der Regel alle 6 bis 12 Monate - den veränderten Bedingungen anzupassen und fortzuschreiben.

Die **örtliche Bedarfsangabe** bestimmt den Arbeitsort bzw. Arbeitsplatz, an dem die Mitarbeiter zum Einsatz kommen.

Der Personalbedarf entspricht dem **Soll-Personalbestand**. Die Gegenüberstellung des Soll-Personalbestands mit dem Ist-Personalbestand zu einem bestimmten Zeitpunkt ergibt entweder eine personelle **Deckung**, **Über-** oder **Unterdeckung**. Im Falle einer Überdeckung, die quantitativ, qualitativ, zeitlich und/oder örtlich auftreten kann, folgen Anpassungsmaßnahmen, die in der Personalfreistellung ihren Niederschlag finden. Bei einer Unterdeckung wird Personal entweder über den internen oder den externen Arbeitsbeschaffungsmarkt angeworben. Liegt lediglich eine qualitative Unterdeckung vor, so sind Entscheidungen über Maßnahmen der Personalentwicklung zu fällen.

Zweckmäßig ist es, zunächst den **gegenwärtigen Bedarf** zu bestimmen und darauf aufbauend den **zukünftigen Personalbedarf** zu ermitteln. Die Personalbedarfsermittlung kann infolgedessen in zwei Phasen unterteilt werden:

(1) Ermittlung des gegenwärtigen Personalbedarfs,

(2) Ermittlung des zukünftigen Personalbedarfs.

Von der Personalbedarfsermittlung ist die **Personalbestandsanalyse** zu unterscheiden. Sie umfasst die Erfassung und detaillierte, zweckgerichtete Bewertung des gegenwärtigen Personalbestandes im Zusammenhang mit dem zukünftig erwarteten Personalbestand (zukunftsgerichtete Projektion) in quantitativer, qualitativer und örtlicher Hinsicht. Scholz (1991, S. 45) charakterisiert die Personalbestandsanalyse als "informatorische Basis der Personalarbeit".

Die folgenden Funktionen der Personalbestandsanalyse können unterschieden werden:

- **Die Diagnosefunktion**: Sie besteht aus einer - entsprechend der jeweiligen Zielsetzung der Personalbestandsanalyse differenzierten - Ermittlung des gegenwärtigen Personalbestandes.
- **Die Projektionsfunktion**: Sie zielt auf eine Fortschreibung des Status quo unter Berücksichtigung der als gesichert einzustufenden Informationen ab. Dies sind neben bereits feststehenden personellen Einzelmaßnahmen (insbesondere der Personalbeschaffung, -freistellung und -entwicklung) auch statistisch bekannte Werte aus der Vergangenheit (z.B. Fluktuationsraten).

- **Die Handlungsfunktion**: Sie resultiert aus Differenzen zwischen Ist-Personalbestand und Soll-Personalbestand, die durch Abweichunganalysen unter Berücksichtigung der unterschiedlichen Einflussfaktoren auf den Personalbestand (vgl. im Einzelnen Potthoff/Trescher 1986, S. 36 ff.) ergänzt wird. Hieraus ergeben sich Anhaltspunkte für personalwirtschaftliche Aktivitäten.

- **Die Prognosefunktion**: Sie ist im Zusammenhang mit den personalwirtschaftlichen Funktionen Beschaffung, Entwicklung und Freistellung zu sehen. Trotz zielgerichteter Aktivitäten in diesem Bereich lassen sich nicht alle vorgesehenen Veränderungen auch tatsächlich realisieren. Innerhalb der Bestandsanalyse sind zu erwartende Restriktionen durch Rückkopplungsinformationen abzuschätzen.

Zweckmäßig ist es, zunächst den gegenwärtigen quantitativen und qualitativen Personalbestand zu analysieren und darauf aufbauend den zukünftigen Bestand mit Hilfe zur Verfügung stehender Instrumente der **Personalinformationswirtschaft** und der **Personalbeschaffung** und **-entwicklung** in quantitativer, qualitativer, zeitlicher und räumlicher Hinsicht zu planen.

Qualitative und quantitative Personalbedarfsermittlung bilden die Basis für die **Kostenplanung**, mit der vor allem das Ziel möglichst niedriger Personalkosten angestrebt wird.

Im Zusammenhang mit der Kostenplanung gewinnen die zeitliche und die örtliche Dimension an Bedeutung, da aus der Kostenplanung der Zwang zu einem Minderbedarf resultieren kann, der für bestimmte Perioden oder für einen spezifischen organisatorischen Teilbereich fixiert werden kann.

2 ARTEN DES PERSONALBEDARFS

Ausgangspunkt für den zukünftigen Personalbedarf ist die Ermittlung der erforderlichen personellen Kapazitäten zum gegenwärtigen Zeitpunkt t_0. Hierzu ist eine Analyse des augenblicklichen Zustands mit dem Ziel notwendig, die erforderlichen Personen zu bestimmen und den Personalbestand aufzuzeigen.

Die Ist-Werte, der **Ist-Personalbestand**, werden im **Stellenbesetzungsplan** festgehalten. Er gibt Auskunft über die Stelleninhaber. Je nach Umfang können Angaben über

- Alter,
- Einstellungstermin bzw. Versetzung auf diese Stellen,
- Ausscheiden wegen Erreichung der Altersgrenze,
- eine beabsichtigte Versetzung oder Beförderung,
- Kurzbeurteilungen,
- Kündigung,
- Lohn- und Gehaltsstufe und
- die Kompetenz

enthalten sein.

Auch andere Angaben, sofern sie z.B. für Planungs- oder Organisationszwecke dienlich sind, können aufgenommen werden.

Der **Soll-Personalbestand** setzt sich aus dem **Einsatz-** und dem **Reservebedarf** zusammen (vgl. Darstellung II-2). Der **Einsatzbedarf** deckt die personelle Kapazität ab, die unter Ausschluss personeller Leerzeiten auf Grund von Urlaub, Krankheit, Unfall usw. dem Soll-Personalbedarf entspricht. Der **Reservebedarf** berücksichtigt die unvermeidlichen Ausfälle, die im Allgemeinen mit Hilfe einer durchschnittlichen Fehlzeitenquote vom Einsatzbedarf errechnet werden.

Der **Soll-Personalbestand (Brutto-Personalbedarf, potentieller Personalbedarf)**, der eigentliche Personalbedarf, wird im **Stellenplan** ausgewiesen.

Arten des Personalbedarfs

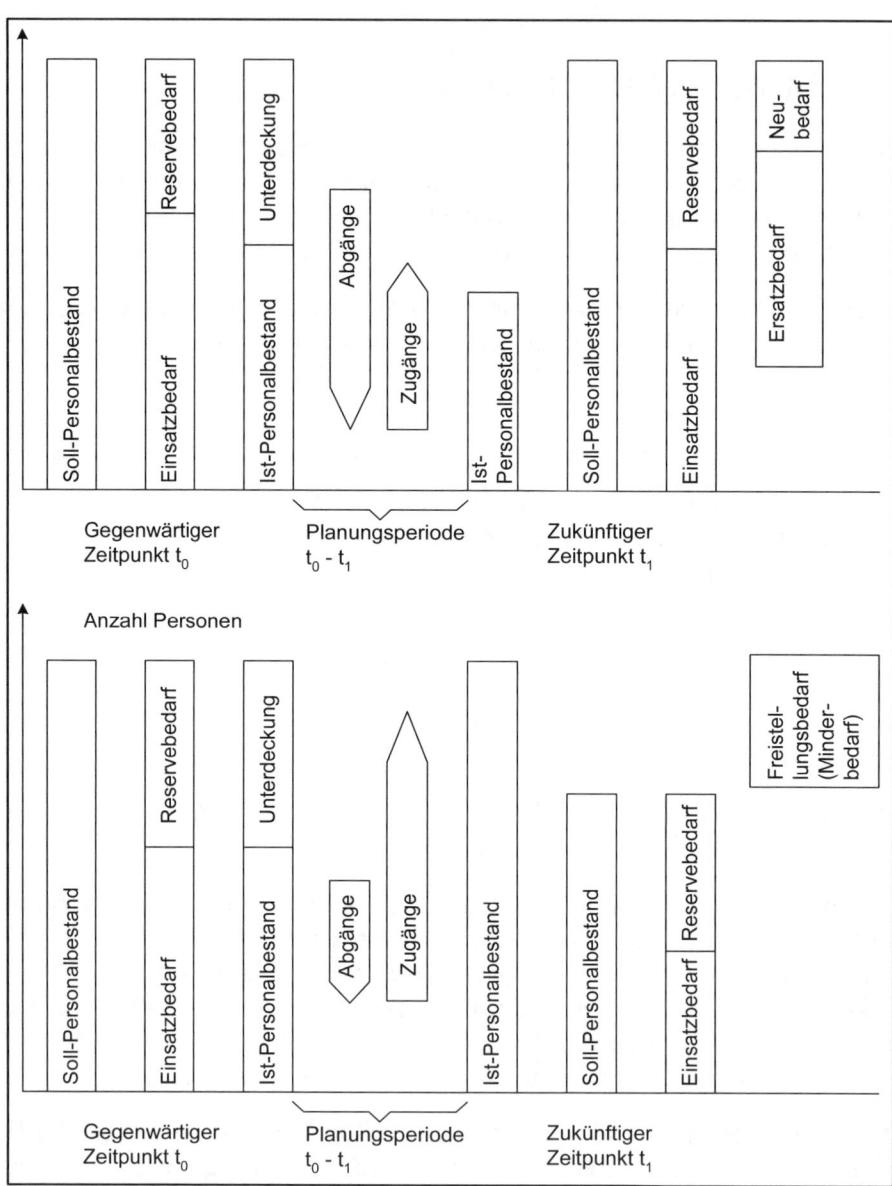

Darstellung II-2   Arten des Personalbedarfs

Als **Stelle** wird das Arbeitsgebiet einer unbenannten Person bezeichnet, der bestimmte Aufgaben übertragen werden. Der Stellenplan wird aus dem **Organisationsplan** abgeleitet. Während der Organisationsplan die Struktur der Abteilungen und ihre hierarchische Einordnung zeigt, weist der Stellenplan, gegliedert nach Abteilungen, die Anzahl der Stellen, die Bezeichnungen der Stellen, Lohn- und Gehaltsstufen und die Kompetenzen, mit welchen die Stellen ausgestattet sind, aus. Der Stellenplan ist ein Soll-Plan.

Die personelle Unterdeckung stellt den Netto-Personalbedarf (Personaldeckungsbedarf, aktueller Personalbedarf) dar, der sich in Ersatz- und Neubedarf (Erweiterungs-, Zusatzbedarf) gliedert.

Der Ersatzbedarf zum Planungszeitpunkt t_1 ergibt sich aus dem Nachholbedarf (Unterdeckung t_0) aus der Vorperiode (Nachholbedarf = Soll-Personalbestand minus Ist-Personalbestand jeweils zum Zeitpunkt t_0) und dem feststehenden und ungeplanten Abgängen minus der Zugänge in der Planungsperiode t_0-t_1. Er entsteht durch Abgänge wie Pensionierung, Einberufung zum Wehrdienst, Tod, Invalidität, Kündigung, Beförderung oder Versetzung.

Der **Neubedarf** ist die Differenz aus den Soll-Personalbeständen zu den Zeitpunkten t_1 und t_0. Er resultiert aus Erweiterungen in den Funktionsbereichen, aus Veränderungen der Aufbau- und Ablauforganisation (z.B. Aufbau neuer Abteilungen, Intensivierung des Außendienstes), Änderungen der Arbeitsbedingungen (z.B. Verkürzung der Arbeitszeit, Verlängerung des Urlaubs). Für den Fall, dass zum Zeitpunkt der geplante Ist-Personalbestand größer als der geplante Soll-Personalbestand ist, entsteht ein **Freistellungsbedarf** (vgl. Darstellung II-2).

3 PLANUNG DES QUANTITATIVEN PERSONALBEDARFS

3.1 Determinanten des quantitativen Personalbedarfs

In der Literatur und in der Praxis ist eine Reihe von Ansätzen zu den Determinanten, die den Personalbedarf beeinflussen, zu finden (Beyer 1981, S. 20).

Aufbauend auf den fünf Hauptkosteneinflussgrößen von Gutenberg - Faktorquantität, Faktorpreise, Beschäftigung, Betriebsgröße und Fertigungsprogramm (Gutenberg 1983, S. 347) - lassen sich für den quantitativen Personalbedarf folgende Hauptdeterminanten nennen: **Arbeitsmenge, Technisierungsgrad, Fertigungsprogramm, Niveau der Betriebsorganisation, Betriebsgröße** und **Leistungsergebnisfaktor**.

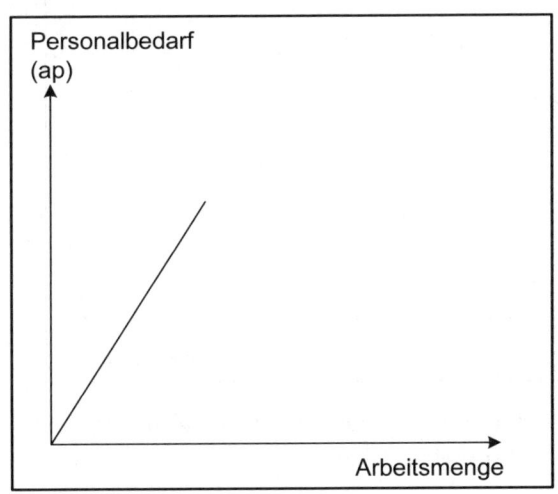

Darstellung II-3 Der Personalbedarf in Abhängigkeit von der Arbeitsmenge

Sofern alle anderen genannten Hauptdeterminanten des Personalbedarfs konstant sind, entwickelt sich der Personalbedarf in Abhängigkeit von der **Arbeitsmenge** proportional (vgl. Darstellung II-3).

197

Die zweite Hauptdeterminante des Pesonalbedarfs ist der **Technisierungsgrad** bzw. seine **Änderung** (vgl. Darstellung II-4).

Er drückt das Niveau der Fertigungs- und Informationstechnologie aus, die hier als die im Betrieb realisierten Verfahren verstanden werden (Kieser/Kubicek 1992, S. 307 ff., S. 394 ff.). Bei einer Steigerung des Technisierungsgrads wird menschliche durch technische Arbeit ersetzt, was sich in steigender Arbeitsproduktivität ausdrückt.

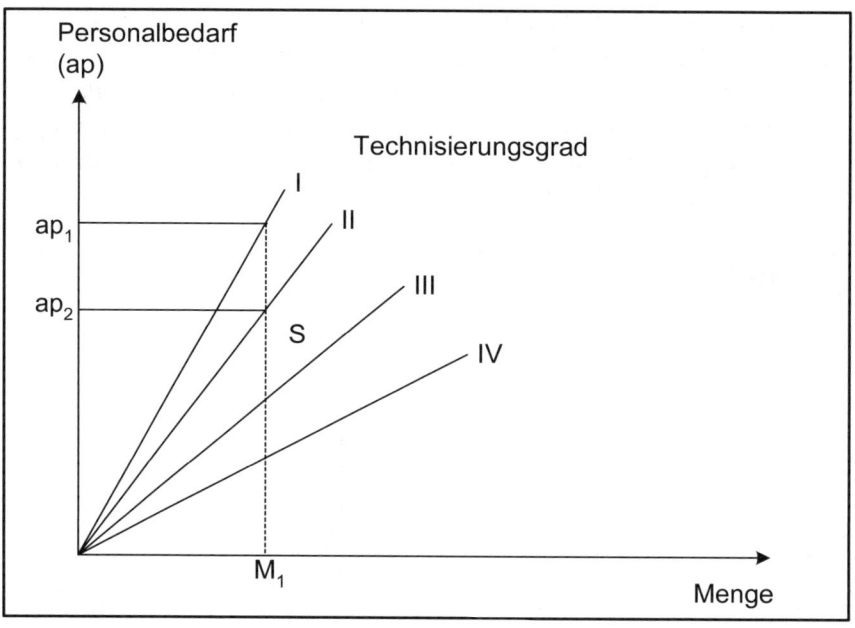

Darstellung II-4 Der Personalbedarf in Abhängigkeit von der Arbeitsmenge bei Veränderung des Technisierungsgrads

Der Personalbedarf je Produktionseinheit wird in starkem Maße vom Fertigungsverfahren und/oder von der organisatorischen Gestaltung des Fertigungsablaufs bestimmt. Die Fertigung einer bestimmten Menge eines bestimmten Produkts in Werkstatt-, Gruppen- oder Fließfertigung erfordert einen quantitativ und qualitativ unterschiedlichen Personalbedarf.

Die dritte Hauptdeterminante des Personalbedarfs setzt sich zusammen aus **Fertigungsprogramm** und **Fertigungstiefe**. Mit einer Veränderung des Fertigungsprogramms variiert der Personalbedarf, wenn die übrigen Einflussgrößen konstant bleiben. Das Fertigungsprogramm setzt sich in der Regel aus einer Reihe von Produkten zusammen. Verändert sich beispielsweise die Anzahl oder Größe der Serien, so wird schon durch das Umrüsten der Anlagen der Personalbedarf variieren. Steigen z.B. die Anforderungen an die Produktqualität, so werden bei Konstanz der anderen Haupteinflussgrößen einige Vorgabezeiten erhöht werden müssen. Das bedingt eine Steigerung des Personalbedarfs. Die **Fertigungstiefe** beeinflusst insofern den Personalbedarf, als Vor- und Zwischenprodukte entweder vom Markt bezogen oder im eigenen Betrieb hergestellt werden können und somit zum Fertigungsprogramm gehören.

Das **Niveau der Betriebsorganisation** bzw. **Änderung** bildet die vierte Haupteinflussgröße. Das Niveau einer Organisation lässt sich nicht absolut messen. Nur im Vergleich mit Vorperioden oder anderen Organisationen kann sie bewertet werden. Rationalisierungsmaßnahmen bei der Aufbau- oder Ablauforganisation zielen u.a. auf Verminderung des Personalbedarfs bei gleichbleibender Leistungsfähigkeit oder auf eine Erhöhung der Leistungsfähigkeit selbst bei möglichst gleichbleibendem Personalbedarf.

Die **Betriebsgröße bzw. ihre Änderung** ist die fünfte Haupteinflussgröße. Eine Variation der Betriebsgrösse, etwa der Ausbau der Werksanlagen, bewirkt notwendigerweise eine Änderung des Personalbedarfs. Bleibt bei der Erweiterung die gleiche Produktionsfunktion erhalten, werden also die vorhandenen Anlagen lediglich um ein Vielfaches vermehrt, so wächst der Personalbedarf proportional mit den eingesetzten Betriebsmitteln, während bei Veränderung der Produktionsfunktion der Personalbedarf sich entweder progressiv oder degressiv entwickelt. Ein progressiver Anstieg tritt als Folge verschlechterter Produktionsbedingungen auf, so dass diese Wahlmöglichkeit als Handlungsmaxime ausscheidet.

Der **Leistungsergebnisfaktor der technischen und der menschlichen Arbeit** stellt die sechste Haupteinflussgröße dar.

Der Leistungsergebnisfaktor für die technische Arbeit (f_{LM}) ist durch folgende Beziehung definiert:

$$(1) \quad f_{LM} = \frac{\text{Vorgegebene Betriebsmittelzeiten}}{\substack{\text{Betriebsarbeitszeit (}/. \text{ vom Arbeitnehmer nicht zu vertretende}\\\text{Brachzeiten und Nutzungszeiten außerhalb der Vorgabe)}}}$$

In den vorgegebenen **Betriebsmittelzeiten** sind die Nutzungshauptzeiten, die Nutzungsnebenzeiten mit Beschickungs- und Entleerungszeiten, Rüstzeiten des Betriebsmittels und die Zeiten für Erholung und persönliche Bedürfnisse je Tag enthalten. Der Arbeitnehmer hat in der Regel nur auf die Nutzungsnebenzeiten Einfluss.

Die **Betriebsarbeitszeit** ist das tarif- oder einzelvertraglich vereinbarte zeitliche Arbeitsvolumen, das in einem definierten Zeitabschnitt erfüllt wird. Jeder Leistungsergebnisfaktor für die technische Arbeit ist mit einer bestimmten personellen Kapazität gekoppelt, so dass eine Änderung des Leistungsergebnisfaktors sich auch im Personalbedarf niederschlägt.

Die Ergiebigkeit der menschlichen Arbeit, die in der Arbeitsleistung zum Ausdruck kommt, wird durch den Leistungsgrad und die Arbeitszeit bestimmt. Der **Leistungsergebnisfaktor der menschlichen Arbeit** (f_{LE}) ist der Quotient aus Vorgabezeiten und verbrauchten Zeiten.

$$(2) \quad f_{LE} = \frac{\text{Summe der Vorgabezeiten}}{\text{Summe der verbrauchten Zeiten}}$$

Die **Vorgabezeit** gibt an, wieviel Zeit ein Mensch zur Ausführung einer quantitativ und qualitativ genau umrissenen Arbeit bei normaler Arbeitsintensität und angemessener Inanspruchnahme werktäglicher Erholungs- und Bedürfniszeit aufwendet, wenn er die anzuwendende Arbeitsmethode beherrscht (Böhrs 1965, S. 371).

Die verbrauchten Zeiten enthalten die Tätigkeitszeiten (t_T) und die Erholungszeiten (t_{ER}).

Für die Tätigkeitszeit gilt:

$$(3) \quad t_T = \frac{\text{Normalarbeit}}{\text{Leistungsfaktor}} = \frac{A_N}{f_{Ln}}$$

Die **Normalarbeit (A_N)** gibt die Zeit an, die ein Mensch bei normaler Intensität zur Erledigung einer bestimmten Arbeit benötigt. Der **Leistungsfaktor(-grad) (f_{Ln})** gibt die Intensität und Wirksamkeit der menschlichen Arbeit wieder. Der Leistungsfaktor von 1,0 drückt die Normalleistung aus.

Ein Ansteigen des Leistungsgrads und damit auch des Leistungsergebnisfaktors der menschlichen Arbeit bei Konstanz der übrigen Haupteinflussgrößen vermindert den Personalbedarf, während eine Verminderung des Leistungsergebnisfaktors den Personalbedarf vermehrt (vgl. Darstellung II-5).

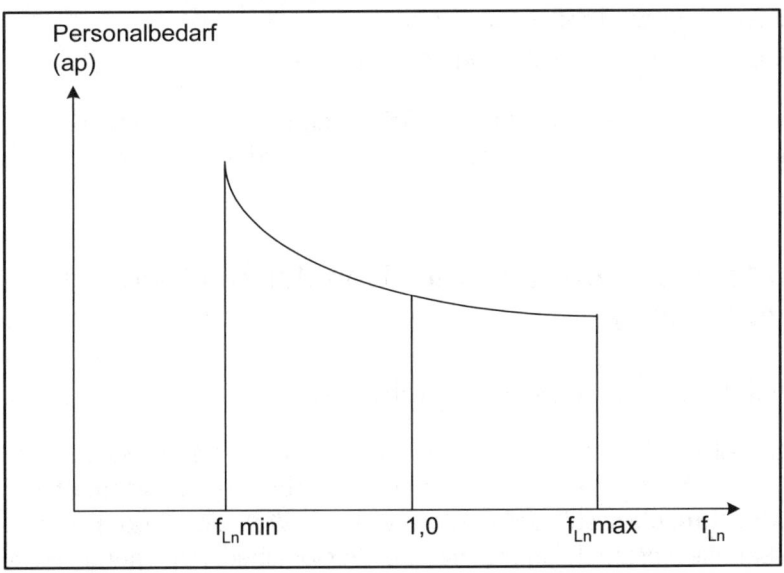

Darstellung II-5   Der Personalbedarf in Abhängigkeit vom Leistungsgrad

Die **Erholungszeit (t_{ER})** enthält Zeiten für persönliche Bedürfnisse und Erholungszuschläge, die sich nach der Schwere oder der ermüdenden Wirkung der Arbeit richten. Die Steigerung des Leistungsgrads durch entsprechende Leistungsanreize kann zu stärkeren Einsparungen des Personalbedarfs führen. Eine Gruppe von fünf Personen mit einem Leistungsgrad f_{Ln} = 1,0 kann beispielsweise das gleiche Arbeitsergebnis erzielen wie eine Gruppe von vier Personen und einem Leistungsgrad von f_{Ln} = 1,25.

In der Praxis treten die beschriebenen Hauptdeterminanten des quantitativen Personalbedarfs in der reinen isolierten Form nicht auf, weil sie z.T. voneinander abhängig sind.

Der Soll-Personalbestand eines Unternehmens kann darüber hinaus durch Determinanten bestimmt sein, die in der Regel von Unternehmen nicht beeinflusst werden können. Dabei handelt es sich um:

- die gesamtwirtschaftliche und die Branchenentwicklung,
- die Wirtschafts- und Finanzpolitik der Regierung,
- die Gestaltung der Tarifverträge und
- Veränderungen der Arbeits- und Sozialgesetze.

Eine genaue Quantifizierung und Berücksichtigung dieser Determinanten bei der quantitativen Personalbedarfsermittlung ist allerdings nicht möglich.

3.2 Methoden der quantitativen Personalbedarfsermittlung

3.2.1 Globale Personalbedarfsermittlung für den Gesamtbetrieb

Der Personalbedarf wird aus anderen vorgeordneten betrieblichen Teilplänen abgeleitet. Die dominierende Stellung nimmt dabei der **Absatzplan** ein, dem der **Produktionsplan** sukzessiv folgt. Vielfach wird der Produktionsplanung unmittelbar die Personalplanung mit der Personalbedarfsplanung nachgeordnet. Hinsichtlich der Personalbedarfsermittlung kommt dem **Organisationsplan** wenigstens die gleiche Bedeutung wie dem Produktionsplan zu.

Die Methoden der langfristigen globalen Personalbedarfsermittlung lassen sich in **vergangenheitsorientierte** und **zukunftsorientierte Ansätze** unterteilen, die im Folgenden kurz im Überblick dargestellt werden (vgl. Gaugler/Huber/Rummel 1974, S. 55 ff.; Schneider 1981, S. 11 ff.).

Vergangenheitsorientierte Methoden basieren auf statistischen Erfahrungswerten und gehen von der Annahme aus, dass sie sich auf die zukünftige Entwicklung übertragen lassen. Zu unterscheiden sind folgende statistische Methoden (vgl. Schneider 1981, S. 42 ff.; Hemmers 1986, S. 7 ff.):

- Trendextrapolation
- Analogieschlussmethode
- Regressions- und Korrelationsrechnungen
- ökonomische Modelle
- Kennzahlenmethoden.

Bei der **Trendextrapolation** wird der quantitative Personalbedarf einzig in Bezug zur zeitlichen Entwicklung betrachtet, d.h., im Rahmen einer Singulärprognose wird die Entwicklung des Bedarfs nur durch die Zeit erklärt (vgl. ausführlich bei Schneider 1981, S. 42 ff.; Verhoeven 1982, S. 39 ff.; Bohley 1991, S. 255 ff.). Vorteilhaft ist die Zugrundelegung von Verhältniszahlen, die die Relationen zwischen Personalbedarf und bestimmten Einflussfaktoren (z.B. Auftragseingänge, Geschäftsvolumen) widerspiegeln, um eventuell Verzerrungen durch größere Schwankungen zu entgehen.

Dem Vorteil einfacher Anwendbarkeit stehen die erheblichen Nachteile der Vernachlässigung interdependenter Wirkungszusammenhänge und (qualitativer) Anforderungsveränderungen gegenüber.

Als problematisch erweist sich auch die **Analogieschlussmethode**, weil vorausgesetzt wird, dass zwei Unternehmungen (bzw. Unternehmensteilbereiche) in Struktur und Umsystem Ähnlichkeiten aufweisen und ein Unternehmen einen gewissen zeitlichen Vorlauf (z.B. hinsichtlich des Produktionsprogramms) besitzt. Aus dem heutigen Personalbedarf des vorauseilenden Unternehmens A wird dann auf den künftigen Bedarf des Unternehmens B geschlossen.

Regressions- und **Korrelationsverfahren** sind mathematische Verfahren, welche die Beziehung zwischen Variablen analysieren. Der Korrelationskoeffizient weist auf einen deterministischen Zusammenhang zwischen zwei Variablen hin. Eine Kausalität zwischen den Variablen kann mit Hilfe dieses Verfahrens nicht bestimmt werden. Die Regressionsrechnung unterscheidet zwischen unabhängigen Prädiktorvariablen und einer abhängigen Kriteriumsvariablen. Angewandt auf die Personalbedarfsermittlung kann z.B. von den Verkaufszahlen auf den zukünftigen Personalbedarf geschlossen werden. Der Zusammenhang wird durch den Korrelationskoeffizienten bestimmt. Bei vorliegender Hypothese, dass die Verkaufszahlen den Bedarf determinieren (Kausalität), kann mit Hilfe der Einfachregression der Determinationskoeffizient bestimmt werden. Er entspricht dem Quadrat des Korrelationskoeffizienten und ist als Anteil erklärter Varianz interpretierbar. Voraussetzung ist, dass diese Zusammenhänge über einen relativ langen Zeitraum stabil sind, um mit Hilfe des Prädiktors den Personalbedarf und die Bedarfsplanung bestimmen zu können. Werden mehr als ein Prädiktor berücksichtigt, dann kann die multiple Korrelation oder multiple Regression eingesetzt werden. Die Ausprägung der Kriteriumsvariablen stellt dabei die gewichtete Linearkombination der Prädiktorvariablen dar. Besonders diese Linearkombination und deren Zeitstabilität kann als Beschränkung des Verfahrens betrachtet werden (vgl. Wenzel 1976, S. 43 ff.). Um "wahre" lineare Zusammenhänge zu berücksichtigen, kann als Verfahren die Non-Lineare-Regression mit Polynomen höherer Ordnung zur Bestimmung der Kriteriumsausprägung bestimmt werden.

Mit Hilfe **ökonomischer Modelle** wird im Bereich der Personalbedarfsermittlung versucht, den künftigen quantitativen Bedarf auf der Grundlage einfacher und/oder multipler Regressionsanalysen unter Hinzuziehung von Kennzahlen zu simulieren. In Abhängigkeit von der Komplexität der berücksichtigten Determinanten und Beziehungen ist ihre Anwendbarkeit eine Frage der Wirtschaftlichkeit.

Gleiches gilt für **Kennzahlenmethoden**, die langfristige Prognosen des quantitativen Personalbedarfs mit Hilfe von **Schätzungen** der künftigen Entwicklung bestimmter Determinanten (z.B. Arbeitsproduktivität) vornehmen.

Die Ermittlung des zukünftigen Personalbedarfs aus vergangenheitsorientierten Daten ist unter den dynamisch-diskontinuierlichen Entwicklungen, denen die betriebliche Personalwirtschaft ausgesetzt ist, äußerst problematisch und muss durch zukunftsorientierte Methoden zumindest ergänzt werden.

Eine besondere Bedeutung gewinnen bei den **zukunftsorientierten Bedarfsprognosen** (systematische) **Expertenbefragungen**, z.B. die Delphi-Methode oder die Szenario-Technik.

Die **Delphi-Methode** hat allgemein zum Ziel, während mehrerer Befragungsrunden von Experten eine Konvergenz der Einzelprognosen zu erreichen, wobei sich die mit unterschiedlichen Aspekten des Prognoseproblems vertrauten Experten nicht in Gruppendiskussionen beeinflussen sollten.

Vielmehr gibt jedes Mitglied der Expertengruppe ein anonymes Urteil ab. Dadurch wird gewährleistet, dass das Gruppenergebnis nicht nur von einem einzigen, die Gruppe dominierenden Experten bestimmt wird (vgl. Bea/Dichtl/ Schweitzer 1991, S. 571).

Empfehlenswert ist die Einbindung der langfristigen Personalbedarfsermittlung in die **strategische Früherkennung** des Unternehmens (vgl. Hentze/Brose/ Kammel 1993, S. 216 ff.). Hierbei werden mit Hilfe schwacher Signale Chancen für Erfolgspotentiale analysiert und Maßnahmen ergriffen, um den erkennbaren Risiken proaktiv zu begegnen.

Eine Methode der Früherkennung, die **Szenario-Technik**, spielt in der Unternehmenspraxis eine immer größere Rolle. **Personalszenarios** werden bereits vereinzelt für spezielle personalwirtschaftliche Problemstellungen eingesetzt.

Personalszenarien lassen sich grob kennzeichnen als eine Vielzahl von aufeinander abgestimmten Methoden der Prognose- und Kreativitätsforschung zur modellhaften Beschreibung künftiger, langfristiger Entwicklungen. Dabei werden alternative Entwicklungsverläufe simuliert und ihre Auswirkungen auf die betriebliche Personalwirtschaft insgesamt oder für Einzelaspekte, wie den künftigen Personalbedarf, analysiert.

Folgende wesentliche Merkmale charakterisieren die Szenario-Technik (Götze 1993, S. 36 ff.):

- Szenarien geben Auskunft darüber, wie sich die Zukunft möglicherweise entwickeln könnte.
- In Abgrenzung zu quantitativen Trendextrapolationen wird die Zukunft nicht mehr als eine einzige zu prognostizierende Zustandsgröße betrachtet, sondern es werden verschiedene plausibel erscheinende, konsistente Zukunftsbilder entworfen und entsprechende Entwicklungspfade aufgezeigt.
- Im Rahmen einer Analyse alternativer Rahmenbedingungen können bewusst eher verborgene, weniger wahrscheinlich anzunehmende Zukunfts-

bilder entworfen oder Störereignisse in den Erstellungsprozess (Diskontinuitäten) mit einbezogen werden und entsprechende Präventiv- und Reaktivstrategien konzipiert werden.

- Es kann versucht werden, zukünftige Entwicklungen mit Szenarien unter Verwendung quantitativer Prognosemethoden vorzunehmen. Oft überwiegen aber qualitative, interpretatorische Aussagen und Vorgehensweisen.

- Szenarios stellen beschreibende modellhafte Heuristiken zur Entdeckung und Bewertung verschiedener Annahmen hinsichtlich zukünftiger Veränderungen dar und verdeutlichen, welche Faktoren strategische Entscheidungen im Einzelnen beeinflussen und welche Auswirkungen dynamische Veränderungen besitzen.

Die Anwendung von Szenarios in der Personalwirtschaft ist bisher vergleichsweise wenig erörtert worden. Dabei spricht eine Reihe von Gründen für eine Berücksichtigung, insbesondere im Rahmen der Früherkennung von Risiken und Chancen (vgl. Wilkening 1984):

a) Zukünftige Entwicklungen der sich immer schneller und dynamischer verändernden Umwelt von Unternehmen und deren personalwirtschaftliche Konsequenzen erfordern zur proaktiven Steuerung Transparenz, die Szenarios kostengünstig und schnell herstellen können.

b) Szenarios besitzen eine ganzheitliche Problemsicht und vernetzen Einzelentscheidungen des Personalmanagements. Sie zeigen so Handlungsbedarf in verschiedenen Teilbereichen auf.

c) Sie vermindern die Unsicherheit des personalwirtschaftlichen Entscheidungsträgers und beschleunigen die Umsetzung getroffener Personalentscheidungen.

d) Sie gewährleisten, dass dem frühzeitigen Erkennen von Risiken und Chancen auch die rechtzeitige Planung und Durchführung von Maßnahmen folgen.

Zur Ermittlung des Personalbedarfs auf der Grundlage von Ergebnissen der Personalszenarios lassen sich z.B. **Identitätsgleichungen** heranziehen (Schmidt 1981, S. 50 ff.). Die Ergebnisse der Szenarien gehen dabei als Annahme über die voraussichtliche Entwicklung der relevanten Variablen in die Ableitung des Personalbedarfs ein.

3.2.2 Personalbedarfsermittlung für betriebliche Teilbereiche

1. Schätzungen

Ausgangspunkt für den quantitativen Pesonalbedarf ist die in der Planperiode zu erwartende Beschäftigung. Sofern eine Beziehung zu dem künftigen Arbeitsanfall fehlt, sind nur grobe Schätzungen möglich. Diese werden entweder zentral von der Personalabteilung für einzelne Berufsgruppen vorgenommen oder beruhen auf Angaben der einzelnen Abteilungen und werden dann von der Personalabteilung zusammengefasst. Bei der Bestimmung des Personalbedarfs auf Grund von Schätzungen wird häufig nicht der Soll-Gesamtpersonalbestand, sondern der Neubedarf und in manchen Fällen auch der Ersatz- oder Minderbedarf ermittelt.

2. Arbeitswissenschaftliche Methoden

Der Produktionssektor bietet für die Anwendung arbeitswissenschaftlicher Methoden günstige Voraussetzungen, da die Fertigungsplanung bereits die wesentlichen Daten liefert. Die personelle Kapazität kann unter Anwendung der **Vorgabezeiten** ermittelt werden (Böhrs 1967, S. 26 f.). Die **personelle Soll-Kapazität** eines Arbeitsvorgangs ist durch folgende Formel bestimmt:

$$(4) \quad pkv_S = MT_S \cdot te_i$$

$$
\begin{aligned}
pkv_S &- \text{personelle Soll-Kapazität eines Arbeitsvorgangs} \\
MT_S &- \text{Soll-Produktionsmenge je Betriebsarbeitstag} \\
te_i &- \text{verbrauchte Ist-Zeit je Einheit}
\end{aligned}
$$

$$(5) \quad te_i = \frac{te}{f_{LE}}$$

$$
\begin{aligned}
te &- \text{Vorgabezeit je Einheit nach REFA} \\
f_{LE} &- \text{Leistungsergebnisgrad (Zeitgrad)}
\end{aligned}
$$

Für die personelle Soll-Kapazität eines Betriebs gilt die Beziehung (Einproduktbetrieb):

$$(6) \quad pkB_S = \Sigma\, pkv_S = MT_S \cdot \sum_{j=1}^{n} te_{ij}$$

$$pkB_S - \text{personelle Soll-Kapazität eines Betriebs}$$

Dividiert man die personelle-Soll-Kapazität eines Betriebs durch die Arbeitszeit je Betriebsarbeitstag (BAT), dann erhält man den Soll-Personalbestand für die Produktion:

$$(7) \quad apB_s = \frac{phB_s}{BAT} \qquad \text{(Soll-Anzahl der Personen)}$$

Für den Mehrproduktbetrieb gilt die Relation entsprechend:

$$(8) \quad pkB_s = \sum pkv_s = MT_{S1} \sum_{j=1}^{g} te_{ij} + MT_{S2} \sum_{n=1}^{h} te_{in} + \dots +$$

$$MT_{Sr} \cdot \sum_{m=1}^{p} te_{im} + \sum_{l=1}^{t} AFAT_{sq} \cdot tr_{iq}$$

$AFAT_{sq}$ – Sollzahl Fertigungsaufträge je Betriebsarbeitstag

$$(9) \quad tr_i = \frac{tr}{f_{LE}}$$

tr - Vorgabezeit für Rüsten je Fertigungsauftrag

Für die Sollzahl der erforderlichen Mitarbeiter ergibt sich dann:

$$(10) \quad apB_s = \frac{phB_s}{BAT} \qquad \text{(Soll-Anzahl der Personen)}$$

Zur Bestimmung der Vorgabezeiten ist außer der REFA-Methode die Zeitermittlung mit Hilfe von **Elementarzeiten** in der Praxis sehr verbreitet. Dabei handelt es sich vor allem um die Work-Factor- und MTM-Analyse (Methods-Time-Measurement) (Böhrs 1967, S. 65; Helms 1993) und das Frequensor System (Simon 1986, S. 130 ff.; Sent 1991, S. 18).

Bei der **Work-Factor-Analyse** wird der Arbeitsvorgang in sehr kleine Teilvorgänge, sogenannte Bewegungselemente, zerlegt. Jedem Bewegungselement, das genau beschrieben ist, ist ein Zeitwert zugeordnet, der einer Tabelle entnommen wird. Es ist ein Normalzeitwert, so dass das Leistungsgradschätzen entfällt. Die Addition der Zeitwerte ergibt die Arbeitsvorgangsdauer. Mit Hilfe von Umrechnungs- und Zuschlagsfaktoren wird die Gesamtzeit in eine Vorgabezeit umgerechnet.

Bei der **MTM-Analyse** wird der Arbeitsvorgang in Vor-, Haupt- und Nebenarbeiten unterteilt. Der Arbeitsvorgang wird in kleinste Teilvorgänge zerlegt, dabei werden die Bewegungen der rechten und der linken Hand getrennt betrachtet. Den einzelnen Bewegungselementen entsprechen Zeitwerte, die unter Berücksichtigung von Einflussgrößen aus Tabellen entnommen werden. Bei den Zeitwerten handelt es sich um Normalzeitwerte. Die Addition der Zeitwerte ergibt die Arbeitsvorgangsdauer, wobei bei Simultanarbeiten der rechten und linken Hand jeweils der größere Zeitwert genommen wird. Mit Hilfe von Zuschlagsfaktoren wird die Vorgabezeit ermittelt.

Das **Frequensor System** umfasst die folgenden Stufen:

* Ein Gerät sendet zwischen 10 und 40 zufällig verteilte akustische und optische Signale pro Tag aus,

* die Arbeitskraft gibt bei jedem Signal einen Zahlenschlüssel für die in diesem Moment von ihr durchgeführte Tätigkeit in ein Datenerfassungsgerät ein,

* aus diesen Daten wird dann der Arbeitszeitbedarf pro Bezugsgrößenmengeneinheit für die von dieser Arbeitskraft ausgeübten Tätigkeiten abgeleitet und darüber hinaus

* der erfasste Ist-Zustand hinsichtlich individueller Schwachstellen überprüft.

In die Gruppe der Methoden der Personalbedarfsermittlung mit Hilfe von Vorgabezeiten fällt auch die sogenannte **Rosenkranzsche Formel** (Rosenkranz 1966, S. 11 ff.), die für Büroarbeiten entwickelt wurde.

Sie lautet:

$$(11) \quad PB = \frac{\sum_{i=1}^{n} m_i \cdot t_i}{T} \cdot f_{NVZ} + \frac{t_v}{T} \cdot \frac{f_{NVZ}}{f_{TVZ}}$$

m_i - durchschnittliche Menge der Geschäftsvorfälle verschiedener Kategorien eines Jahres dividiert durch 12 pro Arbeitsablauf

t_i - Zeit lt. Zeitaufnahme für den Arbeitsablauf i

T - Arbeitszeit lt. Tarif- oder Individualvertrag im Monat

f_{NVZ} - notwendiger Verteilzeitfaktor

t_V - Zeit für "Verschiedenes", Arbeiten, für die keine Zeitaufnahmen gemacht werden

f_{TVZ} - tatsächlicher Verteilzeitfaktor

Die Anwendung der Formel setzt die Kenntnis der einzelnen Faktoren voraus.

(1) Je nachdem, für welche Bereiche (Abteilung, Gruppe usw.) die Personalbedarfsrechnung durchgeführt wird, sind die Mengenangaben, z.B. Anzahl Kundenaufträge, Anzahl Rechnungen, Anzahl Mahnungen usw., zu erfassen.

(2) Die Zahl laut Zeitaufnahme ist eine Netto-Soll-Bearbeitungszeit der einzelnen Arbeitsgänge des Arbeitsblaufs.

(3) Unter der Arbeitszeit laut Tarif wird die Bruttoarbeitszeit verstanden, d.h. einschließlich Urlaub, Abwesenheit bei Krankheit, Feiertage usw.

(4) Für die Zeit "Verschiedenes" werden keine Zeitaufnahmen gemacht, da es sich entweder nicht lohnt oder eine Zeitaufnahme zu aufwendig ist.

(5) In die notwendigen Verteilzeitfaktoren gehen drei Faktoren ein. Sie enthalten Zeiten, die nachträglich in die Ist-Ermittlung aufgenommen werden und durch **Multimomentaufnahmen** überprüft werden können. Der erste Faktor stellt ein Gewicht für die **vergessenen** und **Neben-Arbeiten** dar (f_{NAZ}). Hierzu zählen Telefonate, Besucherverkehr und besorgte Wege. Nach den Untersuchungen von Rosenkranz liegt f_{NAZ} je nach Umfang der vergessenen und Neben-Arbeiten zwischen 1,2 und 1,4.

Der zweite Faktor wird für **Ermüdung** und **Erholung** (f_{EZ}) angesetzt. Er soll zwischen 1,08 und 1,12 liegen, je nach Konzentration, die für die Arbeit aufgewendet werden muss. Auf Grund mangelnder Absicherung von Zwischenwerten verwendet Rosenkranz nur den höchsten Faktor von 1,12.

Der dritte Faktor enthält die **Ausfallstunden** (f_{AQ}). Er wird als Quotient aus den Gesamtarbeitsstunden (z.B. einer Abteilung), die laut Tarif zur Verfügung stehen, und der Differenz von Gesamtarbeitszeit und Ausfallstunden gebildet. Die Ausfälle enthalten alle Zeiten, zu denen die Mitarbeiter nicht im Betrieb anwesend waren. Beträgt z.B. die Soll-Gesamtarbeitszeit 10'000 Stunden und die Ist-Gesamtarbeitszeit 8'500 Stunden in einem Jahr, die Ausfallzeit also 1'500 Stunden, dann lautet der Faktor 0,85 oder als reziproker Wert 1,18.

Der **notwendige Verteilzeit-Zuschlags-Faktor (f_{NVZ})** ist das Produkt der drei Faktoren:

a) Faktor für vergessene und Neben-Arbeiten

$\quad$ f_{NAZ}: $(1{,}20 \le f_{NAZ} \le 1{,}40)$

b) Faktor für Ermüdung und Erholung f_{EZ}

$\quad$ f_{EZ} $\;= 1{,}12$

c) Faktor für Ausfallstunden als reziproker Wert (f_{AQ})

$\quad$ (12) $F_{NVZ} = f_{NAZ} \cdot f_{EZ} \cdot f_{AQ}$

Der notwendige Verteilzeit-Zuschlags-Faktor kann auch als Quotient aus Brutto-Soll-Bearbeitungszeit und Netto-Soll-Bearbeitungszeit definiert werden. Der **tatsächliche Verteilzeit-Zuschlags-Faktor (f_{TVZ})** ist dann der Quotient aus Ist-Bearbeitungszeit und Netto-Soll-Bearbeitungszeit. Ein Quotient über 1 besagt, dass die Abteilung überbesetzt ist.

Beispiel:
In einer Abteilung fallen drei verschiedene Arbeitsgegenstände an:

Arbeitsgegenstand i	Anzahl m_i	Bearbeitungszeit je Einheit lt. Zeitaufnahme t_i in Stunden	$m_i \cdot t_i$
1	500	1	500
2	3'000	1/2	1'500
3	300	3	900
			2'900

Verschiedene Arbeiten sollen im Umfang von 200 Stunden auftreten. Die durchschnittliche Arbeitszeit je Mitarbeiter beträgt monatlich 170 Stunden.

Die Faktoren für vergessene und Neben-Arbeiten, Ermüdung und Erholung sowie für Ausfälle sind dann:

$\quad$ f_{NAZ} $\;= 1{,}3$
$\quad$ f_{EZ} $\;\;\;= 1{,}12$
$\quad$ f_{AQ} $\;= 1{,}1$

Es sind in der Abteilung 30 Mitarbeiter beschäftigt. Das entspricht einer Soll-Gesamtarbeitszeit von 5'100 Stunden.

$$f_{NVZ} = 1,3 \cdot 1,12 = 1,1 = 1,6$$

$$f_{TVZ} = \frac{5100}{500 \cdot 1 + 3000 \cdot 0,5 + 300 \cdot 3} = \frac{5100}{2900} = 1,76$$

$$\frac{f_{NVZ}}{f_{TVZ}} = \frac{1,60}{1,76} = 0,91$$

$$PB = \frac{500 \cdot 1 + 3000 \cdot 0,5 + 300 \cdot 3}{170} \cdot 1,6 + \frac{200}{170} \cdot 0,91$$

$$= \frac{2900}{170} \cdot 1,6 + \frac{200}{170} \cdot 0,91$$

$$= 27,07 + 1,29$$

$$= \underline{28,36}$$

Die Abteilung ist mit 1,64 Mitarbeitern überbesetzt.

Der Rosenkranzsche Ansatz ist mit viel Aufwand verbunden. Die durchschnittliche Menge der Geschäftsvorfälle muss gezählt werden. Die Zeit muss durch Zeitaufnahmen unter Berücksichtigung saisonaler Schwankungen aufgenommen und der notwendige und tatsächliche Verteilzeitfaktor und die Zeit für "Verschiedenes" müssen ermittelt werden. Mit dieser Formel kann auch nur die Angemessenheit des augenblicklichen Personalbestands geprüft werden. Eine Prognose des Soll-Personalbestands ist nicht möglich.

Thomsen (1969, S. 45) verwendet eine vereinfachte Form der Rosenkranzschen Formel, indem er die "verschiedenen" Zeiten und den tatsächlichen Verteilzeitfaktor nicht berücksichtigt.

$$(13) \quad PB = \frac{\sum_{i=1}^{n} m_i \cdot t_i}{T} \cdot f_{NVZ}$$

Der Personalbedarf wird nach dieser Relation niedriger ausgewiesen als nach der Rosenkranzschen Formel. Die vereinfachte Formel von Thomsen hat den Vorteil, dass auch der zukünftige Personalbedarf ermittelt werden kann, sofern die einzelnen Faktoren bekannt sind. Entweder können analytisch bestimmte Werte oder Vergangenheitswerte für die Rechnung verwendet werden.

Die von Hackstein und seinen Mitarbeitern (Hackstein/Nüssgens/Uphus 1971b, S. 169 ff.) vertretene **Kennzahlenmethode** basiert auf den gleichen Grundüberlegungen wie die Methoden nach Böhrs und Rosenkranz. Sie kann zur Personalbemessung vor allem dort angewendet werden, wo gleichartige Arbeitsgegenstände in unterschiedlichen Mengen anfallen.

Bei der Ermittlung des quantitativen Personalbedarfs geht die Kennzahlenmethode von dem mengenmäßigen Anfall (Häufigkeit) einzelner Tätigkeiten und von den Zeitbedarfswerten für die einmalige Ausführung der betreffenden Tätigkeit aus.

$$(14) \quad t_{AZB} = \sum_{i=1}^{n} m_i \cdot t_i$$

t_{AZB} - Arbeitszeitbedarf in einem Tätigkeitsbereich für einen bestimmten Zeitraum

m_i - Häufigkeit der Tätigkeit

t_i - Zeitbedarf für eine einmalige Ausübung der Tätigkeit

Im nächsten Schritt wird der Arbeitszeitbedarf in Personen umgerechnet:

$$(15) \quad ap_E = \frac{t_{ABZ}}{T} = \frac{\sum_{i=1}^{n} m_i \cdot t_i}{T}$$

ap_E - Anzahl Personen (Personaleinsatzbedarf) in einem Tätigkeitsbereich für einen bestimmten Zeitraum

T - verfügbare Arbeitszeit einer Person in einem bestimmten Zeitraum (laut Tarif)

Sofern sich nach der Formel (15) ein nicht ganzzahliger Wert ergibt, ist zu prüfen, ob eine Aufgabenumverteilung von diesem Tätigkeitsbereich in einen anderen oder umgekehrt vorgenommen werden kann.

Die Zeitbedarfswerte (t_i) der Formel (14) sind die Kennzahlen, so dass sich beispielsweise abgeleitet aus der Formel (15) für vier verschiedene Tätigkeiten der Personalbedarf aus folgender Beziehung ermitteln lässt:

$$(16) \quad ap_E = \frac{1}{T} \cdot (m_1 \cdot t_1 + m_2 \cdot t_2 + m_3 \cdot t_3 + m_4 \cdot t_4)$$

$$t_{1,\ 2,\ 3,}\ t_4 = \text{Kennzahlen}$$

Eine weitere Kennzahlenmethode ist die **funktionale Personalbedarfsermittlung**, die den Personalbedarf für Funktionen eines Betriebs in Abhängigkeit von genau definierten Bezugsgrößen ausdrückt.

Dieser Ansatz geht von betrieblichen Teilfunktionen aus, in die die Gesamtaufgabe unterteilt ist.

Die mengenmäßige Arbeitsbelastung bei der Erfüllung der Funktionen wird in einer Haupteinflussgröße ausgedrückt, die den typischen Arbeitsgegenstand bzw. Arbeitsvorgang der Funktion charakterisiert.

Der Personalbedarf wird mit Hilfe dieser Haupteinflussgröße als Kennzahl ermittelt. Alle Zuschläge für Erholung und Ermüdung, für verschiedene Arbeiten usw. sind bereits in der Kennzahl enthalten. Der zukünftige Gesamtpersonalbedarf ergibt sich aus der Summe der personellen Kapazitäten der einzelnen Funktionen. Der qualitative Aspekt wird durch die Bildung von Berufstypen berücksichtigt.

Bei den bisher geschilderten arbeitswissenschaftlichen Methoden wird der Personalbedarf auf der Grundlage der Produktionsmenge bzw. des Arbeitsanfalls ermittelt. Ausgehend von der Überlegung, dass bei vielen Produktionsprozessen **Limitationalität** zwischen Betriebsmitteln und Arbeitskräften besteht (vgl. Darstellung II-6), kann der Personalbedarf auch "aggregatbezogen" aus dem geplanten Betriebsmittelbestand ermittelt werden (Domsch 1970, S. 22).

Die Bezugsgröße ist hier das Aggregat, das den quantitativen Personalbedarf und die Anforderungen bestimmt.

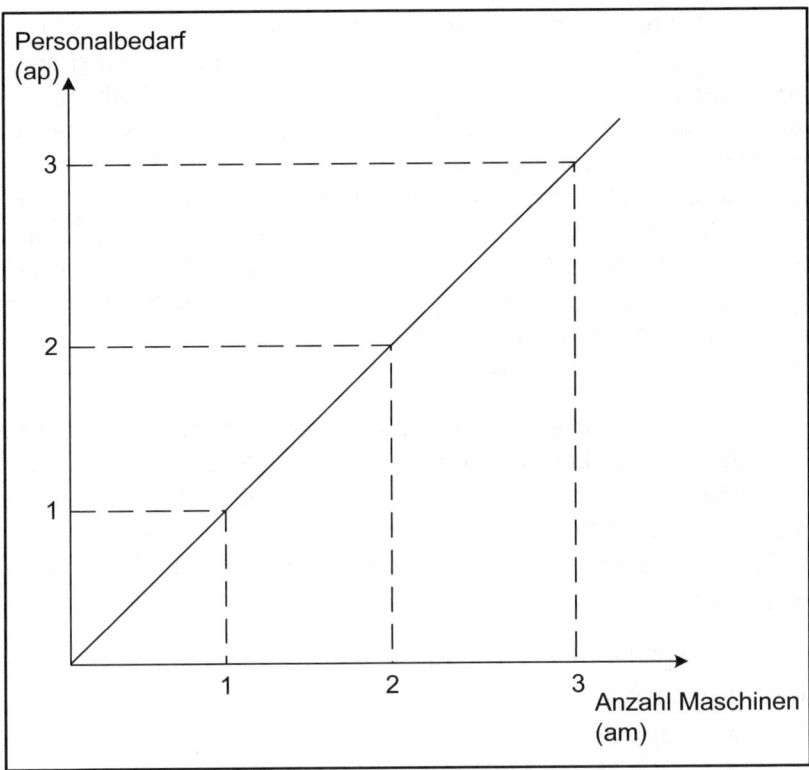

Darstellung II-6   Limitationalität von Betriebsmitteln und Personalbedarf

3. Arbeitsplatzmethode

Während der Hauptbedarf an Personal aus einem direkten Mengenverhältnis der Arbeitsgegenstände oder Arbeitsvorfälle resultieren dürfte, gibt es Arbeitsplätze, für die unabhängig vom Arbeitsanfall oder vom Beschäftigungsgrad stetig Personal eingesetzt wird (fixer Personalbedarf). Die Methode, mit deren Hilfe dieser Bedarf ermittelt wird, wird **Arbeitsplatzmethode** genannt (vgl. Hagner 1966, S. 114 ff.; Hackstein/Nüssgens/Uphus 1971b, S. 172 ff.). Hierbei wird von der Annahme ausgegangen, dass der Arbeitsplatz bis auf die üblichen Pausen immer besetzt sein muss. Beispiele hierfür sind die Feuerwehr, Pförtner-, Kontroll- und Überwachungstätigkeiten.

Der Bedarf an Führungskräften ist in der Regel von betriebsorganisatorischen Gesichtspunkten abhängig. Vielfach wird er mit Hilfe der **Leitungsspannen** (**spans of control**, [**sc**]) bemessen, die festlegen, wie viele Mitarbeiter ein Leiter maximal beaufsichtigen kann. In der Literatur gibt es für das zahlenmäßige Verhältnis eine Reihe von Vorschlägen (Domsch 1970, S. 92 ff.). Es besteht jedoch keine Einigkeit über die Gesetze der Leitungsspannen. Es können auch keine starren Zahlenverhältnisse für den gesamten Betrieb oder für Leitungsbereiche festgelegt werden, da von der Aufgabenstellung her unterschiedliche Anforderungen an die Abteilungen gestellt werden, die sich auch nach den Qualifikationen der Mitarbeiter, dem Führungsstil, dem Grad der Beaufsichtigung und der Kontrolle unterscheiden können.

An Beispielen für eine **starre** und **kollektive Leitungsspanne** und einer **flexiblen** und **individuellen Leitungsspanne** wird der Personaleinsatzbedarf an Führungskräften aufgezeigt (vgl. Darstellungen II-7 und II-8). Bei dem starren und kollektiven Beispiel beträgt die Leitungsspanne sc = 6, während bei dem zweiten Beispiel vertikal und horizontal individuelle Leitungsspannen angenommen werden.

Erweiterungen der Arbeitsplatzmethode sind

- die Nachfolgemethode,
- die Laufbahnmethode und
- die Arbeitsablaufmethode.

Bei der **Nachfolgemethode** erfolgt zusätzlich zur Planung des zukünftigen quantitativen Soll-Personalbestands und Planung der zunkünftigen Stellenbesetzung eine Nachfolgeplanung für innerhalb des Planungszeitraums freiwerdende Stellen (Wenzel 1970, S. 138, S. 146).

Die **Laufbahnmethode** geht nicht allein von dem Erfordernis des Unternehmens aus, jede Stelle zu besetzen bzw. die potentielle Nachfolge zu sichern, sondern berücksichtigt durch die Einrichtung von bestimmten Laufbahnen ebenso die aufstiegsrelevanten Fähigkeiten der Arbeitskräfte sowie ihre auf ihren betrieblichen Aufstieg ausgerichteten Erwartungen (Wenzel 1970, S. 170, S. 149; Nadig/ Thom 1989, S. 311).

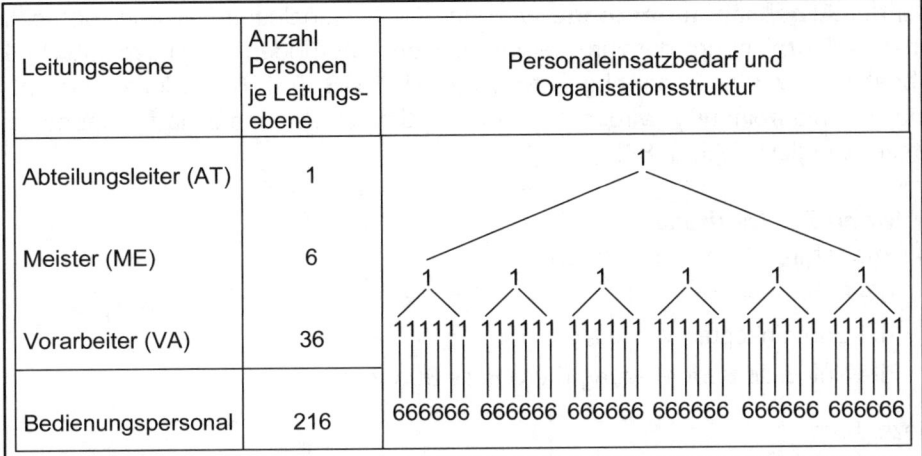

Leitungsebene	Anzahl Personen je Leitungs- ebene	Personaleinsatzbedarf und Organisationsstruktur
Abteilungsleiter (AT)	1	
Meister (ME)	6	
Vorarbeiter (VA)	36	
Bedienungspersonal	216	

Darstellung II-7 Beispiel einer starren und kollektiven Leitungsspanne
(Domsch 1970, S. 93)

Leitungsebene	Anzahl Personen je Leitungs- ebene	Personaleinsatzbedarf und Organisationsstruktur
Abteilungsleiter (AT)	1	
Meister (ME)	7	
Vorarbeiter (VA)	34	
Bedienungspersonal	220	786 493487 673 84587 9758656 968767

Darstellung II-8 Beispiel einer flexiblen und individuellen Leitungsspanne
(Hackstein/Nüssgens/Uphus 1971b, S. 173)

217

Bei der **Arbeitsablaufmethode** wird der Soll-Personalbedarf aus der betrieblichen Ablaufplanung, die zum Beispiel mit den Methoden der Netzplantechnik abgebildet werden kann, abgeleitet (Domsch 1978, S. 116). Simultan zur optimalen Ablaufplanung wird dabei eine "optimale" Personalbedarfsplanung erstellt (Gaugler 1974, S. 88).

4. Monetäre Methoden

Als monetäre Methoden werden

- die Budgetierung,
- die Gemeinkostenwertanalyse und
- die Null-Basis-Budgetierung (Zero Base Budgeting)

bezeichnet.

Bei der **Budgetierung** wird der quantitative Soll-Personalbedarf aus den in der Zukunft zur Verfügung stehenden finanziellen Mitteln, dem zukünftigen Budget, abgeleitet (Sadowski 1981, S. 99).

Im Rahmen der **Gemeinkostenwertanalyse** werden alle Leistungen des Unternehmens, mit Ausnahme der gesetzlich vorgeschriebenen, einer kritischen Überprüfung unterzogen. Dabei wird ein bestimmtes Kosteneinsparungsvolumen angesetzt, ermittelte Schwachstellen eliminiert und der Personalbedarf für die verbleibenden Tätigkeiten geplant (Stamm 1984, S. 28).

Die sogenannte **Null-Basis-Budgetierung** ist eine Variante der Budgetierung, bei der im Unterschied zu dieser - ausgehend von der Basis Null, d.h. keinerlei Ausstattung - nur die unbedingt notwendigen Funktionen des Unternehmens ermittelt und die zur Gewährleistung dieser Funktionen erforderlichen Kosten abgeleitet werden (Frese 1986, S. 91; Picot/Rischmüller 1981, S. 339).

5. Reservebedarf

Sofern die Fehlzeiten bei der Ermittlung des Personalbedarfs gewissermaßen als Zuschlag nicht berücksichtigt werden, ist der Reservebedarf gesondert zu bestimmen. Er stellt den Bedarf dar, der durch die Abwesenheit von Mitarbeitern entsteht. Gründe dafür können z.B. sein (Hackstein/Nüssgens/Uphus 1971b, S. 174 f.):

Arbeitsunfähigkeit durch

(1) Krankheit, Unfall, Kuren und Heilverfahren,

(2) bezahlten oder unbezahlten Urlaub,

(3) entschuldigtes und

(4) unentschuldigtes Fehlen.

Die Abwesenheitsrate kann im Jahresverlauf stark schwanken. Um den Reservebedarf zum Ausgleich der Fehlzeiten bemessen zu können, ist im Unternehmen eine Fehlzeitenstatistik getrennt nach Betriebsbereichen, Mitarbeitergruppen und Art der Abwesenheit zu führen. Aus dieser Statistik lassen sich Erfahrungswerte für die Planung berechnen.

Für Leitungspositionen wird oft kein Reservebedarf berücksichtigt, sondern es werden Stellvertreter ernannt, die bei Abwesenheit die Aufgaben des Stelleninhabers zusätzlich übernehmen.

Der Reservebedarf wird aus den Werten des Einsatzbedarfs und der Fehlquote berechnet.

$$(17) \quad ap_R = f_A \cdot ap_E$$

ap_R - Anzahl Personen Reservebedarf

f_A - Fehlquote

ap_E - Anzahl Personen Einsatzbedarf

Einsatzbedarf und Reservebedarf ergeben den **Soll-Personalbestand** (ap):

$$(18) \quad ap = ap_E + ap_R$$

3.2.3 Modellansätze der Personalbedarfsermittlung

Zur detaillierten kurz- und mittelfristigen Bedarfsermittlung werden einerseits **arbeitsplatz-** und **aufgabenbezogene Methoden** und andererseits Modellansätze der **Unternehmensforschung** herangezogen (vgl. Darstellung II-9).

Bei **Stellenplanmethoden** fungieren die aus der Organisationsplanung abgeleiteten Stellen des Stellenplans als unmittelbare Determinanten des Personalbedarfs. Der Stellenplan ist also der Entscheidung über den Personalbedarf vorgeschaltet.

Mit Hilfe arbeitswissenschaftlicher Methoden wird bei den **aufgabenbezogenen Methoden** versucht, den geplanten Arbeitsanfall in Stunden und Personenzahl umzurechnen. Das ist nur dann möglich, wenn Aufgabenbereiche und Anforderungen konstant bleiben und die Tätigkeit einigermaßen quantifizierbar ist, wie etwa im Fertigungsbereich.

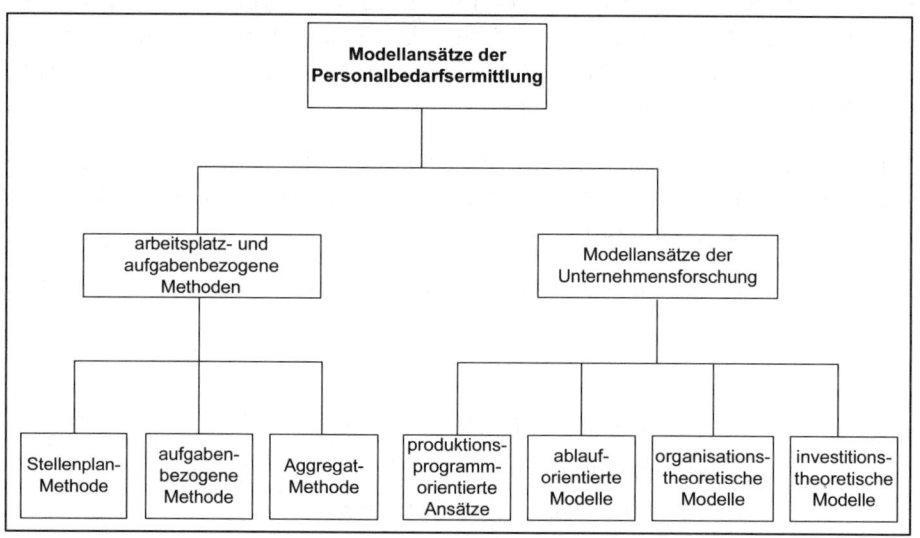

Darstellung II-9   Modellansätze der Personalbedarfsermittlung (vgl. Schmidt 1981, S. 53 ff.; Gaugler/Huber/Rummel 1974, S. 59 ff.)

Die **Aggregatmethode** geht davon aus, dass mit jedem Betriebsmittel eine bestimmte Anzahl von Arbeitsplätzen verknüpft ist. Eine Verbindung zur produzierten Menge ist nur mittelbar gegeben. Voraussetzung für die Anwendbarkeit ist daher, dass der Betriebsmittelbestand eine bestimmte Anzahl von Bedienungspersonal, unabhängig von beispielsweise zwischenzeitlichen Stilllegungen oder Kapazitätsauslastungsschwankungen, benötigt.

Modelle der Unternehmensforschung (Operations Research [OR]) sind formal-quantitative Methoden zur Optimierung einer Entscheidung unter Berücksichtigung möglichst vieler Aspekte der Entscheidungssituation im Rahmen der Personalbedarfsermittlung. **Produktionsprogrammorientierten Ansätzen** liegt die Annahme zugrunde, dass sich analog der Materialbedarfsplanung der Personalbedarf mittels Arbeitskoeffizienten ermitteln lässt. Je nach Aufgabenart einer Stelle sind unterschiedliche Produktionsfunktionen heranzuziehen (vgl. Schmidt 1981, S. 61 ff.); der Gesamtpersonalbedarf ergibt sich dann aus einer Aggregation der Produktionsfunktionen.

Der Arbeitsablauf, der detailliert geplant sein muss, legt den Personalbedarf bei **ablauforientierten Modellen** fest. Grundlage bilden präzise Informationen über Betriebsmittel, Arbeitsorganisation und zeitlichen Ablauf.

Im produktionstechnischen Bereich industrieller Unternehmungen lassen sich **investitionstheoretische Modelle** verwenden, die zur Vermeidung von Risiken der sukzessiven Teilplanungen versuchen, simultan möglichst viele Variablen entsprechend der Unternehmensziele gesamtplanerisch zu berücksichtigen, woraus sich wieder der Personalbedarf ableitet.

Alle skizzierten Modellansätze erfassen nur die quantitative Seite des Personalbedarfs und vernachlässigen qualitative Anforderungen und deren Veränderungen im Zeitablauf.

4 PLANUNG DES QUALITATIVEN PERSONALBEDARFS

4.1 Wesen und Aufgabe

Die Planung des Soll-Personalbestands als reine Mengenplanung ist für die Erfüllung der Funktion Personalbedarfsermittlung nicht ausreichend. Die Kenntnis der qualitativen Zusammensetzung des Soll-Bestands ist ebenfalls Bestandteil der Personalbemessung.

Die Aufgaben der **qualitativen Bedarfsermittlung** bestehen zum einen in der Erfassung der Arbeitsanforderungen, die die Leistungsvoraussetzung einer unbenannten Person für eine Tätigkeit (Stelle) zur Bewältigung der betrieblichen Funktionen darstellen und zum anderen in der Bestimmung der Ist-Qualifikation der Mitarbeiter, mit Hilfe der qualitativen Personalbestandsanalyse.

Der Begriff der Qualität wird hier synonym für Eignung oder Befähigung verwendet. Diese wird durch das individuelle Leistungspotential und Leistungsangebot bestimmt.

4.2 Bestimmungsgründe der Anforderungen und Bemessung nach Berufsgruppen, Qualifikationsgruppen oder Tätigkeitsbereichen

Zur Erfüllung der einzelnen Funktionen ist eine bestimmte Qualifikation der Betriebsangehörigen erforderlich, die mindestens dem Grad der Anforderungen der betreffenden Funktionen entsprechen muss. Die **Anforderungen** werden durch den Arbeitsinhalt, die angewandten Methoden und Verfahren bestimmt.

In der Praxis werden verschiedene Methoden angewendet, um die Anforderungen des Arbeitsplatzes zu bestimmen.

Bei der **qualitativen Personalbedarfsermittlung** nach **Berufsgruppen** oder **Berufen** wird nicht von den eigentlichen Anforderungen des Arbeitsplatzes ausgegangen, sondern es wird diese an den Qualifikationen des Stelleninhabers gemessen. Auf Grund der Schulbildung, Ausbildung, der Berufserfahrung und den bisherigen Tätigkeiten wird auf eine Qualifikation geschlossen, die mit den Anforderungen des Arbeitsplatzes in Verbindung gebracht wird. Wenn beispielsweise in der qualitativen Personalbedarfsermittlung die Anforderungen an einem Berufsbild wie Buchhalter, Schlosser usw. gemessen werden, so werden damit geistige, körperliche und psychische Eigenschaften verbunden, die für die Ausführung einer entsprechenden Tätigkeit verlangt werden.

Eine Typologisierung nach **Berufsgruppen** kann etwa folgendermaßen aussehen, wobei eine zusätzliche Untergliederung in Berufe möglich ist: (vgl. Hackstein/Nüssgens/Uphus 1971a, S. 111)

1 Lohnempfänger
   1.1 Facharbeiter
   1.2 angelernte Spezialarbeiter
   1.3 andere angelernte Arbeiter

2 technische Angestellte
   2.1 Diplom-Ingenieure
   2.2 Diplom-Ingenieure (FH)
   2.3 Techniker
   2.4 Meister
   2.5 sonstige technische Angestellte

3 kaufmännische und sonstige Angestellte
   3.1 mit Universitätsbildung
   3.2 mit Fachhochschulbildung
   3.3 mit abgeschlossener Berufsausbildung
   3.4 ohne abgeschlossene Berufsausbildung
   3.5 sonstige nicht-kaufmännische und nicht-technische Angestellte

4 Auszubildende
   4.1 technisch-gewerblich Auszubildende
   4.2 kaufmännisch Auszubildende

Die Kenntnis der künftigen Anforderungsstruktur ist für die qualitative Personalbedarfsermittlung Voraussetzung. In der längerfristigen Planung wird häufig nur in Lohn- und Gehaltsempfänger unterteilt. Für diese zwei Kategorien wird auf Grund der wirtschaftlichen und betrieblichen Entwicklung der zukünftige Bestand geplant.

Ein weiteres Instrument, den qualitativen Personalbedarf für einen längeren Zeitraum zu planen, vor allem im Hinblick auf die Personalentwicklung, bietet die Planung in **Qualifikationsgruppen**. Solche Qualifikationsgruppen könnten z.B. wie folgt gewählt werden (Jungbluth 1969, S. 48):

- Hochschulausbildung mit Betriebserfahrung,
- Hochschulausbildung ohne Betriebserfahrung (Berufsanfänger),
- Fachhochschulausbildung mit Betriebserfahrung,
- Fachhochschulausbildung ohne Betriebserfahrung (Berufsanfänger),
- Industriemeisterausbildung,
- Facharbeiterausbildung mit Berufserfahrung und Zusatzausbildung,
- Facharbeiterausbildung ohne Berufserfahrung (Berufsanfänger),
- Anlernausbildung mit und ohne Berufserfahrung,
- ohne Ausbildung.

Eine qualitative Personalbedarfsermittlung nach **Berufs-** oder **Qualifikationsbereichen** erlaubt noch keine detaillierte Planung. Die Berufsbezeichnungen geben nur ein ungenaues Bild der Stellenanforderungen wieder. Sie berücksichtigen nicht die Änderung von Tätigkeitsinhalten.

4.3 Die Bestimmung der Anforderungen durch Arbeitsplatz- bzw. Stellenbeschreibungen und die Ableitung von Anforderungs- und Tätigkeitsprofilen

4.3.1 Aufgaben und Wesen von Arbeitsplatz- bzw. Stellenbeschreibungen

Um die Anforderungen eines Arbeitsplatzes detailliert erfassen zu können, bietet sich das Instrument der **Stellenbeschreibung (Arbeitsplatzbeschreibung)** an.

Eine ausgebaute Stellenbeschreibung weist insbesondere folgende Merkmale auf: **Tätigkeitsbeschreibung für den Aufgabenträger**, die **organisatorische Einordnung der Stelle** und die spezifischen **Leistungsanforderungen**.

Der Stellenbeschreibung ist eine **Arbeitsanalyse** vorgelagert, die mehr oder weniger systematisch erstellt werden kann. Der Kern der Arbeitsanalyse ist die **Tätigkeitsanalyse**, die sich hauptsächlich mit den Aufgaben einer Stelle befasst, so dass infolgedessen die Arbeitsanalyse zum großen Teil eine Aufgabenanalyse ist. Das Ergebnis der Aufgabenanalyse ist die **Arbeitsbeschreibung** und die **Spezifizierung der Anforderungen**. Es existieren differenzierte Methoden der Arbeitsanalyse, wie der "**Fragebogen zur Arbeitsanalyse (FAA)**" (Frieling 1975) und das "**Arbeitswissenschaftliche Erhebungsverfahren zur Tätigkeitsanalyse (AET)**" (Rohmert/Landau 1979a, 1979b), die eine genauere Erfassung der Arbeitselemente als bei den herkömmlichen Methoden erlauben.

Der Begriff der **Arbeitsbeschreibung** (**Arbeitsplatzbeschreibung**) bleibt weitgehend auf den Bereich der ausführenden Arbeit beschränkt. Es fehlen in der Regel Angaben über die organisatorische Einordnung der Stellen und die Abgrenzung von Führungsaufgaben.

Der weitergehende Begriff, der auch die dispositiven und ausführenden Bürotätigkeiten einschließt, ist der der **Stellenbeschreibung**. Diese muss von **Dienstanweisungen** unterschieden werden, die verfahrensbezogen sind und die Aufgabenverrichtung im Arbeitsablauf regeln. Damit sind sie Bestandteil der Stellenbeschreibung.

Zunächst dient die Stellenbeschreibung der Information des Stelleninhabers über seine **Arbeitsaufgaben, Kompetenzverteilung, Stellvertretung** und **Kommunikationsbeziehungen**. Sie ist weiterhin ein Hilfsmittel der Personalsteuerung (Wunderer 1982, S. 323 f.; Schwarz 1990, S. 287) und eine Voraussetzung für eine differenzierte Stellenplanung. Für die Ermittlung des qualitativen Personalbedarfs gibt sie dem Personalplaner die Angaben über Anforderungsarten und Anforderungshöhe der Stelle. Bei der Personalbeschaffung kann sie Grundlage für den Anzeigentext sein, da sie genaue Angaben über die Leistungsanforderungen enthält. Ein Abteilungsfremder (z.B. Personalleiter) und auch ein betriebsexterner Berater können aus den in der Stellenbeschreibung zu erkennenden Aufgaben und Anforderungen den Text formulieren und sie als Informationsquelle bei der Personalauswahl und den Einstellungsgesprächen verwenden.

Stellenbeschreibungen erweisen sich in der Personalwirtschaft in mehrfacher Hinsicht als zweckdienlich. Sie bieten die Grundlage für das **Einarbeiten** und das **systematische Unterweisen** neuer Mitarbeiter und tragen damit zur Verkürzung der Anlernzeiten bei. Auch bei **Einweisung** eines Vertreters in Abwesenheit des Stelleninhabers wird hierdurch erleichtert. Stellenbeschreibungen sind damit ein Hilfsmittel des Personaleinsatzes. Vor allem im Fertigungsbereich, in dem Mitarbeiter als Springer auf verschiedenen Arbeitsplätzen eingesetzt werden müssen, erleichtern sie die Arbeit.

Die Stellenbeschreibung ist Grundlage für die **Personalbeurteilung** im Hinblick auf einen eignungsgerechten Personaleinsatz mit dem Ziel, Eignung und Anforderung zur Deckung zu bringen. Auch zur **Lohn-** und **Gehaltsfestsetzung** können Teile der Stellenbeschreibung verwendet werden.

Ein weiteres Hilfsmittel können Stellenbeschreibungen in der **Nachwuchsförderung** sein. Den Nachwuchskräften werden die Anforderungen höherwertiger Stellen aufgezeigt, so dass sie sich hierauf vorbereiten können. Durch die Offenlegung der Beförderungsmöglichkeiten kann eine Ursache der Fluktuation, nämlich die Ungewissheit der Aufstiegsmöglichkeiten, zumindest teilweise beseitigt werden.

4.3.2   Inhalt und Aufbau der Stellenbeschreibung

Inhalt und Aufbau der Stellenbeschreibung sind von den Organisationszielen, die mit ihrer Hilfe erreicht werden sollen, direkt abhängig. Die Analyse des Stellenbildes umfasst drei Teilbereiche (Wunderer 1982, S. 324): die **führungsorganisatorische Analyse (Instanzenbild)**, die **Aufgabenanalyse (Aufgabenbild)** und die **Leistungsanalyse (Leistungsbild)** (vgl. Darstellung II-10).

1. Das Instanzenbild

Das Instanzenbild besteht aus der Stellenkennzeichnung, der Regelung der instanziellen Einordnung und der Zusammenarbeit mit anderen Stellen.

Zur Stellenkennzeichnung zählt zunächst die Stellenbezeichnung, die die Position des Stelleninhabers und den Leitungsbereich, dem sie angehört, umfasst.

Die Rangbezeichnung gehört ebenfalls dazu. Auf die Angabe des Dienstrangs kann nicht verzichtet werden, da durch ihn zum Teil die sachlichen Kompetenzen und Verantwortlichkeiten zum Ausdruck kommen. Es sind beispielsweise Rangbezeichnungen wie Sachgebiets-, Abteilungs- oder Hauptabteilungsleiter anzugeben. Es können auch weiterhin Rangbezeichnungen, die nichts mit der Aufgabenerfüllung zu tun haben, wie z.B. Handlungsbevollmächtigter, Prokurist, Direktor, angeführt werden.

Für personalpolitische Zwecke werden in Stellenbeschreibungen häufig Lohn- oder Gehaltsgruppen angegeben.

Zur Regelung der instanziellen Einordnung der Stelle zählen die Über- und Unterstellenverhältnisse, besondere Vollmachten bzw. Kompetenzbeschränkungen und die Stellvertretung.

Die Darlegung der Zusammenarbeit mit anderen Stellen ist nicht nur im Hinblick auf den Führungsstil, sondern auch für die Aufgabenerfüllung eine wichtige Information. In vielen Stellenbeschreibungen fehlt in der Praxis ein Hinweis auf die Kommunikationsbeziehungen. Auch in der Literatur wird nur an wenigen Stellen auf die Bedeutung der betriebsinternen und -externen Kommunikationsbeziehungen für den Inhalt bei Stellenbeschreibungen hingewiesen.

Die internen Kommunikationsbeziehungen betreffen die Mitwirkung in Ausschüssen und das Berichtswesen. Die externen Kommunikationsbeziehungen sind aufzunehmen, wenn der Stelleninhaber in Kommissionen, Ausschüssen oder Verbänden mitwirkt.

2. Das Aufgabenbild

Die bereits oben angesprochene Zielsetzung der Stellenbeschreibung wird im Verzeichnis der Aufgaben und Befugnisse präzisiert. Der Kern der Stellenbeschreibung ist die Analyse der Aufgaben und die Entscheidungs- und Weisungskompetenz.

Alle Aufgaben, gleichgültig ob sie täglich, wöchentlich oder monatlich anfallen, sollten aufgenommen werden. Der Vorteil der Stellenbeschreibung ist darin zu sehen, dass der Aufgabenbereich des Betriebsangehörigen geregelt und dass sein Handlungs- und Entscheidungsspielraum klar umrissen ist. Die Formulierung der Aufgaben sollte knapp, verständlich und genau sein.

3. Das Leistungsbild

Das Leistungsbild als dritter Teilbereich der Stellenbeschreibung gibt die Anforderungen wieder. Die Anforderungsanalyse sollte nicht so umfangreich wie bei der analytischen Arbeitsbewertung sein. Häufig reicht eine verbale Beschreibung der wichtigsten Anforderungen aus.

Zum Leistungsbild gehören außer der Fixierung der Leistungsanforderungen auch *Leistungsstandards*. In den Leistungsstandards wird formuliert, was vom Stelleninhaber erwartet wird.

Über die Form der Stellenbeschreibung lassen sich keine verbindlichen Aussagen machen. Ein Formular lässt sich verständlicherweise nur unter Berücksichtigung der Gegebenheiten für einen Betrieb oder auch nur für Bereiche eines Betriebs erstellen.

Stellenbeschreibungen sind eine sehr präzise Form der Fixierung von Aufgaben.

Da die Erstellung von Stellenbeschreibungen mit einem nicht unerheblichen Aufwand verbunden ist, stellt sich die Frage, unter welchen Voraussetzungen von Stellenbeschreibungen wirtschaftlich Gebrauch gemacht werden kann.

Eine Voraussetzung ist eine Mindestgröße der Unternehmung, gemessen an der Anzahl der Stellen. In der Literatur finden sich Angaben, die von einer Stellenzahl von 100 bis 200 Beschäftigten als Minimum ausgehen (Schwarz 1990, S. 232 ff.; Wunderer 1982, S. 331). Für Dienstleistungsbetriebe könnte nach Schwarz diese Zahl jedoch schon bei 50 Beschäftigten liegen.

Eine weitere Voraussetzung für die Verwendung der Stellenbeschreibung ist die vorbehaltlose Unterstützung durch die Geschäftsleitung, der die Aufgabe zufällt, die Beteiligten über Zielsetzung und Durchführung zu informieren.

Sofern Stellenbeschreibungen nicht der Gehaltsfindung dienen, unterliegen sie nicht der Mitbestimmung, sondern fallen in das alleinige Direktionsrecht der Arbeitgeber. Die Stellenbeschreibung sollte von einer Kommission bestätigt werden, an der der Personalleiter, der Stelleninhaber, dessen Vorgesetzter und Vertreter des Betriebsrats beteiligt sind.

Den Aufbau einer Stellenbeschreibung zeigt die Darstellung II-10.

1. Unternehmen _____
2. Beschäftigungsort: _____

I. Instanzenbild

Stellenkennzeichnung
3. Stellenbezeichnung: _____
4. Stellennummer: _____
5. Abteilung: _____
6. Stelleneinhaber: _____
7. Dienstrang: _____
8. Gehaltsbereich: _____

Instanzielle Einordnung
9. Der Stelleninhaber erhält fachliche Weisungen von:
   1. _____   _____
   2. _____   _____
   3. _____   _____
10. Der Stelleninhaber gibt fachliche Weisungen an:
                      Stellennummer:
   1. _____   _____
   2. _____   _____
   3. _____   _____

11. Stellvertreter des Stelleninhabers: _____
12. Anzahl der disziplinarisch unterstellten Mitarbeiter
    (z.B. Abteilungsleiter, Gruppenleiter, Sachbearbeiter, Meister, Vorarbeiter):
   1. _____
   2. _____
   3. _____
13. Kompetenzen (z.B. Prokura, Handlungsvollmacht):

Kommunikationsbeziehungen
14. Der Stelleninhaber liefert folgende Berichte ab:
   1. _____
   2. _____
   3. _____

15. Der Stelleninhaber erhält folgende Berichte:
    1. _____
    2. _____
    3. _____
16. Konferenzen:
    1. _____
    2. _____
    3. _____
17. Die Zusammenarbeit mit folgenden Stellen ist sachlich erforderlich:

    intern: extern:
    1. _____   _____
    2. _____   _____
    3. _____   _____

II. Aufgabenbild

18. Beschreibung der Tätigkeit:
    1. sich wiederholende Sachaufgaben:

       _____
       _____

    2. unregelmäßig anfallende Sachaufgaben:

       _____
       _____

19. Arbeitsmittel:

    _____

20. Richtlinien, Vorschriften:

    _____
    _____

III. Leistungsbild

Leistungsanforderungen

21. Kenntnisse, Fertigkeiten, Erfahrungen

    _____
    _____

22. Arbeitscharakterliche Züge (z.B. Genauigkeit und Sorgfalt, Kontaktfähigkeit):

    _____
    _____
    _____

23. Verhalten (z.B. Führungsqualitäten, Durchsetzungsvermögen):

    _____

Leistungsstandards

24. quantitative Leistungsstandards (z.B. Umsatz):

25. qualitative Leistungsstandards (z.B. Teamfähigkeit):

Unterschrift mit Datum:

Personalleiter   Stelleninhaber   Vorgesetzter   Betriebsrat

Darstelung II-10 Aufbau einer Stellenbeschreibung

4.3.3 Anforderungsprofile als Methode zur Ermittlung der Anforderungen und der Anforderungshöhe

Anforderungsprofile bauen auf Stellen- bzw. Arbeitsbeschreibungen auf. Sie enthalten die **Anforderungshöhen einzelner Anforderungsarbeiten eines Arbeitsplatzes**. Üblich ist die graphische Darstellung, aber auch die Matrixform wird verwendet. Darstellung II-11 zeigt das Anforderungsprofil für das Prüfen von Lötstellen.

Die analytisch gewonnenen Anforderungsmerkmale müssen den ebenfalls analytisch ermittelten Fähigkeitsmerkmalen gegenübergestellt werden. Der Vergleich des Anforderungsprofils mit dem **Fähigkeitsprofil** lässt auf die Eignung eines Stelleninhabers oder Bewerbers schließen. Ideal wäre eine totale Deckung aller Anforderungs- und Fähigkeitsmerkmale. In der Regel werden Anforderungs- und Fähigkeitsprofile nicht in allen Bereichen gleich sein. Liegen bei Merkmalen die Fähigkeiten höher als die Anforderungen, so wird von **Überdeckung** gesprochen, sind sie niedriger, so handelt es sich um eine **Unterdeckung**. Darstellung II-12 zeigt ein Anforderungs- und Fähigkeitsprofil mit Über- und Unterdeckungen.

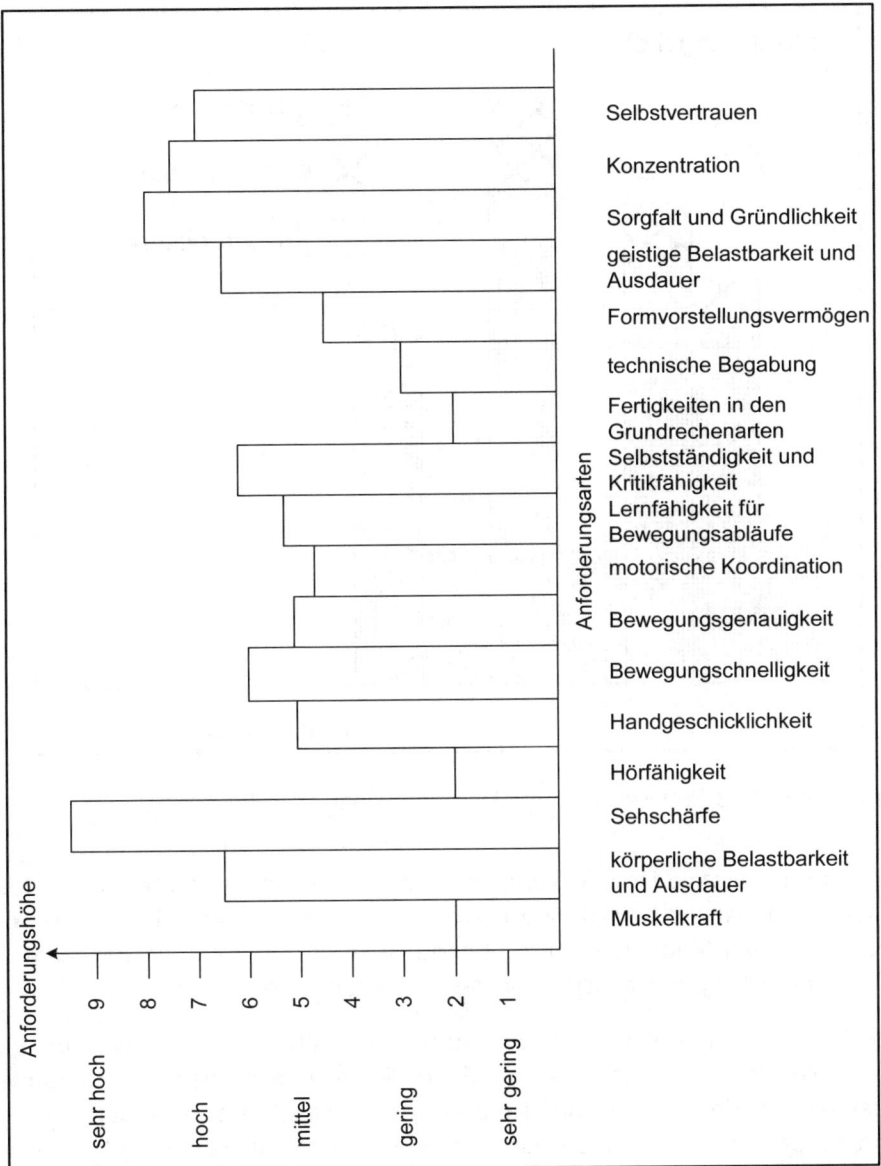

Darstellung II-11 Beispiel für ein Anforderungsprofil: Prüfen von Lötstellen

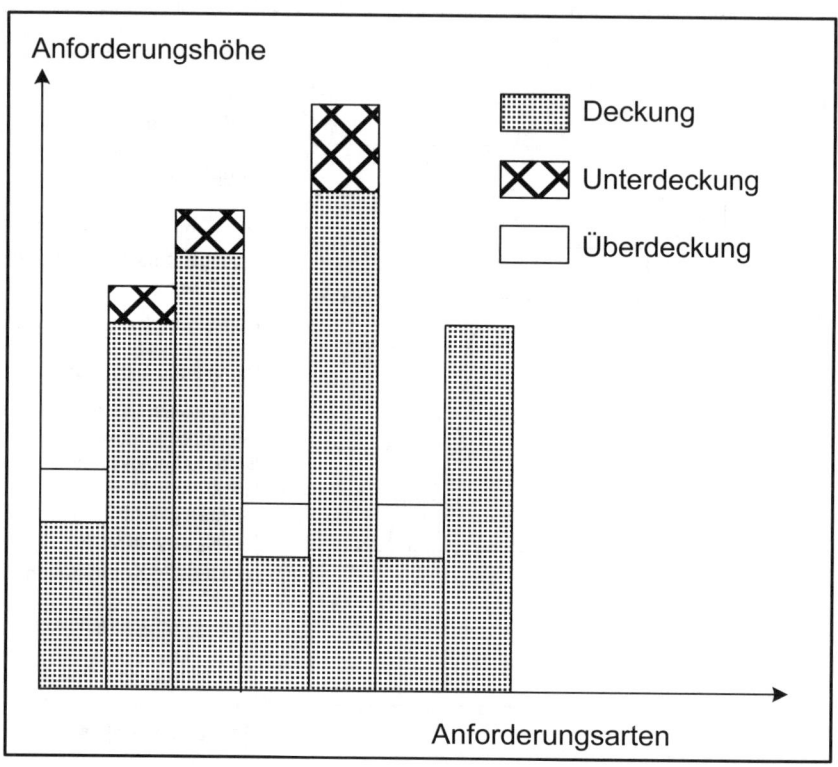

Darstellung II-12 Profilvergleich mit Deckung, Über- und Unterdeckung

Wird eine qualitative Überdeckung bei einem oder mehreren Merkmalen fest-gestellt, dann ist die betreffende Person überqualifiziert. Im Interesse des Be-triebs und des Mitarbeiters muss überlegt werden, ob diese Person nicht an einen höherwertigen Arbeitsplatz versetzt werden kann.

Wird hingegen eine qualitative Unterdeckung ermittelt, so muss geprüft wer-den, inwiefern durch Personalentwicklung die Fähigkeiten den Anforderungen angepasst werden, die Anforderungen des Arbeitsplatzes verringert werden können oder die betreffende Person an einer anderen Stelle eingesetzt werden kann.

5 BEURTEILUNG DER METHODEN DER QUANTITATIVEN UND QUALITATIVEN PERSONALBEDARFSERMITTLUNG

Der Personalbedarfsermittlung kommt von der wirtschaftlichen Bedeutung her ein großer Stellenwert zu, weil durch die Quantität und Qualität der Stellen in Verbindung mit dem Personaleinsatz einerseits die Personalkosten und andererseits das betriebliche Leistungspotential bestimmt werden. Es gilt also, den "optimalen Personalbedarf" im Hinblick auf das gewünschte betriebliche Ergebnis unter Berücksichtigung der Personalkosten zu bestimmen. Die aufgezeigten Methoden der quantitativen und qualitativen Personalbedarfsermittlung können dabei nur eine Entscheidungshilfe sein, denn der endgültige Gesamtbedarf eines Betriebs hängt von der Unternehmenspolitik ab.

Bei uniformen kontinuierlichen Fertigungsprozessen sind die **arbeitswissenschaftlichen Methoden** eine wichtige Entscheidungshilfe, da sie recht zuverlässige Daten liefern. Diese Methoden stoßen recht schnell an ihre Grenzen, wenn Arbeiten diskontinuierlich anfallen und heterogen in ihrer Aufgabenstellung und ihrem Schwierigkeitsgrad sind. Dann müssen nämlich für schlecht vorhersehbare Ereignisse Zeitzuschläge gewährt werden, wodurch die Berechnung der "personellen Grundkapazität" in Frage gestellt wird. Dies trifft besonders für Bürotätigkeiten zu, sofern die Arbeitsgegenstände nicht uniform sind und die Arbeitsvorgänge nicht kontinuierlich ablaufen.

Bei einem derartigen Arbeitsanfall mit quantitativ, qualitativ und zeitlich verschiedenen Anforderungen wird dann oft auf Schätzmethoden zurückgegriffen, da die Einflussgrößen für die Personalbedarfsbestimmung zu heterogen oder gar nicht messbar sind.

Um die betriebliche Aufgabenerfüllung auf keinen Fall zu gefährden, werden oft durch großzügige Schätzungen personelle Reserven gebildet. Ein Indiz für diese vorkommenden Personalüberdeckungen sind die Erfolge, die mit der **Gemeinkostenwertanalyse** erzielt werden.

Beurteilung der Methoden der Personalbedarfsermittlung

Der Führungskräftebedarf ist selbstverständlich nicht nur abhängig von der Leitungsspanne; er ist oft eine Entscheidung im Hinblick auf die Effizienzerhöhung, wobei dann der zusätzliche Bedarf im Hinblick auf die Qualitätsverbesserung des Entscheidungsergebnisses bewilligt wird.

Die Methoden der Ermittlung des qualitativen Personalbedarfs sind bislang recht unbefriedigend. Die Verwendung von Berufsgruppen, Qualifikationsgruppen und Tätigkeitskategorien kann nur ein unvollkommener Ersatz für noch zu entwickelnde Methoden sein, da die Anforderungen summarisch und zu grob erfasst werden. Stellenbeschreibungen, aber insbesondere Arbeitsanalysen, sind zur Anforderungsermittlung brauchbar. Für die Informationen, die mit Hilfe dieser Instrumente gewonnen werden, gilt das Wirtschaftlichkeitsprinzip, d.h., sie sollten einer Kosten-Nutzen-Analyse unterzogen werden.

Der Haupteinwand gegen die Verwendung von Stellenbeschreibungen und Arbeitsanalysen zur Ermittlung des qualitativen Personalbedarfs ist das fehlende äquivalente Instrument zur Bestimmung der Qualifikation der Bewerber, deren Fähigkeiten, Kenntnisse, Potentiale usw. mit Hilfe anderer Instrumente, z.B. summarisch oder durch eine analytische Personalbeurteilung, festgestellt werden.

Die Anforderungsprofile sind in Verbindung mit Eignungsprofilen ein gangbarer Weg. Jedoch ist ihre Anwendung begrenzt, da nicht alle Anforderungen und Eignungen erfasst und skaliert werden können.

6   LITERATURHINWEISE ZU TEIL II

Baetge, J./Wagner, H. (Hrsg.): Personalbedarfsplanung in Wirtschaft und Verwaltung, Stuttgart 1983

Beyer, H.-T.: Determinanten des Personalbedarfs, Bern/Stuttgart 1981

Bodemer, A.: Personalbedarfsermittlungsverfahren: Analyse der relevanten und absoluten Vorteilhaftigkeit der Zeitreihenverfahren für die Ermittlung des zukünftigen quantitativen Soll-Personalbestandes (Diss. TU Braunschweig), München 1995

Feuer, H./Niehaus, R.J./Sheridan, J.A.: Human Resource Forecasting: A Survey of Practice and Potential, in: Human Resource Planning, 7. Jg. (1984), S. 85-97

Kossbiel, H.: Personalbedarfsermittlung, in: Gaugler, E./Weber, W. (Hrsg.): Handwörterbuch des Personalwesens (HWP), 2. Aufl., Stuttgart 1992, Sp. 1596-1606

Mag, W.: Einführung in die betriebliche Personalplanung, 2. Aufl., München 1998

RKW-Handbuch Personalplanung, 3. Aufl., Neuwied/Berlin 1993

Schmidt, G.: Personalbemessung, Gießen 1981

III. Teil

Personalbeschaffung

1 BEGRIFF UND ÜBERBLICK

Personalbeschaffung hat das Sachziel, den Personalbestand an den aktuellen Personalbedarf durch Neueinstellungen oder interne Rekrutierung anzupassen. Die Personalbeschaffung ist aus Sicht der Organisation bedarfsgerecht nach vorgegebenem Zeitpunkt und Zeitraum auszurichten. Der Prozess der Personalbeschaffung muss sich bezüglich der Aufgabenstellung unter Berücksichtigung wettbewerbsbedingter Erfordernisse, der Arbeitsmarktsituation, des normativen Regelungsrahmens und der spezifischen Arbeitnehmerinteressen sehr differenziert ausgestalten, wie in den nachfolgenden Abschnitten dargestellt wird.

Da dem Arbeitgeber auch auf Grund der aktuellen Veränderungen auf dem Arbeitsmarkt (z.B. rückläufige Bevölkerungsentwicklung, großer Spezialistenbedarf bei zunehmender Technisierung, Fluktuation) nicht jederzeit qualifiziertes Personal in ausreichender Zahl zur Verfügung steht, erscheint es sinnvoll, ein Denk- und Handlungskonzept anzuwenden, das sich an den Bedürfnissen, Erwartungen und Zielsetzungen des Arbeitnehmers orientiert. Diese Anforderungen erfüllt das **Personalmarketing** (vgl. Thiele 1999).

Für das Personalmarketing unterscheidet Scholz (2000, S. 420 ff.) vier Gruppen von Vorgehensweisen.

Der **heuristische** Personalmarketing-Ansatz geht von der Anreiz-Beitrags-Theorie aus. Der Grundgedanke ist, den Interessen und Erwartungen der Mitarbeiter weitgehend gerecht zu werden, damit sie dem Unternehmen auch weiterhin ihre volle Arbeitsleistung zur Verfügung stellen. Der Ansatz berücksichtigt somit die Arbeitgeber- und Arbeitnehmerinteressen, wobei das zu Analogien anspornende Potential der Anreiz-Beitrags-Theorie als ein wichtiger Aspekt der Personalarbeit genutzt wird.

Ein weiterer Ansatz definiert Personalmarketing als **operatives Instrument** zur Gewinnung von Arbeitskräften am externen Arbeitsmarkt. Diese Auffassung grenzt Personalmarketing somit präzise zu anderen personalwirtschaftlichen Aufgabenfeldern ab.

Beim **expliziten** Personalmarketing muss sich nicht nur die Personalabteilung mit dem Personalmarketing auseinandersetzen, sondern alle Mitarbeiter, die Personalverantwortung haben oder das Unternehmen nach außen repräsentieren. Strutz (1989, S. 14), der die Auffassung des expliziten Personalmarketing vertritt, beschreibt dessen Aufgaben wie folgt:

- Bewertung der Strukturen und Aktivitäten des Unternehmens unter dem Aspekt der Position auf dem internen und externen Personalmarkt,
- aktives und systematisches Positionieren des Unternehmens auf dem Arbeitsmarkt und
- Kontaktaufnahme, Auswahl und Förderung geeigneter Mitarbeiter.

Vertreter des **impliziten** Personalmarketing verstehen "Personalmarketing" weder als eigenständige Methodologie noch als eigenen Gegenstand einer selbstständigen wissenschaftlichen Disziplin. So konstatiert beispielsweise Staffelbach (1986, S. 127) im Sinne des impliziten Personalmarketing, dass viele Errungenschaften, die mit Personalmarketing in Verbindung gebracht werden, nicht neu sind, bejaht jedoch die handlungsbezogenen Konsequenzen des Personalmarketing.

Aus der Beschreibung des Begriffs Personalmarketing wird deutlich, dass es sich um ein komplexes Entscheidungsproblem in mehreren Ebenen handelt, die untereinander interdependent sind. Die Entscheidungstatbestände und die Entscheidungsträger des Personalmarketing bilden zusammen mit den Faktoren des Zwischen- und Umsystems sowie mit allen Faktoren des vorgelagerten übrigen Insystems (personalwirtschaftliche, betriebliche und Unternehmungsführungsfunktionen) das **Personalmarketing-Entscheidungsfeld**, das sich entsprechend den Entscheidungstatbeständen in weitere (Sub-)Entscheidungsfelder (z.B. Personalwerbung, Personalforschung, Personalauswahl) gliedern lässt.

Die einzelnen Entscheidungstatbestände sind **Instrumente**, die in ihrer Gesamtheit zur **Zielerreichung** beitragen.

Die wesentlichen (Sub-)Entscheidungsfelder des Personalmarketing sind:

- Personalbedarfsermittlung,
- Personalforschung,
- Personalauswahl,

- Personalbeschaffung mit
- Personalintegration,
- Personalentwicklung,
- Personalerhaltung und Leistungsstimulation und gegebenenfalls
- Personalfreistellung.

Der Ansatz des Personalmarketing ist also funktionsübergreifend.

Personalbeschaffung hängt von zahlreichen Einflussfaktoren bzw. Rahmenbedingungen ab, die die Beschaffungsaktivitäten bestimmen, indem sie bestimmte Voraussetzungen für Beschaffungsmärkte, Beschaffungsarten und -wege vorgeben. Deshalb sollte auf die Gewinnung und Analyse **personalbeschaffungsrelevanter Informationen** in einem zielgerichteten Personalbeschaffungsprozess auf keinen Fall verzichtet werden. Beim Personalbeschaffungsprozess sind folgende Phasen zu unterscheiden:

- **Gewinnung und Analyse personalbeschaffungsrelevanter Informationen**,
- **Ermittlung und Bestimmung von Beschaffungsarten und -wegen**,
- **Personalauswahl**,
- **Personalbindung**.

2 GEWINNUNG UND ANALYSE PERSONALBESCHAFFUNGS-RELEVANTER INFORMATIONEN

2.1 Überblick

Der Entscheidungsprozess der Personalbeschaffung beginnt mit der systematischen Gewinnung **beschaffungsrelevanter Informationen**. Die Gewinnung und Analyse von Informationen ist Voraussetzung für einen zielgerichteten Einsatz des Personalbeschaffungsinstrumentariums. Die Zielvorgabe ist ausgerichtet an den aus den betriebswirtschaftlichen Oberzielen abgeleiteten personalwirtschaftlichen Zielen und speziell an dem Sachziel der Funktion Personalbeschaffung.

Zu den wichtigen beschaffungsrelevanten Informationen, die die Rahmenbedingungen im Wesentlichen bestimmen, wird auch die Ermittlung des **Personalbedarfs** gezählt, die Voraussetzung dafür ist, dass Beschaffungsaktivitäten eingeleitet werden. Ferner sind die Bedingungen auf dem **Arbeitsmarkt** bzw. auf einzelnen **Teilarbeitsmärkten** sowie die **Stellung der Unternehmung am Arbeitsbeschaffungsmarkt** von Interesse. Die Schaffung organisatorischer Voraussetzungen dient der Vereinfachung des Personalbeschaffungsprozesses, insbesondere bei unvorhergesehenen Beschaffungserfordernissen. Außerdem sollte den **Erwartungen, Bedürfnissen** und **Zielsetzungen der Mitarbeiter** Rechnung getragen werden. Schließlich spielen rechtliche Aspekte und die Wirtschaftlichkeit eine entscheidende Rolle bei der Gestaltung der Personalbeschaffung.

Diese systematische Tätigkeit der Gewinnung und Analyse von objektiv bzw. subjektiv bedingten Tatbeständen und Merkmalen des Arbeitsmarkts und des Beschaffungspotentials wird als **Personalmarktforschung** bezeichnet und ist Grundlage der Personalbeschaffungsentscheidung.

Neben den im Folgenden exemplarisch beschriebenen Informationsarten sind zahlreiche zusätzliche Rahmenbedingungen zu beachten. Einige werden hier - ohne Anspruch auf Vollständigkeit - kurz erwähnt.

Mit zunehmender Betriebsgröße werden die organisatorischen und institutionellen Voraussetzungen für eine effiziente Personalbeschaffung geschaffen. In engem Zusammenhang mit der Betriebsgröße steht die Leistungsfähigkeit der Aufbau- und Ablauforganisation und die daraus ableitbaren organisationsbedingten Möglichkeiten zur Entlastung der Beschaffungsfunktion, indem wirkungsvolle akquisitorische Anreize gegeben werden können (z.B. durch Personalentwicklung).

Es sind schließlich nicht nur Interdependenzen der Personalbeschaffung zu den übrigen Funktionsbereichen der Personalwirtschaft, sondern auch wechselseitige Abhängigkeiten zu anderen Teilbereichen der Organisation, wie dem Produktions-, Absatz- und Finanzbereich, zu berücksichtigen.

2.2   Der Personalbedarf

Personalbeschaffung zielt auf die Gewinnung personeller Kapazität, um die vom Funktonsbereich "Personalbedarfsermittlung" aufgezeigte personelle Unterdeckung in quantitativer, qualitativer, örtlicher und zeitlicher (Zeitpunkt und Zeitdauer) Hinsicht zu beheben. Der Personalbedarf muss deshalb geplant werden, damit Personalbedarfsdeckung und Personalbedarfsentstehung aufeinander abgestimmt werden können. Je länger die Beschaffungszeiträume und je schwieriger die Beschaffungsmöglichkeiten auf dem externen und internen Arbeitsbeschaffungsmarkt sind, desto weiter muss eine Personalbedarfsermittlung in die Zukunft reichen.

Bei der Personalbedarfsermittlung ist in einem ersten Schritt der **Bruttopersonalbedarf** zu bestimmen. Hierfür ist der gesamte zukünftige Arbeitszeitbedarf zu ermitteln, der erforderlich ist, um die geplanten Aufgaben zu realisieren, was personelle Bedarfe in den indirekten, administrativen Bereichen einschließt. Der Bruttopersonalbedarf setzt sich aus dem **Einsatzbedarf** und dem **Reservebedarf** zusammen. Der Einsatzbedarf umfasst denjenigen Bedarf, der zur Erfüllung der entstehenden Aufgaben notwendig ist. Der Reservebedarf berücksichtigt, dass es zu unvermeidlichen Ausfällen beispielsweise wegen Fehlzeiten oder Einarbeitung kommen wird und der Einsatzbedarf demzufolge zur Aufrechterhaltung der betrieblichen Abläufe um diese Größe zu ergänzen ist. Der

Nettopersonalbedarf stellt einen Abgleich zwischen künftigem Bruttoperso-nalbedarf und künftigem Personalbestand dar, d.h., es wird der Stellenplan und Stellenbesetzungsplan abgeglichen.

Mit der Gegenüberstellung von Stellenplan und Stellenbesetzungsplan wird sowohl die quantitative als auch die qualitative Komponente des Personalbe-darfs erfasst. Es reicht nicht aus, die Anzahl der zu beschaffenden Mitarbeiter zu kennen, sondern auch die erforderliche Qualifikation des Ersatz- oder Neu-bedarfs muss bekannt sein.

Die erforderliche Qualifikation der zu beschaffenden Mitarbeiter, der Bedarfs-zeitpunkt und die Dauer des Bedarfs entscheiden über die Beschaffungsarten. Die Zeitdauer des Personalbedarfs bedingt die Art der Beschaffungsmaßnahme. Handelt es sich um einen vorübergehenden Bedarf, der z.B. durch Krankheit, Urlaub oder saisonale Schwankungen auftritt, so kann **Aushilfs-** oder **Ver-tretungspersonal** unter Abschluss eines befristeten Arbeitsvertrags beschafft werden, der Betrieb schließt **Arbeitnehmerüberlassungsverträge** mit einem Personal-Leasing-Unternehmen ab oder beauftragt einen freien Mitarbeiter mit der zu erfüllenden Aufgabe. **Personalleasing** ist die gewerbsmäßige Überlas-sung von Arbeitnehmern, die rechtlich im Arbeitnehmerüberlassungsgesetz ge-regelt ist und bei der das Leasingunternehmen als Arbeitgeber auftritt (vgl. Kaiser 1994, S. 23 f.). Die Länge des Planungszeitraums für die Personalbe-schaffung sollte die notwendige Zeit für die vollwertige Besetzung eines vakan-ten Arbeitsplatzes einschließen. Darin enthalten sind auch Zeiträume für eventuelle Bildungsmaßnahmen sowie für die Einführung und Einarbeitung der neuen Mitarbeiter. Der Bedarfszeitpunkt ist also so rechtzeitig bekanntzu-geben, dass die Personalbeschaffung die Maßnahmen termingerecht durch-führen kann.

Der Planungszeitraum der Personalbeschaffung hängt einerseits von der Quali-fikation des zugewiesenen Personals und andererseits von der Situation auf dem Arbeitsmarkt ab. Die Beschaffungsplanung muss um so langfristiger ange-legt werden, je weniger Arbeitskräfte auf dem Arbeitsbeschaffungsmarkt zur Verfügung stehen, je länger die allgemeinen Kündigungsfristen sind und je höher die Anforderungen sind, die an die potentiellen Mitarbeiter gestellt wer-den.

2.3 Die Analyse des Arbeitsmarktes

2.3.1 Die betriebliche Arbeitsmarktforschung

Ist der Bedarf an Personal in quantitativer und qualitativer Hinsicht und der Bedarfszeitpunkt bestimmt, gilt es diesen zu decken. Grundlage stellt die systematische Analyse des in Frage kommenden Beschaffungspotentials dar.

Es empfiehlt sich aus betrieblicher Sicht, die Analyse des Potentials kontinuierlich durchzuführen, damit auch kurzfristig - bei entsprechendem Bedarf - die Beschaffungsaktivitäten rechtzeitig eingeleitet werden können. Um einen ständigen Überblick zu gewährleisten, kann im Unternehmen die Einrichtung einer betrieblichen Arbeitsmarktforschung erwogen werden. Sie hat die Aufgabe, die Informationen über den Arbeitsmarkt zu beschaffen, die der Betrieb für personalwirtschaftliche Entscheidungen benötigt. Sie unterscheidet sich von der **gesamtwirtschaftlichen Arbeitsmarktforschung**, die Unterlagen für sozial- und wirtschaftspolitische Entscheidungen bereitstellt. Ein wichtiger Träger der gesamtwirtschaftlichen Arbeitsmarktforschung ist das **Institut für Arbeitsmarkt- und Berufsforschung der Bundesanstalt für Arbeit in Nürnberg**.

Die betriebliche Arbeitsmarktforschung lässt sich in eine **innerbetriebliche (interne)** und **außerbetriebliche (externe)** gliedern. Gegenstand der innerbetrieblichen Arbeitsmarktforschung ist der interne Arbeitsbeschaffungsmarkt, während sich die überbetriebliche mit dem externen Arbeitsbeschaffungsmarkt befasst.

Die Arbeitsmarktforschung hat die Aufgabe, das Beschaffungspotential und die Beschaffungsmöglichkeiten transparent zu machen. Als Grundlagen dienen neben den externen auch die aus der **internen Marktbeobachtung und -analyse** gewonnenen Daten und Informationen.

Zudem können Erkenntnisse der **Berufs- und Mobilitätsforschung**, soweit sie beschaffungsrelevant sind, hinzugezogen werden. Die Ergebnisse der betrieblichen Arbeitsmarktforschung bestimmen dann die im weiteren Beschaffungsprozess erfolgende **Auswahl der Beschaffungsinstrumente**.

Die wissenschaftliche Tätigkeit des Instituts für Arbeitsmarkt- und Berufsforschung ist auf eine vorausschauende Arbeitsmarkt- und Beschäftigungspolitik ausgerichtet. Die Ergebnisse stehen den Betrieben in den Veröffentlichungen des Instituts zur Verfügung.

2.3.2 Gewinnung von Daten und Informationen über den externen Arbeitsbeschaffungsmarkt

Auf dem Arbeitsmarkt treffen sich Angebot und Nachfrage nach Arbeitskräften. Im Hinblick auf die Arbeitsmarktentwicklung und die dadurch geforderte Arbeitsmarktpolitik nehmen **Arbeitsmarktprognosen** eine bedeutende Rolle ein.

Im konkreten Beschaffungsfall ist jedoch nicht der Gesamt-Arbeitsmarkt relevant, sondern spezifische **Teilarbeitsmärkte**. Darunter werden Arbeitsmarktausschnitte verstanden, die anhand bestimmter Kriterien gebildet werden, in sich vergleichsweise homogen sind und durch unterschiedliches Nachfrager- und Anbieterverhalten voneinander mehr oder weniger getrennt sind. Die Abgrenzung von Teilarbeitsmärkten kann unter räumlichen, zeitlichen, quantitativen und/oder qualitativen Gesichtspunkten erfolgen. So können z.B. die Kriterien Berufsgruppe, Geschlecht, Alter, Betriebsstandort, Branche, Mobilität oder Fristigkeit der zu gewinnenden Mitarbeiter zur Teilarbeitsmarktgliederung herangezogen werden.

Für den Betrieb ist bei der Personalbeschaffung jeweils nur der Teilarbeitsmarkt interessant, der ein Beschaffungspotential aufweist. Ein für die Gewinnung von Personal relevanter Teilarbeitsmarkt wird **Arbeitsbeschaffungsmarkt** genannt.

Wenn beispielsweise eine Gliederung nach räumlichen Merkmalen erfolgt, kann zwischen einem **internen** und einem **externen Teilarbeitsmarkt** unterschieden werden (Darstellung III-1). Der interne Arbeitsbeschaffungsmarkt gliedert sich in die Teilarbeitsmärkte **innerhalb eines gleichen** oder **ähnlichen** und **außerhalb des betrachteten Tätigkeitsbereichs**. Der externe Arbeitsbeschaffungsmarkt teilt sich in einen **ausländischen** und einen **inländischen**, der sich wiederum in einen **regionalen** und **überregionalen** gliedert. Der regionale Arbeitsbeschaffungsmarkt wird grundsätzlich durch den Radius möglicher Tagespendlerwege um den Standort des Betriebs begrenzt.

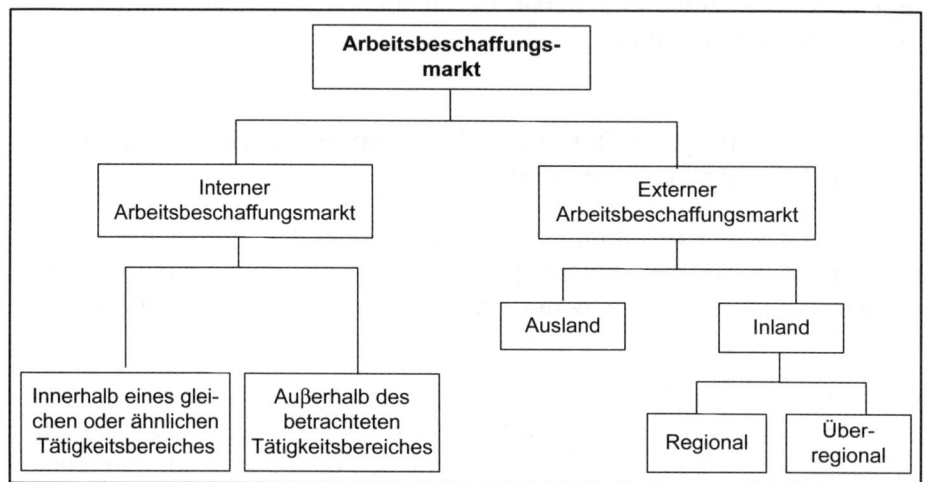

Darstellung III-1 Gliederung des Arbeitsbeschaffungsmarktes in Teilarbeitsmärkte nach räumlichen Merkmalen

Der Arbeitsmarkt und die einzelnen Teilmärkte werden nicht nur von konjunkturellen, sondern auch von saisonalen Schwankungen beeinflusst, bei denen es sich um zeitlich begrenzte und an einen bestimmten Zeitabschnitt im Jahr gebundene Beschäftigungsschwankungen handelt.

Außerdem wird der Arbeitsmarkt durch die Entwicklung der **Bevölkerungs-** und **Beschäftigungsstruktur** determiniert. Der Arbeitsmarkt besteht aus dem erwerbsfähigen Teil der Wohnbevölkerung. Er setzt sich aus **Erwerbstätigen** und **Arbeitslosen** zusammen.

Unter der **Entwicklung der Beschäftigungsstruktur** soll die Veränderung der Verteilung der Arbeitskräfte auf die einzelnen Sektoren der Wirtschaft und Verwaltung verstanden werden. Der zunehmende Technisierungsgrad in der Produktion hat zur Folge, dass immer weniger Mitarbeiter im reinen Produktionsprozess beschäftigt werden und immer mehr Menschen ihren Arbeitsplatz im Dienstleistungsbereich finden.

Schließlich beeinflusst die überbetriebliche Arbeitsmarktpolitik, die vom Staat, den Tarifparteien und verschiedenen Interessengruppen determiniert wird, die betriebliche Ausgangslage für Maßnahmen der Personalbeschaffung. So wirkt die **staatliche Bildungspolitik** auf Qualität und Quantität des Beschaffungspotentials ein, wenn z.B. durch längere Schul- und Ausbildungszeiten der Eintritt ins Berufsleben verschoben wird.

2.3.3 Die Stellung des Betriebs am Arbeitsbeschaffungsmarkt als Basisinformation

Die Beschaffungsmöglichkeiten des Betriebs am externen Arbeitsbeschaffungsmarkt ergeben sich nicht nur aus dem Potential einschlägiger Arbeitskräfte, sondern auch aus der Anzahl konkurrierender Arbeitsplatzangebote im Einzugsgebiet des Betriebs. In wirtschaftlichen Ballungsräumen ist in der Regel ein sehr qualifiziertes Arbeitskräftepotential anzutreffen, während es in ländlichen Gemeinden auf Grund nicht so guter Ausbildungs- und Berufsausübungschancen meist weniger differenziert ist. In ländlichen Regionen nehmen größere Betriebe leicht eine **Monopolstellung** auf dem Arbeitsmarkt ein. Das kann für den Arbeitgeber bezüglich des **Lohn-** und **Gehaltsniveaus**, der eigenen **Anwerbemaßnahmen** und der **Fluktuationsrate** von Vorteil sein. Doch abgesehen davon ist eine relative Monopolstellung am örtlichen Arbeitsmarkt nicht wünschenswert, weil der Betrieb damit eine hohe soziale Verantwortung übernimmt. Aus einem ländlichen Standort können sich hinsichtlich der Qualifikation der Arbeitskräfte Nachteile ergeben, die eine Intensivierung der Bildungsmaßnahmen erfordern, um die vorhandenen Qualifikationsdefizite beseitigen zu können.

Bei der Wahl des Arbeitsplatzes ist die Attraktivität des **betrieblichen Standortes** mit berücksichtigt. Standorte mit hohem **Freizeitwert, guten Wohnmöglichkeiten** und **günstigen Verkehrsverbindungen** ziehen unter Umständen Arbeitskräfte aus überregionalen Arbeitsmärkten an.

Die Arbeitsbeschaffungsmarktlage von Betrieben, die zu verschiedenen **Branchen** gehören, kann unterschiedlich sein, d.h., die Branche kann die spezifische Arbeitsmarktsituation eines Betriebs mitbestimmen. Branchen, die sich in einer wirtschaftlichen Aufschwungphase befinden und branchenüblich relativ hohe Löhne und Gehälter zahlen sowie sichere Arbeitsplätze bieten, üben eine besondere Anziehungskraft aus.

Auch die **Betriebsgröße** beeinflusst die Stellung auf dem Arbeitsmarkt. Ein Großbetrieb kann beispielsweise favorisiert werden, weil er ein attraktives Anreizsystem bietet.

Ein Bestimmungsfaktor der betriebsspezifischen Stellung auf dem Arbeitsbeschaffungsmarkt ist das **Fremdimage**, von dem zum großen Teil die Ergiebigkeit des Arbeitsbeschaffungsmarkts für den Betrieb abhängt.

Darstellung III-2 gibt einen zusammenfassenden Überblick über die Bestimmungsfaktoren für die Stellung des Betriebs am Arbeitsbeschaffungsmarkt, die für Entscheidungen in der Personalbeschaffung von Bedeutung sind.

Das **monetäre** und **nichtmonetäre Anreizsystem** ist eine weitere relevante Determinante für die Stellung am Arbeitsbeschaffungsmarkt. Zu den monetären Anreizen gehören insbesondere: **Entlohnung, Erfolgsbeteiligung** und **betriebliche Sozialleistungen**.

Die nichtmonetären Anreize sind z.B.: **Arbeitszeit-** und **Pausenregelungen, Arbeitsinhalt, Arbeitsplatzgestaltung, Personalentwicklung** und **Aufstiegsmöglichkeiten**.

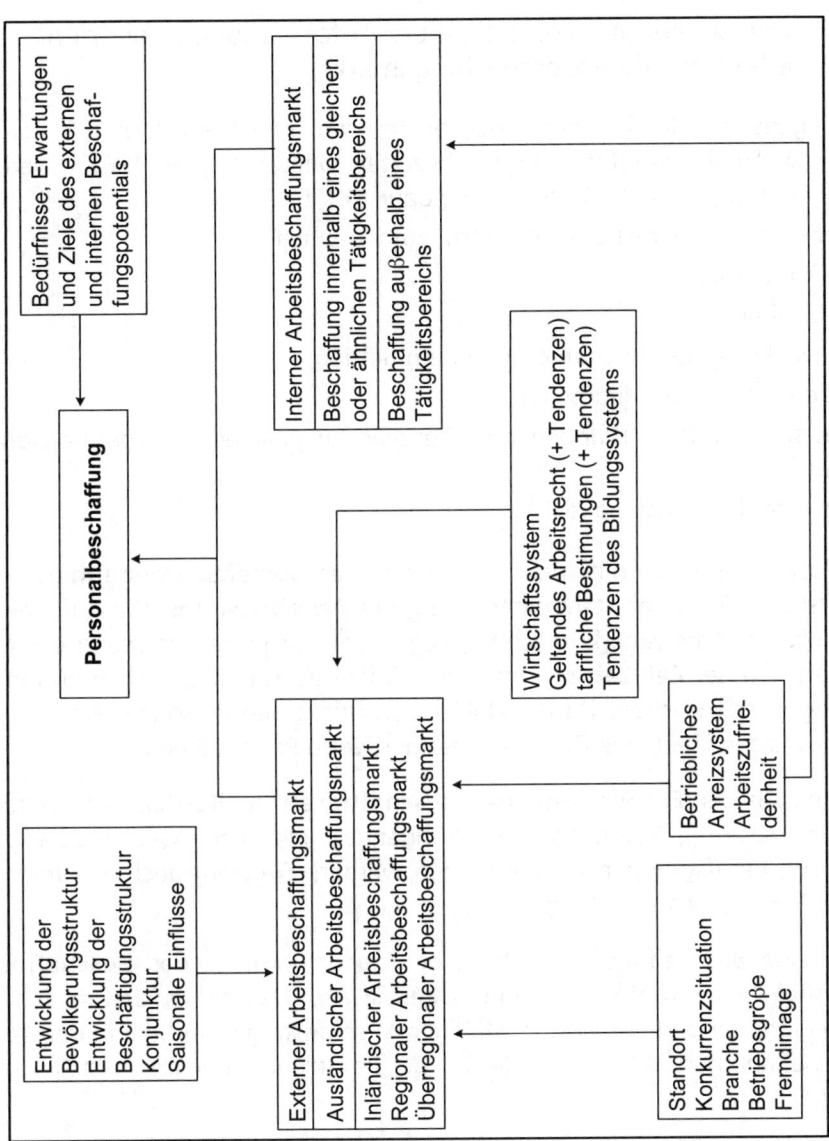

Darstellung III-2 Bestimmungsfaktoren der Personalbeschaffung für die Stellung des Betriebs am Arbeitsbeschaffungsmarkt

2.3.4 Die Gewinnung von Daten und Informationen über den internen Arbeitsbeschaffungsmarkt

Als Gegenstand der internen Situation müssen folgende Faktoren in die betriebliche Arbeitsmarktforschung einbezogen werden (Rippel 1967; Overbeck 1968, S. 58 ff., 1974, S. 44 ff.; Schmidbauer 1975, S. 67):

- Arbeitszufriedenheit bzw. Arbeitsunzufriedenheit,
- Fluktuation,
- Fehlzeiten,
- Entwicklung der Beschäftigten in dem Betrieb,
- Altersaufbau der Mitarbeiter,
- Feststellung des vorhandenen und entwicklungsfähigen Beschaffungspotentials,
- Analyse des Selbstimages.

Im Zusammenhang mit der Ermittlung der **Arbeitszufriedenheit** bzw. Arbeitsunzufriedenheit steht die Wirkung des **Anreizsystems**. Die Aufgabe der betrieblichen Arbeitsmarktforschung liegt nicht nur in der Erfassung der **Fluktuation** und der **Fehlzeiten**, sondern vielmehr auch im Aufdecken und in der Klärung ihrer Ursachen. Da die Fluktuation direkt den Personalbestand beeinflusst, ist sie indirekt eine Determinante des Netto-Personalbedarfs.

Die Analyse der **Entwicklung der Beschäftigten im Betrieb** (z.B. Beförderung, Versetzung, Fluktuation, Altersabgänge) sollte nach Qualifikationsgruppen bzw. Berufsgruppen vorgenommen werden. Sie dient auch als Unterlage für die Personalbeschaffungsplanung.

Bevor eine Beschaffungsmaßnahme eingeleitet wird, ist das **Beschaffungspotential** der relevanten Teilmärkte zu ermitteln. Das interne Potential umfasst alle geeigneten und entwicklungsfähigen Positionsträger und die in der Ausbildung befindlichen Mitarbeiter, die für die Besetzung einer freien Stelle geeignet sind.

Der Betrieb hat auf jedem Teilarbeitsmarkt - so auch auf dem internen Arbeitsbeschaffungsmarkt - ein **Image**. Das **Personal-Selbstimage** drückt aus, welche Vorstellungen die Mitarbeiter vom Betrieb als Arbeitgeber haben.

Das **Personal-Fremdimage** ist im Rahmen der Arbeitsmarktforschung ein häufig untersuchter Gegenstand. Für den Einsatz der Personalwerbung ist es wichtig, dass der Betrieb sein Personalfremdimage kennt und es gegebenenfalls dahingehend verändert, dass sich die Zielgruppen angesprochen fühlen, die der Betrieb gewinnen oder erhalten will. Das Fremdimage drückt sich in den subjektiven Vorstellungen der potentiellen Bewerber zu bestimmten personalwirtschaftlichen Merkmalen des Betriebs aus.

Die Marktforschung über den internen und externen Arbeitsbeschaffungsmarkt liefert Informationen und Daten für die kurz-, mittel- und langfristige Personalbeschaffung und trägt zur Fundierung der Entscheidungen in diesem Funktionsbereich bei. Sie wird ergänzt durch die **Berufsforschung** und die **Mobilitätsforschung**.

2.3.5 Die Berufsforschung

Schwerpunkte der Berufsforschung des Instituts für Arbeitsmarkt- und Berufsforschung der Bundesanstalt für Arbeit sind die **Berufs-Strukturforschung** und die **Berufs-Prozessforschung** (vgl. z.B. Institut für Arbeitsmarkt- und Berufsforschung der Bundesanstalt für Arbeit 1999). Im Rahmen der Personalbeschaffung interessieren nicht die breiten Spektren dieser beiden Bereiche, sondern nur die personalbeschaffungsrelevanten Fragestellungen. Schmidbauer (1975, S. 73) hebt in diesem Zusammenhang drei zentrale Untersuchungsgegenstände hervor:

- die Ermittlung der Zukunftschancen bestimmter Berufe,
- die Feststellung der Variation der Berufsanforderungen und
- das Prestige der verschiedenen Berufe.

Die **Zukunftschancen** eines Berufs sind bei der Berufswahl von großer Bedeutung, denn jeder Mensch interessiert sich für seine Zukunftsaussichten. Bei der Personalbeschaffung werden Stellen für Berufe mit besseren Zukunftschancen werbewirksamer sein als andere, so dass gegebenenfalls Betriebe, die "neue" Berufe anbieten, größere Erfolge bei der Personalbeschaffung haben als Betriebe mit "alten" Berufen.

Die Angabe von **Qualifikationsgruppen, Tätigkeitsbereichen** oder **Berufsgruppen** dient zur Kennzeichnung der Anforderungen der Stellen. Dem Bewerber bieten sie eine Orientierung für den Vergleich des Anforderungsprofils mit dem eigenen Profil. In der Berufsforschung werden auch die in Zukunft zu erwartenden Veränderungen der Anforderungen untersucht und prognostiziert. Mit den Aussagen über die Variation und die Entwicklung der spezifischen Berufsanforderungen und Berufsmerkmale liefert sie Informationen für die Verwendung von Qualifikations- oder Tätigkeitsbezeichnungen (Schmidbauer 1975, S. 75).

Bei der Anwerbung von Mitarbeitern spielt das **Prestige**, das der potentielle Bewerber mit der Stelle verbindet, eine wesentliche Rolle. Die Berufsforschung bietet den Entscheidungsträgern der Personalwirtschaft Informationen hinsichtlich der **Berufswahl** und des **Berufswechsels** des Beschaffungspotentials an und damit indirekt Informationen über den subjektiven Stellenwert der Berufe.

2.3.6 Die Mobilitätsforschung

In den Sozialwissenschaften wird mit Mobilität der Platzwechsel (Positionswechsel) von Menschen innerhalb des Rahmens gesellschaftlichen Geschehens bezeichnet (vgl. Hillmann 1994, S. 565 f.). Die Mobilitätsforschung hat verschiedene Bewegungsvorgänge herausgestellt und mit unterschiedlicher Intensität untersucht.

Neben Mobilität werden auch Begriffe wie Wanderung, Fluktuation, Arbeitsplatzwechsel, Kündigung, Beschäftigungsveränderung, befristete Beschäftigung u.a. mit unterschiedlicher Akzentuierung verwendet. Mobilität ist die Bereitschaft, Beruf, Arbeitgeber oder Wohnort zu wechseln. Im Rahmen der Arbeitsökonomie wird das Problem Mobilität bisher nur als marginaler Bereich behandelt (Gerlach/Hübler 1992, S. 59). Dabei stehen besonders die räumlichen Wanderungsbewegungen zur Anpassung von Angebot und Nachfrage im Zentrum (vgl. Ehrenberg/Smith 1991). Nur wenige Autoren beschäftigen sich mit der beruflichen Mobilität und ihren Auswirkungen (vgl. zusammenfassend Zühlke 2000).

Die Mobilitätsproblematik ist sehr komplex (vgl. Bukow/Emmrich 2000) und wird hier nur durch einige Bewegungsaspekte beschrieben, aus denen hinsichtlich der Verhaltensweisen des Beschaffungspotentials wertvolle Informationen für die Personalbeschaffung abgeleitet werden können.

Als Mobilitätsarten (Bewegungsvorgänge) können unterschieden werden (Blaschke/Nagel 1984, S. 210 ff.; Bolte 1969, S. 555 ff.):

- Bewegungen, die sich aus spezifischen Gliederungen der Bevölkerung (z.B. ältere Arbeitnehmer, Familien, Hausbesitzer) ergeben wie
  - Standortmobilität (Wohnortwechsel: Inland/Ausland),
  - Pendlermobilität (Pendeln zwischen Wohnort und Arbeitsplatz),
  - arbeitgeberbezogene Mobilität (Fluktuation),
  - berufliche Mobilität (Berufswechsel/Branchenwechsel),
- vertikale Mobilität (z.B. Aufstieg von ungelernten Arbeitern zu Facharbeitern),
- horizontale Mobilität (Arbeitsplatzwechsel auf gleicher hierarchischer Ebene),
- individuelle und kollektive Bewegungen (z.B. das Abwandern von Handwerkern wie Bäcker, Schneider, Schlachter u.a. in Positionen für ungelernte Arbeiter in der Industrie).

Die ansteigende Bedeutung der Qualifikation im internationalen Wettbewerb wird in Zukunft besonders die jüngeren, gut qualifizierten Arbeitskräfte mobilisieren (vgl. Walwei/Werner 1992, S. 489). Aber auch die Wanderungsbewegungen von Arbeitskräften aus Entwicklungsländern und den neuen Demokratien Mittel- und Osteuropas in die Industrieländer bleiben Herausforderungen der Zukunft.

2.4 Erwartungen, Bedürfnisse und Zielsetzungen des Beschaffungspotentials

Der in Darstellung III-3 aufgestellte Zielkatalog zeigt mögliche Interessengegensätze zwischen Organisation und Bewerber auf. Diese Zielkonflikte werden - insbesondere bei einer gesamtwirtschaftlichen Rezession und der daraus resultierenden Schwächung der Arbeitnehmerposition auf dem Arbeitsmarkt - zugunsten der arbeitgebenden Organisation entschieden (Kompa 1984, S. 11).

Organisationsziele	Bewerberziele
- Finden qualifizierter Mitarbeiter sowohl im Hinblick auf prozessgebundene als auch unabhängige Merkmale (Leistung und Loyalität)	- Finden qualifizierter Arbeitsplätze sowohl hinsichtlich der Anforderungs- als auch der Belastungsstruktur
- Positionsgerechte Menschen vorfinden (Qualifikationsbündelung nach Vorgaben des Produktionsprozesses)	- Menschengerechte Positionen vorfinden (Qualifikationsbündelungen nach natürlichen oder erworbenen Anlagen)
- Kündbarkeit des Mitarbeiters	- Sicherheit des Arbeitsplatzes
- Einsparen von Personalkosten	- Höchstmögliche Erzielung von Entgelt und Sozialleistungen
- Kapazitätsorientierte Arbeitszeiten	- Flexible, individuell wählbare Arbeitszeiten
- Nachfolgeplanung nach organisationalem Bedarf	- Schnelle Aufstiegsmöglichkeiten nach individueller Karriereplanung
- Hohe Bewerberzahlen	- Geringe Bewerberkonkurrenz
- Vermeidung ungerechtfertigter Annahmeentscheidungen ("false positives")	- Vermeidung ungerechtfertigter Ablehnungsentscheidungen ("false negatives")
- Wahrheit über den Bewerber - Beschönigung ungünstiger Arbeitsbedingungen	- Individuelle Behandlungen
- Institutionelle Entscheidungen	

Darstellung III-3 Zielkonflikte zwischen Organisation und Bewerber (in Anlehnung an Kompa 1984, S. 8)

Aus zweierlei Gründen ist die Berücksichtigung von Bewerberinteressen im Beschaffungsprozess erforderlich. Zum einen sollte personalwirtschaftliches Handeln nicht nur von Organisationszielen determiniert werden. Ganz allgemein sollten aus rein sozialen Überlegungen auch individuelle Erwartungen, Bedürfnisse und Zielsetzungen über die eigentlichen personalwirtschaftlichen Ziele hinaus im Entscheidungsprozess berücksichtigt werden. Zum anderen ist aus der Sicht der wirtschaftenden Organisation eine derartige Orientierung auch durchaus sinnvoll.

Andernfalls treten beim Arbeitnehmer **Frustrationen** auf, die sich in **Arbeitsunzufriedenheit**, **Absentismus**, **Fluktuation** oder vorzeitiger **Kündigung** während der Probezeit niederschlagen und zu einem nachteiligen Personal-Image des Betriebs führen können. Dadurch wird die externe Personalbeschaffung erheblich erschwert.

2.5 Die Schaffung von organisatorischen Voraussetzungen

Um unvorhergesehenen Personalbeschaffungsnotwendigkeiten wirkungsvoll zu begegnen, ist es zweckmäßig, die Beschaffung durch organisatorische Regelungen und durch Hilfsmittel zu strukturieren. Die organisatorische Vorbereitung kann folgende Elemente beinhalten: Erstellen von Verfahrensrichtlinien, Ablaufplänen und Formularen, personelle und räumliche Ausstattung der Personalbeschaffungsstelle, Entwicklung von Ausleseverfahren, Benennung von Führungskräften, die regelmäßig die Fachgespräche mit den Bewerbern führen, Abschluss einer Betriebsvereinbarung über Auswahlrichtlinien und interne Stellenausschreibung, Erarbeitung von Richtlinien für die Pesonalwerbung sowie Entwicklung und Erstellung von Hilfsmitteln und Informationsmaterial zur Einführung neuer Mitarbeiter.

Die hier postulierte Schaffung von organisatorischen Voraussetzungen übt nicht nur eine unterstützende Funktion im Hinblick auf unvorhergesehene kurzfristige Erfordernisse der Beseitigung personeller Unterdeckungen aus, sondern kann auch längerfristigen regelmäßigen Beschaffungsaktivitäten dienlich sein.

Ein wichtiges organisatorisches Mittel für die Beschaffung ist ein **Personalinformationssystem**, das sowohl Personaldaten im Betrieb beschäftiger Arbeitnehmer als auch Arbeitsplatzdaten enthält.

2.6 Arbeitsrechtliche Aspekte im Überblick

Personalbeschaffung ist nicht nur unter methodischen Gesichtspunkten zu betrachten, sondern in hohem Maße auch im (arbeits-)rechtlichen Kontext. Personalabteilungen müssen daher einen großen Anteil ihrer Kapazität für die Beschäftigung mit dem **Arbeitsrecht** und der juristischen Ausgestaltung der Arbeitgeber- und Arbeitnehmer-Beziehungen aufwenden. Das Arbeitsrecht gliedert sich in zwei Hauptblöcke: das **Individualarbeitsrecht**, unter das das Arbeitsvertragsrecht und das Arbeitsschutzrecht fällt, und das **Kollektivarbeitsrecht**, dass das Tarifrecht, das Arbeitskampfrecht und die Mitbestimmung umfasst (vgl. Däubler 1998; Kaiser 1994, S. 64 ff.). Beim Individualarbeitsrecht werden Arbeitnehmer und Arbeitgeber als individuelle Personen in den Mittelpunkt der Regelungen gestellt. Das Kollektivarbeitsrecht sieht den einzelnen Arbeitnehmer als Mitglied einer Gewerkschaft bzw. der Arbeitnehmerschaft des Unternehmens. Eine besondere Rolle spielt die **Arbeitsgerichtsbarkeit**, mit deren Hilfe die Rechte und Pflichten aus den verschiedenen Bereichen des Arbeitsrechts durchgesetzt werden.

Im Folgenden werden die grundlegenden arbeitsrechtlichen Richtlinien in Anlehnung an Scholz (2000, S. 173 ff.) überblicksartig skizziert. Bei der nachfolgenden Behandlung der einzelnen Personalbeschaffungsinstrumente werden die jeweiligen arbeitsrechtlichen Aspekte aufgeführt.

Nach dem Betriebsverfassungsgesetz (BetrVG) sind bei der Personalbeschaffung folgende gesetzliche Regelungen zu beachten, die dem Betriebsrat Beteiligungsrechte einräumen:

- **Personalplanung** (§ 92 BetrVG)
- **Ausschreibung von Arbeitsplätzen** (§ 93 BetrVG)
- **Personalfragebogen und Beurteilungsgrundsätze** (§ 94 BetrVG)
- **Auswahlrichtlinien** (§ 95 BetrVG)
- **Berufsausbildung** (§§ 96-98 BetrVG) sowie
- **Personelle Einzelmaßnahmen** (§§ 99-105 BetrVG).

Die Involvierung des Betriebsrats ist insbesondere bei der betrieblichen Personalplanung wichtig. Personalplanung im Sinne des Betriebsverfassungsgesetzes umfasst sowohl die organisierte und bewusste als auch die eher intuitiv betriebene und wenig formalisierte Planung. Hier hat der Betriebsrat kein zwingendes Mitbestimmungsrecht, jedoch umfangreiche Informations-, Beratungs- und Vorschlagsrechte (§ 92 BetrVG).

Neben den kollektiven Regelungen (§§ 87-98 BetrVG) räumt das Betriebsverfassungsgesetz dem Betriebsrat insbesondere bei personellen Einzelmaßnahmen weitgehende Mitbestimmungsrechte (**Zustimmungs- oder Vetorecht**) ein (§§ 99-105 BetrVG). So ist der Betriebsrat vor jeder Einstellung, Eingruppierung, Umgruppierung sowie Versetzung darüber zu unterrichten. Darüber hinaus sind ihm die entsprechenden Unterlagen vorzulegen.

3 INSTRUMENTE DER PERSONALBESCHAFFUNG

3.1 Beschaffungsarten

Bei der Beschaffung quantitativer und qualitativer personeller Kapazität kann zwischen internen und externen Maßnahmen unterschieden werden (vgl. Darstellung III-4). Bei den internen Beschaffungsarten lassen sich die Instrumente in Vorgehensweisen **ohne** und **mit Änderung bestehender Arbeitsverhältnisse** gliedern. In der ersten Gruppe können drei Arten der Personalbeschaffung unterschieden werden.

Mehrarbeit liegt vor, wenn die betriebsübliche Arbeitszeit vorübergehend verlängert wird. Dabei kann (unter Beachtung des Arbeitszeitgesetzes) entweder die tägliche Arbeitszeit unter bestimmten Voraussetzungen bis auf zehn Stunden heraufgesetzt werden oder aber die personelle Kapazität wird durch einen zusätzlichen Arbeitstag erhöht (z.B. Sonderschicht am Sonnabend). Wird diese Abdeckung des Personalbedarfs jedoch zu einer Dauerlösung, kann sich bei den Arbeitnehmern eine Überbeanspruchung in Form von gesundheitlichen und sozialen Beeinträchtigungen zeigen (vgl. Kompa 1984, S. 21).

Es handelt sich bei Mehrarbeit nicht nur um eine Angelegenheit der Personalbeschaffung, sondern auch um ein **Personaleinsatzproblem**.

Ohne Änderung bestehender Arbeitsverhältnisse können auch **Urlaubsverschiebungen** unter kurzfristigen Gesichtspunkten erwogen werden.

Mehrarbeit und Urlaubsverschiebung sind Maßnahmen der quantitativen Personalbeschaffung. Eine qualitative Deckung des Personalbedarfs ohne Änderung bestehender Arbeitsverhältnisse ist durch die **Erhöhung des Qualifikationsniveaus** des Stelleninhabers durch die Personalbildung möglich.

Bei den Maßnahmen mit Änderung bestehender Arbeitsverhältnisse bieten sich auch die folgenden grundlegenden Arten der Personalbeschaffung an.

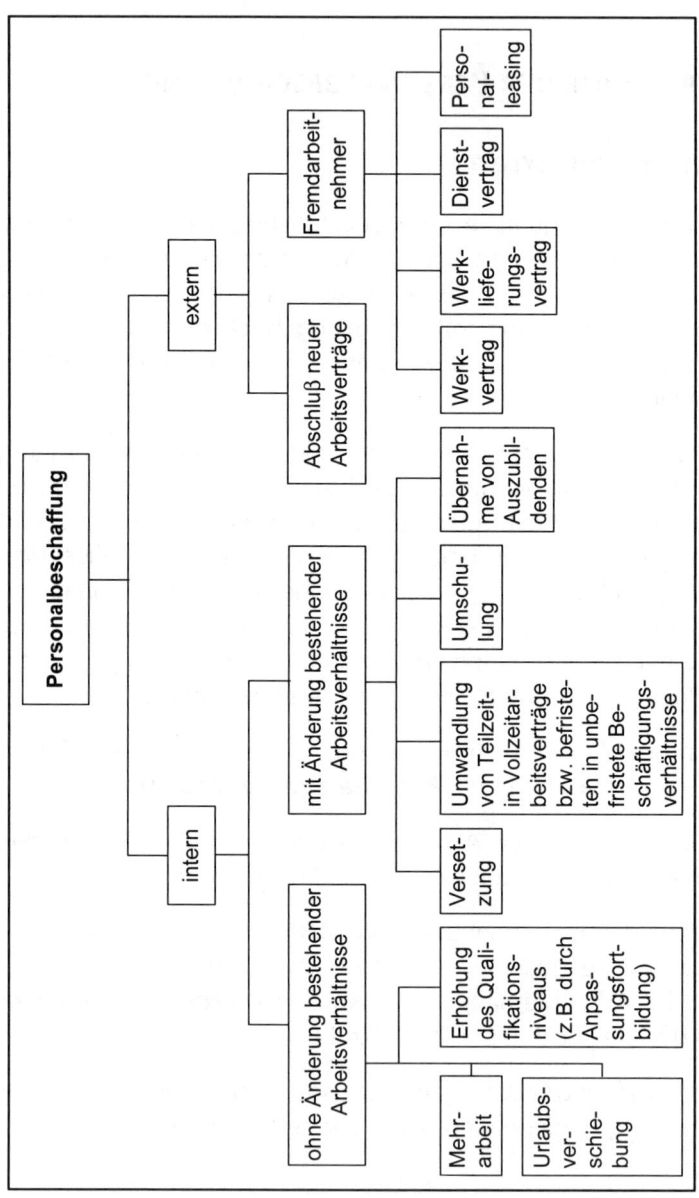

Darstellung III-4 Arten der Personalbeschaffung

Bei der Versetzung wird zwischen **horizontaler** und **vertikaler Versetzung** unterschieden. Horizontale Versetzung liegt vor, wenn der Mitarbeiter auf der gleichen hierarchischen Stufe bleibt, während vertikale Versetzung hierarchischen Aufstieg bedeutet.

Beide Instrumente können sowohl quantitative als auch qualitative Zwecke erfüllen.

Geplante Versetzungen, insbesondere wenn sie gegen den Willen der Betroffenen vorgenommen werden sollten, beinhalten eine Reihe arbeitsrechtlicher Problembereiche auf individual- und kollektivrechtlicher Ebene (im Einzelnen hierzu Däubler 1998).

Als zweites Instrument bietet sich die Umwandlung von **Teilzeit-** in **Vollzeitarbeitsverträge** bzw. von **befristeten** in **unbefristete Beschäftigungsverhältnisse** an.

Weitere Mittel der internen Personalbeschaffung mit Änderung der bestehenden Arbeitsverhältnisse sind die **Umschulung** und die **Übernahme von Auszubildenden** nach Abschluss der Ausbildung.

Die externen Beschaffungsarten gliedern sich in Maßnahmen mit **Abschluss neuer Arbeitsverträge** und die Inanspruchnahme von sogenannten Fremdarbeitnehmern.

Durch einen **Werkvertrag** verpflichtet sich ein anderer Betrieb, erfolgsbezogene Arbeiten oder ein ganzes Projekt (laufend oder innerhalb einer bestimmten Zeit) mit seinen eigenen Mitarbeitern zu bearbeiten. Beispiele sind die Gebäudereinigung oder die Durchführung von Baumaßnahmen durch Spezialbetriebe (§§ 61 ff. BGB).

Der **Werklieferungsvertrag** unterscheidet sich vom reinen Werkvertrag dadurch, dass der Fremdunternehmer zusätzlich die Materialien zur Herstellung zu beschaffen und das fertige Werk dem Besteller zu übergeben hat (§ 651 BGB).

Auf Grund eines **Dienstvertrags** kann sich jemand zu selbstständigen Arbeiten oder Leistungen verpflichten, die er weisungsfrei in einem vertraglich vorgegebenen Rahmen erbringt, ohne dass ein bestimmter Erfolg - wie beim Werkvertrag - geschuldet wird (§§ 611 ff. BGB).

Unter **Personalleasing** ist die gewerbsmäßige Arbeitnehmerüberlassung zu verstehen, die 1967 durch das Bundesverfassungsgericht legalisiert wurde, bei der ein Dreiecksverhältnis zwischen Verleiher, Entleiher und Leiharbeitnehmer auftritt. Während die nichtgewerbsmäßige Arbeitnehmerüberlassung zwischen Unternehmen keinen spezifischen rechtlichen Regelungen unterworfen ist, wird das Personalleasing durch das **Arbeitnehmerüberlassungsgesetz** (1972; in der Fassung von 1997), dessen wichtigste Bestandteile die Erlaubnis- und Meldepflicht der Verleiher sowie die begriffliche Trennung von Arbeitnehmer-überlassung und unerlaubter Arbeitsvermittlung darstellen, geregelt. Außerdem werden dort die unterschiedlichen privatrechtlichen Rechtsbeziehungen behandelt (Darstellung III-5).

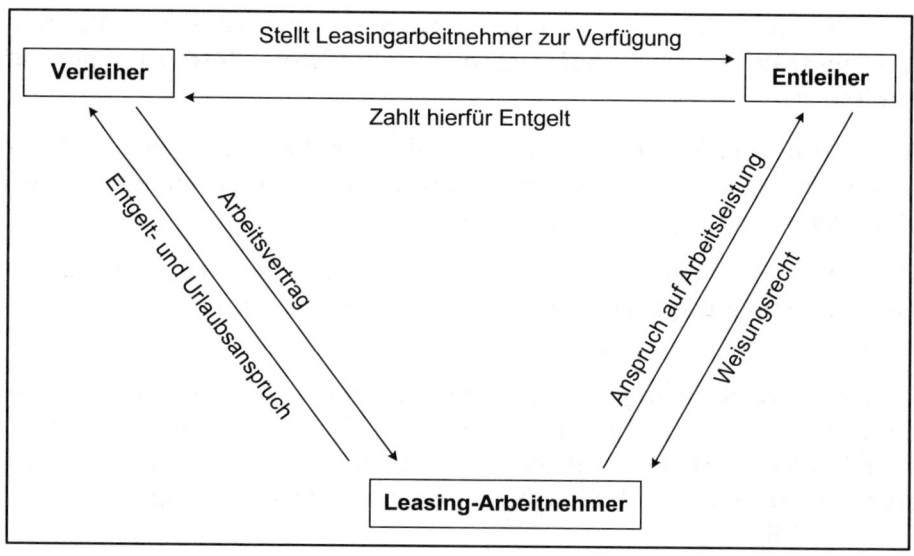

Darstellung III-5 Leistungsbeziehungen bei Arbeitnehmerüberlassung

Der **Leasing-Arbeitnehmer** schließt mit dem Personalleasing-Arbeitgeber, also dem Verleiher, einen Arbeitsvertrag ab, aus dem der Lohn- und Gehaltsanspruch resultiert. Vertragliche Bindungen zwischen Arbeitnehmer und Entleiher bestehen grundsätzlich nicht. Der Anspruch auf Arbeitsleistung und das Weisungsrecht gehen auf den **Entleiher** über, nicht aber das Arbeitgeberrisiko.

Der **Verleiher** stellt dem Entleiher den Leasing-Arbeitnehmer zur Verfügung und erhält dafür ein Entgelt. Personalleasing stellt ein Instrument der kurzfristigen Personalbeschaffung dar, weil bei einer längeren Vertragsdauer im Vergleich zum unbefristeten Arbeitsvertrag kein wirtschaftlicher Vorteil bestehen dürfte. Über Vor- und Nachteile muss im Einzelfall mit Hilfe einer Wirtschaftlichkeitsrechnung entschieden werden.

Die vorübergehende Beschäftigung von Leiharbeitnehmern ermöglicht saisonal- oder konjunkturbedingte Ausweitungen der Personalkapazitäten und die Kompensation temporärer personaler Ausfälle (durch Krankheit, Mutterschaftsurlaub usw.) ohne Schaffung einer betrieblichen Personalreserve.

3.2 Beschaffungswege

3.2.1 Beschaffung von internem Personal

Interne Personalbeschaffung bedeutet nicht nur **laufbahnorientierte Versetzungen**, sondern auch das bereits beschriebene Auffangen von Personalengpässen durch Überstunden, Sonderschichten oder durch Erhöhung der Arbeitsintensität.

Bei jedem freien Arbeitsplatz ist zunächst zu prüfen, ob geeignete Mitarbeiter in den eigenen Reihen gefunden werden können.

Das interne Beschaffungspotential setzt sich aus den Arbeitnehmern zusammen, die in den anderen betrieblichen Bereichen auf Grund eines geringeren oder veränderten Bedarfs freigestellt werden, die der gegenwärtig übertragenen Stelle nicht gewachsen sind und aus den entwicklungsfähigen Mitarbeitern. In den ersten beiden Fällen hat der Betrieb die soziale Verpflichtung, dem Betriebsangehörigen einen anforderungsadäquaten Arbeitsplatz zuzuweisen. Für den Mitarbeiter mit entwicklungsfähigem Potential kann die Übernahme einer anderen Stelle eine berufliche Weiterentwicklung bedeuten und seinen persönlichen Zielvorstellungen entgegenkommen. Für den Betrieb kann der Vorteil darin liegen, den Mitarbeiter auf diese Weise zu erhalten, falls dieser sich vorher nicht richtig eingesetzt fühlte und sonst vielleicht zu einem späteren Zeitpunkt den Betrieb verlassen hätte.

Das Potential der entwicklungsfähigen Mitarbeiter zeigt die **Nachwuchskartei**. Sie enthält die Daten über den Stand der Qualifikation und die Beurteilung von Leistung und Potential. Falls dieses Instrument im Betrieb nicht vorhanden ist, sollte die **Personalakte** über das entwicklungsfähige Potential Auskunft geben.

Die freien Stellen sollen gemäß § 93 BetrVG zunächst **intern ausgeschrieben** werden. Darüber hinaus kann der Betriebsrat verlangen, dass diese Arbeitsplätze auch als Teilzeitarbeitsplätze ausgeschrieben werden. Durch diesen Zusatz in Verbindung mit dem § 611b BGB, dass der Arbeitgeber einen Arbeitsplatz nicht nur für Männer oder nur für Frauen ausschreiben darf (Ausnahmen siehe unter § 611a Abs. 1 Satz 2 BGB), erhofft man sich eine positive Auswirkung auf die Gleichstellung der Geschlechter im Erwerbsleben (vgl. Oechsler 1997, S. 169). Zu beachten ist allerdings, dass ein betrieblicher Bewerber nicht vorrangig zu berücksichtigen ist und dieser keinen Anspruch auf die ausgeschriebene Stelle hat. Die Auswahlentscheidung trifft allein der Arbeitgeber.

Die Personalentwicklung und -bildung bietet mit der **individuellen Laufbahnplanung** und den verschiedenen Arten der betrieblichen Bildung eine weitere Möglichkeit der internen Personalbeschaffung. Die innerbetriebliche Versetzung auf Grund einer internen Stellenausschreibung kann auch Maßnahmen und Tätigkeiten der Personalbildung auslösen, falls der Mitarbeiter nicht die erforderliche Qualifikation aufweist. Innerbetriebliche Stellenausschreibung und Personalentwicklung sind eng miteinander verknüpft.

Im Vergleich zur externen Personalbeschaffung bietet interne Personalbeschaffung nach Oechsler (1997, S. 169 f.) verschiedene Vorteile:
- Gesamtübersicht über das Personal und dessen Entwicklung,
- Langfristige Beobachtungs- und Beurteilungsmöglichkeit der Arbeit,
- Gezielte Förderungsmöglichkeiten, z.B. Fortbildung oder Stellvertretung,
- Schaffung eines Motivationspotentials durch innerbetriebliche Aufstiegsmöglichkeiten und somit auch Verbesserung des Betriebsklimas,
- Ersparnis der Personalwerbe-, Personaleinstellungs- und Einarbeitungskosten.

3.2.2 Beschaffung von externem Personal

Sofern der Netto-Personalbedarf nicht auf dem internen Arbeitsbeschaffungsmarkt gewonnen werden kann, konzentriert sich die Anwerbung auf den
externen Arbeitsbeschaffungsmarkt.

Bei der **externen Personalbeschaffung** ist insbesondere die zeitliche Planung
wichtig. Die Beschaffung kann je nach Zielgruppe unterschiedliche Planungs-
horizonte aufweisen. So ist in der Regel für höher qualifiziertes Personal eine
längere Beschaffungsdauer erforderlich als für Mitarbeiter mit geringeren Qualifikationen. Es empfiehlt sich daher, die Personalbeschaffung nach Zielgruppen
und den Erfolgsaussichten der Beschaffung aufzugliedern.

Bei der kurzfristigen Überbrückung personeller Engpässe ist unter bestimmten
Bedingungen die Einschaltung von Personalleasing-Unternehmen sinnvoll.

Darstellung III-6 gibt einen Überblick über die weit gefächerten Alternativen
der Kontaktaufnahme mit potentiellen Mitarbeitern zwecks Abschluss neuer
Arbeitsverträge. Hier werden nur einige wenige Maßnahmen näher betrachtet.

Die **Vermittlung durch die Arbeitsämter** ist eine Möglichkeit der externen
Personalbeschaffung. Die Arbeitsvermittlung ist darauf gerichtet, Arbeitssu-
chende mit Arbeitgebern zur Begründung von Arbeitsverhältnissen oder mit
Auftraggebern oder Zwischenmeistern zur Begründung von Heimarbeitsver-
hältnissen im Sinne des Heimarbeitsgesetzes zusammenzuführen. Auch die
Herausgabe und der Vertrieb sowie die Bekanntgabe durch Aushang von Listen
über Stellenangebote und Stellengesuche ist eine Aufgabe der Arbeitsvermittlung.

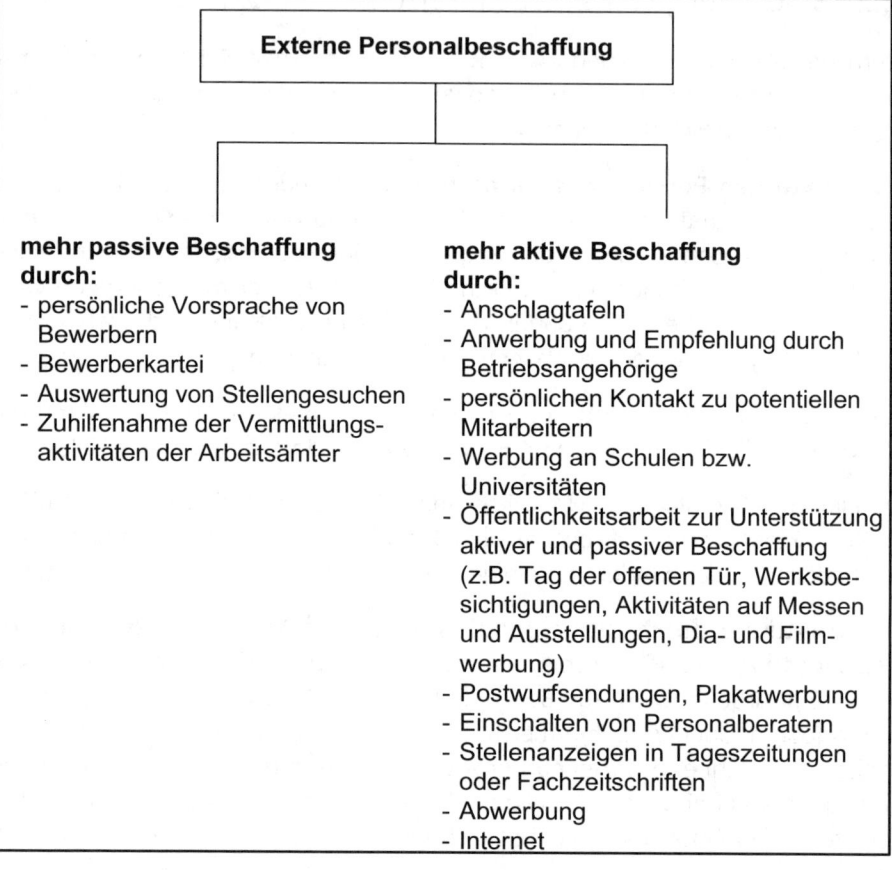

Externe Personalbeschaffung

mehr passive Beschaffung durch:
- persönliche Vorsprache von Bewerbern
- Bewerberkartei
- Auswertung von Stellengesuchen
- Zuhilfenahme der Vermittlungsaktivitäten der Arbeitsämter

mehr aktive Beschaffung durch:
- Anschlagtafeln
- Anwerbung und Empfehlung durch Betriebsangehörige
- persönlichen Kontakt zu potentiellen Mitarbeitern
- Werbung an Schulen bzw. Universitäten
- Öffentlichkeitsarbeit zur Unterstützung aktiver und passiver Beschaffung (z.B. Tag der offenen Tür, Werksbesichtigungen, Aktivitäten auf Messen und Ausstellungen, Dia- und Filmwerbung)
- Postwurfsendungen, Plakatwerbung
- Einschalten von Personalberatern
- Stellenanzeigen in Tageszeitungen oder Fachzeitschriften
- Abwerbung
- Internet

Darstellung III-6 Wege externer Personalbeschaffung
(vgl. auch RKW Handbuch 1990, S. 139; Frey 1980, S. 98 ff.)

Die **Stellenanzeige** ist ein weiteres wichtiges Beschaffungsinstrument. Sie gibt dem potentiellen Bewerber die Grundinformationen über die freie Stelle. Für die inhaltliche Gestaltung ist entscheidend, dass die Anzeige Aufmerksamkeit bei den Umworbenen erregt, gelesen und erfasst wird. In der Praxis und in der Literatur werden immer wieder folgende inhaltliche Aspekte zum Aufbau einer Personalanzeige hervorgehoben (Goossens 1981, S. 603):

- Zentrale Aussage (Kennzeichnung der vakanten Stelle),
- Arbeitsplatzbeschreibung (Angabe von Anforderungen),
- Qualifikationsangaben,
- Information über Arbeitsbedingungen,
- Beschreibung des Bewerbungsvorgangs.

Da das Personalinserat hohe Kosten verursacht, stellt sich die Frage nach der Kosten-Nutzen-Relation der Anzeigen.

Die Anzahl der auf ein Inserat eingehenden Bewerbungen sagt noch nichts über den Erfolg aus. Eine anschließende **Erfolgskontrolle der Werbemaß-nahme** sollte die Wirksamkeit der Werbeträger aufzeigen.

Ein neueres Medium zur Platzierung von Stellenanzeigen ist das **Internet**. Unternehmen können beispielsweise Anzeigen in sogenannten Jobbörsen ver-öffentlichen (vgl. Scholz 2000, S. 461) oder auch auf den eigenen Webseiten. Eine Reihe von Argumenten spricht dafür, dass Stellenanzeigen im Internet im Vergleich zu Anzeigen in Printmedien die wirtschaftlichere Alternative darstel-len. So sind Stellenanzeigen im Internet für die Bewerber **länger verfügbar** (in der Regel vier Wochen), lassen sich kurzfristig aktualisieren und erlauben eine **schnelle Kontaktaufnahme** zwischen Bewerber und Stellenanbieter über E-Mail oder direkt online (vgl. Haunschild 2000, S. 314).

Für Unternehmen bieten Stellenanzeigen über das Internet die folgenden Vor-teile (vgl. Metzger/Funk 1998, S. 44 f.):

- Gute Ansprache von besonders relevanten Zielgruppen wie Absolventen, Spezialisten, Fach- und Führungskräften, Erschließung neuer Bewerbungs-gruppen,
- Zeit- und Kostenersparnisse (bis zu 90 %) sowohl bei der Veröffentlichung von Ausschreibungen als auch bei der Abwicklung von Bewerbungen,
- Höhere räumliche und zeitliche Erreichbarkeit; auch internationale Kandida-ten können einfach erreicht werden,
- Mehr Transparenz, einfache Informationsbeschaffung,
- Direkter Kontakt zwischen Bewerber und Unternehmen, integrierte Inter-aktionsmöglichkeiten,

269

- Stellenangebote und Informationen können längerfristig präsentiert werden,
- Hohe Aktualität und multimediale Darstellung,
- Integrationsmöglichkeit in bestehende Geschäftsprozesse und EDV-Systeme, Vereinfachung und Beschleunigung von Standardprozessen,
- Positive Imageeffekte.

Als Nachteile der Personalbeschaffung über das Internet werden in der Literatur die noch geringen Rücklaufquoten auf Internet-Stellenanzeigen (vgl. Giesen/ Jüde 1999, S. 66) und eine geringere Sorgfalt bei der Erstellung von Internetbewerbungen im Vergleich zu Papierbewerbungen und damit eine geringere Aussagefähigkeit (vgl. Migula/Alewell 1999, S. 601) genannt.

Ein wichtiges Instrument der Beschaffung von Hochschulabgängern ist das **Hochschulmarketing**. Dabei wird das Ziel verfolgt, in Kooperation mit Universitäten und Fachhochschulen qualifizierte Bewerber dauerhaft zu sichern. Die möglichen Aktivitäten bei der Gestaltung von Hochschulkontakten zeigt die Darstellung III-7 (vgl. DAAD 1999).

Besonders sind dabei folgende Instrumente hervorzuheben:
- Veranstaltungen in den Universitäten wie Vorträge, Unternehmenspräsentationen,
- Hochschulmessen,
- Angebote von Praktikantenplätzen und
- Zusammenarbeit bei praxisbezogenen Studien- und Diplomarbeiten.

Ein Instrument für neue Kontakte bieten **Hochschulmessen**, auf denen mehrere Unternehmungen sich gleichzeitig als Arbeitgeber darstellen. Zielsetzungen sind dabei:
- die vielfältigen Tätigkeitsbereiche für Absolventen aufzuzeigen,
- Hochschulen mit unternehmensspezifischen Lehrinhalten aktiv zu unterstützen,
- direkte Kontakte zu Studentinnen und Studenten aufzubauen, die als potentielle Mitarbeiter in Frage kommen.

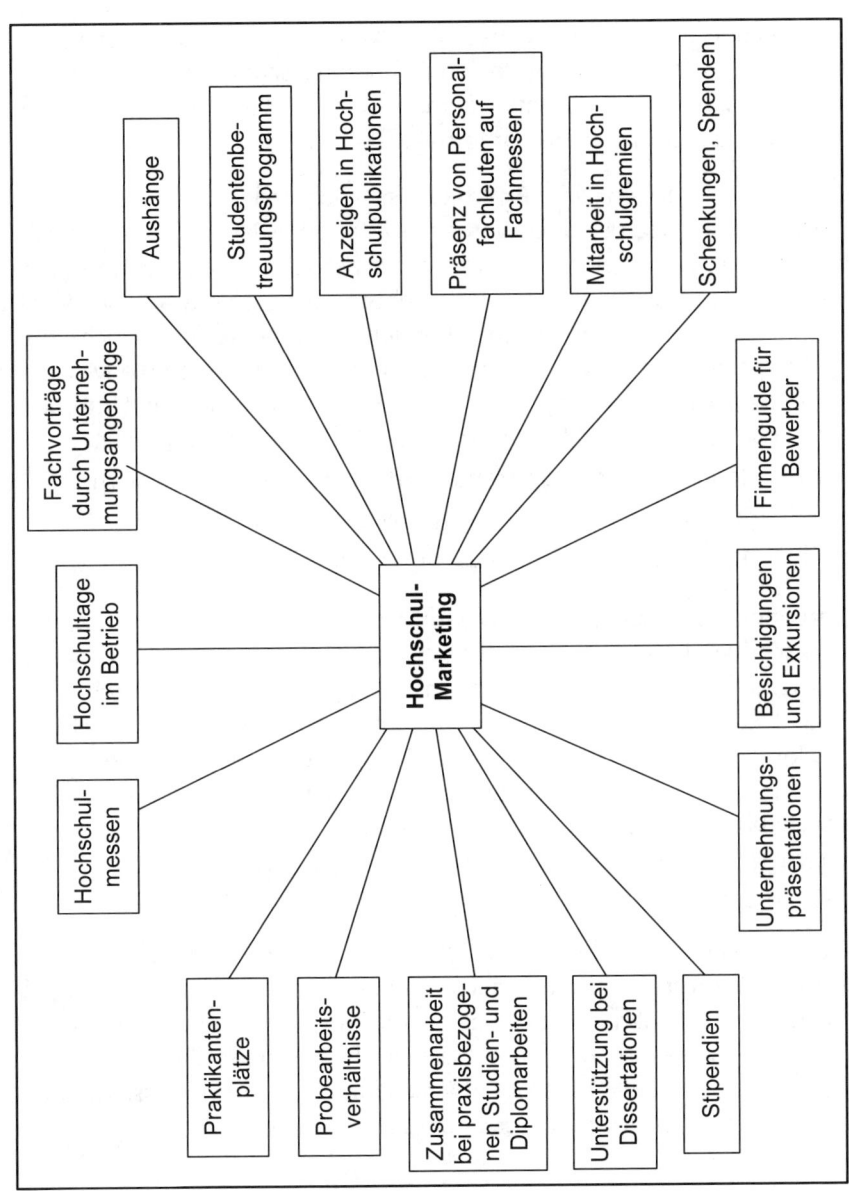

Darstellung III-7 Gestaltungsmöglichkeiten im Hochschulmarketing

Die regelmäßige Präsenz an Hochschulen garantiert eine spezifische Zielgruppenansprache. Dieses offensive Personalmarketing schafft die Möglichkeit, die Studierenden stärker für das Unternehmen zu interessieren und gegebenenfalls frühzeitig und dauerhaft an das Unternehmen zu binden.

In vielen Studiengängen sind **Praktika** Bestandteil des Studienplans. Sofern diese nicht obligatorisch sind, bewerben sich viele Studenten auch freiwillig um Praktikantenplätze, um einen Einblick in die betrieblichen Vorgänge zu erhalten. Gerade gegen Ende des Studiums gehören die Praktika aus der Sicht des Unternehmens zu den Erfolg versprechenden Instrumenten des Hochschulmarketing. Der potentielle Bewerber und das Unternehmen haben die Möglichkeit, sich kennenzulernen. Dadurch wird der spätere Einstieg in das Unternehmen erleichtert. Während des Praktikums hat der Student die Gelegenheit,

- die Anforderungen des angestrebten Arbeitsplatzes kennenzulernen,
- das im Studium erworbene Wissen anzuwenden und
- die Eignung für den Arbeitsplatz zu überprüfen.

Die Betreuung von **Studien-** und **Diplomarbeiten** ist ein weiteres Instrument des Hochschulmarketing. Auch bietet sich bereits aus den im Praktikum behandelten Themenbereichen eine Aufgabenstellung an. Einige Unternehmen offerieren an Hochschulen Themen für Studien- und Diplomarbeiten. Üblich ist, dass Diplomanden eine Aufwandsentschädigung erhalten, was die Beliebtheit eines Unternehmens als Themenlieferant unter den Studenten stark vergrößert und somit das Image des Arbeitgebers positiv beeinflusst. Außerdem profitiert die Unternehmung von den Ergebnissen der Arbeit. Wichtig ist, dass nach ihrer Beendigung der Kontakt zwischen Studenten und Unternehmen nicht abbricht.

Im Rahmen des Hochschulmarketing ist das von einigen Betrieben angebotene **Studentenbetreuungsprogramm** von Bedeutung. Dieses richtet sich an die ehemaligen Auszubildenden, die nach ihrer Ausbildung ein Studium aufnehmen und die weiterhin, gegebenenfalls nach Abschluss ihres Studiums, an einer Tätigkeit in ihrem ehemaligen Ausbildungsbetrieb interessiert sind. Das Studentenbetreuungsprogramm beinhaltet im Einzelnen:

- Praxiseinsätze,
- Zeitschriftenabonnements,

- internes Fortbildungsprogramm,
- fachliche Unterstützung bei der Erstellung von Referaten, Hausarbeiten und der Diplomarbeit,
- Kundenveranstaltungen,
- Angebot von Messekarten,
- Dozententätigkeit,
- Ehemaligentreffen mit Erfahrungsaustausch,
- Mitarbeiterkonditionen bei der Inanspruchnahme von Dienstleistungen oder beim Kauf von Waren.

Durch die Betreuung während des Studiums soll der Bezug zur Praxis gewährleistet bleiben.

3.2.3 Vor- und Nachteile interner und externer Beschaffung

Eine generelle Empfehlung für bestimmte Beschaffungswege gibt es nicht. Darstellung III-8 stellt Vor- und Nachteile der internen (innerbetrieblichen) und externen (außerbetrieblichen) Beschaffung gegenüber. Der Träger von personalwirtschaftlichen Entscheidungen, also in der Regel die Personalabteilung, hat die Vorgehensweise im Einzelfall in Abstimmung mit den internen Instanzen (Firmenleitung, Fachabteilungen, Betriebsrat, Belegschaft) und deren unterschiedlichen Interessen unter Abwägung des dargestellten Für und Wider zu bestimmen. Als Grundlage dienen hierzu die ermittelten Ergebnisse der Analyse möglicher Einflussgrößen auf die Personalbeschaffung.

Ein entscheidendes Kriterium für die Wahl der Personalbeschaffungsart ist der Wirkungszeitraum, der so zu bemessen ist, dass der gesuchte Mitarbeiter zum gewünschten Zeitpunkt auch tatsächlich zur Verfügung steht.

Innerbetriebliche Personalbeschaffung

Vorteile	Nachteile
- Eröffnung von Aufstiegschancen (erhöhte Bindung an den Betrieb, höhere Arbeitszufriedenheit) - Geringe Beschaffungskosten - Betriebskenntnis - Kennen des Mitarbeiters, Kenntnis seiner Leistungsfähigkeit - Einhaltung des betrieblichen Entgelt-niveaus (bei externer Einstellung gegebenenfalls überhöhtes Markt-gehalt) - Schnellere Stellenbesetzungsmög-lichkeit - Anfangsstellungen für Nachwuchs werden frei - Transparente Personalpolitik	- Weniger Auswahlmöglichkeiten - Gegebenenfalls hohe Fortbildungskosten - Mögliche Betriebsblindheit - Enttäuschungen bei Kollegen, eventuell weniger Anerkennung bei Aufrücken in Vorgesetztenpositionen, gegebenenfalls auch Spannungen/Rivalitäten - Zu starke kollegiale Bindungen, Sachent-scheidungen werden "verkumpelt" - Stellenbesetzungen/Beförderungen "um des lieben Friedens willen": Man will dem langge-dienten Mitarbeiter nicht 'nein' sagen - Nachlassende Mitarbeiteraktivität wegen Be-förderungsautomatik, man verlässt sich auf Nachfolge (Vertreter wird immer Nachfolger!) - Versetzung löst Bedarf quantitativ nicht; qualitativ oft nur in Verbindung mit Fort-bildung und bei vertikaler Beförderung mit Führungsschulung

Außerbetriebliche Personalbeschaffung

Vorteile	Nachteile
- Breite Auswahlmöglichkeit - Neue Impulse für den Betrieb - Der Externe bringt Kenntnis anderer Betriebe mit und wird leichter anerkannt - Einstellung löst Personalbedarf direkt	- Größere Beschaffungskosten - Hohe externe Einstellungsquote wirkt fluktu-ationsfördernd ("Hier kann man nichts werden!") - Negative Auswirkungen auf Betriebsklima - Höheres Risiko, Probezeit - Keine Betriebskenntnis (allgemeine Einführung erforderlich - Kosten/Zeit) - Stellenbesetzung zeitaufwendiger - Der "vor die Nase gesetzte" neue Mann muss erst Spannungen abbauen - das bedeutet Kräfteverlust für den Betrieb - Bei Stellenwechsel höhere Gehaltsvorstellungen als bei innerbetrieblicher Aufstiegsbesetzung - Blockieren von Aufstiegsmöglichkeiten

Darstellung III-8 Vor- und Nachteile inner- und außerbetrieblicher Beschaffung (vgl. Kador/Pornschlegel/Kempe 1989, S. 75 f.)

3.2.4 Personalwerbung

Die Personalwerbung übt eine Informations-, Kommunikations- und Aktivierungsfunktion aus. Durch sie wird das relevante Beschaffungspotential über das Stellenangebot informiert, sie sorgt für die Anbahnung des Kontakts zu den potentiellen Bewerbern und für die Gestaltung der Beziehungen zwischen Betrieb und Arbeitsbeschaffungsmarkt. Sie soll die potentiellen Interessenten zu einer Bewerbung stimulieren.

Im Gegensatz zu unterstützenden allgemeinen Werbemaßnahmen der Öffentlichkeitsarbeit, Imagepflege und -verbesserung zielen die Formen **direkter Personalwerbung** (Stellenanzeigen, persönlicher Kontakt zu potentiellen Mitarbeitern usw.) konkret auf die Beseitigung personeller Unterdeckungen ab.

Mit Blick auf die Zielsetzung der Personalbeschaffung muss die gewählte Beschaffungsstrategie (Wahl der Beschaffungswege, Gestaltung der Werbebotschaft) hinsichtlich ihrer Wirksamkeit auf das Verhalten potentieller Bewerber überprüft werden. Zur Durchführung einer Werbeerfolgskontrolle lassen sich **Akquisitions-, Selektions-** und **Aktionswirkungen** unterscheiden (Kompa 1984, S. 26 ff.).

Die **Akquisitionswirkung** beschreibt die wahrgenommene Attraktivität der vakanten Position und beeinflusst die Anzahl der Bewerbungen. Sie wird durch Art und Umfang der Informationen, Form der Informationsübermittlung und die Art, wie die Motivierung der potentiellen Bewerber durch Berücksichtigung ihrer Zielsetzungen, Bedürfnisse und Erwartungen erfolgt, bestimmt. Die **Selektionswirkung**, die vor allem durch die Wahl der Informationsgestaltung und der Beschaffungswege gesteuert werden kann, hat eine Filterfunktion. Nicht geeignete Bewerber sollten von vornherein aus dem Beschaffungsprozess ausgegrenzt werden. Eine wirksame Selektion setzt eine zielgruppengerechte Ansprache des geeigneten Bewerberpotentials in Abhängigkeit von Stellenbeschreibung und Anforderungsprofil voraus. Eine zu restriktive Abgrenzung der Zielgruppen kann allerdings dazu führen, dass eine zu geringe Anzahl geeigneter Bewerber akquiriert wird.

Die Akquisition soll den geeigneten Bewerber zur konkreten Kontaktaufnahme mit der Organisation veranlassen und kann durch die Gestaltung von Bewerbungsbedingungen beeinflusst werden. Beispielsweise kann vorgegeben werden, wie der Bewerber mit dem Unternehmen Kontakt aufnehmen soll: mittels ausführlicher schriftlicher Bewerbung, Kurzbewerbung, telefonischer Bewerbung, über einen Berater oder per Chiffre. Die **Aktionserweiterung** löst bei durch Akquisition positiv beeinflussten und durch Selektion ausgewählten Arbeitskräften eine konkrete Bewerbung aus.

Eine allgemeingültige, generelle Evaluierung von Beschaffungsaktivitäten im Hinblick auf bestimmte Zielgruppen ist nur ansatzweise möglich, da weder eine geschlossene Theorie des Bewerberverhaltens vorhanden ist - methodisch abgesicherte Handlungsanweisungen also nicht gegeben werden können - noch bisher ausreichend empirische Ergebnisse zu diesem Problembereich vorliegen.

Zur **Erfolgskontrolle der Personalwerbung** können Kenngrößen wie beispielsweise das Verhältnis von Anzahl der geeignet erscheinenden Bewerber zur Gesamtzahl der eingegangenen Bewerbungen und Anhaltspunkte aus einem Vergleich mit gewonnenen Erfahrungswerten herangezogen werden.

4 PERSONALAUSWAHL

4.1 Aufgaben und Überblick

Die allgemeine Aufgabe der Personalauswahl besteht in der Feststellung des Eignungspotentials von Bewerbern mit dem Ziel, diejenigen Bewerber auszusuchen, die die Anforderungen der zu besetzenden Stellen bestmöglich erfüllen.

Die für den Vergleich von Eignungen und Anforderungen erforderlichen Daten liefern die Funktionen Personalbedarfsermittlung, Personaleinsatz und Personalbeschaffung, wobei die Aufgabe der Personalbeschaffung in der Eignungsbeurteilung der Anwärter liegt.

Bei der Auswahl von Bewerbern des **internen Arbeitsbeschaffungsmarktes** können **Personalbeurteilungen** eine wertvolle Entscheidungshilfe sein.

Bei **externen Bewerbern** können **Bewerbungsunterlagen** angefordert werden. Eine weitergehende Beurteilung der Bewerber ist vor Eintritt in den Betrieb dennoch im Interesse des Betriebs und auch des Anwärters notwendig. Da der Bewerber in der Regel unbekannt ist, bereitet es Schwierigkeiten, sein Eignungspotential zu erfassen.

Das Auswahlverfahren erstreckt sich auf folgende drei Aufgabenbereiche:

- Sammlung der Beurteilungsunterlagen,
- Eignungsprüfung und medizinische Eintrittsuntersuchung,
- Auswahlentscheidung.

Neben den gewonnenen Ergebnissen der systematischen Personalauswahl ist es zudem wichtig, ob der Bewerber zu dem Unternehmen "passt" und ob die "Chemie stimmt" zwischen Vorgesetzten bzw. Kollegen und Bewerber.

Bei der Auswahl von Führungskräften werden in jüngster Zeit immer öfter **externe Personalberater** am Auswahlprozess beteiligt und **Assessment-Center als Beurteilungsmethode** durchgeführt.

In einer Studie zu den Einflussfaktoren auf Rekrutierungsentscheidungen von Sackmann/Elbe (2000, S. 138 ff.) zeigt sich, dass die Fertigkeiten des Bewerbers, das persönliche Gespräch, die Berufserfahrung und das Potential, welches beim Bewerber vermutet wird, von großer Bedeutung in der Praxis sind. Von geringer Bedeutung wurden von den befragten Unternehmen die persönlichen Verbindungen des Bewerbers, die Ergebnisse von Eignungstests und die Meinung der zukünftigen Kollegen angegeben.

4.2 Feststellung des Eignungspotentials bei Bewerbern des internen Arbeitsbeschaffungsmarkts (Personalbeurteilung)

4.2.1 Begriff der Personalbeurteilung

Personalbeurteilung (Mitarbeiterbeurteilung) wird als Oberbegriff für die Systeme verwendet, mit denen Persönlichkeit bzw. Persönlichkeitselemente und/oder das Leistungsergebnis sowie das Leistungs-, Führungs- und soziale Verhalten beurteilt werden. Nach dem jeweiligen Beurteilungsgegenstand lassen sich **Systeme der Persönlichkeitsbeurteilung** und **Systeme der Leistungsbeurteilung** und, falls diese kombiniert werden, **Mischsysteme** unterschieden. Bei der Beurteilung der **Persönlichkeit** wird das Kriterium Arbeitsleistung durch das Kriterium Persönlichkeitsmerkmal ersetzt, wobei unterstellt wird, dass die Leistung eine Funktion der Persönlichkeitsmerkmale ist.

Die Leistungsbeurteilung lässt sich nach Zielen in die **Leistungsbewertung**, die **Potentialbeurteilung** und die **Entwicklungsbeurteilung** unterteilen. Danach ergibt sich die in der Darstellung III-9 gezeigte Gliederung der Personalbeurteilung.

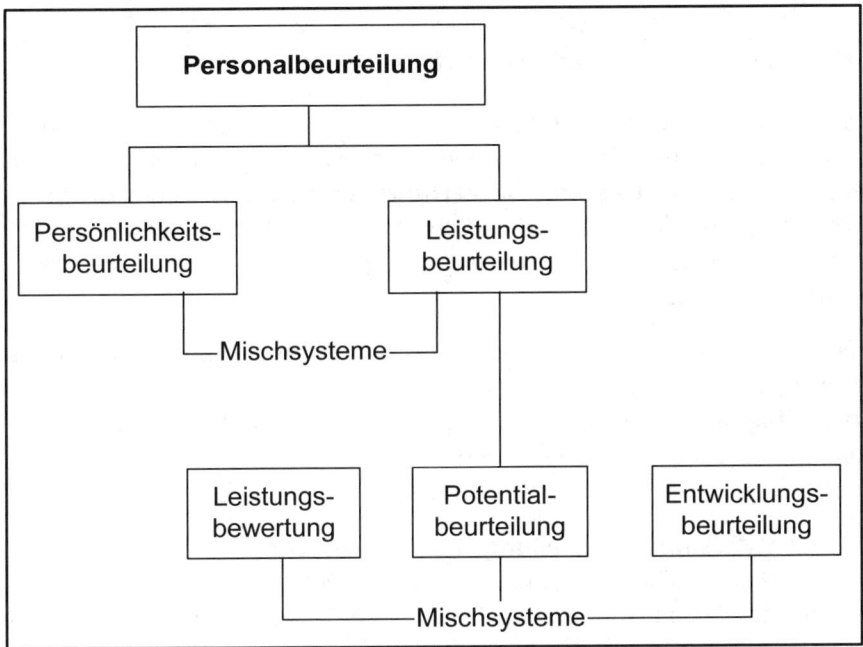

Darstellung III-9 Schematische Gliederung der Personalbeurteilung

4.2.2 Zwecke der Personalbeurteilung

Die Personalbeurteilung kann verschiedenen Verwendungszwecken dienen. Im Einzelnen werden vor allem folgende genannt (vgl. u.a. Curth/Lang 1991, S. 3 f.; Domsch/Gerpott 1992, Sp. 1631 ff.):

- Gehalts- und Lohndifferenzierung,
- Beratung der Mitarbeiter,
- Maßnahmen der betrieblichen Bildung (Bildungsbedarf, Bildungsbedürfnisse, Erfolgskontrolle),
- Grundlage von Auswahlentscheidungen (Beförderung, Versetzung, Entlassung),
- Überprüfung von Auswahlentscheidungen,

- Förderung der Kommunikationsbeziehungen und
- Befriedigung von Informationsbedürfnissen.

Bei der Bestimmung des Zeitlohns geht die Arbeitsschwierigkeit auf der Grundlage der Normalleistung ein. Individuelle Leistungsunterschiede bleiben unberücksichtigt. Die **Leistungsbewertung (persönliche Bewertung)** dient der Forderung, das Gehalt bzw. den Lohn sowohl nach den Anforderungen als auch nach der persönlichen Ist-Leistung zu bemessen, d.h. der Lohn- bzw. Gehaltsdifferenzierung.

Die Personalbeurteilung mit dem Zweck der **individuellen Beratung und Förderung der Mitarbeiter** soll auf Grund der vom Beurteiler laufend überprüften **Fähigkeiten**, **Motive** und **Einstellungen** des Mitarbeiters den Vorgesetzten in die Lage versetzen, einen Plan für eine individuelle Laufbahn in einem Entwicklungsgespräch vorzuschlagen.

Diese als **Entwicklungsbeurteilung** bezeichnete Form der Personalbeurteilung erfüllt also hauptsächlich Zwecke der Personalentwicklung und -bildung. Ihr kommt für die Personalführung eine besondere Bedeutung zu. Im Rahmen der betrieblichen Bildung kann die Personalbeurteilung der Ermittlung des Bildungsbedarfs, der Bildungsbedürfnisse und der pädagogischen Erfolgskontrolle dienen.

Bei der internen Personalbeschaffung gibt die Beurteilung Hilfestellung bei Auswahlentscheidungen. Dies geschieht mit Hilfe der **Potentialbeurteilung**. Ihr fällt die Aufgabe zu, die Eignung für eine andere - in der Regel anspruchsvollere - Aufgabe festzustellen.

Sie wird damit zu einer Eignungs- und Befähigungsbeurteilung, die die Bereitschaft und Fähigkeit künftiger individueller Leistungserbringung prognostiziert, indem aus dem bislang gezeigten auf das zukünftige Verhalten geschlossen wird. Zu diesem Zweck werden **verhaltensrelevante Persönlichkeitsmerkmale** wie das Fähigkeits- und Motivationpotential in die Beurteilung einbezogen.

Im Rahmen der Personalbeschaffung dient die Personalbeurteilung auch der **Überprüfung der Auswahlentscheidung**.

4.2.3 Methodische Probleme der Personalbeurteilung

Etwas zu bewerten oder zu beurteilen, erscheint auf den ersten Blick nicht schwierig. Dort, wo nur mengenmäßige Feststellungen getroffen werden, mag das vielleicht zutreffen. Wenn das Verhalten eines Mitarbeiters und seine Eignung beurteilt werden sollen, so ist dies auf Grund subjektiver und anderer hier noch darzulegender Gründe weitaus schwieriger.

Daher ist es wichtig, dass Beurteiler und Beurteilte die möglichen Fehlerquellen, Schwierigkeiten und die Folgen einer Fehlbeurteilung kennen.

Die Anwendung psychologischer Mess- und Beurteilungsmethoden muss den folgenden Kriterien genügen:

- **Standardisierung (Bedingungsgleichheit)**,
- **Objektivität**,
- **Reliabilität (Zuverlässigkeit)** und
- **Validität (Gültigkeit)**.

Mit **Standardisierung** ist gemeint, dass die Beurteilungssituation für alle zu Beurteilenden bedingungsgleich sein muss.

Die **Objektivität** betrifft die Anwendung und Auswertung der Beurteilung. Hierfür sind feste Regeln zu entwickeln, so dass subjektive Willkür ausgeschlossen ist.

Unter **Reliabilität** wird die Zuverlässigkeit und Messgenauigkeit verstanden, mit der verschiedene unabhängige Beurteilungen zu demselben Ergebnis führen. Abweichungen dürfen nicht auf Mängel des Beurteilungssystems zurückzuführen, sondern nur in Veränderungen des Beurteilten begründet sein.

Die **Validität** gibt die Gültigkeit an; sie bestimmt die Messgenauigkeit eines Tests im Hinblick auf ein Kriterium, z.B. beruflicher Erfolg. Die Validität gibt den Grad der Genauigkeit an, mit dem der Test oder das jeweilige Instrument dasjenige Merkmal oder diejenige Verhaltensweise, das (die) es messen soll oder zu messen vorgibt, tatsächlich misst.

Fehlbeurteilungen können für den Betrieb und den Mitarbeitern weitreichende Folgen haben. Eine Ursache für Fehlbeurteilungen kann der Beurteilertyp sein, der Einfluss auf die Beurteilung hat. Hiermit ist gemeint, dass der Beurteiler z.B. vorsichtig, großzügig, scharf oder pedantisch urteilen kann. Durch die **Subjektivität** können Fehlurteile entstehen. Die Einstellungen, Ideale, Gefühle, Stimmungen und Vorurteile des Beurteilers können unkontrolliert in die Beurteilung eingehen. Fehlurteile können ihre Ursache auch in Begünstigungs-, Vergeltungs- oder Schädigungsabsichten haben. Bedenklich ist es auch, wenn Vorgesetzte sich lediglich aus Meinungen Dritter ein Urteil bilden.

Fehlurteile können durch den sogenannten **Halo-Effekt** entstehen. Er besagt, dass ein besonders hervortretendes Merkmal des Beurteilten alle anderen Merkmale überdeckt.

Eine weitere mögliche Fehlerquelle liegt in der **sozialen Stellung des Beurteilten**. Mitarbeiter in höheren hierarchischen Stellungen bzw. Lohn- und Gehaltsgruppen können unter Umständen besser beurteilt werden als Mitarbeiter der unteren Gruppen. Dieses Phänomen wird als **Hierarchie-Effekt** bezeichnet.

Wenn sich der Beobachter häufig Einzelereignisse einprägt und diese dann in der Beurteilung zu stark berücksichtigt, so sind Zweifel an seiner "objektiven" Urteilsfindung angebracht. Die erste Begegnung mit einem fremden Menschen hinterlässt einen ersten nachhaltigen Eindruck, der ziemlich widerspruchsfrei erscheint. Dieser wahrgenommene Eindruck wird erst einmal zu einem überschaubaren und vereinfachten Bild geordnet. Es können Gemeinsamkeiten oder Gegensätze sein, die Sympathie oder Antipathie bewirken.

Häufig wird in der Praxis eine Beurteilung, die sich an einer vorgegebenen Häufigkeitsverteilung orientiert, verwendet. Dabei wird eine prozentuale Verteilung der Urteile als verbindlich erklärt. Oft wird dabei von der Normalverteilung ausgegangen. Der **Anwendung der Normalverteilung** liegt der Gedanke zugrunde, dass ein Großteil der Mitarbeiter Durchschnittsleistungen und ein sehr viel geringerer Teil Über- oder Unterleistungen vollbringt. Die Anwendung der Normalverteilung ist in diesem Zusammenhang sehr problematisch.

4.2.4 Voraussetzungen für die Anwendung der Personalbeurteilung

Die Personalbeurteilung darf nicht über die Köpfe der Betroffenen hinweg eingeführt werden. Soll erreicht werden, dass sie von allen beteiligten Gruppen auch akzeptiert wird, so ist es erforderlich, die Beurteiler sowie die zu beurteilenden Mitarbeiter beim Aufbau eines Beurteilungssystems miteinzubeziehen.

Werden im Rahmen der Auswahl allgemeine **Beurteilungsgrundsätze** aufgestellt, besitzt der Betriebsrat nach § 94 Abs. 2 BetrVG ein Mitbestimmungsrecht. Dieses Mitbestimmungsrecht spielt vor allem bei der Entwicklung eines Assessment-Centers eine bedeutende Rolle.

Ebenfalls kommt dem Betriebsrat nach § 95 Abs. 1 BetrVG ein Mitbestimmungsrecht bei der Erstellung von **Richtlinien über die personelle Auswahl** bei Einstellungen, Versetzungen und Umgruppierungen zu. Demnach unterliegt beispielsweise die Erstellung von Anforderungsprofilen der Mitbestimmung des Betriebsrats.

Die Personalbeurteilung muss sich an den **Arbeitsanforderungen** orientieren, die der Arbeitsplatz oder das Aufgabengebiet an den Mitarbeiter stellen. Diese werden in der **Stellenbeschreibung** (**Arbeitsplatzbeschreibung**) und den **Anforderungsprofilen** festgehalten.

4.2.5 Methoden der Personalbeurteilung

4.2.5.1 Summarische und analytische Personalbeurteilung

Ebenso wie bei der Arbeitsbewertung werden auch bei der Personalbeurteilung summarische und analytische Methoden unterschieden. Bei der **summarischen Mitarbeiterbeurteilung** wird der zu Beurteilende insgesamt betrachtet, während bei der **analytischen** der Beurteilungsgegenstand in eine Reihe von Merkmalen gegliedert wird und der Beurteiler sich aus der Betrachtung der einzelnen Merkmale ein Gesamturteil bildet.

Zum analytischen bzw. summarischen Vorgehen findet sich in der Personalauslese eine Parallele. Dort werden **ganzheitliche** und **atomistische** Verfahren unterschieden.

Da sich letztlich auch die summarische Beurteilung aus der Wahrnehmung einer Vielzahl von Merkmalen zusammensetzt (diese werden allerdings nicht explizit formuliert), scheinen mit der analytischen Methode wegen der nur hier möglichen Kontrolle der Kriterien auf Vollständigkeit und Relevanz die größeren Vorteile verbunden zu sein.

4.2.5.2 Freie Beschreibung und Personalfragebogen mit freiformulierten Antworten

Bei der Methode der **freien Beschreibung** liegt die Auswahl der Beurteilungskriterien und die Entscheidung, mit Hilfe welcher Kategorien der Grad der Merkmalsausprägung beschrieben werden soll, allein beim Beurteiler. Beim **Fragebogen mit freiformulierten Antworten** werden Fragen über Eigenschaften des Mitarbeiters vorgegeben, die der Beurteiler mit seinen eigenen Worten zu beantworten hat.

4.2.5.3 Rangordnungsmethoden

Mit einer Rangordnungsmethode wird die relative Stellung eines Beurteilten zu anderen Beurteilten bezüglich eines Merkmals oder gesamthaft auf einer Ordinalskala platziert. Rangordnungen können infolgedessen für analytische und summarische Urteile verwendet werden. Bei analytischen Beurteilungen wird für jedes Merkmal eine Rangreihe aufgestellt. Durch Addition der Rangplätze für die einzelnen Merkmale ergibt sich die Rangreihe der Beurteilten. Haben die Merkmale unterschiedlichen Einfluss auf das Gesamturteil, so werden die Merkmalsrangplätze vor der Addition zum Gesamturteil entsprechend der Bedeutung des Merkmals gewichtet.

Im einfachsten Fall, im **Concoursverfahren**, hat der Beurteiler die Aufgabe, die zu Beurteilenden hinsichtlich eines Merkmals in eine fortlaufende Reihe zu bringen. Die Mitarbeiter werden für das jeweils zu beurteilende Merkmal auf einem der Rangplätze zwischen 1 und n platziert.

Wegen der bei großen Gruppen im Mittelbereich entstehenden Platzierungs-
probleme wird vielfach das **Verfahren der erzwungenen Verteilung** vorgezogen. Dazu werden dem Beurteiler Gruppen vorgegeben, die mit einer fixier-
ten Anzahl bzw. Prozentzahl von Beurteilten zu füllen sind. Zu der erzwungenen Gruppeneinteilung folgendes Beispiel:

Beurteilungsgruppe	sehr gut	gut	befrie- digend	aus- reichend	nicht aus- reichend
Anzahl der Beurteilten	5 %	25 %	40 %	25 %	5 %

Das Verfahren der erzwungenen Gruppenzuordnung ist insbesondere bei großen Gruppen praktikabel, weil die Anzahl der Entscheidungsprobleme verringert wird und die Durchführung weniger Zeit in Anspruch nimmt. Aus diesem
Grunde wird diesem Verfahren in der Praxis häufig der Vorzug gegeben.

Eine Variante der erzwungenen Gruppenzuordnung ist die **Prozentrangskala,
kombiniert mit schrittweisen Entscheidungen**. Im ersten Schritt werden die
zu Beurteilenden bezüglich des jeweiligen Merkmals der oberen bzw. unteren
Hälfte der Vergleichsgruppe zugeschlagen. Im nächsten Schritt werden die
Mitarbeiter dem obersten bzw. untersten Viertel der Vergleichsgruppe zugeordnet, von denen dann z.B. die besten bzw. schlechtesten zehn Prozent aller
beurteilten Mitarbeiter ausgewählt werden. Das schrittweise Vorgehen verspricht für die besten bzw. schlechtesten Mitarbeiter eine gewissenhafte Beurteilung. Der Mittelbereich bleibt hingegen undifferenziert.

Eine gleichmäßige Unterscheidung aller Bereiche der Rangskala ermöglicht ein
als **paarweiser Vergleich** bezeichnetes Verfahren. Hier vergleicht der Beurteiler jede Person bezüglich des jeweils zu beurteilenden Merkmals mit jeder
anderen zu beurteilenden Person. Für die jeweils entstehenden Paare hat der
Beurteiler anzugeben, welche der beiden Personen als besser anzusehen ist.
Anschließend wird ausgezählt, wie oft jede Person im Paarvergleich als besser
eingestuft wird. Wird der Beurteilte beispielsweise insgesamt viermal vorgezogen, dann wird dem Mitarbeiter die ordinale Nutzenzahl 4 zugeordnet. Aus der
Gesamtheit der ordinalen Nutzenzahlen wird schließlich die Rangreihe der Beurteilten erstellt.

Wegen der progressiv anwachsenden Zahl der zu beurteilenden Paare bleibt die Anwendung dieses Verfahrens auf kleinere Gruppen von zu Beurteilenden begrenzt. Die Anzahl der Paare ergibt sich aus der Beziehung:

$$\frac{n(n-1)}{2}$$ (n = Anzahl der zu Beurteilenden)

Ein Vorteil des Paarvergleichs liegt in der Möglichkeit, die Urteilskonsistenz zu überprüfen. Ein Urteil ist inkonsistent, wenn zirkuläre Triaden der Form A>B, B>C, C>A auftreten (vgl. Brandstätter 1970, S. 682 ff.). Die Wahrscheinlichkeit von Inkonsistenzen nimmt mit der Anzahl der Paare und der Ähnlichkeit der Merkmalsausprägung bei den zu Beurteilenden zu.

Zu den Rangordnungsmethoden zählen auch die **soziometrischen Tests**. Diese Tests, die auf der von Moreno (1934) entwickelten Soziometrie basieren, gelten als die älteste Methode zur systematischen Erfassung und Beschreibung von Gruppenstrukturen. Dabei geht es in erster Linie um die Erfassung von Sympathie und Ablehnung zwischen einzelnen Gruppenmitgliedern. Zu diesem Zweck werden allen Gruppenmitgliedern mehr oder weniger direkte Fragen vorgelegt (z.B. "wer ist Ihnen besonders sympathisch?" bzw. "wen schätzen Sie am wenigsten?" oder, weniger direkt, "mit wem würden Sie am liebsten eine Reise unternehmen?" bzw. "mit wem möchten Sie auf keinen Fall Ihre Freizeit verbringen?"). Die Sympathiebeziehungen zwischen den einzelnen Personen können ferner nicht nur durch Befragung erfasst werden, sondern auch durch Beobachtung der Interaktionen (vgl. zusammenfassend Herkner 1996).

Die Ergebnisse des soziometrischen Tests werden graphisch als **Soziogramm** dargestellt. Die Häufigkeit der auf die Gruppenmitglieder entfallenden Wahlen wird in Tabellen ausgewiesen.

Nachteilig ist, dass den Gruppenmitgliedern beim soziometrischen Test keine Anonymität zugesichert werden kann. Die Frage nach den abgelehnten Personen kann daher für den Befragten sehr peinlich sein. Meyer (1972, S. 28) schlägt daher vor, den Test durch eine neutrale Person durchführen zu lassen.

4.2.5.4 Einstufungsmethoden

Einstufungsmethoden dienen der Erfassung qualitativer Merkmale mit Hilfe von verbal oder numerisch definierten Kategorien, die auf einer Skala verschiedene Ausprägungsgrade des Merkmals repräsentieren.

Der erste Schritt zur Konstruktion einer Einstufungsmethode besteht in der Auswahl und Definition von für die Beurteilung relevanten Merkmalen, z.B. wirtschaftliches Verhalten, Auftreten, Zusammenarbeit und Anpassungsfähigkeit.

Im zweiten Schritt werden die Kategorien erstellt, die in geordneter Reihenfolge den Ausprägungsgrad des Merkmals bezeichnen. Die Einstufung kann auf unterschiedlich konstruierten Skalen erfolgen, für die im Folgenden Beispiele gegeben werden (Wibbe 1974, S. 142 f.).

a) Beurteilungsskala mit Verhaltensmustern

1. Schritt: Definition des Merkmals, z.B. Zusammenarbeit und Anpassung: Ist der Mitarbeiter unterschiedlichen Anforderungen anderer Mitarbeiter, Funktionen oder Zielsetzungen gerecht geworden, ohne dadurch seine selbstständige Arbeitsausführung beeinträchtigen zu lassen?
   War er zur Zusammenarbeit bereit, hat er sie von sich aus angestrebt ...?
2. Schritt: Stufendefinition
   1 = Der Mitarbeiter nahm alle Gelegenheiten zur Zusammenarbeit wahr und beteiligte sich erfolgreich am Erfahrungsaustausch und an der Teamarbeit. Er arbeitete selbstständig und wurde dennoch den unterschiedlichsten Anforderungen anderer Mitarbeiter, Funktionen oder Zielsetzungen mühelos gerecht. Kritik verwertete er vorteilhaft.
   2 = ...
   3 = Der Mitarbeiter erkannte und nutzte die Vorteile von Erfahrungsaustausch und Teamarbeit. Er wurde gewöhnlich unterschiedlichen Anforderungen anderer gerecht, ohne seine Selbstständigkeit aufzugeben.
   4 = Der Mitarbeiter sah ab und zu entweder die Bedeutsamkeit von Erfahrungsaustausch und Teamarbeit nicht, oder er strebte sie nicht besonders an. Er wurde unterschiedlichen Anforderungen anderer nicht immer ...
   5 = ...

Die Verhaltensmuster der Beurteilungsskala müssen auf die Eindeutigkeit ihrer Rangordnung überprüft werden. Dies geschieht über die Berechnung von Trennschärfenindizes (Brandstätter 1970, S. 686).

b) Beurteilungsskalen mit bestimmten Personen als Richtbeispiele (man to man rating scale)

Für die unterschiedlichen Ausprägungsgrade eines Merkmals werden verschiedene Mitarbeiter als Richtbeispiele vorgegeben. Der Beurteiler hat sich die vorgegebenen Personen als Repräsentanten der Skalenpositionen vorzustellen und die zu Beurteilenden diesen zuzuordnen.

c) Numerische Beurteilungsskala

Hier wird ganz auf die Stufendefinition oder Richtbeispiele verzichtet. Der Beurteiler kennzeichnet die Merkmalsausprägung durch Ankreuzen einer Zahl auf der Skala.

d) Likert-Skalen

Sehr häufig werden Beurteilungsskalen mit beschreibenden Adjektiven verwendet. Die Konstruktion dieser Skalen nach der Likert-Technik erfolgt in drei Schritten.

Im **ersten Schritt** werden für das zu beurteilende Verhalten **relevante Dimensionen (Merkmale)** unterschieden. Zu jeder dieser Dimensionen wird eine Reihe von Statements formuliert, von denen man intuitiv annimmt, dass sie der zu messenden Dimension angehören. Denkbare Statements für das **Merkmal Zusammenarbeit** und **Anpassung** wären beispielsweise:

- Der Mitarbeiter ist stets hilfsbereit.
- Der Mitarbeiter sieht, wo er zurzeit am ehesten gebraucht wird.
- Seine Mitarbeiter bitten ihn um Rat und Unterstützung.
- Er nimmt, wenn nötig, Mehrarbeit in Kauf.
- Bei aller Hilfsbereitschaft behält er seine Aufgaben im Auge.
- Kritik von Mitarbeitern und Kunden verarbeitet er konstruktiv.

Statements sind Aussagen, meist in Form einer Behauptung, über für das Merkmal typische Verhaltensausschnitte. Wenn vorhanden, können diese Statements auch aus einer Liste kritischer Ereignisse ausgewählt werden. Die Vorlage für die Beurteiler sollte etwa 20 bis 30 solcher Statements für die jeweils zu messende Dimension enthalten.

Im **zweiten Schritt** werden **aussagekräftige Adjektive** ausgewählt, die den Grad des Zutreffens des jeweiligen Statements auf einer fünf- oder siebenstufigen Skala repräsentieren. Diesen Adjektiven werden schließlich Zahlen zugeordnet. Sollen die Zahlenwerte den Beurteilern unbekannt bleiben, dann erfolgt die Nummerierung erst zur Auswertung.

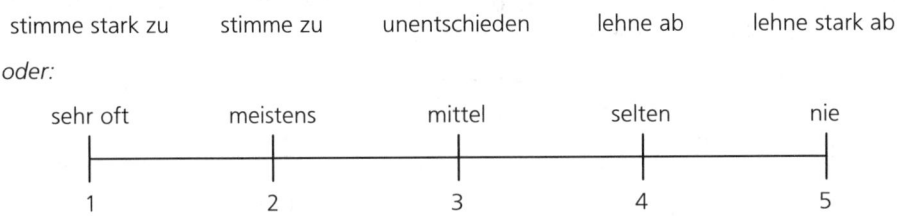

stimme stark zu   stimme zu   unentschieden   lehne ab   lehne stark ab

oder:

sehr oft   meistens   mittel   selten   nie

1   2   3   4   5

Im entscheidenden **dritten Schritt** werden die Statements auf **Eindimensionalität** überprüft, d.h., es wird festgestellt, ob die Statements in der Vorstellung der Beurteiler überhaupt Aussagen über die zu messende Dimension machen. Die Grundannahme der Likert-Technik ist dabei, dass die Mehrzahl der Statements intuitiv richtig ausgewählt wurde, im Einzelfall Irrtümer aber nicht auszuschließen sind. Die falschen Statements werden entdeckt, indem man die Prozentzahlen der Statements für jeden Beurteilten addiert und aus der Gesamtheit der Beurteilten die Gruppe der 25 Prozent mit den höchsten und die der 25 Prozent mit den niedrigsten Punktzahlen herauszieht. Jedes Statement wird nun daraufhin untersucht, wie es in den beiden Gruppen beurteilt wurde. Liegt das Statement auf der zu untersuchenden Dimension, dann muss es für die obere Gruppe signifikant höher als für die untere Gruppe eingestuft werden. Zur Errechnung der für die Personalbeurteilung relevanten Punktzahl werden dann nur die signifikanten Statements addiert.

Ein wesentlicher Vorteil des Likert-Verfahrens gegenüber den Einstufungsverfahren bei Richtbeispielen oder Verhaltensmustern liegt in der Auswahl der Statements. Bei den abgegebenen Antworten entscheiden letztlich die Beurteiler selbst, welche Statements in die Auswertung aufgenommen werden und welche nicht, während bei der Einstufungsskala mit Verhaltensmustern in einem komplizierten Sachverständigenrating über die Aufnahme der Stufendefinition entschieden wird, wobei offen bleibt, ob die Beurteiler, die dieses Instrument später anwenden sollen, mit den Verhaltensmustern die gleichen Vorstellungen assoziieren wie die Experten.

e) Polaritätsprofil (semantic differential)

Das Polaritätsprofil dient der quantitativen Erfassung von Eindrücken. Gemessen wird auf dem **semantischen Differential** zwischen zwei gegensätzlichen Adjektiven (Darstellung III-10). Der Beurteiler hat dem zu beurteilenden Merkmal, z.B. soziales Verhalten, eine Reihe von Paaren gegensätzlicher Attribute gegenüberzustellen. Die Intensität der Assoziation wird durch Ankreuzen auf dem semantischen Differential vermerkt.

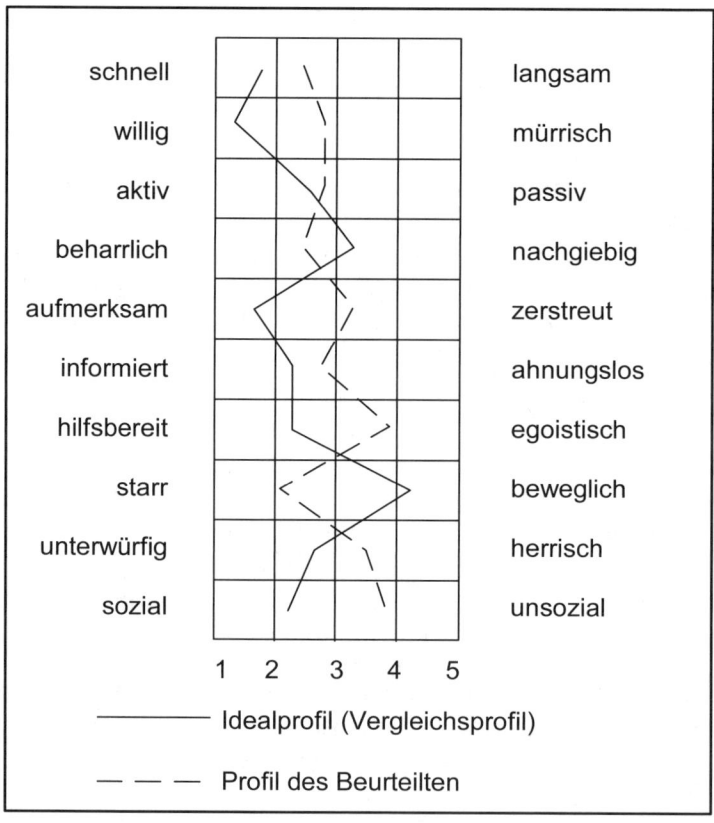

Darstellung III-10 Beispiel eines Polaritätsprofils für das Merkmal "soziales Verhalten"

Werden die Kreuze des Beurteilers durch einen Linienzug verbunden, so ergibt sich das Polaritätsprofil. Eine sinnvolle Information ist dem Profil aber erst zu entnehmen, wenn ein Vergleichsprofil vorliegt. Es wird vom Beurteiler als ideales Eigenschaftsprofil für eine fiktive Person entwickelt.

Der Vergleich zwischen Ideal- und Beurteilungsprofil kann graphisch erfolgen. Mehr Informationen über die Ähnlichkeit der beiden Profile ergibt die Berechnung eines geeigneten Korrelationskoeffizienten.

Besonders zur Auswahl von Verkaufspersonal oder Außendienstmitarbeitern, deren beruflicher Erfolg wesentlich von dem persönlichen Eindruck, den sie bei den Abnehmern hinterlassen, abhängig ist, erscheint dieses Verfahren geeignet.

4.2.5.5 Kennzeichnungsmethoden

Beim Verfahren der **gemischten Aussageliste mit freier Wahl** werden den Beurteilern sogenannte Check-Listen vorgegeben, in denen positives und negatives Mitarbeiterverhalten beschrieben wird. Diese Verhaltensformen beziehen sich meistens auf einen oder auf einige wenige Arbeitsplätze. Damit soll erreicht werden, dass der Beurteiler auf der Liste realitätsbezogene Verhaltensmuster vorfindet. Der Beurteiler hat dann die für den Mitarbeiter charakteristischen Verhaltensformen auszusuchen. Die Auswertung wird anschließend in der Personalabteilung durchgeführt. Um der Tendenz zu mittleren und positiven Urteilen entgegenzuwirken, werden **gruppierte Aussagelisten** mit Wahlzwang verwendet. Aus Gruppen von vier Aussagen, von denen jeweils zwei gleichwertig erscheinen, hat der Beurteiler die am stärksten und die am wenigsten zutreffende Feststellung auszuwählen. Von den jeweils zwei gleichwertig erscheinenden Paaren in jeder Gruppe beschreibt das eine Paar positiv erscheinende, das andere Paar negativ erscheinende Verhaltensweisen. Aus jedem Paar ist jedoch nur eine Aussage gültig. Welche gültig ist, bleibt dem Beurteiler unbekannt. Die Zusammenstellung der Gruppen erfolgt nach einem mehrstufigen Expertenrating (Brandstätter 1970, S. 679 ff.).

Nach Brandstätter (1970) ist mit diesem Verfahren ein messtechnisches Problem verbunden, das darin besteht, dass von dem Grad des Zutreffens der Aussage auf den Grad der Merkmalsausprägung geschlossen wird. Dieser

Schluss ist aber unter Umständen unzulässig, dann nämlich, wenn die als zutreffend bezeichnete Aussage für die eine Person tatsächlich charakteristisch ist, während bei einer anderen Person diese Eigenschaft nur deswegen als zutreffend bezeichnet wurde, weil die alternative Aussage noch weniger passte.

Ein wichtiges Kennzeichnungsverfahren ist das **critical incidents-Verfahren**. Der Beurteiler hat hierbei für die Leistung positive und negative Verhaltensergebnisse unmittelbar nach ihrem Auftreten schriftlich zu fixieren. Die Aufzeichnung darf sich nur auf Fakten stützen, Meinungen dürfen nicht mit aufgenommen werden. Die Aufzeichnungen für verschiedene Mitarbeiter sind allerdings nicht miteinander zu vergleichen, da eindeutige Bestimmungen zur Identifizierung kritischer Ereignisse nicht vorliegen. Die Auswertung unterliegt daher ähnlichen Beschränkungen wie die Auswertung der freien Personalbeurteilung.

4.2.6 Die Beurteilungskriterien

Eines der schwierigsten Probleme der analytischen Personalbeurteilung ist, insbesondere wegen der Komplexität des Beurteilungsobjekts, die Wahl der **Beurteilungskriterien** (**Beurteilungsmerkmale**).

Die Art und die Zahl der zu wählenden Beurteilungsmerkmale richten sich grundsätzlich nach den mit der Personalbeurteilung verfolgten Zwecken und dem Anspruch, der an das System gestellt wird.

So werden bei **Persönlichkeitsbeurteilungen** überwiegend Charaktermerkmale wie Intelligenz, Phantasie, Auftreten beurteilt. Diesen Kriterien liegt die Annahme zugrunde, dass sie ein bestimmtes Arbeitsverhalten bewirken. Die Feststellung persönlichkeitsbezogener Eigenschaften ist jedoch unzureichend, um Verhalten zu erklären, so dass insbesondere zur Leistungsbeurteilung andere Merkmale herangezogen werden müssen, die zum Beispiel **situative Bezüge** oder **soziale Beziehungen** ausdrücken.

Alle zu berücksichtigenden Merkmale müssen für die Aufgabenerfüllung und die Kennzeichnung der Leistung **relevant** und **vollständig** sein, das heißt, Kriterien, die nichts oder nur bedingt etwas mit der Leistung zu tun haben, dürfen in die Beurteilung nicht mit einbezogen werden. Weitere Anforderungen an die

Beurteilungsmerkmale sind **Unabhängigkeit** und **Eindeutigkeit**. Unabhängig bedeutet, dass die Kriterien ein- oder abzugrenzen sind, so dass zum Beispiel nicht mit zwei verschiedenen Kriterien dasselbe beurteilt wird. In den Beurteilungen werden für unterschiedlich definierte Merkmale häufig hohe Korrelationen festgestellt. Eindeutig sind die Merkmale, wenn sie von allen Beteiligten gleich verstanden werden. Dies geschieht durch eine inhaltliche Beschreibung, die auch eine klare Unterscheidung ermöglichen muss.

Weiterhin müssen die Merkmale **allgemeingültig** sein, das heißt, sie müssen für alle zu beurteilenden Leistungen in gleichem Maße angewendet werden können. Darüber hinaus müssen ihre Ausprägungen operationalisierbar sein. Das bedeutet, dass vielfach die Merkmale quantifiziert werden müssen, sofern ein Gesamtleistungswert ermittelt wird.

Zu prüfen ist auch, ob die Beurteilungskriterien rechtlich zulässig sind.

In der Praxis gibt es eine Vielzahl an Gliederungen von Beurteilungskriterien (vgl. Mentzel 1997, S. 86 ff.). Gaugler u.a. (1978, S. 115) haben **Beurteilungsmerkmale** von 102 Systemen **für Angestellte** untersucht und dabei folgende Kategorien gebildet und diese folgendermaßen definiert:

(1) **Leistungsergebnismerkmale**:
   Quantität und Qualität des Leistungsergebnisses,

(2) **Führungsmerkmale**:
   Verhalten von Vorgesetzten gegenüber Nachgeordneten,

(3) **Verhaltensmerkmale**:
   allgemeines Verhalten (ohne Führungsverhalten) des Beurteilten,

(4) **Merkmale der angewandten Qualifikation**:
   Fähigkeiten und Fertigkeiten, die für die zu beurteilende Tätigkeit von Bedeutung sind.

(5) **Potentialmerkmale**:
   Fähigkeiten und Fertigkeiten, die über die Anforderungen des jeweiligen Arbeitsplatzes hinausgehen,

(6) **Pesönlichkeitsmerkmale**:
   Merkmale der geistigen, charakterlichen und körperlichen Sphäre, die eine die berufliche Tätigkeit weit überschreitende Bedeutung besitzen.

Für die **Leistungsbewertung von Arbeitnehmern** werden folgende Merkmale empfohlen (Institut für angewandte Arbeitswissenschaft 1969):

- Arbeitsmenge,
- Arbeitsgüte,
- Behandlung der Betriebsmittel,
- Stoffnutzung,
- persönliches Verhalten gegenüber anderen,
- Beachten von Vorschriften und Anordnungen,
- interessierte Mitarbeit,
- Ordnung und Sauberkeit des Arbeitsplatzes und
- vielseitiger Einsatz.

In den Wirtschaftszweigen und in einzelnen Betrieben werden unterschiedliche Merkmale verwendet. Für die praktische Anwendung sind die Beurteilungsmerkmale zu gewichten. Dabei wird zwischen der

- unbewussten bzw. unbeabsichtigten Gewichtung und der
- bewussten Gewichtung

unterschieden.

Bei der **unbewussten Gewichtung** wird indirekt gewichtet. Sie liegt in der zum Teil "bewusst" gewählten Anzahl und Art der Kriterien je Merkmalsgruppe. Damit wird einerseits jedes Merkmal unabhängig von seiner Bedeutung für die Aufgabenerfüllung gleich gewichtet. Andererseits werden jedoch durch die unterschiedliche Anzahl je Merkmalsgruppe Schwerpunkte gesetzt.

Bei der **bewussten Gewichtung** wird den einzelnen Merkmalen unterschiedliche Bedeutung beigemessen. Die Gewichtung der einzelnen Beurteilungsmerkmale untereinander hängt davon ab, für wie wesentlich sie für die Leistungserbringung eines Mitarbeiters geschätzt werden. Bei der Gewichtung innerhalb eines Beurteilungsmerkmals ist grundsätzlich festzulegen, ob die **Leistungswertkurven** lineare, degressive oder progressive Verläufe aufweisen sollen. Dabei kann die Gewichtung entweder gebunden oder ungebunden sein.

Von einer **gebundenen Gewichtung** wird gesprochen, wenn die Wertzahl direkt die dem Merkmal zugeordnete Bedeutung ausdrückt. Mit der Bewertung der Merkmale erhält man unmittelbar die Leistungswertzahlen.

Bei der **ungebundenen Gewichtung** wird zunächst für jedes Merkmal die gleiche Skala verwendet. In einem nächsten Schritt werden dann die Einstufungswerte mit **Wichtefaktoren** multipliziert. Die Leistungswertzahl ergibt sich dann aus den einzelnen Leistungswertzahlen der Merkmale.

4.2.7 Beurteilung durch Vorgesetzte, Gleichgestellte und Untergebene

Voraussetzung für eine Beurteilung sind sowohl Informationen aus der Arbeitsaufgabe als auch über den zu beurteilenden Mitarbeiter. Aus diesem Grunde wird in der Regel der unmittelbare Vorgesetzte mit der Durchführung der Leistungsbeurteilung beauftragt.

Um stark subjektiv geprägte Urteile auszuschließen, werden in vielen Fällen **zusätzliche Beurteiler** herangezogen, zu denen der Mitarbeiter auf Grund seiner Aufgabenstellung ebenfalls Kontakt hat. Zusätzliche Mitglieder des Beurteilungskollegiums können der Vorgesetzte des Vorgesetzten sein, wobei die Hinzuziehung der beiden letztgenannten Personenkreise aus einer Reihe von Gründen, z.B. Störungen der informalen Beziehungen, Konkurrenzdenken usw., problematisch sein kann.

Eine **gegenseitige Beurteilung** von Kollegen wird im Allgemeinen abgelehnt, obwohl die Mitglieder einer Arbeitsgruppe genügend Gelegenheit haben, das Arbeitsverhalten und das soziale Verhalten usw. eines Gleichgestellten kennenzulernen. Falls eine Beurteilung unter Gleichgestellten eingeführt wird, ist die Gruppe an der Merkmalsauswahl und der Gewichtung zu beteiligen.

Des Weiteren gibt es die **Vorgesetztenbeurteilung**, die im Gegensatz zu den oben genannten Instrumenten "bottom-up" angewendet wird. Die Mitarbeiter beurteilen ihre direkten Vorgesetzten beispielsweise bezüglich solcher Kriterien wie Fairness der Führung, Objektivität der Kritik, Offenheit und der Fähigkeit, eine vertrauensvolle Zusammenarbeit zu ermöglichen.

4.2.8 Das Beurteilungsgespräch

Als abschließende Maßnahme der Beurteilung ist ein Gespräch zwischen Mitarbeiter und Vorgesetztem durchzuführen. Die Notwendigkeiten ergeben sich aus den Vorschriften des BetrVG, nach denen der Mitarbeiter das Recht hat, die **Beurteilung seiner Leistungen** sowie seine weiteren **Entwicklungsmöglichkeiten** mit dem Vorgesetzten zu erörtern (§ 82 Abs. 2 BetrVG).

Dem Beurteilungsgespräch liegt die Annahme zugrunde, dass sich das **Verhalten und die Einstellungen** des Mitarbeiters in Richtung auf bestmögliche Erreichung der Betriebsziele hin verändern lassen, wenn dem Mitarbeiter die Konsequenzen seines bisherigen Verhaltens verdeutlicht werden und wenn ihm aufgezeigt wird, welche Fortschritte er durch alternative Verhaltensweisen machen könnte. Aus einer Reihe von Untersuchungen ergibt sich jedoch, dass die Chancen, das Mitarbeiterverhalten durch Beurteilungsgespräche zu verändern, relativ gering sind.

Probleme ergeben sich auch aus der Multifunktionalität der Personalbeurteilung. Zumeist sollen für verschiedene Zwecke simultan Informationen gewonnen werden. Die sich daraus ergebenden widersprüchlichen Anforderungen an ein Gespräch zwischen Vorgesetztem und Mitarbeiter erfordern eine Unterteilung des Beurteilungsgesprächs in **Bewertungs-, Entwicklungs-** und **Laufbahngespräch**. Je nach Zwecksetzung hat das Beurteilungsgespräch Informations- und Beratungscharakter oder es ist mehr eignungsdiagnostisch orientiert, wenn es sich insbesondere um die Potentialbeurteilung handelt.

Beveridge kritisiert die traditionelle Form des Beurteilungsgesprächs, das er folgendermaßen beschreibt: Im Mittelpunkt des Gesprächs steht die Person des zu beurteilenden Mitarbeiters. Der Vorgesetzte gibt sein Urteil über die Eigenschaften des Mitarbeiters ab und erteilt Ratschläge, wie Schwachstellen zu beseitigen und wie Stärken weiter zu entwickeln sind. Das Gespräch verläuft überwiegend als **Einwegkommunikation**, wobei dem Mitarbeiter die Rolle des Informationsempfängers zufällt. Dabei wird vorausgesetzt, dass der Vorgesetzte auf Grund seiner Qualifikation und Erfahrung - vielfach hat er die zu beurteilende Tätigkeit selbst einmal ausgeübt - die Anforderungen der Tätigkeit und die den Anforderungen entsprechenden Eignungen am besten beurteilen kann (Beveridge 1975, S. 42).

Das Konzept des Management by Objectives (MbO), häufig als "Führung durch Zielvorgabe bzw. Zielvereinbarung" übersetzt, wie es z.B. von Jung (1999, S. 491 ff.) beschrieben wird, berücksichtigt diese Einwände. Kerngedanke des MbO ist, dass grundsätzlich nur gemeinsam von Vorgesetzten und Mitarbeitern erarbeitete Ziele vorgegeben werden, nicht jedoch Vorschriften darüber, wie diese zu erreichen sind.

Anstatt bestimmte Arbeiten und Aufgaben vorzugeben, die nach festgelegten Regeln und Methoden zu erledigen sind, sollen Ziele erreicht werden. MbO ist dabei nicht als ein einmaliger Führungsvorgang zu sehen, sondern als ein permanenter institutionalisierter Prozess.

Ein mehr **eignungsdiagnostisch orientiertes Interview** wird dann erforderlich, wenn Mitarbeiter durch die sich periodisch wiederholenden Leistungsbeurteilungen als Problemfälle im weiteren Sinne eingestuft werden oder wenn Mitarbeiter für bestimmte Positionen auszuwählen sind, die nur von Menschen mit bestimmten Fachkompetenzen oder Persönlichkeitseigenschaften ausgefüllt werden können. Wegen der fehlenden Verbindlichkeit der im eignungsdiagnostischen Interview gewonnenen Ergebnisse sollte das Interview nur als Teil einer **sequentiellen Strategie** Anwendung finden, d.h., dass über mehrere Verfahrensinstanzen (Tests oder andere Untersuchungsverfahren) hinweg die in der jeweiligen Instanz gewonnenen Informationen noch nicht zur Grundlage einer endgültigen Entscheidung gemacht werden, sondern nur als Basis für Entscheidungen herangezogen werden. Das Interview als wichtiges Breitbandverfahren kann im Rahmen einer sequentiellen Strategie durch die Aufbereitung spontan auftauchender, für die diagnostische Fragestellung relevanter Gesichtspunkte für die weitere Untersuchung mit Hilfe spezieller Schmalbandverfahren (Tests, Rating-Skalen) einen wesentlichen Beitrag zur Potentialbeurteilung leisten. Triebe (1976, S. 58, 80 ff.) gibt folgende Empfehlungen zur Verbesserung der Effizienz des Interviews:

1. Das Interview sollte - ebenso wie andere Verfahren auch - erst nach einer gründlichen Analyse der Arbeitsanforderungen durchgeführt werden.

2. Als Interviewer kommen nur ausgewählte, für ihre Aufgabe besonders ausgebildete Personen in Frage.

3. Das Interview sollte soweit standardisiert und strukturiert sein, wie es die jeweilige Fragestellung erlaubt.

4. Der Interviewer sollte keinen freigestalteten Bericht über den zu Beurteilenden erstellen, sondern ihn unter definierten Gesichtspunkten einstufen; in der Regel sind Rating-Skalen hierfür das geeignete Instrument.

4.3 Feststellung des Eignungspotentials bei Bewerbern des externen Arbeitsbeschaffungsmarkts

4.3.1 Überblick

Bei der Auswahl eines Mitarbeiters kommt es darauf an, innerhalb kurzer Zeit durch Anwendung geeigneter Methoden möglichst zuverlässige Informationen über seine Eignung zu bekommen, um Fehlbesetzungen und damit Frustrationen beim potentiellen Mitarbeiter und Kosten für den Betrieb zu vermeiden.

Art und Anzahl der Auswahlmethoden werden bestimmt von den Anforderungen des zu besetzenden Arbeitsplatzes, von dem Angebot am Arbeitsmarkt und von den Wertmaßstäben, die von der Personalwirtschaft bei den verschiedenen Auswahlmethoden angelegt werden.

Die in der Praxis gebräuchlichsten Auswahlmethoden sind:
- Auswertung der Bewerbungsunterlagen (Lebenslauf, Zeugnisse, Referenzen, Lichtbild),
- Arbeitsproben,
- graphologische Gutachten,
- medizinische Untersuchung,
- psychologische Untersuchungsmethoden,
- Assessment-Center-Verfahren,
- Vorstellungsgespräch.

4.3.2 Grundlegende Auswahlmethoden

Die **Bewerbungsunterlagen** lassen erste Aufschlüsse über die sich bewerbende Person zu. Die Art und Weise der Zusammenstellung kann zumindest teilweise eine Antwort über die Grundeinstellung der Person und den Grad ihres Interesses an der zu besetzenden Stelle geben.

Es ist daher zu prüfen, ob z.B. alle (im Stellenangebot) angeforderten oder üblichen Unterlagen eingereicht worden sind, in welcher Weise die Unterlagen angeordnet sind und in welcher äußerlichen Form sie sich befinden. Die Unterlagen sind im Hinblick auf den zu besetzenden Arbeitsplatz zu bewerten. Die Form der Bewerbung eines schriftlich geübten kaufmännischen Mitarbeiters muss z.B. anderen Ansprüchen genügen als die eines ausschließlich gewerblich tätigen Bewerbers.

Der **Lebenslauf** gibt eine geschlossene Gesamtdarstellung der persönlichen und beruflichen Entwicklung des Bewerbers. Der Betrieb kann den Lebenslauf unter zwei Aspekten auswerten:

1. Zeitfolgeanalyse (welche Arbeitsplatzwechsel wurden vorgenommen, wo sind Zeitlücken?),
2. Positionsanalyse (Aufstieg, Abstieg, Berufswechsel, Wechsel des Arbeitsgebiets).

Von der Annahme ausgehend, dass ein Bewerber ein möglichst positives Bild von sich aufzeichnen will, müssen zunächst die Angaben, bei denen dies objektiv möglich ist, auf ihre Richtigkeit hin überprüft werden (persönliche Angaben, Schulen, Betriebszugehörigkeiten usw.). Dann sind mögliche Zeitlücken aufzuspüren, außerordentliche Betriebswechsel (häufige Wechsel, Branchenwechsel usw.) und andere strukturelle Entwicklungen (kontinuierlicher beruflicher Aufstieg, Weiterbildung) zu registrieren.

Diese Ergebnisse und Eindrücke stellen Teilinformationen im Rahmen der Gesamtbeurteilung dar.

Ein Teil der Betriebe fordert bei einer Bewerbung einen handgeschriebenen Lebenslauf, um ein **graphologisches Gutachten** anfertigen lassen zu können. Andere Betriebe lehnen dies vollkommen ab, weil die hieraus ermittelten Erkenntnisse und der Zusammenhang zur Aufgabenerfüllung umstritten sind und nur ein relativ geringer Informationsbeitrag zu erwarten ist.

Die Bewertung der **Schul-** und **Betriebszeugnisse** bildet einen weiteren Schwerpunkt bei der Feststellung des Eignungsgrads eines externen Bewerbers, obwohl einschränkend gesagt werden muss, dass Zeugnisse keine objektiven Informationen geben können.

Dennoch lassen sich aus den Zeugnisnoten Schlüsse auf bestimmte Interessengebiete und die allgemeine Leistungsbereitschaft ziehen. Zusätzlich kann der Arbeitgeber eigene **Wissensüberprüfungen** (z.B. bei der Einstellung von Auszubildenden) vornehmen, um Allgemeinbildung oder Kenntnisse in Orthografie und Mathematik zu testen.

Betriebszeugnisse (§ 630 BGB) bestehen in der Regel aus zwei Teilen, der **Tätigkeitsbeschreibung**, die Angaben über Art und Dauer des Dienstverhältnisses enthalten muss, und der **Beurteilung der Führung und Leistung**, die der Mitarbeiter zusätzlich verlangen kann.

Der erste Teil gibt für den Leser die objektiveren Informationen. Es werden Angaben über ausgeführte Fach- und eventuell Führungsaufgaben gemacht. Weiterhin zeigt die Dauer der Tätigkeit in einem Aufgabengebiet oder ein aufsteigender Wechsel den Grad der Verlässlichkeit und Vertrauenswürdigkeit des Mitarbeiters an.

Da das Zeugnis für die Zukunft ein bleibender, dokumentarischer Nachweis für die geleistete Tätigkeit nach Art und Qualität innerhalb eines bestimmten Zeitraums darstellt, ist bei der Formulierung größte Sorgfalt anzuwenden.

Die Unternehmen haben im Laufe der Jahre eine sogenannte "Zeugnissprache" entwickelt. Diese besteht aus bestimmten Worten, Wortkombinationen und Sätzen, denen in Zeugnissen eine eigene Bedeutung zukommt. Es ist daher wichtig, die gängigen Formulierungen und ihre Bedeutung zu kennen, um ein Zeugnis richtig zu interpretieren (vgl. z.B. Streibl 2000). Die Aussagekraft der Zeugnisse gewinnt an Gewicht, wenn ihre Formulierungen beim Vorstellungsgespräch mit dem Bewerber besprochen werden.

Zusätzlich zu den bisher genannten Bewerbungsunterlagen wird von den Betrieben oft noch die Ausfüllung eines firmeneigenen **Personalfragebogens** verlangt. Dieser enthält alle persönlichen Daten in komprimierter Form, ermöglicht die Vergleichbarkeit mit anderen Bewerbern und stellt eine Unterlage für die Personalakte dar.

Fragen, die in die vom Grundgesetz geschützte Menschenwürde (Art. 1 GG) oder in das Persönlichkeitsrecht (Art. 2 GG) des Bewerbers eingreifen, sind im Personalfragebogen (oder auch in Vorstellungsgesprächen) nicht erlaubt. Aus diesem Grund erfüllt die falsche Beantwortung solcher Fragen nicht den Tatbestand der arglistigen Täuschung und kann nicht als Grund für die Anfechtung eines Arbeitsvertrags nach § 123 BGB dienen.

Für bestimmte Positionen, bei denen z.B. das körperliche Leistungsvermögen stark beansprucht wird, aber auch bei Führungskräften, gehört zur Feststellung des Eignungspotentials auch die **medizinische Untersuchung**. Bei Jugendlichen schreibt das JArbSchG (§ 32) generell eine ärztliche Untersuchung vor der Einstellung vor, die vor Ablauf des ersten Beschäftigungsjahres wiederholt werden muss (§ 13 JArbSchG).

Referenzen dritter Personen werden in der Regel erst eingeholt, wenn Bewerber in die engere Wahl kommen. Referenzgeber sind vom Bewerber genannte Personen, so dass die vorhandenen Referenzen somit nur einen eingeschränkten Wert besitzen. Sie dienen der Überprüfung des Wahrheitsgehalts von Bewerberangaben und der Absicherung des eigenen Urteils.

Arbeitsproben können im Rahmen der Vorstellung bei bestimmten Berufsgruppen angefordert werden (z.B. bei Sekretärinnen, Dolmetschern, Werbefachleuten, Journalisten). Sie sind in diesen Fällen ein geeignetes Hilfsmittel zur Beurteilung der Leistungsfähigkeit des Bewerbers.

4.3.3 Psychologische Untersuchungsmethoden

4.3.3.1 Überblick

Eine weitere, sehr verbreitete Methode der Personalauswahl ist die **psychologische Eignungsuntersuchung**, die in vielen Betrieben generell oder bei einigen Zielgruppen durchgeführt wird. Die Methoden der Personalauswahl durch psychologische Eignungsuntersuchungen lassen sich in drei Bereiche gliedern:

1. Biographische Analysen
- Referenzen und Dokumentationsanalyse (Anschreiben, Lebenslauf, Schulzeugnisse und Arbeitszeugnisse)
- Interviews
- Narrative Verfahren
- Projektive Verfahren
- Biographische Fragebogen

2. Psychometrische Testverfahren
- Persönlichkeitstests
- Leistungstests
- Computerbasierte Prüfverfahren

3. Assessment-Center.

Die Biographische Analyse und Ideographik (narrative Verfahren) versuchen die Individualität einer Person zu erfassen. Die Biographie, Lebensgeschichte und Selbstzeugnisse rücken besonders bei der Führungskräfteauswahl wieder verstärkt in den Vordergrund.

Für die in den letzten Jahren zunehmend kritisierte psychologische Eignungsdiagnostik stehen als Ersatz gegenwärtig keine Alternativen zur Verfügung. Die Kritik richtet sich insbesondere gegen die **Testpraxis** und **Testinterpretation**, die häufig von nicht psychologisch ausgebildeten Personen ausgeführt wird. Problematisch ist dabei die Klassifikation des Bewerbers als statische Einheit, die einem Arbeitsbereich zugeordnet wird, wobei neben der fachlichen Qualifikation die erfolgsbestimmenden Faktoren wie Motivation, Engagement und Interaktion mit Kollegen und Vorgesetzten oftmals unberücksichtigt bleiben. Ein weiterer Kritikpunkt ist die unzulässige Testinterpretation und Urteilsbildung über die Gültigkeitsgrenzen der spezifischen Tests hinaus.

Wird das große Spektrum der eignungsdiagnostischen Verfahren nach dem Kriterium der prognostischen Validität analysiert, dann besitzen Tests, Biographische Fragebogen, Assessment-Center, Arbeitsproben und Kollegenurteile die besten Validitäten (vgl. Kompa 1984; Reilly/Chao 1982; Stehle 1986).

Speziell zur Managementdiagnostik und Führungskräfteauswahl gibt Sarges (1995) einen umfassenden Überblick.

4.3.3.2 Begriff und Einsatzbereich psychologischer Tests

Zur Erfassung der eignungsrelevanten Merkmale kommen neben den Bewerberunterlagen und Interviewdaten besonders die **psychometrischen Testverfahren** zum Einsatz. Arbeitsproben und graphologische Gutachten werden nur noch selten zur Urteilsbildung eingesetzt.

Das Psychologische Wörterbuch von Dorsch (1998) definiert einen **Test** als Verfahren zur Messung von bedeutsamen psychologischen Dimensionen. Er dient zur quantitativen Bestimmung des relativen Grades von individuellen Merkmalsausprägungen. Ein Test muss die Testgütekriterien der Objektivität, Reliabilität und Validität in ausreichendem Ausmaß besitzen.

Der Einsatz psychologischer Tests bietet sich vor allem dort an, wo in kurzer Zeit eine größere Anzahl von Bewerbern zu prüfen ist (Kompa 1984, S. 119).

Psychologische Eignungsdiagnostik im Personalbereich dient aber nicht nur zur Bewerberauswahl, sondern auch zu personellen Maßnahmen in den Bereichen:

- Platzierung von Bewerbern,
- Interessen- und fähigkeitsgemäßer Personaleinsatz,
- Nachwuchsplanung,
- Arbeitsplatzgestaltung,
- Gesundheit und Arbeitszufriedenheit,
- Personalentwicklung,
- Organisationsentwicklung,
- Eingliederung Behinderter und
- Beratung von Mitarbeitern in beruflichen und persönlichen Angelegenheiten.

4.3.3.3 Grundlagen und Voraussetzungen der Eignungsdiagnostik

Die eignungsdiagnostische Situation ist durch die Aufgabe gekennzeichnet, eine optimale Zuordnung zwischen

- einem potentiellen Bewerber und mehreren möglichen Stellen,
- mehreren Bewerbern und mehreren offenen Stellen,
- mehreren Bewerbern und einer Stelle

zu erreichen (vgl. Gebert/Rosenstiel 1981, S. 188).

Eine Personalselektion ist aber nur sinnvoll, wenn:

- für einen bestimmten Arbeitsplatz individuelle Unterschiede hinsichtlich eines Leistungskriteriums zu erwarten sind,
- die Anforderungskriterien arbeitsplatzspezifisch variieren,
- das erfüllte Leistungskriterium auf einer regelhaften Interaktion zwischen psychologischen Merkmalen und dem Anforderungsprofil des Arbeitsplatzes basiert (vgl. Kompa 1984, S. 36).

Die berufliche Eignungsdiagnostik basiert im Wesentlichen auf den Erkenntnissen der **psychologischen Testtheorie**, der **Differenziellen Psychologie** und der **Angewandten Psychologie**.

Der Anwendung psychologischer Untersuchungsverfahren liegt die Annahme zugrunde, **dass Verhalten eine Funktion aus Persönlichkeit und Umwelt ist**.

Ziel der Eignungsdiagnostik ist es, mit Hilfe von Prädiktoren die **zukünftigen Verhaltensweisen**, **Bewältigungsstrategien** und **beruflichen Leistungen des Betroffenen** abzuschätzen (vgl. Althoff 1985, S. 23). Die standardisierten Verfahren bieten dabei die Möglichkeit, die Prädiktordaten verschiedener Bewerber miteinander zu vergleichen.

Die Durchführung einer psychologischen Eignungsuntersuchung, die zu einem reliablen und validen Urteil führen soll, setzt eine empirische Absicherung in folgenden Bereichen voraus (Brambring 1983, S. 420; Weinert 1987, S. 214):

- Anforderungsprofile der beruflichen Tätigkeit müssen definiert sein.
- Den Anforderungsprofilen müssen Eignungsvoraussetzungen zugeordnet werden.
- Zur Erfassung dieser eignungsrelevanten Merkmale müssen adäquate psychologische Instrumente ausgewählt oder entwickelt werden.
- Der prognostische Wert des Eignungsurteils muss z.B. an der Leistungseinstufung einer unselegierten Gruppe validiert werden.
- Die Personalselektion richtet sich nach den statistischen Grenzwerten der Prädiktorvariablen.
- Durchführung der Effizienzüberprüfung (Bewährungskontrolle) der eignungsdiagnostisch orientierten Personalentscheidung.

4.3.3.4 Anforderungsanalyse

Die von den Bewerbern zu erfüllenden Anforderungen müssen eindeutig definiert werden. Es muss sich dabei um solche Anforderungen handeln, die in der jeweiligen Arbeitsleistung zum Ausdruck kommen.

Ziel der Anforderungsanalyse ist es, Hypothesen über den Zusammenhang zwischen **Anforderungen des Arbeitsplatzes** und bestimmten **Persönlichkeitsdimensionen** zu bilden. Auf der Basis dieser Hypothesen können dann geeignete psychologische Verfahren (Prädiktoren) ausgewählt oder entwickelt werden.

Die wohl gebräuchlichste Methode zur Bestimmung der Anforderungen ist die **Arbeitsanalyse** (vgl. zusammenfassend Rosenstiel 2000, S. 61 ff.). **Bewegungsstudien** und **Tätigkeitsbeschreibungen** geben einen Überblick über die Anforderungen an physische und psychische Eigenschaften des Bewerbers. Nach Cronbach (1966, S. 325 ff.) darf sich die Arbeitsanalyse nicht auf eine allgemeine Klassifikation nach Art der Anforderungen beschränken, sondern sie sollte eine operationale Definition der Anforderungen anstreben.

Kompa (1984, S. 59) unterscheidet vier Verfahren der Anforderungsanalyse:
- Das statistische Verfahren erstellt ein kriterienbezogenes Merkmalsprofil von z.B. erfolgreichen Berufsvertretern. Dieses Anforderungsprofil wird dann mit dem Bewerberprofil verglichen.
- Mit globalen Urteilsverfahren werden die für eine bestimmte Aufgabe erforderlichen Merkmale von Experten global eingeschätzt.
- Die Arbeitsanalyse differenziert den Aufgabenbereich in einzelne Anforderungsdimensionen. Über Expertenratings werden den aufgabenspezifisch gewichteten Dimensionen dann Bewerbermerkmale zugeordnet.
- Synthetische Verfahren gehen im Unterschied zur Arbeitsanalyse von einer Liste aufgabenunspezifischer Anforderungselemente aus. Jedem Element wird ein Merkmalsprofil zugeordnet. Diese Elemente werden dann aufgabenspezifisch über Expertenratings gewichtet. Aus den einzelnen Teilprofilen und der spezifischen Gewichtung kann jeweils ein aufgabenbezogenes Gesamtanforderungsprofil synthetisiert werden.

Zur Erfassung von Anforderungselementen des Arbeitsplatzes steht z.B. der **"Fragebogen zur Arbeitsanalyse"** von Frieling & Hoyos (1978) zur Verfügung. Den Anforderungselementen werden dann als Eignungsmerkmale die Wahrnehmungs-, Fitness-, Gedächtnis-, Intelligenz-, Temperaments- und Interessenfaktoren zugeordnet.

Allgemein wird durch den Vergleich von **Anforderungsprofil** und **Bewerberprofile**, abhängig von der Güte des Anforderungsprofils, der **Eignungsgrad** des Bewerbers ermittelt.

Der Eignungsgrad kann berechnet werden als:

- Distanzmaß durch die Summe der absoluten Profilabweichungen oder
- Verlaufsmaß durch einen Korrelationskoeffizienten, der ein Maß für die strukturelle Ähnlichkeit der Profile erzeugt.

Erwähnt sei auch, dass die Anforderungsprofile unabhängig vom Arbeitsplatzinhaber über Expertenratings erstellt werden, die systematische Fehler aufweisen können und die Kriterien wie spezifische Motivationsstruktur und Interaktionsverhalten unberücksichtigt lassen.

4.3.3.5 Klassifikation psychologischer Tests

Während bei Klassifikationen nach formalen Kriterien die Tests nach ihren Konstruktionsmerkmalen unterschieden werden, versuchen inhaltliche Klassifikationen eine Unterteilung nach den zu messenden Eigenschaften.

Die am weitesten verbreiteten inhaltlichen Klassifikationen orientieren sich an Persönlichkeitsdimensionen.

Lienert (1969, S. 121 f.) unterscheidet:

a) Intelligenztests	- allgemeine Intelligenz
	- spezielle Intelligenz
b) Leistungstests	- motorische,
	- sensorische,
	- psychische
c) Persönlichkeitstests	- Eigenschaftstests,
	- Interessentests,
	- Einstellungstests,
	- Charaktertests,
	- Typentests.

Diese Unterscheidungen stellen eine rein sprachliche Klassifikation dar, da Intelligenz der Persönlichkeit zuzuordnen ist und in der Regel über die Leistungsfähigkeit gemessen wird. Zu berücksichtigen ist dabei immer, dass sich die Persönlichkeit nicht als die Summe unabhängiger Merkmale analytisch darstellen lässt.

Im deutschen Sprachraum liegen neben allgemeinen psychodiagnostischen Instrumenten auch sehr spezifische eignungsdiagnostische Verfahren vor.

Die folgende Auswahl psychodiagnostischer Testverfahren orientiert sich an den von Brambring (1983, S. 445) dargestellten Häufigkeiten für eignungsdiagnostische Anwendungen.

a) Intelligenztests

Intelligenztests gehören unter testtheoretischen Aspekten zu den sehr reliablen und validen psychologischen Verfahren. Da diese Tests besonders gute Prädiktoren für den beruflichen Ausbildungserfolg sind, stellen sie einen Standard der beruflichen Eignungsdiagnostik dar.

Das allgemeine Intelligenzniveau zur Differenzierung von Hochbegabten lässt sich z.B. mit den "**Advanced Progressive Matrices**" erfassen. Dieses Verfahren wird meist nur zusätzlich als sprachfreies Verfahren angewandt.

Ein starkes Interesse besteht an der mehrdimensionalen Struktur der Intelligenz. Tests zur Erfassung der speziellen Intelligenzfaktoren sind z.B. der "**Intelligenz-Struktur-Test**" von Amthauer (1970, IST-70 bzw. IST-2000), das "**Leistungsprüfsystem LPS**" von Horn (1962), der "**Hamburg-Wechsler-Intelligenztest für Erwachsene HAWIE**" von Wechsler (1956). Das allgemeine Intelligenzniveau lässt sich zusätzlich aus den Strukturwerten berechnen.

Der IST erfasst in neun Subtests folgende Dimensionen:

- Urteilsbildung,
- induktives sprachliches Denken,
- Kombinationsfähigkeit,
- sprachliche Abstraktionsfähigkeit,
- Merkfähigkeit,
- mathematisches Denken,
- theoretisch-rechnerisches Denken,
- Vorstellungsfähigkeit,
- räumliches Vorstellungsvermögen.

Der IST-2000, die revidierte, neu normierte und erweiterte Fassung des IST-70 von Amthauer enthält sechs der ursprünglichen neun Skalen, wobei drei neue Skalen eingeführt wurden.

Das LPS erfasst auf vierzehn Subskalen: Allgemeinbildung, Denkfähigkeit, logisches Denken, Wortflüssigkeit, räumliches Vorstellungsvermögen, Erkennen des Wesentlichen, Verfügbarkeit visueller Gedächtnisvorstellungen, Erkennen von Unvollständigem, Bemerken von Fehlern.

Die HAWIE bietet neben dem Verbalteil (allgemeines Wissen und Verständnis, rechnerisches Denken und Wortschatz) einen Handlungsteil, der aus den Subtests Figurenlegen, Mosaiktest, Bilderergänzen, Bilderordnen und Zahlen-Symbol-Test besteht.

Das wesentliche Problem für den Einsatz dieser Instrumente zur Personalselektion besteht in dem in vielen Fällen ungeklärten Anforderungsprofil des Arbeitsfeldes.

b) Konzentrations- und Leistungstests

Konzentrationstests sollen die Leistungsfähigkeit bei anhaltender Konzentration und monotoner Belastung messen, z.B. **"Aufmerksamkeits-Belastungstest d2"** von Brickenkamp (1972), **"Konzentrations-Leistungstest"** von Lienert (1969), **"Konzentrations-Verlaufstest"** von Abels (1961).

Der Index ergibt sich bei diesen Tests aus der Mengenleistung, die durch die Bearbeitungsgeschwindigkeit und Fehlerfreiheit determiniert ist, z.B. indem Zahlen addiert, Buchstaben angekreuzt oder einfache Rechenaufgaben gelöst werden.

Besonders für Kraftfahrer, Industrie- und handwerkliche Berufe sind spezielle sensorische und motorische Leistungstests von Bedeutung. Hierbei werden Merkmale wie Farbtüchtigkeit, Sehschärfe, Hörfähigkeit, Handgeschicklichkeit, Koordinations- oder Reaktionsleistung erfasst. Bei diesen Tests ist besonders die Relevanz der Faktoren für die berufliche Tätigkeit zu bestimmen.

c) Persönlichkeits- und Interessentests

Die Kategorie der Persönlichkeitstests besteht aus methodisch sehr heterogenen Verfahren, die unterschiedliche Persönlichkeitstheorien zugrunde legen und entsprechend viele Persönlichkeitsdimensionen hervorheben.

Der "**16-Persönlichkeits-Faktoren-Test**" (16-PF) ist ein mehrdimensionaler Persönlichkeitstest. Die deutschsprachige Neukonstruktion des Tests umfasst 16 Primärdimensionen (Schneewind/Schröder/Cattell 1986).

Er umfasst mit je 12 Items:

- Sach- versus Kontakt-Orientierung,
- konkretes versus abstraktes Denken,
- emotionale Störbarkeit versus emotionale Widerstandsfähigkeit,
- soziale Anpassung versus Selbstbehauptung,
- Besonnenheit versus Begeisterungsfähigkeit,
- Flexibilität versus Pflichtbewusstsein,
- Zurückhaltung versus Selbstsicherheit,
- Robustheit versus Sensibilität,
- Vertrauensbereitschaft versus skeptische Haltung,
- Pragmatismus versus Unkonventionalität,
- Unbefangenheit versus Überlegenheit,
- Selbstvertrauen versus Besorgtheit,
- Sicherheitsinteresse versus Veränderungsbereitschaft,
- Gruppenverbundenheit versus Eigenständigkeit,
- Spontaneität versus Selbstkontrolle,
- innere Ruhe versus innere Gespanntheit.

Das "**Freiburger Persönlichkeits-Inventar**" (FPI) von Fahrenberg/Hampel/Selg (1984) erfasst auf 12 Subskalen die folgenden Persönlichkeitsdimensionen: Nervosität, Aggressivität, Depressivität, Erregbarkeit, Geselligkeit, Gelassenheit, Dominanzstreben, Gehemmtheit, Offenheit, Extraversion, emotionale Labilität, Maskulinität. Die fünffaktorielle Lösung der Subskaleninterkorrelation ergibt das folgende Persönlichkeitsbild:

- offene Aggressivität,
- emotionale Labilität,
- Kontaktorientierung,
- Durchsetzungsfähigkeit,
- Gelassenheit.

Eine Führungsstildiagnose (Effektivität des Führungsverhaltens) erlaubt ein Test innerhalb des von Reddin (1981) entwickelten 3-4-Programms, das als Trainingsmodell für Führungskräfte entwickelt wurde.

Zur gegenwärtigen Anwendungspraxis von Persönlichkeitstests zur Personalselektion sollte folgende Einschränkung gelten:

"Persönlichkeitstests tangieren in starkem Maße die Privatsphäre des Menschen, so dass unter berufsethischen und rechtlichen Gesichtspunkten der Einsatz solcher Verfahren nur in eignungsdiagnostischen Beratungs-, nicht jedoch
in Auslesesituationen vertretbar ist" (Brambring 1983, S. 437).

Die gleiche Einschränkung gilt für die Interessentests, z.B. "Differenzieller Inte-
ressentest" von Todt (1967), zumal der Berufswunsch bereits zu einer vorsele-
gierten Bewerbergruppe führt. Darüber hinaus können Antworttendenzen des
Bewerbers in Richtung sozialer Erwünschtheit zur Verfälschung der Ergebnisse
führen.

Bestimmt durch die multidimensionalen Anforderungsprofile der Arbeitssituation werden in der eignungsdiagnostischen Praxis verschiedene Tests verbunden, um dann aus den Einzelbefunden ein in der Regel intuitives Gesamturteil
zu bilden. Verbundene Tests, die auf der Basis der Testtheorie konstruiert wurden, werden als Testbatterien bezeichnet, z.B. "Berufseignungstest" (Schmale/
Schmidtke 1966).

Um valide Aussagen über die Eignung und den Berufserfolg von Bewerbern zu
erhalten, werden spezielle tätigkeitsbezogene Testbatterien in der Regel von
großen Institutionen (z.B. Bundesanstalt für Arbeit) nur für den internen Gebrauch entwickelt.

4.3.3.6 Biographische Fragebogen

Während psychologische Eignungstests vorgeben, aktuelle Persönlichkeitsdimensionen zu erfassen, beziehen sich biographische Fragebogen (z.B. Owens 1976;
Schuler/Stehle 1986) mehr auf den Vergangenheitsaspekt. Durch die systematische Erhebung von Vergangenheits- und Hintergrunddaten, z.B. demographische
Daten, Berufsdaten, Interessen, Hobbies und Einstellungen, sollen Bewerbersub-
gruppen mit ähnlichen Hintergrunddaten gebildet werden. Für diese Subgruppen
können dann in der Praxis relativ ähnliche Kriteriumsleistungen prognostiziert
werden. Demgegenüber sind hypothetische Aussagen über den Einfluss lebens-
geschichtlicher Daten auf beliebige Kriteriumsleistungen gegenwärtig kaum möglich (vgl. Kompa 1984, S. 116).

Biographische Fragebogen beziehen sich also, neben den Fragen zu früherem Verhalten, auch auf Einstellungen, Präferenzen, Erwartungen, Ausbildungen, Familie usw.

Idealprofile können z.B. über die Befragung erfolgreicher Mitarbeiter gewonnen werden. Die Eignung eines Bewerbers wird dann durch die Ähnlichkeit mit diesem Idealprofil bestimmt. Das biographische Profil kann erstellt werden über die Dimensionen (vgl. Schuler/Stehle 1986):

- Alter,
- Alter beim Berufseintritt,
- Elternhaus und Kindheit,
- Schule,
- Aktivitäten während der Schulzeit,
- Gründe für die Berufswahl,
- Berufliche Entwicklung,
- Motive für die angestrebte Tätigkeit,
- Aktivitäten und Interessen,
- Familie,
- Selbsteinschätzung und Zielsetzungen.

4.3.3.7 Computergestützte Eignungsdiagnostik

Die zunehmende Verbreitung der EDV-Anlagen auch in kleineren und mittleren Unternehmen wird absehbar zu einer verstärkten Anwendung multivariater statistischer Verfahren für Personalentscheidungen führen. Neben der **Testauswertung** ergeben sich auch die Möglichkeiten der **Testdurchführung** und **Interpretation**.

Besonders der zunehmende Bedarf an arbeitsplatzspezifischer handlungsnaher Beobachtung, wie die Verhaltensbeobachtung beim Assessment-Center, führt bei steigenden Bewerberzahlen zu einem erheblichen organisatorischen Aufwand. EDV-gestützte psychodiagnostische Instrumente könnten dabei zu einer effizienten Lösung beitragen. Der Computereinsatz bietet die Möglichkeit, interaktiv eine bewerberspezifische Bedingungsvariation durchzuführen und die Reaktionen zu protokollieren.

Unterschieden werden (Sarges 1995):

- adaptives Testen,
- interaktive Programme zur Diagnose des Entscheidungsverhaltens,
- computergestützte Systemsimulationen.

Adaptive Tests sind dadurch charakterisiert, dass nicht a priori festgelegt ist, in welcher Abfolge die Testitems dem Probanden dargeboten werden. Nach jedem beantworteten Item wird unter dem Aspekt der Informationsmaximierung das optimale Folgeitem aus einem großen Itempool ausgewählt. Die Person wird auf diese Weise nur mit den Testitems konfrontiert, die dem Fähigkeitsniveau entsprechen. Ein ökonomischer Vorteil liegt in der Verkürzung der Testdauer.

Interaktive Programme zur Diagnose des Entscheidungsverhaltens ermöglichen die Erfassung und Dokumentation des für entscheidungsrelevant gehaltenen Wissens, der angewandten Entscheidungsregeln sowie der Charakteristika des Entscheidungsprozesses (vgl. Jungermann/Schütz 1990). Die computergestützte Systemsimulation erlaubt die Diagnose von Problemlöse- und Entscheidungsverhalten z.B. in Unternehmenssimulationen.

4.3.3.8 Bewährungskontrolle

Der gesellschaftliche und technische Wandel in der Arbeitswelt erfordert eine ständige Überprüfung der angewandten Eignungsdiagnostik durch Psychologen. Diese Bewährungskontrollen sollen die Zuverlässigkeit der Instrumente erhalten und die Qualität der Verfahren an die variierenden Anforderungen der Arbeitswelt anpassen.

Die Auswahl repräsentativer und relativ zeitstabiler Bewährungskriterien für den Berufserfolg stellt ein wesentliches Problem der Eignungsdiagnostik dar.

Unterscheiden lassen sich dabei subjektive Kriterien, wie Vorgesetzten- und Kollegenurteile, und objektive Leistungskriterien, wie Fehlerquoten, Gehalt, Beförderungen und Fehlzeiten.

Wird zur Bewährungskontrolle die Beziehung zwischen Testergebnis und Berufserfolg zur gleichen Zeit an der gleichen Gruppe ermittelt (z.B. erfolgreiche Berufsvertreter), dann bezeichnet man dieses Verfahren als **konkurrente Validierung**.

Die **prädiktive Validierung** erfordert die Testung an einer unselegierten Gruppe und deren Nachverfolgung bis zum Zeitpunkt der Kriterienmessung.

Nur die prädiktive Validierung liefert ein realistisches Maß zur Vorhersage zukünftigen Verhaltens, da bei der konkurrenten Validität eine Reihe von Einflüssen unkontrolliert in das Testergebnis eingeht, die mit der Berufsausübung zusammenhängt, z.B. Übungseffekte, Veränderungen der Interessenstruktur sowie unterschiedliche Motivation bei der Testdurchführung.

Ein weiterer Schritt der Überprüfung ist die **Kreuzvalidierung**, bei der das Verfahren an einer anderen Stichprobe bei gleichen Validitätskriterien überprüft wird. Nur durch diesen Schritt können massive Stichprobenfehler vermieden werden.

Eine Grundannahme der traditionellen Eignungsdiagnostik ist, dass über die gemessenen Persönlichkeitsdimensionen eine Beziehung zur Generalität und Stabilität des Verhaltens besteht. Der dynamische und interaktive Aspekt des Verhaltens bleibt dabei unberücksichtigt. Eine Möglichkeit, diesen Nachteil zu vermeiden, besteht darin, die Bewerber während einer Trainingsphase zu beobachten und den Lernfortschritt zu messen. Diese Bewertung sollte dann als Kriterium bei der Auswahl der Bewerber berücksichtigt werden.

4.3.4 Assessment-Center-Verfahren

Hohe Personalkosten insbesondere im Bereich der Fach- und Führungskräfte erfordern die effiziente Auswahl personeller Ressourcen. Die traditionellen Auswahl- und Beurteilungsmechanismen vermögen die Anforderungen an personalwirtschaftliche Entscheidungen im Hinblick auf teilweise interdependente Kriterien wie Validität, Reliabilität, Objektivität, Transparenz, Akzeptanz durch den Beurteilten, Vergleichbarkeit, Chancengleichheit und Leistungsbezogenheit nur bedingt zu erfüllen, so dass eine Erarbeitung von Alternativen unabdingbar erscheint, um künftig die Gefahr von kostenintensiven personellen Fehlentscheidungen zu minimieren (Davey 1984, S. 361 ff.).

Stark in den Blickpunkt personalwirtschaftlichen Interesses ist daher ein systematisches Auswahlinstrument gerückt, das **Assessment-Center-Verfahren** (vgl. Kleinmann 1997; Jeserich 1996), das

- der Auswahl interner und externer Fach- und Führungskräfte,
- im Rahmen einer Potentialanalyse dem Erkennen von Führungsfähigkeiten oder der Ermittlung von Potential für andere höherwertige Arbeitsplätze und
- der Analyse von Entwicklungs- und Trainingsnotwendigkeiten

dienen kann.

Ein Zusatzeffekt, der sich aus der Durchführung ergibt, ist die Erhöhung der sozialen Kompetenz der Beobachter.

Der Terminus "Assessment" beinhaltet eine umfassende Beurteilung des Individuums, wobei die notwendigen Informationen mit Hilfe verschiedener Übungen gewonnen werden.

Allgemein kann das Assessment-Center-Verfahren definiert werden als ein "systematisches Verfahren zur qualifizierten Feststellung von Verhaltensleistungen bzw. Verhaltensdefiziten, das von mehreren Beobachtern gleichzeitig für mehrere Teilnehmer in Bezug auf vordefinierte Anforderungen angewandt wird" (Jeserich 1991, S. 33). Für die weitere inhaltliche Beschreibung ist die Heranziehung einiger wichtiger Merkmale und kennzeichnender Grundprinzipien sinnvoll (vgl. Fisseni 1997).

Beim Assessment-Center-Verfahren handelt es sich um eine seminarähnliche Veranstaltung, an der sechs bis zwölf Kandidaten teilnehmen. Dabei kommen vielfältige Methoden und Einzel- sowie Gruppenaufgaben zum Einsatz, mit denen möglichst realitätsbezogene Situationen simuliert werden. Herkömmliche Auswahlverfahren bzw. Eignungsfeststellungsverfahren (Interviews, verschiedenartige Tests, Rollenspiele usw.) werden entsprechend den Anforderungen und relevanten Verhaltensweisen miteinander kombiniert. Dazu wird in einer Vorbereitungsphase anhand fixierter Kriterien ein Merkmalskatalog erstellt, der das geforderte Eignungs- bzw. Anforderungsprofil für die jeweiligen

Zielpositionen widerspiegelt. Mehrere hierarchisch übergeordnete Beobachter (Assessoren) beobachten und - davon zeitlich strikt getrennt - beurteilen jeden Teilnehmer mindestens einmal. Das Gesamtergebnis, ermittelt für jeden Probanden aus den verschiedenen Einzelaussagen der Assessoren, wird in einer anschließenden Gruppendiskussion der Beobachter festgelegt. In abschließenden Feedback-Gesprächen wird individuell das Zustandekommen der Beurteilung erläutert.

Der **Ablauf des Assessment-Center-Verfahrens** beginnt mit dem Erfassen der zu besetzenden Stelle bzw. mit dem Festlegen der Ziele und Zielgruppen und endet gegebenenfalls mit der Empfehlung eines Bewerbers.

Darstellung III-11 zeigt die Phasen des Assessment-Center-Verfahrens von der Vorbereitung über die Durchführung bis hin zu Abschluss und Feedback.

Zentrale aufbau- und strukturbestimmende Aspekte bei der Konzipierung eines Assessment-Centers sind das **Erstellen eines Anforderungsprofils**, die Auswahl der einzusetzenden Eignungsfeststellungsverfahren und die Auswahl und das Training der Assessoren (Neubauer 1980, S. 127 ff.).

Das Anforderungsprofil muss die erforderlichen Qualifikationen objektiv und aussagekräftig widerspiegeln. Der zu erarbeitende Katalog von Anforderungsmerkmalen, die tätigkeits- und verhaltensorientiert zu definieren sind, sollte kein Merkmal enthalten, das nicht durch Eignungsfeststellungsverfahren abgedeckt wird.

Der Anforderungsrahmen bildet die Basis für **Eignungsfeststellungsverfahren**, die dazu dienen sollen, konkretes aktuelles Verhalten vorherzusagen. Dabei können auf Verhaltensanzeichen gestützte Verfahren, auf früheres Verhalten gestützte Verfahren und auf aktuelles Verhalten gestützte Verfahren unterschieden werden (Neubauer 1980, S. 129 ff.).

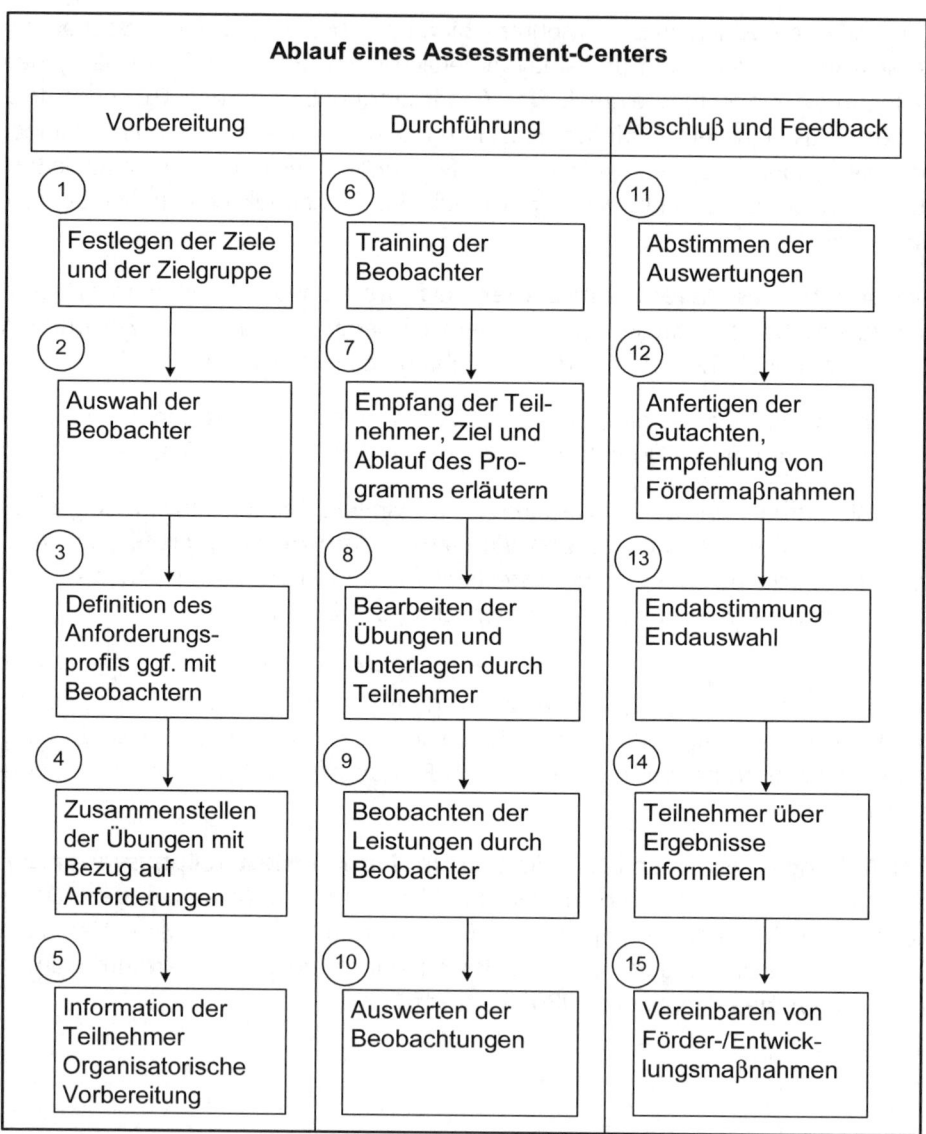

Darstellung III-11 Ablauf eines Assessment-Centers (Jeserich 1996, S. 35)

Ein **Verhaltensanzeichen** ist eine Information über ein Individuum, aus der sich konkretes Verhalten vorhersagen lassen soll. Einsetzbar sind hierzu Intelligenztests, Tests zur Erhebung von Interessenschwerpunkten und Leistungstests, die hauptsächlich Konzentration und Belastbarkeit erfassen.

Wenn sich das frühere Verhalten des Assessment-Center-Teilnehmers auf die im Anforderungsprofil erarbeiteten Positionen beziehen lässt, sind auf das **frühere Verhalten** gestützte Verfahren, wie Hintergrund-Interwiews (bezogen auf den bisherigen Berufserfolg) und eine biographische Datenanalyse anhand entsprechender Fragebogen, anwendbar.

Kernstück der Eignungsfeststellung sind auf **aktuelles Verhalten gestützte Verfahren**, mit denen im Anforderungsrahmen festgelegtes Verhalten mittels Nachbildung bzw. Simulation organisationsspezifischer Situationen beobachtbar gemacht werden soll. Welche Verhaltensleistungen im Einzelnen durch welche Eignungsfeststellungsverfahren gemessen werden, zeigt Darstellung III-12.

Übung \ Merkmal	Postkorb	Interview-simulation	Bürgerbe-schwerde	Factfinding	Gruppen-diskussion
Mündlicher Ausdruck	O	XX	XX	XX	XX
Schriftlicher Ausdruck	XX	O	O	O	X
Sensibilität	XX	XX	XX	X	XX
Fähigkeit zur Problemanalyse	XX	XX	X	XX	XX
Urteilsvermögen	XX	XX	X	XX	XX
Entscheidungsfähigkeit	XX	X	X	XX	XX
Delegation	XX	X	O	O	O
Kontrolle	XX	X	O	O	O
Planung und persönliche Arbeitsorganisation	XX	X	X	X	XX

O: wird nicht gemessen
X: wird gemessen
XX: wird besonders streng gemessen

Darstellung III-12 Eignung von Assessment-Center-Übungen zur Feststellung bestimmter Merkmale

Häufig verwendet wird die **Postkorbübung**, bei der der Bewerber verschiedenartige Schriftstücke und Notizen zur Bearbeitung vorgelegt bekommt. In einem Rollenspiel analysiert er innerhalb einer bestimmten Zeitvorgabe, welche Probleme sich hinter den vorliegenden Schriftstücken verbergen, gibt zu jedem einzelnen Vorgang Anordnungen über die Verfahrensweise und stellt eine Rangfolge der Bearbeitung auf. Nachfolgend wird der Bewerber über die Art und Gründe im Hinblick auf die Vorgehensweise befragt. Die Bearbeitung des Postkorbs und die anschließende Befragung können Aufschlüsse über die in der Darstellung III-12 aufgeführten Merkmale geben.

Bei der **Interviewsimulation** soll sich der Teilnehmer in die Rolle eines Vorgesetzten versetzen, der ein Mitarbeitergespräch führt. Dazu erhält er Informationen über

- den Anlass des Gesprächs,
- die zu besprechenden Probleme und
- das bisherige Verhalten seines Gesprächspartners.

Auf der Grundlage ausgehändigter Informationen bereitet der Teilnehmer den Gesprächsablauf vor. Anschließend führt der Bewerber mit einer vorbereiteten Person das Gespräch, die sich jedem Teilnehmer gegenüber gleich verhalten soll.

Mögliche Themen können sein:

- Eröffnung einer relativ schwachen Beurteilung,
- Besprechung nachlassender Leistungen,
- Entgegennahme einer Mitarbeiterbeschwerde oder
- Verhindern einer vom Mitarbeiter eingereichten Kündigung.

In dieser Übung werden insbesondere das Führungsverhalten und die -fähigkeit geprüft.

Bei der **Bürgerbeschwerde** spielt der Proband die Rolle einer Führungskraft, der eine Person gegenübersitzt, die einen Protest (z.B. gegen den Transport von gefährlichen Stoffen) eingereicht hat. Sie hat sich auf die Situation vorbereitet und bringt ihr Anliegen mit Nachdruck vor. Beurteilt wird das Verhalten des Bewerbers in dieser Situation.

Das **Fact-finding** dient insbesondere dazu, die Fähigkeit festzustellen, wie der Teilnehmer Informationen gewinnt, Entscheidungen trifft und begründet. Er erhält schriftlich einige Ausgangsinformationen sowie die Darstellung des Entscheidungsproblems. Für die weitere Informationsgewinnung steht ihm eine "allwissende Person" zur Verfügung, die er gezielt fragen kann. Auf der Grundlage der Informationen entscheidet der Bewerber und begründet ausführlich. Die "allwissende Person" befragt ihn anschließend zu seiner Entscheidung.

Außerdem können **Gruppendiskussionen** mit und ohne Führer berücksichtigt werden, um Kreativität, Meinungsäußerungen, Kritik-, Kontakt- und Durchsetzungsfähigkeit zu beobachten.

Mischformen können konzipiert werden, indem z.B. Einzelbearbeitungen von Lösungsvorschlägen zu einem Problembereich in der Gruppe präsentiert und diskutiert werden.

Die Beobachter setzen sich häufig aus einem "Stab-Linien-Mix" zusammen. Um eine Vereinheitlichung des Urteilsbildungsprozesses zu erreichen, ist eine Trennung von Beobachtung und Beurteilung erforderlich. Um diese Abgrenzung zu erreichen und Beobachtungs- und Beurteilungsfehler zu minimieren, ist ein entsprechendes **Training der Beobachter** notwendig. Als Beobachtungs- und Beurteilungshilfen dienen standardisierte Formblätter.

Je nach Zielrichtung, Unternehmenssituation und speziellen Problemstellungen ist aus der Vielzahl möglicher Übungen ein unternehmens- und anforderungsspezifisches Assessment-Center zu erarbeiten.

Problematisch beim Assessment-Center ist u.a. die Gefahr, dass sich nur ein bestimmter "einseitiger" Erfolgstyp (z.B. durchsetzungsfähiger Vielredner) profilieren kann (Neubauer 1980, S. 154), was durch entsprechendes Beobachtertraining verhindert werden sollte. Das gilt auch für das Erkennen von Teilnehmern, die sich, obwohl sie in der Lage sind, Probleme logisch zu analysieren, nicht klar verständlich machen können.

Durch ablehnende Beurteilungen können sich bei den Teilnehmern demotivierende Effekte einstellen. Außerdem können Zeitaufwand und Beobachtertraining zu hohen direkten und indirekten Kosten für den Anwender von Assessment-Centern führen. Ferner ist es problematisch, langfristige Prognosen über Teilnehmer zu machen, was für die Weiterentwicklung des Verfahrens und die Planung von Führungspositionen von Vorteil wäre.

Eine eindeutige Validität des Verfahrens konnte bisher nicht unter Beweis gestellt werden.

Eine Studie von Gaugler/Rosenthal/Thornton/Bentson (1987, S. 493 ff.) hat ergeben, dass in praxi nur wenige Kandidaten, die erfolgreich im Assessment-Center abgeschnitten hatten, in höhere Positionen aufgestiegen sind. Andere hingegen, die weniger gute Ergebnisse in Assessment-Centern im Rahmen der Personalentwicklung vorweisen konnten, reüssierten später doch.

Ein wesentlicher Grund für eine Überbewertung von Assessment-Centern in der Literatur ist die Nichtbeachtung von vielen, die Unternehmung situativ determinierenden Umweltfaktoren, die zwar außerhalb der Person der Führungskraft liegen, aber in Bezug auf eine effektive Arbeit in der Unternehmung eine entscheidende Rolle spielen (wie z.B. organisatorisches Umfeld, Werte und Normen sowie persönliche Beziehungen).

4.3.5 Das Vorstellungsgespräch

Der abschließende entscheidende Vorgang der Bewerberanalyse ist die **persönliche Vorstellung**, zu der in der Regel die nach einer Vorauswahl auf Grund der vorliegenden Informationen geeignet erscheinenden Bewerber eingeladen werden. Die persönliche Vorstellung dient dem gegenseitigen Kennenlernen von Bewerber und Arbeitgeber, sofern das nicht bereits in einem Assessment-Center geschehen ist. Neben dem traditionellen Bewerberinterview werden im Rahmen der persönlichen Vorstellung zunehmend zusätzlich auch Gruppengespräche und -übungen, Arbeitsproben, Tätigkeitssimulationsübungen bis hin zu ein- oder mehrtägigen Assessment-Center-Verfahren zur Auswahl von Fach- und Führungskräften verwandt. Nach wie vor kommt dem **Vorstellungsgespräch** bzw. **Einstellungsinterview** große Bedeutung zu. Aus Arbeitgebersicht dient es dazu, einen persönlichen Eindruck über das Eignungspotential des Bewerbers für die vakante Stelle zu gewinnen. Geprüft werden soll, inwieweit betriebliche Vorstellungen und Bewerbererwartungen übereinstimmen. Dabei soll zum einen die Integrationsfähigkeit des Bewerbers in Bezug auf die ihm zugedachte Arbeitsgruppe ermittelt werden, indem **Wesensart, Interessen, Erwartungen, Zielvorstellungen, Fachkenntnisse** und **Leistungsstand** aufgedeckt werden. Zum anderen ergibt sich hierbei die

Möglichkeit zur gemeinsamen Besprechung, Komplettierung und Korrektur der Informationen, die sich bereits aus den schriftlichen Bewerbungsunterlagen und etwaigen graphologischen Tests ergeben haben. Der Bewerber soll seinerseits möglichst exakt und umfassend über die Organisation bzw. das Unternehmen, über den zu besetzenden Arbeitsplatz und die damit verbundenen Arbeitsanforderungen und -bedingungen wie Arbeitszeit, Mitarbeiter, Gehalt, Zusatzleistungen, Weiterbildungs- und Entwicklungsmöglichkeiten sowie Personalführungsgrundsätze und Vertragsbedingungen informiert werden (Knebel 1992). Dies ist erforderlich, damit der Bewerber bei seinen Entscheidungen für oder gegen den angebotenen Arbeitsplatz nicht von falschen oder verzerrten Vorstellungen und Erwartungen ausgeht.

Das Interview ist von betrieblicher Seite gut vorzubereiten. So müssen Stellenbeschreibung und Anforderungsprofil der vakanten Position vorliegen. Ferner sollten Kompetenzen, Entwicklungsmöglichkeiten und der finanzielle Rahmen abgeklärt sein. Zentral aber ist eine detaillierte und kritische Analyse der Bewerbungsunterlagen nach formalen und inhaltlichen Gesichtspunkten. Hierbei geht es auch um die Überprüfung der schriftlichen Angaben des Bewerbers auf Vollständigkeit und Klarheit. Aus den eingereichten Unterlagen können sich außerdem Hinweise auf spezielle Fragen und Themenschwerpunkte des Bewerbers ergeben, die bei der Festlegung eines **Themenkatalogs** für das Vorstellungsgespräch berücksichtigt werden sollten. Eine umfassende Vorbereitung des Interviews schließt auch eine zeitliche Planung zur Vermeidung von Zeitdruck und die rechtzeitige **Information der Gesprächsteilnehmer** ein. In der Praxis sind das in der Regel

- der **Personalleiter** oder ein von ihm beauftragter Mitarbeiter der Personalabteilung,
- der **Leiter des Bereiches**, in dem die Stelle zu besetzen ist, und
- der **unmittelbare Vorgesetzte**, mit dem der Bewerber direkt zusammenarbeiten muss.

Um die Urteilsgenauigkeit zu erhöhen, werden die Gespräche mit dem Bewerber nacheinander geführt und entsprechend terminiert. Schließlich ist auch die administrative Organisation des Ablaufs der persönlichen Vorstellung im Voraus zu regeln. Darstellung III-13 zeigt eine Möglichkeit des **Ablaufs** und der **Strukturierung** eines Vorstellungsgesprächs.

Phase	Gesprächsinhalt	Vorrangige Funktion
I. Kontakt- phase	Begrüßung, gegenseitige Vorstellung, Be- gründung der Einladung, evtl. erste Fra- gen, die Rückschlüsse auf den Bewerber zulassen (Beispiel: Fragen nach Kenntnis- stand des Bewerbers bzgl. des Unterneh- mens, um die Intensität des Interesses zu erkunden, Versicherung der Vertraulichkeit)	Abbau von Hemmungen und Schwellenangst
II. 1. Haupt- phase	Erkunden des persönlichen, familiären und sozialen Hintergrundes des Bewerbers (z.B. Fragen zu Herkunft und Freizeitver- halten)	Überprüfung, ob der Bewerber in die ihm zugedachte Arbeitsgruppe hin- sichtlich der Kontakt- und Integra- tionsfähigkeit paßt, Bestimmung des Mobilitäts- und Flexibilitätsgrades
III. 2. Haupt- phase	Bildungsgang einschließlich Fort- und Weiterbildung	Gewinnung von Anhaltspunkten über Bildungswilligkeit und Entwicklungsfreudigkeit
IV. 3. Haupt- phase	Berufliche Entwicklung und fachliche Qua- lifikation: Fragen zum erlernten Beruf, Be- rufsplänen, kritische Würdigung des bishe- rigen Tätigkeitsfeldes durch den Bewerber, Gründe für den Stellenwechselwunsch	Rückschlüsse auf den Bewerber hin- sichtlich Initiative, Selbsteinschät- zung, Kritikfähigkeit, Gründe für Stellenwechselhäufigkeit, Über- prüfung der schriftlichen Angaben
V. 4. Haupt- phase	Bewerberinformationen über das Unter- nehmen (bzw. Organisation), die Abteilung, die Arbeitsgruppe, die Arbeitsstelle und Beantwortung von Fragen des Bewerbers	Information des Bewerbers zur Vermeidung falscher oder verzerrter Vorstellungen
VI. 5. Haupt- phase	Vertragsverhandlungen	Klärung verschiedener Aspekte des Arbeitsvertrages wie Gehaltshöhe, Sozialleistungen sowie Entwicklungs- und Weiterbildungsmöglichkeiten
VII. Schluß- phase	Gesprächsabschluss: Zusammenfassung des Gesprächsergebnisses, Bestimmung eines Entscheidungstermins	Motivation für die Bedenkzeit

Darstellung III-13   Beispiel des Ablaufs des Vorstellungsgesprächs (vgl. Stopp 1992, S. 77; Knebel 1992, S. 139 f.; Jung 1999, S. 164 f.)

Der **Kontaktphase**, die dem Abbau von Schwellenangst dient, folgen fünf Hauptphasen des Gesprächsablaufes. Die **Hauptphasen 1 bis 3** dienen der Sammlung von Informationen über den Bewerber, mit **Hauptphase 4** wird dem Informationsbedürfnis des Bewerbers Rechnung getragen. Stellen beide

Seiten fest, dass eine künftige Zusammenarbeit von Vorteil ist, werden anschließend in **Hauptphase 5** Vertragsverhandlungen aufgenommen. Eine Zusammenfassung des Gesprächsergebnisses sowie unter Umständen die Bestimmung eines Bedenkzeitraumes bilden den Gesprächsabschluss.

Problematisch ist, eine feste Norm für den Gesprächsablauf zu bestimmen, da geplante Abläufe nicht immer konsequent eingehalten werden können und daher nur als roter Faden dienen können.

Die Reihenfolge der Hauptphasen des Gesprächs ist veränderbar, so dass z.B. die Information des Bewerbers (hier Hauptphase 4) schon im Anschluss an die Kontaktphase erfolgen kann. Ferner ist denkbar, Vertragsverhandlungen (Hauptphase 5) erst im Rahmen eines weiteren Gesprächs anzusetzen. So lässt sich die persönliche Vorstellung z.B. in Screening- und Selecting-Interviews unterteilen (Glueck 1982, S. 294 f.). Den Auswahl-Gesprächen vorgeschaltete Kurzinterviews dienen zusätzlich zu den vorhandenen Bewerbungsunterlagen und Testergebnissen der Vorauswahl der Bewerber. Diejenigen, die den allernotwendigsten Anforderungen des aufgestellten Kriterienkataloges nicht genügen, scheiden bereits vorzeitig aus dem laufenden Selektionsverfahren aus.

Im Rahmen des Kurz-Interviews können außerdem die bereits vorliegenden Informationen über Bewerber, die für weitere Auswahlgespräche vorgesehen sind, vervollständigt und stichprobenartig überprüft werden.

Die **Durchführung des Vorstellungsgespräches** kann alternativ in **freier** oder **standardisierter Form** erfolgen. Auch Mischformen lassen sich konzipieren.

Eine weitgehende Standardisierung hat den Vorteil, dass eine größere Genauigkeit der Bewertung beim Vergleich mehrerer Bewerber ermöglicht wird. Inwieweit die gewünschten Informationen vom Bewerber selbst gegeben werden, hängt in hohem Maße von der Atmosphäre der Gesprächsführung ab. So empfiehlt es sich z.B., non-direkte Gesprächstechniken einzusetzen, um den Bewerber zu vermehrten Äußerungen zu veranlassen, indem der Interviewer bestimmte Gesprächsinhalte reflektierend aufgreift. Stress-Interviews sollen dagegen die Belastbarkeit durch bewusstes Provozieren des Bewerbers erkunden (Frey 1989, S. 265).

Typische Fehlerquellen seitens des Interviewers führen häufig zu falschen oder verzerrten Beurteilungen der Bewerber. Hierzu zählen:

- das Einfließenlassen von Suggestivfragen,
- eine Gesprächsführung im Prüfungsstil oder mit Verhörcharakter,
- eine zu hohe Gesprächsaktivität auf Seiten des Interviewers und
- die Äußerung von Zustimmung bzw. Kritik.

Der Interviewer sollte die vorschnelle Bewertung des Kandidaten auf Grund des ersten Eindrucks möglichst vermeiden. So kann das Bild, z.B. bei einer Verspätung des Beurteilten, für den gesamten weiteren Verlauf des Gesprächs negative Folgen haben, wenn der sog. **Überstrahlungseffekt** wirksam wird. Außerdem sollte sich der Beurteilende des sog. **Halo-Effektes** bewusst sein. Schätzt der Interviewer einen Bewerber im Hinblick auf ein bestimmtes Charakteristikum positiv ein, tendiert er dazu, die betreffende Person in allen Bereichen positiv einzustufen, unter umgekehrten Vorzeichen entsprechend negativ (Webster 1982, S. 49). Klischees in Bezug auf den idealen Bewerbertyp können ebenso zu verzerrten Bewertungen führen wie die Tendenz, Bewerber zu favorisieren, die Einstellungen des Beurteilenden mittragen. Die Vermeidung allzu hoher subjektiver Beeinflussungen stellt hohe Anforderungen an Erfahrung, Urteilsvermögen, Bereitschaft zu Selbstkritik und Lernbereitschaft des Beurteilenden. Er sollte von taktierenden Verhaltensübersteigerungen abstrahieren können und sich darüber im Klaren sein, dass die Beziehung zwischen Erscheinungsbild und tatsächlichem Wesen des Probanden nicht immer eindeutig ist. Nur auf diese Weise lassen sich falsche oder verzerrte Einschätzungen und damit Fehlentscheidungen vermeiden.

Ein weiterer Aspekt im Hinblick auf mögliche Urteilsverzerrungen ist durch die begrenzte Informationsaufnahmekapazität des Interviewers gegeben, der die ihm gebotene Informationsvielfalt nur selektiv wahrnimmt und somit reduziert.

Die zahlreichen aufgeführten Problembereiche des Vorstellungsgesprächs sollten dazu veranlassen, die Vorhersagekraft von Bewerberinterviews bezüglich Erfolg bzw. Scheitern auf dem vorgesehenen Arbeitsplatz nicht zu überschätzen. Validität und Reliabilität von Interviews sind bisher nur unzureichend empirisch untersucht (French 1986, S. 257 ff.; Kompa 1984, S. 173 ff.). Zwischen dem Informationsbedürfnis des Arbeitgebers zur Vermeidung von kostenintensiven personellen Fehlentscheidungen bei der Bewerberauslese auf der einen und dem Persönlichkeitsrecht des Bewerbers auf der anderen Seite kann es in einigen Grenzbereichen zum Konflikt kommen. Die damit angesprochenen **rechtlichen Aspekte des Vorstellungsgespräches** haben durch die veränderte Arbeitsmarktlage mit ihrem verschärften Wettbewerb um freie Arbeitsplätze an Bedeutung gewonnen. Diese Situation veranlasst manchen Arbeitgeber dazu, neben den leistungs- und qualifikationsbezogenen Voraussetzungen auch persönliche Umstände unter Missachtung der Individualsphäre auszuforschen.

Nach herrschender Rechtsauffassung sind im Bewerbergespräch nur **"arbeitsbezogene" Fragen** zulässig, d.h., es dürfen nur Fragen gestellt werden, die mit dem zu besetzenden Arbeitsplatz in einem direkten Zusammenhang stehen (vgl. Oechsler 1997, S. 173 f.). Folglich ist eine Einzelfallabwägung je nach der konkreten arbeitsplatzbezogenen Situation erforderlich. Besonders sensibel zu behandeln sind in rechtlicher Hinsicht Fragen zum persönlichen, familiären und sozialen Hintergrund. Grundsätzlich unzulässig sind nach herrschender Meinung beispielsweise Fragen nach dem Bestehen einer Schwangerschaft (Verbot der Geschlechtsdiskriminierung nach § 611a BGB), Konfessionszugehörigkeit (Ausnahme: sog. Tendenzunternehmen nach § 118 BetrVG), nach ethnischer oder rassischer Abstammung sowie nach Parteizugehörigkeit und Gewerkschaftsmitgliedschaft (Art. 3 Abs. 3 und Art. 9 Abs. 3 GG). Auskünfte beim früheren Arbeitgeber im Rahmen der Informationsbeschaffung sind grundsätzlich zulässig, soweit nicht die vertrauliche Behandlung der Bewerbung ausdrücklich gewünscht wird. Dagegen sind Persönlichkeitstests, die auf eine Erfassung der Gesamtpersönlichkeit abzielen, ebenso wie bestimmte Frage- und Gesprächstechniken, die auf eine Ausschaltung von Widerständen und Kontrollmechanismen beim Bewerber gerichtet sind, nicht erlaubt.

Da zwischen verbaler Darstellung bestimmter Fähigkeiten und der Wirklichkeit häufig erhebliche Unterschiede festzustellen sind, empfiehlt sich die Überprüfung des Führungs- und Sozialverhaltens sowie der Problemlösungsfähigkeit anhand beobachtbarer Kriterien. Dienlich sind hierbei aus dem **Assessment-Center-Verfahren** bekannte realitätsbezogene Simulationsübungen. Die Hinzunahme situativer Elemente zum Bewerberinterview kann zu besseren Ergebnissen führen, weil diese eine wirksame Anlehnung an die tatsächlichen Arbeitsplatzanforderungen ermöglichen, die Vergleichbarkeit von Bewerbern stärker gewährleisten und somit die Gefahr von Fehlentscheidungen vermindern. Zur Feststellung des Leistungsvermögens sind auch **Arbeitsproben** üblich.

4.3.6 Ausgewählte Fragestellungen der Personalauswahl bei Führungskräften

4.3.6.1 Zur Notwendigkeit von Zielgruppenbildung

Die Bildung und Unterscheidung von Zielgruppen ist für eine zielgerichtete Personalbeschaffung unabdingbar. Das bedeutet, dass eine gleichzeitige Bestimmung der Art und Gestaltung der Beschaffungsaktivitäten und der Zielgruppe erforderlich ist.

Ganz besonders gilt dies auch für die Personalwerbung, wenn beispielsweise durch Insertion eine ausgewählte Gruppe akquiriert und zu einer Bewerbung stimuliert werden soll.

Allgemein kann im Sinne der Personalbeschaffung unter der Zielgruppe das Bewerberpotential verstanden werden, das zwecks Bewerbung auf einen vakanten Arbeitsplatz aktiviert werden soll. Je nach Anzahl, Kombination und/oder Betonung der gewählten Abgrenzungskriterien können Zielgruppen unterschiedlich spezifisch abgegrenzt werden. Die Tragweite der Abgrenzung hängt u.a. davon ab, wie hoch die zu erwartende Bewerberzahl ist.

Für Fragestellungen der Personalbeschaffung ist eine Differenzierung nach Bewerbergruppen mit personalbeschaffungsrelevanten Spezifika zweckmäßig. So sind Spezialisten, die z.B. je nach Wirtschaftszweig, Berufsgruppe, Vorbildung und Alter detaillierter kategorisierbar sind, durch kurze Verweildauer im Betrieb gekennzeichnet. Die Abwerbung ist bei dieser Zielgruppe ein häufig verwendetes Beschaffungsinstrument. Ein anderes Beispiel sind Teilzeitkräfte, bei denen auf Grund des großen Angebots bei den Unternehmen eher "passive" Maßnahmen wie die Sichtung von Initiativbewerbungen bzw. Bewerberkarteien einzusetzen sind.

Die an Stellenbeschreibung und Anforderungsprofil orientierte Zielgruppenabgrenzung bestimmt aber nicht nur, wie hier exemplarisch skizziert wurde, die

Auswahl und Gestaltung von Beschaffungsinstrumenten, sondern auch die He-ranziehung von Personalausleseverfahren.

Die herausragende Stellung der Führungskräfte im Beschaffungsprozess und speziell im Bereich der Auslese gründet sich vor allem auf **Wirtschaftlichkeits-gesichtspunkte**. Die Kosten personeller Fehlinvestitionen durch Fehlbesetzun-gen können erheblich sein, da außer der Entlohnung für die im Unternehmen geleistete Arbeit auch Beschaffungs-, Einarbeitungs-, Personalzusatz- und Frei-stellungskosten anfallen.

Im Folgenden wird der Bereich der Personalbeschaffung von Führungskräften behandelt, und zwar unter dem Aspekt der Einschaltung von **Pesonalberatern** im Auswahlprozess.

4.3.6.2 *Personalberatung bei der Besetzung von Führungspositionen*

Bei extensiver Auslegung beinhaltet die Pesonalberatung Dienstleistungen auf erwerbswirtschaftlicher Basis zu den vielfältigen Teilgebieten der Personalwirt-schaft durch rechtlich und wirtschaftlich selbstständige juristische oder natürli-che Personen (Franz 1984, S. 94). Häufig ist in einem engeren Sinne die Funktion der Personalberatung gleichbedeutend mit der Mitwirkung eines externen Be-raters bei der Suche und Auswahl von Führungskräften zur Besetzung vakanter Führungspositionen im Rahmen eines Beratungsauftrages (Frey 1989, S. 128 f.).

Nach der Verordnung über Arbeitsvermittlung durch private Arbeitsvermittler vom 11. März 1994, zuletzt geändert am 24. März 1997 durch Artikel 61 des Gesetzes zur Reform der Arbeitsförderung (Arbeitsförderungs-Reformgesetz-AFRG), obliegt die Arbeitsvermittlung der Bundesanstalt für Arbeit. Arbeitsver-mittlung durch Dritte ist nur mit einer Erlaubnis der Bundesanstalt zulässig. Für beauftragte Arbeitsvermittler und Personalberater gilt nach § 242 r folgende Übergangsregelung: Wenn Unternehmensberater und Personalberater, die zum Zeitpunkt des Inkrafttretens der §§ 23-24c ihre Beratungstätigkeit seit mindestens zwei Jahren ausüben und binnen drei Monaten nach Inkrafttreten der Vorschriften eine Erlaubnis zur Arbeitsvermittlung beantragen, gilt diese Er-laubnis bis zur Entscheidung der Bundesanstalt als erteilt. Wird die Erlaubnis versagt, so gilt dies als Widerruf einer Erlaubnis.

Durch die strenge Reglementierung der bundesdeutschen Personalberatungs-aktivitäten sind den in den USA weit verbreiteten Serviceleistungen des sog. **Head-Huntings** und des **Out-** und **Newplacements** nur in engen Grenzen gesetzt. Da Vakanzen nicht öffentlich (per Stellenanzeige) ausgeschrieben, sondern in Frage kommende Führungskräfte auf Grund systematischer Recher-chen direkt angesprochen werden, ist das Head-Hunting nur in engen Grenzen erlaubt. Im Rahmen des Outplacement, d.h. der Freistellung einer Führungs-kraft, kann die Personalberatung im Sinne des Freigestellten unterstützend wir-ken (Klärung von Wünschen und Bedürfnissen, Analyse von Fähigkeiten und Er-fahrungen, Training von Führungseigenschaften usw.), um eine seinen Vorstel-lungen und Fähigkeiten entsprechende neue Aufgabe zu finden (**Newplace-ment**). Dieses Konzept kann sowohl für die **betriebliche Personalplanung** (Verkürzung des Trennungsprozesses, Imageaufwertung, Vermeidung arbeits-rechtlicher Schritte des Entlassenen usw.) als auch für die **individuelle Kar-riereplanung** (Verhinderung psychischer Schäden, finanzielle Absicherung im Outplacementprozess, fachkundige Unterstützung usw.) von Vorteil sein. Das Beratungsangebot enthält bei "full service":

- Vorbereitung der externen Suche,
- Durchführung der externen Suche,
- Auswahl der Bewerber,
- Einstellung der Bewerber.

In Anspruch genommen werden aus dem umfangreichen Leistungsspektrum vorrangig Teilleistungen wie Bewerbervorauswahl, Beratung bei der Abfassung von Stellenanzeigen und die Suche von Interessenten.

Darstellung III-14 gibt einen Überblick über das Für und Wider der Inanspruch-nahme von Personalberatern bei der Besetzung von Führungspositionen, die das Unternehmen im Einzelfall abzuwägen hat.

Vorteile	Nachteile
- Anonymität und Diskretion - arbeitsentlastende Effekte - fachkundige und umfassende Bewerberaus- wahl durch Marktkenntnis und -übersicht so- wie Einsatz valider Auswahlmethoden, Risiko- minderung durch die Erfahrung des Beraters - Neutralität und Unvoreingenommenheit - bedarfsgerechte Inanspruchnahme des ge- samten Leistungsspektrums oder einzelner Teilleistungen	- hohe Kosten - Nicht-Erreichen von Bewerbern, die Personalberater ablehnen - mangelnde Kenntnisse des externen Beraters bezüglich unternehmens- interner Gegebenheiten

Darstellung III-14 Die Vorteile und Nachteile für Unternehmen im Falle einer Inanspruchnahme von Personalberatern zur Besetzung von Führungspositionen

Das Kostenargument muss jedoch im Lichte des potentiellen Nutzens der Beratungsleistung gesehen werden. Hat sich ein Unternehmen entschieden, einen Personalberater bei der Personalbeschaffung hinzuzuziehen, entsteht das Problem der Auswahl einer geeigneten Agentur. Grundsätzlich können vier Organisationsformen, wie sie in der bundesdeutschen Praxis vorkommen, unterschieden werden:

- Agenturen, die ausschließlich Personalberatungsleistungen anbieten,
- Pesonalberatung als Unterabteilung einer allgemeinen Unternehmensberatung,
- Personalberatung als Unterabteilung einer Werbeagentur und
- Agenturen mit gelegentlich beratenden Nebenaktivitäten (z.B. Rechtsanwälte, Steuerberater).

5 PERSONALBINDUNG

Die Personalbindung stellt die letzte Phase im Personalbeschaffungsprozess dar. Die rechtliche Bindung extern beschafften Personals an den Arbeitgeber wird durch den Abschluss von **Arbeitsverträgen** geregelt. Bei Übernahme von Auszubildenden, Umschulung, Umwandlung von Teilzeit- und Vollzeitbeschäftigung sowie bei vertikaler und horizontaler Versetzung erfolgt eine Änderung bestehender Arbeitsverhältnisse. Im juristischen Sinne ist ein Vertrag die auf dem Willensentschluss mindestens zweier Personen (Vertragsparteien) beruhende Einigung über die Herbeiführung eines bestimmten Rechtserfolges.

Aus dem Prinzip der Privatautonomie ergibt sich für den Arbeitsvertrag der **Grundsatz der Abschlussfreiheit**. Ob und zwischen wem es zur Begründung oder Änderung von Arbeitsverhältnissen kommt, ist frei aushandelbar. Grundsätzlich besteht auch die freie und schließlich bindende Regelung der Gestaltung des Vertragsinhaltes. In der Regel werden Arbeitsverträge schriftlich abgeschlossen.

Wichtige Aspekte in den Vertragsverhandlungen sind:

- Arbeitsleistung und -zeit,
- Vollmachten,
- laufende Vergütung,
- sonstige Leistungen des Arbeitgebers,
- Eintrittstermin,
- Probezeit,
- Kündigungsbestimmungen und
- Urlaubsregelungen.

Beim Abschluss eines Arbeitsvertrags ist darauf zu achten, dass die einzelnen Bestimmungen (z.B. bezüglich Probezeit, Kündigungsfristen, Vergütungsrahmen usw.) nicht zu Ungunsten des Arbeitnehmers von gesetzlichen oder tarifvertraglichen Bestimmungen abweichen dürfen. Einzelvertragliche Vereinbarungen, die für den Arbeitnehmer günstiger als z.B. kollektiv-vertragliche

Personalbindung

Regelungen ausfallen (z.B. übertarifliche Zulagen, Zuschüsse zu den Fahrt-, Wohn- und Essenskosten oder verlängerter Urlaubsanspruch), sind dagegen gestattet.

6 ZUSAMMENFASSUNG UND AUSBLICK

Darstellung III-15 zeigt zusammenfassend die einzelnen Phasen des Personalbeschaffungsprozesses in einem Schema. Der Realisierungsphase, die die Durchführung der vorbestimmten Beschaffungshandlungen einschließlich der Personalbindung regelt, folgt die Kontrolle der Personalbeschaffung. Dabei ist festzustellen, ob und inwieweit die gesetzten Beschaffungsziele erreicht worden sind. Der Grad der Zielerreichung kann - soweit operationalisierbar - durch Erfassung und Gegenüberstellung von Soll- und Ist-Werten gemessen werden. Zusätzlich kann eine Abweichungsanalyse erstellt werden. Um Abweichungen der Ist-Werte von den Soll-Werten frühzeitig genug erkennen und korrigieren zu können, empfiehlt sich schon vor Ende des Beschaffungsprozesses der Einsatz von Kontrollmaßnahmen unter Einbeziehung sämtlicher Einzelschritte des Personalbeschaffungsprozesses.

Die Praxis wird sich künftig verstärkt auf **Mitarbeiter- und Arbeitsmarktorientierung** von Beschaffungsaktivitäten konzentrieren müssen. Damit soll erreicht werden, dass genügend qualifiziertes Personal akquiriert und zu einer Bewerbung stimuliert wird, da die Betriebe ihren Personalbedarf oft nicht aus dem Potential der Arbeitslosen decken können.

Eine verstärkte Aufmerksamkeit verdient in diesem Zusammenhang auch die Personalwerbung, wobei Konzepte zur **Erfolgskontrolle von Personalwerbung** zu entwickeln sind, um die Wirtschaftlichkeit und Wirksamkeit von Beschaffungsmaßnahmen zu verbessern. Die Anwendung neuer Technologien kann künftig die Vorbereitung von Beschaffungsaktivitäten durch Bereitstellung aktueller Daten und Informationen erleichtern und Hilfeleistung für organisatorische Abläufe bieten. Weiterzuentwickeln sind auch anhand der vorgegebenen Kriterien Validität, Reliabilität und Objektivität die einzelnen Auswahlverfahren durch Verfeinerung bestehender und Schaffung neuer (eventuell kombinierter) Ausleseprozesse.

Aus der Sicht des Arbeitnehmers (einschließlich des potentiellen neuen Mitarbeiters) ist zu fordern, dass gerade auch in wirtschaftlichen Krisenzeiten seine schutzwürdigen Rechte in den Auswahlverfahren gewahrt und diese, falls sie sich als unzureichend erweisen, durch entsprechende Änderungen und Neuerungen verbessert werden.

Anregungs- und Suchphase	- Erkennen personeller Unterdeckungen - Analyse des Personalbedarfs in quantitativer, qualitativer, räumlicher und zeitlicher Hinsicht - Bestimmung konkreter Beschaffungsziele - Gewinnung und Analyse konkret erforderlicher, beschaffungsrelevanter Informationen (Beschaffungsmarkt, rechtliche Bestimmungen, Informationen über organisatorische Voraussetzungen im Betrieb usw.) - Suchen und Ausarbeiten alternativer Beschaffungsstrategien - Ermittlung und Evaluierung der Konsequenzen alternativer Beschaffungsstrategien im Hinblick auf die Zielvorgabe und die Rahmenbedingungen (einschließlich zeitlicher Prämissen)
Entscheidungs- phase	- Beurteilung der alternativen Lösungsmöglichkeiten - konkrete Festlegung von Beschaffungsarten und -wegen sowie des Auswahlinstrumentariums

Realisierungs- phase	- Umsetzung der gewählten Beschaffungsstrategien, z.B.:
	  - Durchführung akquisitorischer Maßnahmen
	  - Analyse der Bewerbungsunterlagen
	  - Führen von Vorstellungsgesprächen
	  - Gestaltung und Abschluss von Arbeitsverträgen

Kontroll- phase	- Ausführungskontrolle - Ergebnisbewertung (unter Berücksichtigung von Probe- und Einarbeitungszeiten)

Darstellung III-15   Ablauf der Personalbeschaffung

7 Literaturhinweise zu Teil III

Arnold, U.: Betriebliche Personalbeschaffung, Grundzüge einer marktorientierten Beschaffungspolitik, Berlin 1975

Becker, F.G.: Grundlagen betrieblicher Leistungsbeurteilungen, 3. Aufl., Stuttgart 1998

Curth, M./Lang, B.: Management der Personalbeurteilung, 2. Aufl., München/Wien 1991

Franz, M.: Die Personalberatung bei der Stellenbesetzung, Frankfurt am Main 1984

Frei, H.: Handbuch der Personalbeschaffung, Frankfurt am Main 1980

Gatewood, R.D./Feild, H.S.: Human Resource Selection, Chicago u.a. 1987

Hentze, J.: Arbeitsbewertung und Personalbeurteilung, Stuttgart 1980

Jeserich, W.: Mitarbeiter auswählen und fördern, Assessment-Center-Verfahren, München/Wien 1991

Kompa, A.: Personalbeschaffung und Personalauswahl, 2. Aufl., Stuttgart 1989

Neuberger, O.: Rituelle (Selbst-)Täuschung, Kritik an der irrationalen Praxis der Personalbeurteilung, in: DBW, 40. Jg. (1980), H. 1, S.27-43

Strutz, H. (Hrsg.): Handbuch Personalmarketing, 2. Aufl., Wiesbaden 1993

IV. Teil

Personalentwicklung

1 BEGRIFF DER PERSONALENTWICKLUNG UND ABGRENZUNG ZUR ORGANISATIONSENTWICKLUNG

Personalentwicklung ist die personalwirtschaftliche Funktion, die darauf abzielt, Unternehmensmitgliedern aller hierarchischen Stufen Qualifikationen zur Bewältigung der gegenwärtigen und zukünftigen Anforderungen zu vermitteln. Sie beinhaltet die individuelle Förderung der Anlagen und Fähigkeiten der Unternehmensmitglieder, insbesondere unter Berücksichtigung der Veränderungen der zukünftigen Anforderungen der Tätigkeiten und im Hinblick auf die Verfolgung betrieblicher und individueller Ziele.

Personalentwicklung vollzieht sich als Prozess konsequent aufeinanderfolgender Aktivitäten im Hinblick auf die Zielerfüllung, d.h. auf die Verbesserung des **Leistungspotentials der Unternehmungsmitglieder**.

Zur Gestaltung der Personalentwicklung werden Instrumente eingesetzt, wobei hier

- **Laufbahnplanung und Laufbahnlinien,**
- **Leistungs- und Entwicklungsbeurteilung,**
- **Quantitätszirkel** und
- **betriebliche Bildung**

zugrunde gelegt werden.

Der Einsatz dieser Instrumente ist von internen und externen Informationen abhängig, die die Unternehmung, die Unternehmungsmitglieder sowie die für die Personalentwicklung relevanten externen Beziehungen betreffen (vgl. Darstellung IV-1).

Zunächst ist die Personalentwicklung auf **Informationen aus den anderen personalwirtschaftlichen Funktionen** angewiesen, für die im Hinblick auf die Personalentwicklung eine Reihe von rechtlichen Bestimmungen zu beachten ist. Die Darstellung IV-2 zeigt diesen Zusammenhang und die entsprechenden wichtigsten betriebsverfassungsrechtlichen Regelungen.

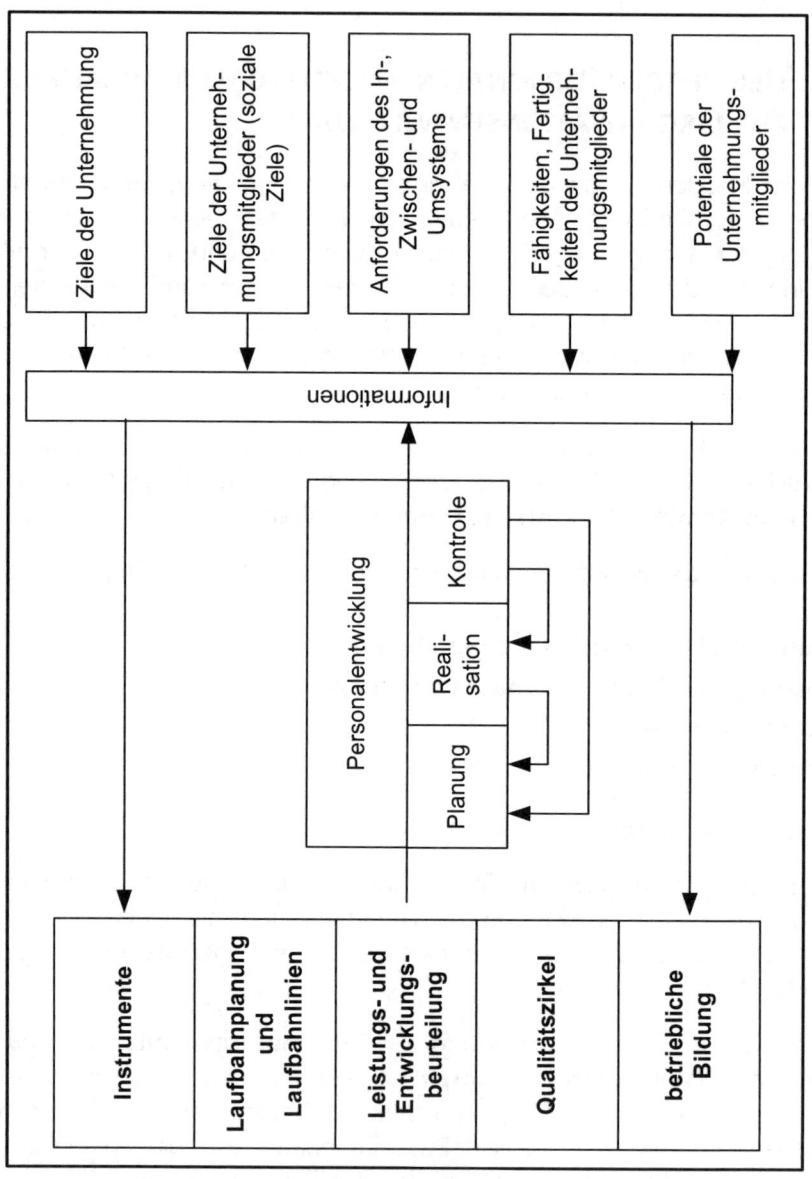

Darstellung IV-1 Modell der Personalentwicklung

Weiterer Informationsbedarf resultiert aus den internen und externen Interdependenzen.

Personalentwicklung ist nicht nur auf den betrieblichen Einsatz der Instrumente begrenzt, sondern umfasst auch die **Selbsthilfe** der Unternehmungsmitglieder bei Entwicklungsprozessen.

Der Begriff der Personalentwicklung ist von dem der **Organisationsentwicklung** abzugrenzen. Organisationsentwicklung beinhaltet einen langfristig angelegten, umfassenden Entwicklungs- und Veränderungsprozess von Organisationen und den in ihnen tätigen Menschen. Gebert stellt für die Organisationsentwicklung folgende zwei Hauptziele heraus:

"a) Auf der einen Seite geht es um mehr Humanisierung der Arbeitswelt, um mehr Raum für Persönlichkeitsentfaltung und Selbstverwirklichung.

 b) Auf der anderen Seite geht es um eine Erhöhung der Leistungsfähigkeit einer Organisation, um mehr Flexibilität, Veränderungs- und Innovationsbereitschaft" (Gebert 1974, S. 11).

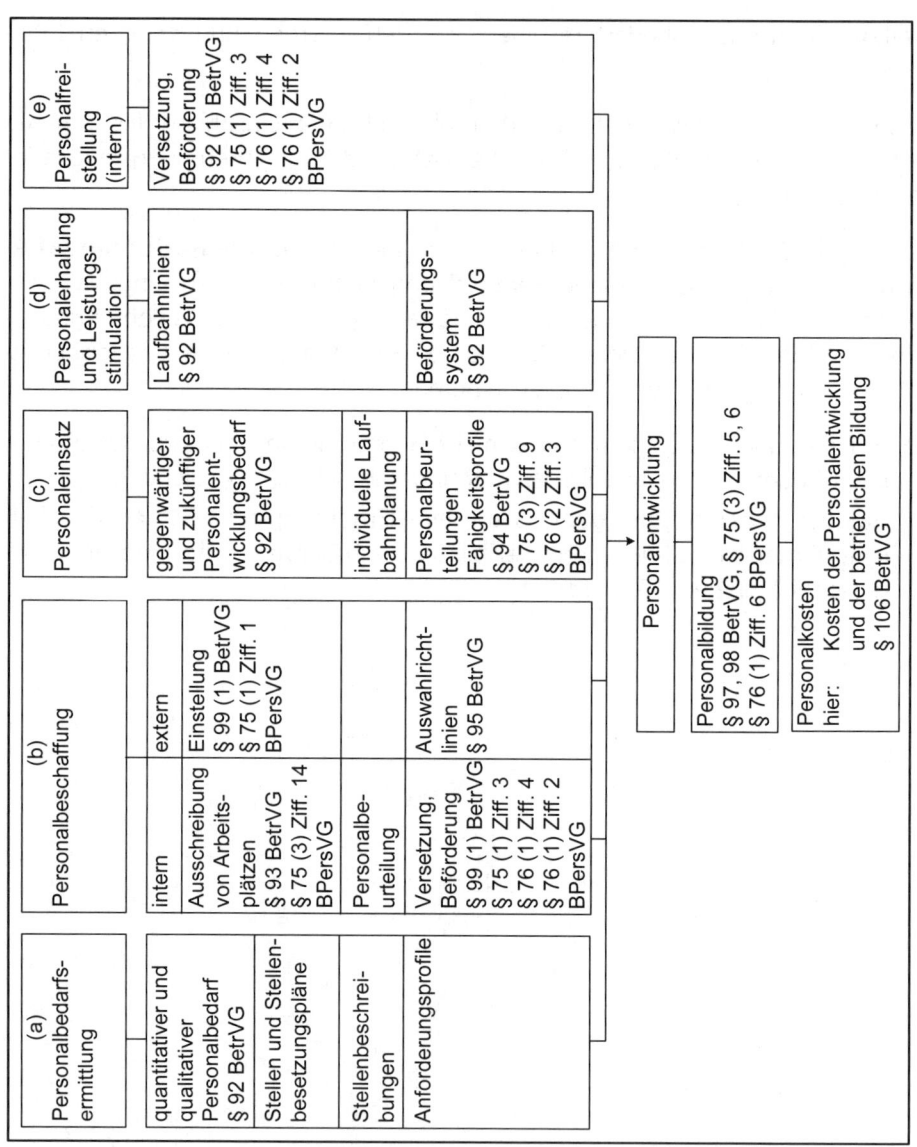

Darstellung IV-2 Personalwirtschaftliche Informationen für die Ein- und Durchführung der Personalentwicklung und die Mitbestimmungs- und Mitwirkungsrechte des Betriebsrats (Personalrats)

Die Ausführung Geberts (ebd.) zeigt, dass Organisationsentwicklung in der gleichzeitigen Verbesserung der Leistungsfähigkeit der Organisation (Effektivität) und der Qualität des Arbeitslebens (Humanität) besteht. Diese beiden Ziele werden nach Jung (1999, S. 263) wie folgt spezifiziert:

Verbesserung der Leistungsfähigkeit bedeutet:
- Erhaltung und Steigerung der Flexibilität
- Förderung der Innovationsbereitschaft
- Förderung der Lernfähigkeit des Systems

Verbesserung der Arbeitssituation der beteiligten Mitarbeiter bedeutet:
- mehr Entfaltungs- und Entwicklungsmöglichkeiten
- mehr Handlungs- und Entscheidungsspielraum
- mehr Mitwirkung an Beratungs- und Entscheidungsprozessen.

Becker (1999, S. 441) versteht Organisationsentwicklung gemeinsam mit der durch sie initiierten Bildung und Förderung als Personalentwicklung im weitesten Sinne. Die Förderung der gegenseitigen Kooperation von Organisationsentwicklung und Personalentwicklung wird dabei von vielen Autoren vertreten.

Zur Organisationsentwicklung existiert keine geschlossene Theorie. Unter diesem Begriff ist eine Vielzahl unterschiedlicher Ansätze der angewandten Sozialwissenschaften zu subsumieren. Die Überlegungen gehen dabei von geplanten organisatorischen Wandlungs- bzw. Veränderungsprozessen aus. Zur Bewältigung der hierdurch an die Organisation und alle ihre Mitglieder gestellten Anforderungen sind Programme zu entwickeln, die eine gemeinsame Problemdefinition, Diagnose und Veränderung der Organisation seitens der Organisationsmitglieder in Zusammenarbeit mit einem Berater umfassen. Organisationsentwicklung ist infolgedessen durch **Mitwirkung** und **Mitgestaltung** gekennzeichnet.

Organisations- und Personalentwicklung überlappen sich bereichsweise. Die Schnittmenge hängt dabei von den unterschiedlich weit gefassten Definitionen dieser beiden Begriffe ab (vgl. Darstellung IV-3).

Darstellung IV-3 Abgrenzung von Personal- und Organisationsentwicklung

2 PERSONALENTWICKLUNGSERFORDERNISSE DER UNTERNEHMUNG

Aus den folgenden Gründen ist Personalentwicklung für Unternehmen bedeutsam und erforderlich:

(1) Der Betrieb ist den Veränderungen des Umsystems und Insystems unterworfen, die die Struktur der Anforderungen beeinflussen und eine permanente **Anpassung der Qualifikationen** der Mitglieder erfordern.

(2) In der Nachwuchsplanung sind nicht nur die in dem Betrieb beschäftigten Mitglieder zu berücksichtigen, sondern auch die Berufsanfänger. Die Entwicklung auf dem externen Arbeitsbeschaffungsmarkt hat bei bestimmten Qualifikationen zu Engpässen geführt, so dass die **Personalbeschaffung** am ehesten über den internen Arbeitsbeschaffungsmarkt möglich ist. Dieses Arbeitskräftepotential mit den erforderlichen Qualifikationen muss erst durch die Personalentwicklung entwickelt werden.

(3) Die Wettbewerbsfähigkeit und die Expansionsmöglichkeiten werden weitgehend von den Qualifikationen der Mitarbeiter bestimmt. Die Personalentwicklung dient somit der **Sicherung** und **Steigerung der Konkurrenzfähigkeit** der Unternehmung.

(4) Die **akquisitorische Wirkung** auf dem externen Arbeitsbeschaffungsmarkt ist eine weitere Begründung für die Notwendigkeit der Personalentwicklung. Sofern eine Organisation die Möglichkeit der Personalentwicklung bietet, wird sie bei der Personalbeschaffung auf dem externen Arbeitsbeschaffungsmarkt Vorteile gegenüber den Organisationen haben, die derartige Angebote nicht aufweisen können.

(5) Wenn eine Organisation Personalentwicklung betreibt, dann ist sie auch in der Lage, solche Bewerber einzustellen, die die erforderlichen Qualifikationen noch nicht besitzen, deren **Entwicklungspotential** aber ausreicht, durch entsprechende Bildungsmaßnahmen die notwendigen Qualifikationen zu erlangen.

(6) Im Rahmen der Personalerhaltung und Leistungsstimulation kommt der **Personalentwicklung als Anreiz** eine besondere Bedeutung zu.

Die Personalentwicklung hat damit nicht nur die Aufgabe, den Personalbedarf zu decken, sondern sie muss auch mit den **Erwartungen der Mitarbeiter** und ihren **persönlichen beruflichen Plänen** abgestimmt werden. Personalentwicklung ist ein wesentlicher Bestandteil der Politik der Personalerhaltung und Leistungsstimulation.

(7) Die Ausgaben für die Personalentwicklung sind **immaterielle Investitionen**, die zukünftige Einnahmen auslösen oder zukünftige Ausgaben vermeiden oder senken sollen.

Qualifikationen des Personals sind ein bedeutendes Aktivum, denn die zukünftigen Erfolge einer Unternehmung resultieren nicht nur aus dem Anlage- und Umlaufvermögen, sondern auch aus dem Leistungspotential der Mitarbeiter.

(8) Wirtschaftsbetriebe und Verwaltungen haben als Bildungsstätte auch eine **gesellschaftliche** und **gesamtwirtschaftliche Aufgabe**. Sie haben im dualen Bildungssystem die praktische Berufsausbildung übernommen und tragen hierfür die Verantwortung.

(9) Die Stellung des Menschen in der Gesellschaft wird weitgehend durch seinen Beruf bestimmt. Wer seine Position behaupten will, muss sich während seines Berufslebens laufend den Anforderungen anpassen bzw. muss während seines Erwerbslebens gegebenenfalls mehrmals einen neuen Beruf erlernen. Die frühere Auffassung, dass einst erworbene Kenntnisse, Fähigkeiten und Erfahrungen für eine lebenslange berufliche Tätigkeit ausreichen, hat ihre Gültigkeit verloren. Zur **Erhaltung des sozialen Status** des Menschen kann die Personalentwicklung ebenfalls beitragen.

(10) Die **externe Beschaffung** von Führungskräften ist zum Teil auf Grund mangelnder Mobilität schwierig, da beispielsweise berufstätige (Ehe-)Partner vielfach nicht zu einem Ortswechsel bereit sind, so dass häufig nur die Lücke durch die Personalentwicklung geschlossen werden kann.

3   PERSONALENTWICKLUNGSZIELE

Unternehmerisches Handeln orientiert sich an bestimmten **Zielen**, durch die festgelegt wird, was das Unternehmen in Zukunft erreichen soll. Von den **Gesamtzielen** wird für die Funktionsbereiche eine Reihe von **Teilzielen** abgeleitet, die zum Gesamtziel nicht im Widerspruch stehen dürfen.

Auch Personalentwicklung hat nur dann Aussicht auf Erfolg, wenn bei allen Beteiligten Klarheit über die zu erreichenden Ziele besteht. In den vergangenen Kapiteln ist bereits deutlich geworden, dass sowohl die Mitarbeiter als auch das Unternehmen eigene Erwartungen mit der Personalentwicklung verbinden. Diese können sich grundsätzlich indifferent, komplementär oder konfliktär gegenüberstehen, wobei indifferente Ziele in der Personalentwicklung nicht oder selten auftreten dürfen.

Konfliktär können die Interessen sein, wenn die Unternehmung die Personalentwicklung nur betriebs- oder arbeitsplatzbezogen betreibt und nicht die Interessen der Unternehmensmitglieder in die Personalförderung einbezieht. Die erwerbswirtschaftliche Unternehmung könnte geneigt sein, die Personalentwicklung als reine Investition aufzufassen. Wenn die Unternehmung nur den Investitionscharakter der Personalentwicklung sieht, wird sie nur Förderungsmaßnahmen durchführen, die wirtschaftlich vorteilhaft sind. Dabei besteht die Gefahr, die Bedürfnisse der Unternehmungsmitglieder zu vernachlässigen. Die individuelle betriebliche Personalförderung ist mit den Zielen des Mitarbeiters abzustimmen, so dass die Ziele zumindest teilweise komplementär sind. Wenn das nicht geschieht, wird der Mitarbeiter nicht oder nur widerwillig bereit sein, sich einer Entwicklungsmaßnahme zu unterziehen. Der Anreizwert der Personalentwicklung wird nur dann voll zum Tragen kommen, wenn die Mitarbeiter sich mit den Zielen und Maßnahmen der Unternehmung identifizieren.

Sie dürften nicht in allen Fällen mit der persönlichen Vorstellung zur beruflichen Entwicklung deckungsgleich sein. Eine wesentliche Aufgabe der Verantwortlichen der Personalentwicklung besteht daher darin, einen Ausgleich zwischen den Interessen zu erreichen, indem sie versuchen, die persönlichen Entwicklungs- und Karriereziele des Einzelnen in die Ziele der Unternehmung zu integrieren (vgl. Mentzel 1997, S. 25).

Die Personalentwicklung zielt nicht nur auf die Qualifizierung des Mitarbeiters für eine spezifische Aufgabe ab, sondern im Hinblick auf einen flexibleren Personaleinsatz wird sie die Erhöhung der **innerbetrieblichen Mobilität** und **Multifunktionalität** fördern. Dies könnte auch im Interesse des Mitarbeiters liegen.

Die Befähigung zu einer größeren innerbetrieblichen Mobilität erhöht unter Umständen gleichzeitig die interbetriebliche Mobilität und birgt daher aus betrieblicher Sicht die Gefahr in sich, dass der Mitarbeiter sich anschließend für einen Arbeitsplatz in einem anderen Betrieb entscheidet. Daher dürfte der Betrieb Interesse daran haben, überwiegend betriebsbezogene Kenntnisse, Fähigkeiten und Verhaltensweisen zu fördern, während der Mitarbeiter an einer Förderung interessiert sein dürfte, die seine interbetriebliche Mobilität erhöht.

In Zukunft wird eine stärkere strategische Orientierung der Personalentwicklung mit **proaktiv-prospektiver** anstelle der weitverbreiteten reaktiven Ausrichtung erforderlich werden. Eine **strategisch orientierte Personalentwicklung** ist weit eher in der Lage, dazu beizutragen, dass die personellen Voraussetzungen für die erhöhten Anforderungen an das strategische Management in turbulenten Umwelten geschaffen werden, indem entsprechende Personalentwicklungsmaßnahmen flankierend das sachliche Instrumentarium unterstützen.

Pawlowsky (1999) stellt die Strategieerfüllung und Strategiegestaltung als Hauptaufgabe der Personalentwicklung in den Vordergrund und sieht Personalentwicklung nur dann als erfolgreich, wenn diese sich an der langfristig ausgerichteten Unternehmensstrategie orientiert und diese gleichzeitig durch Initiierung von Projekten, Ideen bzw. die Veränderung von Prozessen, Abläufen und Strukturen mitgestaltet.

Berthel/Becker (1986, S. 546) benennen als Oberziele einer strategisch orientierten Personalentwicklung, die das Bewusstsein für vorhandene und mögliche Unzulänglichkeiten schärfen und zum stetigen organisationalen Lernen beitragen sollen, die

- Motivierung der Mitarbeiter, ihr Qualifikationsniveau (speziell Lernbereitschaft und -fähigkeit) anzuheben,

- Entdeckung von Mitarbeitern, deren Qualifikationen und Entwicklungspotentialen,

- Erhaltung, Förderung und Erweiterung der individuellen und/oder gruppen-bezogenen strategisch orientierten Qualifikationen,
- Hilfestellung zur Sicherung einer Personalbedarfsdeckung,
- Einrichtung einer Personalreserve,
- Verstärkung der akzelerierenden Kräfte, Verminderung der retardierenden Kräfte.

Die Ziele einer strategisch orientierten Personalentwicklung gehen über die der traditionellen Personalentwicklung hinaus und beinhalten zusätzlich Fragestellungen anderer personalwirtschaftlicher Teilfunktionen, wie die Ausgestaltung von Anreizsystemen.

4 PERSONALENTWICKLUNGSGESTALTUNG

4.1 Überblick

Die Gestaltung der Personalentwicklung kann als Überführung des geplanten (Soll-)Systems in die reale Struktur der Personalwirtschaft angesehen werden. Dabei stehen das bewusste Gestalten der Personalentwicklungsmaßnahmen, die Entwicklung der Struktur und der Ablauf der Personalentwicklung im Vordergrund. Personalentwicklungsgestaltung bedient sich dabei zweier grundlegender Instrumentalvariablen:

(1) der **Differenzierung** der Personalentwicklung nach verschiedenen Kriterien (z.B. Zielgruppen und -personen, Unternehmungsbereichen, Standorten) und

(2) der **Integration** der einzelnen Systemteile in einer zielgerichteten Personalentwicklung.

Im Folgenden werden verschiedene Instrumente der Personalentwicklung vorgestellt.

4.2 Karriere- bzw. Laufbahnplanung und Laufbahnlinien

Unter **Karriere** bzw. **Laufbahn** wird die beliebige (horizontale und vertikale) Stellenfolge eines Mitarbeiters im betrieblichen Stellengefüge verstanden (Berthel/Koch 1985, S. 11 ff.). Im Rahmen der Personalentwicklung kann eine systematische **Laufbahnplanung** Qualifizierungsprozesse unterstützen und eine gezielte **Nachfolgeplanung** für Mitarbeiter aller betrieblichen Ebenen einschließlich der Führungskräfte darstellen.

Aus der Gegenüberstellung des Anforderungsprofils und der Ist-Qualifikation des Mitarbeiters ergibt sich der **individuelle Förderungsbedarf**. Die **individuelle Laufbahnplanung** ist eine Planung der beruflichen Entwicklung und muss mit dem Betroffenen besprochen werden, damit die persönlichen Wünsche mit der betrieblichen Personalentwicklungsplanung abgestimmt werden.

Bedingungen für die Laufbahnplanung sind die Existenz und die Bekanntgabe von **Laufbahnlinien**. Die Laufbahnlinie stellt eine bestimmte Stellenfolge dar.

Hinsichtlich der **zeitlichen Reichweite** sind bei der Karriere- und Laufbahnplanung einige Dinge zu bedenken (vgl. Mentzel 1997, S. 142 ff.). Die Planung beruht im Wesentlichen auf vergangenheitsorientierten Informationen, die nur eine begrenzte Aussage über eine längerfristige Eignungsentwicklung zulassen. So muss sich der Mitarbeiter auf jeder Entwicklungsstufe bewähren. Ebenso sind unvorhersehbare Veränderungen seitens des Unternehmens (z.B. neuer Vorgesetzter), im Umfeld des Unternehmens (z.B. Veränderungen auf dem Absatzmarkt) oder auch im Privatbereich des Mitarbeiters (z.B. Gründung einer Familie) möglich. Aus diesen Gründen sollte eine personenbezogene Karriere- bzw. Laufbahnplanung nicht über fünf Jahre hinaus betrieben werden.

Es ist zwischen horizontalen und vertikalen Laufbahnlinien zu unterscheiden. Die **horizontale Laufbahnlinie** ist dadurch gekennzeichnet, dass eine Stellenfolge auf einer Hierarchiestufe gegeben ist, ohne dass ein Kompetenzzuwachs damit verbunden ist. Eine horizontale Stellenfolge ist gegeben, wenn z.B. ein Sachbearbeiter auf eine andere Sachbearbeiterstelle versetzt wird. Die Motivation des Mitarbeiters, diese Stelle anzunehmen und auch die damit verbundenen anderen Anforderungen zu erfüllen, kann durch **monetäre** oder **nichtmonetäre Anreize** wie andere Aufgabenstellung sowie mehr Verantwortung angeregt werden. Bei **vertikalen Laufbahnlinien** steigt der Mitarbeiter in der Betriebshierarchie auf und seine Kompetenzen werden erweitert. Diese Aufstiegsmöglichkeit ist ein Anreiz.

Als besonderer Anreiz wird von den Mitarbeitern bei der individuellen Laufbahnplanung die Vorgabe von **Laufbahnzielen** empfunden. Die Anreizwirkung ist besonders groß, wenn Mitarbeiter bei der Formulierung des Ziels beteiligt werden. Eine Mitwirkung ist sogar Voraussetzung für die Akzeptanz der Ziele (v. Eckardstein 1969, S. 108 f.). Von Eckardstein (1969, S. 119) nennt drei Faktoren, die die Festlegung von Laufbahnlinien bestimmen:

- der Bedarf an Mitarbeitern,
- die individuelle Eignung der Mitarbeiter im Hinblick auf die betrieblichen Stellen und
- persönliche Entwicklungswünsche.

Eine **systematische Karriereplanung** ist gerade für Führungskräfte im Rahmen des strategischen Personalmanagements von großer Bedeutung. Ein entsprechend durchgeführtes Training für die unterschiedlichen Positionen hat das Ziel, Generalisten mit einer unternehmensbezogenen Qualifikation zu entwickeln, die als sog. **Change Agents** Änderungen und Neuerungen im Hinblick auf organisatorische und soziale Strukturen herbeiführen können und in der Lage sind, situationsspezifische Entscheidungen zu treffen.

Wichtig ist die weitgehende Information über Versetzungs- und Beförderungsmöglichkeiten. Bei der Gestaltung eines Personalentwicklungssystems ergibt sich die Notwendigkeit der Festlegung von **Beförderungskriterien**. Grundsätzlich bieten sich für die Entscheidung über den Aufstieg zwei Beurteilungsmaßstäbe an:

- die persönliche Beitragsleistung und
- die Dauer der Betriebszugehörigkeit (Kupsch/Marr 1991, S. 864).

In der Praxis werden beide Beförderungskriterien häufig kombiniert angewendet.

Die Personalentwicklung beinhaltet eine **Nachfolgeplanung** für Mitarbeiter und Leiter. Sofern nach § 93 BetrVG (§ 75 Abs. 3 Nr. 14 BPersVG) allgemein oder für bestimmte Arten von Tätigkeiten die Arbeitsplätze vor ihrer Besetzung innerbetrieblich ausgeschrieben werden, ist es zweifelhaft, ob der in der Personalentwicklungsplanung vorgesehene Mitarbeiter tatsächlich auf diese Stelle versetzt werden kann, da außer ihm auch andere Bewerber auftreten können.

Für leitende Angestellte gilt diese Regelung des BetrVG nicht. Eine personelle Veränderung eines leitenden Angestellten ist nach § 105 BetrVG dem Betriebsrat lediglich rechtzeitig mitzuteilen.

4.3 Leistungs- und Entwicklungsbeurteilung

Die Entwicklungsbeurteilung als Gestaltungsmittel ermöglicht die Feststellung, ob das latente Potential des Mitarbeiters durch Personalentwicklungsmaßnahmen entwicklungsfähig ist.

Die Analyse der Entwicklungsfähigkeit eines Mitarbeiters beinhaltet die Feststellung seiner **Leistungen** bzw. **Leistungsfähigkeit**. Die Leistungs- und Entwicklungsbeurteilung wird in den meisten Unternehmen in Form eines (jährlich stattfindenden) **Förder-** oder **Personalentwicklungsgespräches** durchgeführt. Dieses Gespräch führt der Mitarbeiter in aller Regel mit seinem direkten oder nächsthöheren Vorgesetzten oder einem Mitglied der Personalabteilung.

Die Entwicklungsbeurteilung wird oft mit einer **Potentialbeurteilung** verbunden, der die Aufgabe zukommt, festzustellen, ob ein Mitarbeiter geeignet ist, eine höhere Verantwortung als die bisher erfüllte zu übernehmen. Sie wird damit zu einer **Eignungs-** und **Befähigungsbeurteilung**, die die Bereitschaft und Fähigkeit künftiger individueller Leistungserbringung prognostiziert, indem aus dem bislang gezeigten auf das zukünftige Verhalten geschlossen wird.

Das Gespräch fördert auch die **Kommunikationsbeziehungen** und befriedigt **Informationsbedürfnisse** der Mitarbeiter, so dass von dieser Form der Beurteilung eine unmittelbare **Wirkung auf die Motivation** ausgeht.

Die Entwicklungsbeurteilung zielt auf die Entwicklung der Leistungsfähigkeit und die Förderung der Leistungsbereitschaft des Mitarbeiters ab.

Die Leistungs- und Entwicklungsbeurteilung dienen zunächst der Standortbestimmung des Mitarbeiters und sind damit die Grundlage für das sich anschließende Beurteilungsgespräch. Gegenstand der Beurteilung ist die Leistung bzw. die augenblickliche Leistungsfähigkeit. Daher werden als Kriterien hauptsächlich Fachkenntnisse und -wissen berücksichtigt.

Die Beurteilung deckt somit die augenblicklichen Bildungsdefizite auf. Die hieraus folgenden Personalentwicklungsmaßnahmen dürfen allerdings nicht nur auf eine Anpassung an die Ist-Situation gerichtet sein, sondern sollten die ständige Veränderungsbereitschaft im Hinblick auf die zukünftige Entwicklung fördern.

Zwischen Entwicklungsbeurteilung und **Arbeitsbewertung** besteht eine Verbindung in der Form, dass die methodische Vorgehensweise bei den im Zusammenhang mit der Entwicklungsbeurteilung gegebenenfalls zu erstellenden Fähigkeitsprofilen den im Rahmen der Arbeitsbewertung zu entwickelnden Anforderungsprofilen ähnlich ist.

Im Fördergespräch zur Beurteilung der Leistungen und Entwicklungsmöglichkeiten des Mitarbeiters werden die Leistung des Mitarbeiters und die zukünftigen betrieblichen Möglichkeiten seitens des Unternehmens aufgezeigt. Der Mitarbeiter äußert dazu seine Ziele, Wünsche und Interessensgebiete. Vorgesetzter (bzw. Mitglied aus der Personalabteilung) und Mitarbeiter diskutieren anschließend die Beurteilung und die zukünftigen Möglichkeiten und einigen sich gemeinsam über die künftigen Aufgaben oder Arbeitsziele des Mitarbeiters. Gibt es eine Diskrepanz zwischen den Fähigkeiten, die für die künftige Erfüllung der Aufgabe notwendig sind, oder hat sich im Gespräch ein Verbesserungspotential für die gegenwärtige Aufgabenerfüllung des Mitarbeiters ergeben, werden im Gespräch vorgesehene Förderungs- und Bildungsmaßnahmen festgelegt.

Sie müssen spezifiziert und konkretisiert werden und sind durch folgende Anforderungen gekennzeichnet (Lattmann 1975, S. 260):

(1) das angestrebte Ergebnis,

(2) den konkreten Inhalt des Vollzugs,

(3) Verantwortlichkeit für die Durchführung und

(4) Termin oder Dauer der Maßnahmen.

Gegenstand einer erweiterten Entwicklungsbeurteilung kann die **Führungsprüfung** sein, die für einen Vorgesetzten durchgeführt wird. Sie hat den Zweck zu prüfen, inwieweit es einer Führungskraft gelungen ist, die Mitarbeiter hinreichend zu motivieren und zu unterstützen. In dem anschließenden Gespräch werden Maßnahmen festgelegt, die den Führungserfolg sichern oder verbessern können.

Um diese Aufgaben der Entwicklungsbeurteilung erfüllen zu können, muss der Beurteiler über **Fähigkeiten zur Beratung, Anleitung** und **Motivierung** verfügen.

Immer mehr Unternehmen gehen dazu über, frühzeitig das betriebliche Führungspotential auszumachen und im Rahmen einer Management-Potentialanalyse (MPA) gezielt Förderungsmaßnahmen zu initiieren (vgl. z.B. Hehl/Jetter 1987, S. 250 ff.).

4.4   Qualitätszirkel

Die Anfänge des Quality-Circle-Konzepts gehen in Japan bis in das Jahr 1948 zurück. 1962 wurde der erste offizielle Quality-Control-Circle registriert. Lockheed und Honeywell führten 1974 die ersten Zirkel in den USA ein. In der Bundesrepublik Deutschland sind die ersten Aktivitäten bis Anfang 1980 zurück zu verfolgen.

Dem Qualitätszirkelkonzept liegt der Gedanke zugrunde, dass Probleme und Schwachstellen am ehesten dort erkannt und beseitigt werden können, wo sie auftreten.

Bei Qualitätszirkeln handelt es sich um freiwillige Gesprächsrunden von etwa fünf bis zehn Mitarbeitern eines bestimmten Unternehmensbereichs, die sich meistens wöchentlich während der normalen Arbeitszeit für etwa 90 bis 120 Minuten treffen. Diese Kommunikationsrunden finden mit Wissen der Unternehmensleitung statt und haben zum Ziel, Veränderungen und Verbesserungen durchzuführen. Gegenstand der Arbeit in Qualitätszirkeln ist nicht nur die **Qualität der Produkte** und **Dienstleistungen**, sondern auch die **Qualität der Arbeit und der Arbeitsabläufe**.

Entscheidend für die Wirkung der Qualitätszirkel ist die Einbeziehung der Mitarbeiter in die systematischen Überlegungen zur Qualitätsverbesserung, die somit als direkt Beteiligte Erfahrungen und Vorschläge zur Problemlösung einbringen können. Lösungsvorschläge werden der Unternehmungsleitung vorgetragen und, soweit möglich, durch die Gruppe selbst realisiert.

Jeder Qualitätszirkel wird von einem **Moderator** geleitet, der selbst Mitarbeiter ist und von seinen Kollegen akzeptiert wird. Die Moderatoren werden für diese Aufgabe speziell ausgebildet. Sie werden in Motivations-, Kooperations-, Kreativitäts- und Problemlösungstechniken trainiert. Bei Bedarf können die Zirkelleiter Spezialisten hinzuziehen, die weitere Informationen und Ideen einbringen oder sich zu den Zirkelvorschlägen äußern können.

Um die Abstimmung zwischen Zirkeln, Abteilungen (Bereichen) und Geschäftsleitung zu erleichtern, wird häufig ein **Koordinator** dazwischen geschaltet, der von der Unternehmensleitung bestimmt wird. Die Geschäftsleitung bedient sich oft noch zusätzlich einer **Steuergruppe**, die die Planung, Leitung und Steuerung des Programms übernimmt. Sie fordert die Gruppenaktivitäten und sichert das Interesse der Geschäftsleitung am Programm.

Der Koordinator, als Bindeglied zwischen Steuergruppe und den verschiedenen Qualitätszirkeln, ist dann verantwortlich für die Umsetzung der strategischen Planung der Steuergruppe in praktische Arbeiten in den Qualitätszirkeln und für die Unterstützung der Qualitätszirkel bei übergreifenden Problemen. Unter Berücksichtigung der genannten Elemente ergibt sich das in Darstellung IV-4 gezeigte Organisationsmodell.

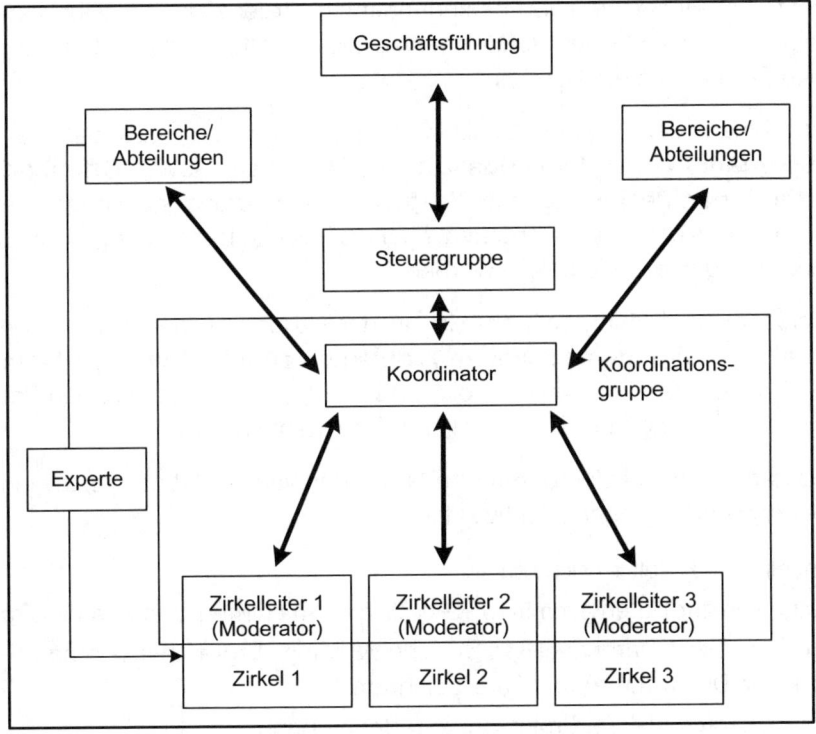

Darstellung IV-4 Organisationsmodell des Qualitätszirkels
(vgl. Strombach/Johnson 1983, S. 11)

Für die Qualitätszirkel lassen sich grob folgende zwei Hauptziele herausstellen:

- Einerseits geht es um die **Erhöhung der Leistungsfähigkeit** der Organisation, um mehr Flexibilität, Veränderungs- und Innovationsbereitschaft.
- Andererseits geht es um die **Humanisierung der Arbeitswelt**, um Förderung der Arbeitszufriedenheit und Arbeitsmotivation sowie Persönlichkeitsentfaltung und Selbstverwirklichung.

Bei der Berücksichtigung der Humanisierung der Arbeitswelt wird davon ausgegangen, dass im Arbeitsbereich ein Bedürfnis nach Autonomie und Selbstständigkeit zunimmt. Daher ist es ein wesentliches Anliegen des Quality-Circle-Konzepts, die Herstellung von Bedingungen zu fördern, die ein selbstständiges und eigenverantwortliches Handeln sowie die Entfaltung und Entwicklung der eigenen Fähigkeiten ermöglichen.

Darüber hinaus gehen einige Quality-Circle-Konzepte davon aus, dass Faktoren wie **Spontanität** und **Individualität** des Verhaltens sowie **Offenheit** und **Direktheit der Beziehung** zum Partner an Bedeutung gewinnen werden. Diese Faktoren können als Kriterien für Persönlichkeitsentfaltung bzw. Selbstverwirklichung zugrunde gelegt werden.

Die Personalentwicklung vollzieht sich in der Gruppe, in der das Gruppenmitglied befähigt wird, **gemeinsam an Problemen zu arbeiten** sowie Methoden und Techniken der Qualitätskontrolle und -verbesserung, der Problemfindung, -analyse und -lösung und die Darstellung der Ergebnisse lernt.

In Qualitätszirkeln werden bestimmte Methoden verwendet, die relativ einfach, in ihrer Anwendung aber effektiv sind.

Im Einzelnen handelt es sich um:

- Techniken zur Datensammlung: Checklisten, Strichlisten, Fehlersammelkarten,
- Techniken zur Datenanalyse: Ursache-Wirkung-Diagramme (Fischgrät- oder Ishikawa-Diagramme) und Paretodiagramme,
- Kreativitätstechniken: Brainstorming, Brainwriting.

Ergänzt werden diese Techniken durch Methoden der Datenaufbereitung und -kontrolle wie Graphen und Diagramme.

Anstelle von Qualitätszirkeln oder Quality-Circles wird eine Vielfalt von Begriffen wie **Lernstatt, Werkstattzirkel, Null-Fehlerprogramm, Qualitätskreise, Mitarbeiterzirkel, Förderkreise** und **Erfahrungsaustauschgruppen** verwendet, die inhaltlich weitgehend den Qualitätszirkeln entsprechen.

Es lassen sich drei Entwicklungstendenzen unterschiedlicher Konzeptionen erkennen:

a) Konzepte, die zwar die prinzipielle Idee der Einbeziehung der Mitarbeiter der ausführenden Ebene in die betriebliche Schwachstellenforschung aufgreifen, sich jedoch von dem Quality-Circle-Konzept wegen angeblich fehlender Übertragbarkeit distanzieren (z.B. "Werkstattzirkel"),

b) Konzepte, die sich an das japanische Quality-Circle-Konzept mit unterschiedlichen Abstrichen anlehnen (z.B. "Qualitätszirkel"),

c) Konzepte, die ursprünglich zwar unter anderen Intentionen entwickelt wurden, die jedoch ohne weiteres die Voraussetzungen für eine erfolgreiche Quality-Circle-Arbeit liefern (z.B. "Lernstatt").

Werden die zwei wesentlichen Merkmale **Partizipationspotentiale der Mitarbeiter** und die **Strukturiertheit des Ansatzes** zugrunde gelegt, so lassen sich die in der Darstellung IV-5 gezeigten Typen der Quality-Circle-Konzepte unterscheiden.

Zu den **rechtlichen Grundlagen** bei Qualitätszirkeln gibt es zwar keine Gesetze, in denen der Qualitätszirkel direkt erwähnt wird. Die Darstellung IV-6 zeigt, unter welchem Aspekt einzelne Gesetze jedoch zur Anwendung kommen.

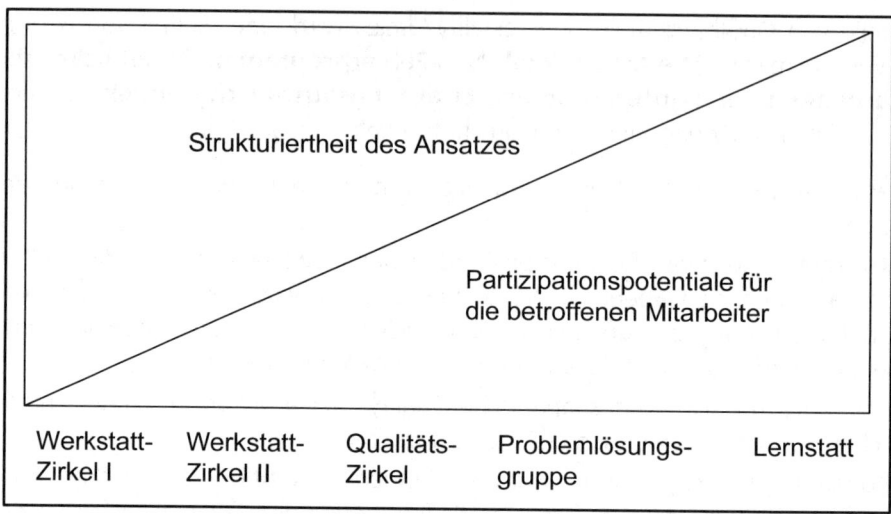

Darstellung IV-5 Typologie von Quality-Circle-Konzepten (Zink 1984, S. 425)

Anwendunsaspekte	Gesetzliche Grundlagen
Mitbestimmungsrecht des Betriebsrats im Qualitätszirkel	§§ 2, 80, 87, 95-99 BetrVG
Ausbildungsmaßnahmen (z.B. für den Koordinator)	§§ 96-98 BetrVG
Umsetzung von Vorschlägen, die die Arbeitsorganisation verändern	§§ 90, 91 BetrVG
Teilnehmerregelungen als Element der Gestaltung der betrieblichen Ordnung	§ 87 Abs. 1 Nr. 1 BetrVG
Übertragung von Einzelaufgaben im Sinne einer Versetzung	§ 95 Abs. 3 BetrVG
Allgemeine Grundlagen	Arbeitnehmererfindungsgesetz, Arbeitsförderungsgesetz

Darstellung IV-6 Rechtliche Grundlagen im Qualitätszirkel
(vgl. Jung 1999, S. 605)

4.5 Betriebliche Bildung

4.5.1 Grundbegriffe

Unter betrieblicher Bildung sind alle zielgerichteten, bewussten und planmäßigen Maßnahmen und Tätigkeiten zu verstehen, die auf eine Vermehrung bzw. Veränderung der Kenntnisse, der Fertigkeiten sowie der Verhaltensweisen der Belegschaftsmitglieder gerichtet sind. Betriebliche Bildungsarbeit betrifft somit alle Lernprozesse, die durch Betriebe für Betriebsmitglieder angeboten werden. Die Personalentwicklung fördert individuell je nach Bedarf und Erwartung der Mitarbeiter eine oder mehrere der drei Komponenten **Kenntnisse**, **Fertigkeiten** oder **Verhalten**, um die Humanressourcen in allen Bereichen und Leitungsebenen sicherzustellen. Die Darstellung IV-7 gibt einen Überblick über die Arten der betrieblichen Bildung.

Betriebliche Berufsbildung im Rahmen einer Personalentwicklung wird in "Betrieben der Wirtschaft, in vergleichbaren Einrichtungen außerhalb der Wirtschaft, insbesondere des öffentlichen Dienstes, der Angehörigen freier Berufe und in Haushalten" (§ 1 Absatz [5] BBiG; vgl. auch § 33 AFG) durchgeführt. Die betriebliche Berufsbildung ist dadurch gekennzeichnet, dass sie kostenmäßig in der Regel vom Betrieb getragen, verwaltungsmäßig und organisatorisch vom Betrieb betreut sowie häufig am Lernort Betrieb bzw. in von Betrieben gemeinsam getragenen Bildungsstätten durchgeführt wird.

Die **Berufsausbildung** ist in der Regel eine berufliche Erstausbildung und erfolgt in der Bundesrepublik Deutschland üblicherweise im **dualen System**. Ausbildung im dualen System bedeutet eine Teilung der Funktionen zwischen staatlicher und unternehmerischer Berufsqualifizierung, wobei staatliche Ausbildungsinstitutionen Berufsschulen sind. Die Berufsschule ist für die Vermittlung theoretischer Ausbildungsinhalte zuständig, während die praktischen Kenntnisse und Fähigkeiten von der ausbildenden Unternehmung vermittelt werden. Art, Umfang und Dauer der Berufsausbildung sind in allen wesentlichen Details durch allgemeingültige Ordnungsmittel vorbestimmt (vgl. Mentzel 1997, S. 19).

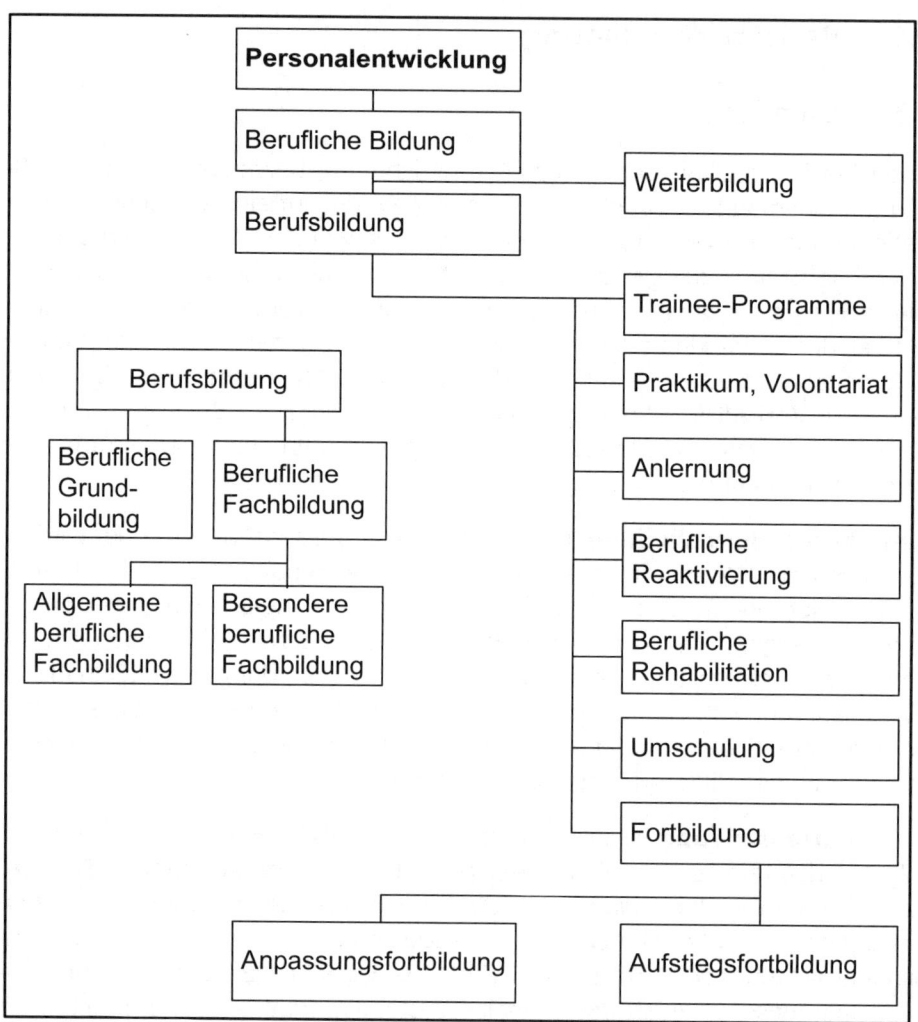

Darstellung IV-7 Arten der betrieblichen Bildung zur Gestaltung der Personalentwicklung

Betriebliche Berufsausbildung ist auf die Berufsvorbereitung und -einführung ausgerichtet. Im Berufsbildungsgesetz wird die Berufsausbildung wie folgt definiert: "Die Berufsausbildung hat eine breit angelegte berufliche Grundbildung und die für die Ausübung einer qualifizierten beruflichen Tätigkeit notwendigen fachlichen Fertigkeiten und Kenntnisse in einem geordneten Ausbildungsgang zu vermitteln. Sie hat ferner den Erwerb der erforderlichen Berufserfahrungen zu ermöglichen" (§ 1 Absatz [2] BBiG).

Die Berufsausbildung umfasst alle Maßnahmen und Tätigkeiten, die für die Ausübung eines bestimmten Berufs vorausgesetzt werden. Demnach lassen sich folgende zwei Arten unterscheiden:

- berufliche Grundbildung,
- berufliche Fachbildung.

Die **berufliche Grundbildung** stellt die erste Stufe der Berufsausbildung dar. In dieser Phase "sollen als breite Grundlage für die weiterführende berufliche Fachausbildung und als Vorbereitung auf eine vielseitige berufliche Tätigkeit Grundfertigkeiten und Grundkenntnisse vermittelt sowie Verhaltensweisen geweckt werden, die einem möglichst großen Bereich von Tätigkeiten gemeinsam sind" (§ 26 Absatz [2] BBiG).

Die in dieser Form konzipierte Grundbildung verfolgt das **Prinzip der Durchlässigkeit**, um in dieser ersten Phase eine größere Elastizität für den Einsatz zu erreichen. Die berufliche Grundbildung muss so breit angelegt sein, dass sie den Zugang zu einer umfangreichen Palette ähnlicher Tätigkeiten eröffnet. Dem Auszubildenden wird durch diese Konzeption bei technischen, wirtschaftlichen und gesellschaftlichen Veränderungen eine größere Mobilität ermöglicht.

Auch die Bewältigung der Probleme beim Übergang von der allgemeinbildenden Schule in den Betrieb dürfte durch diese Regelung erleichtert werden, da der Auszubildende sich mit dem Eintritt in ein Ausbildungsverhältnis nicht mehr auf eine bestimmte spätere Tätigkeit festlegt. Durch berufspraktische Erfahrungen im Rahmen der breit angelegten Grundbildung erhält er die Gelegenheit, sich einen Überblick über seine Interessen und seine Eignung für eine spätere Tätigkeit zu verschaffen.

"Berufliche Grundbildung sollte daher

- Grundwissen, Grundkenntnisse vermitteln, die für die anschließende berufliche Fachbildung notwendig sind,

- Grundfertigkeiten vermitteln und einüben, die zur Bedienung von Maschinen, im Umgang mit Werkstoffen oder allgemein für die spätere berufliche Tätigkeit erforderlich sind,
- bestimmte Verhaltensweisen fördern, die bei der Ausübung eines Berufes erwartet werden" (Hackstein/Nüssgens/Uphus 1972, S. 97).

Die **berufliche Fachbildung** ist im § 26 Absatz (3) und (4) Berufsbildungsgesetz in die **allgemeine berufliche Fachbildung** und die **besondere berufliche Fachbildung** weiter untergliedert. In der allgemeinen beruflichen Fachbildung "soll die Berufsausbildung für möglichst mehrere Fachrichtungen gemeinsam fortgeführt werden. Daher ist besonders das fachliche Verständnis zu vertiefen und die Fähigkeit des Auszubildenden zu fördern, sich schnell in neue Aufgaben und Tätigkeiten einzuarbeiten" (§ 26 Absatz [3] BBiG). In weiteren Stufen der besonderen beruflichen Fachbildung sollen die zur Ausübung einer qualifizierten Berufstätigkeit erforderlichen praktischen und theoretischen Kenntnisse und Fertigkeiten vermittelt werden (§ 26 Absatz [4] BBiG).

Die berufliche Fachbildung baut auf der breit angelegten Grundbildung auf. Sie führt nach der dritten Stufe durch eine Abschlussprüfung zum qualifizierten Facharbeiter bzw. Büroberuf.

Daher muss sie in ihrem Verlauf

- die Kenntnisse und Fertigkeiten vermitteln, die für die Ausübung eines qualifizierten Berufs typisch sind, und
- die berufsspezifischen und sozialen Verhaltensweisen fördern.

Die Darstellung IV-8 zeigt am Beispiel der industriellen Metallberufe die einzelnen Stufen der beruflichen Ausbildung.

Grundlage der betrieblichen Ausbildung ist ein Berufsbildungsvertrag, den der Auszubildende mit "seinem" Betriebsinhaber schließt. Die Ausbildung selbst darf in der Regel nur in einem der rund 450 staatlich anerkannten Ausbildungsberufe erfolgen, zu denen der jeweils zuständige Fachminister im Einvernehmen mit dem Bundesarbeitsminister eine verbindliche Ausbildungsordnung erlässt.

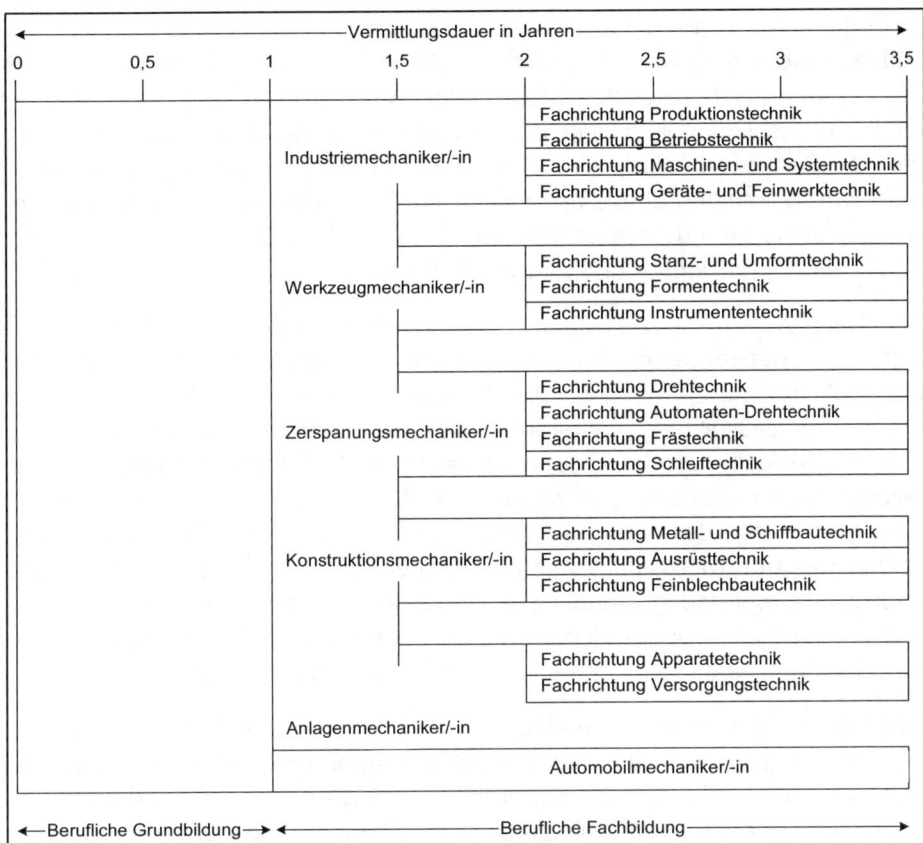

Darstellung IV-8 Stufen der beruflichen Ausbildung am Beispiel der Metallberufe

Jeder Jugendliche, der noch nicht das 18. Lebensjahr vollendet hat und keine weiterführende Schule besucht, muss darüber hinaus die **Berufsschule** besuchen. Die Berufsschulpflicht gilt auch für Jugendliche ohne Berufsausbildungsverhältnis.

Da das Berufsschulwesen rechtlich in die Zuständigkeit der Bundesländer fällt, sind die jeweiligen Kultusminister für den Erlass der verschiedenen Rahmenlehrpläne zuständig. Diese Rahmenlehrpläne sollen dabei möglichst eng mit der entsprechenden Ausbildungsordnung im Betrieb verzahnt werden.

Der Jugendliche kann sich auch nach seiner Schulzeit für den Besuch einer **beruflichen Schule** entscheiden, wie die Berufsfachschule, die Fachoberschule oder die Berufsaufbauschule. Diese bieten zumeist die Möglichkeit, einen Teil der Berufsausbildung in einem oder mehreren Ausbildungsberufen zu erlangen. Die Berufsausbildung wird dann überwiegend im dualen System fortgesetzt. Nur in wenigen Berufsfachschulen erfolgt eine Ausbildung, die unmittelbar auf die Ausübung eines Berufs zielt. Die beruflichen Schulen haben bei der beruflichen Qualifizierung unterstützende Funktion.

Das duale System der Ausbildung mit der Möglichkeit zur Fortbildung zum **Fach-** oder **Betriebswirt** war insbesondere für Absolventen der Haupt- und Realschule entwickelt worden. Die Wirtschaft hat das bewährte System der dualen Berufsausbildung weiterentwickelt. Für Bewerber mit Hochschulreife kann an die Stelle des Ausbildungsvertrages ein **Teilarbeitsvertrag (Traineevertrag)** treten. Der Berufsschulunterricht, der Betriebsunterricht und die Fortbildungslehrgänge der Wirtschaft werden in einem **berufsbegleitenden** (Fach-) **Hochschulstudium** zusammengefasst. Dabei kann mit staatlichen Fachhochschulen, die berufsbegleitende Studiengänge anbieten, kooperiert werden, oder es werden die vorhandenen überbetrieblichen Bildungseinrichtungen der Wirtschaft mit staatlicher Anerkennung (z.B. **Berufsakademien**) genutzt.

Beim Übergang von der allgemeinbildenden Schule (Haupt-, Realschule) zur Berufsausbildung hat das **Berufsgrundbildungsjahr** (**BGJ**) eine besondere Bedeutung erlangt, in dem der Jugendliche nicht auf einen Beruf, sondern auf ein Berufsfeld vorbereitet wird. Die Darstellung IV-9 gibt einen Überblick über die Struktur des Bildungssystems in der Bundesrepublik Deutschland.

Bei der Berufsausbildung handelt es sich um eine Erstausbildung, während die Fortbildung (Weiterbildung) daran anknüpft.

Unter **Fortbildung** werden die Maßnahmen und Tätigkeiten verstanden, die bereits für einen Beruf oder Arbeitsplatz vorhandenes Wissen vertiefen. "Die berufliche Fortbildung soll es ermöglichen, die beruflichen Kenntnisse und Fertigkeiten zu erhalten, zu erweitern, der technischen Entwicklung anzupassen, oder beruflich aufzusteigen" (§ 1 Abs. 3 BBiG).

366

Die Fortbildung lässt sich nach der inhaltlichen Beschreibung des Berufsbildungsgesetzes in zwei Arten gliedern:

- Anpassungsfortbildung,
- Aufstiegsfortbildung.

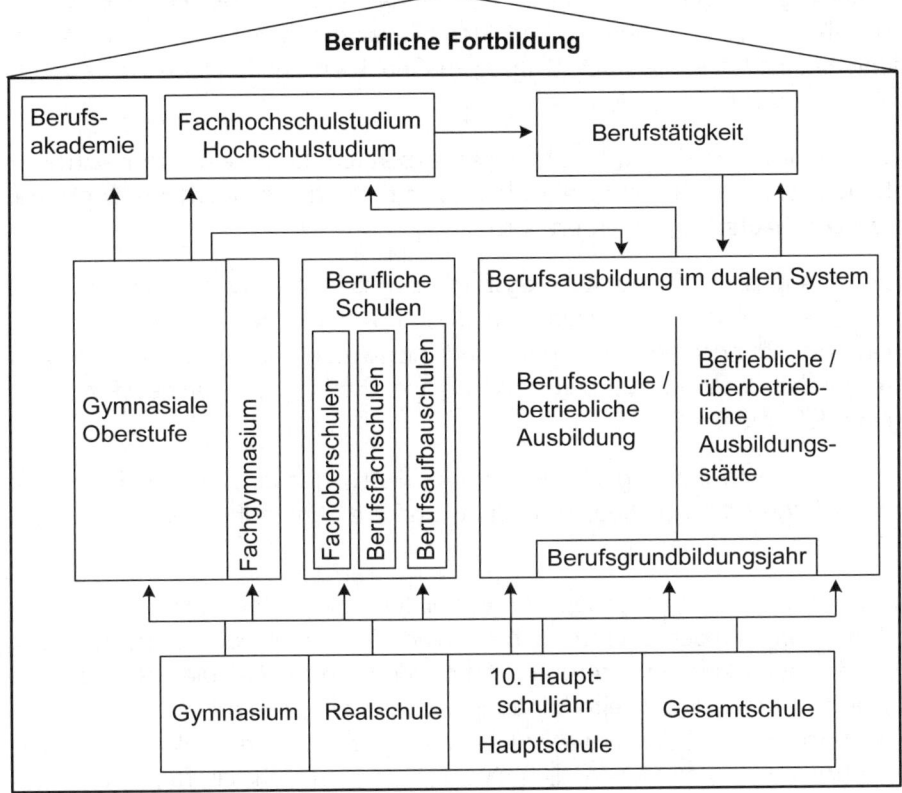

Darstellung IV-9 Darstellung der Struktur des Bildungssystems in der Bundesrepublik Deutschland
(in den einzelnen Bundesländern bestehen Abweichungen; vgl. Informationsdienst des Instituts der deutschen Wirtschaft - Wirtschaft und Unterricht, 11. Jg. (1985), Heft 3, S. 1)

Zur **Anpassungsfortbildung** zählen die beruflichen Maßnahmen und Tätigkeiten, die Unternehmungsmitglieder befähigen, die veränderten Anforderungen im Insystem zu bewältigen, indem sie zusätzliche Kenntnisse, Fertigkeiten und Verhaltensweisen erwerben.

Die **Aufstiegsfortbildung** umfasst die Maßnahmen, die den Betriebsangehörigen befähigen, eine höherwertige Stellung einzunehmen. Die Aufstiegsfortbildung beinhaltet somit auch Bildungsmaßnahmen zur Nachwuchsförderung und Führungskräftefortbildung.

Die Anpassungsfortbildung befähigt den Arbeitnehmer zu einer **horizontalen Mobilität**, während durch die Aufstiegsfortbildung die **vertikale Mobilität** (**beruflicher Aufstieg**) gefördert wird.

Zwischen Anpassungs- und Aufstiegsförderung bestehen wechselseitige Beziehungen, denn eine scharfe Trennung und Zuordnung der Lerninhalte für die beiden Fortbildungsarten ist in der Praxis nicht möglich. So können beispielsweise Inhalte der Anpassungsfortbildung gleichzeitig der Aufstiegsförderung dienen oder umgekehrt.

Die Anpassungsfortbildung ist die am häufigsten genannte Form der Fortbildung. Es folgen die Aufstiegsfortbildung und die Umschulung auf den nächsten Plätzen.

Obwohl im Berufsbildungsgesetz von Fortbildung gesprochen wird, setzt sich in der Praxis und in der Literatur zunehmend der Begriff der **Weiterbildung** durch, der noch eine Erweiterung erfährt, indem nicht nur die **internen** und **externen** betrieblichen Weiterbildungsmaßnahmen, sondern auch noch Weiterbildungsangebote der Erwachsenenbildungsträger wie Volkshochschulen, Bildungswerke der Wirtschaft, Einrichtungen der Gewerkschaften, der Industrie- und Handelskammern, öffentliche und private Schulen und Akademien darunter subsumiert werden.

Mit der beruflichen Umschulung fördert die Bundesanstalt für Arbeit die Teilnahme von Arbeitssuchenden an Maßnahmen, die das Ziel haben, den Übergang in eine andere geeignete berufliche Tätigkeit zu ermöglichen, insbesondere um die berufliche Beweglichkeit zu sichern und zu verbessern (§ 47 Abs. 1 AFG; vgl. Schanz 1993, S. 161).

Der Umschulungsbedarf ist in den letzten Jahren kontinuierlich gestiegen. Dieser Trend, der auf den technischen Wandel zurückzuführen ist, ist sowohl für die gewerblichen als auch kaufmännischen Berufe festzustellen.

Die **berufliche Rehabilitation** fördert die berufliche Eingliederung von Personen, die körperlich, seelisch oder geistig behindert sind. Dieser Pesonenkreis bedarf auf Grund seiner Behinderung besonderer Hilfe. Finanziell wird die Eingliederung von der Bundesanstalt für Arbeit, den Trägern der gesetzlichen Rentenversicherungen, der gesetzlichen Unfallversicherung, der Kriegsopferfürsorge sowie der Sozialhilfe unterstützt.

Die **berufliche Reaktivierung** ermöglicht es Personen (Berufs-Rückkehrern), nach längerer Pause im Erwerbsleben wieder an einen Arbeitsplatz zurückzukehren.

Die Hauptgründe für den Wiedereintritt in das Berufsleben sind (Freimuth u.a. 1993, S. 25 f.):
- finanzielle Gründe (Scheidung, Trennung, Tod des Ehepartners);
- Erhöhung des Familieneinkommens;
- Selbstbestätigung, Anregung durch berufliche Aufgaben und Kontakte;
- den Anschluss an den Beruf und die Arbeitswelt nicht zu verlieren;
- Verringerung der notwendigen Arbeit für Kinder und Haushalt;
- Unabhängigkeit vom Partner zu schaffen;
- Altersversorgung zu sichern.

Die Schwierigkeiten des Wiedereinstiegs werden von den Berufs-Rückkehrern vor allem in den gesteigerten Anforderungen und im mangelnden Angebot an Arbeitsplätzen, bei denen betriebliche und familiäre Aufgaben koordiniert werden können, gesehen.

Unter **Anlernen** ist eine kurzfristige Einarbeitung in eine bisher nicht ausgeübte Tätigkeit zu verstehen. Da es sich nicht um eine Berufsausbildung zu einem staatlich anerkannten Abschluss handelt, wird sie hier gesondert herausgestellt, obwohl auch berufliche Grundbildung und/oder berufliche Fachbildung - allerdings in einer anderen Lernorganisation - vermittelt werden.

Das **betriebliche Praktikum** und die **Volontärbildung** dienen der Sammlung praktischer Kenntnisse, Fertigkeiten und Erfahrungen zur Vorbereitung auf einen Beruf.

Praktika stehen oft im Zusammenhang mit einer Ausbildung und sind vor allem für Schüler (Schulpraktikum) und Studenten an Universitäten und Hochschulen (Betriebspraktikum) vorgeschrieben oder zumindest erwünscht.

Beim **Volantariat** handelt es sich um eine Vorbereitung auf eine künftige berufliche, insbesondere journalistische oder kaufmännische Tätigkeit in einer Redaktion oder einem Betrieb. Berufspraktikanten und Volontäre erhalten in der Regel ein geringes Entgelt.

Für Führungsnachwuchskräfte sind in größeren Betrieben sogenannte **Trainee-Programme** eingeführt.

Trainee-Programme sind spezielle Einarbeitungsprogramme, in denen Hochschulabsolventen systematisch mit dem gesamtbetrieblichen Geschehen, der Unternehmenskultur, strukturellen Zusammenhängen und konkreten Arbeitsprojekten vertraut gemacht werden sollen. Mit dem Angebot eines Trainee-Programms versuchen Unternehmen qualifizierte Führungskräfte anzuwerben, Imagebildung nach außen zu betreiben sowie Anreize für Mitarbeiter innerhalb des Unternehmens anzubieten. Die wesentlichen Merkmale eines Trainee-Programms sind:

- Dauer mindestens 6, maximal 24 Monate.
- Das Programm ist systematisch geplant, organisiert und didaktisch strukturiert.
- Der Teilnehmerkreis beschränkt sich in der Regel auf Hochschulabsolventen.
- Das Programm beinhaltet einen systematischen Arbeitsplatzwechsel in einem oder mehreren Funktionsbereichen.
- Es enthält häufig ergänzende Bildungsmaßnahmen des Training-off-the-job (vgl. Jung 1999, S. 283).

Wird die **betriebliche Weiterbildung** von der betrieblichen Fortbildung abgegrenzt, dann werden unter Weiterbildung die Tätigkeiten und Maßnahmen verstanden, die eine zusätzliche Vermittlung von generellem Wissen, Können und/oder Verhaltensweisen bezwecken. Hierunter fällt das betriebliche Bildungsangebot, das in der Regel nicht arbeitsplatzbezogen ist. Zur Weiterbildung zählen beispielsweise Sprachkurse, kulturelle Veranstaltungen oder das Bildungsangebot des Betriebsrats, sofern der Betrieb diese Maßnahmen fördert.

4.5.2 Komponenten eines betrieblichen Bildungskonzepts

4.5.2.1 Aufbau eines betrieblichen Bildungskonzepts

Das betriebliche Bildungskonzept gliedert sich in verschiedene Komponenten, die in der Darstellung IV-10 gezeigt werden.

Diese Komponenten sind nicht isoliert als Elemente zu verstehen, sondern bilden einen zusammenhängenden Prozess, der weiterhin durch die Bildungsstrategien bestimmt wird und von einem permanenten **Evaluationsprozess** begleitet wird.

Auf den Evaluierungsprozess und die Instrumente zur Erfolgskontrolle der Personalentwicklung wird in Abschnitt 4.6 eingegangen.

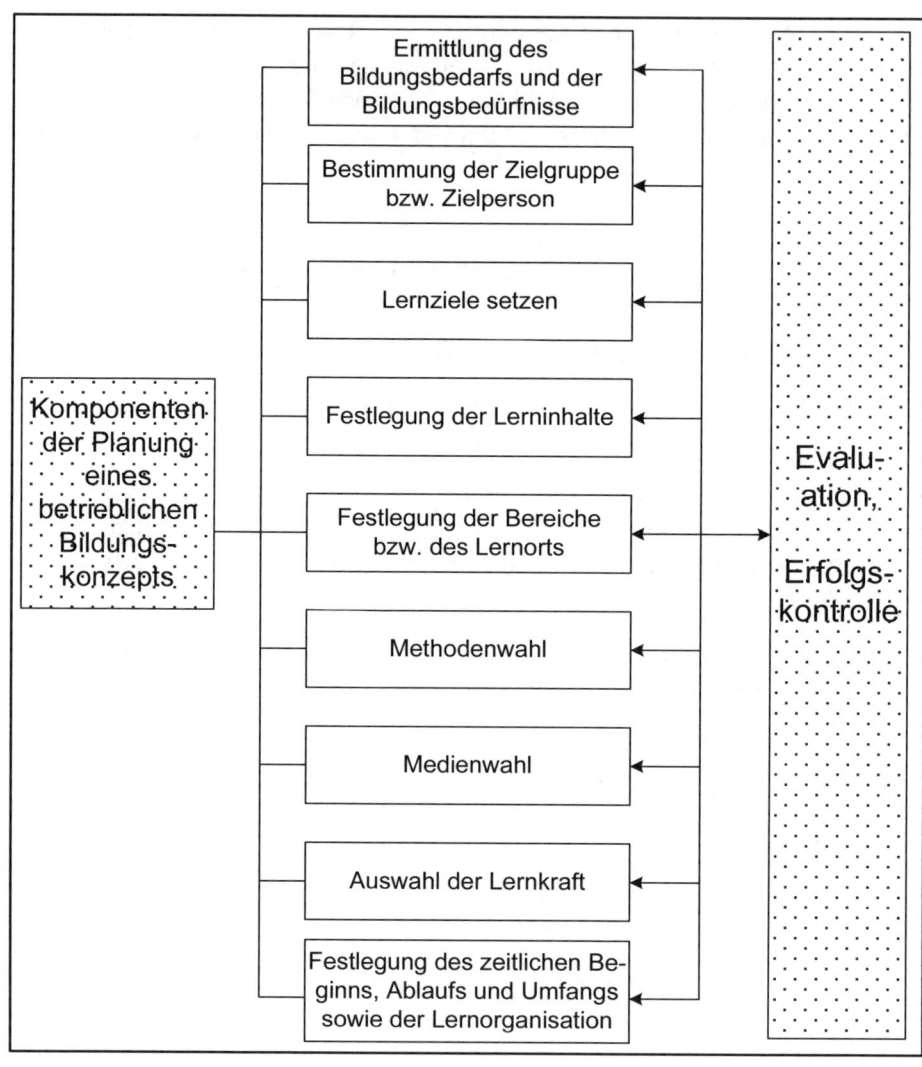

Darstellung IV-10   Komponenten eines betrieblichen Bildungskonzepts

4.5.2.2 Ermittlung des Bildungsbedarfs und der -bedürfnisse

Maßnahmen der Personalentwicklung sind dann erforderlich, wenn zwischen den gegenwärtigen oder den künftigen Arbeitsanforderungen und den Leistungen und Fähigkeiten der Mitarbeiter Abweichungen bestehen. Die Differenz zwischen den vorhandenen Qualifikationen der Mitarbeiter und den Arbeitsplatzerfordernissen wird als **Personalentwicklungs-** oder **Bildungsbedarf** bezeichnet. Außer den betriebsnotwendigen Anforderungen und Qualifikationen sind auch die Erwartungen der Mitarbeiter, also die **Bildungs-** bzw. **Entwicklungsbedürfnisse** der Mitarbeiter zu beachten. Die Bestimmung des Bildungsbedarfs umfasst sowohl den quantitativen als auch den qualitativen Aspekt der **Bildungsplanung**. Darstellung IV-11 zeigt die formale Ableitung des gegenwärtigen und zukünftigen Bildungsbedarfs.

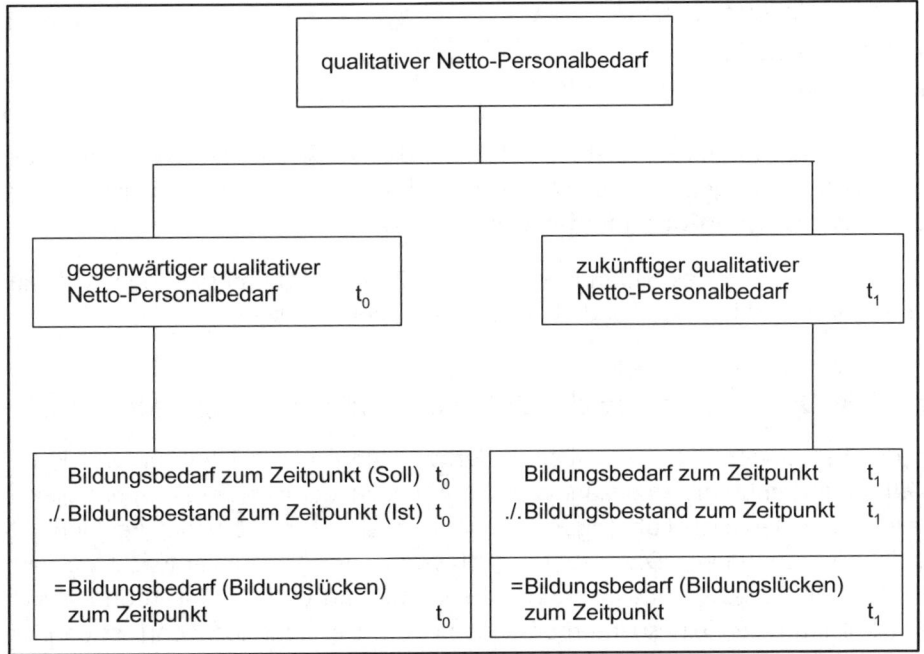

Darstellung IV-11 Stufen der Ermittlung des Bildungsbedarfs

Die Ermittlung des Bildungsbedarfs ist eine schwierige Aufgabe im Bereich der Personalwirtschaft. Um die Planungsdaten bestimmen zu können, wird eine Reihe von verschiedenen Methoden angewendet. Zur Feststellung des qualitativen Bruttopersonalbedarfs zum Zeitpunkt t_0 dienen vor allem **Stellenbeschreibungen** und **Anforderungsprofile**. Ihm wird der qualitative Personalbestand gegenübergestellt. Aus dem Vergleich ergibt sich formal der Bildungsbedarf, d.h. die Anzahl der Mitarbeiter mit Bildungslücken und die konkreten Bildungsdefizite.

Außer diesem Profilvergleich bieten sich zur Ermittlung des Bildungsbedarfs insbesondere folgende Methoden an:

- Beobachtung,
- Befragung,
- Personalbeurteilung,
- Assessment-Center,
- Fehleranalyse.

Durch diese Methoden werden oft nur die vergangenheitsbezogenen Bildungsdefizite aufgezeigt, obwohl für den Unternehmungserfolg vor allem die Kenntnis des **zukünftigen Bedarfs** relevant wäre.

Bei der Ermittlung des Bildungsbedarfs zum Zeitpunkt t_1 müssen daher die zukünftigen Anforderungen und Qualifikationen bekannt sein.

4.5.2.3 Die Bestimmung der Zielgruppe bzw. der Zielperson

In der Vergangenheit wurde Personalentwicklung in der Literatur und Praxis häufig mit dem anglo-amerikanischen Begriff Management Development gleichgesetzt und lediglich Führungskräfte wurden als Adressaten der Personalentwicklung angesehen. Die neuere Auffassung der Personalentwicklung legt Wert darauf, dass sich das Angebot auf Förderung und Bildung grundsätzlich an alle Mitarbeiter eines Unternehmens richtet. Der Bildungsbedarf ist dann je nach Zielgruppe bzw. der Zielperson aufzuschlüsseln, um kollektive und individuelle Angebote und Interventionen entwickeln und anbieten zu können.

In der Berufsausbildung und der Fortbildung für einzelne Zielgruppen liegen Erfahrungen vor, da für diese seit Jahren Bildungsmaßnahmen durchgeführt werden, z.B. vor allem für die Auszubildenden, Meister, Verkäufer und Führungskräfte.

Für Führungskräfte haben sich Personalentwicklungsmaßnahmen herausgebildet, die mit **Management Development**, **Kaderschulung**, **Nachwuchsförderung**, **Unternehmerausbildung** oder auch **Karriereplanung** bezeichnet werden.

4.5.2.4 Lernziele

Der Bildungsbedarf sagt aus, über welche Kenntnisse, Fähigkeiten und Verhaltensweisen der Mitarbeiter verfügen muss, um die an ihn gestellten Anforderungen erfüllen zu können. Damit liegen noch keine Angaben darüber vor, wie der Lernprozess zu gestalten ist. Lernen ist der Sammelname für verschiedene komplexe Prozesse, die zur "latenten Verhaltensänderung durch Erfahrung" führen; dies kann unter anderem durch das Erwerben neuer **Kenntnisse** und **Fertigkeiten** geschehen.

Der Bildungsbedarf ist in **Lernziele** umzusetzen. Der Lernerfolg hängt entscheidend von den Lernzielen und ihrer Kontrolle ab. Er kann daran scheitern, dass die Lernziele nicht klar genug festgelegt sind, d.h., dass nicht eindeutig definiert worden ist, über welches Lernergebnis der Lernende nach Ablauf einer Lerneinheit verfügen soll.

Lernziele beschreiben die Kenntnisse, Fähigkeiten und Verhaltensweisen, die zur Bewältigung konkreter Arbeits- und Lebenssituationen erforderlich sind.

Neben den fachorientierten Lernzielen treten fachübergreifende Lernziele, sogenannte **Schlüsselqualifikationen** immer stärker in den Vordergrund. Das Konzept der Schlüsselqualifikationen geht auf Mertens (1974) zurück und beinhaltet Qualifikationen wie Kooperations-, Kommunikations-, Team-, Motivations- und Problemlösungsfähigkeit (vgl. Stangel-Meseke 1994; Lenzen 1998).

4.5.2.5 Lerninhalte

Die Lernziele bestimmen die Lerninhalte. Sie müssen so ausgewählt werden, dass sie dem Einzelnen eine fachliche, berufliche und soziale Kompetenz ermöglichen. Die Lerninhalte sollen den Lernenden mit Qualifikationen ausstatten, die ihn zur Bewältigung der gegenwärtigen und zukünftigen Arbeits- und Lebenssituationen befähigen. Auch für die Festlegung der Lerninhalte sind die Arbeitsbeschreibungen bzw. Stellenbeschreibungen eine wertvolle Hilfe. Sofern die Lernziele und Lerninhalte aus spezifischen Arbeits- bzw. Stellenbeschreibungen abgeleitet werden, zielt die betriebliche Bildung auf die stellenbezogene Qualifizierung des Lernenden ab.

Um eine größere Flexibilität beim Personaleinsatz zu erreichen und um die Mobilität der Mitarbeiter zu erhöhen, erscheint es im beiderseitigen Interesse wünschenswert, Lernziele zu formulieren und Lerninhalte zu bestimmen, die eine **breitere Qualifikation**, z.B. in Form von Schlüsselqualifikationen, ermöglichen.

4.5.2.6 Methoden

4.5.2.6.1. Überblick

Die Wahl der Bildungsmethode ist in Wechselwirkung mit den anderen Komponenten des betrieblichen Bildungssystems zu sehen.

Selbstbildung und **betriebliche Bildung** sollten einander ergänzen. Bei den Bereichen der betrieblichen Bildung wird die **betriebsinterne** und die **betriebsexterne Bildung** unterschieden. Betriebsinterne Bildung erfolgt innerhalb des Betriebs, während betriebsexterne Bildung von außerbetrieblichen Institutionen durchgeführt wird. Mit der Wahl des Bildungsbereichs fällt gleichzeitig die Entscheidung über den **Lernort**.

Der Grad des Praxisbezugs ist häufig ein weiteres Merkmal für die Wahl des Bereichs. Die innerbetriebliche Bildung ist in der Regel stärker auf die Praxis bezogen als die außerbetriebliche.

Die betriebsinterne Bildung kann entweder am Arbeitsplatz oder außerhalb des Arbeitsplatzes durchgeführt werden. Nach diesen Kriterien sind die Bildungsmethoden in Darstellung IV-12 gegliedert. Für die Wahl des Bereichs und der Methode sind auch häufig die Kosten dominierend. Manche Methoden sind so aufwendig, dass ihr Einsatz erst bei einem größeren Personenkreis wirtschaftlich vertretbar ist. Daher kommen sie unter Umständen für Klein- und Mittelbetriebe nicht in Betracht.

Methoden der Bildung am Arbeitsplatz (training on the job)	Methoden der Bildung außerhalb des Arbeitsplatzes (training off the job)
1. Anleitung und Beratung durch den Vorgesetzten	1. Vorlesungsmethode (Lehrvortrag, Referat)
2. Planmäßige betriebliche Unterweisung	2. Programmierte Unterweisung
3. Personaleinsatz als Assistent (Nachfolger, Stellvertreter)	3. Konferenzmethode
4. Betrauung mit Sonderaufgaben (developmental assignment, special assignment)	4. Kreativitätsfördernde, dialogische Trainingsmethode
5. Jobrotation ("geplanter Arbeitsplatzwechsel")	5. Fallstudien
6. Junior-Vorstand und Juniorenfirma	6. Rollenspiel
	7. Planspiel
	8. Trainingsgruppen und Sensitivity-Training
	9. Outward-Bound-Methode (Outdoor-Training)
	10. Fernunterricht

Darstellung IV-12 Methoden der betrieblichen Bildung

In der Literatur finden sich auch andere Kriterien zur Systematisierung der Methoden. Weitverbreitet ist die Gliederung in **Einzel-** und **Gruppenbildung** und in **aktive** und **passive Methoden**. Die Methoden werden in der Praxis häufig in einer kombinierten Form angewendet.

4.5.2.6.2. Methoden der Bildung am Arbeitsplatz

Die Bildung am Arbeitsplatz (**training on the job**) hat im Rahmen der Personalentwicklung eine große Bedeutung. Realitätsnah erfolgt die Vermittlung zusätzlicher Qualifikationen im unmittelbaren Zusammenwirken von Vorgesetzten und Mitarbeitern in der täglichen Konfrontation mit den Aufgaben am Arbeitsplatz.

Vom Vorgesetzten verlangen die Methoden der Personalentwicklung am Arbeitsplatz folglich sowohl sachliche als auch pädagogische Fähigkeiten, da er sein Wissen an den Mitarbeiter weitergeben und ihn beim Erlernen neuer Qualifikationen unterstützen soll. Training on the job ist in der Wechselwirkung mit dem Personaleinsatz zu sehen. Personalentwicklung durch Bildung am Arbeitsplatz vollzieht sich häufig unbewusst. Weist der Betrieb einem Mitarbeiter einen Arbeitsplatz zu, auf dem er seine Fähigkeiten entfalten und verbessern kann, so ist bereits der erste Schritt der Personalentwicklung durch Bildung am Arbeitsplatz getan.

377

Gegenüber dem **training off the job** hat die Bildung am Arbeitsplatz den **Vorteil**, kostengünstiger zu sein und Erlerntes nicht erst nach der Aufnahme in die Praxis umsetzen zu müssen (learning by doing bei gleichzeitiger Erbringung produktiver Arbeitsleistungen). Sie ist kurzfristig initiierbar und lässt sich auf individuelle Bedürfnisse, Fähigkeiten und Vorkenntnisse zuschneiden. Voraussetzungen für einen erfolgreichen Einsatz sind neben einer systematischen Planung (Festlegen von Lernzielen, -inhalten, -abschnitten) u.a. eine laufende Kontrolle des Erreichten und eine ausreichende Motivation der Mitarbeiter.

Als **Nachteile** sind u.a. zu nennen, dass die Qualifikationen oft nicht auf andere Arbeitsplätze übertragbar sind und dispositive, individuelle und kollektive Handlungskompetenzen nur begrenzt erlernt werden können. Die erworbenen Qualifikationen sind am externen Arbeitsmarkt nicht immer verwertbar, weil sie zu arbeitsplatz- bzw. betriebsspezifisch ausgelegt und selten zertifiziert sind. Daher sollten sie mit breiter angelegten, systematischen Qualifikationsgrundlagen im Rahmen des training off the job kombiniert werden.

1. Anleitung und Beratung durch den Vorgesetzten

Die Anleitung und Beratung durch den Vorgesetzten kann nur als Bildungsmethode gelten, wenn der Lernprozess systematisch geplant und kontrolliert wird und auf ein Lernziel ausgerichtet ist, d.h. als **gelenkte Erfahrungsvermittlung** (guided experience method) durchgeführt wird.

Die Methode der Anleitung und Beratung umfasst folgende Stufen (Schönfeld 1967, S. 194):

(1) Auswahl der Arbeitsplätze, die geeignet sind, fehlendes Wissen, Können und Verhalten durch praktische Tätigkeit zu vermitteln.

(2) Auswahl geeigneter Vorgesetzter (Ausbilder), die Anleitung und Beratung erfolgreich durchführen können.

(3) Festlegung der Lernziele und Lerninhalte in Stoff- und Lernprogrammen. Damit wird die Aufgabe der Lehrperson im Einzelnen festgelegt, und das sonst häufige Abschieben unangenehmer Arbeiten auf jüngere Mitarbeiter sowie die Vernachlässigung einzelner Aufgaben wird weitgehend ausgeschaltet.

(4) Aufstellung eines Bildungszeitplans, der der Lerngeschwindigkeit der Zielperson Rechnung tragen soll.

(5) Abgabe von Beurteilungen über den Auszubildenden in vorher festgelegten Zeitabschnitten.

(6) Zusammen mit den Beurteilungen sind von den Ausbildungsvorgesetzten detaillierte Vorschläge für weitere Maßnahmen einzureichen.

Die **Vorteile** dieser Methode liegen zum einen in den relativ geringen Kosten, weil der Auszubildende während der Ausbildungszeit für den Betrieb verwertbare Arbeiten verrichtet, und zum anderen in der schrittweisen Übernahme von Verantwortung. **Nachteile** können in der mangelnden pädagogischen Qualifikation mancher Vorgesetzter und im ständigen Zeitdruck, der vielfach in den Betrieben herrscht und der die zeitintensive Anleitung und Beratung verhindert, liegen.

Im Rahmen der Vermittlung von Führungsverhalten spielen Modeling und Mentoring eine bedeutende Rolle. **Modeling** bedeutet, dass Führungs- und andere Verhaltensweisen beispielhaft von anderen Führungskräften beobachtet und nachgeahmt werden. Unter **Mentoring** wird die Beziehung zwischen einer erfahrenen Führungskraft und einer Nachwuchsführungskraft verstanden, wobei das erfahrene Unternehmensmitglied im Sinne eines Beraters und Förderers das jüngere Mitglied darin unterstützt, seine Fähigkeiten zu entwickeln.

Kram (1983) unterscheidet vier Stufen für erfolgreiche Mentor-Beziehungen:

- **Initiierung (Initiation)**
  Diese Stufe dauert sechs bis zwölf Monate. Die Nachwuchskraft bewundert die Kompetenz des Vorgesetzten und erkennt die Unterstützung und Beratung an. Die erfahrene Führungskraft sieht das Potential und die Förderungswürdigkeit des jüngeren Managers.

- **Entwicklung (Cultivation)**
  Diese Stufe dauert zwischen zwei und fünf Jahren. Der Vorgesetzte sorgt für herausfordernde Tätigkeiten, Förderung, Schutz und Unterstützung. Der jungen Nachwuchskraft werden neue Einstellungen, Werthaltungen und Verhaltensstile vermittelt.

- **Trennung (Separation)**
  Die dritte Phase ist durch ein gewisses Durcheinander, Angstgefühle und ein Gefühl des Verlorenseins gekennzeichnet. Der junge Manager erfährt Un-

abhängigkeit und Autonomie, während der Vorgesetzte seinen Erfolg demonstriert.

- **Neubestimmung (Redefinition)**
  Die Beziehung wird eine Freundschaft. Der Vorgesetzte unterstützt weiterhin und ist stolz auf die Leistung der Nachwuchskraft, die sich für die früheren Jahre dankbar zeigt, ohne aber abhängig zu sein.

2. Planmäßige betriebliche Unterweisung

Die Unterweisung am Arbeitsplatz nimmt in der betrieblichen Praxis eine bedeutende Rolle ein, da letztlich jede Weitergabe vorhandener Fertigkeiten, Kenntnisse und Erfahrungen einen Unterweisungsvorgang darstellt. Jedoch bestehen Unterschiede darin, inwieweit die Unterweisung systematisiert und geplant abläuft. Eine bewährte Methode, die einen zielgerichteten, an pädagogischen Prinzipien orientierten Ablauf vorsieht, ist die **Vier-Stufen-Methode**. Sie ist während des Zweiten Weltkriegs aus der US-amerikanischen Training-Within-Industry-Methode (TWI-Methode) hervorgegangen und wird in der heute gültigen Form auch von der REFA empfohlen (vgl. Pfähler 1959; Küppers 1981, S. 200 ff.; REFA 1987).

Die vier Stufen sind im Wesentlichen wie folgt gekennzeichnet:

(1) **Vorbereiten** des Arbeitsplatzes (Bereitstellen von Arbeitsmaterial und -mitteln) und Vorbereiten des Lernenden durch den Ausbilder (Befangenheit nehmen, Lernziele angeben, Vorkenntnisse feststellen usw.);

(2) **Vorführen** (1. Vorführen und Erklären in geraffter Form, 2. detailliertes Vormachen, 3. zügige Wiederholung des Unterweisungsvorgangs und Herausstellung der Kernpunkte);

(3) **Nachmachen** (einschließlich Erläutern und Erklären durch den Auszubildenden, Wiederholungen bis zur sicheren Ausführung);

(4) **Üben/Überprüfen** (Mitarbeiter selbstständig üben lassen, gelegentlich kontrollieren, eventuell helfen bzw. korrigieren, Übungsfortschritte anerkennen, zu Transferleistungen ermuntern bzw. diese aufzeigen).

Inhaltlich ähnlich ist die "**Sieben-Stufen-Methode**" konzipiert. Sie weist eine stärkere Differenzierung der einzelnen Unterweisungsschritte auf (vgl. Kaminsky 1971, S. 306 f.; Scheitlin 1975, S. 210 ff.; Küppers 1981, S. 201 f.):

(1) **Einführung** und **Einstimmung** (Arbeitsumgebung, Mitarbeiter);

(2) **Zeigen** (Arbeitsplatz im Einzelnen, Werkstoffe, Arbeitsmittel);

(3) **Vormachen** (Arbeitsvorgang mit Erläuterung);

(4) **Anleitung** (dem Lernenden beim ersten Ausführen der Arbeit zusehen, nur wenn nötig helfen);

(5) **Erklären** (anschaulich und mit möglichst einfachen Worten, jedoch gründlich und genau);

(6) **Üben lassen** (anfangs mehr, später nur gelegentlich kontrollieren);

(7) **Zulernen lassen** (führt zur Erweiterung des Gelernten).

Vorteile einer planmäßigen Unterweisung in mehreren Stufen sind insbesondere ihre Anschaulichkeit und Realitätsnähe. Das individuelle Lerntempo, vorhandene Kenntnisse und Fertigkeiten lassen sich berücksichtigen. Motivierend wirkt die laufende Bestätigung der erzielten Lernfortschritte und die genaue Erklärung der Arbeitsvorgänge ("Wie" und "Warum"). Ein **Nachteil** liegt in der personalintensiven Betreuung.

Die dargelegten Methoden haben Leitfadencharakter, die situativ je nach Art des Unterweisungsgegenstandes und äußeren Bedingungen flexibel zu handhaben sind (vgl. Mentzel 1997, S. 178).

In den letzten Jahren hat die sog. **Leittextmethode** an Bedeutung gewonnen, die zum Teil die Vier- und Sieben-Stufen-Methode abgelöst hat. Der Mitarbeiter erhält dabei eine Aufgabe zugewiesen und bekommt einen Leittext an die Hand, nach dem er die Aufgabe erfüllen kann.

Die Grundintention der Leittextmethode ist es, den Lernenden so anzuleiten, dass er das angestrebte Ausbildungsziel weitgehend selbstständig erreicht. Er besorgt oder erarbeitet sich die notwendigen Informationen eigenständig. Auf diese Weise kann er das Lerntempo seinen Fähigkeiten anpassen und übernimmt die Verantwortung dafür. Darüber hinaus fördert die Bearbeitung der sogenannten Leitfragen die Kooperation im Team.

Wenig Beachtung in der betrieblichen Ausbildung am Arbeitsplatz wird bisher noch den **mentalen Trainingsmethoden** beim Erlernen komplexer Arbeitsverrichtungen zuteil.

Mentales Training bedeutet das wiederholte Durchdenken bzw. Sich-Vorstellen einer zu erlernenden Tätigkeit. Durch die Verbindung von aktivem und observativem mit mentalem Training lassen sich - empirisch überprüft - qualitativ bessere Lernresultate erzielen (Thomas 1983, S. 564 f.). Es scheint unbestritten, dass motorische Leistungsanforderungen zugunsten von kognitiv-intellektuellen Anforderungen abnehmen. Dies führt dazu, dass die in der Regel komplexer werdenden Arbeitsverrichtungen "eine zunehmend feinere Abstimmung von kognitiven, sensorischen und motorischen Ablaufprozessen verlangen, also eine Integration von Tätigkeiten des Planens, Antizipierens, Urteilens und Abwägens der Informationsaufnahme und Informationsverarbeitung und schließlich der Handlungsausführung ..." (Thomas 1983, S. 561).

Hier setzt eine stärker mental orientierte (statt rein aktiv-ausführende) Unterweisung an, die den Erkenntnissen der psychologischen Grundlagen des Lernvorgangs folgt.

Es wird zwischen **kognitivem Training**, d.h. dem planmäßig wiederholten, gezielten Durchdenken einer zu erlernenden senso-motorischen Tätigkeit und dem **imaginativen Training**, d.h. dem planmäßigen Sich-Vorstellen der zu erlernenden Tätigkeit bzw. Fähigkeit unterschieden. Das Erlernen eines geschlossenen Bewegungsvorgangs (z.B. Feilen, Hobeln usw.) wird durch wiederholte Vorstellung des ganzheitlichen Bewegungsablaufs gefördert, während das Erlernen einer komplexeren, zerlegten und daher abzustimmenden Tätigkeit (z.B. Erstellen eines Drehteils, Reparatur einer Maschine) kognitives Analysieren des Handlungsablaufs und das Entwickeln von Operationsplänen erfordert (Thomas 1983, S. 562).

Wesentliches Ziel ist beim mentalen Training das Erlernen der Fähigkeit, den Handlungsablauf bei sich verändernden Bedingungen situationsgerecht zu modifizieren. Dieser Aspekt wird bei den traditionellen Stufen-Methoden der Unterweisung noch zu wenig beachtet. Ein differenzierter Trainingsansatz bestimmt, welche Trainingsmethode in welcher Dosierung für welche Personen(-gruppen) geeignet ist.

3. Personaleinsatz als Assistent (Nachfolger, Stellvertreter)
Der Einsatz von Assistenten soll zum einen den Leiter entlasten und zum anderen gleichzeitig eine Bildungsmaßnahme in dem zugewiesenen Aufgabenbe-

reich sein. Der Assistent übernimmt stufenweise Aufgaben einer Führungsstelle, wodurch nach und nach die Verantwortung erweitert wird, mit dem Ziel, dass der Assistent letztlich die Stelle des Vorgesetzten oder eine ähnliche Führungsstelle ausfüllen kann.

4. Übertragung von Sonderaufgaben (developmental assignment, special assignment)

Die Übernahme von Sonderaufgaben bietet dem Mitarbeiter die Gelegenheit, sich in neuen, über die Routinetätigkeit hinausgehenden Aufgabenstellungen zu bewähren. Die Methode wird insbesondere bei Führungsnachwuchskräften angewandt. Sie ist dadurch gekennzeichnet, dass dem Unternehmensmitglied Sonderaufgaben zugewiesen werden, die es verantwortlich bearbeitet. Dabei handelt es sich z.B. um einmalig oder unregelmäßig anfallende Arbeiten wie Planungs- und Kontrollaufgaben. Die Sonderaufgaben können Probleme aus allen wichtigen Bereichen der Unternehmung umfassen. Sie werden daher auch als **Querschnittsaufgaben** bezeichnet. Ein Sonderauftrag kann z.B. in der Erstellung eines Investitionsplans für ein größeres Projekt, einer Markt- oder Kostenanalyse bestehen.

Mit dieser Methode wird der Zweck verfolgt, Mitarbeiter mit neuen Aufgaben vertraut zu machen und ihnen die Möglichkeit zu bieten, sich über Routineaufgaben hinaus zu bewähren. Sonderaufgaben zur Ausbildung können auch in Gruppenarbeit durchgeführt werden.

Eine spezielle Form der Übertragung von Sonderaufgaben stellt der **Auslandseinsatz** dar, der on-the-job-spezifische fachliche und soziale Qualifikationen vermittelt.

Die **Teilnahme an Projektgruppen** zu Schulungszwecken (Projektmethode) soll bei der Suche nach gemeinsamen Lösungen insbesondere die Bereitschaft und Fähigkeit bezüglich Kommunikation und Kooperation erhöhen bzw. verbessern.

5. Job rotation (geplanter Arbeitsplatzwechsel)

Bei diesem aus der Arbeitsstukturierung stammenden Prinzip tauschen verschiedene Personen mit spezialisierten Tätigkeiten nach einem bestimmten Rhythmus ihren Arbeitsplatz. Durch einen systematischen Arbeitsplatzwechsel, bei dem in der Regel aber nur der Tätigkeitsspielraum, selten der Entscheidungsspielraum erweitert bzw. verändert wird, werden zusätzliche Qualifikationen vermittelt, so dass diese Methode als eine Möglichkeit der Bildung am Arbeitsplatz angesehen werden kann.

Da die Mitarbeiter durch den Arbeitsplatzwechsel auch regelmäßig mit neuen Vorgesetzten und Kollegen konfrontiert werden, lernen sie nicht nur fachlich dazu, sondern werden auch in ihrem Sozialverhalten ständig neu gefordert (vgl. Mentzel 1997, S. 179). Die "Verweildauer" sollte den jeweiligen Anforderungsgraden der Stellen entsprechen.

Vorteile des Job rotation sind z.B. Verbesserung der Kooperationsbereitschaft der Mitarbeiter, Förderung von Flexibilität durch breitere Ausbildung, Einbringung neuer Ideen in verschiedene Abteilungen und bessere Vergleichsmöglichkeiten bei der Personalbeurteilung.

Mit der sofortigen Übernahme der vollen Verantwortung können allerdings zunächst Stockungen im Betriebsablauf entstehen. Einen weiteren **Nachteil** kann die mangelnde Identifikation des Mitarbeiters darstellen, wenn er seine vorübergehende Position nur als Durchgangsstelle ansieht (Mentzel 1997, S. 182).

6. Junioren-Vorstand und Juniorenfirma

Der Junioren-Vorstand ist ein Gremium aus Angestellten der unteren und mittleren Führungsschicht, das gewissermaßen als "Schattenkabinett" (vgl. Mentzel 1997, S. 185) neben der Unternehmensleitung arbeitet. Diese auch **mehrgleisige Unternehmensführung** (multiple management) genannte Methode gibt Nachwuchskräften die Möglichkeit, aktuelle Führungsaufgaben der Unternehmensleitung zu bearbeiten.

Dem Junioren-Vorstand stehen alle Informationen zur Verfügung. Der Vorstand entscheidet aber letztlich über Annahme oder Ablehnung der Vorschläge des Junioren-Vorstand.

Auf der Ebene der kaufmännischen Berufsausbildung findet insbesondere im Bereich des Handels und bei Großunternehmen der Industrie die **Juniorenfirma** als Ergänzung der traditionellen Erstausbildung zunehmendes Interesse.

Unter Juniorenfirma wird eine vom jeweiligen Ausbildungsbetrieb gegründete kaufmännische Bildungseinrichtung verstanden, die von den Auszubildenden selbstständig geführt wird und mit deren Hilfe betriebswirtschaftliche Kenntnisse vertieft und erweitert werden. So wird z.B. im Handel den Auszubildenden für einen gewissen Zeitraum die Leitung einer Filiale bzw. einer Abteilung übertragen. Ziele der Juniorenfirma sind motivationsförderndes, selbstständiges, handlungsbezogenes Lernen sowie Bereitschaft zur Übernahme von Verantwortung und selbstständiges Entscheiden.

Durch die weitgehende Übertragung von Leitung und Verwaltung der Juniorenfirma an die Auszubildenden beschränkt sich die Rolle des Ausbildungsleiters in der Regel auf die Beratung der "Junioren". Die Ausbilder greifen nur dann ein, wenn sich die Teilnehmer vom Ausbildungsziel entfernen.

Die Juniorenfirma ist eine spezielle Form der **Lehrwerkstatt**, die eine Sammelbezeichnung für alle schulischen, betrieblichen und überbetrieblichen Ausbildungsstätten im kaufmännisch-verwaltenden Bereich sowie in der gewerblich-technischen Berufsausbildung (Übungswerkstätten, Simulationseinrichtungen usw.) darstellt. Wichtiges Ziel bei derartigen Einrichtungen ist die praxisbezogene Vermittlung interdependent-komplexer Wirkungen bzw. Zusammenhänge.

Zusammenfassend ist bei der Methode des Junioren-Vorstands und der Juniorenfirma die Personalentwicklung der Teilnehmer als Schwerpunkt zu sehen. Die Unternehmensleitung erhält zwar Anregungen und Unterstützung, jedoch ist typischerweise der Aufwand durch hohen Kommunikationsbedarf der Teilnehmer für den notwendigen Informationsfluss sowie die notwendigen Feedback-Gespräche weitaus höher als der "Ertrag" (vgl. Berthel 1997, S. 314).

4.5.2.6.3. Methoden der Bildung außerhalb des Arbeitsplatzes

Die Methoden der Bildung am Arbeitsplatz sind mit dem Personaleinsatz gekoppelt und zielen insbesondere auf die Vermittlung praktischer Kenntnisse, Fertigkeiten und Erfahrungen ab. Bei den Methoden außerhalb des Arbeitsplatzes (**training off the job**) schließt sich der Transfer des Erlernten vom Lern- ins Aktionsfeld nach der Durchführung der Maßnahme an. Hier geht es vorwiegend um die Vermittlung von Wissen und um das Erlernen von Verhaltensweisen, losgelöst von der eigentlichen Arbeitsaufgabe. Die Anforderungen spezieller Arbeitsplätze können jedoch simuliert werden, um den Lerntransfer zu erleichtern.

1. Vorlesungsmethode (Lehrvortrag, Referat)

Der Vorteil der Vorlesungsmethode liegt in der systematischen Wissensvermittlung. Der Lehrstoff kann einer beliebigen Zahl von Zuhörern zeit- und kostensparend vermittelt werden.

Die Vortragsmethode ist eine **passive Lernmethode**. Der Informationsprozess ist einseitig vom Vortragenden zum Auszubildenden gerichtet. Durch das passive Verhalten der Zuhörer können nach kurzer Zeit Ermüdungserscheinungen auftreten. Um diese Nachteile zu mildern, sollte der Vortrag insbesondere durch Verwendung von **visuellen Medien** unterstützt werden. Durch die Möglichkeit von Zwischenfragen und/oder einer anschließenden Diskussion kann die einseitige Kommunikation aufgehoben und der Lernerfolg gesteigert werden. Die Vorlesungsmethode hat trotz der zahlreichen neuen Lehrmethoden ihre Bedeutung in der betrieblichen Bildung beibehalten.

2. Programmierte Unterweisung

Die programmierte Unterweisung ist eine **aktive Lernmethode**, die als Selbststudium durchgeführt wird.

Der Lehrende wird hierbei ersetzt durch ein Personalcomputer-Programm bzw. ein Programm in Buchform. Es dient vornehmlich der Vermittlung und Vertiefung von Faktenwissen. Sollen betriebsspezifische Fakten berücksichtigt werden, ist die Entwicklung eigener Programme notwendig. Bewährt hat sich der Einsatz von Programmen insbesondere als Ergänzung zu anderen Lehrmethoden (z.B. zur stofflichen Nachbereitung oder Vorbereitung der Teilnehmer auf bestimmte Kurse zur Erreichung eines einheitlichen Kenntnisstandes).

Mit Hilfe der programmierten Unterweisung werden lerntheoretische Erkenntnisse für die Ausbildungspraxis genutzt. Der Lehrstoff wird in **Lernelemente** oder **Lernschritte** zerlegt, und die Größe der Lernschritte wird dem Aufnahmevermögen des Adressaten angepasst.

Die Aufbereitung des Lehrstoffes erfolgt nach dem Prinzip: vom Bekannten zum Unbekannten, vom Leichten zum Schwierigen.

Die Lernelemente bestehen in der Regel aus Information, Aufgabe und Antwort. Die Besonderheit des programmierten Lernens liegt in der sofortigen Antwortbestätigung, dem sog. **"feedback"**, d.h., der Adressat erfährt nach jedem Lernschritt, ob seine Antwort richtig ist. Dieser Rückkoppelungsprozess stellt eine für das Lernen wichtige Verstärkung dar. Der Lernerfolg ist von subjektiven Faktoren weitgehend unabhängig, weil der Lernende sein Lerntempo, seinen Lernrhythmus und vielfach auch den Lernzeitpunkt selbst bestimmen kann.

Allen Programmen gemeinsam ist die logische Ordnung im Aufbau. Dabei sind zwei Arten des Programmaufbaus zu unterscheiden: **Lineare** und **verzweigte Programme** (vgl. Darstellungen IV-13 und IV-14).

Die heute angebotenen Programme sind in der Regel Mischformen aus beiden Arten.

$$\longrightarrow I_1 \longrightarrow A_1 \longrightarrow I_2 \longrightarrow A_2 \longrightarrow I_3 \longrightarrow A_3 \longrightarrow \ldots$$

I: Informationen   A: Antwort

Darstellung IV-13 Schematische Darstellung eines linearen Programms

Bei **linearen Programmen** ergibt sich ein Lernschritt sachlogisch aus dem jeweils vorangegangenen. Alle Lernschritte müssen von den Adressaten in vorgegebener Reihenfolge bearbeitet werden, wobei eine fehlerhafte Beantwortung den Lernenden zwingt, die Ausgangsinformation erneut zu bearbeiten.

Das Lernen nach linearen Programmen ist etwa mit dem Auswendiglernen zu vergleichen. Lineare Programme sind nur für einen Adressatenkreis mit einheitlichen Vorkenntnissen und Fähigkeiten geeignet. Es gibt keine individuelle Möglichkeit zur Entfaltung von Fähigkeiten.

Bei den **verzweigten Programmen** hat der Adressat die Möglichkeit zur Antwortwahl, jedoch führen die Antwort-Alternativen auf verschiedene Wege. Wählt der Teilnehmer die richtige Antwort, läuft das Programm wie ein lineares Programm ab. Die angebotenen falschen Antworten führen den Adressaten auf ein Umwegprogramm.

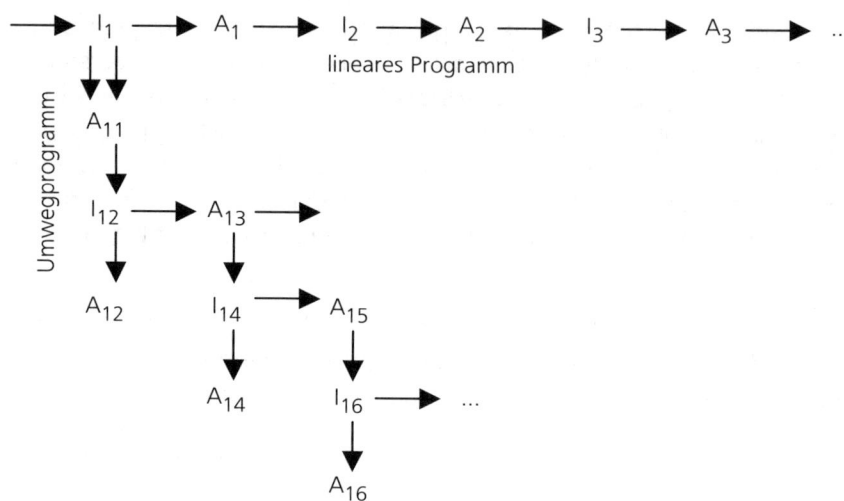

Darstellung IV-14 Schematische Darstellung eines verzweigten Programms

Die verzweigten Programme haben den Vorteil, dass sie die Unterrichtung eines heterogenen Adressatenkreises ermöglichen. Ein schnell lernender Auszubildender absolviert das Programm ohne Fehler auf dem Hauptweg, während schwächere Schüler den ihrem Leistungsvermögen angepassten Nebenweg verfolgen, in dessen Verlauf der Sachverhalt nochmals detaillierter geschildert wird.

Mentzel (1997, S. 188) sieht das Haupteinsatzgebiet der programmierten Unterweisung in der betrieblichen Bildungsarbeit als Ergänzung anderer Lehrmethoden in Form der Vor- und Nachbereitung. So können die Teilnehmer eines externen Seminars beispielsweise veranlasst werden, vor Seminarbeginn einen programmierten Lehrgang durchzuarbeiten, der alle Teilnehmer auf einen für das Verständnis des Seminars notwendigen einheitlichen Wissensstand bringt.

3. Konferenzmethoden
Die Konferenzmethoden sind **aktive Lernmethoden**. Das Lernen erfolgt bei diesen Methoden durch die Beteiligung am Gespräch. Eine Konferenz ist dadurch gekennzeichnet, dass die Diskussion von einer Person, dem Konferenzleiter, gelenkt wird.

Man unterscheidet die **straff gelenkte** und die **freie Diskussion**. Bei der ersten wird durch den Konferenzleiter ein vorher bestimmtes Lernziel angesteuert, indem die Diskussion immer wieder auf dieses Ziel gelenkt wird. Bei der freien Diskussion hat der Leiter die notwendige Ordnung und den Ablauf zu sichern. Die Gruppe setzt sich selbst ein Ziel. Der Konferenzleiter achtet darauf, dass die Teilnehmer nicht vom gewählten Thema abschweifen. Die freie Diskussion wird vorwiegend zur Behandlung von Führungs- und Verhaltensfragen gewählt.

Wegen der vielfältigen Gestaltungsmöglichkeiten der Konferenzmethoden ist eine Typologisierung schwierig. Drei wichtige Arten sollen hier kurz beschrieben werden.

Die **Lehrkonferenz** (das **Lehrgespräch**) dient u.a. der Vertiefung und Erweiterung bereits vorhandenen Wissens, der Durcharbeitung von Stoffgebieten und der Übung im folgerichtigen Denken.

Die Lerninhalte werden aktiv vom Lehrenden und Lernenden in einem ständigen interaktiven Prozess gemeinsam in fragend-entwickelnder Form erarbeitet. Der Konferenz- bzw. Gesprächsleiter, dessen Rolle die lernzielorientierte Steuerung der Kommunikation darstellt, sollte ein speziell ausgebildeter Experte sein. Beherrscht er den Stoff nicht auf allen Gebieten, ist die Hinzuziehung von Fachleuten zu erwägen, die zu bestimmten Problemen Stellung nehmen (Expertenbefragung).

Bei der **Problemlösungskonferenz** (**problem solving conference**) hat der Teilnehmer selbstständig Probleme zu lösen. Dabei kann es sich um ein aktuelles Problem aus dem Unternehmen oder um einen für den Bildungszweck ausgewählten Problemkreis handeln. Dem Konferenzleiter sollte es gelingen, die Interessen auszugleichen, um zu einer Lösung zu kommen. Er trägt wesentlich zum Erfolg oder auch Misserfolg bei. Für den Erfolg ist weiterhin wichtig, dass einige Teilnehmer mit Sachkenntnis zur Gruppe gehören, damit der Stoff nicht zu oberflächlich behandelt wird.

Bei der **Debatte** versuchen zwei oder mehr Parteien, sich - wie im Parlament - gegenseitig argumentativ anzugreifen und zu verteidigen. Sie kann z.B. als Streitgespräch konzipiert werden, wobei sich zwei oder vier Personen eine gewisse Zeit über eine These sachlich auseinandersetzen und versuchen, das zuhörende Publikum für die eigene Meinung zu vereinnahmen. Der Debattenleiter achtet darauf, dass jeder zu Wort kommt.

4. Kreativitätsfördernde dialogische Trainingsmethoden

Unter kreativitätsfördernden dialogischen Trainingsmethoden sollen hier spezielle Seminarformen verstanden werden, die - weitgehender als die beschriebenen Konferenzmethoden - besonders die Kreativität des Mitarbeiters schulen sollen. Hintergrund einer intensiveren Beschäftigung mit der Kreativitätsförderung ist die Notwendigkeit, dass im Rahmen komplexer betrieblicher Handlungszusammenhänge die Fähigkeit der Mitarbeiter zur Entwicklung von technischen und sozialen Innovationen und zur initiativen Ideenfindung gefördert wird.

Kreativität beschreibt nach Beitz (1996, S. 67) zum einen die eine Persönlichkeit charakterisierende individuelle Fähigkeit zu schöpferischer Leistung, zum anderen den kognitiven Prozess der Entwicklung einer bedeutenden, neuartigen Problemlösung. Wesentliche Merkmale von kreativem Denken sind (vgl. auch Schlicksupp 1982, S. 42):

- Vielseitigkeit der Betrachtung (ganzheitliche und partielle Sicht von Problemen, Beachtung verschiedener Standpunkte zur Gewinnung neuer Einsichten),
- gedankliche Zerlegung komplexer Phänomene in Einzelbestandteile,
- Problemerkennung und Infragestellung von Bestehendem,
- Transfer von Wissen von einem Erfahrungsbereich auf andere und Überwindung fachlicher Grenzen,
- Suchen nach Vergleichbarem, was als Problemlösungsmuster dienen kann,
- Verbindung von Wissensbausteinen zu Neugestaltungen und Neukonzeptionen,
- Umstrukturierung von Gegebenem,
- Finden originärer Lösungen,
- "flüssiges" Denken: Ideenreichtum bis zur endgültigen Lösung von Problemen statt Verharrung an fertigen Gedankenmustern.

Um kreatives Denken in Innovationen umsetzen zu können, bedarf es eines entsprechenden **kreativitätsfördernden Klimas** in Organisationen, was durch die Unternehmenskultur, die Personalpolitik und hier insbesondere die Gestaltung von Anreizsystemen bedingt ist. Zusätzlich können Kreativitätstechniken eingesetzt werden, die als Arbeitsmethoden z.B. bei der Suche nach neuen Produktideen angewandt werden. Wichtige Ideenfindungsmethoden, die die Kreativität Einzelner und das schöpferische Denken in Gruppen anregen sollen, sind das Brainstorming, die Methode 635, Synektik und der Morphologische Kasten.

Das klassische **Brainstorming** ist die bekannteste und am häufigsten angewendete Methode der Ideenfindung, die bereits Ende der Vierzigerjahre in den USA entwickelt wurde. Folgende vier Grundlagen schaffen beim Brainstorming Denkfreiräume für die Gruppenarbeit und Voraussetzungen für ungehemmte kreative Assoziationen (vgl. Beitz 1996, S. 207 ff.):

(1) Kritik ist verboten, damit der Ideenfluss nicht abbricht, sowie Frustrationen und langatmige Diskussionen verhindert werden. Die Beurteilung der Vorschläge erfolgt oft später.

(2) Fremde Ideen sind aufzugreifen und weiterzuentwickeln.

(3) Der Fantasie sind keine Grenzen gesetzt.

(4) Quantität geht vor Qualität: Je mehr Ideen die Teilnehmer hervorbringen, desto größer ist die Wahrscheinlichkeit, brauchbare Lösungen unter ihnen zu finden.

Beim Brainstorming werden zunächst erste, noch zu vertiefende Ideen gesucht, deren Ausarbeitung zu vollständigen Problemlösungen in der Nachbereitung erfolgt.

Die **Methode 635** ist eine Variante des Brainstorming und gehört zu den Brain-Writing-Methoden. Sechs Teilnehmer erhalten die gleiche, schriftlich fixierte Problemstellung mit der Vorgabe, drei Lösungsvorschläge innerhalb von fünf Minuten zu erarbeiten und niederzuschreiben. Danach werden die Lösungsblätter insgesamt fünfmal innerhalb der Teilnehmergruppe jeweils an eine andere Person weitergeleitet, die drei weitere, auf Basis der Vorschläge des Vorgängers aufbauende Lösungsmöglichkeiten erarbeitet. Auf diese Weise werden innerhalb kürzester Zeit einhundertacht Ideen basierend auf achtzehn Grundideen produziert. Die Methode ist deshalb besonders für den Fall der Modifizierung von Grundideen geeignet.

Im Rahmen der **Synektik** wird der kreative Gruppenprozess durch systematische Verknüpfung sachlich zunächst weit auseinanderliegender und scheinbar zusammenhangloser Wissenselemente über unterschiedliche, die Problematik verfremdende Analogiebildungen simuliert (vgl. Beitz 1996, S. 212 ff.). In einer von einem Moderator geführten Kleingruppe wird zunächst das Problem definiert und analysiert. Anschließend werden erste Lösungsvorschläge unter schrittweiser Verfremdung des Ausgangsproblems und unter Berücksichtigung einer Analogiebildung in anderen Erfahrungsbereichen erarbeitet. Einen weiteren Schritt stellt die Prüfung der Problemlösungsvorschläge in Bezug auf das Ausgangsproblem dar. Daraus werden Lösungsideen für neue Konzepte oder Verfahren entwickelt.

Der **Morphologische Kasten** ist eine Methode der systematischen Strukturierung. Dabei wird das Problem in seine Problembestandteile zerlegt, die in einem Kasten untereinander angeordnet werden. Jedes Problemelement wird für sich betrachtet und variiert, um nachher möglichst viele Lösungsmöglichkeiten aufzuschreiben, deren Kombinationen Lösungen des Gesamtproblems ergeben. Es erweist sich jedoch häufig als sehr schwierig, die beste Kombinationsmöglichkeit auszuwählen. Dafür ergibt sich eine umfassende Übersicht über zu erwartende Möglichkeiten und Varianten (vgl. Darstellung IV-15).

Probeelement				
Material	Kunststoff	Glas	Messing	Hartgummi
Verschluss	Drehverschluss	Korken	Stöpsel	Saugverschluss
Inhalt	0,4 l	0,5 l	0,7 l	1,0 l
Farbe	gelb	rot	schwarz	grün
Form	gewöhnlich	zylindrisch	kugelförmig	kegelförmig

Darstellung IV-15 Beispiel für einen Morphologischen Kasten (Flüssigkeitsbehältnis) (entnommen aus: Ruhleder 1982, S. 18)

Die **künstlerischen Übungsmethoden** versuchen, den Mitarbeiter in seiner Gesamtpersönlichkeit anzusprechen und zu fördern. "Sie basieren auf der Annahme, dass auch berufliche Handlungsfähigkeit aus dem Zusammenspiel von kognitiven, emotionalen und motivationalen Kräften - von Denken, Fühlen und Wollen - hervorgeht" (Beitz 1996, S. 216).

Die üblichen rein zweckrationalen beruflichen und betrieblichen Handlungsschemata sollten aufgebrochen werden durch das Üben nichtschematischen situationsoffenen Handelns. Der Einsatz dokumentiert das Interesse des Betriebs an der Entwicklung der Gesamtpersönlichkeit des Mitarbeiters. Dabei geht es nicht um Kompensation, sondern um die ergänzende Entwicklung kreativer Fähigkeiten.

Übungsformen sind z.B. Malen, Arbeiten mit Ton, Holz oder Metall, die in Kreativitätsseminaren zusätzlich zu den regulären Bildungsprogrammen offeriert werden können.

5. Fallmethoden

Fallmethoden bzw. Fallstudien (case studies) stellen ein realitätsnahes, die berufliche Umwelt simulierendes Beurteilungs- und Entscheidungsmodell dar. Sie sind dadurch gekennzeichnet, dass die Gruppenteilnehmer anhand vorgegebener Problemstellungen aus dem Berufsalltag in simulierten Prozessen lernen, Konfliktsituationen und Sachverhalte zu analysieren, zu beurteilen und Lösungsalternativen zu erarbeiten.

Fallstudien sind flexibel gestaltbar und für Ausbildungszwecke prinzipiell für alle Berufs- bzw. Mitarbeitergruppen anwendbar.

Die bekanntesten Formen sind die traditionelle Fallmethode, die Vorfallmethode, die Projektmethode und die aktualisierte Fallmethode.

Als **traditionelle Fallmethode** wird die von der Harvard Graduate School of Business Administration entwickelte Form bezeichnet. Hierbei wird der konkrete Fall unter Berücksichtigung der wissenschaftlichen und praktischen Aspekte aufgezeigt. Die Teilnehmer arbeiten die Probleme einer Entscheidungssituation heraus und suchen Entscheidungsalternativen. Ein Nachteil dieser exemplarischen Lernmethode liegt in der fehlenden Systematik der Stoffdarbietung.

Die **Vorfall- oder Ereignismethode** (**incident method**) ist eine verkürzte Fallmethode. Im Unterschied zur traditionellen Fallmethode werden keine ausführlichen Beschreibungen vorgegeben. Der Fall wird in knapper Form schriftlich oder mündlich geschildert. Die notwendigen Informationen können in einer vorher begrenzten Zeit von der Lehrperson erfragt werden. Im Mittelpunkt der Vorfallmethode steht die Informationsgewinnung. Erst dann wird die Lösung in Angriff genommen.

Bei der **Projektmethode** bearbeitet eine Arbeitsgruppe, die aus Teilnehmern verschiedener Fachrichtungen zusammengesetzt ist, ein Sachproblem, das Projekt. Sie beschafft sich die erforderlichen Informationen, wertet sie aus und erstellt einen Bericht. Bestimmte Themenbereiche können auch in Teams arbeitsteilig bearbeitet werden. Im Unterschied zur traditionellen Fallmethode oder zur Vorfallmethode wird hier eine für das Unternehmen unmittelbar relevante Problemstellung bearbeitet.

Die **aktualisierte Fallmethode** (living case method) kommt der Tätigkeit eines Unternehmensberaters sehr nahe. Der eigene Betrieb wird analysiert. Zur Informationsgewinnung werden die höheren Führungskräfte herangezogen. Sie schildern auch die zugrunde liegenden Annahmen über die Zukunftsentwicklung. Der Vorteil dieser Methode ist die ganzheitliche Betrachtungsweise. Sie ist allerdings an eine Reihe von Voraussetzungen geknüpft und so aufwendig, dass sie selten angewendet wird. Der Versuch, die Fallmethode zu aktualisieren, geht in die Richtung des Planspiels.

6. Rollenspiel

Rollenspiele sind als sehr realistische Simulationsmethoden besonders zum Training des Führungs- und Kooperationsverhaltens geeignet. Sie werden u.a. zur Verhaltensschulung und hierbei insbesondere zum Lernen der Verhandlungsführung eingesetzt. Die Teilnehmer übernehmen die Rollen der im Fall vorgesehenen Personen (z.B. Vorgesetzter, Untergebener, Kunde). Jeder Teilnehmer bekommt kurze Zeit vor dem Spiel Gelegenheit, sich auf das Spiel vorzubereiten. Der Teilnehmer übernimmt verschiedene Rollen, um Verständnis für unterschiedliche Standpunkte zu bekommen.

Nach dem Rollenspiel bekommen die Spieler von den Zuschauern Feedback. Durch eine Protokollierung, z.B. durch Tonband oder Videoaufzeichnung, wird sichergestellt, dass einzelne Spielsituationen nochmals nachvollzogen werden können und dass sich die Rollenträger in der Diskussion nicht von ihren Äußerungen oder Verhaltensweisen innerhalb des Spiels distanzieren können.

7. Planspiel

Im Planspiel werden Abläufe des Unternehmensgeschehens über mehrere Perioden simuliert. Die Teilnehmer müssen mit Hilfe vorgegebener Daten Entscheidungen für die kommenden Perioden treffen. Sie stehen in der Regel in Konkurrenz mit anderen fiktiven Unternehmen. Die Entscheidungen sind in einer vorgeschriebenen Zeit der Spielleitung zu übermitteln.

Mit Hilfe der EDV lassen sich heute komplexe Prozesse der Unternehmensführung simulieren.

Die Ergebnisse werden den Spielern mitgeteilt und dienen als Entscheidungsgrundlage für die nächsten Spielperioden.

Am Schluss des Spiels oder auch nach einzelnen Perioden werden die Entscheidungen analysiert, und der Spielverlauf wird besprochen.

Die Planspielteilnehmer lernen wesentliche Entscheidungsfelder und deren Interdependenzen kennen. Durch Variation des Schwierigkeitsgrades können neben Führungsnachwuchskräften auch andere Mitarbeitergruppen einbezogen bzw. an die Ebene von Planungs-, Entscheidungs- und Kooperationsprozessen im Unternehmen herangeführt werden.

Im Unternehmensplanspiel können die komplexen Zusammenhänge der Unternehmensrealität nur vereinfacht dargestellt werden. Auch im Hinblick auf den Lernerfolg ist eine Reduktion der Wirklichkeit erforderlich. Diese Unvollkommenheit der Methode ist häufig Ansatzpunkt der Kritik.

8. Trainingsgruppen und Sensitivity Training

Wie das Rollenspiel (siehe 6.) sollen auch die Verfahren des gruppendynamischen Trainings (Trainingsgruppen; Sensitivity Training) zu einer Änderung von Einstellungs- und Verhaltensweisen beitragen. Es soll kein berufsrelevantes Wissen vermittelt werden, sondern eine Sensibilisierung der sozialen Wahrnehmungsfähigkeit. Das Training beruht auf der Erkenntnis, dass Personen im be-

trieblichen Alltag kein inhaltlich differenziertes Feedback über ihre Handlungsweisen bekommen und deshalb keine Fortschritte bezüglich der Bewältigung
von Problemsituationen machen können. Während der Trainingsgruppen bzw.
des Sensitivity Trainings wird die Gruppe durch den Trainer mit der Bewältigung einer unstrukturierten Situation konfrontiert, in der keine Themen, Strukturen oder Ähnliches vorgegeben sind. Auch der Trainer nimmt keine Führungs-
rolle ein, so dass auch die Führungsstruktur ungeregelt bleibt. In der Diskussion
sind die Teilnehmer angehalten, sich offen über ihre Gefühle und Empfindun-
gen zu äußern und sich gegenseitig Rechenschaft über die Beziehungen zu-
einander zu geben. Der Trainer hat dabei die Aufgabe, die Konfliktkapazität
der Teilnehmer anzusteuern. Bleibt er unterhalb dieser Grenze, kommt es zu
keinen Fortschritten, überschreitet er sie, fühlen sich die Teilnehmer schnell
überfordert, scheuen die Situation und resignieren (vgl. Berthel 1997, S. 329).

Durch diese Vorgehensweise sollen einerseits eine Verfeinerung und Differenzierung, andererseits gleichzeitig auch eine Abhärtung der Sensitivität bzw. des
sensiblen Gespürs der Teilnehmer erreicht werden (vgl. Gebert 1972, S. 45).

Folgende Bedingungen werden für die Lernwirksamkeit des Gruppentrainings
genannt:

(1) die Unstrukturiertheit der Situation;

(2) die Orientierung der Gruppe an der "here and now"-Situation;

(3) die Leitung durch einen erfahrenen Trainer;

(4) Teilnehmer, die frei von groben psychischen Beeinträchtigungen sind.

Eine Variante der T-Gruppe, die **instrumentierte T-Gruppe**, ersetzt die unmittelbare Teilnahme des Trainers durch eine Reihe von "Instrumenten" (z.B. Fragebogen, Beobachtung), die von der Gruppe selbst entwickelt und gehandhabt
werden. Diese Instrumente liefern das für den Lernerfolg notwendige Feedback.

Eine weitere Variante, das **Sensitivity Training**, weist eine enge Verwandt-
schaft zu psychotherapeutischen Verfahren auf. Es handelt sich hierbei weniger
um ein Verfahren zur Verbesserung der Funktionsfähigkeit von Gruppen als um
eine Hilfe zur individuellen Weiterentwicklung, zum intensiveren Erleben zwi-
schenmenschlicher Beziehungen und zur Stärkung der Persönlichkeit.

9. Outward-Bound-Methode

In Verbindung mit der Ausbildung von Berufsanfängern und der Fortbildung der unteren und mittleren Führungskräfte wird die **Outward-Bound-Methode** bzw. das **Outdoor-Training** genannt (Schirmer/Staehle 1990; Staehle 1991). Dabei handelt es sich um eine Erlebnistherapie, mit der durch körperliches Training, Projektarbeit, Rettungsdienst und Expedition die Persönlichkeit entwickelt werden soll. Die Teilnehmer sollen körperliche und seelische Grenzerfahrungen machen und sich somit selbst kennenlernen. Ziel ist die Herausbildung von **Schlüsselqualifikationen** wie:

- Verantwortungsbereitschaft und Eigeninitiative,
- Fantasie und Kreativität sowie
- Kooperations-, Problemlösungs-, Selbststeuerungs-, Lern- und Konfliktlösungsfähigkeit (Bress/Hentschel 1989, S. 392).

Dabei wird der Transfer vom Lern- ins Aktionsfeld begünstigt, wenn die in Outward-Bound-Kursen behandelten Aufgaben konkreten betrieblichen Situationen entsprechen.

10. Fernunterricht

Wesentliches Merkmal dieser Form der Bildung außerhalb des Arbeitsplatzes ist die ausschließliche bzw. überwiegende räumliche Trennung von Lehrendem und Lernenden. Der Fernunterricht spielt in der betrieblichen Bildung in Deutschland nur eine untergeordnete Rolle (Ertz 1986, S. 9 ff.). Unterrichtsmedien bestehen in der Regel aus schriftlichem Unterrichtsmaterial in Form sog. Lehr- bzw. Studienbriefe und Begleitmedien (Tonband, Videofilm) und Studienanleitungen mit inhaltlichen, methodischen und organisatorischen Hinweisen. Im Anschluss an jeden Studienbrief hat der Teilnehmer die Möglichkeit der Selbstkontrolle seines Wissensstandes. Die Fremdkontrolle kann durch Korrigieren von Studienaufgaben und Tests durch das Fernlehrinstitut erfolgen. Zusätzlich bzw. alternativ ist auch eine telefonische Befragung, verbunden mit dem Vorteil des direkten Feedback möglich. Viele Fernlehrinstitute bieten neben Einführungsveranstaltungen auch Begleit- und Prüfungsvorbereitungsseminare an.

4.5.2.7 Lehr- und Lernmittel

Nach der Lernzielformulierung, der Festlegung der Lerninhalte und der Wahl der Methoden sind die Lehr- und Lernmittel (Medien), die zum Einsatz gelangen sollen, eine weitere Komponente des betrieblichen Bildungssystems. Die Lernmittel lassen sich auf zwei Grundformen, auf visuelle und auditive Medien, zurückführen.

Zu den traditionellen **visuellen Medien** zählen das Lehrbuch, die Tafel, das Schaubild und Modelle.

Verdrängt wird die Tafel immer mehr durch Overhead-Projektoren. Auch sogenannte Beamer und Flat-Screens zur Projektion von Computerschaubildern auf die Leinwand sind in der betrieblichen Praxis keine Seltenheit mehr.

Die Sprache des Lehrers sowie Sprach-, Musik- oder Geräuscheaufzeichnungen stellen **auditive Lehrmittel** dar. Zu den Mischformen, den **audiovisuellen Medien**, gehören Lehr- und Lernmittel, die eine Verbindung von Bild und Ton erlauben, z.B. Fernsehen, Film.

4.5.2.8 Organisatorische Voraussetzungen

Die organisatorischen Voraussetzungen, z.B. Festlegung des zeitlichen Beginns, des Ablaufs und Umfangs sowie der Lernorganisation, sind Bestandteil der Unterrichtsplanung. Zum Beispiel ist beim Einsatz technischer Medien darauf zu achten, dass ein geeigneter Raum gewählt wird. Zur Organisation des Unterrichts gehören außerdem die Herrichtung des Raums, Tisch- und Stuhlordnung und die Wahl der Arbeitstechniken.

4.6 Evaluation der Personalentwicklung

4.6.1 Begriff, Aufgaben, Notwendigkeit

Evaluation wird nach Wottawa/Thierau (1998, S. 14) als Planungs- und Entscheidungshilfe beschrieben, die ziel- und zweckorientiert ist und die primär das Ziel hat, praktische Maßnahmen zu überprüfen, zu verbessern oder über sie zu entscheiden.

Nur mit Hilfe einer systematischen und regelmäßigen Evaluation kann festgestellt werden, ob bzw. inwieweit die angestrebten Ziele erreicht wurden. Unterschieden wird hierbei grundsätzlich zwischen Kosten-, Erfolgs- und Rentabilitätskontrolle.

Aufwendungen der Personalentwicklung umfassen unter anderem die Honorare der Ausbilder, die Kosten für die Bereitstellung von Sachmitteln, die verwaltungstechnische Abwicklung und natürlich auch die Opportunitätskosten infolge der Freistellung von Mitarbeitern zu Trainings oder Seminaren. Die **Kostenkontrolle** vermittelt Aufschluss über Art und Umfang der entstandenen Kosten, informiert über die verursachenden Kostenstellen, und sie erleichtert durch Kostenvergleichsrechnungen die Entscheidung zwischen alternativen Entwicklungsmaßnahmen. Die Kostenkontrolle ermöglicht folglich im Sinne einer ökonomischen Kontrolle, die einmal bestimmten Entwicklungsziele mit den geringstmöglichen Kosten zu erreichen. Schwierig ist dabei jedoch, dass eine eindeutige Trennung zwischen den Kosten für Förderung und Bildung einerseits und den Kosten der regelmäßigen Arbeitsleistung andererseits kaum möglich ist.

Die **Erfolgskontrolle** konzentriert sich auf die Entwicklungs- und Lernerfolge der Teilnehmer von Personalentwicklungsmaßnahmen und beinhaltet die pädagogische Kontrolle der Personalentwicklung. Sie soll feststellen, inwieweit die angestrebten Qualifikationsänderungen vermittelt wurden und inwieweit der Transfer gewährleistet ist, d.h. diese Änderungen im Arbeitsverhalten zum Ausdruck kommen. "Die wichtige Frage der Erfolgskontrolle ist noch nicht zufriedenstellend gelöst" (Mentzel 1997, S. 239), weshalb viele Unternehmungen auf diese verzichten.

Die **Rentabilitätskontrolle** stellt eine Kosten-Nutzen-Relation zwischen den Kosten und Erträgen der Personalentwicklung her, indem sie den Erfolg der "Investition Personalentwicklung" zu messen versucht. Wie bei der Erfolgskontrolle ergibt sich hierbei das Problem, dass es vielfach nicht möglich ist, die Erfolge bestimmter Maßnahmen der Personalentwicklung zu quantifizieren.

4.6.2 Kontrollbereiche der betrieblichen Bildung

In der Erfolgskontrolle der betrieblichen Bildung sind die Anknüpfungspunkte "Bildungsinhalte", "Anwendungspraxis" und "Bildungsmaßnahme" der pädagogischen Erfolgskontrolle zuzurechnen, die durch eine wirtschaftliche Erfolgskontrolle ergänzt wird (vgl. Darstellung IV-16).

Anknüpfungspunkte	Erfolgskriterien	Prüfkriterien
Bildungsinhalte	Lernerfolg (Lernziele, Maßnahmenziele)	Kenntnisse Fähigkeiten
Anwendungspraxis	Anwendungserfolg (Lernziele, Maßnahmenziele)	Verhalten Leistung
Bildungsmaßnahme	Maßnahmenerfolg (alle den Lernvorgang beeinflussenden Größen)	Erwartungen Einstellungen Urteile
Kosten- und Erlösrechnung	wirtschaftlicher Erfolg (Rentabilität)	Aufwendungen Erlöse

Darstellung IV-16 Wesentliche Anknüpfungspunkte für die Erfolgskontrolle betrieblicher Bildungsmaßnahmen (vgl. Rüdenauer 1985, S. 81)

Wie schon mehrfach erwähnt wurde, ist das Ziel der betrieblichen Bildung erst dann realisiert, wenn der Mitarbeiter befähigt wird, das Erlernte ins Entscheidungs- und Handlungsfeld (Aktionsfeld, Funktionsfeld) zu transferieren. So entscheidet nicht nur der **Lernerfolg**, sondern ganz besonders der **Lerntransfer** über den Erfolg betrieblicher Bildungsmaßnahmen. Beim Lernerfolg steht der Grad der (Lern-)Zielerreichung (Effektivität) durch die Aneignung von Kenntnissen, Fertigkeiten und Verhaltensweisen im Mittelpunkt. Notwendige Voraussetzung einer Lernerfolgskontrolle ist das Vorliegen **operational formulierter Lernziele**.

Die Aneignung (der eigentliche Lernvorgang) vollzieht sich im **Lernfeld**, je nach der angewendeten Bildungsmethode am Arbeitsplatz oder außerhalb des Arbeitsplatzes. Die pädagogische Erfolgskontrolle kann im Lernfeld und/oder im Funktionsfeld durchgeführt werden. Bei der Erfolgsmessung am Arbeitsplatz tritt zusätzlich das Problem der Erfolgszurechnung auf, d.h., es ist festzustellen, ob die Kenntnisse, Fertigkeiten und Verhaltensweisen des Ausgebildeten ein Ergebnis der Bildungsmaßnahme oder auf andere Einflüsse zurückzuführen sind.

Die Übertragung der im Lernfeld erworbenen Kenntnisse, Fertigkeiten und Verhaltensweisen kann durch eine Reihe von Faktoren beeinflusst werden.

Für den **inneren Vollzug** des Lerntransfers beim Lernenden sind nach Lattmann (1974, S. 68 ff.) folgende Voraussetzungen zu erfüllen:

(1) Die Kenntnisse, Fertigkeiten und Verhaltensweisen müssen in der Gestalt erworben werden, dass bereits im Lerninhalt die **Verknüpfungen und der Aufbau der Elemente im Hinblick auf die konkrete Handlungssituation** enthalten sind. Um das zu erreichen, muss sich der Lernende nicht unbedingt die gesamte Handlungskompetenz aneignen, sondern vielmehr in die Lage versetzt werden, den Transfer selbst durchzuführen.

(2) Beim Lernenden muss die **Motivation** (Handlungsbereitschaft), das Erlernte auch anzuwenden, durch entsprechende Anreize geschaffen werden, z.B. Aufstiegsmöglichkeiten, befriedigende Arbeitsinhalte, Gehaltserhöhungen.

Die Überführung vom Lernfeld ins Funktionsfeld kann durch innere und äußere Faktoren beeinflusst werden. Hierzu zählen:

(1) Die **Arbeitsrolle des Ausgebildeten**. Das Verhalten des Mitarbeiters wird stark durch die Erwartung anderer, mit denen er in Beziehung steht, geprägt. Je intensiver diese Beziehungen sind, desto mehr wird er bemüht sein, diese Erwartungen zu erfüllen.

(2) Die **Einstellung und das Verhalten des unmittelbaren Vorgesetzten**. Der direkte Vorgesetzte bestimmt maßgeblich die Entlohnung und die Laufbahn des Mitarbeiters. Akzeptiert er die neuen Verhaltensformen und Arbeitstechniken, so wird sie der Mitarbeiter weiterhin anwenden, lehnt er sie ab, wird der Mitarbeiter sie meistens aufgeben.

(3) Die **Haltung der Unternehmensleitung**. Sie ist gegenüber der Anwendung neuer Verhaltensformen und Arbeitstechniken sehr bedeutend, da sie unmittelbaren oder mittelbaren Einfluss auf die Vorgesetzten ausübt.

(4) Die **Einstellung und das Verhalten der Nebengeordneten** (Kollegen). Neue Verhaltensformen können bei den Nebengeordneten zu Ablehnung und Isolation führen.

(5) Die **Einstellung und das Verhalten der unterstellten Mitarbeiter**. Auch bei den unterstellten Mitarbeitern können neue Verhaltensformen

und Arbeitstechniken auf Widerstand stoßen, sofern sie durch die Veränderungen nicht sofort eigene Vorteile sehen.

(6) Die durch die Organisation bewirkte **Institutionalisierung von Betriebsformen**. Die Einstellungen und Verhaltensbereitschaften der Mitarbeiter werden durch den Führungsstil und organisatorische Regelungen, wie Aufgabenverteilung, die Regelung der Unterstellungsverhältnisse sowie durch Führungsmittel, wie Arbeitsplatzbewertung, Beurteilungswesen usw., geprägt. Institutionalisierte Beziehungsformen können bei der Einführung von Neuerungen Probleme aufwerfen.

(7) Die in einer Unternehmung bestehende **Technologie** bestimmt in hohem Maße die Arbeitsrolle, so dass Verhaltensformen und Arbeitstechniken, die nicht auf diese abgestimmt sind, auf Hindernisse stoßen.

(8) Das **Betriebsklima**. Es kommt in der Zufriedenheit oder Unzufriedenheit der Belegschaft über die Arbeit zum Ausdruck. Das Klima kann je nach Erscheinungsform entweder zur Förderung oder zum Hemmnis neuer Verhaltensformen und Arbeitstechniken beitragen.

Diese Aufstellung macht deutlich, dass der Lerntransfer zum großen Teil von individuellen **Einstellungen** und **Erwartungen** abhängt. Daher empfiehlt sich zusätzlich frühzeitig eine Kontrolle des Maßnahmenerfolges, die sich auf den Lernprozess bezieht. Eine derartige **Erfolgskontrolle** setzt bei den von den Teilnehmern erlebten Wirkungen der Bildungsmaßnahmen an. Den Lernvorgang beeinflussende Faktoren und damit Prüfkriterien sind z.B. Lehrmethodik, Motivation der Teilnehmer, Akzeptanz der Referenten, Zusammensetzung des Teilnehmerkreises, Medieneinsatz, Praxisnähe usw. Obwohl die Maßnahmenkontrolle weit verbreitet ist, erweist sich der Zusammenhang zwischen dem (komplexen) Lernprozess und seinem vielschichtigen, aber nicht ausschließlichen Einfluss auf den Anwendungserfolg insgesamt als zu vage, um gültige, zuverlässige und objektive Aussagen machen zu können. Die Ermittlung des Maßnahmenerfolges sollte daher nur ergänzend zur ergebnisorientierten Kontrolle angewendet werden.

Dasselbe gilt für eine **Durchführungskontrolle** im Sinne einer Kontrolle der Einhaltung von Bildungsinhalten, -zeiten und -kosten. Hierbei werden die im Bildungssystem festgelegten Vorkehrungen mit dem Bildungsvollzug verglichen und festgestellt, ob eventuelle Abweichungen begründet sind.

In einer Feldstudie stellen Koehurst/Verhoeven (1986) u.a. folgende Gründe für Ineffektivitäten im Bereich betrieblicher Bildung fest:

(1) Trotz Fehlens eines tatsächlichen individuellen Bildungsbedarfs werden Bildungsmaßnahmen implementiert.

(2) Es werden nicht zieladäquate Maßnahmen für den festgestellten Bildungsbedarf eingesetzt.

(3) Unter zeitlichem Aspekt werden Bildungsmaßnahmen zu früh oder zu spät durchgeführt.

Diese Dysfunktionalitäten, verbunden mit der Notwendigkeit einer möglichst frühzeitigen Einleitung von Korrekturmaßnahmen, erfordern eine **Prämissenkontrolle** im Hinblick auf die Planung individueller Bildungsmaßnahmen und Bildungsprogramme. Hierunter ist die fortlaufende Vergewisserung zu verstehen, ob und inwiefern die im Rahmen der Planung gesetzten Prämissen (Bedingungen) für die Realisation bestimmter Bildungsmaßnahmen weiterhin ihre Berechtigung besitzen. Dies ist insbesondere angebracht für längerfristige Bildungskonzeptionen bei sich rasch ändernden Bedingungen, z.B. durch technischen Wandel.

Neben der **pädagogischen Erfolgskontrolle** ist der **wirtschaftliche Erfolg betrieblicher Bildungsmaßnahmen** von großer Bedeutung.

Systematische Kostenkontrollen ermöglichen einen weitgehenden Überblick über Art und Umfang von Aus-, Fort- und Weiterbildungskosten in einer bestimmten Periode. Sie bilden die Grundlage für spätere Wirtschaftlichkeitskontrollen, für die Erstellung zukünftiger Bildungsbudgets und für Kostenvergleichsrechnungen alternativer Bildungsmaßnahmen (z.B. interne versus externe Durchführung).

Darstellung IV-17 zeigt im Überblick die Abgrenzung der Kosten im Bildungsbereich nach extern und intern durchgeführten (on the job und off the job) Maßnahmen (vgl. Mentzel 1997, S. 226 ff.).

Nicht alle Kostenarten sind zuverlässig und exakt bestimmbar. Die **Opportunitätskosten** stellen Kosten nicht genutzter Kapazität auf Grund einer Teilnahme an Bildungsmaßnahmen dar. Insbesondere wenn kein messbarer Output entsteht, ist ihre Erfassung äußerst schwierig. Das gleiche gilt für die Kostenermittlung der Unterweisung bzw. Unterrichtung durch die Vorgesetzten am Arbeitsplatz, da häufig nicht präzise angegeben werden kann, wie viel Zeit tatsächlich aufgewendet wurde.

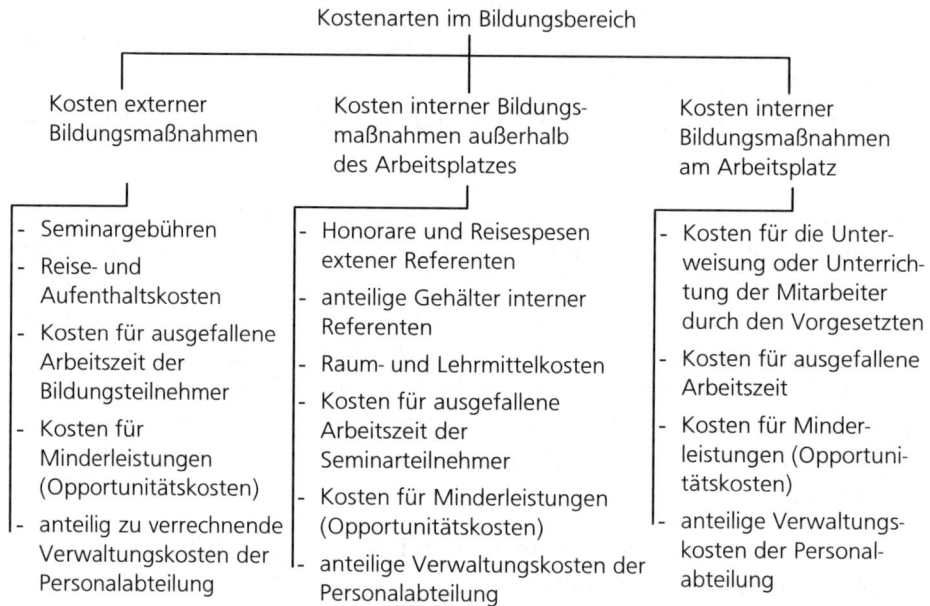

Kostenarten im Bildungsbereich

Kosten externer Bildungsmaßnahmen	Kosten interner Bildungsmaßnahmen außerhalb des Arbeitsplatzes	Kosten interner Bildungsmaßnahmen am Arbeitsplatz
- Seminargebühren - Reise- und Aufenthaltskosten - Kosten für ausgefallene Arbeitszeit der Bildungsteilnehmer - Kosten für Minderleistungen (Opportunitätskosten) - anteilig zu verrechnende Verwaltungskosten der Personalabteilung	- Honorare und Reisespesen extener Referenten - anteilige Gehälter interner Referenten - Raum- und Lehrmittelkosten - Kosten für ausgefallene Arbeitszeit der Seminarteilnehmer - Kosten für Minderleistungen (Opportunitätskosten) - anteilige Verwaltungskosten der Personalabteilung	- Kosten für die Unterweisung oder Unterrichtung der Mitarbeiter durch den Vorgesetzten - Kosten für ausgefallene Arbeitszeit - Kosten für Minderleistungen (Opportunitätskosten) - anteilige Verwaltungskosten der Personalabteilung

Darstellung IV-17 Abgrenzung der Kostenarten im Bildungsbereich nach externen und internen Bildungsmaßnahmen

Die Kosten für ausgefallene Arbeitszeiten der Arbeitnehmer können vereinfacht auf Stundenbasis wie folgt ermittelt werden (Mentzel 1997, S. 227):

$$\text{Ausfallkostensatz je Stunde} = \frac{\text{Personalkosten pro Jahr}}{\text{durchschnittliche Jahresarbeitszeit}}$$

Diese Kennzahl ist allerdings nicht für Maßnahmen am Arbeitsplatz anwendbar, da Arbeits- und Lernvorgang nicht zu trennen sind. Daher sind Schätzwerte hinsichtlich des Zeitanteils für das eigentliche Lernen anzusetzen.

Schließlich muss häufig bei der Zurechnung anteiliger Verwaltungskosten ebenfalls mit Schätzwerten gearbeitet werden, wenn z.B. bildungsmassnahmenbezogene Personalkosten für den entsprechenden zeitlichen Aufwand des Personalleiters ermittelt werden.

Trotz der Problematik der Kostenermittlung kann auf eine systematische Erfassung und Berechnung des Bildungsaufwandes in der betrieblichen Praxis nicht verzichtet werden.

Grünefeld (1984, S. 347 f.) schlägt z.B. folgenden Weg für die Ermittlung des gesamten Fortbildungsaufwandes in der Unternehmung vor:

a) spezielle Fortbildungskosten (z.B. Honorare für Referenten, Lehrgangsgebühren),

b) + spezielle Fortbildungskosten

(z.B. für interne Schulungsstellen oder Bildungszentren),

c) - Mehrfacherfassung zwischen a) und b)

(z.B. Honorare für Referenten, die auf eine Fortbildungskostenstelle gebucht werden),

d) + bewertete Ausfallzeiten für Teilnehmer an Fortbildungsveranstaltungen,

e) + Personalaufwand für nebenamtliche Ausbilder und Lehrer des Unternehmens (inhaltliche und organisatorische Vor- und Nachbereitung, Durchführung),

f) + sonstige Kosten, die Fortbildungsaufwand darstellen, aber nicht unter a) und b) erfasst werden

---

= Fortbildungsaufwand insgesamt

Die Erfassung der aus den Bildungsmaßnahmen fließenden Erlöse im Rahmen einer Wirtschaftlichkeitskontrolle ist ungleich schwerer als die Kostenermittlung. Allgemein anerkannt wird aber mittlerweile, dass es sich bei der betrieblichen Bildung um eine **immaterielle Investition** handelt mit Affinitäten zur materiellen Investition beim Anlage- und Umlaufvermögen.

Mangelnde Quantifizierungsmöglichkeiten, keine eindeutige Bestimmbarkeit der voraussichtlichen Nutzungsdauer und steuergesetzliche Nichtbeachtung verhindern eine analoge Vorgehensweise bei Bildungsinvestitionen.

In den Ansätzen des **Human Resource Accounting** (vgl. Flamholtz 1985) wird dennoch versucht, eine Investitionsrechnung für das Humanvermögen zu erstellen. Das Humanvermögen verkörpert dabei den Wert, den der Mitarbeiterstamm in Form von spezifischen Kenntnissen und Fähigkeiten für ein Unternehmen besitzt. Bildungsmaßnahmen können hier einen entscheidenden Einfluss ausüben.

Der Vorteil der Humanvermögensrechnung besteht in der Verteilung der Bildungskosten auf eine als angemessen erachtete Amortisationszeit. Demgegenüber ist kritisch einzuwenden, dass Investitionen in Mitarbeiter mit individuellen Zielen und Interessen kaum mit Sachinvestititonen vergleichbar sind und ihre Leistungsmotivation einen weiteren wesentlichen Bestimmungsfaktor für den Wert der Bildung, einschließlich praktischer betrieblicher Umsetzung darstellt.

In Ermangelung einer systematischen Messung des Nutzens betrieblicher Bildungsmaßnahmen bleiben für die Wirtschaftlichkeitsermittlung nur Plausibilitätsüberlegungen im Zusammenhang mit Ergebnissen der pädagogischen Erfolgskontrolle. Die unzureichende Quantifizierung des wirtschaftlichen Erfolges steht der Notwendigkeit der betrieblichen Bildung aber insgesamt nicht entgegen.

4.6.3 Methoden der Erfolgskontrolle

Zur Ermittlung des Erfolges in der Personalbildung können folgende Methoden angewendet werden:

a) Befragungen,
b) Prüfungen und Tests,
c) Erfolgsmessung durch Mitarbeiterbeurteilungen,
d) direkte Erfolgsmessung am Arbeitsplatz,
e) Erfolgsermittlung durch Betrachtung der betrieblichen Gesamtentwicklung,
f) Kennziffern und Indikatoren.

a) Befragung
Die häufigste Methode der Erfolgskontrolle ist die schriftliche Befragung, wobei diese von der Maßnahme zeitversetzt angewandt werden sollte, wenn die Teilnehmer Gelegenheit hatten, die erworbenen Fertigkeiten und Kenntnisse zu

verarbeiten und umzusetzen. Auf diese Weise kann auch der Transfer erfasst werden. Für die Leitung der Bildungsmaßnahme ist das Urteil der Teilnehmer deshalb aufschlussreich, weil es Hinweise über das **Bildungsklima** liefert, das für den Lernerfolg sehr entscheidend ist und Auskunft über die angemessene **Proportionierung des Stoff-, Lern-** und **Zeitprogramms** gibt.

b) Prüfungen und Tests

Durch Prüfungen und Tests kann festgestellt werden, ob das gesetzte Bildungsziel erreicht wurde.

Als Prüfungsmethoden kommen in Abhängigkeit des Bildungsstoffes **praktische Übungen, Rollenspiele, schriftliche Arbeiten** oder **Mehrfachwahlaufgaben** (Multiple Choice-Verfahren) in Frage (vgl. Mentzel 1997, S. 249). Mit ihrer Hilfe wird überwiegend der **Wissenszuwachs** gemessen, wobei sowohl der Lernerfolg im Lernfeld als auch der Transfer ins Funktionsfeld Gegenstand der Prüfung sein können. Prüfungen und Tests sind in der Regel bei den Teilnehmern unbeliebt, da sie im Berufsleben unüblich sind und die Offenlegung eines mangelnden Lernerfolgs von den Prüfungsteilnehmern als Bloßstellung empfunden wird. Trotzdem sollte auf die Überprüfung des Lernerfolgs nicht verzichtet werden, da sie für viele stimulierend wirkt und durch den Zwang zum Lernen die Ergebnisse verbessert. Gegebenenfalls ist die Prüfung anonym durchzuführen. Um die Nachhaltigkeit des Lernerfolgs festzustellen, sollten Prüfungen und Tests von Zeit zu Zeit wiederholt werden.

c) Mitarbeiterbeurteilungen

Ein guter Indikator über die durch eine Bildungsmaßnahme bewirkten Leistungs-, Einstellungs- und Verhaltensänderungen sind die Ergebnisse regelmäßiger Mitarbeiterbeurteilungen, die bereits bei der Erfassung des Personalentwicklungsbedarfs als wichtige Informationsgrundlage beschrieben werden. Die Mitarbeiterbeurteilungen zielen im Gegensatz zu anderen Kontrollmethoden ausschließlich auf die Anwendungserfolge ab. Wie auch bei anderen Methoden der Erfolgskontrolle ist ein kausaler Zusammenhang zwischen einer Bildungsmaßnahme und sichtbaren Leistungs-, Einstellungs- oder Verhaltensänderungen nur schwer herstellbar. Andere Einflussgrößen wie z.B. Auswirkungen der Arbeitsmarktsituation oder personelle Veränderungen im Unternehmen können nicht völlig ausgeschlossen werden.

407

d) Direkte Erfolgsmessung am Arbeitsplatz

Bei der Anlernung in der Produktion werden sogenannte Anlernkarten verwendet, die **Lernkurven** enthalten. Die Lernkurven zeigen den Leistungsgrad (Mengenleistung in Abhängigkeit von der Bildungsdauer) auf. Dabei wird die individuelle Lernkurve eines Mitarbeiters mit einer Ideal-Vorgabe-Kurve verglichen. Aus der Gegenüberstellung lässt sich eine Aussage über den Bildungserfolg machen (vgl. Darstellung IV-18).

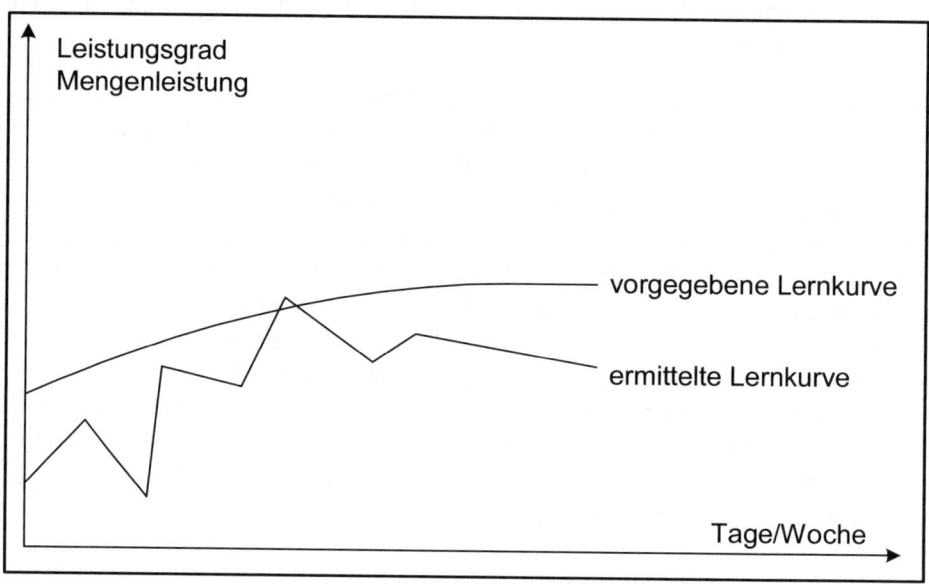

Darstellung IV-18 Lernkurvenvergleich

e) Erfolgsermittlung durch Betrachtung der betrieblichen Gesamtentwicklung

Da es an Methoden zur exakten Erfolgsmessung der Bildungsmaßnahmen mangelt, werden ersatzweise indirekte Methoden angewendet. Der Bildungserfolg oder -misserfolg wird dann anhand einzelner Kriterien beurteilt (z.B. Prüfungen, Tests im Lernfeld, Transfer ins Funktionsfeld).

Als Indikatoren für die betriebliche Gesamtentwicklung werden Ausbringungsmenge, Umsatz, Herstellkosten, Fluktuationsrate, Krankenstand, sonstige Fehlzeiten und Verbesserungsvorschläge herangezogen.

Gegen diese Methoden ist wieder einzuwenden, dass die Kriterien nicht allein als Maßstab für den Bildungserfolg angesehen werden können, da auch andere Einflüsse wirksam sind. Hier tritt ein Zuordnungsproblem auf. Sofern sich bei der Erfolgskontrolle Abweichungen vom Bildungsplan ergeben sollten, werden durch Rückkopplungen Änderungen der Maßnahmen des Bildungsprogramms, der Lernziele und der Bildungspolitik ausgelöst.

Im Sinne einer auch die Mitarbeiterinteressen berücksichtigenden Personalwirtschaftslehre ist eine **soziale Erfolgskontrolle** durchzuführen, in der überprüft wird, inwieweit Erwartungen und Bedürfnisse der Mitarbeiter durch die Bildungsmaßnahmen erreicht worden sind. In der Literatur und der betrieblichen Praxis wird dieser Aspekt bislang vernachlässigt.

f) Kennziffern

Im Rahmen der Erfolgskontrolle sind schließlich Kennziffern in Ergänzung zu anderen Kontrollverfahren einsetzbar.

Kennziffern zur Messung des reinen Lernerfolgs ohne Berücksichtigung des Anwendungserfolgs stellen das 90/90-Prinzip und die sog. Lerneffizienzformel dar.

Nach dem **90/90-Prinzip** ist eine Bildungsmaßnahme dann erfolgreich, wenn 90 Prozent der Lernenden 90 Prozent des Lehrstoffes so aufgenommen und verarbeitet haben, dass sie ihn in einer Prüfung richtig wiedergeben können.

Die Lerneffizienzformel lautet:

$$E = \frac{W_a - W_v}{W_{max} - W_v}$$

E = Erfolg
W_a = Wissen nach Durchführung
W_v = Wissen vor Durchführung
W_{max} = Maximal erreichbares Wissen

Sofern die Quantifizierungsprobleme gelöst werden können, deuten Werte zwischen 0,7 und 0,85 auf den Erfolg des Fortbildungsprogramms hin.

Kennzahlen zur Steuerung und Überwachung des Bildungsaufwandes geben wichtige Aufschlüsse zur Kostenbeurteilung.

So lassen sich z.B. aus der **Erfassung des Fortbildungsaufwandes** im Unternehmen u.a. folgende Kennzahlen heranziehen (vgl. Grünefeld 1984, S. 350 f.):

- Kosten der Fortbildung je Geschäftsjahr in Prozent der Lohn- und Gehaltssumme (Arbeiter und Angestellte),
- Kosten der Fortbildung pro Kopf nach Mitarbeitergruppen,
- Anteil der Aufwendungen für die Ausfallzeiten am gesamten Fortbildungsaufwand,
- Anteil des Fortbildungsaufwandes für einzelne Mitarbeitergruppen am Gesamtaufwand.

Mit Hilfe von Kennzahlen und weiteren Kostenstrukturanalysen lässt sich der Bildungsaufwand beurteilen und die Wirkung notwendiger Korrekturmaßnahmen kontrollieren.

4.7 Förderung von Frauen im Betrieb

Obwohl die Zahl der berufstätigen Frauen in den letzten Jahren konstant zugenommen hat, sind Frauen in Führungspositionen nur vereinzelt zu finden. Jedoch nicht nur in den Führungspositionen sind Frauen in ihren Berufs- und Aufstiegschancen immer noch benachteiligt, weswegen Politiker, Arbeitgeberverbände und Gewerkschaften eine auf **Chancengleichheit** gerichtete betriebliche Personalpolitik fordern (vgl. zusammenfassend Krell 1998 und 1999). Verschiedentlich werden auch spezielle Frauenförderprogramme oder Quotierungen verlangt, um die Aufstiegsförderung zu gewährleisten.

Bis etwa Mitte der Sechzigerjahre war die Ausbildung der Frauen tendenziell auf das traditionelle Rollenverständnis ausgerichtet, das für den beruflichen Aufstieg ein sehr großes Hindernis darstellt. In den letzten Jahren hat sich dagegen Gleichberechtigung zwischen Männern und Frauen und die Wahlfreiheit zwischen Familie und Beruf stärker durchgesetzt. Die berufliche Ausbildung gehört heute bei den meisten Frauen zur selbstverständlichen Lebensplanung.

Zur besseren Vereinbarkeit von Familie und Beruf können Staat und Betriebe verschiedene Rahmenbedingungen schaffen. Zu den praktizierten staatlichen und betrieblichen Maßnahmen, die jedoch nicht allen Arbeitnehmern gleichermaßen zugestanden werden, gehören nach Mohneck (1998, S. 201):

- Arbeitszeitflexibilität (Teilzeitarbeit, Job-Sharing, Jahresarbeitskonten, Sabbaticals)
- Arbeitsortflexibilität (Telearbeitsplätze, Heimarbeit)
- staatliche Betreuungseinrichtungen (Kinderkrippen, -gärten, -tagesstätten)
- betriebliche Betreuungseinrichtungen
- Informations- und Weiterbildungsveranstaltungen für Personen im Erziehungs"urlaub".

Die **Fortbildung** ist das zentrale Personalentwicklungsinstrument, um die Berufschancen von Frauen zu erhöhen, und zwar sowohl für die laufend Berufstätigen als auch für die Frauen mit familienbedingter Berufsunterbrechung, die ins Arbeitsleben zurückkehren (möchten). Durch die Fortbildung können Frauen versäumte Qualifikationen nachholen, erweitern und auffrischen, um den beruflichen Einstieg zu finden oder ihre Aufstiegschancen zu verbessern. Weiterbildungsangebote sollten im Sinne und Interesse vieler Frauen, die Berufstätigkeit und Familie miteinander zu verbinden suchen, bestimmte Voraussetzungen erfüllen. Sie sollten

- während der Arbeitszeit,
- auch für Teilzeitbeschäftigte,
- in der Nähe des Unternehmensstandortes,
- außerhalb von Schulferien und
- eventuell mit Kinderbetreuungsmöglichkeit

angeboten werden (vgl. Waschbüsch 1994, S. 96).

Frauenförderung soll nicht dazu dienen, ein paar "Alibifrauen" zu bekommen, sondern das Potential qualifizierter und engagierter Frauen in viel breiterem Umfang als bisher zu nutzen. Das Frauenförderprogramm z.B. der IBM Deutschland GmbH enthält folgende Fördermaßnahmen (Fleck 1987, S. 17):

- "Durch allgemeine Publikationen und Führungskräfte-Informationen kann Einfluss darauf genommen werden, dass die Bemühungen des Unternehmens, Chancengleichheit zu praktizieren und zu fördern, von allen Mitarbeitern verstanden werden.

411

- Die Förderung von Frauen im Unternehmen wurde als fester Bestandteil in die Führungskräfteschulung aufgenommen.
- Maßnahmen wie die Berücksichtigung von Frauen in Stellenanzeigen, in Firmenpublikationen als auch die Überprüfung der Einstellpraxis wurden erfolgreich eingeleitet.
- Um die Bewusstseinsbildung zum Thema Chancengleichheit zu fördern, kommen in unserer Mitarbeiterzeitschrift Frauen zu Wort, die trotz unterschiedlichster Voraussetzungen ihre persönlichen Erfahrungen und Erfolge als ermutigende Aussage an Mitarbeiterinnen weitergeben, die im Beruf vorankommen wollen. Und wir stellen Frauen in Berufen und Tätigkeiten vor, in denen sie bislang nur mit der Lupe gefunden wurden.
- Fähige Mitarbeiterinnen zu fördern heißt oft auch, denen Mut zu machen, die zwar qualifiziert sind, aber Bedenken haben, Aufgaben und Positionen mit höherer Verantwortung zu übernehmen.
- In nur Frauen zugänglichen Orientierungsschulungen lernen Mitarbeiterinnen nicht nur ihre beruflichen Ziele klarer zu definieren, sondern auch ihr Rollenverständnis und Rollenverhalten zu überprüfen, ihre berufliche Zukunft zu planen und auch eine Lebensperspektive im Beruf zu sehen.
- Ein wichtiger Faktor ist das Berichtswesen, das die Förderung von Frauen in Führungspositionen, in höherwertige Tätigkeiten und die Einstellerfolge von qualifizierten Bewerberinnen kontrolliert. Die jährlich aus dem Ist-Stand des Vorjahres mit der Geschäftsleitung verabschiedeten, realistischen Zielvorgaben werden dokumentiert und bei negativen Abweichungen untersucht und kommentiert."

Die von einigen gesellschaftlichen Gruppen in diesem Zusammenhang geforderten Quotenregelungen werden überwiegend als ungeeignetes Instrument der Frauenförderung angesehen. Quoten könnten z.B. bewirken, dass in bestimmten Fällen schlechter qualifizierte Frauen besser qualifizierten Männern vorgezogen werden.

Für den öffentlichen Dienst ist 1986 eine Richtlinie zur beruflichen Förderung von Frauen in Kraft gesetzt worden, die konkrete Regelungen enthält für die Verbesserung der Einstellungs- und Aufstiegschancen von Frauen, die Erhöhung ihres Anteils an Fortbildungsmaßnahmen sowie Regelungen, die die Vereinbarkeit von Familie und Beruf erleichtern helfen sollen.

5 ZUSAMMENFASSENDE BEURTEILUNG DER MAßNAHMEN DER PERSONALENTWICKLUNGSGESTALTUNG

Primäres Interesse der Organisation an der Personalentwicklung und ihrer Gestaltung ist sicherlich die **Effizienzsteigerung**, wobei diese kein Selbstzweck ist, sondern eine wesentliche Grundlage für die Erhaltung der Lebensfähigkeit einer Unternehmung und somit für die Beschäftigungsmöglichkeit der Arbeitnehmer. Die Erfüllung der sozialen Ziele ist dann ein legitimes Mittel, dieses wirtschaftliche Ziel zu erreichen. Besonders deutlich wird diese Auffassung in der Behandlung der betrieblichen Bildung als **immaterielle Investition**, deren Bewertungskriterium wie bei materiellen Investitionen die Vorteilhaftigkeit ist.

Das Aufzeigen einer **individuellen Laufbahnplanung** ist ein Anreiz, der von dem Wunsch auf eine höherwertige Position ausgeht. Wenn die Erwartungen sich nicht erfüllen oder sich die vorgesehene Beförderung verzögert, können sich Enttäuschung und Demotivation einstellen. Wird die angestrebte Position nicht erreicht, so können die Gründe sowohl in der Person als auch im organisatorischen Bereich liegen, z.B. kann die vorgesehene Position auf Grund einer Reorganisation nicht mehr notwendig sein.

Wenn die innerbetriebliche Stellenausschreibung praktiziert wird, tritt der Bewerber mit anderen in Konkurrenz und kann bei der Auswahl unterliegen. Durch die zur Laufbahnplanung ergänzend durchgeführten Maßnahmen wird der Bewerber zwar konkurrenzfähiger gegenüber anderen Stelleninhabern; aber bei einer Ablehnung ist die Frustration dann auch größer, weil die Erwartungen gestiegen sind.

Laufbahnlinien weisen eine gewisse Starrheit auf, die die Flexibilität im Personaleinsatz hemmen können.

Die **Entwicklungsbeurteilung** ist grundsätzlich durch alle Vor- und Nachteile gekennzeichnet, die allgemein mit der Personalbeurteilung verbunden sind. Den positiven Wirkungen, die angesprochen werden, steht eine Reihe von Schwächen gegenüber, die in den Annahmen über die Wirkungen, der Person des Beurteilers und in der Methode liegen können. Der Entwicklungsbeurteilung und insbesondere dem Beurteilungsgsgespräch liegt die Annahme zugrunde, dass sich das Verhalten und die Einstellungen des Mitarbeiters im Hinblick auf die bestmögliche Erreichung der Betriebsziele verändern lassen, wenn der Person die Konsequenzen ihres bisherigen Verhaltens verdeutlicht werden und wenn ihr aufgezeigt wird, welche Fortschritte sie durch alternative Verhaltensweisen machen könnte. Die Chancen, das Mitarbeiterverhalten durch Beurteilungsgespräche zu ändern, sind relativ gering. Da nur wenige Vorgesetzte über die für ein Beurteilungsgespräch erforderlichen Kenntnisse und Fähigkeiten verfügen, wird deshalb oft auf ein Beurteilungsgespräch verzichtet.

Die wichtigsten Entstehungsursachen von Fehlern, die durch die Person begründet sind, liegen

- in einer Begünstigung auf Grund von Sympathie (Protektion),
- in einer Benachteiligung auf Grund von Schädigungsabsichten, Hassgefühl und Antipathie,
- im "Wegloben" unliebsamer Mitarbeiter (z.B. aus Konkurrenzgründen),
- in der Erhaltung eines leistungsfähigen Mitarbeiters (daher Unterbewertung),
- in den Vorurteilen des Beurteilers,
- in den Verzerrungen in der Wahrnehmung (Halo-Effekt),
- in der Dominanz des kürzlich eingetretenen Verhaltens gegenüber dem länger zurückliegenden,
- in der Tendenz, hierarchisch höher gestellte Personen besser zu beurteilen (Hierarchie-Effekt) und
- im falschen Beurteilungsmaßstab.

Die Fehler, die durch die Methode bedingt sein können, liegen einerseits in der Auswahl der Methoden und andererseits in der mangelnden Abgrenzung und fehlerhaften Gewichtung der Merkmale. Nicht alle Personalbeurteilungsmethoden eignen sich zur Personalentwicklung, da diese auch für andere Zwecke entwickelt wurden (vgl. Hentze 1980, S. 148). Die Abgrenzung der Merkmale ist bei analytischen Methoden sehr schwierig. Dabei können für die Personalentwicklung bedeutende Merkmale im Beurteilungssystem gänzlich fehlen, oder bestimmte Verhaltenserscheinungen werden mehrfach durch verschiedene Merkmale beurteilt, weil sie nicht genügend abgegrenzt werden.

Die **Wirkungen der Qualitätszirkel** hängen wesentlich von den betrieblichen Rahmenbedingungen, der Zielsetzung und der angesprochenen Zielgruppe bzw. der Persönlichkeitsstruktur des Individuums ab. Wichtigste Voraussetzung für die Rahmenbedingungen ist ein kooperatives Führungskonzept. Je nach der Bedürfnisstruktur und dem Anspruchsniveau des einzelnen Gruppenmitglieds wird die Befriedigung der Bedürfnisse durch Quality-Circles graduell sehr unterschiedlich sein. Voraussetzung für die Wahl des "optimalen" Qualitätszirkeltyps ist daher eine möglichst genaue Operationalisierung der Ziele und der möglichen Einflussfaktoren. Die Personalentwicklungsgestaltung wird für unterschiedliche Situationen zu verschiedenen Lösungen führen. Es sind individuelle Lösungen zu entwickeln.

In den Qualitätszirkeln darf auch nicht das Allheilmittel für alle Probleme der Personalentwicklung gesehen werden. Es hat sich gezeigt, dass Qualitätszirkel wesentlich zur Realisierung und Entwicklung von Innovationen beitragen können, so dass ihr Einsatz inzwischen nicht mehr nur auf den gewerblichen Bereich beschränkt ist, sondern auch auf Forschung und Entwicklung, Planung, Marketing usw. ausgedehnt wird. Quality-Circles sind nicht isoliert als Personalentwicklungsmaßnahme zu verstehen, sondern müssen in das Gesamtkonzept der Unternehmungsführung eingebettet sein.

Auf dem Sektor der Bildung nehmen Betriebe eine wichtige **gesellschaftliche Subsidiaritätsfunktion** wahr, durch die die öffentlichen Haushalte nicht unwesentlich entlastet werden. Insbesondere in der betrieblichen Ausbildung sind in dem **dualen Ausbildungssystem** (Schule und Betrieb) die Betriebe eine wesentliche gesellschaftliche Verpflichtung eingegangen, die ihnen eine große Verantwortung für die Zukunftssicherung der Gesellschaft und den einzelnen Auszubildenden auferlegt. Sicherlich darf hier nicht das Eigeninteresse der Unternehmungen übersehen werden, die zur Sicherung ihrer Lebensfähigkeit Personal qualifizieren.

Die betriebliche Bildung wird in starkem Maße durch die Veränderungen des Umsystems beeinflusst wie:

- Gesetze, Tarifverträge, Verordnungen, Rechtsprechung,
- technologische Entwicklung,
- Arbeitsbeschaffungsmarkt,

- Bildungssystem,
- gesellschaftliches Wertesystem.

Auf Grund der veränderten Ausbildungsbedürfnisse hat die Wirtschaft differenzierte Angebote zur Ausbildung zum Betriebswirt entwickelt. Dieses modifizierte Ausbildungsangebot richtet sich nur an Abiturienten, da Real- und Handelsschulabsolventen an die Berufsschulpflicht nach dem Berufsbildungsgesetz gebunden sind. Diese spezielle Ausbildung, z.B. bei den Sparkassen das Traineeprogramm, dauert drei bis dreieinhalb Jahre und stellt insgesamt höhere Anforderungen als die bisherige Ausbildung.

Der Wandel im Umsystem wird sich insbesondere auf die Veränderungen der Schlüsselqualifikationen der Führungskräfte und Mitarbeiter auswirken, deren Vermittlung für die Personalentwicklung bzw. Personalbildung zukünftig noch an Bedeutung gewinnen wird. Im Einzelnen handelt es sich um (Wunderer/Kuhn 1992, S. 71 f.): Kooperationsfähigkeit, Kommunikationsfähigkeit, Motivationsfähigkeit, Problemlösungsfähigkeit, analytisches Denken, technisches Verständnis, konstruktives Denken, Kreativität, Transferfähigkeit, Zuverlässigkeit, Verantwortung und Entscheidungsstärke.

In der Untersuchung von Wunderer/Kuhn gibt es bei diesen Merkmalen zwischen Mitarbeitern und Führungskräften graduelle Unterschiede, wobei aber tendenziell zu erkennen ist, dass alle Merkmale zukünftig an Bedeutung gewinnen werden.

Besondere Rahmenbedingungen sind für die Berufsausbildung durch das Berufsbildungsgesetz 1969 (BBiG), zuletzt geändert am 25. März 1998, geschaffen worden, das unter anderem die Pflichten des Ausbildenden und Auszubildenden, die Berechtigung zum Einstellen und Ausbilden und die Überwachung der Berufsausbildung regelt. Der Verordnungsgeber hat 1999 durch die **Ausbilder-Eignungsverordnung für Ausbilder in Gewerbebetrieben, im Bergwesen, in der Landwirtschaft, in der Hauswirtschaft und im öffentlichen Dienst** die Anforderungen für den Ausbilder spezifiziert. Danach wird von den Ausbildern der förmliche Nachweis der Qualifikation verlangt (§ 3 Ausbilder-Eignungsverordnung).

Nach § 2 Ausbilder-Eignungsverordnung umfaßt die berufs- und arbeitspädagogische Eignung die Qualifikation zum selbstständigen Planen, Durchführen und Kontrollieren in folgenden Handlungsfeldern:

(1) Allgemeine Grundlagen,
(2) Planung der Ausbildung,
(3) Mitwirkung bei der Einstellung von Auszubildenden,
(4) Ausbildung am Arbeitsplatz,
(5) Förderung des Lernprozesses,
(6) Ausbildung in der Gruppe und Abschluss der Ausbildung.

Der Gesetz- und Verordnungsgeber dokumentiert mit den teilweise detaillierten Regelungen sein Interesse und seine Verantwortung für die berufliche Bildung. Die betriebliche Fort- und Weiterbildung unterliegt nicht diesen strengen Rahmenbedingungen.

6 EXKURS: DER BILDUNGSURLAUB

Der Bildungsurlaub dient der Weiterbildung und ist derzeit in neun Bundesländern gesetzlich geregelt. Anspruch auf Bildungsurlaub haben Arbeiter und Arbeiterinnen, Angestellte sowie die in einer Berufsausbildung Beschäftigten in der privaten Wirtschaft und im öffentlichen Dienst. Der Anspruch des Arbeitnehmers auf Bildungsurlaub umfasst in der Regel fünf Tage innerhalb des laufenden Kalenderjahres bzw. zehn Tage in zwei Kalenderjahren (in Berlin bis zum 25. Lebensjahr zehn Tage pro Kalenderjahr).

Der Bildungsurlaub soll der **politischen** und **beruflichen Weiterbildung** dienen. Die Bildungsveranstaltungen sind von einer vom Landesministerium bestimmten Stelle anzuerkennen, wobei der Veranstalter eine Reihe von Auflagen zu erfüllen hat.

Der Bildungsurlaub soll einen Beitrag zur persönlichen beruflichen Fortentwicklung leisten. So positiv die Grundeinstellung der Arbeitgeber- und Arbeitnehmerorganisationen zur Fortbildung ist, am Bildungsurlaub scheiden sich die Geister. Schon der irreführende Begriff "Urlaub" sorgt für Gereiztheit. Der Lohnfortzahlungsanspruch dieser mehr individuellen und gesellschaftlichen Aufgabe stößt bei den Arbeitgebern auf Kritik. Während die Gewerkschaften eine Ausweitung des Bildungsurlaubs fordern, stößt diese Forderung bei den Arbeitgeberorganisationen auf starke Ablehnung, da unter anderem die Wettbewerbsfähigkeit insbesondere der Klein- und Mittelbetriebe dadurch gefährdet sein soll.

Unabhängig vom Bildungsurlaubsgesetz haben Mitglieder des Betriebsrats (Personalrats) Anspruch auf bezahlte Freistellung für Schulungs- und Bildungsmaßnahmen, die im Zusammenhang mit ihrer Betriebs(Personalrats)tätigkeit stehen (§ 37 Abs. 6 BetrVG; § 46 Abs. 6 BPersVG). Dieser Anspruch auf bezahlte Freistellung besteht für insgesamt drei bzw. vier Wochen (§ 37 Abs. 7 BetrVG; § 46 Abs. 7 BPersVG).

7 LITERATURHINWEISE ZU TEIL IV

Becker, M.: Personalentwicklung, 2. Aufl., Stuttgart 1999

Bungard, W.: Qualitätszirkel in der Arbeitswelt, Stuttgart 1992

Domsch, M. u.a.: Personalentwicklung in der Industrieforschung, Stuttgart 1990

French, W.L./Bell, C.H.: Organisationsentwicklung, 4. Aufl., Bern u.a. 1994

Goldstein, J.L.: Training in Organizations: Needs Assessment, Development, and Evaluation, 3. Aufl., Pacific Grove, CA 1993

Laske, S./Gorbach, S. (Hrsg.): Spannungsfeld Personalentwicklung, Wiesbaden 1993

Mentzel, W.: Unternehmenssicherung durch Personalentwicklung, 7. Aufl., Freiburg i.Br. 1997

Mumford, A. (Ed.): Gower Handbook of Management Development, 4. Aufl., Aldershot 1994

Neuberger, O.: Personalentwicklung, 2. Aufl., Stuttgart 1994

Reetz, L./Reitmann, Th. (Hrsg.): Schlüsselqualifikationen, Hamburg 1990

Sattelberger, Th. (Hrsg.): Innovative Personalentwicklung, Wiesbaden 1995

Simon, H./Schwuchow, K. (Hrsg.): Management-Lernen und Strategie, Stuttgart 1994

Sonntag, K.: Personalentwicklung in Organisationen, Göttingen u.a. 1999

Thom, N.: Personalentwicklung als Instrument der Unternehmungsführung, Stuttgart 1987

Welge, M.K. u.a. (Hrsg.): Management Development, Stuttgart 2000

V. Teil

Personaleinsatz

1 ÜBERBLICK

Der Personaleinsatz umfasst die Zuordnung der im Betrieb verfügbaren Personen zu den zu erfüllenden Aufgaben (bzw. Arbeitsplätzen) in quantitativer, qualitativer, zeitlicher und örtlicher Hinsicht, so dass die erforderlichen Personen ihrer Eignung entsprechend eingesetzt werden und die Durchführung aller Betriebsaufgaben möglichst termin-, qualitäts- und mengengerecht unter gleichzeitiger optimaler (im Hinblick auf die Sach- und Formalziele der Unternehmung) Ausnutzung der Betriebsmittel in der verfügbaren Arbeitszeit effizient erreicht wird.

Der Personaleinsatz vollzieht sich in **Arbeitssystemen (sozio-technischen Systemen)**, in denen Menschen und Betriebsmittel zusammengefasst sind. Von den Unternehmungsmitgliedern werden ziel- und rollenkonforme Verhaltensweisen unter bestimmten Bedingungen nach festgelegten Regeln erwartet. Mensch und Betriebsmittel bestimmen die quantitative und qualitative Kapazität des Arbeitssystems.

Eng verbunden mit dem Personaleinsatz ist die **Arbeitsorganisation**. Arbeitsorganisatorische Fragestellungen werden vor allem in den Arbeitswissenschaften behandelt, wobei sowohl die physischen als auch die psychischen Bedingungen der Arbeit in die Betrachtung einbezogen werden.

Somit sind Entscheidungs- und Aktionsfelder der Arbeitsorganisation gleichzeitig Entscheidungs- und Aktionsfelder des Personaleinsatzes. Zum einen wird der Personaleinsatz von der **Gestaltung der Arbeitsabläufe (prozessual)** und zum anderen vom **Ergebnis der Gestaltungsmaßnahmen (strukturell) der Arbeitsorganisation** beeinflusst, die sich aber auch mit der **zielgerichteten Verhaltenssteuerung** der Unternehmungsmitglieder befasst. Infolgedessen sind Instrumente zu unterscheiden, die strukturelle, prozessuale und verhaltensorientierte Gestaltungsparameter darstellen und die in der Regel nicht isoliert, sondern als Mix implementiert werden.

Personaleinsatz als Funktion umfasst Gestaltungsparameter in den in der Darstellung V-1 aufgezeigten Entscheidungsfeldern.

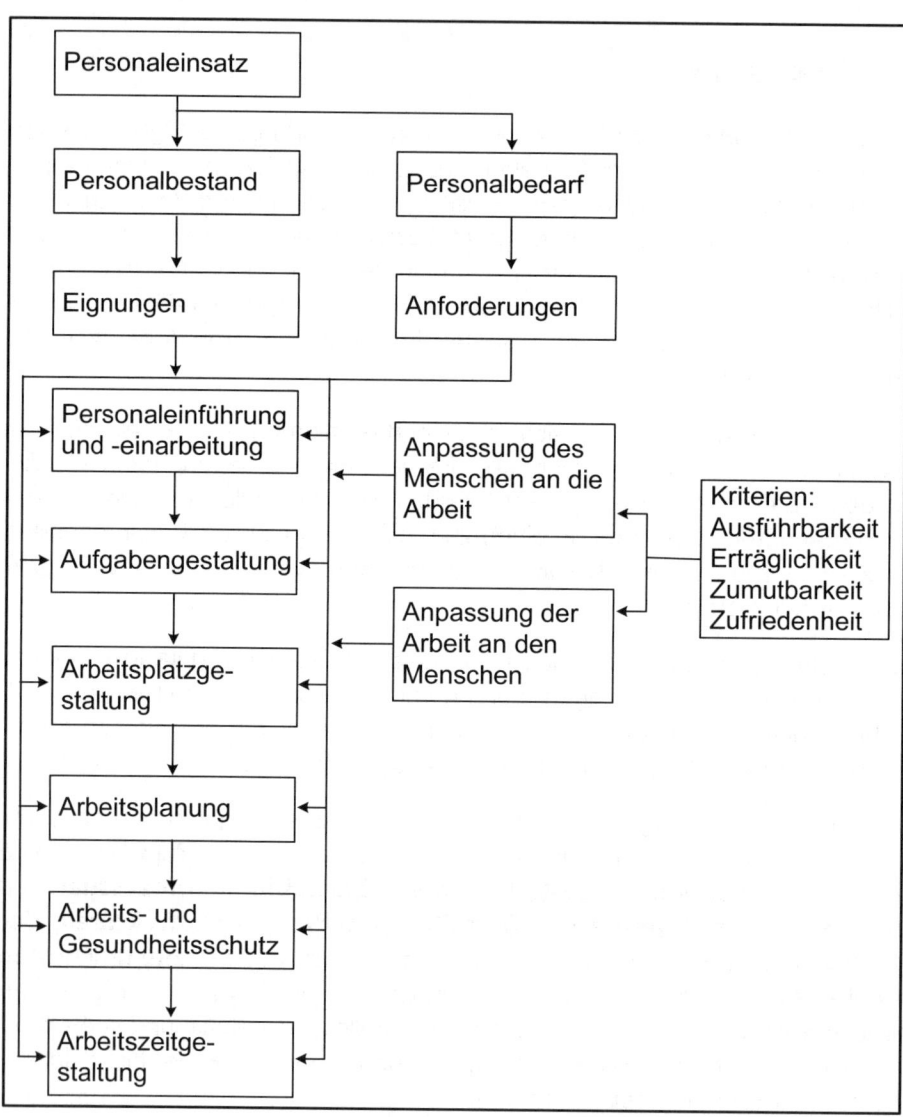

Darstellung V-1 Entscheidungsfelder des Personaleinsatzes

Personaleinführung und **-einarbeitung, Aufgabengestaltung, Arbeitsplatz- gestaltung, Arbeitsplanung** sowie **Arbeits-** und **Gesundheitsschutz** werden in diesem Teil behandelt, während aus didaktischen Überlegungen **Arbeits- zeitregelungen** im Teil VI dargestellt werden.

Auch die Anpassung des Menschen an die Arbeit und die Anpassung der Arbeit und der Arbeitsbedingungen an den Menschen unter Berücksichtigung arbeitswissenschaftlicher Erkenntnisse sind Gegenstand des Personaleinsatzes, wobei andere personalwirtschaftliche Funktionen Hilfestellung leisten können.

Die Beziehungen des Personaleinsatzes sind zu den anderen personalwirt- schaftlichen Funktionen besonders eng.

Voraussetzung für den Personaleinsatz ist ein Personalbestand, der entweder intern (durch Aus- und Fortbildung) oder extern beschafft wird.

Personaleinsatz ist ohne die monetären und nichtmonetären Anreize der Funk- tion Personalerhaltung und Leistungsstimulation nicht denkbar.

Auch Personalfreistellung und Personalinformationswirtschaft sind mit dem Personaleinsatz eng verbunden und stellen Informationen zur Verfügung, die zur Erfüllung der Personaleinsatzfunktion notwendig sind.

Die Aktivitäten in den übrigen personalwirtschaftlichen Funktionen sind nicht Selbstzweck, sondern zielen, sofern sie nicht zur externen Personalfreistellung führen, auf den Personaleinsatz, der infolgedessen eine zentrale Stellung innerhalb der Personalwirtschaft hat.

Grundlage des Personaleinsatzes ist die **Information über die verfügbaren personellen Kapazitäten**, die nicht nur vergangenheits- bzw. gegenwartsbe- zogen sein darf, sondern auch den zukünftigen Personalbestand beinhalten muss. Die Pesonalbestandsermittlung ist Aufgabe der Funktion Personalbe- darfsermittlung bzw. der Personalinformationswirtschaft.

Die unter Personalentwicklung geschilderte individuelle Laufbahnplanung (Nachfolgeplanung) weist eine sehr enge Beziehung zum Personaleinsatz auf, da sie die zukünftige Verwendung von Mitarbeitern an anderen Arbeitsplätzen festlegt. Die individuelle Laufbahnplanung kann somit auch als individuelle Per- sonaleinsatzplanung bezeichnet werden.

Personalbedarfs-ermittlung	Personalbeschaffung		Personalent-wicklung
quantitativer und qualitativer Personal-bedarf § 92 BetrVG	**intern**	**extern**	Personalbildung § 97, 98 BetrVG § 75 (3) Ziff. 5, 6 § 6 (1) Ziff. 6 BPersVG
	Ausschreibung von Arbeitsplätzen § 93 BetrVG § 75 (3) Ziff. 14 BPersVG	Einstellung § 99 (1) BetrVG § 75 (1) Ziff. 1 BPersVG	
Stellen und Stellen-besetzungspläne			Laufbahnlinien § 92 BetrVG
Stellenbeschrei-bungen	Personalbeurteilung § 94 BetrVG § 75 (3) Ziff. 9 §76 Ziff. 3 BPersVG		Beförderungs-system
Anforderungsprofile	Versetzung, Beförderung § 99 (1) BetrVG § 75 (1) Ziff. 3 § 76 (1) Ziff. 4 § 76 (1) Ziff. 2 BPersVG	Auswahlricht-linien § 95 BetrVG	Beurteilung der Leistungen, be-rufliche Entwick-lung im Betrieb

Personaleinsatz
Unterrichtungspflicht des Arbeitgebers (über Arbeitsplatz usw.) § 81 BetrVG
Anhörungs- und Erörterungsrecht des Arbeitnehmers (z.B. Gestaltung des Arbeitsplatzes) § 82 Abs. 1 BetrVG
Einsicht in die Personalakten § 83 BetrVG
Arbeitsschutz § 89 BetrVG, § 81 BPersVG
Gestaltung von Arbeitsplatz, Arbeitsablauf und Arbeitsumgebung § 90, 91 BetrVG, § 75 Abs. 3 Nr. 16, § 76 Abs. 2 Nr. 5, 7 BPersVG
Wirtschaftliche Angelegenheiten, die sich für den Personaleinsatz aus Änderungen im Betrieb ergeben § 106 BetrVG

Personalerhaltung und Leistungs-stimulation	Personalfreistellung	Personalinforma-tionswirtschaft
		Personalkosten
Einsicht in die Personalakten § 83 BetrVG	Auswahlrichtlinien (Versetzungen, Umgruppierungen, Kündigungen) § 95 BetrVG § 76 BPersVG	Arbeitszeiten und Überstunden
Beschwerderecht § 84, 85 BetrVG		Absentismus
Mitbestimmungs-rechte § 87 BetrVG § 75 Abs. 2 und 3 BPersVG	personelle Einzelmaßnahmen (Eingruppierung, Umgruppierung, Versetzung) § 99 BetrVG § 75 Abs. 1 Nr. 1-4 BPersVG	Fluktuationen
	Kündigungen § 102 BetrVG, § 78 Abs. 1 Nr. 4, 5 § 79 BPersVG § 103 BetrVG, § 47 Abs. 1 BPersVG	
	Entfernung betriebsstörender Arbeitnehmer § 104 BetrVG	

Darstellung V-2   Personalwirtschaftliche Informationen für die Ein- und Durchführung des Personaleinsatzes und die Mitbestimmungs- und Mitwirkungsrechte des Beriebsrats (Personalrats)

Die **Personaleinarbeitung** als Teil des Personaleinsatzes greift oft auf die be-triebliche Bildung (z.B. Anlernung) über.

Der Personaleinsatz erfolgt im Hinblick auf die Erreichung der Zwecke und Ziele des Betriebs. Er ist somit auch integrierender Bestandteil des Aufgabenvollzugs.

Die Darstellung V-2 zeigt wichtige zur Erfüllung der Personaleinsatzfunktion benötigte Informationen der übrigen personalwirtschaftlichen Funktionen sowie die Mitbestimmungs- und Mitwirkungsrechte des Betriebsrats.

Die besondere Stellung des arbeitenden Menschen im Betrieb erfordert die Berücksichtigung seiner Interessen. Im Rahmen des Personaleinsatzes stellen die Arbeitnehmer u.a. die Forderung nach menschengerechter Arbeitsgestaltung. Die Meinungen darüber, was unter menschengerechter Arbeitsgestaltung zu verstehen ist, gehen auseinander. Rohmert (1976, S. 19) nennt folgende vier Kriterien:

- Ausführbarkeit,
- Erträglichkeit,
- Zumutbarkeit,
- Zufriedenheit.

Dabei betrifft die **Ausführbarkeit** die Frage, ob eine Arbeit überhaupt und mit welcher kurzfristigen Höchstbeanspruchung ohne Gesundheitsschäden ausgeführt werden kann.

Die **Erträglichkeit** gilt als gegeben, wenn eine Arbeit ohne Schaden über längere Zeit, d.h. über die Dauer eines gesamten Arbeitslebens ausgeführt werden kann, ohne dass arbeitsbedingte Schädigungen beim Menschen auftreten.

Die **Zumutbarkeit** bringt allgemein akzeptierte soziale Normen in die Bewertung ein. Ob ein Mensch eine Arbeit kürzer oder länger ausführen kann, schließt die Frage nach Abhilfen, Erleichterungen bzw. Substitution des Menschen durch technische Mittel ein.

Die **Zufriedenheit** betrifft die subjektive Einschätzung der Arbeit und der Arbeitsbedingungen durch das Individuum.

Eine den Ansprüchen der Arbeitgeber und Arbeitnehmer entsprechende Personaleinsatzplanung berücksichtigt die Kriterien und versucht einen potentiellen Interessenkonflikt zu handhaben.

2 GRUNDLAGEN MENSCHLICHER ARBEIT UND MENSCHLICHER ARBEITSLEISTUNG

2.1 Arbeit und Arbeitsleistung

In der Physik wird unter Arbeit das Produkt aus "Kraft mal Weg" verstanden und als Maß wird die Bewegung eines Kiloponds über eine Wegstrecke von einem Meter definiert. Hieraus ergibt sich die Maßeinheit 1 mkp.

In manchen Fällen könnte die menschliche körperliche Arbeit ebenfalls als Arbeit im physikalischen Sinn angesehen werden, wie das Heben einer Last.

Der **arbeitswissenschaftliche Begriff** der Arbeit geht weit über den physikalisch-technischen hinaus. Er umfasst nicht nur die Bewegungsarbeit (**dynamische Arbeit**), sondern auch die Haltearbeit (**statische Arbeit**), bei der keine Wege zurückgelegt werden, und vor allem die **geistige Arbeit** wie Denkvorgänge und aufmerksames Beobachten.

Arbeit wird in der **Betriebswirtschaftslehre** als Einsatz der **physischen** und **psychischen Kräfte** mit dem Ziel der maximalen Ergiebigkeit betrachtet. Sie dient dem Menschen als Mittel zur Befriedigung seiner Bedürfnisse. Arbeit ist in der Betriebswirtschaftslehre wie auch in der Volkswirtschaftslehre ein **Produktionsfaktor**, der kombiniert mit Betriebsmitteln und Werkstoffen zur Erklärung des betrieblichen Leistungsprozesses benötigt wird. Dabei werden zwei Arten von Arbeit unterschieden:

- die ausführende Arbeit,
- die dispositive Arbeit, die die Planung, Organisation, Überwachung und Leitung umfasst.

In der **Psychologie** ist es weitgehend vermieden worden, Arbeit zu definieren, obwohl Arbeit und Arbeitsverhalten Gegenstand der Arbeitspsychologie sind. Sie hat Schwierigkeiten, Arbeit zu anderen Aktivitäten (z.B. Spiel, Sport) abzugrenzen.

Graf Hoyos definiert die Arbeit als "eine Aktivität oder Tätigkeit, die im Rahmen bestimmter Aufgaben entfaltet wird und zu einem materiellen und/oder immateriellen Arbeitsergebnis führt, das in einem Normensystem bewertet werden kann; sie erfolgt durch den Einsatz der körperlichen, geistigen und seelischen Kräfte des Menschen und dient der Befriedigung seiner Bedürfnisse" (Hoyos 1974, S. 24).

Hacker (1986, S. 57) definiert die Arbeitstätigkeit mit Hilfe psychologisch relevanter Eigenschaften:

(1) Sie ist bewusste, zielgerichtete Tätigkeit;

(2) gerichtet auf Verwirklichung eines Ziels als vorweggenommenes Resultat (Produkt), das

(3) vor dem Handeln ideell gegeben war;

(4) sie wird willensmäßig auf das bewusste Ziel hin reguliert;

(5) bei der Herstellung des Produkts formt sich zugleich die Persönlichkeit;

(6) Jede Arbeitstätigkeit, auch innerhalb der gesellschaftlichen Arbeitsteilung isoliert ausgeübt, ist in ihren wesentlichen Merkmalen gesellschaftlich bestimmt.

In der **Ergonomie** wird unter Arbeit die Summe von Energie und Informationen verstanden, die während der Tätigkeit umgesetzt bzw. verarbeitet werden muss (REFA, Methodenlehre des Arbeitsstudiums Teil I, 1984, S. 18).

Die **menschliche Arbeitsleistung** ist das Arbeitsquantum pro Zeiteinheit. Für den Personaleinsatz ist die Kenntnis der Bedingungen, die die Arbeitsleistung determinieren, von besonderer Bedeutung, da unter dem Produktivitäts- und Arbeitszufriedenheitsaspekt die Bedingungen optimal zu gestalten sind. Die menschliche Arbeitsleistung wird von einer Vielzahl von Faktoren beeinflusst, die zum Teil auch wechselseitig voneinander abhängig sind.

Ein Arbeitsergebnis kommt zunächst nur zustande, wenn der Mitarbeiter leistungsfähig und leistungsbereit ist. Die **Leistungsfähigkeit** setzt sich aus einer Reihe von Fähigkeitsarten zusammen und ist eine Voraussetzung für eine Stellenbesetzung. Welchen Anteil ihrer Fähigkeiten die Person schließlich einsetzt, hängt von den in einem bestimmten Zeitraum vorhandenen physischen und psychischen Bedingungen ab. Die **physische Leistungsbereitschaft** wird z.B.

vom Wetter und Umgebungseinflüssen bestimmt, während zu der aktuellen **psychischen Leistungsbereitschaft** z.B. die generelle Einstellung zur Arbeit, die Motivation und der Gesundheitszustand zählen. Der Vorgesetzte kann insbesondere den motivationalen Faktor der Leistungsbereitschaft beeinflussen.

Die Bedingungen der Arbeitsleistung (**Leistungsvoraussetzungen**) liegen sowohl in der Umwelt des Menschen als auch im Menschen selbst.

Demzufolge kann in

- objektive Bedingungen der Arbeitsleistung und
- subjektive Bedingungen der Arbeitsleistung

unterschieden werden (Autorenkollektiv 1974, S. 123 ff.).

Objektive Bedingungen sind:
a) technische Bedingungen,
b) organisatorische Bedingungen,
c) soziale Bedingungen,
d) rechtliche Bedingungen.

Subjektive Bedingungen sind:
1. genereller Art
   a) physische Bedingungen,
   b) psychophysische Bedingungen,
   c) psychische Bedingungen,
2. individueller Art
   a) Lebensalter,
   b) Geschlecht,
   c) Konstitution,
   d) Gesundheitszustand,
   e) Qualifikation (Eignung),
   f) Motivation.

Außer den Arbeitsbedingungen beeinflusst die **Arbeitsbeanspruchung** die Arbeitsleistung. Es wird zwischen **physischer** und **psychischer Beanspruchung** unterschieden.

Die sie verursachenden Bedingungen der Arbeit werden als **Belastungen** bezeichnet. Beanspruchung ist also eine Folge der Belastung und kennzeichnet damit die Wirkungen des Arbeitsvollzugs auf den Menschen. Unterschiede in der Beanspruchung (z.B. bei gleicher Belastung) haben ihre Ursachen in den unterschiedlichen Fähigkeiten, Fertigkeiten und Eigenschaften.

Dabei werden unter **Fähigkeiten** Kompetenzen verstanden, die eine Person relativ unabhängig von dem Aufgabenfeld besitzt. Sie sind Grundvoraussetzungen des Leistungsvermögens. Hingegen sind **Fertigkeiten** aufgabenbezogenes, erworbenes Leistungsvermögen, das durch Aus- und Fortbildung sowie Erfahrung gebildet wird. Unter **Eigenschaften** werden intraindividuelle, weitgehend zeitunabhängige Einflussgrößen wie Geschlecht, Körpergröße verstanden. Für die Beanspruchung gilt somit folgende formale Beziehung:

Beanspruchung = f (Belastung, persönliches Leistungsangebot, Fähigkeiten, Fertigkeiten, Eigenschaften).

Belastungen entstehen aus der Arbeitsaufgabe bzw. dem Arbeitsinhalt und der Umgebung. Infolgedessen kann Belastung durch physische Arbeit (statische und dynamische Muskelarbeit), durch psychische Arbeit (geistige Arbeit), durch Umweltfaktoren (z.B. Hitze, Lärm) und durch besondere Aufgabenfaktoren (z.B. Zeitdruck, Eintönigkeit) entstehen.

Durch eine Dauerbeanspruchung tritt **Ermüdung** ein. Sie bewirkt eine Abnahme der Funktionsfähigkeit durch Inanspruchnahme einer bzw. mehrerer Fähigkeiten. Die Ermüdung kann durch **Erholung** rückgängig gemacht werden.

Die Leistungsbereitschaft ist periodischen Schwankungen unterworfen. Den Verlauf der Leistungsbereitschaft während des Tages zeigt die Darstellung V-3.

Die Leistungskurve im Tagesablauf ist durch zwei Maxima gekennzeichnet, die zwischen 8 und 10 h und um 18 h liegen. Ein Leistungstief während der üblichen Arbeitszeit liegt zwischen 13 und 15 h.

Die Belastung des **menschlichen Organismus** und/oder der **menschlichen Psyche** durch Umwelteinflüsse kann **Stress** bewirken. Dabei wird Stress in der psychologischen Stressforschung unter folgenden zwei Gesichtspunkten gesehen (Gebert 1981, S. 1):

(1) Stress wird als Reiz (Stimulus) verstanden, indem bestimmte auslösende Bedingungen eine Spannungsreaktion bewirken.

(2) Stress wird als unmittelbare Reaktion (Response) des Individuums auf irgendwelche situativen Bedingungen verstanden.

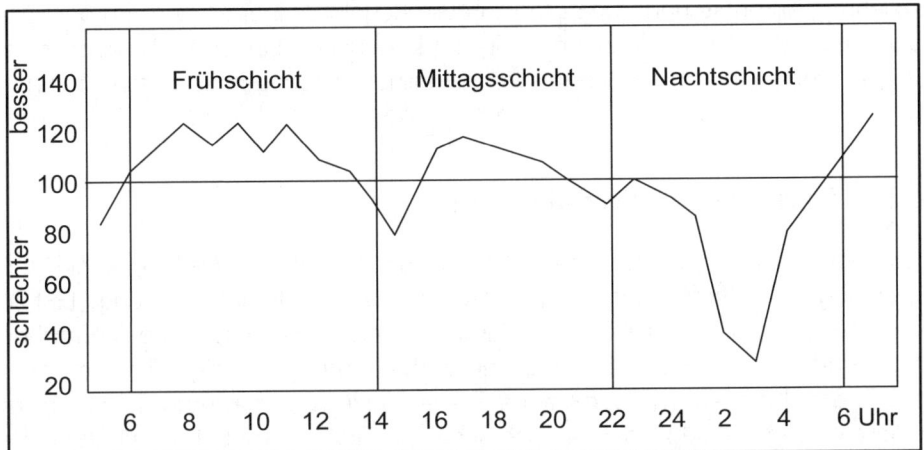

Darstellung V-3 Prozentuale Schwankungen der physiologischen Leistungsbereitschaft über 24 Stunden, errechnet aus den Reziprokwerten von etwa 80'000 Fehlleistungen in einem schwedischen Betrieb (Graf 1960, S. 14)

Verursacher des Stress, die sog. **Stressoren**, sind die Belastungsfaktoren, die aber erst in übermäßiger Dosierung zu schädlichen Auswirkungen führen.

Es lassen sich folgende Stressgruppen unterscheiden:

- auf der Ebene der **Organisation**: Überforderung/Unterforderung, Arbeitsunsicherheit, Konflikt mit anderen Organisationseinheiten (Abteilungen), Informationsüberflutung, Konfirmitätsdruck, Führungsmängel, Intrigen;

- auf der Ebene des **Individuums**: mangelnder Bezug zur Arbeit, unerfüllte Ambitionen, Konflikt zwischen Karriere und Familie, Furcht vor Konkurrenz, Mobbing usw.;

435

- auf der Ebene der **Umwelt**: ökonomische Faktoren, z.B. bei der Rezession und drohendem Arbeitsplatzverlust, Überfüllung in Räumen, Lärm, Hektik, Luftverschmutzung, Abgase usw.

Stress kann auch aus der sozialen Arbeitsumgebung (z.B. zwischenmenschliche Beziehungen) entstehen. Stress führt in der Regel zu einer Minderung der Leistung und der Arbeitszufriedenheit, wobei kurzfristig aber auch die Arbeitsleistung steigen kann und erst langfristig die Beeinträchtigungen auftreten können.

2.2   Betriebliche Sozialisation

Der Begriff der Sozialisation bezeichnet in der Soziologie, Anthropologie und Psychologie die Einführung von Kindern in die Gesellschaftsordnung. Erst in letzter Zeit wurde dieser Begriff mit anderen Lebensabschnitten des Menschen in Verbindung gebracht. Grundlegende Verhaltensweisen prägt das Elternhaus in frühester Kindheit. Mit der Kindheit ist der Sozialisationsprozess jedoch nicht abgeschlossen. Er setzt sich in der Schule und im Betrieb fort, in dem der Mensch seine erste Berufsrolle übernimmt und wiederholt sich, sobald er innerhalb oder außerhalb des Betriebs die Stelle wechselt.

Betriebliche Sozialisation ist die Einführung des Menschen in **Positionen (Stellen)**. Es handelt sich dabei um einen **Lernprozess**, bei dem das Individuum gesellschaftliche, betriebliche und gruppenbezogene **Normen** und **Werte** internalisiert, sich die erforderlichen Kenntnisse und Fertigkeiten aneignet und Einstellungen und Erwartungen ändert. Als betriebliche Sozialisation wird der Gesamtprozess des Aufbaus der Person, der Verinnerlichung der Fachsprache, der Anpassung an betriebliche und gruppenspezifische (formale und informale) Verhaltensvorschriften, der Motivation, der Prozess der Eingliederung des Einzelnen in den betrieblichen Zusammenhang, der Entwicklung seiner vom Betrieb für nützlich gehaltenen Fähigkeiten sowie die Anpassung des Einzelnen an die betrieblichen Arbeitsbedingungen aufgefasst.

Der Sozialisationsprozess umfasst die Interaktionen zwischen Betrieb und Individuum. Der Betrieb selbst sozialisiert nicht, sondern die Personen, die in ihm beschäftigt sind. Sie stellen die Anforderungen und ergreifen Sanktionen. Indem Autoritätspersonen belohnen oder bestrafen oder nachgeahmt werden, entwickeln sich beim Unternehmensmitglied betrieblich erwünschte Verhaltensweisen und Wertvorstellungen. Dabei kann davon ausgegangen werden, dass diejenigen Verhaltensweisen, die in der Vergangenheit vom Betrieb belohnt wurden, häufiger auftreten als solche, deren Belohnung als nicht gesichert erscheint. Sozialisation umfasst sowohl unbewusst verlaufende Vorgänge als auch bewusst gesteuerte Prozesse. Die sozialen Prozesse verlaufen nicht einseitig. Sie sind vielmehr wechselseitig. Das Individuum sozialisiert durch sein Verhalten auch die Bezugspersonen seiner Umgebung. Jedoch auf Grund der formalen Macht- und Zahlenverhältnisse, die in der Regel asymmetrisch sind, ist sein Anteil am Sozialisationsprozess geringer als der seiner Umgebung.

Sozialisation ist kein kontinuierlich verlaufender, reibungsloser Anpassungsprozess. Er wird durch **Konflikte** unterbrochen, die durch die Übernahme neuer Rollen entstehen können.

Sozialisation kann als ein Lernen sozialer Rollen verstanden werden. Mit der Zuweisung einer Stelle an einen Arbeitnehmer wird ein bestimmtes Rollenverhalten erwartet. Unter **Rollenerwartungen** sind sowohl Normen, die eine Bezugsperson zunächst mit dem Handeln eines Rolleninhabers verbindet, als auch allgemeine Normen oder Werte zu verstehen. Die Rollenerwartungen werden erfüllt, weil die Rolle persönliche Wünsche und Bedürfnisse erfüllt. Der Stelleninhaber nimmt mehrere Rollen ein, nämlich die formale Rolle an seinem Arbeitsplatz als auch informale Rollen. Das Ziel des Sozialisationsprozesses besteht darin, dass das Individuum die ihm übertragenen sozialen Rollen beherrscht. Sozialisation ist somit ein personalwirtschaftliches Mittel.

Wird ein Mitarbeiter auf einer Stelle neu eingesetzt, so erfordert das zunächst das Erlernen der mit der Stelle verbundenen Rollen. Darunter fallen die spezifischen Leistungsanforderungen, die Beziehungen zu anderen Rolleninhabern, die Status- und die Machtstruktur. Aus der Möglichkeit der Interaktion mit anderen Rolleninhabern ergibt sich die Chance, mit diesen **Koalitionen** einzugehen.

Die Erfüllung bzw. Nichterfüllung der Rollenerwartungen wird positiv (Belohnung) bzw. negativ (Bestrafung) sanktioniert.

3   Ziele des Personaleinsatzes

Der Personaleinsatz ist durch heterogene Interessen des Betriebes und der Mitarbeiter gekennzeichnet. Der Arbeitgeber verfolgt das Sachziel der Aufgabenerfüllung mit dem Formalziel, den Einsatz effizient zu gestalten. Effizienter Personaleinsatz heißt u.a. möglichst geringe Personalkosten. Für den Arbeitnehmer resultiert aus dem Personaleinsatz sein Einkommen. Arbeitnehmer streben nach einer möglichst hohen Entlohnung, womit ein Zielkonflikt gegeben ist, der in der Weise gehandhabt wird, dass für eine bestimmte Zeit eine von beiden Seiten akzeptierte Vereinbarung getroffen wird.

Die Mitarbeiter werden versuchen, unter Berücksichtigung ihrer Fähigkeiten, Fertigkeiten, Eigenschaften und sozialen Bedürfnisse eine ihren Interessen entsprechende Eingliederung in die Organisationsstruktur und den Arbeitsablauf sowie optimale Beschäftigungsbedingungen zu erreichen. Auch in diesem Entscheidungsfeld können Zielkonflikte auftreten, da nicht immer die gewünschten Arbeitsplätze zur Verfügung stehen werden.

Die Erreichung der Sach- und Formalziele erfordert bei Veränderungen der Bedingungen des In- und Umsystems eine hohe **Flexibilität** des Personaleinsatzes und der Aufgabenzuordnung, die durch eine proaktive Gestaltung des Personaleinsatzes erreicht wird.

Diese Anforderungen an die Personaleinsatzplanung und ihre Durchführung können für die betroffenen Mitarbeiter hohe Belastungen bedeuten. Organisatorische und technische Änderungen betreffen im Personaleinsatz den Mitarbeiter unmittelbar. Daher sind betrieblich geplante Maßnahmen in diesem Bereich besonders sorgfältig abzuwägen, was sich auch aus der **Fürsorgepflicht** des Arbeitgebers und aus speziellen rechtlichen Schutzmaßnahmen ergibt.

Über die gesetzlichen Regelungen hinaus sind für die Ausgestaltung des Personaleinsatzes Normen erarbeitet worden, die der Normenausschuss Ergonomie im Deutschen Institut für Normung (DIN) herausgibt. Sie werden u.a. ergänzt durch:

- VDE: Vorschriften des Verbandes Deutscher Elektrotechniker,
- VDI: Richtlinien des Vereins Deutscher Ingenieure,
- TÜV: Bestimmungen der Technischen Überwachungsvereine.

Das Betriebsverfassungsgesetz enthält darüber hinaus einige Mitwirkungs- und Mitbestimmungsrechte zum Schutz der wirtschaftlich Schwächeren (vgl. Darstellung V-2).

4 PERSONALINTEGRATION

Bei der Personalintegration handelt es sich um die Einführung neuer Mitarbeiter in den Betrieb bzw. in die Arbeitsgruppe. Die Integration ist dann erreicht, wenn sich der Mitarbeiter in seine Rolle und seine Arbeitsumgebung zur wechselseitigen Zufriedenheit eingefügt hat und seine Aufgabe erfolgreich bewältigt. Er identifiziert sich mit seiner Rolle und dem Unternehmen. Die Instrumente eines Integrationsprogramms in einem Personalmarketing-Konzept werden durch ihre Ziele bestimmt. Dabei ist von folgenden Zielen auszugehen:

- Der Mitarbeiter soll befähigt werden, seine Aufgaben erfolgreich wahrzunehmen.
- Der Mitarbeiter wird an das Unternehmen gebunden.
- Das Unternehmen profitiert durch ein gutes Einführungsprogramm durch gesteigerte Motivation und Leistung der Mitarbeiter, Nutzung des Innovationspotentials, Kostenersparnis auf Grund geringer Fluktuation und Imageverbesserung.

Das Integrationsprogramm für neue Mitarbeiter besteht aus vier Instrumenten (vgl. Darstellung V-4). Sie sind je nach Vorkenntnissen und Qualifikation des Mitarbeiters variabel miteinander kombinierbar. Entsprechendes Informationsmaterial begleitet die einzelnen Maßnahmen.

Der **Einarbeitungsplan** ist das Kernstück des Programms. Aufbauend auf der Stellenbeschreibung setzt der Vorgesetzte fest, welche Aufgaben der neue Mitarbeiter in welcher Reihenfolge übernehmen soll, welche ergänzenden Informationen und Hilfen er braucht und wer als permanenter Ansprechpartner/Pate zur Verfügung stehen soll. Der Vorgesetzte legt auch die Feedback-Termine fest. Als grobe zeitliche Orientierung dient die Probezeit.

Das zweite Instrument der Personalintegration ist der "**Erste Arbeitstag**". Am ersten **Arbeitstag** muss der Mitarbeiter den Eindruck bekommen, dass man sich auf seinen Start gefreut und diesen gründlich vorbereitet hat.

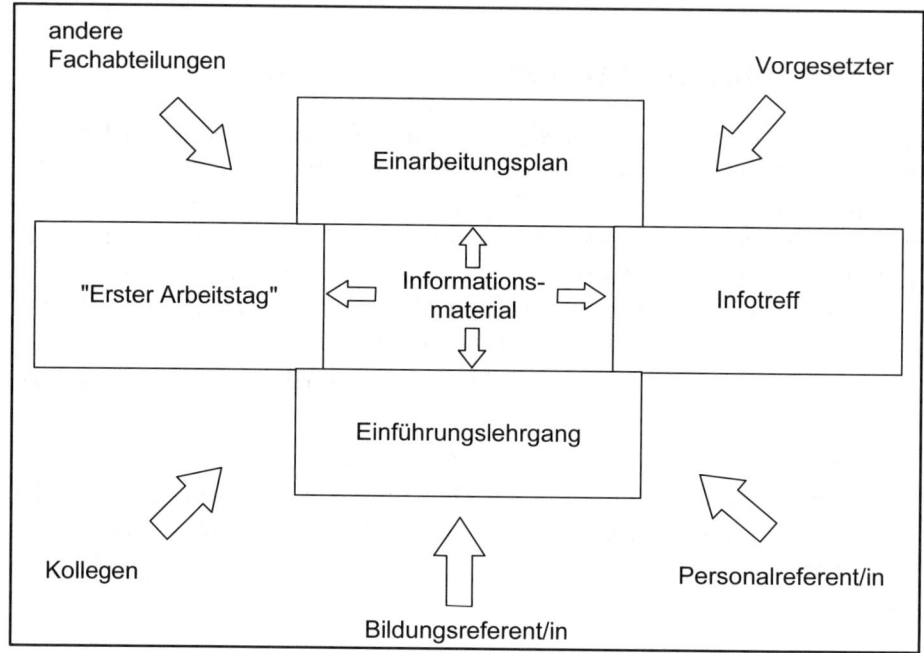

Darstellung V-4   Instrumente der Personalintegration

Das Betriebsverfassungsgesetz sieht in § 81 Absatz 1 bereits eine Unterrichts-pflicht des Arbeitgebers in einigen Punkten vor. Es handelt sich dabei um In-formationen für den Arbeitnehmer über:

- seine Aufgabe und Verantwortung,
- die Art seiner Tätigkeit und ihre Einordnung in den Arbeitsablauf des Be-triebs,
- die Unfall- und Gesundheitsgefahren, denen der Mitarbeiter bei der Be-schäftigung ausgesetzt ist, und die Maßnahmen und Einrichtungen zur Ab-wendung dieser Gefahren.

Der Ablauf des ersten Arbeitstages wird von der Personalabteilung in Abspra-che mit dem Vorgesetzten koordiniert. Der Vorgesetzte hat sich am ersten Arbeitstag des neuen Mitarbeiters entsprechend freizuhalten oder, falls das nicht möglich ist, einen Ansprechpartner zu benennen. Im Gespräch informiert er noch einmal im Detail über die künftigen Aufgaben und ihre Einbettung in den Abteilungszusammenhang. Er verdeutlicht die Relevanz der Position und weist den neuen Mitarbeiter auf Chancen und Probleme seiner Rolle hin. Er erläutert außerdem den Einarbeitungsplan. Der Vorgesetzte hält auch schon für die ersten Tage konkrete Aufgaben bereit. Er vereinbart außerdem mit dem Mitarbeiter einen Termin für ein Feedback-Gespräch.

Der **Infotreff** dient der werksbezogenen Einführung neuer Mitarbeiter. Gleichzeitig sollen sie in diesem Rahmen andere Kollegen kennenlernen. Der Kreis bietet außerdem ein Forum, in dem Erwartungen, Probleme und Konflikte thematisiert und diskutiert werden können.

Die Personalabteilung lädt die neuen Mitarbeiter nach etwa drei bis vier Monaten zum ersten Infotreff ein. Die Teilnehmerzahl schwankt zwischen fünf und zwanzig Personen, je nachdem, wie viele neue Mitarbeiter in dem vorangegangenen Vierteljahr in der Betriebsstätte eingestellt worden sind. Die Gruppe trifft sich später im zwei- bis dreimonatigen Abstand regelmäßig.

Das vierte Instrument ist der **Einführungslehrgang**, in dem dem Teilnehmer ein Überblick über die Unternehmensstruktur und die verschiedenen Bereiche gegeben wird. Führungskräfte aus verschiedenen Bereichen stehen als Ansprechpartner zur Verfügung. Das Seminar, das bis zu vier Tage dauern kann, findet zumeist außerhalb des Unternehmens statt. Es kann bei dieser Veranstaltung zu Überschneidungen zum Infotreff kommen.

Das zur Verfügung gestellt **Informationsmaterial** soll den Integrationsprozess unterstützen. In einer Broschüre wird über das Einarbeitungsprogramm informiert. Die am ersten Tag zusätzlich auszuhändigende Informationsmappe, die individuell zusammengestellt wird, enthält u.a. eine Übersicht der wesentlichen Ansprechpartner (Vorgesetzter, Pate, Personalreferent, Gehaltsabrechner), einen Lageplan der Betriebsstätte, ein Organigramm, Kurzinformation über das Vorschlagswesen. Weiterhin erhält der Mitarbeiter eine Broschüre über die Arbeitssicherheit.

Die erfolgreiche Integration setzt eine intensive **Betreuung** voraus, die in der Regel vom Vorgesetzten oder von einem Paten wahrgenommen wird. Der Pate sollte ein erfahrener und anerkannter Kollege sein.

Am Ende der Probezeit steht das **Mitarbeitergespräch** (vgl. Darstellung V-5). Der Vorgesetzte spricht mit dem Mitarbeiter die Probezeitbeurteilung durch, diskutiert mit ihm die Erfahrungen und erläutert die Aufgaben und Pläne für die Folgezeit. Die Probezeitbeurteilung wird in die Personalakte aufgenommen.

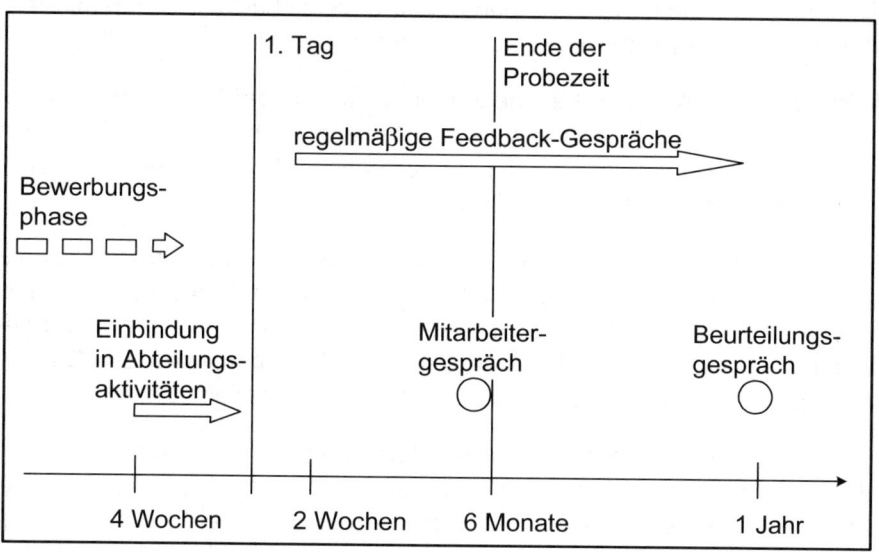

Darstellung V-5 Betreuungsintervalle durch den Vorgesetzten

Nach dem Kündigungsschutzgesetz (§ 1 Abs. 1) ist eine **Probezeit** von sechs Monaten vorgesehen, in der sich der Betrieb von dem Mitarbeiter, der den Anforderungen nicht genügt, ohne Schwierigkeiten trennen kann. Das gleiche Recht hat aber auch der Arbeitnehmer.

Nach dem ersten Jahr folgt ein Beurteilungsgespräch, das auch weitergehende Aufgaben beinhaltet.

Auch die Personalabteilung ist zuständig für die Einführung und Integration neuer Mitarbeiter. Das Integrationsprogramm sieht vor, dass der zuständige Personalreferent in regelmäßigen Abständen zum neuen Mitarbeiter Kontakt aufnimmt. Einen Überblick über die Aktivitäten des Personalreferenten zeigt die Darstellung V-6.

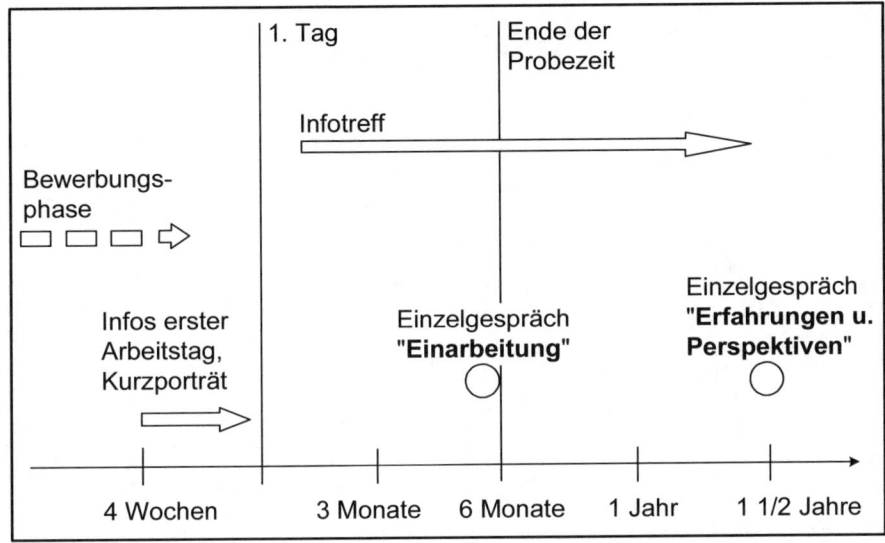

Darstellung V-6 Betreuungsintervalle durch die Personalabteilung

Es geht darum, über Erfahrungen und Probleme in der Einarbeitung zu sprechen. Eventuell ergeben sich dabei auch Korrekturen oder Verbesserungen des Einarbeitungsprogramms.

Der Mitarbeiter kann außerdem seine Eindrücke vom Unternehmen und seiner Abteilung weitergeben. Nach etwa eineinhalb Jahren findet ein weiteres Einzelgespräch statt, das stärker aufgabenbezogen ist und in dem es um die weitergehende Entwicklung des Mitarbeiters geht. Parallel dazu ergibt sich immer wieder die Gelegenheit zum Gespräch beim Infotreff.

5 DIE ANPASSUNG DER ARBEIT AN DEN MENSCHEN UND DES MENSCHEN AN DIE ARBEIT

5.1 Stellenspezialisierung

Die Aufgabenverteilung geht von der **Stellenbildung** aus. Die Stellen entstehen aus der Zusammenfassung einzelner Teilaufgaben zu einer von einer Person überschaubaren Aufgabe bzw. durch die Aufteilung der Gesamtaufgabe auf fiktive Personen. Die individuellen Belange des Mitarbeiters werden bei dieser Methode selten berücksichtigt. Die Interessen der Unternehmensmitglieder finden in der Regel nur Eingang bei der Bildung höherwertiger Stellen (Leiter), die im Hinblick auf die Fähigkeiten des bereits bekannten zukünftigen Stelleninhabers gebildet werden. Das Ergebnis der Stellenbildung schlägt sich im **Stellenplan** nieder. Die Stellen mit ihren gegenseitigen Verknüpfungen bilden dann die organisatorische Struktur des Betriebs. Das Ziel der Stellenbildung besteht in der klaren Abgrenzung der Aufgabenbereiche zu leicht beherrschbaren Stellen, indem gleichartige Aufgaben zusammengefasst werden. Die Gleichartigkeit einer Aufgabe wird einerseits durch die Struktur der Aufgabe und die Anforderungen bestimmt, die aus den **Methoden** bzw. **Verfahren**, mit denen die Aufgaben erfüllt werden, resultieren. Andererseits ist außer der Struktur und den Anforderungen der Aufgabe die Soll-Leistung des zukünftigen Stelleninhabers zu berücksichtigen, wobei die **Normalleistung** zugrunde gelegt werden kann.

Grundsätzliche Möglichkeiten der Aufgabenverteilung bestehen zwischen den Prinzipien der **Zentralisation** und **Dezentralisation**. Zentralisation bzw. Dezentralisation bedeutet die Zusammenfassung bzw. Trennung von Teilaufgaben, die hinsichtlich eines Merkmals gleichartig sind. Zentralisation und Dezentralisation beinhalten die Verteilung und Zuordnung von Teilaufgaben auf Stellen und Abteilungen.

Eines der Hauptprobleme der Aufgabenverteilung im Zusammenhang mit der Zentralisation bzw. Dezentralisation ist die **Arbeitszerlegung**. Unter Arbeitszerlegung wird die Aufteilung eines operativen Prozesses in einfache, interdependente Teilarbeiten und ihre Weisung an einzelne Stellen bzw. Individuen verstanden (Hill/Fehlbaum/Ulrich 1989, S. 98). Sie ist eine wesentliche Determinante des Arbeitsinhalts und eine extreme Form der Arbeitsteilung.

In enger Verbindung zur Arbeitszerlegung steht die **Standardisierung**, die auf einen effizienten Arbeitsablauf abzielt.

Hinsichtlich des Personaleinsatzes führt die Arbeitszerlegung zur **Spezialisierung**, die vom Prinzip der **Arbeitsvereinfachung** ausgeht. Der Arbeitsablauf wird in Einzelaufgaben zerlegt, die routinemäßig erfüllt werden. Außer der Routinisierung wirken die Unselbstständigkeit des Arbeitnehmers, der Mangel an Autonomie und bei manchen Formen der Arbeitsgestaltung die eingeschränkte Möglichkeit der sozialen Interaktion bzw. Kommunikation motivations- und leistungshemmend. Durch die Spezialisierung werden keine echten Spezialisten, sondern "Spezialisierte" geschaffen. Diese Spezialisierung führt so zu einer großen Zahl von Wiederholungen weniger Arbeitselemente - im Extremfall zu Wiederholungen einzelner Handgriffe -, die nach den Erkenntnissen von Taylor eine höhere Leistung des Stelleninhabers erwarten lassen. Kupsch und Marr haben die **Vorteile** der Stellenspezialisierung in folgenden Punkten zusammengefasst (Kupsch/Marr 1991, S. 83):

(1) Durch das häufige Wiederholen der Arbeitselemente wird der Grad der Übung und Gewöhnung gesteigert, so dass bei körperlicher Arbeit sich ein geradezu gewohnheitsmäßiger Bewegungsablauf ergibt.

(2) Der Arbeitnehmer braucht sich gedanklich nicht auf häufig wechselnde Arbeitsverrichtungen umzustellen.

(3) Bei spezialisierten Stellen lassen sich Arbeitsplatz und Arbeitsmittel leichter auf den standardisierten Arbeitsvorgang abstellen, wodurch der körperliche Kräfteeinsatz verringert werden kann.

(4) Bei spezialisierten Stellen wird die Zuordnung der Mitarbeiter erleichtert, da jedem Mitarbeiter die Stelle übertragen werden kann, für die er sich am besten eignet.

(5) Anlern- und Einarbeitungsvorgänge werden verkürzt.

(6) Die Stellenspezialisierung führt häufig zu Qualitätsverbesserungen.

Den Vorteilen, die sich insbesondere produktivitätsfördernd auswirken sollen, stehen auch **Nachteile** gegenüber. Hauptsächlich werden folgende Punkte aufgeführt (Kupsch/Marr 1991, S. 804; Hill/Fehlbaum/Ulrich 1989, S. 309):

(1) Bei der Spezialisierung treten häufig einseitige körperliche Belastungen auf, die zu stärkeren Ermüdungserscheinungen führen, so dass der Bedarf an Erholung wächst oder gesundheitliche Schäden auftreten. Bei entsprechender wechselnder Belastung wäre dagegen eine Erholung der beanspruchten Organe möglich.

(2) Die Anpassungs- und Umstellungsfähigkeiten werden geringer, da durch Spezialisierung das realisierte Fähigkeitspotential eingeengt wird. Insbesondere die Trennung von Arbeitsvorbereitung und -ausführung lassen bei dem in der Arbeitsausführung tätigen Mitarbeiter die geistigen Fähigkeiten verkümmern (Deskilling-Prozess). Gerade die berufliche Mobilität des älteren Arbeitnehmers wird hierdurch unvertretbar eingeschränkt.

(3) Die starke Aufteilung des Arbeitsablaufs in sich dauernd wiederholende Arbeitselemente kann zur Monotonie führen. Dabei geht der Sinnzusammenhang durch den ständigen Abbruch unvollendeter Handlungen verloren. Gefühle der Entfremdung bewirken, dass sich der Arbeitnehmer nicht mehr mit seiner Arbeit identifiziert.

Die Stellenspezialisierung kann Folgeeffekte auslösen, die bis zur **psychischen Deformation** der Persönlichkeit gehen können (Hill/Fehlbaum/Ulrich 1989, S. 309). Die Stellenspezialisierung ist mit negativen Begleiterscheinungen verbunden, die sich in **Arbeitsunzufriedenheit**, **Absentismus**, **Fluktuation**, **Fehlleistungen**, **niedriger Qualität des Arbeitsergebnisses** und **Ausschussproduktion** ausdrücken.

5.2 Generalisierung durch Aufgabengestaltung

Der Stellenspezialisierung als einer extremen Ausprägung der Aufgabengestaltung steht die **Generalisierung** gegenüber. Die Methoden der Aufgabengestaltung, die eine Generalisierung fördern, werden unter dem Begriff der **Arbeitsstrukturierung (Aufgabenstrukturierung)** diskutiert. Auch Schlagworte wie "**Humanisierung der Arbeit**", "**Demokratisierung der Arbeits-**

organisation", "**Verbesserung der Qualität des Arbeitslebens**" und andere werden im Zusammenhang mit der Diskussion neuer Formen der Arbeitsgestaltung und der Arbeitsorganisation verbunden.

Bei der Generalisierung wird der Arbeitsinhalt vielfältiger und der Arbeitsumfang vergrößert, indem mehrere verschiedene Arbeitsvorgänge für einen Stelleninhaber zusammengefasst und die Anforderungen dadurch beeinflusst werden.

Die Überlegungen zur Arbeitsstrukturierung gehen von der Frage aus, wie die Tätigkeiten **abwechslungsreicher** und damit **interessanter** zu gestalten sind. Dabei geht es darum, die Arbeit selbst umzugestalten und nicht lediglich die Umgebung des Arbeitsplatzes. Das Ziel ist die Erhöhung der Arbeitszufriedenheit durch Abbau monotoner Tätigkeiten und durch die Einführung neuer Management-, Führungs- und Organisationskonzepte, die mehr **Autonomie** erlauben. Die Erweiterung des Handlungsspielraums soll durch die Aufhebung des tayloristischen Prinzips der Trennung von Denken und Tun bei der Arbeit erreicht werden, wodurch die Möglichkeit zur Persönlichkeitsentwicklung und zur Selbstverwirklichung verbessert werden sollen. Der Abbau der hochgradigen Arbeitszerlegung und der Fremdbestimmung (von außen kommende Planung und Kontrolle der Aufgaben) zugunsten der Selbstkontrolle fördert tendenziell die Arbeitszufriedenheit.

Die Aufgabengestaltung bedeutet nicht nur eine Änderung der Prozessorganisation, sondern ändern gleichzeitig durch soziale Interaktion die Bedingungen beruflicher Sozialisation.

Die Darstellung V-7 zeigt die erwünschten Wirkungen durch Generalisierung der Aufgabengestaltung.

Die aufgezeigten Mängel der Stellenspezialisierung können zum großen Teil durch die Methoden der **Aufgabengestaltung** behoben werden. Gleichzeitig können aber auch Vorteile verlorengehen. So führen die Methoden der Aufgabengestaltung zu Mehrinvestitionen je Arbeitsplatz, zusätzlichen Bildungskosten - da eine höhere Qualifikation erforderlich ist - und infolge der gestiegenen Qualifikationen auch zu einer höheren Entlohnung.

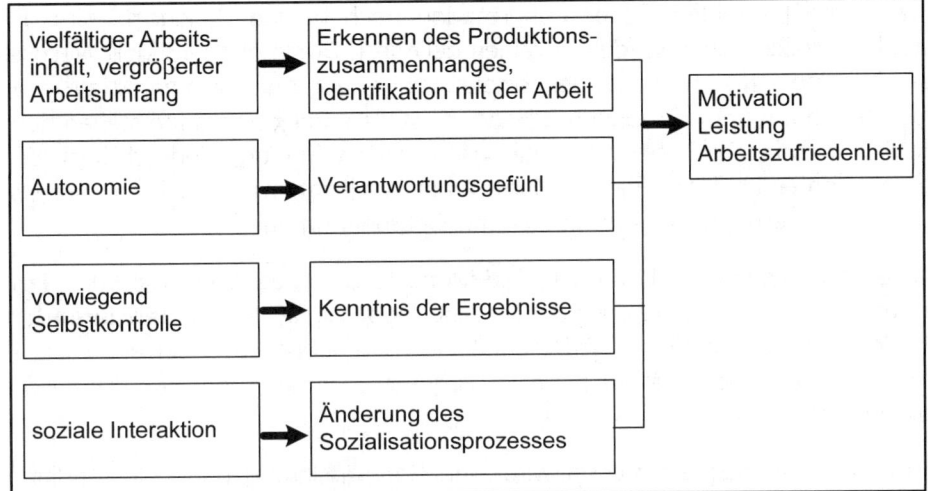

Darstellung V-7   Modell der erwünschten Wirkung durch Generalisierung der Aufgabengestaltung

Als neue Methoden der Arbeitsgestaltung gelten:

(1)   Arbeitsplatzwechsel (job rotation),

(2)   Aufgabenerweiterung (job enlargement)

(3)   Aufgabenbereicherung (job enrichment),

(4)   autonome (teilautonome) Arbeitsgruppen.

Zu 1. Arbeitsplatzwechsel (job rotation)

Job rotation ist ein planmäßiger Wechsel von Arbeitsplatz und Arbeitsaufgaben. Dabei steht die Verringerung der Monotonie, der Sättigung und der einseitigen Belastung im Vordergrund. Durch das Rotationsprinzip bleibt die Arbeitszerlegung unberührt, lediglich der zeitliche und örtliche Personaleinsatz und die Aufteilung der Teilarbeiten auf die Mitarbeiter ändern sich, wodurch die repetitiven Verrichtungsfolgen verringert werden.

Der Arbeitszyklus wird bei job rotation nicht verlängert. Läuft der Arbeitsplatzwechsel mit der Verrichtungsfolge parallel, so gewinnt der Arbeitnehmer einen Einblick in die Weiterverwendung der von ihm erstellten Produkte bzw. Zwischenprodukte.

451

Die soziale Interaktion ist bei job rotation noch behindert, jedoch wird die mögliche soziale Isolation des Einzelnen gelindert. Durch den häufigen Wechsel des Arbeitsplatzes und damit der sozialen Umgebung muss sich der Mitarbeiter fortlaufend auf neue Gruppenmitglieder einstellen. Bei job rotation stehen dem Betrieb mehrfach qualifizierte Arbeitskräfte zur Verfügung, wodurch auch der Arbeitnehmer an Flexibilität gewinnt. Eine Qualifikation für mehrere Arbeitsplätze erfordert eine längere Anlern- und Einarbeitungszeit.

Neben dem Abbau von Ermüdung und Monotonie und der Steigerung der Flexibilität und gegebenenfalls auch der Mobilität hebt Vilmar den **solidarisierenden Effekt** beim systematischen Arbeitsplatzwechsel hervor, wobei er aber darauf hinweist, dass job rotation niemals "zugeteilt", sondern nur frei vereinbart werden soll (Vilmar 1973, S. 112).

Durch den Arbeitsplatzwechsel wird eine Generalisierung durch die Addition der elementaren Teilaufgaben erreicht.

Das **Springer-Prinzip** ist als eine besondere Form des Arbeitsplatzwechsels anzusehen. Bei kürzeren Ausfällen von Mitarbeitern an einzelnen Arbeitsplätzen wird der Springer eingesetzt, damit der Arbeitsprozess nicht zum Erliegen kommt. Der Springer wird auf mehreren Arbeitsplätzen angelernt, da er für den Einsatz den unterschiedlichen Anforderungen gewachsen sein muss.

Aus medizinischer Sicht wird von Weinert eine weitere Einsatzmöglichkeit des Arbeitsplatzwechsels vorgeschlagen (Weinert 1987, S. 87). Auf Grund des unabdingbaren Vorhandenseins vieler stressbelastender Positionen in einem Betrieb, die sich, wie z.B. der Vorsitz in einem Entscheidungsgremium, nicht so leicht verändern lassen, die aber auf längere Zeit niemand unbeschadet ausüben kann, bietet sich für solche Positionen die Möglichkeit von job rotation an. Dabei soll in einem zeitlich begrenzten Abstand jedes Mitglied einer Arbeitsgruppe diese stressbeladene Funktion (z.B. Entscheidungsgremium) übernehmen.

Eine entsprechende fachliche Qualifikation und ein gleicher Informationsstand bei allen Mitgliedern des Gremiums ist Voraussetzung für eine erfolgreiche Anwendung des Arbeitsplatzwechsels.

Zu 2. Aufgabenerweiterung (job enlargement)

Bei der Aufgabenerweiterung wird die hochgradige horizontale Arbeitszerlegung teilweise rückgängig gemacht, indem mehrere strukturell gleichartige oder ähnliche Arbeitselemente verschiedener Arbeitsplätze an einem Arbeitsplatz zusammengefasst werden. Der Arbeitsinhalt wird so vergrößert, dass er von einer Person beherrscht und ohne allzu große Schwierigkeiten erlernt werden kann. Eine einseitige Beanspruchung und Belastung soll so vermieden werden. Durch job enlargement sollen in erster Linie Demotivation und Monotoniereaktionen verhindert werden.

Beim job enlargement werden die Arbeitszyklen verlängert, wodurch für den Arbeitnehmer der Sinnzusammenhang des umfassenderen Arbeitsablaufs eher erkennbar wird. Fremdplanung und Fremdkontrolle bleiben weitgehend bestehen. Da job enlargement nicht unbedingt eine Abkehr vom Fließbandprinzip bedeutet, wird nur bei bestimmten Formen, z.B. Gruppenarbeit, die Möglichkeit zur sozialen Interaktion wesentlich verbessert.

Empirische Untersuchungen haben gezeigt, dass eine Aufgabenerweiterung nicht zwangsläufig zu einem Produktivitätsrückgang führt. Die Einführung von job enlargement hat in der Praxis vielfach zu einer Steigerung der Qualität und der Arbeitsleistung beigetragen. Dieser Erfolg ist sicherlich nicht zuletzt auf eine Verbesserung des Selbstwertgefühls und auf eine Vergrößerung des Verantwortungsbewusstseins beim einzelnen Mitarbeiter zurückzuführen.

Die Verbesserung der Arbeitsqualität und die Wirtschaftlichkeit müssen sich also keineswegs ausschließen.

Die Aufgabenerweiterung ist sowohl in der Fertigung als auch im Büro- oder Dienstleistungssektor anzutreffen.

Zu 3. Aufgabenbereicherung (job enrichment)

Beim job enrichment geht es vorrangig um eine Erweiterung des Entscheidungs- und Kontrollspielraums. Die Arbeitstätigkeit des einzelnen Mitarbeiters wird durch Hinzufügen verschieden schwieriger, aber dennoch zusammengehörender Arbeitselemente bereichert, die nicht nur eine horizontale wie bei der Aufgabenerweiterung, sondern auch eine vertikale Dimension aufweisen. Dem Einzelnen wird hierbei mehr Selbstständigkeit und Verantwortung bei der Erfüllung seiner Aufgaben übertragen. Die Planung, Ausführung und Kontrolle werden zusammengelegt, womit die Eigenverantwortung wächst, die Fremdkontrolle durch Selbstkontrolle ersetzt und die soziale Interaktion ermöglicht wird. Der Arbeitszyklus wird umfangreicher, die Anforderungen steigen, was eine **Höherqualifizierung** voraussetzt.

Job enrichment bedeutet eine Verlagerung von hierarchischen Positionen. Das erfordert eine Änderung des **Informations-** und **Kommunikationssystems** und eine **verstärkte Delegation** und **Partizipation**. Die Aufgabenbereicherung ermöglicht das Gefühl, persönlich die Arbeitsablaufgestaltung zu beeinflussen und zu persönlichen Leistungs- und Erfolgserlebnissen zu gelangen. Sie wirkt damit der Entfremdung entgegen. Auch Ermüdungs- und Monotoniephänomene werden durch job enrichment überwunden. Diese Methode der Arbeitsstrukturierung kann zur echten **Persönlichkeitsentfaltung** und zur **Selbstverwirklichung** führen.

Job enrichment ist ein dynamischer Prozess, der durch die Ausdehnung des Handlungsspielraums und des Anspruchsniveaus geprägt ist. Daher müssen die Aufgaben immer wieder ausgeweitet und anspruchsvoller gestaltet werden.

Zu 4. Autonome (teilautonome) Arbeitsgruppen
Die autonome (teilautonome) Arbeitsgruppe ist eine sehr weitreichende Methode der Arbeitsstrukturierung hinsichtlich der Verselbstständigung der Arbeitnehmer.

Einer Arbeitsgruppe wird die Verantwortung für einen zusammenhängenden Produktionsprozess übertragen, wobei außer den übergeordneten Produktions- und Investitionsproblemen alle Entscheidungen der **Planung**, **Ausführung** und **Kontrolle** von der Arbeitsgruppe getroffen werden. Auch die Institution des Vorgesetzten kann im Extremfall überflüssig werden. Die Arbeitnehmer sollen möglichst alle Arbeiten der Gruppe beherrschen, um einen systematischen Arbeitsplatzwechsel, gegenseitiges Ablösen, beispielsweise in Pausen, oder gegenseitige Hilfe zu ermöglichen.

Die Arbeitsgruppe trifft die Entscheidungen selbst über:
* die Aufgabenverteilung innerhalb der Gruppe,
* die Einstufung in die Lohngruppe,

- die Planung und die Durchführung der Stellenrotation,
- die Festlegung der Arbeitszeit, Pausenregelung, Überstunden,
- die Arbeitsplatzgestaltung,
- die Personalauslese und die Entscheidung über Neueinstellungen,
- die Personalentwicklung und
- die Festlegung des kurzfristigen Produktionsziels nach den Bedarfszahlen der Absatzplanung.

Das Prinzip der autonomen Gruppe ermöglicht von den angeführten Methoden der Arbeitsstrukturierung das höchste Maß an **Persönlichkeitsentfaltung**, **Selbstverwirklichung** und **sozialer Interaktion**.

5.3 Arbeitsplatzgestaltung

Der Arbeitsplatzgestaltung fällt die Aufgabe zu, den Arbeitsplatz an den Mitarbeiter anzupassen, indem die entsprechenden Arbeitsbedingungen geschaffen werden. Sie befasst sich im weiteren Sinne nicht nur mit dem Arbeitsplatz und den Beziehungen zu **Arbeitsmitteln** und zum **Arbeitsgegenstand**, sondern auch mit den Beziehungen zum **Arbeitsverfahren** und den **Umwelteinflüssen**.

Die **Arbeitsablaufgestaltung** wird in der Regel nicht zur Arbeitsplatzgestaltung gerechnet. Sie ist häufig die Grundlage für weitere Untersuchungen der Arbeitsgestaltung, zu der auch die **Arbeitsplatzgestaltung** gehört. Die Arbeitsablaufgestaltung befasst sich mit der zeitlichen und räumlichen Reihenfolge der Arbeitsvorgänge.

Als **Arbeitsvorgang** wird der Teil eines Arbeitsablaufs verstanden, der von einem Mitarbeiter oder einer Gruppe zusammenhängend ausgeführt werden kann. Im engeren Sinne bezieht sich die Arbeitsplatzgestaltung auf den Arbeitsplatz, die Arbeitsmittel und den Arbeitsgegenstand im Hinblick auf ihre Zuordnung zum Menschen.

Als **Arbeitsplatz** in der Produktion wird der zweckmäßig eingerichtete bzw. einzurichtende räumliche Bereich eines Leistungserstellungsabschnitts bezeichnet, in dem ein oder mehrere Mitarbeiter mit den Arbeitsmitteln und Arbeits-gegenständen zusammenwirken. Zu den **Arbeitsmitteln** gehören Werkzeuge, Vorrichtungen, Maschinen und unter Umständen ganze Anlagen, während der **Arbeitsgegenstand** das zu bearbeitende Zwischenprodukt oder Werkstück darstellt.

Analog lässt sich der Arbeitsplatz im Bürobereich definieren, wobei unter Arbeitsmitteln z.B. der Personalcomputer, Schreibmaschinen oder Schreibgerä-te zu verstehen sind und der Arbeitsgegenstand die zu erbringende Leistung darstellt.

Das **wirtschaftliche Ziel der Arbeitsplatzgestaltung** ist auf die Erhöhung der Arbeitsproduktivität, der Wirtschaftlichkeit, die Verbesserung der Qualität und die Verringerung von Personen- und Sachschäden infolge von Arbeitsunfällen ausgerichtet. Das **soziale Ziel** dient der Erreichung einer höheren Arbeitszu-friedenheit, indem die Bedingungen für die auszuführende Arbeit individuell er-träglich, zumutbar und sicher werden.

Für die Erreichung dieser Ziele bieten sich verschiedene Formen der Arbeitsge-staltung an (vgl. Darstellung V-8).

Wichtig für die Anpassung des Arbeitsplatzes an den Menschen sind dessen Körpermaße. Die **anthropometrische Arbeitsplatzgestaltung** berücksichtigt die Maße des menschlichen Körpers. Sie beschäftigt sich mit der Arbeitsplatz-höhe, die individuell entsprechend der Größe des Menschen verschieden sein muss. Selbstverständlich ist es nicht möglich, für alle Körpergrößen verschie-dene Arbeitsplatzhöhen einzurichten. Es geht vielmehr darum, für die Mehrzahl der Mitarbeiter die günstigste Arbeitsplatzhöhe zu finden. Die Arbeitsplatzhöhe wird u.a. auch dadurch bestimmt, ob die Arbeit im Sitzen oder Stehen ausge-führt wird. Mit der Wahl der Körperstellung, dem **Greifraum**, der im Wesentli-chen von der Länge der Arme abhängt (vgl. Darstellung V-9), befasst sich ebenfalls die anthropometrische Arbeitsplatzgestaltung.

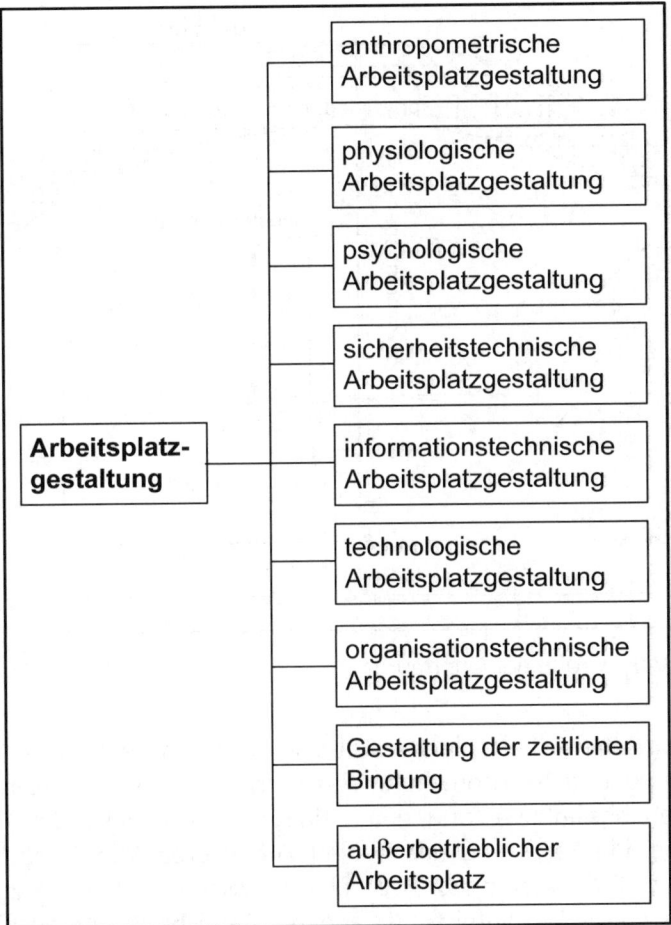

Darstellung V-8   Formen der Arbeitsplatzgestaltung

Die **Griffgestaltung** ist ein weiteres Aufgabengebiet der anthropometrischen Arbeitsplatzgestaltung. Hierbei geht es z.B. um die Griffform und -abmessung. In den Bereich der Griffgestaltung fallen alle Bedienungselemente wie Schalter, Drehknöpfe, Druckknöpfe und Griffe.

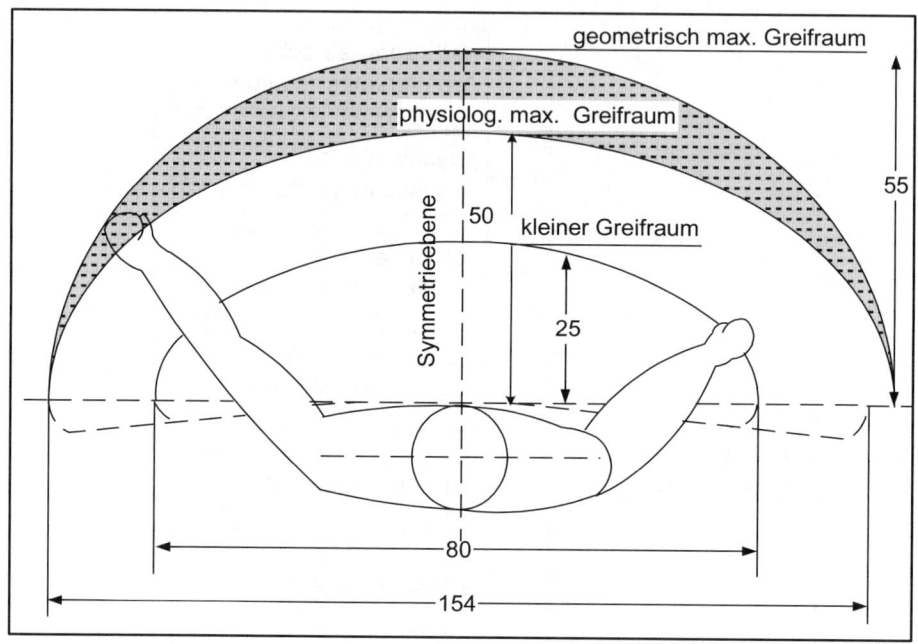

Darstellung V-9   Größe der Greifräume

Die **physiologische Arbeitsplatzgestaltung** wird von dem Prinzip der geringeren Belastung und Beanspruchung des Individuums, vom Prinzip der optimalen Umgebungseinflüsse und dem Prinzip der optimalen Bewegung bestimmt, wobei die Forderung nach hoher Arbeitsproduktivität nach wie vor
Gültigkeit hat. Die Erkenntnisse der physiologischen Arbeitsplatzgestaltung
sollen - wie auch die Erkenntnisse der anderen Bereiche der Arbeitsplatzgestaltung - bereits bei der Konstruktion der Anlagen berücksichtigt werden, damit
gesundheitliche Schäden vermieden werden.

Beim Prinzip der geringeren Belastung und Beanspruchung geht es insbesondere um die Reduzierung schwerer Muskelarbeit und die Verminderung statischer
Arbeit (Haltearbeit). Bei den Umgebungseinflüssen ist auf Lufttemperatur, Luft-
feuchtigkeit, Beleuchtung, Lärm, Schmutz und Schwingungen zu achten. Bei
der bewegungstechnischen Arbeitsplatzgestaltung werden die Arbeitsplatzbe-
wegungen untersucht. Sie wird daher auch **Bewegungsstudium** genannt. Das

Ziel der Bewegungsstudie besteht in der Ermittlung zeit- und energiesparender Bewegungselemente.

Den Anstoß für die Bewegungsstudie gab der Amerikaner Gilbreth (Motion Study, 1911). Insbesondere durch die **Systeme vorbestimmter Zeiten** ist es zu einer starken Verbreitung des Bewegungsstudiums gekommen. Bewegungsstudien finden z.B. Anwendung bei der Montage von Produkten (z.B. Rundfunk- und Fernsehindustrie).

REFA nennt vier Bereiche, in denen das Bewegungsstudium Maßnahmenmöglichkeiten aufweist (REFA, Teil 3, 1984, S. 138 ff.):
(1) Bewegungsvereinfachung, indem die Zeit und die Belastung minimiert werden,
(2) Bewegungsverdichtung durch Beidhandarbeit, die Beseitigung oder Verminderung unproduktiver Ablaufabschnitte und auch Speicherkopplung (Bewegungsenergie wird in einer Feder gespeichert und dann weiter verwendet),
(3) Teilmechanisierung durch arbeitszeitsparende Vorrichtungen,
(4) Aufgabenerweiterung (job enlargement).

Die **psychologische Arbeitsplatzgestaltung** befasst sich mit der Verbesserung der Umwelt. Dazu gehören u.a. die Farbgestaltung des Raumes sowie Musik am Arbeitsplatz. Aber auch andere Methoden der Aufgabengestaltung, die als Anreize wirken können, wie Arbeitsplatzwechsel (job rotation) und Aufgabenerweiterung (job enlargement) werden häufig zur psychologischen Arbeitsplatzgestaltung gezählt.

Die **sicherheitstechnische Arbeitsplatzgestaltung** umfasst alle Maßnahmen, die der Sicherheit des Menschen dienen.

Die **informationstechnische Arbeitsplatzgestaltung** schließlich befasst sich mit der Aufnahme und Verarbeitung von Informationen, die mit den Augen, den Ohren und durch Tasten und Fühlen wahrgenommen werden.

Die Technologie bestimmt weitgehend die Arbeit und damit die Bedingungen für den arbeitenden Menschen. Die Wahl des technischen Verfahrens kann durch rechtliche Regelungen vorgeschrieben sein, aber auch Werkstoffe und das verfügbare qualitative und quantitative personelle Potential bestimmen die

Technologie. Die Aufgabe der **technologischen Gestaltung** besteht in der optimalen Auswahl und Anwendung des Arbeitsverfahrens unter den gegebenen Beschränkungen.

Bei der **organisationstechnischen Arbeitsplatzgestaltung** werden die Anforderungen und die zeitliche Bindung des Menschen an den Arbeitsablauf beeinflusst. Die Anforderungen werden durch **Spezialisierung** oder **Generalisierung** verändert. Damit liegt eine Überschneidung mit der psychologischen Arbeitsplatzgestaltung vor.

Unter die **Gestaltung der zeitlichen Bindung** des Menschen an den Arbeitsablauf fällt die Arbeitszeit- und Pausenregelung. Auch das Aufstellen von Dienstplänen und Schichtwechselplänen ist hier einzuordnen.

Beim Gestaltungsinstrument **außerbetrieblicher Arbeitsplatz** hat der Mitarbeiter die Möglichkeit, den Ort seines Arbeitsplatzes individuell zu wählen. Das bedeutet, dass die Büroarbeitsplätze in den privaten Bereich verlegt werden können. Der Arbeitnehmer behält bei diesen Heimarbeitsplätzen seinen Arbeitnehmerstatus, den andere Heimarbeiter, die als Freiberufler, Handelsvertreter, Berater ganz oder zeitweise zu Hause arbeiten, in der Regel nicht erhalten. Ausnahmen sind Pfarrer, Professoren, Lehrer, Richter oder Staatsanwälte, für die keine Präsenzpflicht gilt. Dabei wird der Arbeitsplatz zu Hause zu einem Teil des Betriebes. Der Mitarbeiter erhält durch diese Regelung eine Gestaltungsfreiheit über Zeit und Ort und kann somit seine privaten Pflichten - etwa die Kindererziehung - mit den betrieblichen Belangen vereinbaren. Der Nachteil für den Mitarbeiter ist eine mögliche Isolation vom Betrieb und von Berufskollegen. Da persönliche Kontakte zu Kollegen und Kunden notwendig sind, sind neue soziale Netze aufzubauen. Die Vorteile der alternierenden Arbeitsplätze sind dauerhaft noch nicht nachgewiesen worden. Wichtige Faktoren zur Beurteilung sind sicherlich die Flucht vor dem Stress und der Rushhour.

5.4 Arbeitsplanung

Die zeitliche Arbeitsplanung bedient sich der Methoden des **Zeitstudiums** (REFA, Teil 2, 1978). Im Mittelpunkt der Zeitstudie steht die Ermittlung der

Vorgabezeiten für von Menschen oder Betriebsmitteln auszuführende Arbeitsabläufe. Vorgabezeiten werden z.B. für die Planung der Arbeit, die Personalbedarfsermittlung, Terminplanung, Kalkulation, Maschinenbelegung, Materialdisposition und Entlohnung verwendet. Die Vorgabezeit für menschliche Arbeit basiert in der Regel auf der **Normalleistung**. Der Begriff Normalleistung ist vom REFA-Verband durch den Begriff "**Bezugsleistung**" ersetzt worden (REFA, Teil 2, 1978, S. 125).

Als Bezugsleistung werden vom REFA-Verband folgende drei Möglichkeiten vorgeschlagen: die **Durchschnittsleistung**, die **Standardleistung**, die mit Hilfe der Systeme vorbestimmter Zeiten ermittelt wird, und die **REFA-Normalleistung**.

"Unter REFA-Normalleistung wird eine Bewegungsausführung verstanden, die dem Beobachter hinsichtlich der Einzelbewegungen, der Bewegungserfolge und ihrer Koordinierung besonders harmonisch, natürlich und ausgeglichen erscheint. Sie kann erfahrungsgemäß von jedem in erforderlichem Maße geeigneten, geübten und voll eingearbeiteten Arbeiter auf die Dauer und im Mittel der Schichtzeit erbracht werden, sofern er die für persönliche Bedürfnisse und gegebenenfalls auch für Erholung vorgegebenen Zeiten einhält und die freie Entfaltung seiner Fähigkeiten nicht behindert wird" (REFA, Teil 2, 1978, S. 136).

Die **Vorgabezeiten für den Menschen** setzen sich aus Grundzeiten, Erholungszeiten und Verteilzeiten zusammen, während **Vorgabezeiten für das Betriebsmittel** Grundzeiten und Verteilzeiten enthalten.

Die **Grundzeit** enthält alle Soll-Zeiten für die planmäßige Ausführung eines Arbeitsablaufs. Sie setzt sich aus der **Tätigkeitszeit** und der **Wartezeit** zusammen. Die Grundzeit macht in der Regel den größten Anteil der Vorgabezeiten aus.

Die **Erholungszeit** wird als prozentualer Erholungszuschlag zur Grundzeit angegeben.

Die **Verteilzeit** setzt sich aus der sachlichen und der persönlichen Verteilzeit zusammen. Als sachliche Verteilzeit gelten Soll-Zeiten für zusätzliche Tätigkeiten und störungsbedingtes Unterbrechen, während die persönliche Verteilzeit Soll-Zeiten für persönlich bedingtes Unterbrechen enthält. Der Verteilzeitzuschlag ist ein prozentualer Zuschlag der Vorgabezeit zur Grundzeit.

Die Ermittlung der Vorgabezeit geht von der Analyse des Arbeitsablaufs aus. Aus dem Arbeitsablauf werden alle Zeiten ermittelt, in denen der Mensch bei der Erfüllung der ihm zugewiesenen Aufgaben im Einsatz ist. Nach den drei Produktionsfaktoren, die bei der ausführenden Arbeit eingesetzt werden, werden Zeiten bezogen auf den **Menschen**, auf das **Betriebsmittel** und auf den **Arbeitsgegenstand** unterschieden. Die Gliederung der Zeiten, bezogen auf den Menschen, zeigt die Darstellung V-10.

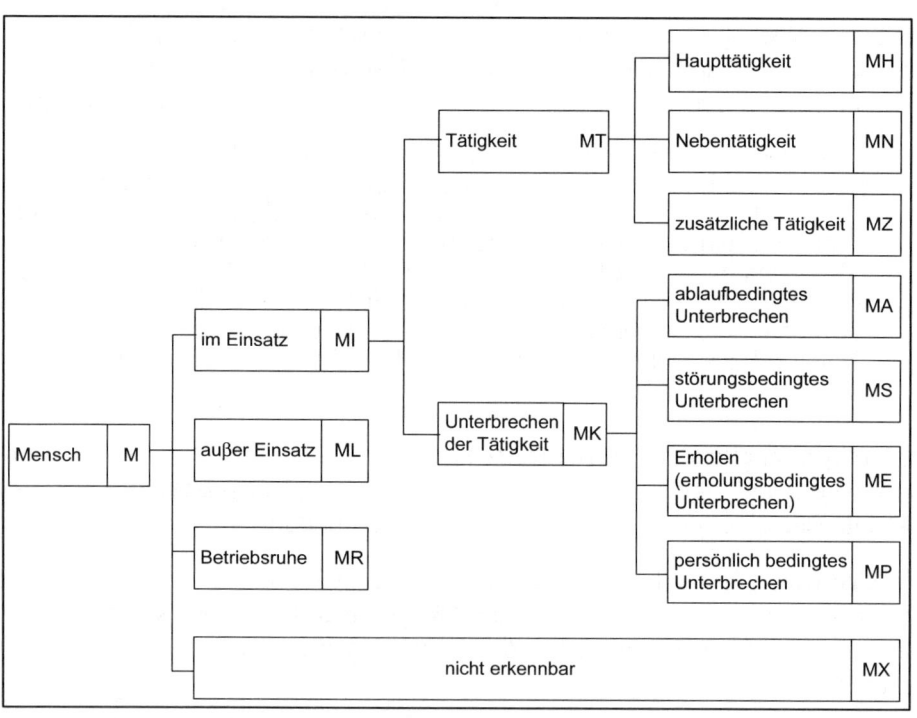

Darstellung V-10 Ablaufgliederung (Analyse der Ablaufarten) bezogen auf den Menschen (REFA, Teil 2, 1978, S. 25)

Es werden grundsätzlich zwei Arten von Vorgabezeiten unterschieden:

(1) **auftragsabhängige Vorgabezeiten**: Sie beziehen sich auf die Ausführung eines Auftrags;

(2) **auftragsunabhängige Vorgabezeiten**: Sie beziehen sich auf eine bestimmte Mengeneinheit.

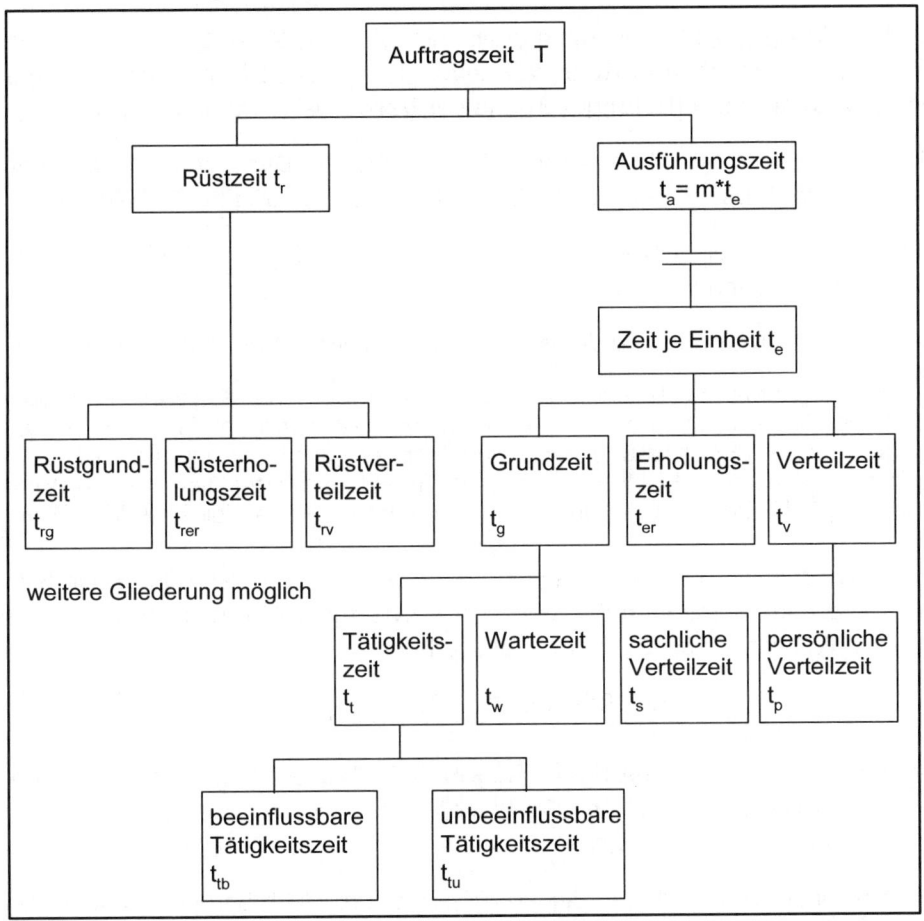

Darstellung V-11   Zeitgliederung für die Auftragszeit (REFA, Teil 2, 1978, S. 42)

Für die **Auftragszeit** verwendet REFA die in Darstellung V-11 verwendete Gliederung.

463

Rüstzeiten sind Zeiten für die Vorbereitung der Arbeitsausführung. Je Arbeitsauftrag kommt das Rüsten im Allgemeinen nur einmal vor.

Die **Ausführungszeit je Auftrag** ergibt sich aus der Zeit je Einheit t_e multipliziert mit der Menge je Auftrag m ($t_a = m \cdot t_e$). Die Zeit je Einheit setzt sich aus der **Grundzeit**, der **Erholungszeit** und der **Verteilzeit** zusammen.

Für die Zeitermittlung gibt es verschiedene Methoden. Dabei unterscheidet man zwischen der Erfassung der **Ist-Zeiten** und der Bestimmung der **Soll-Zeiten**.

Eine Übersicht über die Methoden, mit denen diese Zeiten festgelegt werden, gibt die Darstellung V-12.

Bei der **Zeitaufnahme** wird der Ist-Ablauf aufgezeichnet (Fremdaufzeichnung).

"Zeitaufnahmen bestehen in der Beschreibung des Arbeitssystems, im besonderen des Arbeitsverfahrens, der Arbeitsmethode und der Arbeitsbedingungen, und in der Erfassung der Bezugsmengen, der Einflussgrößen, der Leistungsgrade und Ist-Zeiten für einzelne Ablaufabschnitte; deren Auswertung ergibt Soll-Zeiten für bestimmte Ablaufabschnitte" (REFA, Teil 2, 1978, S. 81).

Die Aufzeichnung der Zeitaufnahme, das Protokoll, muss reproduzierbar sein. Bei der Zeitaufnahme wird u.a. auch der **Leistungsgrad** geschätzt, der in der Regel in Prozent zur Bezugsleistung ausgedrückt wird.

$$\text{Leistungsgrad} = \frac{\text{beobachtete Ist-Leistung}}{\text{vorgestellte Bezugsleistung}} \cdot 100\ \%$$

Wird beispielsweise die Bezugsleistung mit 100 Prozent angenommen, so bedeutet ein Leistungsgrad von 110 Prozent eine Leistung, die um 10 Prozent über der Bezugsleistung liegt.

Die **Normalzeit**, die sich von der Vorgabezeit durch Nichtberücksichtigung des Erholungszuschlags und des Verteilzeitzuschlags unterscheidet, ergibt sich aus:

$$\text{Normalzeit} = \text{Ist-Zeit} \cdot \frac{\text{Leistungsgrad}}{100\%}$$

Beim **Selbstaufschreiben** werden entweder durch den am Arbeitsablauf beteiligten Menschen oder durch selbstständig registrierende Messgeräte die erforderlichen Daten erfasst.

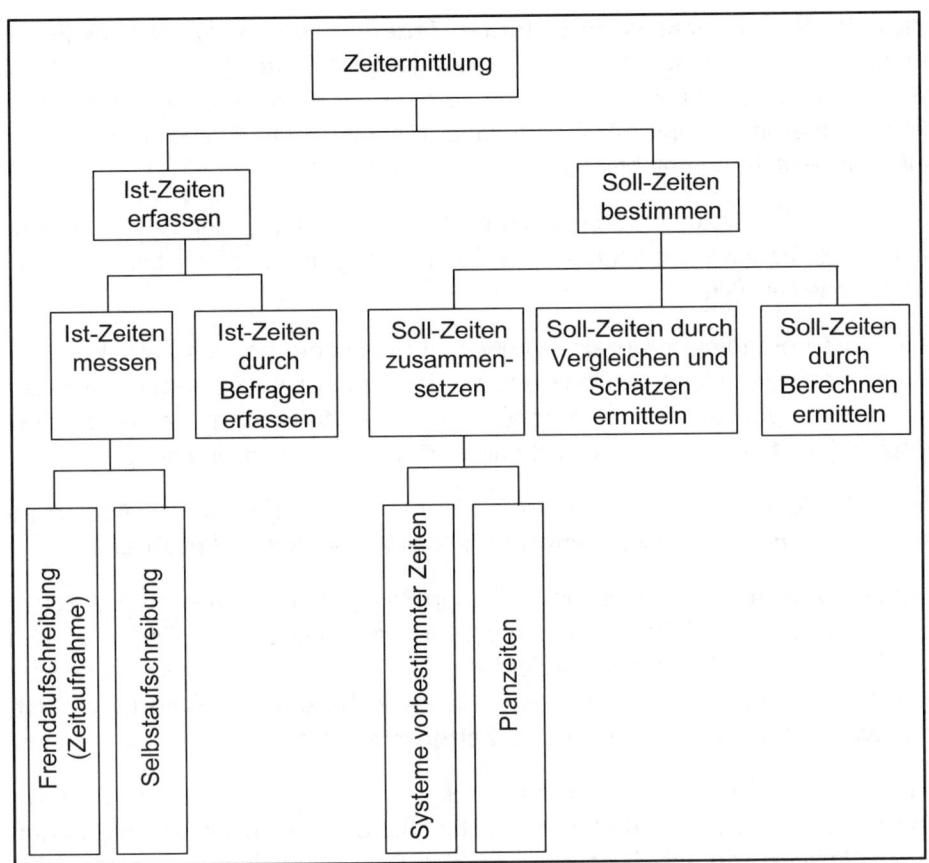

Darstellung V-12   Übersicht über die Methoden zur Ermittlung von Zeiten für Ablaufabschnitte (aus: REFA, Teil 2, 1978, S. 61)

Werden die Ist-Zeiten durch **Befragen** aufgenommen, so werden entweder Betriebsangehörige interviewt oder es werden die Daten mit Hilfe eines Fragebogens erfasst.

Die Zusammensetzmethoden zur Bestimmung der Soll-Zeiten gliedern sich in die Systeme vorbestimmter Zeiten (Elementarzeit-, Kleinstzeitmethoden) und in Planzeiten.

Mit Hilfe der **Systeme vorbestimmter Zeiten** werden Soll-Zeiten für Bewegungselemente auf der Basis von Vergangenheitswerten bestimmt, die vom Menschen voll beeinflussbar sind. Die Summe der einzelnen Soll-Zeiten ergibt die Vorgabezeit für einen Arbeitsvorgang. Die Elementarzeitmethoden werden auch zur Gestaltung der Arbeitsmethoden verwendet.

Ein Vorteil der Systeme vorbestimmter Zeiten gegenüber der Zeitstudie liegt darin, dass bei ihrer Anwendung die Zeitmessung und das Schätzen des Leistungsgrades entfallen.

Durch die Vorgabe der einzelnen Bewegungselemente bei der Gestaltung der Arbeitsmethoden bleibt der individuellen Gestaltung kein Spielraum mehr. Die Arbeit wird dadurch noch monotoner. Durch die Möglichkeit besserer ergonomischer Arbeitsplatzgestaltung sinkt allerdings oft die Beanspruchung.

Bekannte Beispiele für Systeme vorbestimmter Zeiten sind das **MTM-Verfahren** (**Methods Time Measurement**) und das **Work-Factor-Verfahren**.

Planzeiten werden mit Hilfe von Einflussgrößen gewonnen. Sie sind Soll-Zeiten für bestimmte Ablaufabschnitte. Die vollständige Erfassung der Einflussgrößen für die Zeit ist von besonderer Bedeutung. Die Zeiten, die auf diese Art gewonnen werden, werden außer Planzeiten auch **Richtzeiten, Zeitnormen, Zeitrichtwerte, Mehrzweckzeiten** oder **Zeitnormative** genannt.

Häufig ist eine Zeitaufnahme zu aufwendig oder unmöglich, z.B. in der Einzel- und Kleinserienfertigung und in der Instandhaltung. Dann werden die **Zeiten durch Vergleichen** und **Schätzen** ermittelt. Die Genauigkeit der gewonnenen Werte hängt von der Erfahrung des Bearbeiters und den vorliegenden Unterlagen ab.

Bei den **Soll-Zeiten durch Berechnen** werden die Prozesszeiten als unbeeinflussbare Haupt- und Nebennutzungszeiten von Betriebsmitteln ermittelt.

Im Zusammenhang mit der Zeitermittlung werden auch häufig **Multimoment-Aufnahmen** genannt. Die Multimoment-Studie ist ein Stichprobenverfahren, das Aussagen über Häufigkeit bzw. Dauer zuvor festgelegter Ablaufarten ermöglicht. Sie wird vor allem für die Ermittlung von **Verteilzeiten** verwendet.

Es wird das **Multimoment-Häufigkeits-Zählverfahren** und das **Multimoment-Zeitmess-Verfahren** unterschieden. Beim Multimoment-Häufigkeits-Zählverfahren wird stichprobenartig festgestellt, welche Tätigkeit zu einem zufällig bestimmten Zeitpunkt ausgeführt wird, wobei es darauf ankommt, dass die Zahl der Beobachtungen repräsentativ ist. Das Multimoment-Häufigkeits-Zählverfahren gibt also Auskunft über absolute und prozentuale Häufigkeit von Vorgängen. Das Multimoment-Zeitmess-Verfahren liefert hingegen direkte Planzeitwerte. Zu unregelmäßigen Zeitmesspunkten werden vom Beobachter Notierungen vorgenommen, in denen die Art der Arbeit und der genaue Zeitpunkt der Beobachtung festgehalten werden.

Außer der Grundzeit und der Verteilzeit geht in die Vorgabezeit auch die **Erholungszeit** ein. Die normale Pausenregelung reicht bei Arbeitsvorgängen mit hoher Belastung nicht mehr aus. Um Leistungsvermögen und Belastung im Gleichgewicht zu halten, werden zusätzliche Erholungszeiten bei der Ermittlung der Vorgabezeiten berücksichtigt. Für die Bestimmung des Erholungszuschlags gibt es verschiedene Methoden, was insbesondere auf die unterschiedliche Zielsetzung und die große Zahl unterschiedlicher Belastungen, die im Betrieb vorkommen, zurückzuführen ist.

REFA hat eine analytische Methode zur Erholungszeitermittlung (REFA, Teil 2, 1978, S. 302 ff.) entwickelt, bei der aus Teilbeanspruchungsarten Teilerholungszeiten ermittelt werden, aus denen sich die Gesamterholungszeit zusammensetzt. Die Beanspruchungsarten sind:

- Beanspruchung durch **dynamische Muskelarbeit**,
- Beanspruchung durch **dynamische Muskelarbeit mit zusätzlicher Klimabelastung**,
- Beanspruchung durch **statische Muskelarbeit**,
- Beanspruchung durch **einseitige Muskelarbeit**,
- Beanspruchung durch **Aufmerksamkeit und Konzentration und**
- Beanspruchung durch **sonstige Umgebungseinflüsse**.

Bei einer anderen Methode zur Erholungszeitermittlung, der **physiologischen Methode**, wird die Belastung als Maßstab herangezogen. Beispielsweise wird bei Muskelarbeit die Pulsfrequenz gemessen. Hieraus wird auf die Ermüdung und auf die notwendige Erholungszeit geschlossen. Bei nicht muskelmäßiger Tätigkeit werden z.B. die Hirnaktionsströme festgestellt. Eine dritte Methode arbeitet mit Tafeln für den **Energieumsatz** bei Belastungen (Spitzer/Hettinger 1981). Die Tafeln enthalten Beispiele für dynamische Muskelarbeit bei verschiedenen Belastungshöhen, die als Maßstab für den Erholungszuschlag herangezogen werden. Bei dieser Methode findet die Dauer der Belastung allerdings keine Berücksichtigung.

5.5 Lean Production

"Lean Production" ist zu einem Schlagwort avanciert, das als eine Art "Allheilmittel" für die Bewältigung des durch japanische Unternehmungen vieler Branchen auf dem Weltmarkt erzeugten Wettbewerbsdrucks gepriesen wird.

Lean Production bedeutet die Abkehr von der bisher in Europa und Amerika propagierten und tayloristisch geprägten Massenfertigung nach der Maßgabe: Je länger und zahlreicher ein bestimmtes Produkt produziert wird, desto niedriger sind die Stückkosten, wobei vertretbare Fehlerquoten in Kauf genommen und Produktions- bzw. Qualitätsmängel oft erst nach abschließenden kostenintensiven Qualitätskontrollen behoben werden.

Kern des Lean Production-Konzeptes ist die **Verbindung von hoher Produktivität bei gleichzeitiger hoher Qualität**, die primär durch präventive Maßnahmen der Fehlervermeidung im Produktionsprozess realisiert werden soll. Nicht mehr die differenzierte Unterteilung der betrieblichen Aufgabenkomplexe und Managementfunktionen, sondern deren integrative Sichtweise steht im Vordergrund. "Schlank" bedeutet im Wesentlichen (vgl. Krafcik 1988):

- eine marktgerechte Vielfalt schnell und mit weniger Aufwand zu entwickeln,
- kostengünstiger und in besserer Qualität zu produzieren,
- den Wünschen des Kunden entsprechend zu liefern,
- alle Unternehmungsmitglieder und zusätzlich die Zulieferer und Händler einzubeziehen und
- fortlaufend Verbesserungen bezüglich des Produktes, des Produktionsprozesses bzw. der Arbeitsorganisation zu implementieren.

Der Begriff Lean Production ist eigentlich irreführend: "Lean Management" erscheint angemessener, da das gesamte Unternehmen betroffen ist: Forschung und Entwicklung, Fertigung und Absatz ebenso wie die Organisation und die Personalwirtschaft.

Als kritische Erfolgsfaktoren des Konzepts kristallisieren sich "starke Projektleitung", "Teamarbeit", "Total Quality Management", "Kundennähe", "Zuliefererintegration", "Simultaneous Engineering" sowie "Integriertes Informationsmanagement" und "Kommunikationskultur" heraus (vgl. Womack/Jones/Roos 1990).

Eine **"starke Projektleitung"** soll dafür sorgen, dass sämtliche für ein bestimmtes Produkt benötigten Kräfte aus allen Abteilungen mobilisiert werden und das Entwicklungsprojekt bis zur Marktreife und zum Modellwechsel zügig und unter Berücksichtigung sämtlicher Funktionsbereiche (Forschung und Entwicklung, Marketing, Controlling, Konstruktion, Produktion) durchgeführt wird. Empfohlen wird nach japanischem Vorbild der Einsatz erfahrener "Senior Manager", die den funktionalen Managern und dem Top-Management selbstbewusst entgegentreten können und die Bildung eines cross-funktionalen Kernteams, das diesen starken Projektleitern stets zur Seite steht und auch räumlich eng zugeordnet ist (vgl. Clark/Wheelwright 1992, S. 13).

Zur Beschleunigung der Entwicklungszeiten wird auf "gleichzeitige Entwicklung" (**"Simultaneous Engineering"**) gesetzt: Prozesse, die früher stark sequentiell abliefen, werden weitestgehend parallelisiert mit dem Vorteil, dass nachträgliche Produktänderungen durch interdisziplinäre Entwicklung weitestgehend eliminiert werden und die Schnittstellen zwischen Abteilungen, Ressorts und Teams leichter überbrückbar werden. Oberstes Gebot für alle Unternehmungsmitglieder ist die Erzielung höchster Qualität aus Sicht des Kunden im Sinne eines umfassenden, präventiven **"Total Quality Management"**. Mit einer Verringerung der Fertigungstiefe wird die Beschaffung besonders kritischer Zulieferteile und -module wichtiger. Dazu bedarf es der möglichst frühen Einbeziehung **ausgewählter Zulieferunternehmen**, z.B. über zwischenbetriebliche Informationsnetzwerke (Electronic Data Interchange) und Beteiligung in **Simultaneous Engineering-Teams** durch sogenannte "Resident-Engineers".

Die mit Lean Production intendierte Konzentration auf den Wertschöpfungsprozess beginnt mit der möglichst klaren Vorstellung von dem, was die anvisierte Konsumentenzielgruppe in welcher Qualität und zu welchem Preis de facto präferiert. Hierzu ist eine intensive Kommunikation mit den aktuellen und potentiellen (Schlüssel-)Kunden notwendig, und zwar auch durch die Rückkopplung von Kundenforderungen bis hinein in die Produktentwicklung. Die erforderliche Informationstransparenz hinsichtlich Kundenwünschen, Produktionsstatus, Kostenmanagement usw. wird einerseits durch integrierte Informationssysteme unterstützt, die möglichst "vor Ort" geeignete Informationen bereitstellen, andererseits durch die Schaffung einer Informations- und Kommunikationskultur, d.h., der zielgerichtete Informationsaustausch entwickelt sich zu einem wichtigen Wert der (gewollten) Unternehmenskultur und findet Einzug in Führungsgrundsätze, Anreizsysteme usw.

Im Zusammenhang mit Fragestellungen des Personaleinsatzes interessiert primär die Konzeption und Umsetzung der **Teamarbeit**, besonders in der Fertigung, in die wesentliche Kompetenzen (zurück-)verlagert werden. Darstellung V-13 stellt Grundmerkmale der traditionellen Massenfertigung denen der Lean Production gegenüber. Gruppenarbeit in der Fertigung kann wie folgt gekennzeichnet werden (vgl. Hentze/Kammel 1992a):

- Die Montagearbeiter sind in **Gruppen von 5 bis 10 Personen** zusammengeschlossen.

- Den Teams werden **weitreichende Kompetenzen** zugewiesen mit dem Ziel, dass sämtliche im zugeordneten Bereich anfallenden Aufgaben eigenständig von der Gruppe bearbeitet werden können.

- Die unterschiedlichen Aspekte der Gesamtaufgabe sollen durch jeweils dafür besonders **spezialisierte (Fach-)Arbeiter** repräsentiert sein. Für die einzelnen Teammitglieder bestehen jedoch keine exakt festgelegten Arbeitsplatz- bzw. Stellenbeschreibungen. Jeder Mitarbeiter sollte in der Lage sein, alle Aufgaben in der geforderten hohen Qualität zu erfüllen, fehlende Kenntnisse sich rasch anzueignen und bereit sein, an der Lösung des Gesamtproblems aktiv mitzuwirken.

- Hohe und breitgefächerte **fachliche Anforderungen**, ein integriertes Aufgabenverständnis, eine ausgeprägte Arbeitseinsatzflexibilität sowie überdurchschnittliche soziale Fähigkeiten werden den einzelnen Teammitgliedern abverlangt. Die Bereitschaft und Fähigkeit, sich aktiv in die Gruppe einzubringen und sich zu integrieren, gelten als entscheidender Teil der "Leistungserbringung".

	Massenfertigung tayloristischer Prägung	Lean Produktion
Basisansatz in der Fertigung	große Stückzahlen, standardisiertes Produkt mit wenigen Varianten, lange Produktlebenszyklen angestrebt; möglichst wenige Werkzeugwechsel; Fließband mit Einheitstakt bei Technikzentrierung	kleinere Serien mit häufigem Werkzeugwechsel; Variantenvielfalt und kurze Produktlebenszyklen möglich; Fließband mit Einheitstakt bei integrierter Gruppenarbeit; hohe Prozesssicherheit und permanente Qualitätssicherung angestrebt, U-shaped Production Line Systems, statistische Prozesssteuerung
Arbeitskonzept	Standardisierung: strenge Arbeitsteilung bei präziser Zeit-Methoden-Vorgabe, hierarchischer "top-down"-Ansatz, Abteilungsdenken, starre und kurze Taktvorgaben, klare Zuordnung von Mitarbeiter und Arbeitsplatz	Delegation von Verantwortung, integriertes Aufgabenverständnis, Simultaneous Engineering, Teamorganisation/-arbeit, Projektorientierung, flachere Hierarchien, ausgeprägte Kommunikation, internes "Kunden-Lieferantenprinzip" entlang der Produktionsstufen, nach Stückzahlen und Arbeitszeit flexible Taktvorgaben
Arbeitsumfang und -bedingungen	kurzzyklisch, geringer Umfang bei ständiger Wiederholung, keine wechselnden Arbeitsanforderungen, Monotonie mit der Gefahr der mangelnden Identifikation sowie psychischer und physiologischer Belastungen	Gruppenprinzip mit Job Rotation, hohe Abeitseinsatzflexibilität; Arbeitsintensivierung aufgrund eines nicht unerheblichen "Prozessdrucks"
Qualifizierungserfordernisse	einerseits: niedrig, schnelle Einarbeitung auch bei ungelernten Arbeitskräften; andererseits: Spezialisierungsaufgaben zur Beherrschung der High-Tech-Automatisierung	hoher Qualifikationsbedarf für sämtliche Mitarbeiter, da Arbeitseinsatzflexibilität und Qualitätsverantwortung; Teamentwicklung
Qualitätskontrolle und -sicherung	externe Steuerung: laufende Bandzuführung zu Nacharbeitsstationen, "vertretbare" Fehlerquoten werden in Kauf genommen	Querschnittsaufgabe: prozessbegleitender "Total Quality"-Ansatz: alle Unternehmensbereiche produkt- und prozessbezogen, kundenorientierte "Null-Fehler-Strategie", Fehlerermittlung/-analyse durch Gruppe, Minimierung der Nacharbeitsplätze
Prinzipien der Materialwirtschaft/ Teileversorgung	Bringprinzip, große Pufferzonen	Holprinzip, Minimierung der Puffer, Just-in-Time-Steuerung, (KANBAN-System bei Toyota)
Automatisierung	hoher Automatisierungsgrad, eher starr	Organisation geht vor Automatisierung: kein grundsätzlicher Verzicht, aber punktueller, spezieller und flexibler Einsatz ("simple is best")

Darstellung V-13 Gegenüberstellung der Grundmerkmale von Massenproduktion tayloristischer Prägung und Lean Production im Überblick

471

- Die Teams werden von einem **Gruppenleiter** auf der Meisterebene mit erweiterten Fach- und Sozialkompetenzen geführt. Er ist verantwortlich für Job Rotation innerhalb der Gruppe, Arbeitsverteilung, Trainingsziele, eine leistungsgerechte Entlohnung, hohe Qualitätsstandards, die gezielte Personalauswahl, Materialbeschaffung usw.

- Die Gruppenarbeit erfolgt unter **Beibehaltung des Fließbandes** und der **Taktbindung** bei gleichzeitigem Verzicht auf komplexe Automatisierungen in der Montage. Durch Ablaufzwänge des in der Regel hohen Just in Time-Prozessdrucks bleiben die Entscheidungsspielräume in der Gruppe relativ stark begrenzt.

Hinsichtlich der Umsetzung von Lean Production in den westlichen Unternehmenskontext mehren sich inzwischen kritische Stimmen, die vor einem unreflektierten Kopieren, einem falschen Verständnis und einer Überhöhung japanischer Konzepte warnen (vgl. z.B. Bogaschewsky 1992; Jürgens 1993).

Beispielsweise differieren die Vorstellungen von Teamarbeit in japanischen und in westlichen Unternehmen erheblich. **Teamarbeit in Japan** ist in starkem Maße beeinflusst von einer **kollektivistischen kulturellen Grundorientierung**, während sich in individualistisch geprägten Kulturkreisen die Gruppenarbeit als ein Ergebnis von **zielgerichteter Arbeitsgestaltung** charakterisieren lässt, bei der Demokratisierung und Humanisierung des Arbeitslebens, Arbeitsgestaltung als Motivationsinstrument, Flexibilitätserhöhung durch Selbstorganisation und Stärkung der Corporate Identity im Vordergrund stehen.

In Japan fördern (unter anderem) Gruppenidentität und -konformität, die Pflege enger Beziehungen, Pflichtgefühl, ein ausgeprägtes Arbeitsethos und ein starkes Harmoniestreben das Funktionieren reibungsloser Zusammenarbeit und eng aufeinander abgestimmter Prozesse im Unternehmen (vgl. Whitehill 1991, S. 50 ff.). Die Gruppe ist Träger der **betrieblichen Sozialisation**, sie ist soziales Netz und eine nicht zu unterschätzende "**Sanktionsinstanz**" (vgl. Jürgens 1992). Vielstufige Hierarchien (vorwiegend "Altershierarchien") mit hoher Vorgesetztendichte sind außerdem in den meisten japanischen Unternehmen allgegenwärtig, auch wenn dieses durch die "fließenden" formalen Aufbauorganisationen nicht immer deutlich wird.

Deutsche Gewerkschaften mahnen im Sinne eines eigenen Weges von Lean Production und Gruppenarbeit eine "sozialverträgliche Modernisierung" an, weil das Konzept zum Abbau von Arbeitsplätzen und zu einer Verdichtung von Arbeit bei hoher Personaleinsatzflexibilität innerhalb der Gruppe führt. Dies bedeutet vornehmlich Einflussnahme (z.B. durch Gruppensprecher) und Partizipation von Arbeitnehmern und deren Vertretungen: "Die Festlegung von Leistungszielen zwischen Geschäftsleitung und Betriebsrat würde auf einen 'Leistungskompromiss" hinauslaufen, der für die eine Seite effizientere Arbeit, für die andere Seite regulierte und reklamierbare Leistungsbedingungen (Arbeitsorganisation, Personalbesetzung, Leistungs- und Arbeitsgestaltung) bedeuten würde" (Roth 1992, S. 34).

Gruppenarbeit: - gesamtes Unternehmen in Gruppen organisiert, - Gruppengröße zwischen sechs und acht Mitglieder, - freigestellter Gruppensprecher organisiert Gruppe, - Beteiligung der Gruppen am Planungsprozess **Ständiger Verbesserungsprozess:** - Mitarbeiter verbessern ihren eigenen Arbeitsplatz - Beteiligung am Erfolg durch effizientes Anerkennungssystem, - Beschränkung auf Produktion von Fahrzeugen **Instandhaltungskonzept:** - Gruppenmitglieder übernehmen Instandhaltung in ihrem Bereich, - prozessbedingte Wartung durch eigenes Personal, - Routinewartung wird fremdvergeben	**Sichtbarmachung des Produktionsprozesses:** - ständige Information über Produktionsstatus, - sofortiges Erkennen von Problemen für jedermann **Materialversorgung:** - geringer Materialbestand im Werk - selbststeuernde Materialsysteme (Kanban), - genaue Absprache mit Lieferanten und Spediteuren über Anliefermengen und Anlieferungszeitraum **Mitarbeiterorientiertes Management:** - Beraten anstelle von Anweisen, - offenes Bürokonzept ohne trennende Wände, - vertrauensvolle Zusammenarbeit zwischen Betriebsrat und Geschäftsleitung

Darstellung V-14 Eckpfeiler des Lean Production-Konzeptes bei Opel, Eisenach (Manager Magazin 1992, S. 205)

Am weitesten fortgeschritten bei der Implementierung sind in Deutschland Automobilhersteller, die nach "Lean"-Prinzipien konzipierte Werke "auf grüner Wiese" errichtet haben. Das Beispiel Opel in Eisenach wird in Darstellung V-14 im Überblick gezeigt.

Lean Production stellt hohe Anforderungen an die Personalwirtschaft (vgl. Hentze/Kammel 1992b). Es geht insbesondere um:

- die Vermittlung "lean"-bezogener Werte (Teamgeist, offene Kommunikation, qualitäts- und kundenorientiertes Denken, Lernbereitschaft usw.),
- partizipative Führungsstile, Beratung und Förderung der Mitarbeiter,
- Training und Teamentwicklung,
- eine konsistente Entlohnungspolitik: (leistungsbezogene) Anreize zielen auf zusätzliche Motivation und eine Verbesserung der Leistung ab. Das Prinzip der Gleichbehandlung schließt keinen aus; es erhalten also nicht etwa nur verantwortliche Führungskräfte erfolgsorientierte Tantiemen,
- eine gezielte Personalauswahl außer nach fachlichen auch nach sozialen Kriterien.

6   DIE ZUORDNUNG VON PERSONAL UND ARBEITSPLÄTZEN

6.1   Die Zuordnung unter Berücksichtigung von Eignungen und Anforderungen

Die Zuordnung des Personals zu den Arbeitsplätzen ist mit der Frage verbunden, inwiefern die Eignungen der für den Personaleinsatz zur Verfügung stehenden Mitarbeiter den Anforderungen entsprechen.

Die Daten, die erst eine rationelle Lösung ermöglichen, liefern die **Fähigkeits-** und **Anforderungsprofile**. Die Zuordnung wird nicht nur durch die Wirtschaftlichkeit der Maßnahme bestimmt, sondern auch die persönlichen Interessen der Mitarbeiter müssen Eingang in die Überlegungen finden.

Sowohl qualitative Unter- als auch Überdeckungen sind zu vermeiden. Die **Überforderung** des Mitarbeiters kann die Erfüllung der übertragenen Funktion gefährden und beim Mitarbeiter zu Frustration und Stress führen. Wird das verfügbare Leistungspotential nicht annähernd durch die Aufgabe in Anspruch genommen (Unterforderung), so kann es ebenfalls zu Enttäuschung, Frustration und Stress kommen, was eine Kündigung seitens des Mitarbeiters zur Folge haben kann.

Jeder Betrieb weist eine besondere Struktur von Anforderungen auf. Eine Schwierigkeit der Zuordnung besteht darin, die Eignungen und Anforderungen möglichst in Übereinstimmung zu bringen. Im Idealfall würden sich Eignungen und Anforderungen decken. Da in der Praxis dieser Idealzustand gar nicht oder nur selten erreicht wird, gilt es, Eignungen und Anforderungen möglichst anzunähern.

Zur Lösung dieses Problems, bekannt als **Personalanweisungs-, Personalzuordnungs-** oder **Ernennungsproblem** (personnel assignment), sind in der Praxis und in der Wissenschaft verschiedene Methoden entwickelt worden (vgl. Gutenberg 1962, S. 109 f.):

(1)   Die erste Methode ist eine Rangordnungsmethode, bei der nach der Rangfolge der Eignungen dem Mitarbeiter der Arbeitsplatz zugewiesen wird.

(2) Die zweite Methode könnte mit dem Postulat "jede Spezialbegabung an ihren Platz" beschrieben werden. Hierbei werden zuerst die Spezialbegabungen ausgewählt, die dann den Positionen zugewiesen werden.

In der Literatur werden in vielfältiger Form mathematische Ansätze zur Lösung des Personalzuordnungsproblems behandelt (vgl. Churchman/Ackoff/Arnoff 1971, S. 341 ff.; Müller-Merbach 1973, S. 276 f.). Bemerkenswert ist, dass im Zusammenhang mit den Modellen über die praktische Datenermittlung nichts ausgesagt wird (Dönni 1965, S. 315).

Die Zielsetzungen in der genannten einführenden Operations Research-Literatur sind keineswegs einheitlich. Es werden **Zielsetzungen** wie **Gewinnmaximierung**, **Minimierung der Gesamtarbeitszeit**, **Lohnkostenminimierung**, **Maximierung der Gesamteignung** und **Minimierung der Differenz zwischen Eignung und Anforderungen** verfolgt.

Dem Modell liegt die Annahme zugrunde, dass die Mitarbeiter für mehrere verschiedene Arbeiten geeignet sind, und zwar mit unterschiedlichen Eignungsgraden. Weist eine Arbeitskraft für einen Arbeitsplatz bzw. eine Anforderung überhaupt keine Eignung auf, so wird sie mit Null angegeben.

Die Aufgabe lautet, i Arbeiter (i = 1, 2, ..., n) sind so auf j Arbeitsplätze (j = 1, 2, ..., m) zu verteilen, dass die Gesamtleistungsfähigkeit ein Maximum wird, d.h., die Eignungs- und Anforderungskurve sollen einander angeglichen werden.

Wenn mit e_{ij} die Eignung eines Mitarbeiters i für die Aufgabe j und mit a_{ij} die Anforderungen des Arbeitsplatzes j an den Mitarbeiter i bezeichnet werden, so besteht die Zielsetzung darin,

$$(1) \quad \sum_{i=1}^{n} \sum_{j=1}^{m} (e_{ij} - a_{ij}) \cdot x_{ij} = c_{ij} \cdot x_{ij}$$

zu minimieren.

Die Nebenbedingungen lauten:

$$(2) \quad \sum_{i=1}^{n} x_{ij} \leq 1 \text{ für } (j = 1, ..., m)$$

(3) $\sum_{i=1}^{m} x_{ij} \leq 1$ für (j = 1, ..., n)

(4) $x_{ij} = \begin{bmatrix} 0 \\ 1 \end{bmatrix}$

Für die Lösung des linearen Programms stehen mehrere Algorithmen zur Verfügung, auf deren Erörterung hier verzichtet werden soll. Ihre ausführliche Behandlung findet sich in der genannten einführenden Operations Research-Literatur.

In der Lösung bedeutet der Wert $x_{ij} = 0$, der Mitarbeiter i wird dem Arbeitsplatz j nicht zugeordnet, während bei $x_{ij} = 1$ ihm die Arbeit übertragen wird.

Kupsch und Marr zeigen die Grenzen des Modells auf (Kupsch/Marr 1991, S. 793 f.).

Das Personalanweisungsmodell setzt eine kardinale Messung der Eignungspotentiale voraus, und für den Profilvergleich müssen die Anforderungen der Arbeitsplätze gleich strukturiert sein. Weiterhin werden die arbeitsteiligen Abhängigkeiten zwischen den Arbeitsplätzen nicht erfasst, so dass die Abhängigkeit der Leistung eines Mitarbeiters von den Leistungen der Arbeitskräfte vorgelagerter Stellen nicht erfasst wird. Das Modell geht von der Prämisse aus, dass zwischen Eignung und Leistung ein linearer Zusammenhang besteht. Hierbei werden die zahlreichen Einflussfaktoren vernachlässigt, die außer der Eignung das Arbeitsverhalten bestimmen.

6.2 Personaleinsatz bei wechselndem Arbeitsanfall

Das Problem des Personaleinsatzes bei wechselndem Arbeitsanfall ist ein Problem des sich ändernden Personalbedarfs. Die Fragestellung lautet daher: Welcher Personalbestand ist bei wechselnder Arbeitsbelastung als optimal anzusehen, wenn er über eine gewisse Zeit konstant bleiben soll? Wird von der Prämisse ausgegangen, dass die anfallenden Arbeitsgegenstände auch termingerecht erledigt werden sollen, so muss der dauernde Personaleinsatz der kurzfristigen Spitze des Personalbedarfs entsprechen, was aber zur Folge hätte, dass in anderen Perioden eine personelle Überkapazität vorhanden wäre. Im Einzelfall werden zeitweise personelle Spitzenbelastungen durch Überstunden, den Einsatz von Teilzeitbeschäftigten oder Springern, durch den innerbetrieblichen Austausch von Personal, Schichtbetrieb oder versetzte Arbeitszeiten behoben. Auch eine neue Aufgabenverteilung kann eine Lösungsmöglichkeit sein.

Eine derartige Anpassung wird als **Flexibilisierung der Arbeit** bezeichnet, bei der

- die Arbeitszeit,
- die Beschäftigtenzahl und
- die Arbeitszuordnung

variiert werden kann (Hamel 1985, S. 296 ff.).

Die **Flexibilität der Arbeitszeit** ist gegeben, wenn Betriebsangehörige Arbeitszeitregelungen unterliegen, die vom Arbeitsanfall abhängig sind und unterschiedlich ausgestaltet werden. Darunter fallen Überstunden, Sonderschichten, Kurzarbeit und Feierschichten, aber auch Flexibilitätsregelungen in Einzelarbeitsverträgen oder bei Teilzeitkräften.

Bei der **Flexibilisierung der Beschäftigtenzahl** variiert die Zahl der weisungsgebundenen Arbeitskräfte, indem ein Teil der Belegschaft befristet beschäftigt wird. Als Formen bieten sich z.B. die **Einstellung von Aushilfen, Saisonarbeitskräften** für abgrenzbare Tätigkeiten und die gewerbsmäßige **Arbeitnehmerüberlassung** an. Auch ein Personaltausch im Rahmen einer kooperativen Partnerschaft kommt in Frage.

Flexibilität der Aufgabenzuordnung liegt vor, wenn mit Belegschaftsmitgliedern ein Einsatz in unterschiedlichen Tätigkeitsfeldern vereinbart wird. Es handelt sich dann um eine Form der job rotation.

Der Personalbestand eines Betriebes und damit auch der Personaleinsatz sind relativ starr. Bedingt durch gesetzliche Vorschriften, Tarifverträge usw. ist es nicht leicht möglich, sich kurzfristig mit dem Personalbestand einem stark schwankenden Arbeitsanfall, beispielsweise durch Entlassungen bzw. Einstellungen, anzupassen. Ist der Personalbestand geringer als der Personalbedarf, so kann es sein, dass die betreffenden Aufgaben und vielleicht auch die Betriebszwecke nicht erfüllt werden können. Richtet sich der Personaleinsatz nicht nach dem Spitzenbedarf, so müssen Arbeiten, sofern es möglich ist, zeitlich verschoben werden.

7 Veränderungen im Personaleinsatz bei steigendem Technisierungsgrad

Der Technisierungsgrad wird durch das Niveau der Fertigungs- und der Informationstechnologie bestimmt. Sie stellen heute das wesentliche Rationalisierungspotential dar, das zur Erhöhung der Produktivität genutzt wird. In diesem Kontext wird Rationalisierung häufig im Zusammenhang mit der Vernichtung von Arbeitsplätzen, d.h. dem quantitativen, aber auch qualitativen Personaleinsatz gebracht. Rationalisierung bedeutet in diesem Sinne eine Substitution menschlicher durch technische Arbeit.

In den Sechzigerjahren wurden diese Freisetzungen bei wirtschaftlichem Wachstum durch Umsetzungen mehr als ausgeglichen. In den beiden letzten Jahrzehnten zeigte sich der Freisetzungseffekt durch Rationalisierung auch außerhalb der Betriebe. Die heutige Arbeitslosigkeit ist zu einem Gutteil dem steigenden Technisierungsgrad zuzuschreiben.

Für das sich in industriellen Kernsektoren herausbildende Sozialgefüge stellen Kern/Schumann (1990, S. 22 f.) vier Gruppen heraus, die von der Rationalisierung betroffen sind:

(1) **Rationalisierungsgewinner**: Sie stellen das personelle Fundament der Produktionskonzepte dar (z.B. Produktions-, Facharbeiter-, Instandhaltungsspezialisten).

(2) **Rationalisierungsdulder**: Sie dürften auf Grund persönlicher Merkmale, z.B. fortgeschrittenes Alter, fehlende Qualifikationen, für neue Produktionskonzepte kaum brauchbar sein. Diese Gruppe ist durch Gesetze, Tarifverträge, Betriebsvereinbarungen geschützt. Langfristig läuft sie Gefahr, freigestellt zu werden.

(3) **Arbeiter krisenbestimmter Branchen**: Solange die Beschäftigten noch eine betriebliche Zukunft sehen, dominieren interne Konkurrenzen und blockieren kollektives Handeln. Geht es um die Existenz ihres Betriebes und der Branche überhaupt, werden die Differenzen nivelliert, und es kann sich Raum für eine Politisierung ergeben.

(4) **Gruppe der Arbeitslosen**: Sie haben immer weniger die Chance, in den Produktionssektor hineinzukommen.

Für die im Betrieb verbleibenden Beschäftigten bringt der steigende Technisierungsgrad oft einen sich wandelnden qualitativen Personaleinsatz mit sich, was sich in der Veränderung der Arbeitsanforderungen und der beruflichen Qualifikation zeigt. Die Anforderungen ergeben sich aus den Normen der Aufgabenstellung einer Tätigkeit. Im Allgemeinen wird unter beruflicher **Qualifikation (Arbeitsqualifikation)** die Eignung und Befähigung einer Person verstanden, die erforderlich ist, um die in der Arbeitssituation gestellten Aufgaben erfüllen zu können. Dabei kann zwischen funktionaler und funktionsübergreifender Qualifikation unterschieden werden (Neuberger 1985, S. 114 ff.).

Über die Auswirkungen der Fertigungs- und der Informationstechnologie liegen unterschiedliche Aussagen vor. Dabei handelt es sich um

(1) die Höherqualifizierungsthese,

(2) die Dequalifizierungsthese,

(3) die Polarisierungsthese und

(4) die Andersqualifizierungsthese.

1. Höherqualifizierungsthese: Dieser Ansatz besagt, dass bedingt durch den steigenden Technisierungsgrad langfristig auf Grund der steigenden Arbeitsanforderungen in den Betrieben und in der Gesamtgesellschaft die Qualifikationen steigen werden. Als Beispiele werden der Instandhaltungsbereich, die Qualitätskontrolle (Kern/Schumann 1990, S. 78) sowie im Verwaltungsbereich der Einsatz der neuen Informationstechnik (Dirrheimer 1981) genannt. Eine Höherqualifizierung ist auch bei der **Arbeitsanreicherung**, die durch job enlargement und job enrichment erreicht wird, gegeben. Die gestiegenen Anforderungen zeigen sich auch in der Forderung an die höhere Flexibilität des Arbeiters.

2. Dequalifizierungsthese: Sie geht davon aus, dass durch Fertigungs- und Informationstechnologie der Anteil der Tätigkeiten zunimmt, deren Erfüllung niedrigere, einseitige Qualifikationen erfordert, was zu einer Verarmung führt. Vorhandene Arbeitsqualifikationen werden überflüssig, so dass ohne die technologischen Veränderungen die betroffenen Personen eine berufliche Dequalifizierung erfahren.

3. **Polarisierungsthese**: Es zeigt sich in vielen Bereichen als Haupttendenz ein Trend zur Polarisierung, zur Höherqualifizierung eines Teils der Arbeitnehmer und zur Dequalifikation der übrigen Gruppen (Kern/Schumann 1972, S. 177; 1990, S. 319).

4. **Andersqualifizierungsthese**: Diese These besagt, dass durch die technologische Entwicklung einerseits Anforderungen wegfallen, andererseits aber neue Anforderungen etwa auf der gleichen Stufe an die Arbeitnehmer gestellt werden, die eine Qualifizierung durch intensive betriebliche Bildung notwendig machen.

Das Problem der Veränderung der Anforderungen auf Grund des Technisierungsgrades ist häufig im Zusammenhang mit der "Humanisierung des Arbeitslebens" (HdA) diskutiert worden. Die **Ergonomie** als Teildisziplin der Arbeitswissenschaft befasst sich insbesondere mit Fragen der physischen Beanspruchung des arbeitenden Menschen im Zusammenhang mit der Gestaltung des Arbeitsplatzes, der Arbeitsabläufe und der Arbeitsumgebung. Besonderes personalwirtschaftliches Interesse hat dabei die Bedienung und die Gestaltung von **Bildschirmarbeitsplätzen** gefunden. Bei der Entwicklung der Geräte und der Gestaltung der Arbeitsplätze stehen für den Arbeitswissenschaftler dabei das Wohlbefinden und die Sicherheit des Benutzers sowie die bestmögliche Nutzung seiner Fähigkeiten und Fertigkeiten im Vordergrund.

Die ergonomischen Anforderungen an ein Bildschirmgerät richten sich zunächst daran aus, dass alle verlangten Funktionen erfüllt werden. Da die Arbeiten und die Eigenschaften der Benutzer individuell unterschiedlich sind, gibt es auch nicht nur ein einziges ergonomisch "richtiges" Bildschirmgerät.

Als allgemeine Voraussetzungen für die ungefährdete Arbeit gelten (vgl. Evans 1982, S. 191):

Der Bildschirm sollte weder natürliches noch künstliches Licht widerspiegeln; die Zeichen auf dem Bildschirm sollten gut leserlich sein; die Geräusche sollten auf ein Minimum beschränkt sein; die Form von Tastatur, Tischen und Bürostühlen sollte ergonomischen Normen entsprechen, um Erschöpfung zu vermeiden; die Bildschirmgeräte sollten so aufgestellt sein, dass soziale Kontakte möglich sind, aber keine Beengtheit auftritt; das Bildschirmpersonal sollte regelmäßigen Augenuntersuchungen unterzogen werden und regelmäßige Erholungspausen erhalten.

Die Bürotechnik stellt eine Herausforderung für die betriebliche Aus- und Weiterbildung sowohl für Führungskräfte als auch für Mitarbeiter dar. Die Wandlungen betreffen vor allem die **Arbeitsorganisation** und die **Anforderungen**.

Der Einsatz der Bürotechnik kann in Abhängigkeit von den verfügbaren Qualifikationen sowohl zu einer Spezialisierung, sofern zwischen Routinearbeiten und dispositiven Arbeiten eine klare Trennung gegeben ist, als auch zu einer Generalisierung mit ganzheitlicher Vorgangssachbearbeitung führen. Durch **zentrale Informationstechnologien** wird die Arbeitsteilung tendenziell gefördert. Der dezentrale Einsatz durch arbeitsplatzbezogene Systeme bietet die Möglichkeit, die strikte Trennung zwischen vor- und nachgelagerten Routinetätigkeiten und fachlich anspruchsvolleren Auswertungs- und Dispositionstätigkeiten zu mildern, was allerdings im Vergleich zu zentralen Systemen grundsätzlich mit der Inanspruchnahme höherer Qualifikationen und folglich mit höheren Personalkosten verbunden ist.

Im Fertigungsbereich hat sich durch neue **Montage-** und **Handhabungseinrichtungen** einschließlich **Industrierobotern** ein technologischer Wandel vollzogen.

Wichtige Anwender von Industrierobotern sind die Automobilindustrie und die Elektroindustrie. Ein Industrieroboter verdrängt an der Stelle, wo er installiert wird, menschliche Arbeitskräfte. Dieser Verlust kann nur teilweise durch neue qualifizierte Arbeitsplätze bei der Herstellung, der Programmierung und Wartung der Industrieroboter kompensiert werden. Der Einsatz des Roboters ist auf der einen Seite ein wichtiger Beitrag, auf dem Weltmarkt konkurrenzfähig arbeiten zu können, andererseits geht es um den Abbau von Belastungen in Branchen und Bereichen mit problematischen Arbeitsbedingungen.

Hinsichtlich der Anforderungen beim Einsatz von Industrierobotern wird in der OECD-Studie im Volkswagenwerk Hannover von einer Polarisierung der Qualifikationsstruktur gesprochen (Fürstenberg/Steininger 1985, S. 19). Es verbleiben

Restarbeitsplätze mit geringen Anforderungen, während neue Arbeitsstrukturen Qualifikationschancen bieten und andere Qualifikationen erfordern, deren Niveaus unterschiedlich sind.

Außer den Qualifikationen und Anforderungen determinieren weitere Faktoren den Personaleinsatz und die Qualität des Arbeitsplatzes. Dazu gehören: das **eigene Arbeitstempo** zu bestimmen, die **Möglichkeiten zu zwischenmenschlichen Kontakten**, die **Art der Kontrolle**, die **Umgebung des Arbeitsplatzes** sowie die **Auswirkungen auf Gesundheit und Sicherheit**. Diese Faktoren lassen sich von den Qualifikationen nicht trennen, denn in der Regel bringen hochqualifizierte Arbeitsplätze auch bessere Arbeitsbedingungen mit sich als Arbeitsplätze für angelernte Tätigkeiten. Wie auch bei den Qualifikationen kann es bei diesen Faktoren je nach Situation und Art der Innovation widersprüchliche Effekte geben. So muss die Verminderung schwieriger und unangenehmer Arbeiten in Beziehung zu gegebenenfalls mehr Stress gesehen werden. In der Fertigung wird durch die Einführung von Industrierobotern im Allgemeinen eine gestiegene Arbeitssicherheit festgestellt.

Die Veränderung im Personaleinsatz ist nicht eine Folge der neuen mikroelektronischen Kommunikations- und Fertigungstechnologien, sondern dieser Prozess setzte bereits bei der Anwendung der Technologien im Allgemeinen ein.

8 ARBEITS- UND GESUNDHEITSSCHUTZ

8.1 Begriff und Überblick

Ein zentrales Problem des Arbeits- und Gesundheitsschutzes ist die Arbeitssicherheit, bei der die Erforschung der Ursachen der Arbeitsunfälle sowie die Entwicklung von Maßnahmen zu deren Verhütung im Mittelpunkt steht. Beim **Unfall** wird zwischen den **unfallauslösenden Faktoren**, dem **Unfallereignis** und den **Unfallfolgen** unterschieden. Danach wird der Unfall definiert als

> "ein im ursächlichen Zusammenhang mit der Arbeit stehendes, unerwartetes und plötzlich eintretendes Ereignis, das zu Körperschäden bzw. Verletzungen durch Gegenstände, die von außen auf den Körper einwirken, führt, Sachschaden zur Folge hat oder den normalen Betriebsablauf stört bzw. unterbricht und durch raum-zeitliches Zusammentreffen sicherheitswidriger Zustände oder Umstände und/oder sicherheitswidriges Verhalten verursacht wird" (Burkardt 1975, Sp. 358).

Der Auftrag zur Unfallverhütung entspringt sozialethischen und gesetzlichen Normen. Aber auch wirtschaftliche Gründe machen eine Fortentwicklung der Arbeitssicherheit notwendig, wenn die betriebs- und volkswirtschaftlichen Kosten betrachtet werden, die durch Arbeitsunfälle, Wegeunfälle und Berufskrankheiten verursacht werden.

Arbeitsunfälle sind alle Unfälle, die eine versicherte Person bei der Ausübung ihrer beruflichen Tätigkeit innerhalb und außerhalb der Arbeitsstätte erleidet (Bericht der Bundesregierung 1990, S. 4).

Die zweite große Gruppe neben den Arbeitsunfällen sind die **Wegeunfälle**, die alle Unfälle umfassen, die sich zwischen Wohnung und Arbeitsstätte ereignen und von den Unfallversicherungsträgern erfasst werden, sofern die dabei verletzte Person mehr als drei Tage arbeitsunfähig ist.

Ein zentraler Aspekt des Gesundheitsschutzes sind die Berufskrankheiten. Als **Berufskrankheiten** gelten die von der Bundesregierung auf Grund von § 551 Absatz 1 der Reichsversicherungsordnung (RVO) in der Anlage der siebten Berufskrankheiten-Verordnung von 1968 und in der Änderung von 1976 festgelegten Krankheiten, die eine versicherte Person durch ihre berufliche Tätigkeit erleidet (Bericht der Bundesregierung 1990). Als typische Berufskrankheiten sind vor allem Lärmschwerhörigkeit und Lärmtaubheit, Silikose, Infektionskrankheiten, Meniskusschäden, Erkrankungen der Sehnenscheiden sowie Hauterkrankungen zu nennen.

Zur vorbeugenden Bekämpfung der Berufskrankheiten zählen die Analyse der Arbeitsbedingungen, die Untersuchung der psychologischen Eignung, die Berücksichtigung individueller Dispositionen wie Geschlecht, Alter, bereits vorhandene gesundheitliche Schäden, Fermentstoffwechselvarianten usw. und schließlich medizinische Zwischenuntersuchungen für besonders gefährdete Arbeitnehmer.

Lange Zeit angenommene Korrelationen zwischen bestimmten Persönlichkeitsmerkmalen und Unfallhäufigkeit, die zur Klassifikation sogenannter "Unfäller" führten, haben sich als nicht haltbar erwiesen.

8.2 Rechtliche Grundlagen

Die rechtlichen Grundlagen des Arbeits- und Gesundheitsschutzes leiten sich aus dem Grundgesetz her, das jedem Bürger das Recht auf körperliche Unversehrtheit zugesteht. Dazu ergänzend sind insbesondere folgende gesetzliche Regelungen geschaffen worden:

- die gesetzliche Unfallversicherung,
- das Arbeitsschutzgesetz,
- das Arbeitszeitgesetz,
- die Gewerbeordnung,
- das Arbeitssicherheitsgesetz,
- die Arbeitsstättenverordnung.

Die **gesetzliche Unfallversicherung** ist in der Reichsversicherungsordnung (RVO) vom 19. Juli 1911 festgelegt. Sie wurde 1885 in Deutschland eingeführt. Versicherungsfälle sind der Arbeitsunfall (§ 548 RVO), der Wegeunfall (§ 550

RVO) und die Berufskrankheit (§ 551 RVO) in Verbindung mit der siebten Berufskrankheiten-Verordnung vom 20. Juni 1968 (zuletzt geändert mit Verordnung vom 22. März 1988).

Seit 1996 gibt es eine neue Rechtsgrundlage für den Arbeits- und Gesundheitsschutz in Unternehmen und in der Verwaltung: das **Arbeitsschutzgesetz** (ArbschG). Das bis dahin unübersichtliche deutsche Arbeitsschutzgesetz ist nicht zuletzt durch die erforderliche Umsetzung europäischen Rechts in nationales Recht einheitlicher und systematischer geworden. Über die bisherige Einschränkung des Arbeitsschutzes auf die Verhütung von Unfällen und Berufskrankheiten hinaus ist es nunmehr Ziel, Gesundheit und Wohlbefinden der Mitarbeiter zu erhalten und arbeitsbedingten Erkrankungen vorzubeugen. Die **Prävention** betrifft physische Faktoren, aber auch übermäßige psychische Belastungen. Die Gestaltung der Arbeitsbedingungen soll sich an den Grundprinzipien des Arbeitsschutzes orientieren.

Dazu gehören im Wesentlichen:
- die Vermeidung von Gefahren,
- die Bekämpfung von Gefahren an der Quelle,
- die Orientierung an den gesicherten arbeitswissenschaftlichen Erkenntnissen und dem Stand der Technik, Arbeitsmedizin und Hygiene,
- der Vorrang kollektiver Schutzmaßnahmen vor persönlicher Schutzausrüstung, die sachgerechte Verknüpfung von Technik, Organisation, sozialen Beziehungen und Umwelt,
- geeignete Anweisungen.

Die gesetzliche Forderung, Gesundheit und Sicherheit an den Arbeitsplätzen jeweils neu zu bewerten, wenn
- sich die Arbeitsbedingungen verändern,
- gesicherte arbeitswissenschaftliche Erkenntnisse und der Stand der Technik ein höheres Niveau erreichen und/oder
- die Wirksamkeit von Arbeitsschutzmaßnahmen überprüft werden muss,

führt zu einem kontinuierlichen Verbesserungsprozess des Arbeitsschutzes bzw. der Arbeitsbedingungen. Beschäftigte sollen außerdem über Gesundheitsfragen am Arbeitsplatz unterwiesen werden und haben auf Wunsch das Recht auf eine arbeitsmedizinische Vorsorge.

Der Arbeitsschutz, sofern er die Arbeitszeit und die Pausenregelungen betrifft, ist im **Arbeitszeitgesetz** (ArbZG) vom 6. Juni 1994 geregelt. Das ArbZG gilt für Arbeitnehmer über 18 Jahre. Danach beträgt die Normalarbeitszeit 8 Stunden werktäglich und darf 10 Stunden nicht überschreiten. Eine Verlängerung über 10 Stunden ist nur in Ausnahmefällen zulässig. Nach Beendigung der täglichen Arbeitszeit ist dem Arbeitnehmer eine ununterbrochene Ruhezeit von mindestens 11 Stunden zu gewähren.

Der **Sonderschutz für Frauen** erstreckt sich auf Beschäftigungsverbote für Frauen in bestimmten Gewerbebereichen (§ 120e GewO), auf den Mutterschutz (Mutterschutzgesetz) sowie den Kündigungsschutz einer Frau während der Schwangerschaft (Mutterschutzgesetz von 1952 in der Fassung von 1968, zuletzt geändert an 17. Januar 1997).

Das Nachtarbeitsverbot für Arbeiterinnen wurde in einem Bundesverfassungsgerichtsurteil vom 28. Januar 1992 für verfassungswidrig erklärt. Das Nachtarbeitsverbot des § 19 der Arbeitszeitverordnung benachteiligt Arbeiterinnen im Vergleich zu Arbeitern und weiblichen Angestellten; es verstößt damit gegen Art. 3 I und II GG (BVerfG, NJW 1992, S. 964).

Die **Gewerbeordnung** von 1869, in der Fassung vom 22. Februar 1999, stellt nach dem Inkrafttreten des Grundgesetzes vom 24. Mai 1949 nach Artikel 125 Absatz 1 GG ein Bundesrecht dar. Sie enthält in den §§ 24 und 147 Vorschriften über gefährliche Anlagen, legt im § 120a bis 120f den Betriebsschutz fest, insbesondere die Pflichten des Gewerbeunternehmers, und regelt im § 120d die Befugnis der Polizeibehörde, Verfügungen, also Hoheitsakte, zu erlassen, die die Arbeitssicherheit in den Gewerbeunternehmungen gewährleisten sollen. Der § 120e räumt neben der Polizeibehörde auch der Bundesregierung und den Landesregierungen das Recht ein, Vorschriften darüber zu erlassen, was in bestimmten Arten von Anlagen zur Durchführung der in den §§ 120a, 120b GewO enthaltenen Grundsätze zu fordern ist. Im § 121 GewO schließlich sind die Rechte und Pflichten im Arbeitsverhältnis, insbesondere das Direktionsrecht des Gewerbeunternehmers, verankert.

Das **Gesetz über Betriebsärzte, Sicherheitsingenieure und andere Fachkräfte für Arbeitssicherheit** (Arbeitssicherheitsgesetz; ArbSichG) von 1973 (in der Fassung vom 19. Dezember 1998) gilt grundsätzlich für alle Betriebe und legt die Mindestanforderungen der Arbeitssicherheit fest, die der Arbeitgeber zu erfüllen hat. Der Arbeitgeber hat daher grundsätzlich nach Maßgabe des Gesetzes Sicherheitskräfte zu bestellen. Somit soll die sachkundige Anwendung des Arbeitsschutzes und der Unfallverhütungsvorschriften erreicht werden.

In der **Arbeitsstättenverordnung** (ArbStättV) des Bundesministers für Arbeit und Sozialordnung von 1975 sind die nach dem derzeitigen sicherheitstechnischen, arbeitsmedizinischen, hygienischen und ergonomischen Erkenntnisstand wesentlichen Anforderungen an Arbeitsstätten enthalten. Danach hat die Einrichtung und Unterhaltung der Arbeitsplätze, der zugehörigen Betriebs- und Sozialräume sowie der innerbetrieblichen Verkehrswege nach den Bestimmungen dieser Verordnung zu erfolgen.

8.3 Organisation des Arbeits- und Gesundheitsschutzes

Drei Faktoren bestimmen die Arbeitssicherheitsorganisation eines Betriebs:

a) die **gesetzlichen Vorschriften** und die sich daraus ergebenden Mindestanforderungen;

b) das **Interesse der Unternehmensleitung** und des **Betriebsrats** an der Arbeitssicherheit;

c) die **Größe** und **Struktur** des Unternehmens.

In der Praxis haben sich zwei Formen der Sicherheitsorganisation bewährt. Es sind dies das Liniensystem und das Stabssystem. Beim **Liniensystem** ist in Kleinbetrieben die gesamte arbeitssicherheitliche Führung durch den Unternehmer selbst gegeben. In größeren Betrieben werden die Sicherheitfachkräfte in die Betriebshierarchie linienförmig eingebaut. In der Regel ist dann der Produktionsingenieur gleichzeitig Sicherheitsingenieur und der Produktionsmeister gleichzeitig Sicherheitsmeister. Der Vorteil liegt hierbei darin, dass die Arbeitssicherheit integrierter Bestandteil der Produktion ist.

Das **Stabssystem** ist speziell für den Großbetrieb zugeschnitten. Neben den linienförmigen Verantwortungsbereichen in der Produktion wird ein Arbeitsstab mit beratenden und überwachenden Sicherheitskräften eingerichtet. Hier verbindet sich der Vorteil des Liniensystems mit den speziellen arbeitssicherheitlichen Kenntnissen der Fachkräfte des Stabes.

Träger der Sicherheitsorganisation sind die **Betriebsärzte** (**Werksärzte**) und die **Fachkräfte für Arbeitssicherheit** (**Sicherheitsingenieure, -techniker** und **-meister**). Beide Gruppen haben bei der Erfüllung ihrer Aufgaben mit dem Betriebsrat zusammenzuarbeiten. Sie sind bei der Anwendung ihrer arbeitsmedizinischen und sicherheitstechnischen Fachkunde weisungsfrei.

Der Arbeitgeber hat in den Betrieben, in denen Betriebsärzte oder Fachkräfte für Arbeitssicherheit bestellt sind, einen **Arbeitsschutzausschuss** zu bilden, der sich zusammensetzt aus (§ 11 Gesetz über Betriebsärzte, Sicherheitsingenieure und andere Fachkräfte für Arbeitssicherheit):

- dem Arbeitgeber oder einem von ihm Beauftragten,
- zwei vom Betriebsrat bestimmten Betriebsratsmitgliedern,
- Betriebsärzten,
- Fachkräften für Arbeitssicherheit und
- Sicherheitsbeauftragten nach § 719 RVO.

8.4 Aufgaben der Betriebsärzte und der Fachkräfte für den Arbeits- und Gesundheitsschutz

Die Betriebsärzte haben nach § 3 Arbeitssicherheitsgesetz (ArbSichG) den Arbeitgeber beim Arbeitsschutz und bei der Unfallverhütung in allen Fragen des **Gesundheitsschutzes** zu unterstützen, insbesondere:

1. den Arbeitgeber und die sonst für den Arbeitsschutz und die Unfallverhütung verantwortlichen Personen zu beraten, insbesondere bei
   a) der Planung, Ausführung und Unterhaltung von Betriebsanlagen und von sozialen und sanitären Einrichtungen,
   b) der Beschaffung von technischen Arbeitsmitteln und der Einführung von Arbeitsverfahren und Arbeitsstoffen,
   c) Auswahl und Erprobung von Körperschutzmitteln,

d) arbeitsphysiologischen, arbeitspsychologischen und sonstigen ergonomischen sowie arbeitshygienischen Fragen, insbesondere des Arbeitsrhythmus, der Arbeitszeit- und der Pausenregelung, der Gestaltung der Arbeitsplätze, des Arbeitsablaufs und der Arbeitsumgebung,

e) der Organisation der "Ersten Hilfe" im Betrieb,

f) Fragen des Arbeitsplatzwechsels sowie der Eingliederung und Wiedereingliederung Behinderter in den Arbeitsprozess,

2. die Arbeitnehmer zu untersuchen, arbeitsmedizinisch zu beurteilen und zu beraten sowie die Untersuchungsergebnisse zu erfassen und auszuwerten,

3. die Durchführung des Arbeitsschutzes und der Unfallverhütung zu beobachten und im Zusammenhang damit

a) die Arbeitsstätten in regelmäßigen Abständen zu begehen und festgestellte Mängel dem Arbeitgeber oder der sonst für den Arbeitsschutz und die Unfallverhütung verantwortlichen Person mitzuteilen, Maßnahmen zur Beseitigung dieser Mängel vorzuschlagen und auf deren Durchführung hinzuwirken,

b) auf die Benutzung der Körperschutzmittel zu achten,

c) Ursachen von arbeitsbedingten Erkrankungen zu untersuchen, die Untersuchungsergebnisse zu erfassen und auszuwerten und dem Arbeitgeber Maßnahmen zur Verhütung dieser Erkrankungen vorzuschlagen,

4. darauf hinzuwirken, dass sich alle im Betrieb Beschäftigten den Anforderungen des Arbeitsschutzes und der Unfallverhütung entsprechend verhalten, insbesondere sie über die Unfall- und Gesundheitsgefahren, denen sie bei der Arbeit ausgesetzt sind, sowie über die Einrichtungen und Maßnahmen zur Abwendung dieser Gefahren zu belehren und bei der Einsatzplanung und Schulung der Helfer in "Erster Hilfe" und des medizinischen Hilfspersonals mitzuwirken.

Fast deckungsgleich mit den Aufgaben der Betriebsärzte sind die der Fachkräfte für Arbeitssicherheit (§ 7 ArbSichG).

8.5 Ergonomische und sozialpsychologische Einflussfaktoren des Arbeits- und Gesundheitsschutzes

Es können vereinfachend zwei Formen der Arbeit unterschieden werden: Arbeiten mit vorwiegend physischer Beanspruchung ("**Muskelarbeit**") und Arbeiten mit vorwiegend psychischer Beanpruchung ("**geistige Arbeit**"). Aus den Bedingungen des Arbeitsprozesses und aus der sozialen Arbeitssituation heraus ergibt sich zusätzlich eine emotional-nervöse Beanspruchung. Bei Überbeanspruchung durch Erschwernisse in sowohl psychischer als auch physischer Hinsicht kommt es zu berufstypischen Körperreaktionen (Berufsstigmata). Sie treten auf am Stütz- und Bewegungsapparat, Herz-, Kreislaufsystem, Nervensystem und an der Haut. Ab wann eine bestimmte Intensität oder Ausführungsdauer schädigend auf den Organismus wirkt, hängt stark von der psychischen bzw. physischen Disposition des Arbeitnehmers ab. Als sicher kann jedoch gelten, dass beispielsweise stereotype Bewegungen über einen längeren Zeitraum hinweg zu Berufsstigmata führen.

Je höher physische und psychische Belastungen sind, desto eher kommt es auch zu einer **unfallfördernden Ermüdung**.

Der **Arbeitszeit-** und **Pausenregelung** ist daher besondere Beachtung zu schenken. Erhebliche Überstundenarbeit wirkt unfallfördernd. Sie ist also insbesondere auch aus Sicherheitsgründen abzulehnen.

Bei der **Gestaltung des Arbeitsplatzes** gilt es, arbeitshygienische Normen, Licht und Beleuchtung, Lärm, klimatische Bedingungen, Strahleneinwirkung, toxische Gase, Dämpfe und Stäube, Raumluftbedarf, sanitäre und soziale Einrichtungen zu berücksichtigen. Im medizinischen Sinne sind diese Normen Maximalwerte, d.h. höchstzulässige Grenzkonzentrationen bzw. -intensitäten, bei deren Überschreitung Gefährdungen für den Menschen auftreten.

Die Unfallverhütung setzt aber bereits bei der Konstruktion der Anlage ein, indem die Möglichkeit der Gefährdung des Personals bei Bedienung, Wartung oder Instandsetzung ausgeschlossen wird.

Licht und **Beleuchtung** sollten so beschaffen sein, dass Objekte mühelos über einen längeren Zeitraum ohne eine große Ermüdung erkannt werden können. Eine Ermüdung tritt besonders dann schnell ein, wenn die Beleuchtungsstärke für die Sehaufgabe zu gering, die Blendung zu hoch oder die Gleichmäßigkeit der Beleuchtung zu gering ist.

Beim Einfluss durch **Lärm** darf als gesichert gelten, dass er zur Schädigung der Gesundheit und der Widerstandskraft schlechthin beiträgt.

Für die zulässige Konzentration **toxischer Gase** und von **Staub** gibt es verbindliche Maximalwerte, die eine Gefährdung der Gesundheit ausschließen sollen.

Zu den wichtigsten **sozialpsychologischen Einflussfaktoren** zählen neben persönlichen und familiären Sorgen auch die Schwierigkeiten im Verhältnis zu

Vorgesetzten und Kollegen sowie die Arbeitsunzufriedenheit und Stress. Bei einem schlechten Verhältnis zu Vorgesetzten und/oder Kollegen besteht für die betreffende Person eine erhöhte Unfallgefahr.

Grundsätzlich kann davon ausgegangen werden, dass eine erhöhte Arbeitszufriedenheit und eine Gesamtzufriedenheit die Unfallhäufigkeit tendenziell senken.

8.6 Maßnahmen zur Unfallverhütung

8.6.1 Analysen von Gefährdungen

Bei der Ermittlung der Unfallursachen gilt es stets, drei Prinzipien zu beachten:

a) **Prinzip der Ursachenkomplexität** (in der Regel gibt es nicht nur eine einzige Ursache, sondern mehrere),

b) **Prinzip der Ursachenkette** (jede Ursache kann wiederum Wirkung einer vorangegangenen Ursache sein) und

c) **Prinzip der Ursachenordnung** (nicht alle Ursachen sind gleichwertig. Mitunter lässt sich eine übergeordnete Ursache oder ein Ursachenkomplex feststellen).

Bei der Ursachenanalyse wird unterschieden zwischen Einzelfalluntersuchungen (kasuistische Methode) und statistischen Untersuchungen.

Die **Einzelfalluntersuchung** dient dazu, konkrete Maßnahmen zu finden, damit die Gefährdung beseitigt wird und somit ähnliche Unfälle in der Zukunft vermieden werden. Sie dient ferner zur Datensammlung für betriebliche und überbetriebliche Unfallstatistiken, zur Beschreibung des Unfalls für die Unfallanzeige sowie zur Klärung der Frage, ob und von wem Anordnungen, Vorschriften, Verordnungen oder Gesetze überschritten worden sind. Zu den Maßnahmen der Einzelfalluntersuchung zählen die Ortsbesichtigung, die Befragung von Verletzten und Zeugen sowie die Anfertigung eines betrieblichen Unfallberichts mit Angaben über den Hergang des Unfalls, der Unfallfolgen, der Unfallursache und der zukünftigen Maßnahmen. Die **Unfallstatistik** gliedert sich in drei Bereiche:

- die **Hergangsstatistik**, die das Unfallgeschehen in erster Linie nach dem Hergang charakterisiert,
- die **Folgenstatistik**, die das Unfallgeschehen nach den Folgen charakterisiert,
- die **Bedingungsstatistik** (Ursachenstatistik, Gefährdungsstatistik), die die Gefährdungsstrukturen aufzeigt.

Datenträger für die Unfallstatistik sind die Verbandsbucheintragungen, die innerbetrieblichen Unfallmeldungen und die außerbetrieblichen Unfallanzeigen.

Die **qualitative Auswertung der Daten** der Hergangsstatistik unterscheidet zwischen Unfallgegenstand, Tätigkeit der Person zur Zeit des Unfalls und Art des Zusammentreffens von Mensch und Unfallgegenstand. Die Folgestatistik liefert qualitative Aussagen über die Verletzungsart, Unfallschwere, Ausfallzeit und Unfallkosten, und die qualitative Analyse der Daten der Bedingungsstatistik gibt Auskunft über die ortsgebundenen Unfallbedingungen wie Unfallort, Arbeitsablauf, die zeitgebundenen Bedingungen wie Monats- oder Jahreszeit, Zeit der Betriebszugehörigkeit und schließlich der personengebundenen Bedingungen wie Staatszugehörigkeit, Lebensalter, Berufsausbildung und Lohnhöhe des Verunglückten.

Wichtige Kriterien zur **quantitativen Erfassung** des Unfallgeschehens sind die Unfallhäufigkeit, die Ausfalltage und die sich daraus ergebenden Beziehungszahlen. Mit letzteren sind Quotienten gemeint, die häufig zur Kennzeichnung von Unfallhäufigkeit und Unfallschwere ermittelt werden. In der Literatur werden unterschiedliche Formeln für die Berechnung angegeben. Hier seien die Quotienten für Unfallschwere und Unfallhäufigkeit nach Glueck (1982, S. 630 f.) genannt:

a) Grad der Unfallschwere $= \dfrac{\text{Zahl der Ausfalltage} \cdot 1'000'000}{\text{Anzahl Arbeitsstunden in der Zeit}}$

b) Grad der Unfallhäufigkeit $= \dfrac{\text{Anzahl der Unfälle} \cdot 1'000'000}{\text{Anzahl Arbeitsstunden in der Zeit}}$

Weitere Maßnahmen zur Analyse von Gefährdungen sind die **Störungsanalyse** (damage control), die zur Erfassung von Störungen in Form von "Beinahe-Unfällen" dient, die **Sicherheitsanalyse**, die angewendet wird, wenn die Gefährdung zwar betrieblich bereits besteht, aber sich noch nicht in Form von Störungen oder Unfällen auswirken konnte, und die **Planungsanalyse**, die in erster Linie bei technisch besonders gefährlichen Arbeitssystemen durchgeführt wird.

Besonders in Mittel- und Großbetrieben wird immer mehr zur **Unfallschwerpunktermittlung** übergegangen. Man geht dabei von statistisch erfassten Unfallgruppen aus und stößt so auf bestimmte Konzentrationen von Unfällen, sogenannte Unfallschwerpunkte. Arbeitsplätze, auf die sich das Unfallgeschehen konzentriert, werden als örtliche Unfallschwerpunkte bezeichnet. Bei der Unfallschwerpunktermittlung nach Typen werden Konzentrationen von Unfällen ermittelt, die nach Hergang und Folgen gleichartig sind.

8.6.2 Informationen der Mitarbeiter

Die praktischen Möglichkeiten der Sicherheitsinformationen sind vielfältig. Sie reichen von der Darstellung kritischer Situationen (Beinahe-Unfälle) über experimentelle Darstellungen von Gefährdungsmechanismen und farblicher Kennzeichnung gefährlicher Stellen bis hin zur Information über Unfallverhütungsmaßnahmen, z.B. mit Hilfe von Serienfotos. **Ziel der Information** ist es, die Mitarbeiter dazu anzuregen, sich über ihre Spezialaufgaben hinausgehend mit den allgemeinen Zusammenhängen zu befassen, was zu Mitwissen, Mitdenken und letztlich Mithandeln führen soll.

Mittel der Information sind Schilder, Plakate, Filme, optische und akustische Warnanlagen, Sicherheitsschriften und besonders Gespräche, Vorträge und Diskussionen.

Plakate und **Schilder** sollten dabei alle Eigenschaften enthalten, die auch in der Werbung als notwendig erachtet werden. Es sind dies:

- **A**ufmerksamkeit erwecken,
- **I**nteresse wecken,
- **D**rang (hier: Wunsch nach Sicherheit) erzeugen und
- **A**ktion (eigenständiges Handeln) bewirken,

kurz AIDA-Regel genannt (Zander 1972, S. 74).

Multimediaeinsatz hat die gleiche Aufgabe zu erfüllen; die vielfältigen Möglichkeiten haben jedoch gegenüber Plakaten den Vorteil, dass sie lebhafter gestaltet werden können und somit interessanter wirken.

Der Zweck **visueller** und **akustischer Warnanlagen** besteht darin, Aufmerksamkeit zu erregen, sobald eine besondere Gefahr vorliegt. Akustische Warnanlagen werden dort vorgezogen, wo ihr Geräusch unüberhörbar ist, andererseits aber betriebsfremde Personen nicht stört. Visuelle Warnanlagen (meist in Form von signalfarbenem Blinklicht) sind in Betrieben mit hohem Lärmpegel von Nutzen.

In den **Werkzeitschriften** kommt es darauf an, durch geschickte Darstellung die Wirksamkeit der Informationen zu erhöhen. Dies geschieht dadurch, dass nur das Wesentliche gebracht und durch Bilder und Skizzen illustriert wird. Hierbei muss jedoch nach Zielgruppen differenziert werden.

Durch kleine "Lernprogramme" lässt sich der Lernstoff schneller einprägen als mit Hilfe konventioneller Methoden. Programmiertes Lernen kann auch anhand von Multimediaeinsatz und Filmen erfolgen.

Gespräche, **Vorträge** und **Diskussionen** geben wirksame Möglichkeiten, über Gefährdungen individuell zu informieren. Ihre Vorteile liegen in dem geringen Aufwand und in der Betriebsnähe.

8.6.3 Motivation zur Arbeitssicherheit

Ebenso wichtig wie die Information ist die Motivation zu arbeitssicherem Verhalten. Zur Förderung der sicheren Arbeitsgewohnheiten nennt Skiba (1991, S. 328) folgende Prinzipien:

- Verstärkung der positiven Seite sicheren Arbeitens. Beispiel: Anerkennung sicherheitsgerechten Verhaltens,
- Beseitigung der negativen Seite sicherheitsgerechten Arbeitens. Beispiel: "Du bist kein Feigling",
- Verstärkung der negativen Seite sicherheitswidrigen Arbeitens. Beispiel: Hinweis auf Folgen möglicher Unfälle,
- Beseitigung positiver Seiten sicherheitswidrigen Verhaltens.

Wichtige motivationale Bereiche, die es anzusprechen gilt, sind: die Existenz-sicherung, Anerkennung und Geltung, der Wunsch, besser zu sein als andere, das Bestreben, Schmerzen einerseits und Bestrafungen oder sonstigen Beein-trächtigungen andererseits zu entgehen sowie die Tendenz, körperliche und geistige Anstrengungen zu vermeiden (Hang zur Bequemlichkeit) (Burkhardt 1970, S. 404 ff.).

Ein mögliches Mittel zur Motivation ist die **Gestaltung der Lohnform**. Hier erweist sich der Zeitlohn am günstigsten, wohingegen sich Akkord- oder Prä-mienlohn mitunter negativ auf die Arbeitssicherheit auswirken können.

Zu den materiellen Anreizen gehören Unfallverhütungsprämien. Auch das **Vor-schlagswesen** kann zur Arbeitssicherheit motivieren.

Als Führungsmittel spielen auch **Lob** und **Kritik** zur Verhaltensbeeinflussung eine wichtige Rolle. Dabei sind positive Rückmeldungen (Lob) weitaus effekti-ver als negative Rückmeldungen (Tadel). Auch **negative Werbung** (Schock-technik) hat nur kurz andauernde Wirkung, wohingegen positive Werbung, richtig eingesetzt, durchaus über einen längeren Zeitraum verhaltensbeeinflus-send wirken kann.

8.6.4 Kontrolle der Maßnahmen

Die Erreichung der Ziele der Arbeitssicherheit und die entsprechende Einfluss-nahme auf Gefährdungen sind nur dann zu erwarten, wenn die Maßnahmen in der festgelegten Art und Zeit tatsächlich durchgeführt werden und sie die erwartete Wirkung besitzen.

Daher werden von den Sicherheitsfachkräften Durchführungs- und Wirkungs-kontrollen vorgenommen.

Die **Durchführungskontrolle** erstreckt sich dabei auf die verantwortliche Zu-ständigkeit von Entscheidungen, die verantwortliche Zuständigkeit für die Durchführung selbst sowie die Art der Maßnahmen bei Abweichungen.

Wirkungskontrollen setzen Durchführungskontrollen voraus. Sie haben das Ziel, die mit den durchgeführten Maßnahmen erreichte Schutzwirkung festzustellen und sie mit der im Ziel der Arbeitssicherheit zum Ausdruck gebrachten Schutzwirkung zu vergleichen.

Selbst wenn alle Maßnahmen durchgeführt werden, bleiben noch **Restgefährdungen**.

9 AUSLANDSEINSATZ

Die Globalisierung der Märkte zwingt die Unternehmungen zur Entwicklung von **Programmen** und **Strategien** für den internationalen Einsatz von Unternehmungsmitgliedern.

Die wesentlichen Gestaltungsparameter des Auslandseinsatzes von Mitarbeitern sind die **Auswahl, Entwicklung, interkulturelle Sensibilisierung, Vertragsgestaltung, Entlohnung, Betreuung, Effizienzkontrolle** sowie die **Wiedereingliederung**.

1) Auswahl
Schultz (1988, S. 88) unterscheidet zwischen aufgabenbezogenen und personenbezogenen Auswahlkriterien.
a) **aufgabenbezogene Kriterien**
   - fachliche Qualifikation,
   - Kommunikationsfähigkeit,
   - Führungsfähigkeit;
b) **personenbezogene Kriterien**
   - Anpassungsfähigkeit gegenüber der geographischen und soziokulturellen Umwelt,
   - Loyalität zum Stammhaus,
   - physische Konstitution, d.h. gesundheitliche Eignung für die klimatischen Bedingungen des Gastlandes,
   - Einstellung zur fremden Kultur.

2) Entwicklung
Neben der sorgfältigen Personalauswahl ist eine möglichst langfristige Personalentwicklungsplanung eine weitere Voraussetzung für den erfolgreichen Auslandseinsatz. Der Einsatz von Unternehmungsmitgliedern im Ausland darf für diese keine Sackgasse werden, sondern muss Bestandteil der Karriereplanung sein. Daher kann der Auslandseinsatz nur als eine Stufe der Laufbahnplanung

verstanden werden, in der die Person auf den Gebieten Kenntnisse und Erfahrungen sammelt, die für das Stammhaus von Bedeutung sind.

Nach Zeira/Banai (1984, S. 29 ff.) lassen sich drei Formen von Programmen unterscheiden:

- externe off the job-Entwicklungsprogramme,
- interne off the job-Entwicklungsprogramme,
- on the job-Entwicklungsprogramme.

In **externen off the job-Entwicklungsprogrammen** wird in Seminaren, Workshops usw. das Wissen, das für die Auslandsaufgabe bedeutend sein könnte, vermittelt. Da es sich nicht um unternehmungseigene Angebote handelt, werden auch nicht die unternehmungsspezifischen Erkenntnisse vermittelt.

Interne off the job-Entwicklungsprogramme werden von der Personalentwicklungsabteilung/Personalbildungsabteilung angeboten und durchgeführt und sind mehr auf unternehmungsspezifische und individuelle Anforderungen abgestimmt.

On the job-Entwicklungsprogramme werden in der Auslandsgesellschaft durch "learning by doing" durchgeführt. Als Methoden bieten sich coaching, job rotation oder Assistententätigkeiten an. On the job-Training bedeutet nun aber nicht, dass das Unternehmungsmitglied "ins Wasser" geworfen wird und schwimmen muss, eine Vorbereitung auf den Auslandseinsatz ist in jedem Falle erforderlich.

Eine erfolgreiche Personalentwicklung wird aus einem Mix aller drei Formen bestehen.

3) Interkulturelle Sensibilisierung

Interkulturelle Sensibilität baut auf Grundwissen über Gepflogenheiten im Zielland auf. Hierzu zählen z.B. Führungsstile, Kommunikationsformen, Tabuthemen, Vertragsverhandlungen, private Beziehungen. Darüber hinaus empfiehlt es sich, über Sensibilität für die kulturelle Andersartigkeit und für die Wirkungen des eigenen Verhaltens zu verfügen. Interkulturelle Sensibilität umfasst im Wesentlichen (vgl. Knapp 1991, S. 10):

- die analytische Fähigkeit, die fremde Kultur zu erkennen, zu interpretieren und tiefverwurzelte Ursachen und Zusammenhänge zu kennen;
- die Bereitschaft, sich mit offenen Erwartungen auf interkulturelle Kontakte einzulassen, sich dabei von der eigenen Kultur zu lösen und alternative Denk-

und Verhaltensweisen zuzulassen, ohne aber überangepasst die eigene Identität zu verleugnen;

- die Fähigkeit des Perspektivenwechsels, d.h., mögliche Wirkungen des eigenen Verhaltens auf Partner mit anderem kulturellen Hintergrund einschätzen zu können und sich zu vergegenwärtigen, dass das eigene Verhalten unter Umständen missverstanden werden könnte.

Allgemeine und länder- bzw. kulturspezifische interkulturelle Trainings werden bislang nur in sehr wenigen multinationalen Großunternehmen und von wenigen externen Bildungsinstituten (z.B. Carl-Duisberg-Gesellschaft) für künftige Expatriates angeboten.

4) Vertragsgestaltung

Für die Vertragsgestaltung bieten sich grundsätzlich zwei Möglichkeiten an:

- Die Auslandsgesellschaft handelt unabhängig von z.B. der Muttergesellschaft und behandelt die Arbeitsverhältnisse selbstständig. Es können zusätzliche Vereinbarungen über z.B. Wiedereinstellungszusage, Anrechnung von Dienstzeiten, Regelungen der Altersversorgung getroffen werden. Grundsätzlich unterliegt der Arbeitnehmer dem ausländischen Recht.
- Das Unternehmen behandelt die Anstellungsverträge - also auch im Ausland - einheitlich. In diesem Falle ordnet die deutsche Muttergesellschaft den Arbeitnehmer zur Erfüllung von Aufgaben zu einer ausländischen Tochter ab. Damit bleibt die arbeitsvertragliche Bindung der deutschen Muttergesellschaft zum Arbeitnehmer bestehen.

5) Entlohnung

Bei der finanziellen Gestaltung des Auslandseinsatzes sind auch steuerliche Aspekte zu berücksichtigen.

Nach dem zeitlichen Umfang werden im Allgemeinen im Hinblick auf die Entlohnung folgende Auslandstätigkeiten unterschieden (Juhnke 1987, S. 466):

- Dienstreisen mit einer Einsatzdauer bis zu drei Monaten,
- Abordnung für einen mittelfristigen Einsatz bis zu 24 Monaten auf Baustellen oder in Abwicklungsbüros,
- Versetzung oder Delegation zu einer Auslandsorganisation, z.B. Tochtergesellschaft oder Repräsentanz.

Ein System der Entlohnung für den Auslandseinsatz im Rahmen der Abordnung sollte neben einem Basisgehalt (Inlandsbezüge) folgende Komponenten enthalten:

- Lebensunterhaltungskostenpauschale,
- Unterkunftskostenpauschale,
- Länderzulage (Anreiz für Auslandseinsatz),
- Baustellen-/Erschwerniszulage,
- Funktionszulage,
- Erstattung der Sonderkosten.

Bei der Gestaltung der Entlohnung sind zwangsläufig die Steuerüberlegungen und die sozialversicherungsrechtlichen Fragen mit einzubeziehen. Wesentlich für den Anreiz eines Auslandseinsatzes sind die steuerlichen Auswirkungen. So stellt sich für den Mitarbeiter die Frage, ob er in der Bundesrepublik Deutschland von der Steuerpflicht befreit wird. Dies hängt u.a. von bestimmten Fristen ab. Darüber hinaus bestehen länderspezifische Regelungen (vgl. Dowling/ Schuler 1990, S. 116 ff.).

6) Betreuung während der Auslandstätigkeit

Während des Auslandseinsatzes ist es für den Mitarbeiter wichtig, stets das Gefühl zu haben, weiterhin dem Entsendungsunternehmen anzugehören. Die Personalabteilung muss daher großen Wert darauf legen, regelmäßigen Kontakt zu den Mitarbeitern zu halten. Dazu zählen z.B. die Übermittlung von Informationen über Veränderungen im Unternehmen und über das Heimatland.

7) Effizienzkontrolle

Die Effizienz des Auslandseinsatzes zeigt sich zunächst an den wirtschaftlichen Erfolgen und der Zufriedenheit des Mitarbeiters. Für Misserfolge bieten sich als Indikatoren u.a. der Anteil der frühzeitig zurückgekehrten Mitarbeiter und mangelnde Abschlüsse an. Die Gründe des Misserfolgs können zum einen in der Person und in der familiären Situation, zum anderen im Markt und seinem gesellschaftlichen und politischen Umfeld liegen.

8) Wiedereingliederung

Für die Wiedereingliederung in das Stammhaus haben Unternehmen zum Teil Programme entwickelt (vgl. Gundlach/Hilmes 1987).

Im Ausland wohnt der Mitarbeiter im Vergleich zu seinem Heimatland gegebenenfalls großzügiger, er hat einen höheren sozialen Status, verfügt häufig über Kontakte zu hochrangigen Persönlichkeiten, die nach einer Rückkehr nicht mehr gegeben sind.

Der Mitarbeiter muss daher systematisch auf seine Rolle im Stammhaus mit den innerbetrieblichen Regelungen vertraut gemacht werden. Die Veränderung des sozialen Umfeldes betrifft nicht nur ihn, sondern auch seine Familie. Vor diesem Hintergrund verfügen Unternehmen über Programme und Seminarkonzepte, um die Wiedereingliederung zu fördern.

Die aufgezeigten Gestaltungsparameter erlauben es der multinationalen Unternehmung, Konzepte für den Personaleinsatz in fremden Kulturen und anderen Gesellschaftssystemen zu entwickeln. Der Erfolg für das Unternehmen und auch für den Mitarbeiter werden von der Qualität der Konzepte und deren Durchführung abhängen.

Die Wirkung der Programme des Auslandseinsatzes für das Unternehmen und für den Mitarbeiter hängt im Wesentlichen davon ab, ob es gelingt,

- dem im Ausland tätigen Mitarbeiter genügend Informationen über die Situation vor Ort zu vermitteln,
- die Mentalität im Zielgebiet richtig einzuschätzen und in der Personalführung entsprechend umzusetzen,
- echte, mit dem Auslandseinsatz verbundene Karrierechancen anzubieten, die allerdings von den Auslandsmanagern nicht überschätzt werden sollten,
- eventuelle Aussichten auf einen geringeren Lebensstandard (insbesondere in Entwicklungsländern) und familiäre Hindernisse mitarbeitergerecht zu lösen,
- den Partnern der Führungskräfte vor Ort Arbeitsgenehmigungen und Arbeitsmöglichkeiten zu offerieren und die Ausbildung der Kinder wunschgemäß zu gewährleisten.

10 LITERATURHINWEISE ZU TEIL V

Flügge, G.: Die Einführung und Einarbeitung neuer Mitarbeiter, in: Handbuch der Angewandten Psychologie, Bd. 1, Arbeit und Organisation, München 1980, S. 287-307

Gebert, O.: Belastung und Beanspruchung in Organisationen, Stuttgart 1981

Goodman, P.S. and Associates: Designing Effective Work Groups, San Francisco/London 1986

Graf Hoyos, C./Wenninger, G.: Arbeitssicherheit und Gesundheitsschutz in Organisationen, Stuttgart 1995

Kammel, A./Teichelmann, D.: Internationaler Personaleinsatz, München/Wien 1994

Kern, H./Schumann, M.: Das Ende der Arbeitsteilung?, 4. Aufl., München 1990

Kreikebaum, H./Herbert, K.-J.: Humanisierung der Arbeit. Arbeitsgestaltung im Spannungsfeld ökonomischer, technologischer und humanitärer Ziele, Wiesbaden 1988

Lorenz, M.: Arbeitssicherheit. Gesetzliche Regelungen und betriebliche Umsetzungen, Neuwied 2000

Neuberger, O.: Arbeit, Stuttgart 1985

Pfeiffer, W./Weiss, E.: Lean Management. Grundlagen der Führung und Organisation industrieller Unternehmen, Berlin 1992

REFA-Verband für Arbeitsstudien und Betriebsorganisation (Hrsg.): Methoden des Arbeitsstudiums, Teile 1-3, München 1971/75/78/84

REFA-Verband für Arbeitsstudien und Betriebsorganisation e.V. (Hrsg.): Methodenlehre der Betriebsorganisation, Planung und Gestaltung komplexer Produktionssysteme, München 1987

REFA-Verband für Arbeitsstudien und Betriebsorganisation e.V. (Hrsg.): Methodenlehre der Betriebsorganisation. Grundlagen der Arbeitsgestaltung, München 1997

Ulrich, E.: Arbeitspsychologie, 4. Aufl., Zürich/Stuttgart 1998

Wirth, E.: Mitarbeiter im Auslandseinsatz. Planung und Gestaltung, Wiesbaden 1992

LITERATURVERZEICHNIS ZU TEIL I

Ackermann, K.-F.: Auf der Suche nach kundenorientierten Organisationsformen des Personalmanagements, in: Kienbaum, J. (Hrsg.): Visionäres Personalmanagement, Stuttgart 1992, S. 241-253

Ackermann, K.-F. (Hrsg.): Reorganisation der Personalabteilung, Stuttgart 1994

Arrow, K.J.: The Economics of Agency, in: Pratt, J.W./Zeckhauser, R.J.: Principles and Agents: The Structure of Business, Boston 1985, S. 37-51

Arx, S. v.: Das Wertschöpfungs-Center-Konzept als Strukturansatz zur unternehmerischen Gestaltung der Personalarbeit – Darstellung aus Sicht der Wissenschaft, in: Wunderer, R./Kuhn, T. (Hrsg.): Innovatives Personalmanagement: Theorie und Praxis unternehmerischer Personalarbeit, Neuwied/Kriftel/Berlin 1995, S. 423-441

Bauer, J.H.: Sprecherausschußgesetz und leitende Angestellte, München 1989

Baehrle, R.J.: Arbeitsrecht, Stuttgart 1997

Barney, J.B.: Firm Resources and Sustained Competitive Advantage, in: Journal of Management, 17. Jg. (1991), S. 99-120

Barney, J.B./Wright, P.M.: On Becoming a Strategic Partner: The Role of HR in Gaining Competitive Advantage, in: Human Resource Management, 37. Jg. (1998), S. 31-46

Becker, G.S.: Human Capital. A Theoretical and Empirical Analysis with Special Reference to Education, New York/London 1964

Becker, F./Fallgatter, M.: Die Personalabteilung als Referentensystem, in: Scholz, Ch. (Hrsg.): Innovative Personal-Organisation: Center-Modelle für Wertschöpfung, Strategie, Intelligenz und Virtualisierung, Neuwied/Kriftel 1999, S. 218-227

Beer, M. et al.: Readings in Human Resource Management, New York 1985

Berthel, J.: Personalmanagement, 6. Aufl., Stuttgart 2000 (3. Aufl. 1992)

Bertram, Ch.: Qualität in der Personalabteilung, München/Mering 1996

Beyer, H.-T.: Personallexikon, München/Wien 1990

Birkigt, K./Stadler, M./Funck, H. (Hrsg.): Corporate Identity, Grundlagen, Funktionen, Fallbeispiele, 4. Aufl., Landsberg/Lech 1988

Bisani, F.: Personalwesen: Grundlagen, Organisation, Planung, 3. Aufl., Wiesbaden 1983

Bleicher, K.: Unternehmensentwicklung und organisatorische Gestaltung, Stuttgart u.a. 1979

Bleicher, K.: Das Konzept Integriertes Management, Frankfurt a.M./New York 1991

Boxall, P.F.: Strategic Human Resource Management: Beginnings of a New Theoretical Sophistication?, in: Human Resource Management Journal, 2. Jg. (1991), Heft 3, S. 60-79

Brass, D.J./Burkhardt, M.E.: Potential Power and Power Use: An Investigation of Structure and Behaviour, in: Academy of Management Journal, 38. Jg. (1993), S. 441-470

Bronner, R.: Decision-Making in Complex Situations – Results of German Empirical Studies, in: Management International Review, 33. Jg. (1993), 1, S. 7-25

Buchner, M.: Controlling – Ein Schlagwort?, Frankfurt am Main u.a. 1981

Bühner, R.: Neuausrichtung der Personalorganisation, in: WISU, 20. Jg. (1991), S. 443-448

Bühner, R.: Personalmanagement, 2. Aufl., Landsberg am Lech 1997

Burns, T.: Micropolitics: Mechanisms of Institutional Change, in: Administrative Science Quarterly, 3. Jg. (1962), S. 257-281

Byars, L.L./Rue, L.W.: Human Resource Management, 2. Aufl., Homewood, IL 1987

Carlisle, H.M.: Management. Concepts and Situations, Chicago u.a. 1976

Chmielewicz, K.: Unternehmensverfassung, in: Gaugler, E./Weber, W. (Hrsg.): Handwörterbuch des Personalwesens, Stuttgart 1992, Sp. 2232-2241

Conrad, P.: Human Resource Management – eine „lohnende" Entwicklungsperspektive?, in: ZfP, 5. Jg. (1991, S. 411-445

Coser, L.: The Functions of Social Conflict, New York 1956

Cyert, R.M./March, J.G.: A Behavioral Theory of the Firm, Engelwood Cliffs, NJ 1963

Cyert, R.M./March, J.G.: Eine verhaltenswissenschaftliche Theorie der Unternehmung, 2. Aufl., Stuttgart 1995

Daul, H.: Dezentrale Organisation der Personalarbeit, Personalaufgaben der Bereichsführungskräfte und der Personalabteilungen in divisionalen Unternehmungen, 1. Teil, in: Zeitschrift Führung + Organisation, 59. Jg. (1990), Heft 2, S. 87-92

Dierickx, J./Cool, K.: Asset Stock Accumulation and Sustainability of Competitive Advantage, in: Management Science, 35. Jg. (1989), S. 1504-1511

DiMaggio, P.J./Powell, W.W.: The Iron Cage Revisited: Institutional Isomorphism and Collective Rationality in Organizational Fields, in: American Sociological Review, 48. Jg. (1983), S. 147-160

DiMaggio, P.J./Powell, W.W.: Introduction, in: Powell, W.W./DiMaggio, P.J.: The New Institutionalism in Organizational Analysis, Chicago 1991, S. 1-38

Domsch, M./Gerpott, T.J.: Organisation des Personalwesens, in: Frese, E. (Hrsg.): Handwörterbuch der Organisation, 3. Aufl., Stuttgart 1992, Sp. 1934-1949

Drumm, H.J.: Qualitative Personalplanung, in: ZfbF, 39. Jg. (1987), S. 959-974

Drumm, H.J./Scholz, C.: Personalplanung. Planungsmethoden und Methodenakzeptanz, 2. Aufl., Bern u.a. 1988

Drumm, H.J.: Personalwirtschaftslehre, 4. Aufl., Berlin u.a. 2000 (1. Aufl. 1989)

Dülfer, E.: Internationales Management in unterschiedlichen Kulturbereichen, München, Wien 1991

Dütz, W.: Arbeitsrecht, 5. Aufl., München 2000

Eckardstein, D. v./Schnellinger, F.: Betriebliche Personalpolitik, 3. Aufl., München 1978

Eckardstein, D. v.: Interessenabstimmung in der Personalarbeit, in: Gaugler E./Weber, W. (Hrsg.): Handwörterbuch des Personalwesens, 2. Aufl., Stuttgart 1992, Sp. 1067-1077

Eisenhardt, K.M.: Agency Theory: An Assessment and Review, in: Academy of Management Review, 14. Jg. (1989), S. 57-74

Elšik, W./Mayerhofer, W. (Hrsg.): Strategische Personalpolitik, München/Mering 1999

Ende, W.: Theorien der Personalarbeit im Unternehmen, Königstein/Ts. 1982

Endruweit, G./Gaugler, E./Staehle, W.H./Wilpert, B. (Hrsg.): Handbuch der Arbeitsbeziehungen, Berlin u.a. 1985

Etzioni, A.: Soziologie der Organisation, 5. Aufl., München 1978

Evans, P./Doz, Y./Laurent, A. (Hrsg.): Human Resource Management in International Firms, New York 1990

Ferris, G.R./ Rogen, S.D./ Barnum, D.T. (Hrsg.): Handbook of Human Resource Management, Cambridge/Oxford 1995

Ferris, G.R./King, T.R.: Politics in Human Resource Decisions: A Walk on the Dark Side, in: Organizational Dynamics, 20. Jg. (1991), No. 2, S. 59-71

Fombrun, C.J./Tichy, N.M./Devanna, M.A.: Strategic Human Resource Management, New York u.a. 1984

Fritz, W.: Marketing – Ein Schlüsselfaktor des Unternehmenserfolgs? Eine kritische Analyse vor dem Hintergrund der empirischen Erfolgsfaktorenforschung, in: Marketing ZFP, 12. Jg. (1990), S. 91-110

Garnjost, P./Wächter, H.: Human Resource Management – Herkunft und Bedeutung, in: Die Betriebswirtschaft, 56. Jg. (1996), S. 791-808

Gaugler, E.: Personalbereich, Kontrolle und Revision, in: Coenenberg, A.-G./Wysocki K. von (Hrsg.): Handwörterbuch der Revision, Stuttgart 1983, Sp. 1041-1051

Gaugler E.: HR Management: An Internatinal Comparision, in: Personnel, (1988), 8, S. 24-30

Gaugler, E./Weber, W. (Hrsg.): Handwörterbuch des Personalwesens, 2. Aufl., Stuttgart 1992

Gerpott, T.J.: Personalcontrolling, Göttingen 2001

Ghoshal, S./Moran, P.: Bad for Practice: A Critique of Transaction Cost Theory, in: Academy of Management Review, 21. Jg. (1996), S. 13-47

Grochla, E.: Unternehmungsorganisation, Reinbek b. Hamburg 1972

Groth, U./Hentze, J./Kammel, A.: Personalmanagement-Audit: Instrument zur Steuerung des Wandels, in: Gablers-Magazin, 7. Jg. (1993), Nr. 9, S. 21-25

Gutenberg, E.: Grundlagen der Betriebswirtschaftslehre, Bd. 1: Die Produktion, Berlin u.a. 1951

Gutenberg, E.: Grundlagen der Betriebswirtschaftslehre, Bd. 1: Die Produktion, 24. Aufl., Berlin u.a. 1983

Hahn, D.: Führung des Systems Unternehmung, in: ZFO, 40. Jg. (1971), S. 161-169

Hanau, P./Adomeit, K.: Arbeitsrecht, 11. Aufl., Frankfurt am Main 1994 (10. Aufl. 1992)

Harbert, L.: Controlling-Begriffe und Controlling-Konzeptionen, Bochum 1982

Hardy, C./Clegg, S.R.: Some Dare Call It Power, in: Clegg, S.R./Hardy, C./Nord, W.: Handbook of Organization Studies, London et al. 1996, S. 622-641

Heinen, E.: Zum Wissenschaftsprogramm der entscheidungsorientierten Betriebswirtschaftslehre, in: ZfB, 39. Jg. (1969), S. 207-220

Heinen, E.: Der entscheidungsorientierte Ansatz der Betriebswirtschaftslehre, in: Kortzfleisch, G. v. (Hrsg.): Wissenschaftsprogramm und Ausbildungsziele der Betriebswirtschaftslehre, Berlin 1971, S. 21-37

Heinen, E.: Grundlagen betriebswirtschaftlicher Entscheidungen. Das Zielsystem der Unternehmung, 3. Aufl., Wiesbaden 1976

Heinen, E. (Hrsg.): Betriebswirtschaftliche Führungslehre, Wiesbaden 1978

Heinen, E.: Betriebswirtschaftliche Kostenlehre: Kostentheorie und Kostenentscheidungen, 6. Aufl., Wiesbaden 1983

Heinen, E.: Einführung in die Betriebswirtschaftslehre, 9. Aufl., Wiesbaden 1985

Heinen, E. (Hrsg.): Industriebetriebslehre, 9. Aufl., Wiesbaden 1991

Heinen, E.: Industriebetriebslehre als entscheidungsorientierte Unternehmungsführung, in: Heinen, E.: Industriebetriebslehre, 9. Aufl., Wiesbaden 1991, S. 1-72

Heinze, M.: Mitbestimmung der Arbeitnehmer, in: Wagner, D./Zander, E./Hauke, C. (Hrsg.): Handbuch der Personalleitung, München 1992, S. 81-166

Hellriegel, D./Slocum J.W.: Management, 5. Aufl., Reading, MA u.a. 1989

Hendry, C./Pettigrew, A.M.: Human Resource Managament: An Agenda for the 1990s, in: Human Relations, 1. Jg. (1990), Heft 1, S. 17-43

Heneman III, H.G./Schwab, D.R./Fossum, J.A./Dyer, L.D.: Personnel/Human Resource Management, 4. Aufl., Homewood/Boston 1989

Hercus, T./Oades, D.: The Human Resources Audit, in: Human Resources Audit, 5. Jg. (1982), S. 43-50

Hentze, J.: Personalwirtschaftliche Instrumente, in: Gaugler, E./Weber, W. (Hrsg.): Handwörterbuch des Personalwesens, Stuttgart 1992, Sp. 1893-1910

Hentze, J.: Zur Gliederung der Personalwirtschaftslehre, in: WISU, 13. Jg. (1984), S. 111-115.

Hentze, J./Brose, P.: Unternehmungsführung und Mitbestimmung, Würzburg u.a. 1985

Hentze, J./Kammel, A.: Lean Production – Personalwirtschaftliche Aspekte der „schlanken" Unternehmung, in: DU, 46. Jg. (1992), S. 319-331

Hentze, J./Kammel, A.: Personal-Controlling, Bern/Stuttgart/Wien 1993

Hilb, M.: Personalpolitik für multinationale Unternehmen, Zürich 1985

Hill, W./Fehlbaum, R./Ulrich, P.: Organisationslehre 2, 4. Aufl., Bern u.a. 1992

Hodge, B.J./Anthony, W.P.: Organization Theory, 2. Aufl., Boston u.a. 1984

Höland, A.: Mitbestimmung in Europa: rechtliche und politische Regelungen, Frankfurt am Main u.a. 2000

Holley, W.H./Jennings, K.M.: Personnel Management. Functions and Issues, Chicago u.a. 1983

Homans, G.L.: Theorie der sozialen Gruppe, Köln/Opladen 1960

Horváth, P.: Controlling, 4. Aufl., München 1992

Hoss, G.: Personalcontrolling – funktionale, instrumentelle und institutionale Aspekte, in: Personalwirtschaft, 15. Jg. (1988), S. 409-417

Hromadka, W./Maschmann, F.: Arbeitsrecht, Berlin u.a. 1998

Industriegewerkschaft Metall (Hrsg.): Personalplanung und Betriebsrat, Bd. 65 der Schriftenreihe der IG Metall, Frankfurt a.M. 1976

Jensen, M.C.: Organization Theory and Methodology, in: Accounting Review, 58. Jg. (1983), S. 319-339

Jensen, M.C./Meckling, W.: Theory of the Firm: Managerial Behaviour, Agency Costs, and Ownership Structure, in: Journal of Financial Economics, 3. Jg. (1976), S. 305-360

Jensen, M.C./Murphy, K.J.: Performance Pay and Top-Management Incentives, in: Journal of Political Economy, 98. Jg. (1990), S. 225-264

Katz, D.: Productivity, Supervision, and Morale among Railroad Workers, New York 1955

Kienbaum, J. (Hrsg.): Visionäres Personalmanagement, Stuttgart 1992

Kieser, A.: Moden und Mythen des Organisierens, in: Die Betriebswirtschaft, 56. Jg. (1996), S. 21-40

Kieser, A./Kubicek, H.: Organisation, 3. Aufl., Berlin u.a. 1992

Kieser, A./Reber, G./Wunderer, R. (Hrsg.): Handwörterbuch der Führung, 2. Aufl., Stuttgart 1995

Kirsch, W.: Einführung in die Theorie der Entscheidungsprozesse, 2. Aufl. der Bände I bis III als Gesamtausgabe, Wiesbaden 1977

Kirsch, W./Scholl, W./Paul, G.: Mitbestimmung in der Unternehmenspraxis, München 1984

Klimecki, R.G./ Gmür, M.: Personalmanagement, Stuttgart 1998

Kluckhohn, F.R./Strodtbeck, R.L.: Variations in value orientations, Evanston, IL 1961

Koontz, H./Weihrich, H.: Management, 9. Aufl., New York u.a. 1988

Kosiol, E.: Bürowirtschaftliche Forschung, Berlin 1961

Kosiol, E.: Die Unternehmung als wirtschaftliches Aktionszentrum, Reinbek b. Hamburg 1972

Kossbiel, H./Spengler, T.: Personalwirtschaft und Organisation, in: Frese, E. (Hrsg.): Handwörterbuch der Organisation, 3. Aufl., Stuttgart 1992, Sp. 1949-1962

Krallmann, H. (Hrsg.): Expertensysteme im Unternehmen, Berlin 1986

Kreikebaum, H.: Grundlagen der Unternehmensethik, Stuttgart 1996

Krell, G.: Geschichte der Personallehren, in: WiSt, 27. Jg. (1998), S. 222-227

Krüger, W.: Macht in der Unternehmung, Stuttgart 1976

Küpper, H.-U.: Personal-Controlling – Einbindung in das Unternehmens-Controlling, in: Personalführung (1990), S. 522-526

Kupsch, P./Marr, R.: Personalwirtschaft, in: Industriebetriebslehre (Hrsg. E. Heinen), 9. Aufl., Wiesbaden 1991, S. 729-896

Lado, A.A./Wilson, M.C.: Human Resource Systems and Sustained Competitive Advantage: A Competency-based Perspective, in: Academy of Management Review, 19. Jg. (1994), S. 699-727

Lattmann, Ch.: Die Personalfunktion in der Unternehmung: Einführung in die Personallehre, Frauenfeld (Schweiz) 1995

Laurent, A.: A Cultural View of Organizational Change, in: Evans, P. et al. (Hrsg.): Human Resource Management in International Firms, Basingstoke/London 1989, S. 83-84

Lei, D./Hitt, M.A./Bettis, R.: Dynamic Core Competencies through Meta-Learning and Strategic Context, in: Journal of Management, 22. Jg. (1996), S. 549-569

Levinthal, D.A.: A Survey of Agency Models of Organizations, in: Journal of Economic Behaviour and Organizations, 9. Jg. (1988), S. 153-185

Lewin, K.: Feldtheorie in den Sozialwissenschaften, Bern u.a. 1963

Lingenfelder, M. /Thomas, U.: Personal-Controlling, Aufgaben und Bedeutung im Rahmen personalpolitischer Entscheidungen, in: Lohn & Gehalt (1985), S. 473-478

Löhr, A.: Unternehmensethik und Betriebswirtschaftslehre, Stuttgart 1991

Luthans, F.: Introduction to Management. A Contingency Approach, New York u.a. 1976

Macharzina, K.: Personalpolitik, in: Gaugler, E./Weber, W. (Hrsg.): Handwörterbuch des Personalwesens, 2. Aufl., Stuttgart 1992, Sp. 1780-1797

Mag, W.: Hemmnisse und Fortschritte bei der Entwicklung der Personalplanung in der Bundesrepublik Deutschland, in: ZfbF, 37. Jg. (1985), S. 3-25

Mag, W.: Einführung in die betriebliche Personalplanung, 2. Aufl., München 1998

March, J.G./Olsen, J.P.: The New Institutionalism: Organizational Facts in Political Life, in: American Political Science Review, 78. Jg. (1984), S. 55-77

Marr, R. (Hrsg.): Eurostrategisches Personalmanagement, München/Mering 1991

Marr, R./Stitzel, M.: Personalwirtschaft. Ein konfliktorientierter Ansatz, München 1979

Martin, A.: Personalforschung, München/Wien 1988

Maslow, A.H.: Motivation and Personality, New York 1954

Mathis, R.L./Jackson, J.H.: Personnel, 6. Aufl., St. Paul, MN u.a. 1991

Mayo, E.: The Human Problems of an Industrial Civilization, New York 1933

McGregor, D.: The Human Side of Enterprise, New York 1960

Meisel, P.G.: Die Mitwirkung und Mitbestimmung des Betriebsrates bei personellen Angelegenheiten, 5. Aufl., Heidelberg 1984

Metz, Th.: Status, Funktion und Organisation der Personalabteilung – Ansätze zu einer institutionellen Theorie des Personalwesens (Diss.), München/Mering 1995

Meyer, J.W./Rowan, B.: Institutionalized Organizations: Formal Structure as Myth and Ceremony, in: American Journal of Sociology, 83. Jg. (1977), S. 340-363

Miles, E.L./Burack, E.H.: Management of Human Resources, Englewood Cliffs, NJ 1980

Mintzberg, H.: Power In and Around Organizations, Englewood Cliffs, NJ 1983

Neuberger, O.: Der Mensch ist Mittelpunkt. Der Mensch ist Mittel. Punkt, in: Personalführung (1990), S. 3-11

Neuberger, O.: Personalentwicklung, 2. Aufl., Stuttgart 1994

Neuberger, O.: Personalwesen: Grundlagen, Entwicklung, Organisation, Arbeitszeit, Fehlzeiten, Bd. 6/1, Stuttgart 1997

Niedenhoff, H.-K.: Mitbestimmung in der Bundesrepublik Deutschland, 11. Aufl., Köln 1997 (9. Aufl. 1992)

Nienhüser, W.: Zentrale Personalarbeit – Lob der Zentrale, in: Scholz, Ch. (Hrsg.): Innovative Personal-Organisation: Center-Modelle für Wertschöpfung, Strategie, Intelligenz und Virtualisierung, Neuwied/Kriftel 1999, S. 158-167

Oechsler, W.A.: Personal und Arbeit. Einführung in die Personalwirtschaft, 7. Aufl., München/Wien 2000 (4. Aufl. 1992)

Paschen, K.: Formen der Personalorganisation. Von der funktionalen Organisation zum Integrationsmodell, in: Zeitschrift Führung + Organisation, 57. Jg. (1988), Heft 4, S. 237-241

Pfeffer, J.: Management as Symbolic Action: The Creation and Maintenance of Organizational Paradigms, in: Research in Organizational Behaviour, 3. Jg. (1981), S. 1-52

Pfeffer, J./Salancik, G.R.: The External Control of Organizations: A Resource Dependence Perspective, New York 1978

Picot, A.: Verfügungsrechte, Transaktionskosten und Führung, in: Kieser, A./Reber, G./Wunderer, R. (Hrsg.): Handwörterbuch der Führung, 2. Aufl., Stuttgart 1995, Sp. 2106-2113

Picot, A./Michaelis, E.: Verteilung von Verfügungsrechten in Großunternehmungen und Unternehmungsverfassung, in: Zeitschrift für Betriebswirtschaft, 54. Jg. (1984), S. 252-272

Powell, W.W./DiMaggio, P.J. (Hrsg.): The New Institutionalism in Organizational Analysis, Chicago 1991

Pratt, J.W./Zeckhauser, R.J.: Principles and Agents: The Structure of Business, Boston, MA 1985

Putz-Osterloh, W.: Entscheidungsverhalten, in: Frese, E. (Hrsg.): Handwörterbuch der Organisation, 3. Aufl., Stuttgart 1992, Sp. 585-599

Quinn, R.E.: Beyond Rational Management: Mastering the Paradoxes and Competing Demands of High Performance, San Francisco/London 1988

Raffée, H.: Grundprobleme der Betriebswirtschaftslehre, Göttingen 1974

Raisig, J.: Ethik der Personalführung, in: Personalführung (11-12) o.Jg. (1987), S. 762-766

Rendtorff, T.: Gemeinwohl und Eigennutz, Knotenpunkte der Wirtshaftsethik? In: BFuP, 44. Jg. (1992), S. 485-497

Riccardi, R.: Mitbestimmungsgesetze, in: Gaugler, E./Weber, W. (Hrsg.): Handwörterbuch des Personalwesens, 2. Aufl., Stuttgart 1992, Sp. 1419-1429

Richter, H.J.: Theoretische Grundlagen des Controlling, Frankfurt a.M.u.a. 1987

Ridder, H.-G.: Personalwirtschaftslehre, Stuttgart u.a. 1999

Roessel, R. v.: Führungskräftetransfer im internationalen Unternehmen, Köln 1988

Roethlisberger, F.J./Dickson, W.J.: Management and the Worker, Cambridge, MA 1939

Ross, J.D.: A Definition of Human Resources Management, in: Personnel Journal, 60. Jg. (1981), Heft 10, S. 781-783

Röthig, P.: Zum Entwicklungsstand der betrieblichen Personalplanung, in: DBW, 46. Jg. (1986), S. 203-223

Rühli, E.: Die Stellung des Arbeitnehmers in Betrieb und Unternehmung, in: ZfB, 48. Jg. (1978), S. 263-276

Rühli, E.: Visionen, in: DU, 44. Jg. (1990), S. 112-119

Sandner, K.: Politische Prozesse in Unternehmen, 2. Aufl., Heidelberg 1992

Schanz, G.: Personalplanung unter Mitbestimmungseinfluß, in: Zeitschrift für Planung, 3. Jg. (1992), H. 1, S. 73-81

Schanz, G.: Personalwirtschaftslehre, 2. Aufl., München 1993

Schauenberg, B.: Entscheidungsregeln, kollektive, in: Frese, E. (Hrsg.): Handwörterbuch der Organisation, 3. Aufl., Stuttgart 1992, Sp. 566-575

Schein, E.H.: Organizational Culture and Leadership, San Francisco 1985

Scherm, E.: Personalabteilung als Profit-Center: Ein realistisches Leitbild? In: Personalführung (1992a), S. 1034-1037

Scherm, E.: Personal-Controlling. Eine kritische Bestandsaufnahme, in: DBW, 52. Jg. (1992b), S. 309-323

Scherm, E.: Hat die Personalabteilung noch Zukunft?, in: Personal, 47. Jg. (1995), Heft 12, S. 643-647

Scholl, W.: Politische Prozesse in Organisationen, in: Frese, E. (Hrsgl): Handwörterbuch der Organisation, 3. Aufl., Stuttgart 1992, Sp. 1993-2004

Scholz, Ch.: Personalwirtschaft im Spannungsfeld zwischen Verhaltens- und Informationsorientierung, in: ZfP, 4. Jg. (1990), S. 37-54

Scholz, Ch.: Die virtuelle Personalabteilung, Ein Denkmodell für das Jahr 2000?, in: Personalführung, o. Jg. (1995), Heft 5, S. 398-403

Scholz, Ch.: Die virtuelle Personalabteilung, Ein Jahr später, in: Personalführung, o. Jg. (1996), Heft 12, S. 1080-1086

Scholz, Ch.: Personalmanagement, 5. Aufl., München 2000 (3. Aufl. 1993)

Scholz, Ch.: Strategische Organisation: Prinzipien zur Vitalisierung und Virtualisierung, Landsberg am Lech 1997

Scholz, Ch.: Die virtuelle Personalabteilung, in: Freimuth, J./Meyer, A. (Hrsg.): Fraktal, fuzzy, oder darf es ein wenig virtueller sein? Personalarbeit an der Schwelle zum neuen Jahrtausend, München/Mering 1998, S. 103-113

Scholz, Ch.: Die virtuelle Personalabteilung als Zukunftsvision?, in: Scholz, Ch. (Hrsg.): Innovative Personalorganisation: Center-Modelle für Wertschöpfung, Strategie, Intelligenz und Virtualisierung, Neuwied/Kriftel 1999, S. 233-253

Scholz, Ch. (Hrsg.): Innovative Personalorganisation: Center-Modelle für Wertschöpfung, Strategie, Intelligenz und Virtualisierung, Neuwied/Kriftel 1999

Scholz, Ch./Hofbauer, W.: Unternehmenskultur und Personalführung, in: Zeitschrift für Personalforschung, 1. Jg. (1987), S. 461-482

Schuler, R.S.: Managing Human Resources, 6. Aufl., Cincinatti, OH 1998

Schuler, R.S./Jackson, S.E.: Linking Competitive Strategies with Human Resource Management Practices, in: Academy of Management Executive, 1. Jg. (1987), Heft 3, S. 207-219

Schuler, R.S./Jackson, S.E.: Human Resource Management: Positioning for the 21st Century, 6. Aufl., Minneapolis/St. Paul 1997

Schulte, Ch.: Personalstrategien für multinationale Unternehmen, in: Zeitschrift für Personalforschung, 2. Jg. (1988), S. 179-195

Scott, W.R.: The Adolescence of Institutional Theory, in: Administrative Science Quarterly, 32. Jg. (1987), S. 493-511

Schweitzer, M.: Profit-Center, in: Frese, E. (Hrsg.): Handwörterbuch der Organisation, Bd. 2, 3. Aufl., Stuttgart 1992, S. 2078-2088

Sherman, A.W./Bohlander, G.W./Chruden, H.J.: Managing Human Resources, 9. Aufl., Cincinnati, IL 1991

Söllner, A.: Grundriß des Arbeitsrechts, 10. Aufl., München 1990

Staehle, W.H.: Die Stellung des Menschen in neueren betriebswirtschaftlichen Theorie-systemen, in: ZfB, 45. Jg. (1975), S. 713-724

Staehle, W.H.: Human Resource Management, eine neue Managementrichtung in den USA? In: ZfB, 58. Jg. (1988), S. 576-587

Staehle, W.H.: Management, 8. Aufl., München 1999 (6. Aufl. 1991)

Staehle, W.H./Karg. P.W.: Anmerkungen zu Entwicklung und Stand der deutschen Personalwirtschaftslehre, in: DBW, 41. Jg. (1981), S. 83-90

Staffelbach, B.: Aspekte humanpotentialorientierter Unternehmensführung, in: Krulis-Randa, J./Staffelbach, B./Wehrli, H.P. (Hrsg.): Führen von Organisationen, Bern et al. 1993

Steinmann, H.: Zum Element des Politischen in der Unternehmung, in: Bühler, W. et al. (Hrsg.): Die ganzheitlich-verstehende Betrachtung der sozialen Leistungsordnung, Wien et al. 1985, S. 223-242

Steinmann, H./Schreyögg, G.: Management: Grundlage der Unternehmensführung, 2. Aufl., Wiesbaden 1991

Sternberg, R.J: Tacit Knowledge in Professional Practice, Mahwah, NJ 1999

Stockfisch, P./Ulber, G.: Profit-Center als Mittel zur Ergebnisverbesserung, Eine Betrach-tung aus der Praxis (Deutsche BP AG), in: Zeitschrift Führung + Organisation, 51. Jg. (1982), S. 299-303

Taylor, F.W.: Die Grundsätze wissenschaftlicher Betriebsführung, München u.a. 1913 (Neuauflage 1933)

Teece, D.J./Pisano, G./Shuen, A.: Dynamic Capabilities and Strategic Management, in: Strategic Management Journal, 18. Jg. (1997), S. 509-533

Thiess, M./Jacobs, S.: Der Einsatz des Human-Ressourcen-Portfolios im Rahmen der strategischen Personalplanung, in: WiSt, 16. Jg. (1987), S. 467-470

Thom, N./Zaugg R.J.: Personalorganisation in der Schweiz, in: Scholz, Ch. (Hrsg.): Inno-vative Personalorganisation: Center-Modelle für Wertschöpfung, Strategie, Intelli-genz und Virtualisierung, Neuwied/Kriftel 1999, S. 23-35

Tichy, N.M./Fombrun, Ch.J./Devanna, M.A.: Strategic Human Resource Management, in: Sloan Management Review, 23. Jg. (1982), Heft 2, S. 47-60

Ulrich, H.: Die Unternehmung als produktives soziales System, 2. Aufl., Bern u.a. 1970

Ulrich, H.: Der systemorientierte Ansatz in der Betriebswirtschaftslehre, in: Wissen-schaftsprogramm und Ausbildungsziele der Betriebswirtschaftslehre (Hrsg. G.v. Kortzfleisch), Berlin 1971, S. 43-60

Ulrich, H.: Unternehmenspolitik, 3. Aufl., Bern u.a. 1990

Ulrich, H./Staerkle, R.: Personalplanung, Köln u.a. 1965

Ulrich, P./Fluri, E.: Management, 6. Aufl., Bern u.a. 1992

Vilmar, F.: Mitbestimmung als Element einer Strategie der Wirtschaftsdemokratie, in: Menschenwürde im Betrieb (Hrsg. F. Vilmar), München 1973, S. 159ff.

Vroom, V.H.: Work and Motivation, New York 1964

Wächter, H.: Professionalisierung im Personalbereich, in: DBW, 47. Jg. (1987), S. 141-150

Wächter, H.: Vom Personalwesen zum Strategic Human Resource Management, in: Staehle, W.H./Conrad, P. (Hrsg.): Managementforschung 2, Berlin 1992, S. 313-340

Wächter, H.: Mitbestimmung als Rahmenbedingung personalpolitischer Maßnahmen, in: Elšik, W. u.a. (Hrsg.): Strategische Personalpolitik, München/Mering 1999, S. 87-101

Wagner, D.: Zentralisation oder Dezentralisation der Personalfunktion in der Unternehmung. Organisatorisch-institutionelle Perspektive des Personalmanagements, in: ZFO, 58. Jg. (1989), S. 179-185

Wagner, D./Zander, E./Hauke, C. (Hrsg.): Handbuch der Personalleitung, München 1992

Wagner, D.: Die Personalabteilung als Cost-/Profit-Center, in: Scholz, Ch. (Hrsg.): Innovative Personalorganisation: Center-Modelle für Wertschöpfung, Strategie, Intelligenz und Virtualisierung, Neuwied/Kriftel 1999, S. 62-73

Weber, W.: Personalplanung, Stuttgart 1975

Weber, W. et al.: Internationales Personalmanagement, Wiesbaden 1998

Wernerfeldt, B.: A Resource-based View of the Firm, in: Strategic Management Journal, 5. Jg. (1984), S. 171-180

Wheelen, Th.L./Hunger, D.J.: Strategic Management and Business Policy, Reading MA 1983

Williamson, O.E.: Markets and Hierarchies, New York 1975

Williamson, O.E.: The Economics of Organization: The Transaction Cost Approach, in: American Journal of Sociology, 87. Jg. (1981), S. 548-577

Wimmer, P./Neuberger, O.: Personalwesen 2, Stuttgart 1998

Witte, E.: Entscheidungsprozesse, in: Frese, E. (Hrsg.): Handwörterbuch der Organisation, 3. Aufl., Stuttgart 1992, Sp. 552-565

Wright, P.M./McMahan, G.C.: Theoretical Perspectives for Strategic Human Resource Management, in: Journal of Management, 18. Jg. (1992), S. 295-320

Wright, P.M./McMahan, G.C./McWilliams, A.: Human Resources and Sustained Competitive Advantage: A Resource-based Perspective, in: International Journal of Human Resource Management, 5. Jg. (1994), S. 301-326

Wright, P.M./Snell, S.A.: Toward an Integrative View of Strategic Human Resource Management, in: Human Resource Management Review, 1. Jg. (1991), S. 203-225

Wunderer, R./Kuhn, T.: Zukunftstrends in der Personalarbeit. Schweizerisches Personalmanagement 2000, Bern u.a. 1992

Wunderer, R./Sailer, M.: Strategisches Personalcontrolling, in: Personalführung, 20. Jg. (1987), Heft 7, S. 505-509

Wunderer, R./Sailer, M.: Personal-Controlling in der Praxis, Entwicklungsstand, Erwartungen, Aufgaben, in: Personalwirtschaft, 15. Jg. (1988), S. 177-182

Wunderer, R./Arx, S. v.: Reorganisation des Personalbereichs zum Wertschöpfungs-Center, in: Scholz, Ch. (Hrsg.): Innovative Personalorganisation: Center-Modelle für Wertschöpfung, Strategie, Intelligenz und Virtualisierung, Neuwied/Kriftel 1999, S. 90-102

Wunderer, R./Jaritz, A.: Unternehmerisches Personalcontrolling: Evaluation der Wertschöpfung im Personalmanagement , Neuwied 1999

Yukl, G./Falbe, C.M.: Influence Tactics and Objectives in Upward, Downward and Lateral Influence Attempts, in: Journal of Applied Psychology, 75. Jg. (1990), S. 132-140

Zucker, L.G.: Institutional Theories of Organizations, in: Annual Review of Sociology, 13. Jg. (1987), S. 443-464

LITERATURVERZEICHNIS ZU TEIL II

Bea, F.X./Dichtl, E./Schweitzer, M. (Hrsg.): Allgemeine Betriebswirtschaftslehre, Bd. 2: Führung, 5. Aufl., Stuttgart 1991

Baetge, J./Wagner, H. (Hrsg.): Personalbedarfsplanung in Wirtschaft und Verwaltung, Stuttgart 1983

Beyer, H.-T.: Determinanten des Personalbedarfs, Bern/Stuttgart 1981

Bodemer, A.: Personalbedarfsermittlungsverfahren: Analyse der relevanten und absoluten Vorteilhaftigkeit der Zeitreihenverfahren für die Ermittlung des zukünftigen quantitativen Soll-Personalbestandes (Diss. TU Braunschweig), München 1995

Böhrs, H.: Theoretische Grundlagen zur Messung der menschlichen Arbeit und Leistung im Zeitstudienwesen, in: ZfB, 25. Jg. (1965), S. 370-376

Böhrs, H.: Arbeitsstudien in der Betriebswirtschaft, Wiesbaden 1967

Böhrs, H.: Bereichsorganisation nach dem Personalbedarf, Wiesbaden 1977

Bohley, P.: Statistik, 4. Aufl., München 1991

Domsch, M.: Simultane Personal- und Investitionsplanung im Produktionsbereich, Bielefeld 1970

Domsch M.: Die Planung des Personalbedarfs, in: ZfbF, 30. Jg. (1978), S. 111-119

Feuer, H./Niehaus, R.J./Sheridan, J.A.: Human Resource Forecasting: A Survey of Practice and Potential, in: Human Resource Planning, 7. Jg. (1984), S. 85-97

Frese, E. (Hrsg.): Personalwirtschaft, Aachen 1986

Frieling, E.: Psychologische Arbeitsanalyse, Stuttgart 1975

Gaugler, E./Huber, K.H./Rummel, C.: Betriebliche Personalplanung, Göttingen 1974

Götze, U.: Szenario-Technik in der strategischen Unternehmensplanung, 2. Aufl., Wiesbaden 1993

Gutenberg, E.: Grundlagen der Betriebswirtschaftslehre, Bd. 1: Die Produktion, 24. Aufl. Berlin/Heidelberg/New York 1983

Hackstein, R./Nüssgens, K.H./Uphus, P.H.: Personalbedarfsermittlung im System Personalwesen (I), in: Fortschrittliche Betriebsführung, 20. Jg. (1971a), S. 105-124

Hackstein, R./Nüssgens, K.H./Uphus, P.H.: Personalbedarfsermittlung im System Personalwesen (II), in: Fortschrittliche Betriebsführung, 20. Jg. (1971b), S. 159-181

Hagner, G.W.: Arbeitsstudien und Stellenbesetzungsplanung – Methoden des rationellen Arbeitskräfteeinsatzes, in: REFA-Nachrichten, 19. Jg. (1966), S. 114-125

Helms, W.: Personalbemessung mit MTM im administrativen Bereich, in: Personal, 45. Jg. (1993), H. 9, S. 426-436

Hemmers, K.: Planung des Personalbedarfs in indirekten Bereichen, Berlin u.a. 1986

Hentze, J.: Funktinale Personalplanung (Diss.), Frankfurt 1969

Hentze, J.: Die Hauptdeterminanten des quantitativen Personalbedarfs, in: ZfB, 40. Jg. (1970), S . 677-688

Hentze, J.: Arbeitsbewertung und Personalbeurteilung, Stuttgart 1980

Hentze, J./Brose, P./Kammel, A.: Unternehmungsplanung, 2. Aufl., Bern u.a. 1993

Jungbluth, A.: Personalplanung, in: AuL, 23. Jg. (1969), S. 41-49

Kieser, A./Kubicek, H.: Organisation, 3. Aufl., Berlin/New York 1992

Kossbiel, H.: Personalbedarfsermittlung, in: Gaugler, E.H./ Weber, W. (Hrsg.): Handwörterbuch des Personalwesens (HWP), 2. Aufl., Stuttgart 1992, Sp. 1596-1606

Mag, W.: Einführung in die betriebliche Personalplanung, 2. Aufl., München 1998

Nadig, P./Thom, N.: Laufbahnplanung im Rahmen einer integrierten Personalentwicklung, in: Zeitschrift Führung und Organisation, 58. Jg. (1989), S. 311-317

Picot, A./Rischmüller, G.: Planung und Kontrolle der Verwaltungskosten in Unternehmen, in: ZfB, 51. Jg. (1981), S. 331-346

Potthoff, E./Trescher, K.: Controlling in der Personalwirtschaft, Berlin/New York 1986

RKW-Handbuch: Handbuch Personalplanung, 3. Aufl., Neuwied/Berlin 1993

Rohmert, W./Landau, K.: Das arbeitswissenschaftliche Erhebungsverfahren zur Tätigkeitsanalyse (AET) – Handbuch, Bern u.a. 1979a

Rohmert, W./Landau, K.: Das arbeitswissenschaftliche Erhebungsverfahren zur Tätigkeitsanalyse (AET) – Merkmalsheft, Bern u.a. 1979b

Rosenkranz, R.: Die notwendigen und tatsächlichen Verteil-Zeitfaktoren, in: Das rationelle Büro, 17. Jg. (1966), S. 11-17

Russ, A.: Die Technik der Personalbedarfsrechnung, in: Das rationelle Büro, 17. Jg. (1966), S. 5-11

Schmidt, G.: Personalbemessung, Gießen 1981

Schneider, K.: Determinanten des Personalbedarfs, ihre Veränderungen im Zeitablauf und Möglichkeiten ihrer Berücksichtigung in der langfristigen Personalplanung (Diss.), Siegen 1981

Scholz, Ch.: Personalmanagement, 2. Aufl., München 1991

Schwarz, H.: Arbeitsplatzbeschreibungen, 12. Aufl., Freiburg 1990

Sadowski, P.: Der Stand der betriebswirtschaftlichen Theorie der Personalplanung, in: ZfB, 51. Jg. (1981), S. 88-105

Sent, B.: Personalbedarfsplanung – anlageorientierte Personalbedarfsplanung für kontinuierliche Fertigungsprozesse, Berlin u.a. 1991

Simon, A.: Personalbemessung, Köln 1986

Stamm, M.: Gemeinkosten-Wertanalyse, in: Controller Magazin, 9. Jg. (1984), S. 25-30

Thomsen, W.L.H.: Methoden der Personalplanung, in: Personalführung, Bd. I (Hrsg. A. Marx), Wiesbaden 1969, S. 37-46

Türk, K.: Instrumente betrieblicher Personalwirtschaft, Neuwied 1978

Verhoeven, L.J.: Techniques in Corporate Manpower Planning, Boston u.a. 1982

Wenzel, B.: Personalbedarfsplanung in industriellen Unternehmungen (Diss.), Würzburg 1970

Wenzel, B.: Methoden der Personalbedarfsplanung, Frankfurt a.M. 1976

Wilkening, O.: Personalszenarien – Erfahrungen mit einem neuen Instrument des Personalmanagers, in: Personalwirtschaft, 11. Jg. (1984), S. 158-162

Wunderer, R.: Arbeitsplatzbeschreibung, in: Management-Enzyklopädie, Bd. 1, 2. Aufl., München 1982, S. 322-342

LITERATURVERZEICHNIS ZU TEIL III

Abels, D.: Konzentrations-Verlaufs-Test (KVT), Göttingen 1961

Althoff, K.: Zur prognostischen Validität von Intelligenz- und Leistungstests im Rahmen der Eignungsdiagnostik, in: Hehl, F.-J./Ebel, V./Ruch, W. (Hrsg.): Diagnostik und Evaluation bei betrieblichen, politischen und juristischen Entscheidungen, Bonn 1985

Amthauer, R.: Intelligenz-Struktur-Test, Göttingen 1970

Arnold, U.: Betriebliche Personalbeschaffung, Berlin 1975

Becker, F.G.: Potentialbeurteilung – ein kafkaeske Komödie?, in: ZfP, 5. Jg. (1991), S. 63-78

Becker, F.G.: Grundlagen betrieblicher Leistungsbeurteilungen, 3. Aufl., Stuttgart 1998

Beveridge, W.E.: The Interview in Staff Appraisal, London 1975

Blaschke, D./Nagel, E.: Regionale Mobilität von Erwerbspersonen, in: Mitteilungen aus der Arbeitsmarkt- und Berufsforschung, 17. Jg. (1984), Heft 2, S. 201-215

Böhm, W./Justen, R.: Bewerberauswahl und Einstellungsgespräch, 4. Aufl., Berlin 1990

Bolte, K.M.: Mobilität, in: Wörterbuch der Soziologie (Hrsg. W. Bernsdorf), Stuttgart 1969, S. 709-716

Bosch, D.: Das Gespräch mit dem Bewerber im Mittelpunkt gezielter Personalauswahl, in: Psychologie und Praxis, 30. Jg. (1986), Heft 2, S. 109-110

Brambring, M.: Spezielle Eignungsdiagnostik, in: Groffmann, K.-J./Mannheim, L.M. (Hrsg.): Enzyklopädie der Psychologie. Intelligenz- und Leistungsdiagnostik, Göttingen/Toronto/Zürich 1983, S. 414-481

Brandstätter, H.: Die Beurteilung von Mitarbeitern, in: Handbuch der Psychologie, Bd. 9, Betriebspsychologie (Hrsg. A. Mayer/B. Herwig), 2. Aufl., Göttingen 1970, S. 668-734

Brickenkamp, R.: Test d2: Aufmerksamkeits-Belastungs-Test, Göttingen 1972

Bukow, W.-D./Emmrich, M.: Familie im Spannungsfeld globaler Mobilität, Opladen 2000

Buttler, F.: Betriebsbezogene Arbeitsmarkt- und Berufsforschung im IAB, in: Personal, 45. Jg. (1993), Heft 2, S. 52-56

Cronbach, L.J.: Essentials of Psychological Testing, 3. Aufl., New York 1966

Curth, M.A./Lang, B.: Management der Personalbeurteilung, 2. Aufl., München/Wien 1991

Däubler, W.: Arbeitsrecht, Ratgeber für Beruf, Praxis und Studium, Frankfurt a. M. 1998

Davey, B.W.: Personnel Testing and the Search for Alternatives, in: Public Personnel Management, 13. Jg. (1984), Heft 4. S. 361-374

Deutscher Akademischer Austauschdienst (DAAD): Internationales Hochschulmarketing, Bonn 1999

Domsch, M./Gerpott, T.: Personalbeurteilung, in: Gaugler, E./Weber, W.: Handwörterbuch des Personalwesens, 2. Aufl., Stuttgart 1992, Sp. 1631-1641

Dorsch, F.: Psychologisches Wörterbuch, Stuttgart et al. 1998

Ehrenberg, R.G./Smith, R.S.: Modern Labor Economics, New York 1991

Fahrenberg, J./Selg, H./Hampel, R.: Freiburger Persönlichkeitsinventar (FPI), 4. Aufl., Göttingen 1984

Fisseni, M.: Das Assessment-Center: Eine Einführung für Praktiker, Göttingen 1997

Fitting, K./Auffarth, F./Kaiser, H.: Betriebsverfassungsgesetz, Handkommentar, 16. Aufl., München 1990

Frank, M.: Die Personalberatung bei der Stellenbesetzung, Frankfurt am Main 1984

French, W.L.: The Personnel Management Process, 6. Aufl., Boston u.a. 1986

Frieling, E./Hoyos, C. Graf: Handbuch zum Fragebogen zur Arbeitsanalyse Deutsche Bearbeitung des „Position Analysis Questionaire" (PAQ), Bern 1978

Frey, H.: Handbuch Personalbeschaffung. Neue Mitarbeiter gewinnen - von der Personalplanung bis zum Arbeitsvertrag, München 1989

Gatewood, R.D./Feild, H.S.: Human Resource Selection, Chicago u.a. 1987

Gaugler, E./Kolvenbach, H./Lay, G./Rippka, M./Schilling, B.: Leistungsbeurteilung in der Wirtschaft, Baden-Baden 1978

Gaugler, B./Rosenthal, D./Thornton, G./Bentson, C.: Meta-Analysis of Assessment Center Validity, in: Journal of Applied Psychology, 72. Jg. (1987), S. 493-511

Gaugler, E./Weber, W.: Die Personalberatung. Aufgaben, Leistungsangebot, Arbeitsweise, Kosten, Freiburg i.Br. 1988

Gebert, D./Rosenstiel, L.v.: Organisationspsychologie, Stuttgart 1981

Gerlach, K./Hübler, O.: Ökonomische Analyse des Arbeitsmarktes, in: Mitteilungen aus der Arbeitsmarkt- und Berufsforschung (MittAB), 25. Jg. (1992), Heft 1, S. 51-60

Giesen, B./Jüde, P.: Personalmarketing im Internet, in: Personal, 51. Jg. (1999), S. 64-67

Goossens, F.: Personalleiterhandbuch, 7. Aufl., Landsberg 1981

Glueck, F.W.: Personnel – A Diagnostic Approach, 3. Aufl., Plano TX 1982

Haunschild, A.: Personalbeschaffung über das Internet aus informationsökonomischer Perspektive, in: Wirtschaftswissenschaftliches Studium, 29. Jg. (2000), S. 314-318

Hentze, J.: Arbeitsbewertung und Personalbeurteilung, Stuttgart 1980

Herkner, W.: Lehrbuch Sozialpsychologie, Stuttgart 1996

Hillmann, K.-H.: Wörterbuch der Soziologie, 4. Aufl., Stuttgart 1994

Horn, W.: Leistungs-Prüf-System (LPS), Göttingen 1962

Institut für angewandte Arbeitswissenschaft e.V. (Hrsg.): Ermittlung von Leistungszulagen bei Zeitlöhnern, Rodenkirchen/Köln 1969

Institut für Arbeitsmarkt- und Berufsforschung der Bundesanstalt für Arbeit (Hrsg.): Forschungsdokumentation zur Arbeitsmarkt- und Berufsforschung, Nürnberg 1999

Jeserich, W.: Mitarbeiter auswählen und fördern, Assessment-Center-Verfahren, 6. unveränd. Nachdruck, München/Wien 1991 (1. Aufl. 1981)

Jeserich, W.: Personal-Förderungskonzepte: Diagnose – und was kommt danach?, München 1996

Jung, H.: Personalwirtschaft, München/Wien 1999

Jung, M.: Das Vorstellungsgespräch, in: Personal, 35. Jg. (1983), Heft 7, S. 267-270

Jungermann, H./Schütz, H.: Interaktive Programme zur Diagnose des Entscheidungsverhaltens, in: Sarges, W. (Hrsg.): Management-Diagnostik, Göttingen u.a. 1990, S. 450-457

Kador, F.J. u.a.: Handlungsanleitung zur betrieblichen Personalplanung, 2. Aufl., Eschborn 1989

Kaiser, T.: Personalwirtschaft: Personalbedarf, Personalbeschaffung, Personalentwicklung, Personaleinsatz; Entgelt- und Sozialpolitik; arbeitsrechtliche Rahmenbedingungen, Arbeitsgerichtsbarkeit, Wiesbaden 1994

Kleinmann, M.: Assessment-Center: Stand der Forschung – Konsequenzen für die Praxis, Göttingen 1997

Knebel, H.: Wie bewerbe ich mich richtig? 14. Aufl., Landsberg am Lech 1991

Knebel, H.: Das Vorstellungsgespräch, 13. Aufl., Freiburg i.Br. 1992

Kompa, A.: Personalbeschaffung und Personalauswahl, Stuttgart 1984

Kompa, A.: Demontage des Assessment Centers: Kritik an einem modernen personalwirtschaftlichen Verfahren, in: DBW, 50. Jg. (1990), S. 587-609

Kompa, A.: Assessment Center. Bestandsaufnahme und Kritik, 4. Aufl., München/Mering 1992

Lienert, G.A.: Testaufbau und Testanalyse, 3. Aufl., Weinheim/Berlin 1969

Mayrhofer, W.: Outplacement – Stand der Diskussion, in: DBW, 49. Jg. (1989), S. 55-68

Mentzel, W.: Unternehmenssicherung durch Personalentwicklung: Mitarbeiter motivieren, fördern und weiterbilden, 7. Aufl., Freiburg i. Br. 1997

Metzger, R./Funk, C.: Bewerben im Internet. Stellenangebote und Bewerbungen online, Niedernhausen/Ts. 1998

Meyer, E.: Mehr Leistung, weniger Fluktuation und bessere Personalbeurteilung, in: ZfO, 41. Jg. (1972), S. 26-34

Migula, C./Alewell, D.: Personalbeschaffung über das Internet – Ergebnisse einer empirischen Untersuchung, in: Personal, 51. Jg. (1999), S. 599-603

Neubauer, R.: Die Assessment-Center-Technik: Ein verhaltensorientierter Ansatz zur Führungskräfteauswahl, in: HdAP (Hrsg. R. Neubauer/L. v.Rosenstiel), München 1980, S. 122-158

Neuberger, O.: Das Mitarbeitergespräch, München 1973

Neuberger, O.: Rituelle (Selbst)-Täuschung. Kritik an der irrationalen Praxis der Personalbeurteilung, in: DBW, 40. Jg. (1980), S. 27-43

Oechsler, W.: Personal und Arbeit: Einführung in die Personalwirtschaft unter Einbeziehung des Arbeitsrechts, 6. Aufl., München/Wien 1997

Overbeck, J.F.: Möglichkeiten der Marktforschung am Arbeitsplatz und ihrer Auswertung zu einer Konzeption marktbezogener Personalpolitik (Diss.), München 1968

Owens, W.A.: Background Data, in: Handbook of Industrial and Organizational Psychology (Hrsg. M.D. Dunnete), Chicago 1976, S. 609-644

Reddin, W.J.: Das 3-D-Programm zur Leistungssteigerung des Managements, Landsberg 1981

Reilly, R.R./Chao, G.T.: Validity and Fairness of some Alternative Employee Selection Procedures, in: Personnel Psychology, 35. Jg. (1982), S. 1-62

Rippel, K.: Betriebliche Arbeitsmarktforschung, Baden-Baden/Bad Homburg v.d.H. 1967

RKW-Handbuch: Personalplanung, 2. Aufl., Neuwied/Frankfurt 1990

Rosenstiel, L. v.: Grundlagen der Organisationspsychologie, Stuttgart 2000

Sackmann, S./Elbe, M.: Tendenzen und Ergebnisse empirischer Personalforschung der 90er Jahre in Westdeutschland, in: Zeitschrift für Personalforschung, 14. Jg. (2000), Heft 2, S. 131-157

Sarges, W.: Management-Diagnostik, 2. Aufl., Göttingen 1995 (1. Aufl. 1990)

Scherm, E.: Möglichkeiten und Grenzen einer unternehmerischen Arbeitsmarktforschung, in: Zeitschrift für Betriebswirtschaftliche Forschung (ZfbF), 43. Jg. (1991), Heft 10, S. 892-913

Schleßmann, K.: Das Arbeitszeugnis, 12. Aufl., Heidelberg 1992

Schmale, H./Schimdtke, H.: Berufseignungstest (BET), Bern 1966

Schmidbauer, H.: Personal-Marketing, Essen 1975

Schneewind, K./Schröder, G./Cattell, R.B.: Der 16-Persönlichkeits-Faktoren-Test (16 PF), 2. Aufl., Bern 1986

Scholz, C.: Personalmanagement: informationsorientierte und verhaltenstheoretische Grundlagen, 5. Aufl., München 2000

Schuler, H.: Der Einsatz Biographischer Fragebogen zur Prognose des Berufserfolgs, in: Schuler, H./Stehle, W. (Hrsg.): Biographische Fragebogen als Methode der Personalauswahl, Stuttgart 1986

Schuler, H. (Hrsg.): Assessment Center als Methode der Personalentwicklung, Stuttgart 1987

Smith, M./Robertson, I.T.: Advances in Selection and Assessment, Chichester u.a. 1989

Staffelbach, B.: Personalmarketing, in: Rühli, E./Wehrli, P. (Hrsg.): Strategisches Marketing und Management, Bern/Stuttgart 1986, S. 124-143

Stehle, W.: Personalauswahl mittels biographischer Fragebogen, in: Schuler H./Stehle, W. (Hrsg.): Biographische Fragebogen als Methode der Personalauswahl, Stuttgart 1986, S. 17-57

Stopp, U.: Betriebliche Personalwirtschaft, 18. Aufl., Sindelfingen/Stuttgart 1992

Streibl, F.: Die geheime Sprache der Arbeitszeugnisse entschlüsseln: rechtliche Grundlagen, Musterzeugnisse, Formulierungshilfen, Zeugnisanalysen, München 2000

Strutz, H.: Einleitung, in: Strutz, H. (Hrsg.): Handbuch Personalmarketing, Wiesbaden 1989, S. 1-14

Strutz, H. (Hrsg.): Handbuch Personalmarketing, Wiesbaden 1989

Thiele, A.: Innovatives Personalmarketing für High-Potentials, Göttingen 1999

Todt, E.: Differenzieller-Interessen-Test (DIT), Bern 1967

Triebe, J.K.: Das Interview im Konzept der Eignungsdiagnostik, Bern 1976

Walwei, U./Werner, H.: Europäische Integration: Konsequenzen für Arbeitsmarkt und Soziales, in: Mitteilungen aus der Arbeitsmarkt- und Berufsforschung (MittAB), 25. Jg. (1992), Heft 4, S. 483-498

Webster, E.C.: The Employment Interview, Schomberg (Ontario) 1982

Wechsler, D.: Hamburg-Wechsler-Intelligenz-Test für Erwachsene (HAWIE), Bern 1956

Weinert, A.B.: Lehrbuch der Organisationspsychologie, 2. Aufl., München/Weinheim 1987

Wibbe, J.: Leistungsbeurteilung und Lohnfindung, München/Wien 1974

Wunderer, R.: Personalmarketing, in: Die Unternehmung, 45. Jg. (1991), Heft 2, S. 119-131

Zühlke, S.: Beschäftigungschancen durch berufliche Mobilität, Berlin 2000

LITERATURVERZEICHNIS ZU TEIL IV

Becker, M.: Personalentwicklung: Bildung, Förderung und Organisationsentwicklung in Theorie und Praxis, 2. Aufl., Stuttgart 1999

Beitz, L.-E.: Schlüsselqualifikation Kreativität: Begriffs-, Erfassungs- und Entwicklungsproblematik, Hamburg 1996

Berthel, J.: Führungskräfteentwicklung, in: HWFü (hrsg. von Kieser, A./Reber, G./Wunderer, R.), Stuttgart 1987, Sp. 591-601

Berthel, J.: Personal-Management. Grundzüge für Konzeptionen betrieblicher Personalarbeit, 5. Aufl., Stuttgart 1997

Berthel, J./Becker, F.G.: Strategisch orientierte Personalentwicklung, in: WISU, 15. Jg. (1986), S. 544-549

Berthel, J./Koch, H.-E.: Karriereplanung und Mitarbeiterförderung, Sindelfingen 1985

Breisig, T.: Personalentwicklung in mitbestimmungspolitischer Perspektive, in: ZfP, 7. Jg. (1993), S. 7-24

Bress, H./Hentschel, H.: Förderung von Schlüsselqualifikationen durch außergewöhnliche Erlebnisse, in: Personalführung, 50. Jg. (1989), S. 384-392

Bühner, R.: Personalentwicklung für neue Technologien in der Produktion, Stuttgart 1986

Bungard, W. (Hrsg.): Qualitätszirkel in der Arbeitswelt, Göttingen/Stuttgart 1992

Domsch, M.: Qualitätszirkel – Bausteine einer mitarbeiterorientierten Führung und Zusammenarbeit, in: ZfbF, 37. Jg. (1985), H. 5., S. 428-441

Domsch, M./Gerpott, T.H./Haugrund, S./Merfort, M.: Personalentwicklung in der Industrieforschung, Stuttgart 1990

527

Drumm, H.J.: Theorie und Praxis der Personalentwicklungsplanung, in: ZfbF, Sonderheft 14 (1982), S. 50-63

Eckardstein, D. v.: Die Laufbahnplanung für Führungskräfte durch die Unternehmung (Diss.), München 1969

Ertz, Ch.: Fernunterricht in der betrieblichen Weiterbildung, München 1986

Flamholtz, E.G.: Human Resource Accounting, 2. Aufl., San Francisco u.a. 1985

Fleck, H.: Eigenverantwortung und Selbstvertrauen fördern. Erfahrungen mit den Frauenförderungsprogrammen bei IBM, in: Zeitschrift Lernfeld Betrieb (1987), Juni, S. 16-17

Freimuth, J./Elfers, C./Zirkler, M.: Personalmarketing für Berufsrückkehrerinnen, in: Personal, 45. Jg. (1993), Heft 1, S. 24-28

French, W.L./Bell, C.H.: Organisationsentwicklung, 4. Aufl., Bern u.a. 1994

Gebert, D.: Gruppendynamik in der betrieblichen Führungskräfteschulung, Berlin 1972

Gebert, D.: Organisationsentwicklung, Stuttgart u.a. 1974

Gebert, D./Steinkamp, Th.: Innovation und Produktivität durch betriebliche Weiterbildung, Stuttgart 1990

Goldstein, J.L.: Training in Organizations: Need Assessment, Development, and Evaluation, 3. Aufl., Pacific Grove, CA 1993

Grünefeld, H.-G.: Steuerung und Überwachung des Weiterbildungsaufwandes, in: Personalwirtschaft, 11. Jg. (1984), S. 345-350

Hackstein, R./Nüssgens, K.H.: Personalentwicklung im System Personalwesen, in: FB, 21. Jg. (1972), S. 85-106

Hehl, G./Jetter, W.: Mitarbeiterpotentialanalyse als Instrument der qualitativen Personalplanung bei BMW, in: Personalführung, Heft 4-5 (1987), S. 250-255

Hentze, J.: Arbeitsbewertung und Personalbeurteilung, Stuttgart 1980

Jung, H.: Personalwirtschaft, München/Wien 1999

Kaminsky, G.: Praktikum der Arbeitswissenschaft. Analytische Untersuchungen beim Studium der menschlichen Arbeit, München 1971

Koehurst, P./Verhoeven, W.: Effectiveness and Inefficiency, in: Journal of European Industrial Training, 10. Jg. (1986), H. 3, S. 20-22

Kram, K.E.: Mentoring at Work. Developmental Relationship in Organizational Life, Glenview, IL 1985

Krell, G.: Chancengleichheit durch Personalpolitik: Gleichstellung von Frauen und Männern in Unternehmen und Verwaltungen; rechtliche Regelungen – Problemanalysen – Lösungen, 2. Aufl., Wiesbaden 1998

Krell, G.: Entgelt, Arbeit, Führung: Die Rolle des Geschlechts in der Arbeitswissenschaft und der Personallehre, in: Beblo, M. (Hrsg.): Ökonomie und Geschlecht: volks- und betriebswirtschaftliche Analyse mit der Kategorie Geschlecht, München u.a. 1999, S. 161-183

Küppers, B.: Betriebliche Aus- und Weiterbildung, München 1981

Kupsch, P.U./Marr, R.: Personalwirtschaft, in: Industriebetriebslehre (Hrsg. E. Heinen), 9. Aufl., Wiesbaden 1991, S. 792-896

Laske, S./ Gorbach, S. (Hrsg.): Spannungsfeld Personalentwicklung, Wiesbaden 1993

Lattmann, Ch.: Die Ausbildung des Mitarbeiters als Aufgabe der Unternehmung, Bern u.a. 1974

Lattmann, Ch.: Leistungsbeurteilung als Führungsmittel, Bern u.a. 1975

Lenzen, A.: Erfolgsfaktor Schlüsselqualifikationen: Mitarbeiter optimal fördern, Heidelberg 1998

Mentzel, W.: Unternehmenssicherung durch Personalentwicklung: Mitarbeiter motivieren, fördern und weiterbilden, 7. Aufl., Freiburg i. Br. 1997

Mertens, D.: Schlüsselqualifikationen. Thesen zur Schulung für eine moderne Gesellschaft, in: Mitteilungen aus Arbeitsmarkt- und Berufsforschung, 7. Jg. (1974), Heft 3, S. 36-43

Mohneck, B.: Wandel des Verhaltens von Frauen und Männern in Führungspositionen. Ökonomische Analyse empirischer Daten und eigener Befragungsergebnisse, Dissertation an der J.-G.-Universität Mainz 1998

Mumford, A. (Ed.): Gower Handbook of Management Development, 4. Aufl., Aldershot 1994

Neuberger, O.: Personalentwicklung, 2. Aufl., Stuttgart 1994

Pawlowsky, P.: Strategieerfüllung und Strategiegestaltung, in: Martin, A./Nienhüser,W./Mayrhofer, W. (Hrsg.): Die Bildungsgesellschaft im Unternehmen?, München/Mering 1999, S. 91-116

Pfaehler, A.W.: Ausbildung in der Industrie, Bern u.a. 1959

Reetz, L./ Reitmann, Th. (Hrsg.): Schlüsselqualifikationen, Hamburg 1990

Riekhof, H.-C. (Hrsg.): Strategien der Personalentwicklung, 3. Aufl., Wiesbaden 1992

Rüdenauer, M.: Welchen Nutzen bringt die Weiterbildung? in: FB, 34. Jg. (1985), H. 2, S. 80-84

Ruhleder, R.H.: Was können Sie in Zukunft besser machen? In: Management Wissen, (1982), Heft 5, S. 18-20

Sadowski, D.: Berufliche Bildung und betriebliches Bildungsbudget, Stuttgart 1980

Sattelberger, Th.: Innovative Personalentwicklung. Grundlagen, Konzepte, Erfahrungen, 3. Aufl., Wiesbaden 1995

Schanz, G.: Personalwirtschaftslehre: lebendige Arbeit in verhaltenswissenschaftlicher Perspektive, München 1993

Scheitlin, V.: Ausbildungstechnik in der modernen Unternehmung, Zürich 1975

Schiller, M.: Betriebliche Weiterbildung im Spannungsfeld unterschiedlicher Interessen, Frankfurt/Main 1985

Schirmer, F./Staehle, W.H.: Untere und mittlere Manager als Adressaten und Akteure des Human Resource Management (HRM), in: Die Betriebswirtschaft, 6. Jg. (1990), S. 707-728

Schlicksupp, H.: Neue Wege einschlagen; Kreativitätsförderung im Unternehmen, in: Management Wissen (1982), Heft 12, S. 42-44

Schönfeld, H.-M.: Die Führungsausbildung im betrieblichen Funktionsgefüge, Wiesbaden 1967

Schwuchow, K.: Weiterbildungsmanagement, Stuttgart 1992

Simon, H./ Schwuchow, K. (Hrsg.): Management-Lernen und Strategie, Stuttgart 1994

Sonntag, K.: Personalentwicklung in Organisationen, Göttingen u.a. 1999

Staehle, W.H.: Simultane Strategie- und Personalentwicklung, in: ZfP, 5. Jg. (1991), S. 5-12

Stangel-Meseke, M.: Schlüsselqualifikationen in der betrieblichen Praxis: ein Ansatz in der Psychologie, Wiesbaden 1994

Steinkamp, Th.: Unternehmertheorie zur Personalentwicklung, Bayreuth 1989

Strombach, M.E./Johnson, G.: Qualitätszirkel in Unternehmen, Köln 1983

Thielenhaus, J.P.: Strategische Personalentwicklungsplanung, Frankfurt/Main 1981

Thom, N.: Personalentwickung als Instrument der Unternehmensführung, Stuttgart 1987

Thomas, A.: Die Wirksamkeit mentaler Trainingsmethoden beim Erlernen komplexer Arbeitsverrichtungen, in: WiSt, 12. Jg. (1983), S. 561-565

Waschbüsch, E.: Qualifizierungsmöglichkeiten für Frauen in Führungspositionen: Bestandsaufnahme und Empfehlungen, Bad Honnef 1994

Weber, W.: Betriebliche Weiterbildung, Stuttgart 1985

Welge, M.K. u.a. (Hrsg.): Management Development, Stuttgart 2000

Wottawa, H./Thierau, H.: Lehrbuch Evaluation, 2. Aufl., Bern/Göttingen et al. 1998

Wunderer, R.: Neuere Konzepte der Personalentwicklung, in: DBW, 48. Jg. (1988), S. 435-443

Wunderer, R./Kuhn, Th.: Zukunftstrends in der Personalarbeit. Schweizerisches Personalmanagement 2000, Bern, Stuttgart, Wien 1992

Zink, K.J.: Quality Circles in der Bundesrepublik Deutschland, in: BB, Heft 7 (1984), S. 424-426

Zink, K.J./Schick, G.: Quality Circles, 2. Aufl., München u.a. 1987

LITERATURVERZEICHNIS ZU TEIL V

Autorenkollektiv unter der Federführung von H. Kulka (Hrsg.): Arbeitswissenschaft für Ingenieure, 3. Aufl., Leipzig 1974

Bericht der Bundesregierung über den Stand der Unfallverhütung und das Unfallgeschehen in der Bundesrepublik Deutschland, (alte Bundesländer), Bundestags-Drucksache 12/1985 vom 16.12.1990

Bogaschewsky, R.: Lean Production – Patentrezept für westliche Unternehmen? In: Zeitschrift für Planung, 3. Jg. (1992), Heft 4, S. 275-298

Bundesverfassungsgericht (BVerfG): Nachtarbeitsverbot für Arbeiterinnen, in: Neue juristische Wochenschrift, (1992), Heft 15, S. 964-966

Burkardt, F.: Arbeitssicherheit, in: Handbuch der Psychologie, Bd. 9, Betriebspsychologie (Hrsg. A. Mayer/B. Herwig), 2. Aufl., Göttingen 1970, S. 384-415

Burkhardt, F.: Arbeitssicherheit, in: Handwörterbuch des Personalwesens (Hrsg. E. Gaugler), Stuttgart 1975, Sp. 357-368

Churchman, C.W./Ackoff, R.L./Arnoff, E.L.: Operations Research, 5. Aufl., Wien u.a. 1971

Clark, K.B./Wheelwright, S.C.: Organizing and Leading „Heavyweigth" Development Teams, in: California Management Review, Vol. 34 (1992), No. 3, S. 9-28

Dirrheimer, A.S.: Auswirkungen des Einsatzes von Informationstechnik in der Verwaltung auf die Beschäftigung (Diss.), Konstanz 1981

Domsch, M./Friebel, U.H.: Auslandseinsatz von Führungskräften, in: ZfbF, 31 (1979), S. 215-223

Dönni, B.: Verfahren für optimale Personalzuordnung, in: IO, 34. Jg. (1965), S. 311-332

Dowling, P.J./Schuler, R.S.: International Dimensions of Human Resource Management, Boston, MA 1990

Evans, J.: Arbeitnehmer und Arbeitsplatz, in: Gedeih und Verderb – Mikroelektronik und Gesellschaft (Hrsg. G. Friedrichs/A. Schaff), Wien u.a. 1982, S. 169-200

Flügge, G.: Einführung und Einarbeitung neuer Mitarbeiter, in: Handbuch der Angewandten Psychologie, Bd. 1, Arbeit und Organisation, München 1980, S. 287-307

Fürstenberg, F./Steininger, S.: Qualifikationsaspekte des Industrierobotereinsatzes im Volkswagenwerk Hannover, OECD – Internationales Symposium, Wolfsburg 1985, Forschungsbericht

Gebert, D.: Belastung und Beanspruchung in Organisationen, Stuttgart 1981

Glueck, W.H.: Personnel – A Diagnostic Approach, 3. Aufl., Plano (Texas) 1982

Goodman, R.S. and Associates: Designing Effective Work Groups, San Francisco u.a. 1986

Graf, O.: Arbeitsphysiologie, Wiesbaden 1960

531

Grundlach, F.W./Hilmes, M.: Wiedereingliederung von Auslandsrückkehrern, in: Personalführung, 20. Jg. (1987), S. 490-493

Gutenberg, E.: Unternehmensführung: Organisation und Entscheidung, Wiesbaden 1962

Hacker, W.: Arbeitspsychologie, Psychische Regulation von Werktätigen, Berlin 1986

Hamel, W.: Betriebliche Aspekte einer Flexibilität der Arbeit, in: WISU, 14. Jg. (1985), S. 296-300

Hentze, J./Kammel, A.: Erfolgsbausteine eines integrierten Management-Ansatzes, in: WISU, 21. Jg. (1992a), S. 631-639

Hentze, J./Kammel, A.: Lean-Production – personalwirtschaftliche Aspekte der „schlanken Unternehmung", in: DU, 46. Jg. (1992b), S. 319-331

Hill, W./Fehlbaum, R./Ulrich, P.: Organisationslehre 1, 4. Aufl., Bern u.a. 1989

Hoyos, C. Graf: Arbeitspsychologie, Stuttgart u.a. 1974

Hoyos, C. Graf/Wenninger, G.: Arbeitssicherheit und Gesundheitsschutz in Organisationen, Stuttgart 1995

Jürgens, U.: Ein schlankes Unternehmen beseitigt jeden Spielraum – darum ist es schlank. In: Die Mitbestimmung (1992), Heft 4, S. 48-49

Jürgens, U.: Mythos und Realität von Lean Production in Japan, in: FB/IE, 42. Jg. (1993), Nr. 1, S. 18-23

Juhnke, G.: Finanzielle Gestaltung, Steuern, in: Personalführung, 20. Jg. (1987), H. 7, S. 466-476

Kammel, A./Teichelmann, D.: Internationaler Personaleinsatz, München/Wien 1994

Kern, H./Schumann, M.: Das Ende der Arbeitsteilung? 4. Aufl., München 1990

Kern, H./Schumann, M.: Der soziale Prozeß bei technischen Umstellungen, Frankfurt/Main 1972

Kieser, A. u.a.: Die Eingliederung neuer Mitarbeiter in die Unternehmung, in: ZfbF, 34. Jg. (1982), Heft 11, S. 941-958

Knapp, A.: Interkulturelle Kommunikationsfähigkeit, in: Personalführung, 24. Jg. (1991), Heft 1, S. 4-11

Krafcik, J.F.: Triumph of the Lean Production System, in: Sloan Management Review, 30. Jg. (1988), Fall, S. 41-52

Kreikebaum, H./Herbert, K.-J.: Humanisierung der Arbeit, Wiesbaden 1988

Krüger, K.-H.: Integrationsschwierigkeiten im Prozeß der Einarbeitung (Diss.), Mannhein 1982

Kupsch, P./Marr, R.: Personalwirtschaft, in: Industriebetriebslehre (Hrsg. E. Heinen), 9. Aufl., Wiesbaden 1991, S. 729-896

Lorenz, M.: Arbeitssicherheit: gesetzliche Regelungen und betriebliche Umsetzungen, Neuwied 2000

Luczak, H. u.a.: Arbeitswissenschaft. Kerndefinition, Gegenstandskatalog, Forschungsgebiete, Eschborn 1987

Müller-Merbach, H.: Operations Research, Methoden und Modelle der Optimalplanung, 3. Aufl., München 1973

Neuberger, O.: Arbeit, Stuttgart 1985

Neubert, J./Tomczyk, R.: Gruppenverfahren zu Arbeitsanalyse und Arbeitsgestaltung, Berlin u.a. 1986

Pfeiffer, W./Weiß, E.: Lean Management. Grundlagen der Führung und Organisation industrieller Unternehmen, Berlin 1992

REFA – Verband für Arbeitsstudien – (Hrsg.): Methodenlehre des Arbeitsstudiums, Teil 3, Kostenrechnung, Arbeitsgestaltung, München 1971/75

REFA – Verband für Arbeitsstudien – (Hrsg.): Methodenlehre des Arbeitsstudiums, Teil 2, Datenermittlung, München 1978

REFA – Verband für Arbeitsstudien – (Hrsg.): Methodenlehre des Arbeitsstudiums, Teil 1, Grundlagen, München 1984

REFA – Verband für Arbeitsstudien und Betriebsorganisation e.V. (Hrsg.): Methodenlehre der Betriebsorganisation, Planung und Gestaltung komplexer Produktionssysteme, München 1987

REFA – Verband für Arbeitsstudien und Betriebsorganisation e.V. (Hrsg.): Methodenlehre der Betriebsorganisation. Grundlagen der Arbeitsgestaltung, München 1997

Rohmert, W.: Ergonomie – was ist das? (Leistung und Lohn, Nr. 62/65), Bergisch-Gladbach 1976

Rolf, A.: Zur Veränderung der Arbeit in Büro und Verwaltung durch Informationstechnik, Münster 1983

Roth, S.: Japanisierung oder eigener Weg? Die Anwendung „schlanker" Produktionsweisen in der deutschen Automobilindustrie, unveröffentlichtes Manuskript, Frankfurt a.M. 1992

Schultz, Ch.: Personalstrategien für multinationale Unternehmen, in: Zeitschrift für Personalforschung (ZfP), 2. Jg. (1988), Heft 3, S. 179-195

Skiba, R.: Taschenbuch Arbeitssicherheit, 7. Aufl., Berlin 1991

Spitzer, H./Hettinger, T.: Tafeln für den Kalorienumsatz bei körperlicher Arbeit, 6. Aufl., Berlin 1981

Ulich, E.H.: Arbeitspsychologie, 4. Aufl., Zürich/Stuttgart 1998

Vilmar, F. (Hrsg.): Menschenwürde im Betrieb, Reinbek b. Hamburg 1973

Weinert, A.B.: Lehrbuch der Organisationspsychologie, 2. Aufl., München/Weinheim 1987

Whitehill, A.M.: Japanese Management. Tradition and Transition, London/New York 1991

Literaturverzeichnis zu Teil V

Wirth, E.: Mitarbeiter im Auslandseinsatz, Wiesbaden 1992

Womack, J.P./Jones, D.T./Roos, D.: The Machine that Changed the World, New York 1990

Zander, E.: Information und Arbeitssicherheit, in: Krause, H./Pillat, R./Zander, E. (Hrsg.): Arbeitssicherheit, Freiburg i.Br. 1972, Gruppe 5: Allg. Probleme und Wege zu ihrer Lösung, S. 59-78

Zeira, Y./Banai, M.: Present and Desired Methods of Selecting Expatriate Managers for International Assignments, in: Personnel Review, 13. Jg. (1984), 3, S. 29-35

Sachwortregister

Sachwortregister

Joachim Hentze

Personalwirtschaftslehre 2

Personalerhaltung und Leistungsstimulation,
Personalfreistellung und Personalinformationswirtschaft

«Uni-Taschenbücher (UTB)» – mittlere Reihe, Band 650

etwa 700 Seiten, viele Abbildungen
kartoniert, etwa DEM 48.– / CHF 43.50 / ATS 350.–* / ab 1.1.02: € 24.–
ISBN 3-258-06296-X
*unverbindliche Preisempfehlung

Die 7., überarbeitete Auflage erscheint 2002

 **Verlag Paul Haupt** Bern • Stuttgart • Wien
verlag@haupt.ch • www.haupt.ch

Joachim Hentze / Albert Heinecke / Andreas Kammel

Allgemeine Betriebswirtschaftslehre

Aus Sicht des Managements

«Uni-Taschenbücher (UTB)» – kleine Reihe, Band 2040

XXXI + 635 Seiten, 183 Abbildungen
kartoniert, DEM 55.80 / CHF 50.50 / ATS 407.–* / ab 1.1.02: € 27.90
ISBN 3-258-05865-2
*unverbindliche Preisempfehlung

Das Besondere dieser Einführung in die Betriebswirtschaftslehre besteht darin, dass der Akzent auf den Funktionen der *Unternehmensführung* – Planung, Controlling, Informationswirtschaft und Personalführung – liegt, aus ihrer Warte werden Funktionen wie Beschaffung und Produktion, Marketing, Investition und Finanzierung betrachtet. Zuvor sind konstitutive Voraussetzungen zu klären: Standort, Rechtsform, Organisationsstruktur und Kooperation. Zudem kann es sich heute kaum noch ein Unternehmen leisten, die Internationalität ihrer Geschäftstätigkeit und das Umweltmanagement ausser Acht zu lassen.

Die vielfältigen speziellen Funktionen einer *modernen* Betriebswirtschaftslehre dürfen schliesslich nicht isoliert voneinander betrachtet werden, sondern sind dem *integrierten Aufgabenverständnis* eines *General Management* unterzuordnen.

Aus dem Inhalt:

- Grundlagen
- Produktionsfaktoren
- Wissenschaftsprogramme
- Betriebswirtschaftliche Ziele und strategische Grundsatzentscheidungen
- Management der Leistungsprozesse
- Strategisches Management
- Organisation
- Kontrolle und Controlling
- Informationsmanagement
- Personalmanagement
- Internationales Management
- Umweltmanagement

 **Haupt** **Verlag Paul Haupt** Bern • Stuttgart • Wien
verlag@haupt.ch • www.haupt.ch